공학수학

윤주한 · 오원태 · 조완영 · 김미혜 지음

敎友社

머리말

이 책의 목적은 미적분학, 행렬대수와 벡터기하를 학습한 학생이 공학을 전공하는 데 필요한 기초적인 수학을 제공하는 데 있다. 공업수학은 공학 분야의 교육 목적인 창조적인 실무능력과 독자적인 연구능력을 함양하는 데 필수적인 기초학문이다. 수학은 과학의 언어이자 패턴의 학문이며 여러 가지 자연 현상을 모델링하고 해석하는 데 중요한 역할을 한다. 이 책은 두 가지 측면에서 중요한 특징을 갖는다. 하나는 공학관련 현상을 중심으로 자연현상에 대한 탐구나 구체적인 예를 먼저 다룬 후 수학의 이론을 도입한다는 점이다. 이러한 구성은 학생들이 수학 개념을 깊이 이해하고 폭넓은 응용능력을 기르는데 도움이 될 것이다. 다른 하나는 매스매티카를 이용한 탐구활동을 도입했다는 점이다. 학생들은 대수적 조작을 통한 미분방정식의 풀이를 그래프로 표현하는 활동으로 해의 의미를 이해할 수 있다. 이 책에서는 공학을 전공하는 데 필요한 수학 내용을 중심으로 다음과 같은 네 가지의 수학분야를 선정하였다.

제 1부 상미분 방정식론

제 2부 행렬 및 벡터 해석학

제 3부 푸리에 해석학과 편미분 방정식론

제 4부 복소 해석학

각 부는 몇 개의 장으로 구성되어 있으며 독립적으로 다룰 수 있도록 편집하였다. 전공영역에 따라 선택적으로 가르칠 수 있고 일부 주제를 제외하면 두 학기에 다룰 수 있으며 상황에 따라서는 세 학기 동안 다룰 수도 있다. 제 1부 상미분 방정식론은 라플라스 변환을 포함한 4개의 장으로 구성되어 있다. 제 2부 행렬 및 벡터 해석학은 6개의 장으로 구성되어 있는데 행렬대수와 벡터해석의 내용을 포함하고 있다. 따라서 미적분학을 배우고 행렬대수와 벡터해석을 배우지 않은 학생도 공업수학을 배울 수 있다. 제 3부는 푸리에 해석학과 편미분 방정식 두 개의 장으로 구성되어 있다. 제 4부에서는 4개의 장으로 구성되어 있으며 등각사상과 그 응용을 포함하고 있다. 수학적 모델링과 컴퓨터의 활용을 중심축으로 교재를 개발하고자 했던 저자들의 생각이 충분히 반영되지 못했지만 나름대로 의미 있는 시도라 생각된다. 독자 여러분의 충고와 조언을 기다리며 계속적인 수정작업을 통해 더욱 완성된 공업수학 교재로 발전시킬 것을 약속드린다. 이 책이 나오기까지 많은 도움을 주신 여러분께 감사드린다. 또한 기꺼이 책의 출판을 허락해 주신 교우사 오판근 사장께도 감사드린다.

2007년 2월 저자일동

" 이 저서는 2004년 교육인적자원부의 재원으로 한국학술진흥재단의 지원을 받아 수행된 연구임"(KRF-2004-076-c00002) (This work was supported by the korea Research Foundation Grant founded by korean Government(MOEHRD)"(KRF-2004-076-c00002))

차 례

제 I 편

상미분방정식론

제 1 장

미분방정식

미분방정식은 공학 또는 물리학 연구에서 중요한 역할을 한다. 뿐만 아니라 생물학에서의 전염병 확산, 지리학에서 인구증가문제 등 시간에 따라 변하는 자연현상과 사회 현상을 도함수를 포함한 방정식 즉 미분방정식으로 표현할 수 있다. 미분 방정식의 해는 자연현상을 설명하고 예측할 수 있도록 해준다. 본 장에서는 미분방정식의 기본 용어를 소개하고, 공학적 현상을 수학 용어로 표현하여 수식화하는데 있어서 미분방정식이 어떻게 유도되는지 알아본다.

1.1 기본개념

미분방정식(differential equation)이란 한 미지의 함수와 그 도함수를 포함하고 있는 방정식이다.

$$y' + 3y = 2x$$

또는

$$xdy + (3y - 2x)dx = 0 \tag{1.1}$$

$$y'' + 3y' + 2y = x^2 \tag{1.2}$$

$$(y'')^2 = (1 + y')^3 \tag{1.3}$$

$$\frac{\partial z}{\partial x} = \frac{\partial z}{\partial y} \tag{1.4}$$

$$\frac{\partial^2 z}{\partial x^2} + \frac{\partial^2 z}{\partial y^2} = x^2 + y^2 \tag{1.5}$$

등은 y의 x에 관한 도함수를 포함하고 있으므로 미분방정식이다. 이때 y를 **종속변수**(dependent variables), x를 **독립변수**(independent variables)라고 한다.

미분방정식은 세 가지 성질, 즉 형태, 계수, 선형성에 따라 흔히 분류한다. 그 미분방정식 내의 최고계 도함수의 계수를 그 미분방정식의 **계수**(order)이라고 한다. 미분방정식이 그 도함수에 관하여 유리정식이면 최고계도함수의 **차수**(degree)를 그 미분방정식의 차수라 한다. (1.1)은 1계미분방정식 (1.2), (1.3)은 2계미분방정식이다. 방정식 (1.1), (1.2)은 1차이고, (1.3)은 2차이다. 따라서 (1.1), (1.2), (1.3)은 차례로 1계 1차, 2계 1차, 2계 2차의 미분방정식이라 한다. 특히 미분방정식의 차수가 1차이며, 모든 도함수의 계수가 상수 또는 독립변수만이 함수로 주어질 때, 그 미분방정식을 **선형미분방정식**(linear differential equation)이라 부르고 선형이 아닌 미분방정식을 **비선형**(nonlinear differential equation)이라 한다. (1.1), (1.2)은 선형이나 (1.3)은 비선형이다.

위의 미분방정식(1.1), (1.2), (1.3)에서와 같이 독립변수가 한 개뿐이고, 상도함수만을 포함하는 미분방정식을 **상미분방정식**(ordinary differential equation)이라 한다. 독립변수를 2개 이상 포함하고, 미지함수의 편도함수를 포함하는 미분방정식을 **편미분방정식**(partial differential equation)이라 한다. 편미분방정식의 계수와 차수도 상미분방정식에 (1.4)는 1계1차 편미분방정식이고, (1.5) 2계편미분방정식이다. 이를 간단히 정리하면 표 [1.1]과 같다. 한편 독립변수와 종속변수

[**표 1.1**]

식	계 수	차 수	선 형 성
(1.1)	1계 미분방정식	1차	선형
(1.2)	2계 미분방정식	1차	선형
(1.3)	2계 미분방정식	2차	비선형
(1.4)	1계 편미분방정식	1차	·
(1.5)	2계 편미분방정식	2차	·

의 구별이 없이 변수와 그 변수들의 미분사이의 관계만 주어진 미분방정식 즉,

$$P_1(x,y,z)dx + P_2(x,y,z)dy + P_3(x,y,z)dz = 0$$

인 미분방정식꼴을 **전미분방정식**(total differential equation)이라 한다.

미분방정식의 해

미분방정식을 푼다는 것은 주어진 미분방정식을 만족하는 변수 사이의 관계를 구하는 것이고, 이 변수 사이의 관계를 그 미분방정식의 **해**(solution)라고 한다.

미분방정식의 해에 관하여는 다음과 같은 세 가지의 문제를 다루게 된다.
i) 주어진 미분방정식을 만족하는 해가 존재하는가의 문제(**해의 존재성**)
ii) 해가 존재할 경우 해를 실제로 구하는 문제, 즉 미분방정식을 푸는 문제(**해법**)
iii) 실제로 구한 해 이외의 다른 해가 존재하는지의 문제(**유일성의 문제**)이다.

미분방정식의 해에서 방정식의 계수와 같은 수의 임의의 상수를 포함하는 해를 **일반해**(general solution)라 하고, 일반해의 임의의 상수에 특별한 값을 준 해

를 **특수해**(particular solution)라 하고, 임의의 상수에 어떠한 값을 주어도 얻을 수 없는 해를 **특이해**(singular solution)라고 한다.

일계 미분방정식

$$\frac{dx}{dy} = f(x, y)$$

에서 주어진 미분방정식을 만족시키고 조건 $y(x_0) = y_0$을 만족시키는 함수 $y = f(x)$를 찾는 문제를 **초기치 문제**(initial value problem)라 하고, 조건 $y(x_0) = y_0$을 **초기조건**(initial condition)이라고 한다. 또한 초기조건을 만족하는 해를 **완전해**(exact solution)이라 한다.

예 제 **1.** 미분방정식

$$\frac{dy}{dx} + 2y = 0 \tag{1.6}$$

[1] 일반해를 구하여라.

[2] $y(0) = 5, \quad y(1/2) = e^{-1}(= 2.71828)$인 경우 특수해를 구하여라.

[**풀이**] [1] 주어진 식 (1.6)를 정리하면

$$\frac{dy}{y} = -2dx \tag{1.7}$$

이 식의 양변을 적분하면

$$\begin{aligned} \int \frac{1}{y} dy &= -2 \int dx \\ \ln |y| &= -2x + c \end{aligned}$$

따라서 다음과 같은 일반해를 얻는다.

$$y = ce^{-2x}, \quad (c = e^c) \tag{1.8}$$

[2] 식 (1.8)에 $y(0) = 5$의 관계를 적용하면

$$y(0) = k = 5$$

따라서 이 식을 식(1.8)에 대입하면 특수해는

$$y = 5e^{-2x} \tag{1.9}$$

한편, 식(1.8)에 $y\left(\frac{1}{2}\right) = e^{-1}$의 조건을 적용하면

$$k = 1$$

결국, 이 경우에 특수해는 다음과 같이 구해진다.

$$y = e^{-2x} \tag{1.10}$$

[예제 1]의 식 (1.7)은 주어진 미분방정식에 대하여 $y \neq 0$이라는 가정하에 전개된 식이다. 그러나, $y = 0$을 주어진 미분방정식에 적용하면 등식이 성립되므로 이 함수 역시 식 (1.6)의 해가 된다. 일반해의 임의의 상수에 특정한 값을 대입하여 얻을 수 없는 해이므로 특이해이다.

이제, 공학문제의 미분방정식 해의 성질을 규명해 보자. 전형적으로 물리시스템에서는 시간응답(time response)을 주로 사용한다. 따라서, 이 경우 미분방정식의 독립변수는 시간변수로 사용하는 경우가 대부분이다. 일반적으로, 미분방정식의 특수해는 공학문제에서 **출력**(output) 또는 **응답**(response)이라 한다. 그러므로, 대부분의 공학문제에서 미분방정식을 푼다는 것은 시스템의 응답을 구하는 것을 의미한다.

미분방정식은 주로 이 시스템에 관계된 입력변수(input variable)와 시스템의 목표치를 나타내거나 모델의 결과인 출력변수(output variable)로 표현된다. 따라서, 입력은 주로 전압, 전류나 온도, 힘 등의 에너지로 주어지는 경우가 많고

출력은 동등한 변수들이나 또는 다른 에너지 변수로 주어진다. 그렇지만, 신호처리 분야에서 통상적으로 알려진 입력이 반드시 입력변수가 되는 것은 아니며, 또한 시스템의 목적변수가 반드시 출력변수라는 개념은 성립되지 않는다.

미분방정식이 중요한 이유는 모든 물체의 운동 상태를 속도에 의해서 규정할 수 있기 때문이다. 즉, 물체의 상태는 오직 3가지, 속도가 0 이거나, 속도가 일정하거나 속도가 변하는 경우이다. 그런데 속도라는 것은 거리(l)를 시간(t)에 대하여 미분한 것 ($\frac{dl}{dt}$)이므로 결국 미분한 항 ($\frac{dl}{dt}$)이 들어가게 되서 미분방정식이 되는 것이다.

뉴튼의 제1법칙을 예로 들면, 뉴튼 제1법칙은 관성의 법칙으로 어떤 물체에 힘을 가하지 않으면 현재의 속도를 유지하려고 하는 등속도에 관한 법칙이다. 물론 속도가 0인 경우도 등속도 운동의 특수한 경우라고 볼 수 있다. 뉴튼의 제1법칙을 식으로 나타내면 속도 "$v =$ 일정" 하므로

$$v = \frac{dl}{dt} = k, \ (k = \text{상수})$$

가 된다. 여기서 $\frac{dl}{dt} = k$ 는 미분방정식이다.

뉴튼의 제2법칙 역시 마찬가지로 $F = ma$ 즉 가속도에 관한

$$a = \frac{dv}{dt} = \frac{F}{m}$$

법칙이므로 $\frac{dv}{dt} = \frac{F}{m}$ 이것도 미분방정식이다.

이 뿐만 아니라 전자기학을 집대성한 맥스웰 방정식도 미분방정식이고, 양자역학을 정식화한 Schrödinger의 방정식도 미분방정식이다. 이처럼 공학뿐만 아니라 우리가 관심을 가지는 것들을 식으로 나타내면 대부분 미분방정식이 된다. 왜냐하면 우리가 관심을 가지는 것은 변화이므로 결국 미분한 항이 들어가 미분방정식이 되기 때문이다.

전기회로 이야기

일반적으로 수학적 모델링이란 주어진 문제를 수학적인 문제로 표현하는 것을 의미하지만, 본 교재에서의 **모델링**(modeling)이란 공학적 혹은 물리적 문제나 법칙을 수학적 모형, 즉 미분방정식으로 표현하는 과정을 말한다. 이를 위해서 주어진 문제에 배경이 되는 공학적 법칙이나 사실이 필요하다. 다음 전기회로 이야기는 RL회로를 모델링하는 예이다. 전기회로에 관련된 내용을 먼저 설명하고 [예제 2]를 제시한다.

전기회로에서는 전류의 흐름을 방해하는 **저항기**(resistor), 전류의 전류변화를 방해하는 **인덕터**(inductor) 그리고 전류를 저장하는 에너지 탱크와 같은 **축전기**(capacitor) 로 구성되어 있다.

[그림 1.1]은 인덕터(L), 커패시터(C) 그리고 저항기(R)의 각각을 통할 때 전압 강하에 대한 공식과 기호의 예이다. 닫힌 회로의 스위치를 닫았을 때의 전류를 $i(t)$로 표시한다. 어떤 시간 t에서의 커패시터의 전하를 $q(t)$로 나타낸다. 문자 L, C그리고 R은 각각 인덕턴스, 커패시턴스 그리고 저항을 나타낸다.

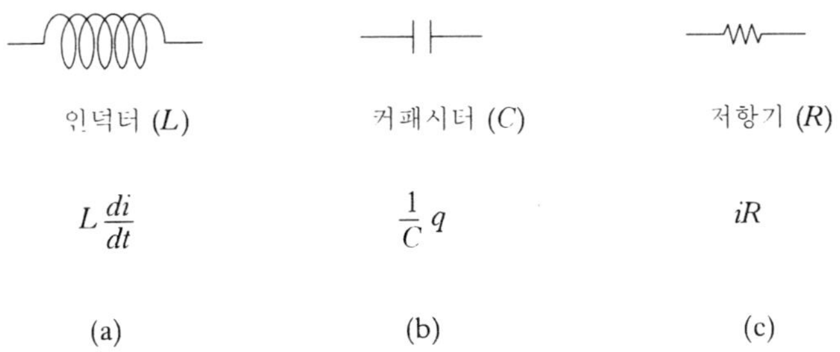

[**그림 1-1**] 회로기호

인덕터에 의한 전압강하는 전류의 시간 변화에 비례하므로, 전류가 세면 저항이 강해진다. 저항에 의한 전압강하는 전류 세기에 비례하고, 축전기에 의한 전압강하는 전류를 더한 것이다.

즉, RLC회로의 구성요소를 통한 전압강하량은 다음과 같다.

$$\text{인덕턴스(L)} \ : \ E_L = L\frac{dI}{dt}$$

$$\text{저항(R)} \quad : \ E_R = RI$$
$$\text{축전기(C)} : \ E_C = \frac{1}{C}\int I dt$$

여기서 R, L, C는 각각 저항, 인덕턴스, 커패시턴스 를 의미하는 비례상수이며, 커패시턴스 상수만 $\frac{1}{C}$로 쓰는 이유는 일종의 습관에 의한 표기법이다.

전기회로를 다루는데 가장 중요한 법칙이 Kirchhoff의 전압법칙과 전류법칙이다.

Kirchhoff의 전압법칙 : 임의의 폐쇄회로의 전압강하의 합은 0이거나, 폐쇄회로에 가해진 전압은 나머지 회로에서의 전압강하의 합과 같다.

Kirchhoff의 전류법칙 :회로의 임의의 점으로 흐르는 총전류는 0이다.

Kirchhoff의 전압법칙을 식으로 표현하면

$$\begin{aligned} E &= E_R + E_L + E_C \\ &= RI + L\frac{dI}{dt} + \frac{1}{C}\int I dt \end{aligned} \tag{1.11}$$

인 방정식을 얻을 수 있다.

예 제 2. [그림 1.2]과 같은 RL회로가 있다. 이 회로에 흐르는 전류를 구하여라.

[**풀이**] [그림 1.2]에서 보여주는 인덕터, 저항기, 그리고 커패시터를 포함하는 단순 직렬 닫힌 회로를 생각하자. 만일 $q(t)$가 임의의 시간에서의 커패시터에서 전

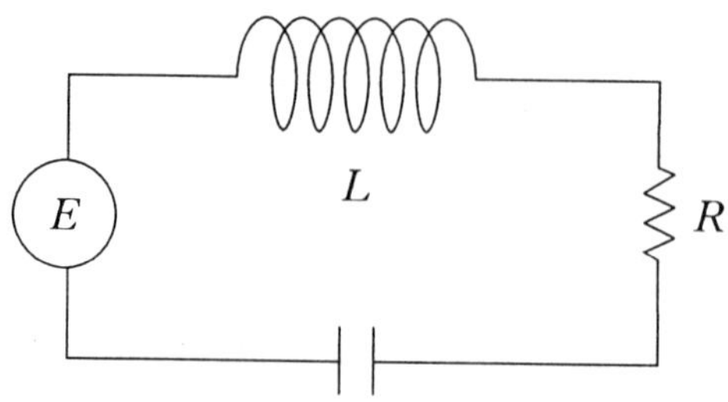

[**그림 1-2**] RL회로

하를 나타낸다고 하면, 전류 $i(t)$는 $i = \dfrac{dq}{dt}$로 주어진다. [그림 1.2]로부터,

$$\begin{aligned} \text{인덕터} &: L\frac{di}{dt} = L\frac{d^2q}{dt^2} \\ \text{저항기} &: iR = R\frac{dq}{dt} \\ \text{커패시터} &: \frac{1}{C}q = \frac{1}{C}\int I dt \end{aligned}$$

를 통하여 전압이 강하된다. 이들의 양을 더함으로써, Kirchhoff의 제 2법칙으로부터 $q(t)$를 결정하려면 2계 미분방정식을 풀어야 한다는 사실을 알 수 있다.

$$L\frac{d^2q}{dt^2} + R\frac{dq}{dt} + \frac{1}{C}q = E(t)$$

위의 예제에서 부수적 조건 $q(0)$와 $q'(0)$는 각각 $t = 0$에서의 커패시터에의 전하와 회로에서의 전류를 나타낸다. 또한 부과된 전압 $E(t)$를 **기전력**(electromotive force) 또는 **emf**라고 한다. 커패시터에의 전하뿐만 아니라 emf는 회로에서 전류의 흐름을 야기시킨다. 회로 해석에서 사용하는 측정의 기본단위는 다음 표에 요약정리되어 있다.

Quantity	Unit
impressed voltage, or emf	volt(V)
inductance L	henry(H)
capacitance C	farad(F)
resistance R	ohm(Ω)
charge q	coulomb(C)
current i	ampare(A)

연습문제 1-1

1. 다음 미분방정식의 계수, 차수, 선형, 비선형을 구분하여라.

(1) $y' + P(x)y = Q(x)$ (2) $4y'' + 3y' + 6y = 0$

(3) $(y'')^2 + 5s^4t^3 = 0$ (4) $y'' = x^2$

(5) $\dfrac{dx}{dy}y^4x = \sin y$

2. 미분방정식 $y' - 2y = 0$에서

(1) 일반해를 구하여라.

(2) $y(0) = 3$, $y\left(\dfrac{1}{2}\right) = e$ 인 두 가지 경우의 특수해를 구하여라.

3. 왼쪽의 각 식이 오른쪽 미분방정식의 해임을 증명하여라.

(1) $y = x^2 + cx$, $xy' = x^2 + y$

(2) $y = A\sin 5x + B\cos 5x$, $y'' + 25y = 0$

(3) $\ln y = c_1e^x + c_2e^{-x}$, $yy'' - (y')^2 = y^2 \ln y$

(4) $\ln y + \dfrac{x}{y} = c$, $(y - x)dy + ydx = 0$

(5) $x = at + b$, $y = b^2 + t^2$, $2yy'' = (y')^2$

4. $y = e^{mx}$이 $y'' - 5y' + 6y = 0$의 해가 되도록 m의 값을 결정하여라.

5. $y = x^m$이 $x^2y'' - y = 0$의 해가 되도록 m의 값을 결정하여라.

1.2 변수분리형 미분방정식

1계미분방정식의 특수한 꼴로서

$$P(x)dx + Q(y)dy = 0 \tag{1.12}$$

또는

$$y' = \frac{f(x)}{g(y)} \tag{1.13}$$

꼴로 변수들을 분리하여 표현할 수 있는 미분방정식을 **변수분리형 미분방정식**(separable differential equation) 이라 한다.

위 식(1.12)의 일반해는

$$\int P(x)dx + \int Q(y)dy = c$$

로 주어진다. 둘째 방정식(1.13)은

$$g(y)dy = f(x)dx$$

꼴로 쓰여지므로 적분하면 일반해를 얻는다.

예 제 **1.** $(1+x)\dfrac{dy}{dx} = 1 + y$를 풀어라.

[**풀이**] 주어진 미분방정식에서 변수분리형으로 정리하면

$$\frac{1}{1+y}dy = \frac{1}{1+x}dx$$

이것을 적분하면

$$\int \frac{1}{1+y}dy = \int \frac{1}{1+x}dx + c$$

이므로 일반해는

$$\ln(1+y) = \ln(1+x) + c$$

이다.

미분방정식

$$\frac{dy}{dx} = \frac{3x^2 + y}{x - y}$$

에서는 한 변을 x만으로 다른 한변을 y만의 식으로 정리할 수 없으므로 변수분리형이 아니다. 우리는 1.1절에서 Kirchhoff 전압법칙을 RLC회로에 적용하여 식 (1.11)과 같은 방정식을 얻을 수 있었다. 보다 간단한 RL회로에 대해서는

$$L\frac{di}{dt} + Ri = E(t)$$

인 1계 선형미분방정식으로 단순화된다. 비슷한 방법으로, RC회로인 경우에는

$$Ri + \frac{1}{C}\int idt = E(t)$$

와 같이 적분을 포함하는 방정식이 된다. 이러한 식을 다루기 위해서는 한 번 더 미분하여

$$R\frac{di}{dt} + \frac{1}{C}i = \frac{dE}{dt}(t)$$

인 형태의 미분방정식으로 변환하여 해석한다. 이러한 형태의 방정식은 RL 또는 RC등의 간단한 회로 간단한 회로시스템, 직류전동기의 동특성 등을 해석하는 공학문제에서 자주 접하는 가장 기초적인 미분방정식이다. 회로망 방정식의 작성을 회로과목 등의 교과목에서 다루어지므로 여기에서는 그 결과만 간단히 기술한다. 즉,

[1] 회로에 스위치가 있으면 동작이 완료된 후에 회로법칙을 이용하여 회로방정식을 만든다.

[2] 회로방정식(일반적으로 미분방정식)을 풀어 일반해를 구한다.

[3] 초기조건을 일반해에 적용하면 완전해를 구할 수 있다.

예 제 2. 다음 [그림 1.3]와 같은 RC회로가 있다. $t = 0$일 때 스위치 K를 닫았다. 이 때 이 회로에 흐르는 전류를 구하여라. 단, C의 초기전하는 없다고 가정

한다.

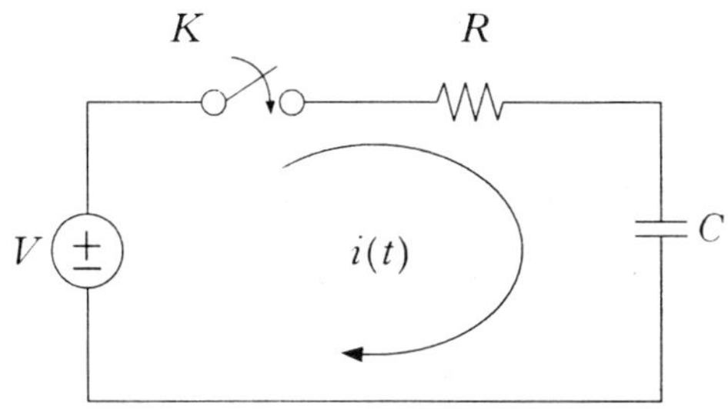

[**그림 1-3**] RC회로

[**풀이**] Kirchhoff법칙에 의하면 다음과 같은 방정식을 얻는다.

$$E_R(t) + E_C(t) = E, \quad (t \geq 0)$$
$$Ri(t) + \frac{1}{C}\int_0^t i(t)dt = E(t), \quad (t \geq 0)$$
$$R\frac{di(t)}{dt} + \frac{1}{C}i(t) = 0 \tag{1.14}$$

이 식 (1.14)은 전류 $i(t)$를 구하기 위한 미분방정식으로 다음과 같이 변수분리형으로 표현할 수 있다.

$$\frac{1}{i}di + \frac{1}{RC}dt = 0 \tag{1.15}$$

따라서, 양변을 적분하면

$$\int \frac{1}{i}di + \frac{1}{RC}\int dt = c$$

이므로

$$ln|i| + \frac{1}{RC}t = c$$

이 성립한다. 따라서 전류에 대한 일반해는 다음과 같다.

$$i(t) = Ke^{-\frac{1}{RC}t}, \quad (K : \text{적분상수}) \tag{1.16}$$

이 식 (1.16)이 전류에 대한 일반해이다. 실제로 대부분의 물리계 또는 공학문제에서는 특수해를 구해야 하며 이를 완전해(exact solution)라 한다. 완전해는 이 회로의 성질에 의해 전류의 초기치 $i(0) = \dfrac{V}{R}$이므로 다음과 같이 구해진다. (회로망의 초기값은 회로시스템의 고유특성에 의해 결정되는 것으로 여기에서는 그 결과만 인용한다.)

$$\begin{aligned} i(t)|_{t=0} &= Ke^{-\frac{1}{RC}t}|_{t=0} \\ i(0) &= K \equiv \frac{V}{R} \end{aligned} \tag{1.17}$$

식 (1.17)를 식 (1.16)에 대입하면

$$i(t) = \frac{V}{R}e^{-\frac{1}{RC}t} \ (t \geq 0)$$

이 식이 완전해로 구하는 전류이다. [그림 1.4]는 이 회로의 입력과 출력파형이다.

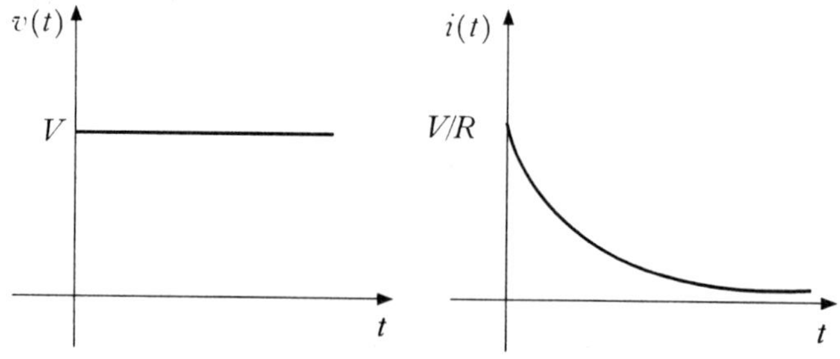

(a) 입력전압 (b) 전류파형

[**그림 1-4**] RC회로의 입력과 출력파형

연습문제 1-2

1. 다음 미분방정식의 해를 변수분리를 이용하여 구하여라.

(1) $\dfrac{dy}{y} = \dfrac{dx}{x}$ (2) $yy' + 2x = 0$

(3) $y' + xy = xy^2$ (4) $2xyy' - y^2 + x^2 = 0$

(5) $9y\dfrac{dy}{dx} + 4x = 0$ (6) $\dfrac{dy}{dx} + e^y \cos x = 0$

(7) $\dfrac{dy}{dx} = 1 + y^2$ (8) $\dfrac{dy}{dx} = 3x^2 + 1$

(9) $\ln(y^x)\dfrac{dy}{dx} = 3x^2 y$ (10) $e^{x+y}\dfrac{dy}{dx} = 2x$

(11) $x \sin y \dfrac{dy}{dx} = \sec y$ (12) $\cos x \dfrac{dy}{dx} - y = 5$

(13) $\cos y \dfrac{dy}{dx} = \sin(x+y)$ (14) $\dfrac{x}{y}\dfrac{dy}{dx} = \dfrac{2y^2+1}{x+1}$

2. 초기값 문제 를 풀어라(단, $y' = \dfrac{dy}{dx}$).

(1) $y' + 5x^4 y^2 = 0,\ \ y(0) = 1,$ (2) $\dfrac{dy}{dx} = 3x^2(y+2),\ \ y(4) = 8$

(3) $y\dfrac{dy}{dx} = \dfrac{x^2}{y+4},\ \ y(3) = 2$ (4) $\dfrac{dy}{dx} = \dfrac{x-1}{y+2},\ \ y(-1) = 6$

(5) $\dfrac{dy}{dx} = \dfrac{e^y}{x},\ \ y(1) = 4$ (6) $\dfrac{dy}{dx} = \dfrac{-2\sin(x+1)}{y^2},\ \ y(1) = 4$

(7) $\dfrac{dy}{dx} = \dfrac{-3x}{y+4},\ \ y(2) = 7$ (8) $y\dfrac{dy}{dx} = \dfrac{8x+1}{y^2},\ \ y(1) = -5$

(9) $x\dfrac{dy}{dx} = y^2,\ \ y(3) = 5$ (10) $y\dfrac{dy}{dx} = \dfrac{x^2}{y+4},\ \ y(3) = 2$

3. $y' = 1 + y^2,\ y(0) = 1$을 만족하는 해 $y(x)$를 구하여라.

1.3 동차형 미분 방정식

함수 $f(x,y)$에서 $f(tx,ty) = t^n f(x,y)$가 성립하면 $f(x,y)$를 n차의 **동차함수**(homogeneous function)라고 한다. 예를들면 $f(x,y) = x^2 + 3xy + 4y^2$일 때

$$f(tx,ty) = t^2(x^2 + 3xy + 4y^2) = t^2 f(x,y)$$

을 만족하므로 $f(x,y)$는 2차의 동차식이고, $(x,y) \neq (0,0)$일 때

$$f(x,y) = \ln|y| - \ln|x|$$

라고 정의하면,

$$f(x,y) = \ln\left|\frac{y}{x}\right|$$

이다. 따라서 $f(tx,ty) = f(x,y)$가 성립하므로, $f(x,y)$는 0차의 동차함수이다.

그러나 $f(x,y) = \tan(xy+1)$ 이면 $f(tx,ty) = \tan(t^2xy+1)$ 이므로, $f(x,y)$는 동차함수가 아니다. 다음과 같은 형태의 1차 상미분방정식

$$P(x,y)dx + Q(x,y)dy = 0$$

에서 P와 Q가 x와 y의 같은차수의 동차함수일 때 이것을 **동차형 미분방정식**(homogeneous differential equation)이라고 한다. 주어진 미분방정식을 도함수에 관하여 풀면,

$$\frac{dy}{dx} = -\frac{P(x,y)}{Q(x,y)}, \quad Q(x,y) \neq 0 \tag{1.18}$$

이 되고, P, Q를 n차의 동차함수라 하면

$$P(\lambda x, \lambda y) = \lambda^n P(x,y)$$

이므로 $\lambda = \dfrac{1}{x}$을 대입하면 이 식은

$$P\left(1, \frac{y}{x}\right) = \frac{1}{x^n} P(x, y)$$

가 되어 $P(x, y) = x^n P\left(1, \dfrac{y}{x}\right)$형태로 표현된다. 따라서 식 (1.18)은

$$\frac{dy}{dx} = -\frac{P(1, \frac{y}{x})}{Q(1, \frac{y}{x})} = g\left(\frac{y}{x}\right) \tag{1.19}$$

인 꼴이 된다.

동차방정식의 일반해를 구하는 방법을 알아보자.

단계 1 : 방정식(1.19)에서

$$\frac{y}{x} = v \quad \text{곧} \quad y = vx$$

로 놓으면

단계 2 : [단계 1]의 $y = vx$를 x에 관하여 미분한다. 즉,

$$\frac{dy}{dx} = v + x\frac{dv}{dx}$$

단계 3 : 미분방정식 (1.19)은

$$v + x\frac{dv}{dx} = g(v)$$

가 된다.

단계 4 : 변수를 분리하면

$$\frac{dv}{v - g(v)} + \frac{dx}{x} = 0$$

이 된다.

단계 5 : 이것을 적분하면

$$\int \frac{dv}{v-g(v)} + \int \frac{dx}{x} = c, \qquad (c: \text{임의상수})$$

단계 6 : v대신 $\dfrac{y}{x}$ 를 대입하면 일반해를 얻는다.

예 제 **1.** $yy' = 2y - x$를 풀어라.

[**풀이**] 주어진 미분방정식이 동차형 미분방정식이므로

단계 1 : $u = \dfrac{y}{x}$라 하고 준식의 양변을 x로 나누면

$$\frac{y}{x}y' = 2\frac{y}{x} - 1 \tag{1.20}$$

이다.

단계 2 : 식(1.20)에서 $y' = u + xu'$이므로

$$u = \frac{y}{x} \quad \text{와} \quad y' = xu'$$

을 대입하면

$$u(u + xu') = 2u - 1$$

이므로 이를 전개하면 식 (1.20)과 같다.

$$u^2 + xuu' - 2u + 1 = 0 \tag{1.21}$$

단계 3 : 따라서 식(1.21)를 아래와 같이 정리할 수 있다.

$$xuu' + (u-1)^2 = 0$$

$u'\dfrac{du}{dx}$로 대입하여 정리하면 다음과 같다.

$$xu\frac{du}{dx} + (u-1)^2 = 0$$

단계 4 : 위 식의 양변에 변수분리형으로 만들기 위해 양변에 $x^{-1}(u-1)^{-2}dx$를 곱하면

$$\frac{u}{(u-1)^2}du + \frac{1}{x}dx = 0 \tag{1.22}$$

이 성립하고 식 (1.22)를 정리하면 식 (1.23)을 얻을 수 있다.

$$\left\{\frac{1}{u-1} + \frac{1}{(u-1)^2}\right\}du + \frac{1}{x}dx = 0 \tag{1.23}$$

단계 5 : 식 (1.23)의 양변을 적분하면

$$\begin{aligned}
&\int\left\{\frac{1}{u-1} + \frac{1}{(u-1)^2}\right\}du + \int\frac{1}{x}dx = c_1 \\
&\int\frac{1}{u-1}du + \int\frac{1}{(u-1)^2}du + \frac{1}{x}dx = c_1 \\
&\ln|(u-1)| - \frac{1}{u-1} + \ln|x| = c_1
\end{aligned}$$

이다.

단계 6 : 위 식에 $u = \dfrac{y}{x}$를 대입하여 정리하면

$$\begin{aligned}
&\ln(y-x) - \frac{x}{y-1} = c_1 \\
&\ln(y-x) = c_1 + \frac{x}{y-x} \\
&y - x = ce^{\frac{x}{y-x}} \qquad (\text{단}, c = e^{c_1})
\end{aligned}$$

으로 다음과 같은 일반해를 얻는다.

$$y = x + ce^{\frac{x}{y-x}}$$

예 제 **2.** $(x^2+y^2)dx+(x^2-xy)dy=0$을 풀어라.

[**풀이**] 준식에서

$$f(x,y)=x^2+y^2 \quad \text{과} \quad g(x,y)=x^2-xy$$

는 모두 2차의 동차함수이다.

단계 1 : 치환 $y=ux$를 실시하고

단계 2 : 미분하면 $y'=u+u'x$ 이므로

$$dy=udx+xdu \tag{1.24}$$

이 성립한다.

단계 3 : 식 (1.24)를 준식에 대입 정리하면

$$(x^2+u^2x^2)dx+(x^2-ux^2)(udx+xdu)=0$$

이므로 다음과 같이 정리 할 수 있다.

$$x^2(1+u)dx+x^3(1-u)du=0 \tag{1.25}$$

단계 4 : 식 (1.25) 를 변수분리하면

$$\frac{1-u}{1+u}du+\frac{dx}{x}=0$$

이므로

$$\left[-1+\frac{2}{1+u}\right]du+\frac{dx}{x}=0$$

와 같이 정리 할 수 있다.

단계 5 : 이를 적분하면

$$\int -1du + \int \frac{2}{1+u}du + \int \frac{1}{x}dx = 0$$

이므로 다음과 같은 결과를 얻을 수 있다.

$$-u + 2\ln|1+u| + \ln|x| + \ln|c| = 0$$

단계 6 : u대신 $\frac{y}{x}$를 대입하여 일반해를 구하면 다음과 같다.

$$-\frac{y}{x} + 2\ln\left|1+\frac{y}{x}\right| + \ln|x| + \ln|c| = 0$$

대수의 성질을 이용하면 일반해는 아래와 같다.

$$c(x+y)^2 = xe^{\frac{y}{x}}$$

다음과 같은 형태의 미분방정식을 생각해보자.

$$\frac{dy}{dx} = f\left(\frac{ax+by+c}{px+gy+r}\right)$$

이와 같은 형태의 미분방정식은 다음과 같이 두가지 방법으로 해를 구한다.

I. $\begin{vmatrix} a & b \\ p & q \end{vmatrix} \neq 0$인 경우

$$a\xi + b\eta + c = 0, \quad p\xi + q\eta + r = 0$$

이 되는 ξ,η를 이용하여 $x = X + \xi, \quad y = Y + \eta$로 변수를 변환하면 주어진 미분방정식은 다음과 같이 동차형이 된다.

$$\frac{dY}{dX} = f\left(\frac{aX+bY}{pX+qY}\right)$$

II. $\begin{vmatrix} a & b \\ p & q \end{vmatrix} = 0$인 경우

이 경우에는 $\dfrac{a}{p} = \dfrac{b}{q} = k$라 하면 $a = pk$, $b = qk$이므로, 주어진 미분방정식은

$$\frac{dy}{dx} = f\left(\frac{(px+qy)k+c}{px+qy+r}\right)$$

가 된다. 여기서 $u = px + qy$라 놓으면

$$\frac{du}{dx} = p + q\frac{dy}{dx}$$

이므로, 주어진 미분방정식은 다음과 같이 변수분리형이 된다.

$$\frac{du}{dx} = p + qf\left(\frac{ku+c}{u+r}\right)$$

예 제 3. $(2x - y + 1) - (x - 2y + 1)\dfrac{dy}{dx} = 0$을 풀어라.

[**풀이**] 연립방정식

$$\begin{cases} 2\xi - \eta + 1 = 0 \\ \xi - 2\eta + 1 = 0 \end{cases}$$

을 풀면 $\xi = -\dfrac{1}{3}$, $\eta = \dfrac{1}{3}$이다. $x = X - \dfrac{1}{3}$, $y = Y + \dfrac{1}{3}$로 변수변환 하면 주어진 미분방정식은

$$(2X - Y) - (X - 2Y)\frac{dY}{dX} = 0$$

또는

$$\left(2 - \frac{Y}{X}\right) - \left(1 - 2\frac{Y}{X}\right)\frac{dY}{dX} = 0$$

이므로 $\dfrac{Y}{X} = V$, 즉 $Y = VX$이라 놓으면

$$\frac{dY}{dX} = V + X\frac{dV}{dX}$$

이므로 위 미분방정식은

$$(2-V)-(1-2V)\left(V+X\frac{dV}{dX}\right)=0$$

또는

$$2(1-V+V^2)-(1-2V)X\frac{dV}{dX}=0$$

으로 나타낼 수 있다. 변수를 분리하면

$$\frac{2}{X}dX+\frac{-1+2V}{1-V+V^2}dV=0$$

이 된다. 이것을 적분하면

$$2\ln X+\ln(1-V+V^2)=c$$

이고 이를 대수적으로 정리하면

$$X^2(1-V+V^2)=a,\quad (a=\pm e^c)$$

이 성립한다. 또한 $V=\dfrac{Y}{X}$이므로

$$X^2-XY-Y^2=a$$

이 되고 $X=x+\dfrac{1}{3},\quad Y=y-\dfrac{1}{3}$이므로

$$x^2-xy+y^2-x-y=b,\qquad (b: \text{임의상수})$$

예 제 **4.** $(x-y+3)-(2x-2y+5)\dfrac{dy}{dx}=0$을 풀어라.

[**풀이**] $u=x-y$라 놓으면

$$\frac{dy}{dx}=1-\frac{du}{dx}$$

이다. 그러므로 주어진 미분방정식은

$$u + 3 - (2u + 5)\left(1 - \frac{du}{dx}\right) = 0$$

또는

$$-u - 2 + (2u + 5)\frac{du}{dx} = 0$$

으로 나타낼 수 있으며 이를 변수분리하면

$$dx - \frac{2u + 5}{u + 2}du = 0 \tag{1.26}$$

이 된다. 식 (1.26)을 적분하면

$$x - 2u - \ln|u + 2| = c$$

이 성립한다. 따라서, 일반해는 다음과 같이 얻을 수 있다.

$$-x + 2y - \ln|x - y + 2| = c$$

연습문제 1-3

1. 다음 주어진 함수들은 동차 함수 인가? 동차함수인 경우에는 차수를 구하여라.

   (1) $f(x, y) = x - 3\sqrt{xy} + 5y$
   (2) $f(x, y) = \sqrt{x^3 + y^3}$
   (3) $f(x, y) = x^2 + y^2 + 1$
   (4) $f(x, y) = \dfrac{x}{2y} + 4$
   (5) $f(x, y) = 6xy^3 - x^2y^2$
   (6) $f(x, y) = x^2 + 3xy + y^2$
   (7) $f(x, y) = \sin\dfrac{x}{x + y}$
   (8) $f(x, y) = \dfrac{\ln x^3}{\ln y^3}$
   (9) $f(x, y) = \ln x^2 - 2\ln y$
   (10) $f(x, y) = (x + y + 1)^2$

2. 다음 주어진 미분방정식을 풀어라.

(1) $(x+y)dx(x-y)dy=0$

(2) $2x^3y(x^4y^4)y'=0$

(3) $y'=\dfrac{y}{x}+e^{-\frac{y}{x}}$

(4) $(x^2+y^2)dx+(x^2xy)dy=0$

(5) $(2\sqrt{xy}-y)dx-xdy=0$

(6) $2x^3ydx+(x^4+y^4)dy=0$

(7) $(y^2+2xy)dx-x^2dy=0$

(8) $\dfrac{dy}{dx}=\dfrac{y^2}{xy-x^2}$

3. 다음 초기치 문제를 풀어라.

(1) $x\dfrac{dy}{dx}=y+xe^{y/x},\quad y(1)=1$

(2) $\dfrac{dy}{dx}=\dfrac{y+1}{x+2y},\quad y(2)=0$

(3) $x\dfrac{dy}{dx}=y+xe^{\frac{y}{x}},\quad y(1)=1$

(4) $xydx-x^2dy=y\sqrt{x^2+y^2}dy,\quad y(0)=1$

(5) $ydx+(y\cos\dfrac{y}{x}-x)dy=0,\quad y(0)=2$

(6) $(\sqrt{x}+\sqrt{y})^2dx=xdy,\quad y(1)=0$

(7) $\dfrac{dy}{dx}-\dfrac{y}{x}=\cosh\dfrac{y}{x},\quad y(1)=0$

(8) $y^2dx+(x^2+xy+y^2)dy=0,\quad y(0)=1$

(9) $ydx+(y+\cos\dfrac{x}{y}-x)dy=0,\quad y(0)=2$

1.4 완전미분방정식

1계 미분방정식을

$$P(x,y)dx + Q(x,y)dy = 0 \tag{1.27}$$

인 형으로 쓸 수 있다. 만약 이 방정식의 좌변이 어떤함수 $u(x,y)$가 존재하여 전미분 du와 같을 때, 이를 **완전 미분방정식**(exact differential equation)이라 한다.

방정식 (1.27)이 완전 미분방정식이면

$$P(x,y)dx + Q(x,y)dy = \frac{\partial u}{\partial x}dx + \frac{\partial u}{\partial y}dy$$

가 되는 함수 $u(x,y)$가 있으므로 식(1.27)은 다음과 같이 된다.

$$du(x,y) = 0$$

따라서 완전 미분방정식 $P(x,y)dx + Q(x,y)dy = 0$ 의 일반해를 다음과 같이 얻을 수 있다.

$$u(x,y) = c \tag{1.28}$$

정 리 1.4.1. $P(x,y)dx + Q(x,y)dy = 0$가 완전미분방정식이 되기 위한 필요충분조건은 다음과 같다.

$$\frac{\partial P}{\partial y} = \frac{\partial Q}{\partial x}$$

[**증명**] ($\Rightarrow$) $Pdx + Qdy = 0$가 완전 미분방정식이면 함수 $u(x,y)$가 존재하여

$$Pdx + Qdy = \frac{\partial u}{\partial x}dx + \frac{\partial u}{\partial y}dy$$

이므로

$$P = \frac{\partial u}{\partial x}, \quad Q = \frac{\partial u}{\partial y} \tag{1.29}$$

이다. 따라서

$$\frac{\partial P}{\partial y} = \frac{\partial^2 u}{\partial y \partial x} \quad , \quad \frac{\partial Q}{\partial x} = \frac{\partial^2 u}{\partial x \partial y}$$

이므로, $\frac{\partial P}{\partial y}, \frac{\partial Q}{\partial x}$가 연속이면 Schwartz 정리에 의하여

$$\frac{\partial P}{\partial y} = \frac{\partial Q}{\partial x}$$

이다.

($\Leftarrow$) 주어진 방정식

$$P(x, y)dx + Q(x, y)dy = 0$$

에서 우선 $\frac{\partial P}{\partial y} = \frac{\partial Q}{\partial x}$임을 밝히고 이 경우 $\frac{\partial u}{\partial x} = P(x, y)$라고 가정하자. 그런 다음에 y를 상수로 보고서 $P(x, y)$를 x에 관하여 적분하여 u를 구할 수 있다. 즉,

$$u(x, y) = \int (x, y)dx + g(y) \tag{1.30}$$

여기서 임의의 함수 $g(y)$는 적분상수이다. 이제 위 식을 y에 관하여 미분하고 $\frac{\partial u}{\partial y} = Q(x, y)$라 가정하면

$$\frac{\partial u}{\partial y} = \frac{\partial}{\partial y} \int P(x, y)dx + g'(y) = Q(x, y)$$

따라서

$$g'(y) = Q(x, y) - \frac{\partial}{\partial y} \int P(x, y)dx \tag{1.31}$$

이다. 위 우변의 식 $Q(x,y) - \dfrac{\partial}{\partial y}\displaystyle\int P(x,y)dx$는

$$\begin{aligned}\frac{\partial}{\partial x}\left[Q(x,y) - \frac{\partial}{\partial y}\int P(x,y)dx\right] &= \frac{\partial Q}{\partial x} - \frac{\partial}{\partial y}\left(\frac{\partial}{\partial x}\int P(x,y)dx\right) \\ &= \frac{\partial Q}{\partial x} - \frac{\partial P}{\partial y} = 0\end{aligned}$$

이므로 x와 무관하다. 마지막으로 식 (1.31)을 y에 관하여 적분하여 식 (1.30)에 대입하면 주어진 방정식의 해 $u(x,y) = c$를 얻는다. □

$P(x,y)dx + Q(x,y)dy = 0$ 가 완전 미분방정식이면 그 일반해는 다음과 같다.

$$\int Pdx + \int\left[Q - \frac{\partial}{\partial y}\int Pdx\right]dy = c$$

예 제 1. 방정식 $2xydx + (x^2 + \cos y)dy = 0$을 풀어라.

[**풀이**] **단계 1** : $P(x,y) = 2xy,\ \ Q(x,y) = x^2 + \cos y$이라 놓으면 $\dfrac{\partial P}{\partial y} = 2x = \dfrac{\partial Q}{\partial x}$ 이므로 방정식은 완전미분형이다.

단계 2 : 따라서

$$\frac{\partial u}{\partial x} = 2xy \tag{1.32}$$
$$\frac{\partial u}{\partial y} = x^2 + \cos y \tag{1.33}$$

되는 함수 $u(x,y)$가 존재한다.

단계 3 : 식 (1.32)을 x에 관하여 적분하면

$$u(x,y) = x^2y + f(y)$$

이라 하자.

단계 4 : [단계 3] 에서 y에 관해 편미분한 결과가

$$\frac{\partial U}{\partial y}=\frac{x^2y+f(y)}{\partial y}=x^2+\cos y$$

이므로 이를 $Q(x,y)$와 같게 두자. 즉

$$x^2+f'(y)=x^2+\cos y,\quad f'(y)=\cos y, f(y)=\sin y+c_1$$

단계 5 : 따라서 구하는 일반해는 다음과 같음을 알 수 있다.

$$u(x,y)=x^2y+\sin y=c$$

예 제 2. $(\cos x\sin x-xy^2)dx+y(1-x^2)dy=0$을 풀어라. 단, $y(0)=2$이다.

[**풀이**] 주어진 방정식에서

$$P(x,y)=\cos x\sin x-xy^2,\quad Q(x,y)=y(1-x^2)$$

이라 놓으면

$$\frac{\partial P(x,y)}{\partial y}=-2xy=\frac{\partial Q(x,y)}{\partial x}$$

이므로 주어진 미분방정식은 완전미분형이다. 따라서 일반해는

$$u(x,y)=\int_0^x(\cos t\sin t-ty^2)dt+\int_o^y[t(1-x^2)]_{x=0}\,dt=c'$$

$$\frac{1}{2}\sin^2 x-\frac{1}{2}x^2y^2+\frac{1}{2}y^2=c'$$

또는

$$-\sin^2 x+y^2(1-x^2)=c$$

이다. 한편 초기조건이 $x=0$이면 $y=2$이므로 일반해에 대입하면 $c=4$ 를 얻을

수 있으며, 구하고자 하는 초기조건을 만족하는 특수해는 아래와 같다.

$$y^2(1-x^2)+\sin^2 x=4$$

미분방정식

$$ydx+2xdy=0 \tag{1.34}$$

은 완전미분방정식은 아니지만, 식 (1.34)의 양변에 y를 곱하면 다음과 같은 완전미분방정식을 얻는다.

$$y^2dx+2xydy=d(xy^2)=0$$

위에서 언급한 y뿐만 아니라 식 (1.34)의 양변에 $\dfrac{1}{xy}$, xy^3, $\dfrac{1}{\sqrt{x}}$을 곱하면 또 다른 완전미분방정식을 얻을수 있다. 일반적으로 미분방정식

$$P(x,y)dx+Q(x,y)dy=0$$

에서 적당한 함수 $\mu(x,y)$에 대하여

$$\mu(Pdx+Qdy)=0$$

이 완전미분방정식일 때, μ를 주어진 미분방정식의 **적분인자**(integrating factor)라고 한다. 미분방정식 $Pdx+Qdy=0$이 완전미분방정식이 아닐 때, 적분인자를 양변에 곱해 주면 완전미분방정식으로 변환되므로 완전미분방정식의 방법을 이용하여 풀 수 있다.

$$\mu Pdx+\mu Qdy=0 \tag{1.35}$$

(1.35)은 완전 미분방정식이므로 이를 미분하면

$$P\frac{\partial \mu}{\partial y} - Q\frac{\partial \mu}{\partial x} = \left(\frac{\partial Q}{\partial x} - \frac{\partial p}{\partial y}\right)\mu$$

이다.

위 식을 이용하면 특수한 경우의 적분인자를 구하는 방법을 알 수 있다. 증명은 생략한다.

정 리 1.4.2. 미분방정식 $P(x,y)dx + Q(x,y)dy = 0$에서

[1] $\frac{1}{Q}\left(\frac{\partial P}{\partial y} - \frac{\partial Q}{\partial x}\right) = f(x)$이면, 적분인자 μ는 $\mu = e^{\int f(x)dx}$

[2] $\frac{1}{P}\left(\frac{\partial Q}{\partial x} - \frac{\partial P}{\partial y}\right) = f(y)$이면, 적분인자 μ는 $\mu = e^{\int f(y)dy}$

[3] $\frac{1}{Qy - Px}\left(\frac{\partial P}{\partial y} - \frac{\partial Q}{\partial x}\right) = f(xy)$이면, 적분인자 μ는 $\mu = e^{\int f(xy)d(xy)}$

[4] $\frac{x^2}{Px + Qy}\left(\frac{\partial Q}{\partial x} - \frac{\partial P}{\partial y}\right) = f\left(\frac{y}{x}\right)$이면, 적분인자 μ는 $\mu = e^{\int f(\frac{y}{x})d(\frac{y}{x})}$

예 제 3. 다음 미분방정식을 풀어라.

$$2xydx - (3x^2 - y^2)dy = 0 \tag{1.36}$$

[풀이] $P(x,y) = 2xy,\quad Q(x,y) = -3x^2 + y^2$이고

$$\frac{\partial P}{\partial y} = 2x \neq -6x = \frac{\partial Q}{\partial x}$$

이므로 주어진 미분방정식은 완전미분방정식이 아니다.

$$\frac{\partial Q}{\partial x} - \frac{\partial P}{\partial y} = -6x - 2x = -8x$$

이므로 이것을 $P(x,y) = 2xy$로 나누면, 즉

$$\frac{1}{P}\left(\frac{\partial Q}{\partial x} - \frac{\partial P}{\partial y}\right) = \frac{-8x}{2xy} = -\frac{4}{y}$$

로 y만의 함수가 되므로 적분인자를 구하면

$$\mu = e^{\int\left(-\frac{4}{y}\right)dy} = e^{-4\int\frac{1}{y}dy} = e^{-4\log y} = y^{-4}$$

임을 알 수 있다. 따라서 이 적분인자 y^{-4}을 주어진 미분방정식 식(1.36)의 양변에 곱하면

$$2xy^{-3}dx - (3x^2y^{-4} - y^{-2})dy = 0 \tag{1.37}$$

이다. 이 때,

$$\frac{\partial}{\partial y}(2xy^{-3}) = -6xy^{-4} = \frac{\partial}{\partial x}\{-(3x^2y^{-4} - y^2)\}$$

이므로 이 미분방정식 (1.37)는 완전미분방정식이므로 일반해를 구하면

$$\begin{aligned}
&\int 2xy^{-3}dx + \int\left[-(3x^2y^{-4} - y^{-2}) - \frac{\partial}{\partial y}\int wxy^{-3}dx\right]dy \\
&= x^2y{-}3 + \int[-(3x^2y^{-4} - y^{-2} - (-3x^2y^{-4})]dy \\
&= x^2y^{-3} + \int y^{-2}dy \\
&= x^2y^{-3} - y^{-1}
\end{aligned}$$

그러므로 구하는 일반해는 $x^2y^{-3} - y^{-1} = c$ 이므로, 이를 정리하면

$$x^2 - y^2 - cy^3 = 0$$

이다.

예 제 **4.** 미분방정식 $4x^2y + \left(2x^3 + \dfrac{1}{xy^2}\right)y' = 0$을 풀어라

[**풀이**] $P = 4x^2y,\quad Q = 2x^3 + \dfrac{1}{xy^2}$ 이라 놓으면

$$\frac{1}{Qy - Px}\left(\frac{\partial P}{\partial y} - \frac{\partial Q}{\partial x}\right) = \frac{1}{xy}$$

이므로 적분인수 μ는

$$\mu = e^{\int \frac{1}{xy}d(xy)} = xy$$

이다. 주어진 미분방정식의 양변에 xy를 곱하면

$$4x^3y^2dx + \left(2x^4y + \frac{1}{y}\right)dy = 0$$

이 되어 완전미분방정식으로 변형되었다. 그런데

$$\frac{\partial u}{\partial x} = 4x^3y^2 + f(y)$$

에 의하여

$$u(x, y) = \int 4x^3y^2dx + l(y) = x^4y^2 + f(y)$$

를 얻고,

$$\frac{\partial u}{\partial y} = 2x^4y + \frac{df}{dy} = 2x^4y + \frac{1}{y}$$

이므로

$$\frac{df}{dy} = \frac{1}{y}$$

이 된다. 따라서 양변을 적분하면 $f(y) = \ln y$ 이므로 구하려는 미분방정식의 일반해는 다음과 같다.

$$x^4y^2 + \ln y = c$$

어떤 미분방정식에서는 직관적으로 적분인자를 찾을 수도 있다. 이를 테면,

$$ydx - xdy = 0$$

에서 $\frac{1}{x^2}$을 양변에 곱한다고 하면

$$\frac{ydx - xdy}{x^2} = d\left(\frac{y}{x}\right)$$

이므로 주어진 미분방정식은 완전미분방정식이고 일반해는

$$\frac{y}{x} = c, \quad y = cx \quad \text{이다}$$

.

$\frac{1}{x^2}$이외에도 $\frac{1}{y^2}$, $\frac{1}{xy}$, $\frac{1}{x^2+y^2}$인 적분인자도 생각할 수 있다. 즉,

$$\frac{ydx - xdy}{y^2} = d\left(\frac{y}{x}\right)$$

$$\frac{ydx - xdy}{xy} = d\left(\ln\frac{y}{x}\right)$$

$$\frac{ydx - xdy}{x^2+y^2} = -d\left(\tan^{-1}\frac{y}{x}\right)$$

이와 같이 적분인자를 직관적으로 찾아서 미분방정식을 풀어도 된다. 적분인자의 발견은 사실상 매우 어려운 일이다. 반복적인 훈련에 의하여 쉽게 찾아낼 수도 있다. 다음 공식들은 미분방정식 해법에 자주 등장하는 적분인자들이다.

$$d(xy) = ydx + xdy$$

$$d(x^2+y^2) = 2xdx + 2ydy$$

$$d\left(\frac{y}{x}\right) = \frac{1}{x^2}(xdy - ydx)$$

$$d\left(\tan^{-1}\frac{y}{x}\right) = \frac{1}{x^2+y^2}(xdy - ydx)$$

$$d\left(\ln\frac{y-x}{y+x}\right) = \frac{1}{y^2-x^2}(xdy - ydx)$$

$$d\left(\frac{x+y}{x-y}\right) = \frac{1}{(x-y)^2}(2xdy - 2ydx)$$

$$d\left(\frac{x-y}{x+y}\right) = \frac{1}{(x+y)^2}(2ydx - 2xdy)$$

예 제 **5.** 미분방정식 $xdy - ydx + (x-y)^2dx = 0$을 풀어라.

[**풀이**] 준식의 양변을 $(x-y)^2$으로 나누면

$$\frac{1}{2}\left(\frac{2xdy - 2ydx}{(x-y)^2}\right) + dx = 0$$

이다. 따라서 구하는 일반해는

$$\frac{1}{2}\left(\frac{x+y}{x-y}\right) + x = c$$

이므로, 이를 정리하면 다음과 같다.

$$2x^2 - 2xy + x + y = c(x-y)$$

연습문제 1-4

1. 다음 주어진 미분방정식을 풀어라.

   (1) $2xydx + (x^2 + \cos y)dy = 0$

   (2) $(2xy+1)dx + (x^2 - 6y)dy = 0$

   (3) $(3x^2y + x + e^x\sin y)dx + (x^3 + y + e^x\cos y)dy = 0$

   (4) $(x^3 + 3xy^2)dx + (3x^2y + y^3)dy = 0$

(5) $e^x(\cos y dx - \sin y dy) = 0$

(6) $(2x + e^y)dx + xe^y dy = 0$

(7) $(\cot y + x^2)dx = x \csc^2 y dy$

(8) $y^3 dx + 3xy^2 dy = 0$

2. 다음 미분방정식의 초기치 문제를 풀어라.

(1) $(\sin x \cosh y)dx - (\cos x \sinh y)dy = 0, \quad y(0) = 0$

(2) $(\cos x \sin x - xy^2)dx + y(1 - x^2)dy = 0, \quad y(0) = 2$

(3) $xdy + y^2 dx = 0, \quad y(1) = 0$

(4) $4dx + x^{-1}dy = 0, \quad y(1) = -8$

(5) $(t - 1)dx + (x - 3)dy = 0, \quad y(0) = \frac{2}{3}$

(6) $(x - 1)dx + (y + 1)dy = 0, \quad y(1) = 0$

(7) $\cos \pi x \cos 2\pi y dx = 2 \sin \pi x \sin \pi y dy, \quad y\left(\frac{3}{2}\right) = \frac{1}{2}$

(8) $\sinh x dx + y^{-1} \cosh x dy = 0, \quad y(0) = \pi$

3. 다음 주어진 방정식의 적분인자를 구하여라.

(1) $ydx + (x + x^3y^2)dy = 0$

(2) $(2xy^2 + y)dx + (x + 2x^2y - x^4y^3)dy = 0$

(3) $(x^2 + y^2)dx - 2xydy = 0$

(4) $(y^3 + y)dx + (xy^2 - x)dy = 0$

(5) $(x^2 + y^2 + x)dx + xydy = 0$

(6) $y^2dx + (3xy + y^2 - 1)dy = 0$

4. 다음 미분방정식을 풀어라.

(1) $ydx - xdy = 0$

(2) $2xydx + (2x^2 + 3y)dy = 0$

(3) $[x^2 + (y + 4)x + 3y]dx + xdy = 0$

(4) $2xyz^2dx + z^2dy + ydz = 0$

1.5 1계 선형 미분방정식

1계 선형미분방정식은 선형시스템과 같은 공학문제에서 흔히 볼 수 있는 미분방정식 형태로 다음과 같다.

$$\frac{dy}{dx} + P(x)y = Q(x) \tag{1.38}$$

이 식 (1.38)에서 $Q(x)$를 **제차항**(homogeneous term)이라 한다. 이 때, $Q(x) \neq 0$인 방정식을 **비제차 미분방정식**(nonhomogeneous differential equation)이라 하고 $Q(x) = 0$인 경우의 방정식을 **제차 미분방정식**(homogeneous differential equation)이라 한다. 여기서 $P(x)$와 $Q(x)$는 독립변수 x만의 함수이다. 식(1.38)에 대한 일반해는 다음과 같다.

(1) 비제차 미분방정식 ($Q(x) \neq 0$)의 해

우선 비제차 선형미분방정식의 적분인자를 직접 구하여 보자. 그러기 위하여 (식1.38)을

$$(P(x)y - Q(x))\,dx + dy = 0$$

과 같이 변형하여, $M(x,y) = P(x)y - Q(x),\ N(x,y) = 1$이라 하면

$$\mu(x,y) = \frac{\dfrac{\partial N(x,y)}{\partial x} - \dfrac{\partial M(x,y)}{\partial y}}{N(x,y)} = -P(x)$$

는 x만의 함수이고, 따라서 적분인자 $\mu(x,y)$는

$$\mu(x,y) = \exp\left\{-\int(-P(x))dx\right\} = \exp\left\{\int P(x)dx\right\}$$

이다. 그러므로 (식1.38)의 양변에 $\mu(x,y)$를 곱한 결과는

$$y' \exp\left\{\int P(x)dx\right\} + yP(x)\exp\left\{\int P(x)dx\right\}$$

$$= Q(x) \exp\left\{\int P(x)dx\right\}$$

또는

$$d\left(y \exp\left\{\int P(x)dx\right\}\right) = d\left(\int Q(x) \exp\left\{\int P(x)dx\right\} dx\right)$$

이다. 끝으로 양변을 적분하면

$$y \exp\left\{\int P(x)dx\right\} = \int Q(x) \exp\left\{\int P(x)dx\right\} dx + c, \quad (\text{c : 임의의 상수})$$

이므로 (식1.38)의 일반해는

$$\begin{aligned} y &= \exp\left\{-\int P(x)dx\right\} \cdot \left[\int Q(x) \exp\left\{\int P(x)dx\right\} dx + c\right] \\ &= e^{-\int P(x)dx}\left[\int Q(x)e^{\int P(x)dx} dx + K\right] \\ &= Ke^{-\int P(x)dx} + e^{\int P(x)dx}\int Q(x)e^{\int P(x)dx} dx \\ &\equiv y_c + y_p \end{aligned} \tag{1.39}$$

여기서 y_c를 선형미분방정식의 **보조해**(complementary solution)라 하고, y_p를 **특수해**(particular solution)라 한다.

예 제 1. 다음 선형미분방정식을 풀어라.

$$\frac{dy}{dx} + \frac{y}{x} = 3x$$

[풀이] $P(x) = \frac{1}{x}$, $Q(x) = 3x$이므로

$$y = e^{-\int pdx}\left[\int Q^{\int pdx} dx + c\right]$$

에 대입하면

$$\begin{aligned} y &= e^{-\int \frac{1}{x}dx}\left[\int 3xe^{\int \frac{1}{x}}dx + c\right] \\ &= e^{-\ln x}\left[\int 3xe^{\int \ln x}dx + c\right] \\ &= \frac{1}{x}\left[\int 3x^2 dx + c\right] \\ &= \frac{1}{x}\left[x^3 + c\right] \end{aligned}$$

따라서 구하는 일반해는 다음과 같음을 알 수 있다.

$$x^3 - xy + c = 0$$

(2) 제차 미분방정식 ($Q(x) = 0$)의 해

$$y = ce^{-\int P(x)dx} \ (\equiv y_c) \tag{1.40}$$

일반적으로 보조해는 제차미분방정식의 해를 나타내며 특수해는 제차항 $Q(x)$에 의해 결정되는 해이다. 이 때 특수해는 일반해에 적분상수를 특정한 값으로 대입했을 때의 해와는 다른 의미로 사용됨을 주의해야 한다.

전형적으로 제차항은 물리시스템에서 입력에 해당되는 경우가 많다. 따라서, 이러한 선형 미분방정식의 해는 이 방정식이 나타나는 물리시스템의 종류에 따라 다음과 같은 용어들이 정의되기도 한다.

일반해 = 보조해 + 특수해 (일반수학) (1.41)

일반해 = 자유응답 + 강제응답 (기계, 물리학) (1.42)

일반해 = 영입력응답 + 영상태응답 (물리학, 자동제어) (1.43)

완전해 = 과도응답 + 정상상태응답 (회로망이론, 자동제어) (1.44)

식 (1.41)~(1.44)의 우변항에 보조해, 자유응답(free response) 및 영입력응답(zero input response)과 두번째 항인 특수해, 강제응답(forced response) 및 영상태응답(zero state response)은 동일한 의미로 사용된다. 그렇지만, 식 (1.41)의 과도응답(transient response)과 정상상태응답(steady state response)은 유사 개념이 아님을 주목해야 한다.

예 제 **2.** R-L 회로 그림 와 같이 저항 R과 자기인덕턴스 L을 직렬로 접속한 회로에 시간 t=0에 스위치를 닫아서 직류전압 E를 인가한 경우, 시간 t=t인 순간에 회로에 흐르고 있는 전류를 i라 하면, Kirchhoff의 법칙에 의해 다음의 전압방정식이 성립한다.

$$L\frac{di}{dt} + Ri = E \tag{1.45}$$

이 미분방정식은 선형 1계 미분방정식이며, 그 일반해 i는 보조해 i_t와 특별해 i_s와의 합으로 표시된다. 즉

$$i = i_t + i_s \tag{1.46}$$

특히 전기회로의 과도현상을 취급할 때는 이 보조해 i_t를 **과도항**, 특별해 i_s를

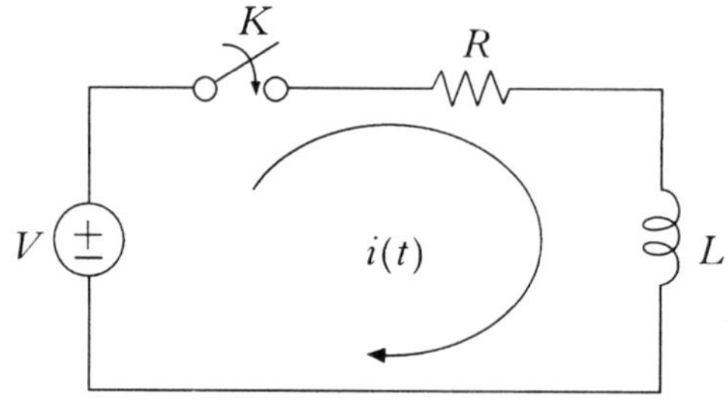

[**그림 1-5**] RL회로

정상항이라 한다. 여기서 특별해 i_s는 정상전류이며 이 경우의 인가 기전력은 직류전압이므로 정상전류도 직류가 되어야 한다. 즉 i_s는 일정한 값이므로 이 관계를 식에 적용하면

$$0 + Ri_s = E$$

$$i_s = \frac{E}{R} \tag{1.47}$$

다음에 $E = 0$으로 했을 때의 보조해 i_t는 다음의 방정식을 만족한다.

$$L\frac{di_t}{dt} + Ri_t = 0 \tag{1.48}$$

식 (1.48)을 변수분리하여 정리하면, 다음과 같다.

$$\frac{di_t}{i_t} = -\frac{R}{L}t + a, \quad (a\text{는 적분상수}) \tag{1.49}$$

이 식(1.49)을 지수함수로 고쳐쓰면

$$i_t = Ae^{-\frac{R}{L}t} \tag{1.50}$$

가 얻어진다. 여기서 A는 적분상수 a의 역대수이나 적분정수는 임의의 값이므로 이 A를 적분정수라고 생각해도 된다. 그러므로 식(1.45)의 일반해는

$$i = \frac{E}{R} + Ae^{-\frac{R}{L}t} \tag{1.51}$$

가 된다. 적분정수 A는 초기조건에 의해 결정된다. 지금 $t = -0$ 즉 s를 닫기 직전에 회로전류 $i = +0$ 즉 s를 닫기 직후에도 i는 0이 되어야 한다. 왜냐하면 만일 i가 $t = -0$ 때의 0으로부터 $t = +0$ 일 때 어느 값으로 갑자기 증가하게 되면 $L\frac{di}{dt}$ 가 무한대로 되어 그 순간에 식이 성립할 수 없게 되기 때문이다. 따라서 이 회로의 초기 조건은 $t = 0$ 일 때 $i = 0$ 이 초기조건을 식(1.51)에 대입하면

$$\begin{aligned} 0 &= \frac{E}{R} + A \\ A &= -\frac{E}{R} \end{aligned} \tag{1.52}$$

이 적분상수를 식(1.51)에 대입하면

$$i = \frac{E}{R}(1 - e^{-\frac{R}{L}t}) \tag{1.53}$$

가 된다. 지금 전류 i 의 시간적 변화는 그림과 같이 0으로부터 점차 증가하여 정상전류 $I = \dfrac{E}{R}$ 에 접근한다. 또 전류 i 의 곡선에 $t = 0$에서 접선을 긋고 이것이 정상전류 $i = I$의 점근선과 교차하는 시각을 τ 라 한다. 우선 접선을 구하기 위해 식을 미분하면

$$\frac{di}{dt} = \frac{E}{L}e^{-\frac{R}{L}t} \tag{1.54}$$

가 된다. 따라서 t=0에 대한 값은

$$\tan\Theta = \left(\frac{di}{dt}\right)_{t=0} = \frac{E}{L} \tag{1.55}$$

이고, 그림에서 $\tan\Theta = \dfrac{I}{\tau}$이므로 위의 식과 비교하면

$$\tau = \frac{L}{R} \tag{1.56}$$

이때 τ 를 $R-L$ 회로의 **시정수**(time constant)라 하며, τ 의 역수 즉, $\alpha = \dfrac{1}{\tau} = \dfrac{R}{L}$ 를 **감쇠정수**(attenuation constant)라 한다.

예 제 3. R-L 회로의 직류전압을 제거한 경우 그림 과 같은 $R-L$ 회로에 정상전류 I 가 흐르고 있는 경우, $t = 0$에서 스 위치 s를 닫음과 동시에 스위치 s_1을 열면 이 회로에 가해진 직류전압을 제거시키게 되므로 회로의 전류 i 는 점차 감소한다. 이 경우의 전압방정식은

$$L\frac{di}{dt} + Ri = 0$$

이 방정식의 일반해는 정상항이 0이 되어 과도항만으로 이루어진다. 따라서 식

과 마찬가지로

$$i = Ae^{-\frac{R}{L}t} \tag{1.57}$$

가 된다. 적분함수 A를 결정하는 초기조건은 $t = 0$ 에서$i = I$ 이므로 A=I 이다. 따라서

$$i = Ie^{-\frac{R}{L}t} \tag{1.58}$$

가 된다. 이 전류의 시간적 변화는 그림과 같으며, $t = 0$에 있어서의 전류 곡선에 대한 접선이 횡축과 교차하는 점까지의 시간 τ는 이 경우의 시정수 $\frac{L}{R}$이 된다.

상수계수 1계 선형미분방정식

일반적으로 $\frac{dy}{dx} + P(x)y = Q(x)$ 에 있어서 다음과 같이 $P(x) = P$(상수) 인 경우를 상수계수 1계 선형미분방정식이라 한다.

$$\frac{dy}{dx} + Py = Q(x) \tag{1.59}$$

이 경우의 일반해는 식 (1.39)에 의하여 다음과 같이 주어진다.

$$\begin{aligned} y &\equiv y_c + y_p \\ &= ce^{-Px} + e^{-Px}\int Q(x)e^{Px}dx \end{aligned} \tag{1.60}$$

또한, $Q(x) = Q$(상수) 인 경우에는

$$\begin{aligned} y &\equiv y_c + y_p \\ &= ce^{-Px} + \frac{Q}{P} \end{aligned} \tag{1.61}$$

이고, 특히, $Q = 0$인 경우에 그 일반해는

$$y \equiv y_c = Ke^{-Px} \tag{1.62}$$

이다.

상수계수를 갖거나 제차항이 상수인 미분방정식의 일반해를 구하는 방법은 잘 기억하는 것이 좋다. 왜냐하면, 선형회로망이나 선형제어시스템에서는 미분방정식의 계수가 상수로 주어지는 경우가 많고 특히, 입력으로 직류신호를 사용하는 경우나 직류와 같은 성질을 가진 신호(예컨데, 일정위치, 온도 등)가 사용되는 시스템의 동특성은 제차항이 상수로 주어지기 때문이다.

한편, 일반적인 공학문제에서는 독립변수 x대신 시간변수 t를 주로 사용한다. 따라서, 방정식의 계수가 $P(t)$인 경우를 **시변미분방정식**(time varying differential equation)이라 하고, 계수 P가 상수인 방정식을 **시불변미분방정식**(time-invariant differential equation)이라 한다. 이 경우, 시변 미분방정식으로 표현되는 시스템을 **시변시스템**(time varying system)이라 하고 시불변 미분방정식으로 기술되는 시스템을 **시불변시스템**(time-invariant system)이라 한다.

예 제 4. 다음과 같은 미분방정식의 일반해를 구하여라.

$$\frac{dy}{dx} + 2y = 3e^{-4x}$$

[**풀이**] 이 식은 상수계수 선형미분방정식으로 공식을 이용하여 일반해를 구하면

$$\begin{aligned} y &= e^{-2x}\left[\int 3e^{-4x}e^{2x}dx + c\right] \\ &= e^{-2x}\left[-\frac{3}{2}e^{-2x} + c\right] \\ &= ce^{-2x} - \frac{3}{2}e^{-4x} \end{aligned}$$

이다.

예 제 5. 다음 미분방정식의 완전해를 구하여라.

$$y' + 2y = 10, \quad y(0) = 0$$

[풀이] 보조해는

$$y_c = ce^{-2x}$$

이고 특수해는 제차항이 상수이므로

$$y_p = \frac{10}{2} = 5$$

결국 일반해는 보조해와 특수해의 합이므로 다음과 같이 간단히 구해진다.

$$y = ce^{-2x} + 5 \tag{1.63}$$

식(1.63)에 초기조건을사용하면

$$y = ce^{-2x} + 5|_{x=10}$$

이고, 이를 계산하면

$$c + 5 \equiv 0 \ \text{즉,} \ c = -5$$

와 같이 구할 수 있다. 따라서 완전해는 다음과 같다.

$$y = 5(1 - e^{-2x})$$

예 제 6. 그림과 같은 RL회로가 있다. $t = 0$일 때 스위치 K를 닫았다. 전류를 구하는 회로방정식을 구하고 완전해를 구하여라. 단, $i(0) = 0$이고, $L = 2[H]$, $R = 10[\Omega]$, $V = 20[V]$이다.

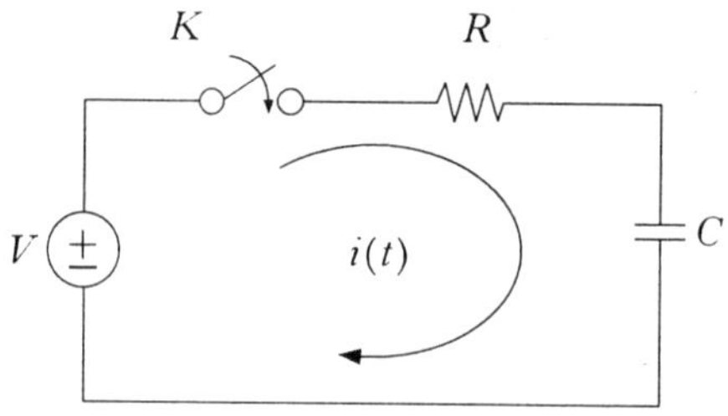

[**그림 1-6**] RC회로

[**풀이**] Kirchhoff 전압법칙에 의하여

$$v_L(t) + v_R(t) = V \quad (t \geq 0)$$

과 같은 방정식을 만들 수 있고 이를 미분방정식으로 만들면 다음과 같다.

$$L\frac{di}{dt} + Ri(t) = V \tag{1.64}$$

식(1.64)에 $L = 2,\ R = 10,\ V = 20$을 대입하면

$$2\frac{di}{dt} + 10i = 20$$

이 성립하므로, 다음과 같이 정리할 수 있다.

$$\frac{di}{dt} + 5i = 10$$

이 식은 상수계수 선형미분방정식이므로 식(1.61)를 적용하면 일반해는

$$\begin{aligned} i(t) &= ce^{-5t} + \frac{10}{5} \\ &= ce^{-5t} + 2 \end{aligned}$$

이고, 일반해에 초기조건을 대입하면

$$i(t)|_{t=0} = ce^{-5t} + 2|_{t=0}$$

이므로, 이를 정리하면, 상수 c를 다음과 같이 얻을 수 있다.

$$i(0) = c + 2 \equiv 0 \to c = -2$$

따라서 완전해는 다음과 같이 구해진다.

$$i(t) = 2(1 - e^{-5t}), \quad (t \geq 0)$$

여러가지 1계미분방정식

미분방정식

$$f'(y)\frac{dy}{dx} + f(y)P(x) = Q(x)$$

의 꼴의 방정식에서는 $v = f(y)$라는 변수변환으로

$$\frac{dv}{dx} + vP(x) = Q(x)$$

인 1계선형미분방정식이 된다.

예 제 7. $\dfrac{dy}{dx} + 1 = 4e^{-y}\sin x$ 또는 $(e^y)\dfrac{dy}{dx} + e^y = 4\sin x$를 풀어라.

[**풀이**] $v = f(y) = e^y$인 치환으로서, 이 방정식은

$$\frac{dv}{dx} + v = 4\sin x$$

가 된다. 적분인자가 e^x이므로

$$\begin{aligned} ve^x &= 4\int e^x \sin x dx \\ &= 2e^x(\sin x - \cos x) + c \end{aligned}$$

또는

$$e^y = 2(\sin x - \cos x) + ce^{-x}$$

이 성립한다.

예 제 **8.** $\sin y \dfrac{dy}{dx} = \cos y(1 - x\cos y)$ 또는 $\dfrac{\sin y}{\cos^2 y}\dfrac{dy}{dx} - \dfrac{1}{\cos y} = -x$를 풀어라.

[풀이]

$$\frac{d}{dy}\left(\frac{1}{\cos y}\right) = \frac{\sin y}{\cos^2 y}$$

이므로

$$v = \frac{1}{\cos y}$$

이라면, 이 방정식은

$$\frac{dv}{dx} - v = -x$$

이고, 적분인자 e^{-x}를 곱하면

$$ve^{-x} = -\int xe^{-x}dx = xe^{-x} + e^{-x} + c$$

또는

$$v = \frac{1}{\cos y} = \sec y = x + 1 + ce^x$$

이다.

연습문제 1-5

1. 다음 주어진 미분방정식을 풀어라.

(1) $y' + a(x)y = 0$

(2) $y' - xy = 0$

(3) $xy' + y = 0$

(4) $xy' + y = x\sin x$

(5) $y' + y = x^2$

(6) $y' + y\tan x = \sec x$

(7) $\dfrac{dy}{dx} - 3y = 0$

(8) $\dfrac{dy}{dx} = \dfrac{1}{x + y^2}$

(9) $\cos x\dfrac{dy}{dx} + y\sin x = 1$

(10) $\dfrac{dy}{dx} + y\cot x = 2\cos x$

(11) $(1 + x)y' - xy = x + x^2$

(12) $y' = (10 - y)\cosh x$

2. 다음 초기치 문제를 풀어라.

(1) $\dfrac{dy}{dx} + 5y = 20, \quad y(0) = 2$

(2) $y' = 2y + x(e^{3x} - e^{2x}), \quad y(0) = 2$

(3) $L\dfrac{di}{dt}Ri = E, \quad i(0) = i_0$

(4) $\dfrac{dQ}{dx} = 5x^4Q, \quad Q(0) = -7$

(5) $\dfrac{dT}{dt} = k(T - 50), \quad T(0) = 200$, ($k$는 상수)

(6) $(x + 1)\dfrac{dy}{dx} + y = \ln x, \quad y(1) = 10$

(7) $xy' + y = e^x, \quad y(1) = 2$

(8) $\sin x\dfrac{dy}{dx} + (\cos x)y = 0, \quad y\left(-\dfrac{\pi}{2}\right) = 1$

(9) $\dfrac{dy}{dx} = \dfrac{y}{y - x}, \quad y(5) = 2$

(10) $\cos^2 x\dfrac{dy}{dx} + y = 1, \quad y(0) = -3$

제 2 장

고계 선형 미분 방정식

1장에서 알아본 바와 같이 미분방정식 내의 최고계 도함수의 계수가 n계이면 그 미분방정식을 n계 미분방정식이라고 한다. 일반적으로 $n \geq 2$인 경우를 고계 미분방정식이라한다. 본 장에서는 고계이면서 선형인 미분방정식에 대해 알아본다.

2.1 예비이론

일반적으로 모든 미분방정식을 풀 수는 없지만, 특수한 미분방정식의 경우에는 체계적으로 그 해법을 구할 수 있다.
상수계수 n계 선형미분방정식의 형태는 다음과 같다.

$$y^{(n)} + a_{n-1}y^{(n-1)} + \cdots + a_2 y^{(2)} + a_1 y^{(1)} + a_0 y = Q(x)$$

여기서 $y^{(n)} = \dfrac{d^n y}{dx^n}$ 을 나타낸다. 이 때 $a_0, a_1, \cdots\cdots$ 는 상수이다.

1장에서 x만의 함수를 계수로 가지는 미분방정식을 선형이라고 하였다. 가장 일반적인 1계 선형미분방정식은

$$y' + P(x)y = Q(x)$$

이고, 일반적인 2계 선형미분방정식은

$$y'' + a(x)y' + b(x)y = Q(x)$$

이다. 예를 들어 R-L-C 회로의 전하에 관한 방정식

$$L\frac{d^2q}{dt^2} + R\frac{dq}{dt} + \frac{1}{C}q = E$$

또는 물리에서의 진자방정식

$$\frac{d^2\theta}{dt^2} + \frac{g}{L}\sin\theta = 0$$

과 같은 미분방정식은 2계 선형미분방정식이다. 특히 2계 선형미분방정식은 공학, 물리학, 화학뿐만 아니라 생물학에서 나타나는 여러가지 문제의 수학적 분석을 제공한다. 따라서 이 장에서는 상수계수를 갖는 2계 선형미분방정식을 중심으로 고계 선형미분방정식을 풀이하는 방법을 살펴본다.

상수계수 선형미분방정식은 선형회로망, 필터해석, 선형시스템 이론 등에서 자주 등장되는 형태이다. 1계 선형미분방정식 뿐만 아니라 일반적으로 고계 선형미분방정식의 일반해도 다음과 같은 형태로 주어진다.

$$\text{일반해}(y) = \text{보조해}(y_c) + \text{특수해}(y_p)$$

보조해(complementary solution)는 제차항이 없는 경우($Q(x) = 0$)에 초기치에 의해 나타나는 해이며, **특수해**(particular solution)는 제차항에 의해 나오는 해다. 이러한 미분방정식을 푸는 방법으로 Laplace 변환, Fourier 변환, 멱급수법(power series method)등이 있다. 그러나 여기에서는 고전적인 방법을 간단히 소개한다. 상수계수를 가진 선형미분방정식의 특수해는 여러가지 방법으로 구할 수 있으나 이 절에서는 가장 간편한 2가지 방법만을 다룬다. 일반적으로 고계 미분방정식의 해는 2계 미분방정식을 푸는 방법을 확장하면 되므로 우선 상수계수 2계 선형미분방정식의 해법을 고찰하기 위해 이에 필요한 몇가지 개념을 먼저 살펴 보도록 하자.

일차독립과 일차종속

선형미분방정식을 공부하는 데 기본이 되는 개념으로 일차종속과 일차독립을 살펴본다. 주어진 구간 I에서 정의 되는 n개의 함수 $f_1(x), f_2(x), \cdots, f_n(x)$와 n개의 상수 $c_1, c_2, \cdots, c_n$ 중에서 모두는 0 아닌 c_i에 대하여 항등적으로

$$c_1 f_1(x) + c_2 f_2(x) + \cdots + c_n f_n(x) = 0, \qquad (x \in I)$$

이 성립할 때 n개의 함수 $f_1(x), f_2(x), \cdots, f_n(x)$를 구간 I에서 **일차종속**(linearly dependent)이라 하고, 구간 I에서 일차종속이 아닌 경우에 n개의 함수를 **일차독립**(linearly independent)이라 한다. 특히 $f_1(x), f_2(x), \cdots, f_n(x)$가 일차종속이면 이들 중 어느 하나는 나머지 $(n-1)$개 함수의 일차결합으로 표현이 가능하다. 예

를 들어 $f_1(x), f_2(x)$가 일차종속이면 적당한 상수 $c_1(\neq 0), c_2$에 대하여

$$c_1 f_1(x) + c_2 f_2(x) = 0$$

이 성립한다. 따라서

$$f_1(x) = -\frac{c_2}{c_1} f_x(x)$$

로 표현할 수 있다. 역으로 어떤 상수 c_2에 대하여 $f_1(x) = c_2 f_2(x)$를 만족한다면, 어떤 구간 안에 있는 모든 x에 대하여

$$(-1)f_1(x) + c_2 f_2(x) = 0$$

이다. 따라서 적어도 하나의 상수 $(c_1 = -1)$가 0이 아니므로 두 함수는 일차종속이다. 그러나 일차독립인 두 함수는 어떠한 상수 c에 대하여도 $f_1(x) = cf_2(x)$로 표현할 수 없다.

예 제 1. 구간 $I = (-\infty, \infty)$에서 함수 $f_1(x) = 2x,\ \ f_2(x) = 3x$는 일차종속임을 보여라.

[**풀이**] 임의의 상수 c_1, c_2에 대하여 다음 등식이 성립한다고 하자.

$$c_1 f_1(x) + c_2 f_2(x) = (2c_1 + 3c_2)x = 0$$

이 등식이 모든 실수 x에 대하여 항등식이 되기 위한 필요충분조건은

$$2c_1 + 3c_2 = 0$$

이므로 $c_1 = \left(-\frac{3}{2}\right)c_2$가 성립한다. 즉 $c_1 = -3, c_2 = 2$이면 위의 등식이 성립하므로 일차종속이다.

예 제 2. 두 함수 $f_1(x) = e^{-x},\ \ f_2(x) = e^{x}$는 모든 실수에 대하여 일차독립임을 보여라.

[**풀이**] 임의의 상수 c_1, c_2에 대하여 다음 등식이 성립한다고 하자.

$$c_1 f_1(x) + c_2 f_2(x) = c_1 e^{-x} + c_2 e^{x} = 0$$

그러면 $c_1 e^{-x} + c_2 e^{x} = 0$는 모든 실수 x에 대하여 항등식이 되어야 한다. 따라서 $c_1 = c_2 = 0$이므로 두 함수는 일차독립이다.

이제 주어진 구간에서 n개 함수의 일차독립성에 대한 충분조건을 제시하기 위하여 Wronskian 개념을 살펴본다. n개의 함수 $f_1(x), f_2(x), \cdots, f_n(x)$가 구간 I에서 $(n-1)$번 미분가능할 때, 이들에 의한 함수 행렬식

$$W(f_1, f_2, \cdots, f_n) = \begin{vmatrix} f_1(x) & f_2(x) & \cdots & f_n(x) \\ f_1'(x) & f_2'(x) & \cdots & f_n'(x) \\ \vdots & \vdots & \vdots & \vdots \\ f_1^{(n-1)}(x) & f_2^{(n-1)}(x) & \cdots & f_n^{(n-1)}(x) \end{vmatrix}$$

를 n개의 함수 $f_1(x), f_2(x), \cdots, f_n(x)$의 **Wronskian**이라 하고 $W(f_1, f_2, \cdots, f_n)$으로 나타낸다.

정 리 2.1.1. 일차종속과 일차독립

[1] 구간 I 안의 모든 점에서 $W(f_1, f_2, \cdots, f_n) = 0$이면 n개의 함수 $f_1(x), f_2(x), \cdots, f_n(x)$는 일차종속이다.

[2] 구간 I 안의 적어도 한 점에서 $W(f_1, f_2, \cdots, f_n) \neq 0$이면 함수 $f_1(x), f_2(x), \cdots, f_n(x)$는 구간 I에서 일차독립이다.

[**증명**] 여기서는 두번째 성질에 대해서만 증명을 보이도록 하겠다.

$n = 2$인 경우에 대하여 증명하자. 귀류법을 사용하기 위하여, 구간 I의 점 x_0에서 $W(f_1(x_0), f_2(x_0)) \neq 0$이고 $f_1(x)$와 $f_2(x)$는 I에서 일차 종속이 라 하자. 그러

면 모두가 0은 아닌 상수 c_1, c_2가 존재하여 구간 I의 모든 x에 대하여

$$c_1 f_1(x) + c_2 f_2(x) = 0$$

이 된다. 이 일차 결합을 미분하면

$$c_1 f_1'(x) + c_2 f'2(x) = 0$$

이므로 다음 연립 방정식을 얻는다.

$$\begin{aligned} c_1 f_1(x) + c_2 f_2(x) &= 0 \\ c_1 f'1(x) + c_2 f_2'(x) &= 0 \end{aligned} \tag{2.1}$$

f_1, f_2가 일차 종속이므로 연립방정식(2.1)은 자명하지 않은 해를 갖는다. 따라서 I의 모든 x에 대하여 다음이 성립한다.

$$W(f_1(x), f_2(x)) = \begin{vmatrix} f_1(x) & f_2(x) \\ f_1'(x) & f_2'(x) \end{vmatrix}$$

이것은 가정 $W(f_1(x), f_2(x)) \neq 0$에 모순이므로 f_1, f_2는 일차 독립이 다. □

예 제 3. $f_1(x) = e^x$, $f_2(x) = xe^x$은 모든 실수에 대하여 일차독립임을 보여라.

[**풀이**] 모든 실수 범위에서 $f_1(x) = e^x$, $f_2(x) = xe^x$에 대한 Wronskian은

$$W(f_1, f_2) = \begin{vmatrix} e^x & xe^x \\ e^x & (1+x)e^x \end{vmatrix} = xe^{2x} \ (\neq 0)$$

이므로 $f_1(x) = e^x$, $f_2(x) = xe^x$는 일차독립인 함수이다.

연습문제 2-1

1. Wronskian 행렬식을 구하여 다음 주어진 함수가 각 구간에서 일차 독립인지 또는 일차 종속인지 결정하여라.

   (1) $f_1(x) = x^{\frac{1}{2}},\quad f_2(x) = x^2,\quad I = (0,\ \infty)$

   (2) $f_1(x) = 1 + x,\quad f_2(x) = x^3,\quad I = (-\infty,\ \infty)$

   (3) $f_1(x) = \sin x,\quad f_2(x) = \csc x,\quad I = (0,\ \pi)$

   (4) $f_1(x) = e^x,\quad f_2(x) = e^{-x},\quad f_3(x) = e^{4x},\quad I = (-\infty,\ \infty)$

   (5) $f_1(x) = x,\quad f_2(x) = x \ln x,\quad f_3(x) = x^2 \ln x,\quad I = (0,\ \infty)$

   (6) $f_1(x) = 5,\quad f_2(x) = \cos^2 x,\quad f_3(x) = \sin^2(x),\quad I = (-\infty,\ \infty)$

   (7) $f_1(x) = 2 + x,\quad f_2(x) = 2 + |x|,\quad I = (-\infty,\ \infty)$

   (8) $f_1(x) = e^x,\quad f_2(x) = e^{-x},\quad f_3(x) = \sinh x,\quad I = (-\infty,\ \infty)$

   (9) $f_1(x) = x,\quad f_2(x) = x^2,\quad f_3(x) = 4x - 3x^2,\quad I = (-\infty,\ \infty)$

   (10) $f_1(x) = 0,\quad f_2(x) = x,\quad f_3(x) = e^x,\quad I = (-\infty,\ \infty)$

2.2 제차미분방정식

상수계수의 2계 선형미분방정식

상수계수 2계 선형미분방정식(linear differential equation)의 형태는 다음과 같다.

$$y'' + ay' + by = 0 \tag{2.2}$$

일반적으로 상수계수 선형미분방정식의 보조해의 일반적인 형태는

$$y = e^{\lambda x}$$

를 가지므로 이 식을 (2.2)에 적용하면

$$(\lambda^2 + a\lambda + b)e^{\lambda x} = 0$$

이므로, 다음 관계식(2.3)를 얻는다.

$$\lambda^2 + a\lambda + b = 0 \tag{2.3}$$

이 식(2.3)을 미분방정식(2.2)의 **보조방정식**(auxiliary equation) 또는 **특성방정식**(characteristic equation)이라 한다. 이때, 식 (2.3)의 근을 **보조근**(auxiliary roots) 또는 **특성근**(characteristic roots)이라 한다. 즉,

$$\lambda = \frac{-a \pm \sqrt{a^2 - 4b}}{2} \tag{2.4}$$

이 근은 일반적으로 근호안의 부호에 따라

(1) 서로 다른 실근

(2) 중(복)근

(3) 공액복소수근

(4) 공액허수근

을 가질수 있다. 보조방정식 (2.3)의 근의 구분에 따라서 미분방정식 (2.2)의 해는 달리 표현된다.

이제 상수계수 제차 선형미분방정식의 일반해를 구하는 방법을 살펴보기 위하여 연산자법을 이용한다. 하나의 함수를 다른 함수로 변환하는 연산을 **연산자**(operator)라 하며, 특히 x의 함수 y의 도함수를 구하는 연산 $\dfrac{d}{dx}$를 **미분연산자**(differential operator)라 하며 일반적으로 D로 나타낸다. 따라서 $\dfrac{dy}{dx} = Dy$와 같이 나타낼 수 있다. 그러면 미분가능한 두 함수 y_1, y_2와 임의의 상수 c_1, c_2에 대하여

$$\begin{aligned} D(c_1y_1 + c_2y_2) &= \frac{d}{dx}(c_1y_1 + c_2y_2) \\ &= c_1\frac{d}{dx}y_1 + c_2\frac{d}{dx}y_2 = c_1Dy_1 + c_2Dy_2 \end{aligned}$$

가 성립한다. 예를들면 다음과 같다.

[1] $D(e^x + x^2 + \sin x) = D(e^x) + D(x^2) + D(\sin x) = e^x + 2x + \cos x$

[2] $(3D+2)(\cos x) = 3D(\cos x) + 2 \cdot \cos x = -3\sin x + 2\cos x$

미분방정식

$$y'' + P(x)y' + Q(x)y = 0 \tag{2.5}$$

여기서 $P(x)$와 $Q(x)$는 구간 I에서 연속이다. $y_1(x)$를 이미 알고 있는 해라 하고, I의 모든 x에 대하여 $y_1(x) \neq 0$라고 가정하자.

이제 $y = u(x)y_1(x)$를 방정식(2.5)의 해라 하고, 일계와 이계 도함수를 구하면 다음과 같다.

$$y' = uy_1' + y_1u', \qquad y'' = uy_1'' + 2y_1'u' + y_1u''$$

그러므로 다음이 성립해야 한다.

$$\begin{aligned} y'' + Py' + Qy &= u\{y_1'' + Py_1' + Qy_1\} + y_1u'' + (2y_1' + Py_1)u' \\ &= y_1u'' + (2y_1' + Py_1)u' = 0 \end{aligned}$$

이제, $w = u'$라 하면 다음과 같이 w에 관한 일계 선형 미분 방정식을 얻는다.

$$y_1w' + (2y_1' + Py_1)w = 0$$

위 식은 분해 가능하고, 분해 가능한 방정식의 해법에 따라 다음을 얻는다.

$$\begin{aligned} &\frac{dw}{w} + 2\frac{y_1'}{y_1}dx + Pdx = 0, \\ &\ln|w| + 2\ln|y_1| = -\int Pdx + c, \\ &\ln|wy_1^2| = -\int Pdx + c, \\ &wy_1^2 = c_1e^{-\int Pdx}, \\ &w = u' = c_1\frac{e^{-\int Pdx}}{y_1^2} \end{aligned}$$

한번 더 적분하면 $u = c_1\int\frac{e^{-\int Pdx}}{y_1^2}dx + c_2$이므로 다음을 얻는다.

$$y = u(x)y_1(x) = c_1y_1(x)\int\frac{e^{-\int P(x)dx}}{y_1^2(x)}dx + c_2y_1(x)$$

$c_2 = 0$ 과 $c_1 = 1$로 택하면 방정식(2.5)의 둘째 해는 다음과 같다.

$$y_2 = y_1(x)\int\frac{e^{-\int P(x)dx}}{y_1^2(x)}dx$$

실제로 위 식을 미분하여 방정식(2.5)을 만족시킴을 보일 수 있다. $y_1(x)$가

0이 아닌 임의의 구간에서 다음이 성립하므로, $y_1(x)$와 $y_2(x)$는 일차 독립이다.

$$\mathbf{W}(y_1(x),\ y_2(x)) = \begin{vmatrix} y_1 & y_1 \displaystyle\int \frac{e^{-\int P dx}}{y_1^2} dx \\ y_1' & \dfrac{e^{-\int P dx}}{y_1} + y_1' \displaystyle\int \frac{e^{-\int P dx}}{y_1^2} dx \end{vmatrix} = e^{-\int P dx} \neq 0$$

2계 상수계수 제차 선형미분방정식(homogeneous linear differential equation)

$$y'' + ay' + b = 0 \tag{2.6}$$

에 대하여 다음 방정식

$$\lambda^2 + a\lambda + b = 0 \tag{2.7}$$

을 **특성방정식**(characteristic equation) 이라 한다. 이때 특성방정식의 두 근을 $\lambda = \alpha, \lambda = \beta$라 할 때, 일반해에 대하여 생각해 보자.

[경우 1] 특성 방정식(2.7)이 서로 다른 실근 α과 β를 갖는다면 다음 두 해를 찾을 수 있다.

$$y_1 = e^{\alpha x}, \qquad y_2 = e^{\beta x}$$

이 두 함수는 구간 $(-\infty,\ \infty)$에서 일차 독립이고, 이에 따라 기본계를 이룬다. 그러므로 방정식2.6의 일반해는 다음과 같다.

$$y = c_1 e^{\alpha x} + c_2 e^{\beta x}$$

[경우 2] 특성 방정식(2.7)이 중근 $\alpha = \beta$를 갖는다면, 다음과 같은 단 한 개의 근을 얻을 수 있다.

$$y_1 = e^{\alpha x}$$

그러나 위에서 논의한 방법을 사용하면 둘째 해는 다음과 같다.

$$y_2 = e^{\alpha x} \int \frac{e^{-\frac{b}{a}x}}{e^{2\alpha x}} dx$$

중근을 갖기 위해서는 $b^2 - 4ac = 0$ 이어야 하므로 $\alpha = -\dfrac{b}{2a}$이고, 이에 따라 위 식은 다음과 같다.

$$y_2 = e^{\alpha x} \int \frac{e^{2\alpha x}}{e^{2\alpha x}} dx = e^{\alpha x} \int dx = x e^{\alpha x}$$

따라서 방정식2.6)의 일반해는 다음과 같다.

$$y = c_1 e^{\alpha x} + c_2 x e^{\alpha x}$$

[**경우 3**] α 와 β 가 복소수이면 다음과 같이 쓸 수 있다.

$$\alpha = p + iq, \qquad \beta = p - iq$$

여기서 α와 $\beta(> 0)$는 실수이고 $i^2 = -1$이다.

사실, [경우 1]과 [경우 3] 사이에 특별한 차이가 없으므로 다음과 같이 쓸 수 있다.

$$y = c_1 e^{(p+1q)x} + c_2 e^{(p-iq)x} \tag{2.8}$$

그러나 복소 지수 함수보다는 실 함수로 나타낼 필요가 있다.

이를 위해 다음과 같은 **오일러 공식**(Euler's formula)을 이용하자.

$$e^{i\theta} = \cos\theta + i\sin\theta, \quad (\theta\text{는} \quad \text{실수})$$

그러면 $e^{iqx} = \cos qx + i\sin qx$이고 $e^{-iqx} = \cos qx - i\sin qx$이므로 식(2.8)을 다음과 같이 다시 쓸 수 있다.

$$\begin{aligned} y &= e^{px}\{c_1 e^{iqx} + c_2 e^{-iqx}\} \\ &= e^{px}\{c_1(\cos qx + i\sin qx) + c_2(\cos qx - i\sin qx)\} \\ &= e^{px}\{(c_1 + c_2)\cos qx + (c_1 i - c_2 i)\sin qx\} \end{aligned}$$

$e^{px}\cos qx$와 $e^{px}\sin qx$는 구간 $(-\infty,\ \infty)$에서 주어진 미분 방정식의 해의 기본계를 이루므로 c_1+c_2 대신 c_1으로, c_1i-c_2i 대신 c_2로 다시 나타내면 다음과 같은 일반해를 얻는다.

$$\begin{aligned} y &= c_1e^{px}\cos qx + c_2e^{px}\sin qx \\ &= e^{px}(c_1\cos qx + c_2\sin qx) \end{aligned}$$

2계 상수계수 제차 선형미분방정식(2.6)의 일반해는 다음과 같이 분류된다.

(1) α, β가 서로 다른 실근인 경우 : $y = c_1e^{\alpha x} + c_2e^{\beta x}$

(2) $\alpha = \beta$인 중근을 갖는 경우 : $y = (c_1 + c_2x)e^{\alpha x}$

(3) $\alpha = p + iq,\quad \beta = p - iq$인 허근을 갖는 경우 : $y = (c_1\cos qx + c_2\sin qx)e^{px}$

예 제 1. (보조방정식이 서로 다른 두 실근을 가질 경우)

$y'' - y' - 6y = 0$의 일반해를 구하여라.

[**풀이**] 주어진 미분방정식의 특성방정식은

$$\lambda^2 - \lambda - 6 = (\lambda - 3)(\lambda + 2) = 0$$

이다. 따라서 특성근은 $\lambda = 3$또는 $\lambda = -2$이고, 일반해는 특성방정식의 근이 서로 다른 실근이므로 $y = c_1e^{3x} + c_2e^{-2x}$이다.

예 제 2. (보조방정식이 중근을 갖는 경우)

$y'' - 4y' + 4y = 0$의 일반해를 구하여라.

[**풀이**] 주어진 미분방정식의 특성방정식은

$$\lambda^2 - 4\lambda + 4 = (\lambda - 2)^2 = 0$$

이고, 따라서 중근인 특성근 $\lambda = 2$를 얻는다. 그러므로 일반해는 다음과 같다.

$$y = (c_1 + c_2x)e^{2x}$$

예 제 3. (**보조방정식이 허근을 갖는 경우**)
$y'' + 2y' + 4y = 0$의 해를 구하여라.

[**풀이**] 주어진 미분방정식의 특성방정식은

$$\lambda^2 + 2\lambda + 4 = (\lambda + 1)^2 + 3 = 0$$

이고, 따라서 특성근은 $\lambda = -1 \pm i\sqrt{3}$이다. 그러므로 일반해는 특성방정식의 특성근이 허수이므로, 다음과 같이 구할 수 있다.

$$y = [c_1 \cos \sqrt{3}x + c_2 \sin \sqrt{3}x]e^{-x}$$

예 제 4. (**초기치문제**)
다음 주어진 미분방정식의 완전해를 구하여라.

$$y'' + 7y' + 12y = 0, \quad y(0) = 0, \quad y'(0) = -1 \tag{2.9}$$

[**풀이**] 식 (2.9)에 대한 보조방정식은

$$\lambda^2 + 7\lambda + 12 = 0$$

따라서 다음과 같은 서로 다른 실근의 특성근을 갖는다.

$$\lambda = -3, \quad \text{또는} \quad -4 \tag{2.10}$$

결국, 일반해는 식(2.11)과 같이 구할 수 있다.

$$y = c_1 e^{-3x} + c_2 e^{-4x} \tag{2.11}$$

적분상수를 구하기 위하여 식(2.11)와 이 식의 1계 도함수에 대하여 초기치를 사

용하면

$$y = c_1 e^{-3x} + c_2 e^{-4x}|_{x=0} \tag{2.12}$$

이므로

$$c_1 + c_2 = 0 \tag{2.13}$$

이고, 식(2.13)의 1계 도함수를 구한 후 초기치를 대입하면

$$\frac{dy}{dx} = -3c_1 e^{-3x} - 4c_2 e^{-4x}|_{x=0} \tag{2.14}$$

이 성립한다.

$$-3c_1 - 4c_2 = -1 \tag{2.15}$$

이므로, 따라서 식(2.13)과 식(2.15)를 연립하여 풀면,

$$c_1 = -1, \ c_2 = 1 \tag{2.16}$$

으로 나타낼 수 있다. 그러므로 식 (2.11)를 식(2.16)에 대입하면 다음의 완전해가 구해진다.

$$y = -e^{-3x} + e^{-4x}$$

예 제 5. 다음과 같은 RLC회로가 있다. $t = 0$일 때 스위치를 닫았다. 이 회로의 전류를 구하여라. 단, $L = 1[H]$, $R = 2[\Omega]$, $C = \frac{1}{11}[F]$. $V = 10[V]$이다. 이 회로에서 $i(0) = 0$, $\frac{di(0)}{dt} = 10$이다.

[**풀이**] 주어진 회로에 대하여 Kirchhoff법칙을 적용하면

$$v_L(t) + v_R(t) + v_C(t) = V \quad (t \geq 0)$$

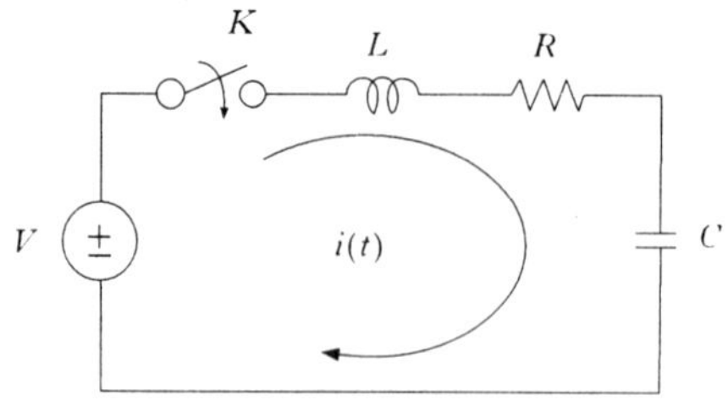

[**그림 2-1**] RLC회로시스템

이므로

$$L\frac{di}{dt} + Ri + \frac{1}{C}\int idt = V$$

으로 나타낼 수 있다. 이를 미분하면

$$L\frac{d^2i}{dt^2} + R\frac{di}{dt} + \frac{1}{C}i = 0$$

이 성립하고, $L = 1,\ R = 2,\ C = \dfrac{1}{11}$을 대입하면

$$\frac{d^2i}{dt^2} + 2\frac{di}{dt} + 11i = 0$$

이다. 따라서 특성방정식은 다음과 같다.

$$\lambda^2 + 2\lambda + 11 = 0$$

이 경우에 특성근은

$$\lambda = -1 \pm j\sqrt{10}$$

이므로, 결국 일반해는 다음과 같이 구해진다.

$$i(t) = e^{-t}(c_1 \cos\sqrt{10}t + c_2 \sin\sqrt{10}t)$$

이 식에 초기치를 적용하여

$$i(t) = e^{-t}(c_1 \cos \sqrt{10}t + c_2 \sin \sqrt{10}t)|_{t=0}$$

계산하면 $i(0) = k_i \equiv 0$ 이 된다. 따라서,

$$i(t) = c_2 e^{-t} \sin \sqrt{10}t \tag{2.17}$$

이다. 식(2.17)을 미분하여 초기치를 적용하면

$$\frac{di(t)}{dt} = \sqrt{10}c_2 e^{-t} \cos \sqrt{10}t - c_2 e^{-t} \sin \sqrt{10}t|_{t=0}$$

이므로

$$\frac{di(0)}{dt} = \sqrt{10}c_2 \equiv 10$$

이다. 따라서 c_2는

$$c_2 = \sqrt{10} \tag{2.18}$$

이고, 식 (2.18)을 식(2.17)에 대입하면 전류 $i(t)$는 다음과 같다.

$$i(t) = \sqrt{10}e^{-t} \sin \sqrt{10}t \quad (t \geq 0)$$

상수계수 고계 선형미분방정식의 보조해

앞에서 설명한 2계 미분방정식의 보조해를 구하는 방법은 고계 미분방정식(high order differential equation)의 보조해를 구하는 데에도 쉽게 확장할 수 있다. 이제 n계 상수계수 제차선형미분방정식을 다음과 같이 표현해 보자.

$$y^{(n)} + a_{n-1}y^{(n-1)} + \cdots + a_2 y^{(2)} + a_1 y^{(1)} + a_0 y = 0 \tag{2.19}$$

여기서 미분연산자(differential operator)

$$\frac{x}{dx} = D, \quad \frac{d^2}{dx^2} = D^2, \quad \cdots, \frac{d^n}{dx^n} = D^n \tag{2.20}$$

를 식 (2.19)에 대하여 적용하면

$$(D^n + a_{n-1}D^{n-1} + \cdots + a_2D^2 + a_1D + a_0)y = 0$$

이제 몇가지 예들을 통하여 고계 미분방정식의 보조해를 구하는 방법을 알아 보기 위해 필요한 몇 가지 정리 내용을 먼저 살펴 보기로 하자.

정 리 2.2.1. 함수 $y_1, y_2, \cdots, y_n$을 n계 제차 선형미분방정식 (2.19)에 대한 구간 I안에서의 해라 하자. 이때 해집합이 구간 I안에서 일차독립이면 구간 안의 모든 x에 대하여

$$W(y_1, y_2, \cdots, y_n) \neq 0$$

이고, 역도 역시 성립한다.

[정리2.2.1]에 대한 증명은 복잡하지 않으므로 생략하기로 하고, 간단한 예를 들어 설명하기로 하겠다.

$y_1 = e^{2x}$ 와 $y_2 = e^{-2x}$은 $y'' - 4y = 0$의 두 해이다. 또한 y_1과 y_2의 독립성을 판단하기 위해 [정리2.2.1]을 이용하면 y_1, y_2의 Wronskian은 모든 x에 대하여

$$W(y_1, y_2) = \begin{vmatrix} e^{2x} & e^{-2x} \\ 2e^{2x} & -2e^{-2x} \end{vmatrix} = -4$$

이므로 y_1, y_2는 [정리2.2.1]에 의해 일차독립임을 알 수 있다.

정 리 2.2.2. [해의 중첩원리(Superposition principle)]

$y_1(x), y_2(x), \cdots, y_n(x)$가 제차 선형미분방정식 (2.19)의 해이면 임의의 상수

$c_1, c_2, \cdots, c_n$에 대하여

$$y = c_1y_1(x) + c_2y_2(x) + \cdots + c_ny_n(x)$$

역시 (2.19)의 해이다.

한편, $y_1 = 1 + \cos x$ 와 $y_2 = 1 + \sin x$는 미분방정식 $y'' + y = 1$의 해이지만, 주어진 미분방정식이 제차 선형이 아니므로 $y = c_1(1 + \cos x) + c_2(1 + \sin x)$는 이 미분방정식의 해가 아니다. 또한 $y_1 = x^2$, $y_2 = 1$은 $yy'' - xy' = 0$의 해이다. 그러나 이 미분방정식은 비선형이기 때문에 $y = c_1x^2 + c_2 \cdot 1$은 미분방정식의 해가 아니다. 따라서 n계 제차 선형미분방정식의 일차독립인 해 $y_1, y_2, \cdots, y_n$을 **해의 기본계**(fundamental system of solution)라 하며, 일반해는 기본계의 일차결합으로 주어진다는 사실을 다음 정리에서 알 수 있다.

정 리 **2.2.3.** n계 제차 선형미분방정식의 일반해는 이 미분방정식의 n개의 일차독립인 해 $y_1, y_2, \cdots, y_n$의 일차결합, 즉 $y = c_1y_1 + c_2y_2 + \cdots + c_ny_n$이다.

앞에서 설명했듯이 $y_1 = e^{2x}$ 와 $y_2 = e^{-2x}$은 $y'' - 4y = 0$의 독립인 두 해이므로 임의의 상수 c_1, c_2에 대하여 $y = c_1e^{2x} + c_2e^{-2x}$ 역시 주어진 미분방정식의 해이다.

상수계수제차선형미분방정식의 해법

선형미분방정식

$$y^{(n)} + a_1y^{(n-1)} + \cdots + a_{n-1}y' + a_ny = 0 \tag{2.21}$$

에서 계수 $a_1, a_2, \cdots, a_{n-1}, a_n$이 모두 실상수일 때 이것을 상수계수 제차선형미

분방정식이라 한다. 미분방정식 (2.21)은 연산자다항식을 써서

$$f(D)y = 0$$

으로 나타낸다. 여기서 $f(D) = D^n + a_1 D^{n-1} + \cdots + a_{n-1}D + a_n$이다.
이때 대수방정식

$$f(r) = r^n + a_1 r^{n-1} + \cdots + a_{n-1}r + a_n = 0 \tag{2.22}$$

을 제차미분방정식 (2.21)의 **보조방정식**(auxiliary equation)이라 한다.
$y = e^{rx}$을 (2.21)에 대입하면 $y^{(k)} = r^k e^{rx}$이므로

$$f(D)y = r^n + a_1 r^{n-1} + \cdots + a_{n-1}r + a_n = 0$$

되는 r의 값에 대한 e^{rx}은 분명히 $f(D)y = 0$의 해임을 이용하여 일반해를 구하는 방법을 소개하기로 하겠다.

I. 보조방정식이 서로 다른 n개의 실근을 갖는 경우

서로 다른 n개의 실근을 $r_1, r_2, \cdots, r_n$이라면 $e^{r_1 x}, e^{r_2 x}, \cdots, e^{r_n x}$를 n개의 서로 다른 해로 가지며, 이들은 1차독립이므로 일반해는 다음과 같다.

$$y = c_1 e^{r_1 x} + c_2 e^{r_2 x} + \cdots + c_n e^{r_n x}$$

예 제 6. 다음 미분방정식을 풀어라.

$$\frac{d^4y}{dx^4} - 5\frac{d^2y}{dx^2} + 4y = 0$$

[**풀이**] 주어진 보조방정식은

$$r^4 - 5r^2 + 4 = (r^2 - 1)(r^2 - 4) = (r-1)(r+1)(r-2)(r+2) = 0$$

이므로, 구하는 일반해는 다음과 같다.

$$y = c_1e^x + c_2e{-}x + c_3e^{2x} + c_4e^{-2x}$$

II. 보조방정식의 일부(또는 전부)가 중근을 갖는 경우

제차미분방정식

$$f(D)y = (D^n + a_1D^{n-1} + \cdots + a_{n-1}D + a_n)y = 0$$

의 보조방정식

$$r^n + a_1r^{n-1} + \cdots + a_{n-1}r + a_n = 0$$

에 $(r-a)^m$인 인수를 갖는 경우, 이 부분에 대한 부분해는

$$(D-a)^m y = 0$$

에서 구할 수 있다. 즉, r_1을 n차 보조방정식의 k중근이라고 하면, 다시말해 k개의 근이 r_1이면 이에 대응하는 일차독립인 해들을

$$e^{r_1x},\ xe^{r_1x},\ x^2e^{r_1x}, \cdots, x^{k-1}e^{r_1x}$$

이고, 일반해는 다음과 같은 일차 결합의 형태를 갖는다.

$$\begin{aligned} y = c_1e^{r_1x} + c_2xe^{r_2x} &+ c_3x^2e^{r_1x} + \cdots + \\ &+ c_kx^{k-1}e^{r_1x} + c_{k+1}e^{r_{k+1}x} + \cdots + c_ne^{r_nx}, \quad (k \le n) \end{aligned}$$

예 제 7. $y''' - y'' - y' + y = 0$을 풀어라.

[**풀이**] 연산자다항식을 써서 나타내면

$$(D^3 - D^2 - D + 1)y = 0$$

이고, 보조방정식은

$$r^3 - r^2 - r + 1 = (r+1)(r-1)^2 = 0$$

이다. 따라서 일반해는 다음과 같다.

$$y = c_1 e^{-x} + (c_2 + c_3 x)e^x$$

III. 보조방정식의 일부(또는 전부)가 허근을 갖는 경우

제차미분방정식

$$f(D)y = (D^n + a_1 D^{n-1} + \cdots + a_{n-1}D + a_n)y = 0$$

의 보조방정식이 인수

$$(r^2 + ar + b)^m, \quad (a^2 - 4b < 0)$$

를 갖는 경우, $r^2 + ar + b = 0$의 허근을 $\alpha \pm \beta i \quad (\alpha, \beta$는 실수) 이라면 보조방정식은 $\alpha \pm \beta i$를 m중근으로 갖는다.
$r = \alpha + \beta i$에 대한 부분해는

$$\begin{aligned} y &= c_1 e^{\alpha x + i\beta x} + c_2 e^{\alpha x - i\beta x} \\ &= e^{\alpha x}[c_1 e^{i\beta x} + c_2 e^{-i\beta x}] \\ &= e^{\alpha x}[c_1(\cos\beta x + i\sin\beta x) + c_2(\cos\beta x - i\sin\beta x)] \\ &= e^{\alpha x}[(c_1 + c_2)\cos\beta x + i(c_1 - c_2)\sin\beta x] \end{aligned}$$

이므로 $(c_1 + c_2)$와 $i(c_1 - c_2)$가 실수가 되게, c_1, c_2를 서로 중근인 복소수로 취하면 실상수

$$c_1 + c_2 = c_1, \quad i(c_1 - c_2) = c_2$$

에 대하여 미분방정식 (2.21)의 실수해는 다음형으로 나타낸다.

$$y = e^{\alpha x}(c_1 \cos \beta x + c_2 \sin \beta x)$$

마찬가지로 $\alpha \pm \beta i$의 m중근에 대한 부분해는 다음과 같이 계산 할 수 있다.

$$\begin{aligned} y &= (a_1 + a_2 x + \cdots + a_m x^{m-1}) e^{\alpha x} e^{i\beta x} \\ &\quad + (b_1 + b_2 x + \cdots + b_m x^{m-1}) e^{\alpha x} e^{i\beta x} \\ &= (a_1 + a_2 x + \cdots + a_m x^{m-1}) e^{\alpha x}(\cos \beta x + i \sin \beta x) \\ &\quad + (b_1 + b_2 x + \cdots + b_m x^{m-1}) e^{\alpha x}(\cos \beta x - i \sin \beta x) \\ &= e^{\alpha x}[c_1 + c_2 x + \cdots + c_m x^{m-1}) \cos \beta x \\ &\quad + (d_1 + d_2 x + \cdots + d_m x^{m-1}) \sin \beta x] \end{aligned}$$

단, $c_1 = a_1 + b_1$, $c_2 = a_2 + b_2, \cdots$, $c_n = a_n + b_n$ 이고 $d_1 = i(a_1 - b_1), d_2 = i(a_2 - b_2), \cdots$, $d_n = i(a_n - b_n)$ 이다. 여기서, $a_1, a_2, \cdots, a_m$및 $b_1, b_2, \cdots, b_m$이 임의의 상수이므로 a_i와 b_i의 합의 형태인 $c_1, c_2, \cdots, c_m$ 및 $d_1, d_2, \cdots, d_m$도 임의의 상수이다.

예 제 **8.** 미분방정식 $\dfrac{d^4y}{dx^4} + 4a^4 y = 0$을 풀어라.

[**풀이**] 준식의 보조방정식은

$$r^4 + 4a^4 = 0$$

이므로 이를 이용하여 근을 구하면 다음과 같이 구할 수 있다.

$$r_1 = (1+i)a, \quad r_2 = (1-i)a, \quad r_3 = (-1+i)a, \quad r_4 = (-1-i)a$$

따라서 일반해는 다음과 같다.

$$y = (c_1 \cos ax + c_2 \sin ax)e^{\alpha x} + (c_3 \cos ax + c_4 \sin ax)e^{-ax}$$

연습문제 2-2

1. 주어진 미분방정식을 풀어라.

(1) $(D^2 + 2D - 3)y = 0$ (2) $(D^2 + D + 1)y = 0$

(3) $(D^2 - 4D + 4)y = 0$ (4) $(D^2 - 10D + 25)y = 0$

(5) $(D^3 - D^2 - 4D + 4)y = 0$ (6) $(D^4 - 2D^2 + 1)y = 0$

(7) $(D^4 + 2D^2 + 1)y = 0$ (8) $y'' - y' - 6y = 0$

(9) $\dfrac{d^2y}{dx^2} + 8\dfrac{dy}{dx} + 16y = 0$ (10) $\dfrac{d^2y}{dx^2} - 10\dfrac{dy}{dx} + 25y = 0$

2. 다음 미분방정식에 대한 일반해를 구하고 주어진 초기값문제를 풀어라.

(1) $(D^2 - 4D + 13)y = 0, \quad y(0) = -1, \quad y'(0) = 2$

(2) $y'' + y' - 2y = 0, \quad y(0) = 1, \quad y'(0) = 2$

(3) $y'' + 2y' - 4y = 0, \quad y(0) = 2, \quad y'(0) = 1$

(4) $y'' + 4y' - 4y = 0, \quad y(0) = 3, \quad y'(0) = 1$

(5) $y'' + 16y = 0, \quad y(0) = 2, \quad y'(0) = -2$

(6) $y'' + y' + 2y = 0, \quad y(0) = y'(0) = 0$

(7) $y'' - 2y' + y = 0, \quad y(0) = 5, \quad y'(0) = 10$

(8) $2y'' - 2y' + y = 0, \quad y(0) = -1, \quad y'(0) = 0$

3. 보조방정식의 근이 $r_1 = 4,\ r_2 = r_3 = -5$일 때, 이에 대응하는 미분방정식을 구하여라.

2.3 상수계수의 비제차 선형미분방정식

제차선형미분방정식(nonhomogeneous linear differential equation)을 다시 써 보면

$$y^{(n)} + a_{(n-1)}y^{n-1} + \cdots + a_2y^{(2)} + a_1y^{(1)} + a_0y = Q(x)$$

에서 $Q(x) \neq 0$이 아닌 경우를 비제차 미분방정식이고 하며 이 때의 일반해는

$$y = y_c + y_p$$

라 한다는 사실을 이미 알고 있다. 앞의 절에서는 제차 선형미분방정식, 특히, 계수가 상수인 방정식에 대한 보조해를 구하는 방법을 설명하였다. 이 절에서는 제차항을 가진 미분방정식의 특수해를 구하는 방법에 대하여 기술한다.

미정계수법

일반적으로 상수계수 선형미분방정식의 특수해는 제차항과 유사한 특성을 갖는다. 다시 말해서, 특수해는 제차항의 형태로 추측 가능하다. 다음 예는 이 특성을 설명하기 위한 것이다.

예 제 **1.** $y_p(x) = \frac{1}{2}x^2e^x$이 미분방정식 $y'' - 2y' + y = e^x$의 특수해임을 보이고, 이 방정식의 일반해를 구하여라.

[**풀이**] 먼저 $y_p(x) = \frac{1}{2}x^2e^x$이 주어진 미분방정식을 만족함을 보이기 위하여 y', y''을 구하면 다음과 같다.

$$y_p' = \left(1 + \frac{1}{2}x\right)xe^x, \quad y_p'' = \left(1 + 2x + \frac{1}{2}x^2\right)e^x$$

따라서 주어진 방정식의 좌변은

$$y'' - 2y' + y = \left(1 + 2x + \frac{1}{2}x^2\right)e^x - 2\left(x + \frac{1}{2}x^2\right)e^x + \frac{1}{2}x^2e^x = e^x$$

[표 2.1]

제차항의 예 : $Q(x)$	특수해의 형태 : y_p의 모양
임의의 상수 k	A
$ax+b$	$Ax+B$
ax^2+bx+c	Ax^2+Bx+C
ax^3+bx^2+cx+d	Ax^3+Bx^2+Cx+D
e^{ax}	Ae^{ax}
xe^{ax}	$(Ax+B)e^{ax}$
x^2e^{ax}	$(Ax^2+Bx+C)e^{ax}$
$\sin ax$ 또는 $\cos ax$	$A\cos ax + B\sin ax$
$e^{ax}\sin bx$ 또는 $e^{ax}\cos bx$	$Ae^{ax}\cos bx + Be^{ax}\sin bx$
$x^2\cos bx$ 또는 $x^2\sin bx$	$(Ax^2+Bx+C)\cos bx + (Dx^2+Ex+F)\sin bx$
$xe^{ax}\cos bx$ 또는 $xe^{ax}\sin bx$	$(Ax+B)e^{ax}\cos bx + (Cx+D)e^{ax}\sin bx$

이다. 또한 보조방정식 $y''-2y'+y=0$의 일반해 y_c를 구하기 위하여 보조방정식 $r^2-2r+1=0$의 해를 구하면 중근 $r=1$이다. 그러므로 보조방정식의 일반해는 $y_c=(c_1+c_2x)e^x$이고, 주어진 미분방정식의 일반해는

$$y = y_c(x) + y_p(x) = \left(c_1 + c_2x + \frac{1}{2}x^2\right)e^x$$

이다.

위 예제에서 알 수 있는 바와 같이, 선형미분방정식의 특수해는 제차항의 성질이 그대로 종속된다. 따라서 제차항이 상수이면 특수해는 상수로, 지수항이면 지수항으로 나타나게 된다. 이 성질을 이용하여 제차항의 형태를 일반화하므로써 특수해를 간단히 구할 수 있다. 위 [표 2.1]는 제차항에 따른 특수해의 일반 형태를 나타낸다.

예 제 2. 다음과 같은 미분방정식의 해를 구하여라.

$$y''+5y'+6y=10x \tag{2.23}$$

[**풀이**] 식 (2.23)는 선형미분방정식이므로 일반해는 다음과 같은 형태로 주어진

다.

$$y = y_c + y_p \tag{2.24}$$

단계 1 : 보조해 y_c 구하기

보조해를 구하기 위하여 식(2.23)의 제차항을 0으로 놓고 미분연산자를 사용하면

$$\begin{aligned} (D^2 + 5D + 6)y_c &= 0 \\ (r+2)(r+3) &= 0 \\ r &= -2, \text{ 또는 } -3 \end{aligned} \tag{2.25}$$

따라서 보조해는 다음과 같이 구해진다.

$$y_c = c_1 e^{-2x} + c_2 e^{-3x} \tag{2.26}$$

단계 2 : 특수해 y_p 구하기

제차항이 1차함수이므로 특수해는 이 함수와 유사한 성질을 갖는다. 따라서 제차항의 일반항을 다음과 같이 가정한다.

$$y_p \equiv Ax + B \tag{2.27}$$

식(2.27)를 식(2.23)에 적용하기 위하여 미분을 하면 다음과 같다.

$$y_p' = A, \quad y_p'' = 0 \tag{2.28}$$

한편, 식(2.23)를 미분연산자를 사용하여 표현하면

$$(D^2 + 5D + 6)y_p = 10x \tag{2.29}$$

식(2.29)에 식 (2.27) 과 (2.28)의 관계를 사용하여 미지수 A, B를 구하면 다음과 같다.

$$0 + 5A + 6(Ax + B) = 10x$$
$$A = \frac{10}{6}, \quad B = -\frac{50}{36} \tag{2.30}$$

이 식을 (2.27)에 대입하면 특수해는 다음과 같이 구해진다.

$$y_p = \frac{5}{3}\left(x - \frac{5}{6}\right) \tag{2.31}$$

단계 3 : 일반해 $y = y_c + y_p$구하기

결국, 보조해 식(2.26)와 특수해 식 (2.31)을 식(2.24)에 대입하면 일반해는 다음과 같다.

$$y = c_1 e^{-2x} + c_2 e^{-3x} + \frac{5}{3}\left(x - \frac{5}{6}\right)$$

예 제 **3.** 다음은 RL 직렬회로의 전류를 구하는 방정식이다. 이 미분방정식의 해를 구하여라.

$$L\frac{di}{dt} + Ri = V \tag{2.32}$$

[**풀이**] 식 (2.32)를 정리하면

$$\frac{di}{dt} + \frac{R}{L}i = \frac{V}{L} \tag{2.33}$$

이고, 따라서

$$\left(r + \frac{R}{L}\right) i_c = 0$$

이므로 보조해는 $i_c = ce^{-\frac{R}{L}t}$ 이다. 식 (2.33)의 제차항은 상수이므로 특수해는

$i_p \equiv A$ 에서 A는 상수이므로 이를 미분하면 $i_p' = 0$ 이 된다. 결국, 다음 과정으로

$$\left(D + \frac{R}{L}\right) i_p = \frac{V}{L}$$

에서 $i_p \equiv A$이고, $i_p' = 0$이므로 대입하면

$$0 + \frac{R}{L} \times A = \frac{V}{L} \tag{2.34}$$

이 된다. 식(2.34)에서 A를 구하면 $A = \dfrac{V}{R}$가 성립한다. 즉,

$$i_p = \frac{V}{R}$$

이다. 따라서, 식(2.32)에 대한 일반해는 다음과 같다.

$$i = i_c + i_p = ce^{-\frac{R}{L}t} + \frac{V}{R}$$

예 제 **4.** 초기조건 $y(0) = 1, \quad y'(0) = 0$을 만족하는

$$y'' + 4y' + 4y = \cos x - 2\sin x$$

의 특수해를 구하여라.

[**풀이**] 보조방정식은 $r^2 + 4r + 4 = 0$이므로 특성근 $r = -2$ (중근)을 얻고, 따라서 보조방정식의 일반해는

$$y_c = (c_1 + c_2 x)e^{-2x}$$

이다. 한편 특수해를 구하기 위하여

$$y_p = A\cos x + B\sin x$$

라 하고 y_p를 미분하면

$$y_p' = -A\sin x + B\cos x$$
$$y_p'' = -A\cos x - B\sin x$$

이고, 따라서 다음 항등식이 성립한다.

$$\begin{aligned} y_p'' + 4y_p' + 4y_p &= (-A\cos x - B\sin x) + 4(-A\sin x + B\cos x) \\ &\quad +4(A\cos x + B\sin x) \\ &= (3A+4B)\cos x + (-4A+3B)\sin x \\ &= \cos x - 2\sin x \end{aligned}$$

그러므로 위 식에서 계수를 비교하여 연립방정식

$$3A + 4B = 1, \quad -4A + 3B = -2$$

로부터 $A = \frac{11}{25}$, $B = -\frac{2}{25}$를 얻는다. 따라서 특수해는

$$y_p = \frac{11}{25}\cos x - \frac{2}{25}\sin x$$

이고, 주어진 미분방정식의 일반해는

$$y = y_c + y_p = (c_1 + c_2 x)e^{-2x} + \frac{11}{25}\cos x - \frac{2}{25}\sin x$$

이다. 한편 이 일반해로부터

$$y' = (-2c_1 + c_2 - 2c_2 x)e^{-2x} - \frac{11}{25}\sin x - \frac{2}{25}\cos x$$

를 얻는다. 그러므로 초기조건 $y(0) = 1$, $y'(0) = 0$을 대입하면 $c_1 = \frac{14}{25}$, $c_2 =$

$\frac{30}{25}$를 얻는다. 따라서 주어진 미분방정식의 특수해는

$$y = \left(\frac{14}{25} + \frac{30}{25}x\right) e^{-}2x + \frac{11}{25}\cos x - \frac{2}{25}\sin x$$

이다.

상수변화법

n계 비제차 상수계수 선형미분방정식

$$F(D)y = (D^n + a_1 D^{n-1} + \cdots + a_{n-1}D + a_n)y = R(x)$$

의 여함수

$$y_c(x) = c_1 y_1 + c_2 y_2 + \cdots + c_n y_n$$

에 대하여 임의의 상수 $c_1, c_2, \cdots, c_n$을 함수 $u_1(x), u_2(x), \cdots, u_n(x)$로 치환하여 만들어지는 다음 함수

$$y_p = u_1 y_1 + u_2 y_2 + \cdots + u_n y_n$$

이 $f(D)y = R(x)$의 특수해가 되도록 $u_1, u_2, \cdots, u_n$을 결정하는 방법을 **상수변화법**(method of variable parameters)이라 한다.

정 리 2.3.1. $y = c_1 f_1(x) + c_2 f_2(x) + c_3 f_3(x)$가 비제차 선형미분방정식

$$F(D)y = (D^3 + a_1 D^2 + a_2 D + a_3)y = R(x)$$

의 여함수일 경우

$$u_1' f_1 + u_2' f_2 + u_3' f_3 = 0$$

$$u_1'f_1' + u_2'f_2' + u_3'f_3' = 0$$

$$u_1'f_1'' + u_2'f_2'' + u_3'f_3'' = R(x)$$

를 만족하는 함수 u_1, u_2, u_3에 대하여

$$y_p = u_1f_1 + u_2f_2 + u_3f_3$$

는 $F(D)y = R(x)$의 특수해이다.

예 제 **5.** $y'' + y' - 2y = 4e^x$을 풀어라.

[풀이] 주어진 방정식에 대한 보조방정식 $r^2 + r - 2 = 0$으로부터 특성근 $r = -2, 1$을 얻는다. 따라서 여함수는

$$y_c = c_1e^{-2x} + c_2e^x$$

이고, 또한 상수변화법에 의하여 특수해를 구하기 위하여

$$y_p = u_1(x)e^{-2x} + u_2(x)e^x, \quad y_1 = e^{-2x}, \quad y_2 = e^x$$

이라 하자. 그러면

$$y_p' = u_1'y_1 + u_2'y_2 + (u_1y_1' + u_2y_2')$$

이므로

$$u_1'e^{-2x} + u_2'r^x = 0 \tag{2.35}$$

이고

$$y_p'' = u_1'y_1' + u_2'y_2' + (u_1y_1'' + u_2y_2'')$$

이므로

$$-2u_1'e^{-2x} + u_2'e^x = 4e^x \tag{2.36}$$

을 얻는다. 이제 식 (2.35)과 (2.36)를 연립하면

$$u_1'(x) = -\frac{4}{3}e^{3x}, \quad u_2'(x) = \frac{4}{3}$$

이므로 이들을 적분하면

$$u_1(x) = -\frac{4}{9}e^{3x}, \quad u_2(x) = \frac{4}{3}x$$

를 얻는다. 그러므로 구하고자 하는 일반해는 다음과 같다.

$$y = y_c + y_p = c_1e^{-2x} + c_2e^x - \frac{4}{9}(1-3x)e^x$$

정 리 2.3.2. n계 비계차 선형미분방정식

$$y^{(n)} + P_1(x)y^{(n-1)} + \cdots + P_{n-1}(x)y' + P_n(x)y = R(x)$$

의 여함수를 $y = c_1y_1 + c_2y_2 + \cdots + c_ny_n$이라 하고 $W = W(y_1, y_2, \cdots, y_n)$, W_k는 Wranskian W의 k번 째 열의 성분을 $0, 0, \cdots, 0, 1$로 대치한 행렬식이라 하자. 즉

$$W_k = \begin{vmatrix} y_1 & y_2 & \cdots\ 0\ \cdots & y_n \\ y_1' & y_2' & \cdots\ 0\ \cdots & y_n' \\ & & \vdots & \\ y_1^{(n-2)} & y_2^{(n-2)} & \cdots\ 0\ \cdots & y_n^{(n-2)} \\ y_1^{(n-1)} & y_2^{(n-1)} & \cdots\ 1\ \cdots & y_n^{(n-1)} \end{vmatrix}$$

그러면

$$u_k(x) = \int \frac{W_k}{W} R(x)dx \quad (k = 1, 2, \cdots, n)$$

로 정의되는 함수 u_k에 대하여, 주어진 비제차 선형미분방정식의 특수해는

$$y_p = u_1(x)y_1(x) + u_2(x)y_2(x) + \cdots + u_n(x)y_n(x)$$

이다. 따라서 일반해는

$$y = (c_1 + u_1)y_1 + (c_2 + u_2)y_2 + \cdots + (c_n + u_n)y_n$$

이다.

위 [정리2.3.2]에서 특별히 2계 비제차 선형미분방정식일 때,

$$(D^2 + a_1 D + a_2)y = R(x)$$

의 여함수가 $y_c = c_1y_1 + c_2y_2$일 때, 특수해는

$$y_p = -y_1 \int \frac{y_2 R(x)}{W(y_1, y_2)} dx + y_2 \int \frac{y_1 R(x)}{W(y_1 \cdot y_2)} dx$$

이고, 따라서 일반해는

$$\begin{aligned} y &= y_c + y_p \\ &= y_1 \left[c_1 - \int \frac{y_2 R(x)}{W(y_1, y_2)} dx \right] + y_2 \left[c_2 + \int \frac{y_1 R(x)}{W(y_1, y_2)} dx \right] \end{aligned}$$

이다. 여기서 $W(y_1, y_2)$는 y_1, y_2의 Wronskian이다.

예 제 6. 미분방정식 $y'' - 4y = e^{2x}$을 풀어라.

[**풀이**] 주어진 식에 대한 특성방정식이 $r^2 - 4 = 0$으로부터 $r = \pm 2$인 특성근을 얻는다. 따라서 여함수는 $y_c = c_1 e^{-2x} + c_2 e^{2x}$이다. 이제 $y_1 = e^{-2x}$, $y_2 = e^{2x}$이라

하면 Wronskian은

$$W(y_1, y_2) = \begin{vmatrix} e^{-2x} & e^{2x} \\ -2e^{-2x} & 2e^{2x} \end{vmatrix}$$

이고, 그러므로 위 식에 의하여 주어진 방정식의 특수해 y_p는 다음과 같다.

$$\begin{aligned} y_p &= -y_1 \int \frac{y_2 R(x)}{W(y_1, y_2)} dx + y_2 \int \frac{y_1 R(x)}{W(y_1, y_2)} dx \\ &= -e^{-2x} \int \frac{e^{2x} e^{2x}}{4} dx + e^{2x} \int \frac{e^{-2x} e^{2x}}{4} dx \\ &= -\frac{1}{16} e^{2x} + \frac{1}{4} x e^{2x} \end{aligned}$$

그러므로 주어진 미분방정식의 일반해는 다음과 같다.

$$y = c_1 e^{-2x} + c_2 e^{2x} - \frac{1}{16} e^{2x} + \frac{1}{4} x e^{2x}$$

연습문제 2-3

1. 다음 미분방정식을 풀어라.

(1) $(D^2 + D - 6)y = e^{4x}$
(2) $(D^2 + 4)y = \sin 2x$
(3) $(D^3 - D^2)y = x$
(4) $(D^2 - 4D + 4)y = (x+1)e^{2x}$
(5) $(4D^2 + 36)y = \csc 3x$
(6) $(D - 3)y = e^{2x}$
(7) $(D - 3)(D - 2)y = e^x$
(8) $y''' - 2y'' - 5y' + 6y = 0$
(9) $y''' + 2y'' + 4y' = 0$
(10) $y^{iv} + y'' - 2y = 0$

2. 아래의 특성방정식을 갖는 제차방정식의 일반해를 구하여라.

$$\lambda^3(\lambda + 4)^2(\lambda^2 + 2\lambda + 5)^2 = 0$$

3. 다음 미분방정식의 초기값문제를 풀어라.

   (1) $y''' - 2y'' - 5y' + 6y = 0$, $y(0) = 1$, $y'(0) = 0$, $y''(0) = 0$

   (2) $y''' + 2y'' + 4y' = 0$ 의 $y(0) = 0$, $y'(0) = 1$, $y''(0) = 0$

2.4 선형연립방정식

하나의 독립변수에 2개 이상의 종속변수를 가지는 미분방정식을 연립미분방정식이라 한다.
여기서는 상수계수의 연립선형미분방정식의 해법을 다루기로 한다. 해법의 기본적 원칙은 주어진 방정식에서 한 종속변수를 남기고 다른 종속변수를 소거하는 것이다. 이렇게 하여 얻은 방정식을 이 종속변수에 관해서 풀면 된다.

예 제 1. 선형 연립방정식

$$2\frac{dy}{dt} + \frac{dy}{dx} - 4x - y = e' \tag{2.37}$$

$$\frac{dx}{dt} + 3x + y = 0 \tag{2.38}$$

를 풀어라

[**풀이**] 미분연산자를 써서 나타내면 다음과 같다.

$$2(D-2)x + (D-1)y = e^t \tag{2.39}$$

$$(D+3)x + y = 0 \tag{2.40}$$

두 미지수 x, y에 관한 연립방정식을 푸는 경우와 같이 식(2.40)에 $(D-1)$ 을 곱하여

$$(D-1)(D+3)x + (D-1)y = 0 \tag{2.41}$$

을 얻고, (2.41)에서 (2.39)을 빼면

$$[(D-1)(D+3) - 2(D-2)]x = -e^t$$

이므로, 이를 정리하면

$$(D^2+1)x = -e^t$$

마찬가지로 x를 소거하면

$$(D^2+1)x = -e^t$$

을 얻는다. 이들 두 방정식을 각각 풀면

$$x = c_1 \cos t + c_2 \sin t - \frac{1}{2}e^t \tag{2.42}$$

$$y = c_3 \cos t + c_4 \sin t + 2e^t \tag{2.43}$$

여기서 (2.42)와 (2.43)에는 불필요한 임의상수가 포함되어 있다. 이들을 (2.38)에 대입하여

$$(c_2+3c_1+c_3)\cos t + (3c_2-c_1+c_4)\sin t = 0$$

따라서

$$c_3 = -(3c_1+c_2), \quad c_4 = c_1 - 3c_2$$

이들 값을 (2.42)와 (2.43)에 대입하면 일반해는 다음과 같다.

$$x = c_1 \cos t + c_2 \sin t - \frac{1}{e^t},$$
$$y = -(3c_1+c_2)\cos t + (c_1-3c_2)\sin t + 2e^t$$

종속변수가 둘인 상수계수의 연립미분방정식은 연산자를 써서 나타내면 다음과 같다.

$$f_1(D)x + g_1(D)y = h_1(t)$$
$$f_2(D)x + g_2(D)y = h_2(t)$$

위 연립미분방정식을 행렬식으로 풀 때, x, y는

$$\begin{vmatrix} f_1(D) & g_1(D) \\ f_2(D) & g_2(D) \end{vmatrix} y = \begin{vmatrix} f_1(D) & h_1(D) \\ f_2(D) & h_2(D) \end{vmatrix}$$

$$\begin{vmatrix} f_1(D) & g_1(D) \\ f_2(D) & g_2(D) \end{vmatrix} x = \begin{vmatrix} h_1(D) & g_1(D) \\ h_2(D) & g_2(D) \end{vmatrix}$$

$$(= g_2(D)h_1(t) - g_1(D)h_2(t))$$

이므로, 일반해 y 및 x 에 나타나는 임의의 상수의 개수는

$$\Delta = \begin{vmatrix} f_1(D) & g_1(D) \\ f_2(D) & g_2(D) \end{vmatrix}$$

의 전개식인 D의 다항식의 차수와 같게 된다.

예 제 2. 다음 연립방정식을 풀어라.

$$\begin{cases} (D-1)x + Dy = 2t+1 & \cdots(1) \\ (2D+1)x + 2Dy = t & \cdots(2) \end{cases}$$

[풀이] (2) − (1) × 2에서 $3x = -3t - 2$ (1)에 $x = -t - \frac{2}{3}$를 대입하면

$$Dy = 2t + 1 - (D-1)x = t + \frac{4}{3}$$

이고,

$$y = \frac{1}{2}t^2 + \frac{4}{3}t + c_1$$

을 얻는다. 일반해는

$$x = -t - \frac{2}{3}, \quad y = \frac{1}{2}t^2 + \frac{4}{3}t + c_1$$

$\Delta = \begin{vmatrix} D-1 & D \\ 2D+1 & 2D \end{vmatrix}$ 는 D에 대하여 1차이므로 일반해는 한 개만이 임의의 상수를 포함한다.

연습문제 2-4

1. 다음 주어진 연립방정식의 해를 구하여라.

(1) $\begin{cases} \dfrac{dx}{dt} = 2x - y \\ \dfrac{dy}{dt} = x \end{cases}$

(2) $\begin{cases} \dfrac{dx}{dt} = -y + t \\ \dfrac{dy}{dt} = x - t \end{cases}$

(3) $\begin{cases} (D^2 + 5)x - 2y = 0 \\ -2x + (D^2 + 2)y = 0 \end{cases}$

(4) $\begin{cases} \dfrac{d^2x}{dt^2} = 4y + e^t \\ \dfrac{d^2y}{dt^2} = 4x - e^t \end{cases}$

(5) $\begin{cases} Dx + D^2y = e^{3t} \\ (D + 1)x + (D - 1)y = 4e^{3t} \end{cases}$

(6) $\begin{cases} (D^2 - 1)x - y = 0 \\ (D - 1)x + Dy = 0 \end{cases}$

2.5 응용

일반적으로 상수계수 미분방정식은 공학문제에 여러가지 형태로 나타난다. 이 때 미분방정식은 시스템의 특성을 기술하는 척도로 사용되며, 수학에서와는 달리 시간특성을 나타내는 경우가 많다. 따라서, 시스템의 응답을 평가하는 여러가지 용어가 정의된다. 이 절에서는 전자, 전기, 통신 및 계측제어공학 분야에서 기본적으로 사용되는 회로시스템의 해석과정 중 나타나는 미분방정식의 예들과 그 용어들의 특성을 기술한다.

아래 그림과 같은 저항, 인덕터 그리고 콘덴서가 직렬로 연결된 R-L-C 회로에 흐르는 전류를 $i(t)$라 하면, 키르히호프 제 2법칙에 의하여 저항에 걸리는 전압 Ri와 인덕터에 걸리는 전압 $L\left(\dfrac{di}{dt}\right)$ 그리고 콘덴서에 걸리는 전압 $\dfrac{q}{C}$의 합은 전체 전압 E와 같다. 여기서 $E(t)$(volt)는 시간에 따른 기전력의 변화이고 L(henry)은 인덕턴스, R(ohm)는 저항을 나타내는 상수이다. 그리고 C(farad)는 콘덴서의 용량이고, q(coulomb)는 콘덴서 전하를 나타낸다. 따라서 다음의 1계 상미분방정식을 얻는다.

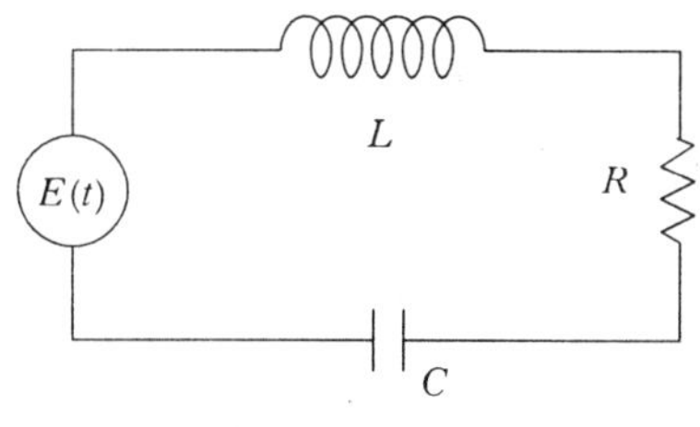

[그림 2-2] RLC회로

$$L\frac{di}{dt} + Ri + \frac{q}{C} = E(t) \tag{2.44}$$

한편 전류 $i(t)$와 콘덴서 전하 q사이에 $i = \dfrac{dq}{dt}$가 성립하므로 다음과 같은 2계 상미분방정식을 얻을 수 있다.

$$L\frac{d^2q}{dt^2} + R\frac{dq}{dt} + \frac{q}{C} = E(t) \tag{2.45}$$

식 (2.45)의 특성방정식이 $LD^2 + RD + \frac{1}{C} = 0$이므로 판별식 $R^2 - \frac{4L}{C}$에 따라서 서로 다른 유형의 특성근을 갖는다.

$$\textbf{과도감쇠회로} \quad R^2 - \frac{4L}{C} > 0$$
$$\textbf{임계감쇠회로} \quad R^2 - \frac{4L}{C} = 0$$
$$\textbf{과소감쇠회로} \quad R^2 - \frac{4L}{C} < 0$$

한편 특성근이

$$D = \frac{-R \pm \sqrt{R^2 - (\frac{4L}{C})}}{2L}$$

이므로 어떠한 경우이든 식(2.45)의 일반해는 $e^{-\frac{Rt}{2L}}$항을 포함하고 있으며, 따라서 $t \to \infty$이면 $q(t) \to 0$이다. 특히 과소감쇠회로에서 $q(0) = q_0$이면, 콘덴서 전하는 $t \to \infty$임에 따라 진동한다. 특히 전류 $i(t)$에 대하여

$$L\frac{d^2 i}{dt^2} + R\frac{di}{dt} + \frac{1}{C}i = E'(t) \tag{2.46}$$

가 성립하며, 기전력이 $E(t) = E_0 \sin \omega t$인 교류로 주어지는 R-L-C전기회로에 흐르는 전류 $i(t)$를 **정상전류**(steady-state current)라 한다. 따라서 정상전류 $i(t)$에 대하여 다음 2계 미분방정식을 얻는다.

$$L\frac{d^2 i}{dt^2} + R\frac{di}{dt} + \frac{1}{C}i = E_0 \omega \cos \omega t \tag{2.47}$$

이제 미분방정식 (2.47)의 특수해를 구하기 위하여

$$i_p(t) = A\cos \omega t + B \sin \omega t$$

라 놓자. 그러면

$$i_p'(t) = -A\omega \sin \omega t + B\omega \cos \omega t$$

$$i_p''(t) = -A\omega^2 \cos \omega t - B\omega^2 \sin \omega t$$

이고, 이들을 식 (2.47)에 대입하면 A, B에 대한 연립방정식

$$\begin{cases} \left(-L\omega^2 + \frac{1}{C}\right) A + R\omega B = E_0\omega \\ -R\omega A + \left(-L\omega^2 + \frac{1}{C}\right) B = 0 \end{cases}$$

을 얻는다. 따라서 이 연립방정식으로부터 미정계수 A, B를 구하면 다음과 같다.

$$\begin{aligned} A &= \frac{E_0\omega(-L\omega^2 + \frac{1}{C})}{(-L\omega^2 + \frac{1}{C})^2 + R^2\omega^2} \\ &= \frac{-E_0 S}{S^2 + R^2} \\ B &= \frac{E_0 R\omega^2}{(-L\omega^2 + \frac{1}{C})^2 + R^2\omega^2} \\ &= \frac{E_0 R}{S^2 + R^2} \end{aligned}$$

여기서 $S = L\omega - \dfrac{1}{\omega C}$이며, 이것을 **리액턴스**(reactance)라 한다. 따라서 구하고자 하는 특수해는

$$\begin{aligned} i_p(t) &= \frac{-E_0 S}{S^2 + R^2} \cos \omega t + \frac{E_0 R}{S^2 + R^2} \sin \omega t \\ &= \frac{E_0}{\sqrt{S^2 + R^2}} \sin(\omega t - \theta) \end{aligned}$$

이다. 이 때 $\tan\theta = \dfrac{S}{R}$이며 상수 $\sqrt{S^2 + R^2}$을 **임피던스**(impedance)라 한다.

예 제 1. R-L-C 회로에서 $L = 0.2,\ R = 10,\ C = 0.002$ 그리고 $E(t) = 0$일 때, 초기조건 $q(0) = q_0, i(0) = 0$을 만족하는 콘덴서의 전하 $q(t)$를 구하여라.

[**풀이**] $\dfrac{1}{C} = 500$이므로 (2.45)로부터 다음 미분방정식을 얻는다.

$$\frac{1}{5}\frac{d^2q}{dt^2} + 10\frac{dq}{dt} + 500q = 0$$

또는

$$\frac{d^2q}{dt^2} + 50\frac{dq}{dt} + 25001 = 0$$

그러므로 특성방정식은

$$r^2 + 50r + 2500 = 0$$

이고, 특성근은

$$r = -25 \pm 43.3i$$

이다. 따라서 주어진 $R - L - C$ 회로는 과소감쇠회로이며

$$q(t) = e^{-25t}(c_1 \cos 43.3t + c_2 \sin 43.4t)$$

이다. 한편 $i(t) = \dfrac{dq}{dt}$이고, 초기조건 $q(0) = q_0$, $i(0) = 0$을 만족하므로

$$q(0) = c_1 = q_0, \quad i(0) = -25c_1 + 43.3c_2 = 0$$

즉 $c_1 = q_0, c_2 = 0.58q_0$이다. 따라서 구하고자 하는 해는 다음과 같다.

$$\begin{aligned} q(t) &= e^{-25t}(\cos 43.3t + 0.58 \sin 43.3t)q_0 \\ &= 1.156q_0 e^{-25t} \sin(43.3t + 1.045) \end{aligned}$$

예 제 2. R-L-C 회로에서 $L = 100$, $R = 200$, $C = 0.005$, $E(t) = 100 \cos t$일 때 이 회로에 흐르는 정상정류 $i(t)$를 구하여라.

[**풀이**] R-L-C 회로에서 전류 $i(t)$에 관한 방정식은 식(2.47)에 의하여 다음과 같다.

$$100\frac{d^2i}{dt^2} + 200\frac{di}{dt} + 2001 = 100 \cos t$$

따라서 여방정식

$$\frac{d^2i}{dt^2} + 2\frac{di}{dt} + 2i = 0$$

의 특성방정식은 $r^2+2r+2=0$이고, 특성근은 $r=-1\pm i$이다. 따라서 이 방정식의 여함수

$$i_c(t)=e^{-t}(c_1\cos t+c_2\sin t)$$

를 얻는다. 한편 리액턴스는 $S=100-\dfrac{1}{0.005}$이고 $S^2+R^2=50000$이므로 특수해는

$$\begin{aligned} i_p(t) &= \frac{(-100)(-100)}{50000}\cos t+\frac{(100)(200)}{50000}\sin t \\ &= \frac{1}{5}\cos t+\frac{2}{5}\sin t \end{aligned}$$

이다. 그러므로 일반해

$$\begin{aligned} i(t) &= i_c(t)+i_p(t) \\ &= e^{-t}(c_1\cos t+c_2\sin t)+\frac{1}{5}\cos t+\frac{2}{5}\sin t \end{aligned}$$

를 얻는다. 초기조건 $i(0)=0$이므로

$$i(0)=c_1+\frac{1}{5}=0$$

즉 $c_1=-\dfrac{1}{5}$이다. 또한 초기조건 $q(0)=0$을 이용하기 위하여 $i=\dfrac{dq}{dt}$로 부터 (2.45)을 다음과 같이 변형할 수 있다.

$$\frac{di}{dt}+2i+2q=\cos t$$

또는

$$\frac{di}{dt}=\cos t-2i(t)-2q(t)$$

한편 $t=0$이면 $i(0)=q(0)=0$이므로 $i'(0)=1$이고

$$i'(t)=e^{-t}[(c_2-c_1)\cos t-(c_1+c_2)\sin t]-\frac{1}{5}\sin t+\frac{2}{5}\cos t$$

이다. 즉 $c_2 - c_1 + \frac{2}{5} = 1$이므로 $c_2 = \frac{2}{5}$이다. 그러므로 구하고자 하는 해는

$$i(t) = \frac{1}{5}[e^{-t}(-\cos t + 2\sin t) + \cos t + 2\sin t]$$

이다

이제 아래 그림과 같이 인덕터가 없는 R-C 전기회로를 생각해 보자.인덕터가 없다는 것은 $L = 0$을 의미하므로 R-C 전기회로에서 전류 $i(t)$에 관한 미분방정식은 다음식으로 나타난다.

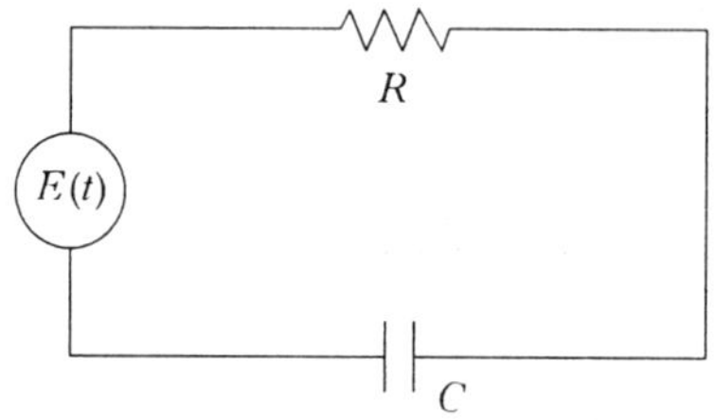

[**그림 2-3**] RC전기회로

$$Ri + \frac{q}{C} = E(t) \tag{2.48}$$

한편 $i = \dfrac{dq}{dt}$이므로

$$R\frac{dq}{dt} + \frac{q}{C} = E(t) \tag{2.49}$$

또는 식 (2.48)을 미분하면

$$R\frac{di}{dt} + \frac{1}{C}i = \frac{E(t)}{dt} \tag{2.50}$$

를 얻는다. 만일 $E(t)$=상수이면 미분방정식 (2.48)은 변수분리형이다. 따라서 임의의 상수 k에 대하여 다음 일반해를 얻는다.

$$i(t) = ce^{-\frac{t}{RC}}$$

한편 $E(t) = E_0 \sin \omega t$이면

$$R\frac{di}{dt} + \frac{1}{C}i = E_0 \omega \cos \omega t \tag{2.51}$$

이고, 1계 선형미분방정식이므로 일반해

$$\begin{aligned} i(t) &= \frac{CE_0\omega}{1+(\omega RC)^2}(\cos \omega t + \omega RC \sin \omega t) + ce^{-\frac{t}{RC}} \\ &= \frac{CE_0\omega}{\sqrt{1+(\omega RC)^2}} \sin(\omega t - \theta) + ce^{-\frac{t}{RC}} \end{aligned}$$

을 얻는다. 이 때 $\tan \theta = \dfrac{-1}{\omega RC}$이다. 그리고 두 경우 각각 $t \to \infty$이면 $E(t)$가 상수인 경우에 $i(t) \to 0$이고, $E(t) = E_0 \sin \omega t$이면

$$i(t) \to \frac{CE_0\omega}{\sqrt{1+(\omega RC)^2}} \sin(\omega t - \theta)$$

이다. 즉 시간이 경과함에 따라 기전력이 일정하면 전류는 소멸하고, 기전력이 주기 $\dfrac{2\pi}{\omega}$인 사인파이면 전류도 역시 주기 $\dfrac{2\pi}{\omega}$인 사인파로 나타난다.

예 제 3. R-C 전기회로에서 $R = 200$, $C = 0.02$, $E(t) = \cos 2t + \sin 2t$일 때 전류 $i(t)$를 구하여라. 단 $i(t) = 2$이다.

[**풀이**] $E'(t) = -2\sin 2t + 2\cos 2t$이므로 식(2.50)로부터 미분방정식

$$\frac{di}{dt} + \frac{1}{4}i = \frac{1}{100}(-\sin 2t + \cos 2t)$$

를 얻는다. 그러므로 일반해는

$$\begin{aligned} i(t) &= \exp\left[\int\left(-\frac{1}{4}\right)dt\right]\left\{\int \frac{1}{100}(-\sin 2t + \cos 2t)\exp\left[\int\left(\frac{1}{4}\right)dt\right]dt + c\right\} \\ &= \frac{1}{1625}(9\cos 2t + 7\sin 2t) + ce^{-\frac{t}{4}} \end{aligned}$$

이고 $i(0) = 2$이므로 $c = \dfrac{3241}{1625}$를 얻는다. 따라서 구하고자 하는 전류는

$$i(t) = \frac{1}{1625}(9\cos 2t + 7\sin 2t) + \frac{3241}{1625}e^{-\frac{t}{4}}$$

이다.

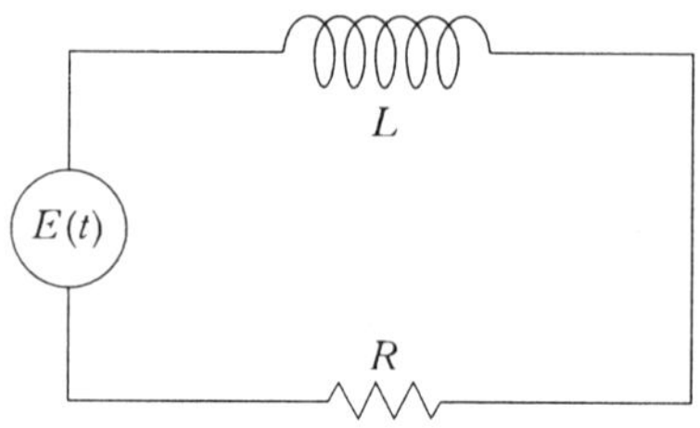

[그림 **2-4**] RL전기회로

한편 아래 [그림2.4]과 같이 콘덴서가 없는 R-L 전기회로를 생각한다면 선형 미분방정식

$$L\frac{d^2q}{dt^2} + R\frac{dq}{dt} = E(t)$$

또는

$$\frac{di}{dt} + \frac{R}{L}i = \frac{1}{L}E(t) \tag{2.52}$$

를 얻는다. 그러므로 임의의 상수 c에 대하여 일반해는

$$i(t) = \frac{1}{L}e^{-\frac{Rt}{L}}\int e^{\frac{Rt}{L}}E(t)dt + ce^{-\frac{Rt}{L}}$$

이다. 이때, 기전력 $E(t) = E_0$가 상수이면

$$\begin{aligned} i(t) &= \frac{1}{L}e^{-\frac{Rt}{L}}\int e^{\frac{Rt}{L}}E_0 dt + ke^{-\frac{Rt}{L}} \\ &= \frac{E_0}{R} + ce^{-\frac{Rt}{L}} \end{aligned}$$

이다. 또한 $E(t) = E_0 \sin \omega t$이면

$$\begin{aligned} i(t) &= \frac{1}{L} e^{-\frac{Rt}{L}} \int E_0 e^{\frac{Rt}{L}} \sin \omega t dt + c e^{-\frac{Rt}{L}} \\ &= \frac{E_0}{R^2 + (\omega L)^2} (R \sin \omega t - \omega L \cos \omega t) + c e^{-\frac{Rt}{L}} \\ &= \frac{E_0}{\sqrt{R^2 + (\omega L)^2}} \sin(\omega t - \theta) + c e^{-\frac{Rt}{L}} \end{aligned}$$

이고, 여기서 $\tan\theta = \dfrac{\omega L}{R}$ 이다. 따라서 기전력이 일정한 경우에 $t \to \infty$이면 $i(t) \to \dfrac{E}{R}$이고, $E(t) = E_0 \sin \omega t$이면

$$i(t) \to \frac{E_0}{\sqrt{R^2 + (\omega L)^2}} \sin(\omega t - \theta)$$

즉, 기전력이 일정하면 전류 $i(t)$는 상수 $\dfrac{E}{R}$로 단조증가하고, 사인파 이면 전류도 역시 사인파에 가까워 진다.

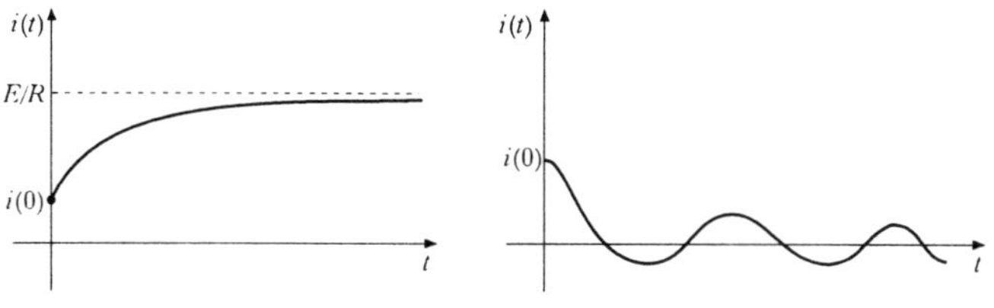

[그림 2-5]

예 제 **4.** R-L 전기회로에서 $R = 6,\ \ L = 2$ 그리고 $E(t) = \cos 2t + \sin 2t$일 때 전류 $i(t)$를 구하여라. 단, $i(0) = \dfrac{1}{2}$이다.

[**풀이**] $R = 6, L = 2$이므로 식(2.52)로부터 다음 미분방정식을 얻는다.

$$\frac{di}{dt} + 3i = \frac{1}{2}(\cos 2t + \sin 2t)$$

따라서 일반해는

$$\begin{aligned} i(t) &= \frac{1}{2}e^{-3t}\int e^{3t}(\cos 2t + \sin 2t)dt + ce^{-3t} \\ &= \frac{1}{26}(\cos 2t + 5\sin 2t) + ce^{-3t} \end{aligned}$$

이다. 한편 초기조건 $i(0) = \frac{1}{2}$을 위 식에 대입하면 $c = \frac{12}{26}$이고, 따라서 구하고자 하는 해는

$$\begin{aligned} i(t) &= \frac{1}{2}e^{-3t}\int e^{3t}(\cos 2t + \sin 2t)dt + ce^{-3t} \\ &= \frac{1}{26}(\cos 2t + 5\sin 2t + 12e^{-3t}) \end{aligned}$$

이다.

제 3 장

미분방정식의 멱급수해법

지금까지 우리는 이차 또는 고차미분방정식들 중에 상수계수를 갖는 문제들을 주로 다루어 왔다. 그러나 자연현상계에서 주로 나타나는 미분방정식들은 변수계수를 가지는 것이 보통이다. 이러한 미분방정식들의 해는 주로 멱급수형태로 나타나는 특징을 가지고 있다. 본 장에서는 해가 멱급수 형태인 미분방정식에 대해 알아본다.

3.1 멱급수해법

임의의 상수 $c_0, c_1, \cdots$와 특정한 점 $x = a$에 대하여

$$\sum_{m=0}^{\infty} c_m(x-a)^m = c_0 + c_1(x-a) + c_2(x-a)^2 + \cdots \tag{3.1}$$

와 같은 형태를 갖는 무한급수를 $x-a$의 **멱급수**(power series)라 한다. 여기에서 $c_0, c_1, \cdots$은 상수로서 이 급수의 **계수**(coefficient)라고 하고, 상수 a는 이 급수의 중심이며, x는 변수이다. 특히 $a = 0$일 때에는 x에 관한 멱급수

$$\sum_{m=0}^{\infty} c_m x^n = c_0 + c_1 x + c_2 x^2 + \cdots \tag{3.2}$$

를 **Maclaurin 급수**(Maclaurin series)라 한다.

식 (3.1)의 멱급수는 $t = x - a$라는 치환을 통해 식 (3.2)의 형태로 표현할 수 있다. 이 장에서는 모든 변수와 상수는 실수라고 가정한다.

다음에 주어진 식(3.3) ~ 식(3.8)은 자주 사용되는 Maclaurin 급수이다.

$$\frac{1}{1-x} = \sum_{m=0}^{\infty} x^m = 1 + x + x^2 + \cdots \quad , \quad |x| < 1 \tag{3.3}$$

$$e^x = \sum_{m=0}^{\infty} \frac{x^m}{m!} = 1 + x + \frac{x^2}{2!} + \frac{x^3}{3!} + \cdots \tag{3.4}$$

$$\sin x = \sum_{m=0}^{\infty} \frac{(-1)^m x^{2m+1}}{(2m+1)!} = x - \frac{x^3}{3!} + \frac{x^5}{5!} - \frac{x^7}{7!} + \cdots \tag{3.5}$$

$$\cos x = \sum_{m=0}^{\infty} \frac{(-1)^m x^{2m}}{(2m)!} = 1 - \frac{x^2}{2!} + \frac{x^4}{4!} - \frac{x^6}{6!} + \cdots \tag{3.6}$$

$$\sinh x = \sum_{m=0}^{\infty} \frac{x^{2m+1}}{(2m+1)!} = x + \frac{x^3}{3!} + \frac{x^5}{5!} + \cdots \tag{3.7}$$

$$\cosh x = \sum_{m=0}^{\infty} = \sum_{m=0}^{\infty} \frac{x^2 m}{(2m)!} = 1 + \frac{x^2}{2!} + \frac{x^4}{4!} + \frac{x^6}{6!} + \cdots \tag{3.8}$$

또한,

$$J_v(x) = \sum_{s=0}^{\infty} \frac{(-1)s}{s!(s+v)!} \left(\frac{x}{2}\right)^{2s+v}$$

로 정의되는 **Bessel함수**(Bessel function)는 이 장에서 다루게 되는 중요한 멱급수이다. $x-a$에 대한 멱급수 (3.1)에 대하여 m항 까지의 합

$$S_m(x) = c_0 + c_1(x-a) + \cdots + c_m(x-a)^m$$

을 $m-$**부분합**(partial sum)이라 하고,

$$R_m(x) = c_{m+1}(x-a)^{m+1} + c_{m+2}(x-a)^{m+2} + \cdots$$

를 식(3.1)의 $c_m(x-a)^m$항 이후의 **잉여**(remainder)라고 한다. $f(x)$가 식 (3.1)의 형태로 표현될 수 있을 때, 함수 $f(x)$는 $x=a$에서 **해석적**(analytic)이라고 한다. 다시말하면 $\lim_{m\to\infty} R_m(x) = 0$인 경우이다. 어떤 주어진 점에서 함수의 성질은

$$\{부분연속\} \subset \{연속\} \subset \{1계\ 미분가능\} \subset \cdots \subset \{\infty계\ 미분가능\} \subset \{해석적\}$$

의 순으로 성질의 제한이 많아진다고 할 수 있다. 함수 $f(x)$가 $x=a$에서 해석적이면 $f(x)$는 $f(x)$가 정의된 구간 I에서 몇 번이고 미분가능하며, 그 도함수들은 $f(x)$가 나타내는 멱급수를 항별로 미분하여 얻어지는 멱급수로 표현될 수 있다. 즉,

$$\begin{aligned} f(x) &= \sum_{m=0}^{\infty} c_m(x-a)^m = c_0 + c_1(x-a) + c_2(x-a)^2 + \cdots \\ f'(x) &= \sum_{m=1}^{\infty} mc_m(x-a)^{m-1} = c_1 + 2c_2(x-a) + 3c_3(x-a)^2 + \cdots \end{aligned}$$

미분방정식이 급수해를 가질 조건을 나타내는 급수해의 존재정리는 이 책의 수준을 넘으므로 증명 없이 소개하기로 한다.

정 리 **3.1.1.** **[급수해의 존재정리]** 제차선형미분방정식

$$y^{(n)} + a_{n-1}(x)y^{(n-1)} + \cdots + a_1(x)y' + a_0(x)y = 0 \tag{3.9}$$

에서 $a_0(x), a_1(x), \cdots, a_{n-1}(x)$가 $x = a$에서 해석적이면 (3.9)의 해는 $x = a$에서 해석적이며

$$y = \sum_{m=0}^{\infty} c_m(x-a)^m$$

꼴의 급수해를 갖는다.

실제로 방정식 (3.9)가 $x - a$에 관한 멱급수해 (3.2)에서 확정된 값을 가져야 한다. 만일 $x = a$에서 y가 발산하면 $x - a$에서 Taylor급수 전개가 불가능하다.

I. $x = 0$**일 때** $y = y_0$**를 만족하는 급수해**

구하고자 하는 급수해를

$$y = \sum_{m=0}^{\infty} c_m x^m = c_0 + c_1x + c_2x^2 + \cdots$$

라고 놓으면, $x = 0$일 때 $y = y_0 = c_0$이고 $c_1, c_2, \cdots$는 결정할 상수들이다.

예 제 **1.** 초기치문제 $y' - y = x^2,\ \ y(0) = 1$의 급수해를 구하여라.

[**풀이**] $x = 0$에서 x^2은 해석적이므로 급수해를 갖는다. 따라서

$$\begin{aligned} y &= \sum_{m=0}^{\infty} c_m x^m \\ &= c_0 + c_1x + c_2x^2 + c_3x^3 + \cdots \end{aligned} \tag{3.10}$$

를 미분하여 주어진 미분방정식에 대입하면

$$y' - y = (c_1 + 2c_2x + 3c_3x^2 + 4c_4x^3 + \cdots)$$

$$
\begin{aligned}
&-(c_0 + c_1x + c_2x^2 + c_3x^3 + \cdots) \\
&= (c_1 - c_0) + (2c_2 - c1)x + (3c_3 - c_2)x^2 + (4c_4 - c_3)x^3 + \cdots \\
&= x^2
\end{aligned}
$$

을 얻는다. 그런데 위의 식은 항등적으로 만족되어야 하므로

$$
\begin{aligned}
&c_1 - c_0 = 0, \\
&2c_2 - c_1 = 0, \\
&3c_3 - c_2 = 1, \\
&4c_4 - c_3 = 0, \cdots
\end{aligned}
$$

이 되고, 이것들로부터

$$
\begin{aligned}
c_1 &= c_0, \\
c_2 &= \frac{1}{2}c_1 = \frac{1}{2}c_0, \\
c_3 &= \frac{c_2+1}{3} = \frac{c_0+2}{3!}, \\
c_4 &= \frac{c_3}{4} = \frac{c_0+2}{4!}, \cdots
\end{aligned}
$$

가 된다. 이 결과를 식(3.4)에 대입하면

$$
\begin{aligned}
y &= c_0 + c_0x + \frac{1}{2}c_0x^2 + \left(\frac{c_0+2}{3!}\right)x^3 + \left(\frac{c_0+2}{4!}\right)x^4 + \cdots \\
&= (c_0 + 2 - 2) + (c_0 + 2 - 2)x + \frac{1}{2}(c_0 + 2 - 2)x^2 + \left(\frac{c_0+2}{3!}\right)x^3 \\
&\quad + \left(\frac{c_0+2}{4!}\right) + \cdots \\
&= (c_0 + 2)\left[1 + x + \frac{1}{2!}x^2 + \frac{1}{3!}x^3 + \frac{1}{4!}x^4 + \cdots\right] - 2 - 2x - 2x^2
\end{aligned}
$$

이다. 그런데 괄호 안을 잘 살펴보면 식 (3.4)와 같으므로 일반해

$$y = (c_0 + 2)e^x - 2 - 2x - x^2$$

을 얻는다. 초기조건 $y(0) = 1$에 의하여

$$1 = (c_0 + 2) - 2$$

즉, $c_0 = 1$이 되므로 주어진 초기치문제의 해는

$$y = 3e^x - 2 - 2x - x^2$$

이 된다.

II. $x = a$일 때 $y = y_0$를 만족하는 급수해

미분방정식

$$\frac{dy}{dx} = f(x, y) \tag{3.11}$$

에서 초기조건 $x = a$일 때 $y = y_0$를 만족하는 급수해는 $x - a = t$라 놓으면, $x = t + a, dx = dt$이므로,

$$\frac{dy}{dx} = \frac{dy}{dt}$$

이다. 따라서 주어진 미분방정식 (3.11)은 $\frac{dy}{dt} = f(t, y)$ 가 된다. 그러므로 초기조건 $t = 0$일 때 $y = y_0$를 만족하는 해를 구하고 다시 $t = x - a$로 치환하면 식 (3.11)의 해가 된다.

예 제 2. 초기치문제 $\frac{dy}{dx} = x^2 - 2x + y - 1, y(1) = 2$를 풀어라.

[**풀이**] 우선 $t = x - 1$에 의하여 주어진 방정식을 변환하면

$$\frac{dy}{dt} = t^2 + y - 2, \quad y(0) = 2 \tag{3.12}$$

가 된다. 이제 $t=0$일 때 $y=2$를 만족하는 해를

$$y=\sum_{m=0}^{\infty} a_m t^m$$

이라 하면, $a_0=2$ 와 $y'=\sum_{m=1}^{\infty} m a_m t^{m-1}$ 에 의해서

$$\begin{aligned} y &= 2+a_1 t+a_2 t^2+a_3 t^3+a_4 t^4+a_5 t^5+\cdots \\ y' &= a_1+2a_2 t+3a_3 t^2+4a_4 t^3+5a_5 t^4+\cdots \end{aligned}$$

를 얻는다. 이 식들을 주어진 미분방정식에 대입하면 아래[표 3.1]과 같다.

[표 3.1]

$a_0=2$	$a_0=2$
$a_1=a_0-2$	$a_1=0$
$2a_2=a_1$	$a_2=0$
$3a_3=a_2+1$	$a_2=\frac{1}{3}$
$4a_4=a_3$	$a_4=\frac{1}{3\cdot 4}$
$5a_5=a_4$	$a_5=\frac{1}{3\cdot 4\cdot 5}$
$\vdots$	$\vdots$
$na_n=a_{n-1}$	$a_n=\frac{1}{3\cdot 4\cdot 5\cdot\cdots\cdot(n-1)n}$

따라서 식 (3.12)의 구하는 해는

$$\begin{aligned} y &= 2+\frac{1}{3}t^3+\frac{1}{3\cdot 4}t^4+\frac{1}{3\cdot 4\cdot 5}t^5+\cdots+\frac{1}{3\cdot 4\cdot 5\cdots(n-1)n}t^n+\cdots \\ &= -2t-t^2+2\left(1+t+\frac{1}{2!}t^2+\frac{1}{3!}t^3+\frac{1}{4!}t^4+\cdots\right) \\ &= 2e^t-2t-t^2 \end{aligned}$$

이므로, $t = x - 1$을 위 식에 대입하여 주어진 초기치문제의 해

$$y = 2e^{x-1} - x^2 + 1$$

을 얻는다.

예 제 **3.** 미분방정식 $y'' + (\sin x)y = x^2$의 해를 구하여라.

[**풀이**] $y = \sum_{n=0}^{\infty} c_n x^n$과 $\sin x = \sum_{n=0}^{\infty} \frac{(-1)^n x^{2n+1}}{(2n+1)!}$을 주어진 미분 방정식에 대입하여 정리하면 다음과 같다.

$$\begin{aligned} 2c_s \; &+ \; 6c_3x + 12c_4x^2 + 20c_5x^3 + 30c_6x^4 + 42c_7x^5 + \cdots \\ &+ \left(x - \frac{x^3}{6} + \frac{x^5}{120} - \frac{x^7}{5040} + \cdots\right)(c_0 + c_1x + c_2x^2 + \cdots) \\ = \; 2 \;\; & c_2 + 6c_3x + 12c_4x^2 + 20c_5x^3 + 30c_6x^4 + 42c_7x^5 + \cdots + c_0x + c_1x^2 \\ &+ \left(c_2 - \frac{c_0}{6}\right)x^3 + \left(c_3 - \frac{c_1}{6}\right)x^4 + \left(c_4 - \frac{c_2}{6} + \frac{c_0}{120}\right)x^5 + \cdots \\ = \; & x^2 \end{aligned}$$

동류항끼리 계수를 정리하면 항등식의 성질에 의해 다음과 같이 계수들 로 이루어진 연립 방정식을 얻는다.

$$\begin{aligned} &2c_2 = 0 \\ &6c_3 + c_0 = 0 \\ &12c_4 + c_1 = 1 \\ &20c_5 + c_2 - \frac{c_0}{6} = 0 \\ &30c_6 + c_3 - \frac{c_1}{6} = 0 \\ &42c_7 + c_4 - \frac{c_2}{6} + \frac{c_0}{120} = 0 \\ &\cdots \end{aligned}$$

이것을 풀면 다음을 얻는다.

$$c_2 = 0,\quad c_3 = -\frac{c_0}{6},\quad c_4 = \frac{1-c_1}{12},\quad c_5 = \frac{c_0 - 6c_2}{120} = \frac{c_0}{120},$$
$$c_6 = \frac{c_1 + c_0}{180},\quad c_7 = \frac{10c_1 - c_0 - 10}{5040}, \cdots$$

따라서 주어진 미분 방정식의 해는 c_0, c_1이 임의의 상수일 때 다음과 같다.

$$\begin{aligned} y = c_0 + c_1 x - \frac{c_0}{6}x^3 + \frac{(1-c_1)}{12}x^4 + \frac{c_0}{120}x^5 \\ + \frac{(c_1+c_0)}{180}x^6 + \frac{(10c_1 - c_0 - 10)}{5040}x^7 + \cdots \end{aligned}$$

예 제 **4.** 초기치문제 $\dfrac{dy}{dx} + 2xy = 0$ 을 풀어라. 단, $y'(0) = 0$.

[풀이]

$$\begin{aligned} y &= c_0 + c_1 x + c_2 x^2 + c_3 x^3 + c_4 x^4 + c_5 x^5 + \cdots \\ y' &= c_1 + 2c_2 x + 3c_3 x^2 + 4c_4 x^3 + 5c_5 x^4 + \cdots \end{aligned}$$

를 주어진 미분방정식에 대입하면

$$\begin{aligned} &(c_1 + 2c_2 x + 3c_3 x^2 + 4c_4 x^3 + \cdots) + 2x(c_0 + c_1 x + c_2 x^2 + c_3 x^3 + \cdots) \\ &= c_1 + (2c_2 + 2c_0)x + (3c_3 + 2c_1)x^2 + (4c_4 + 2c_2)x^3 + \cdots = 0 \end{aligned}$$

을 얻는다. 항등식이 성립되어야 하므로 [표 3.2]와 같은 결과가 된다. 이들 값을 이용하여 준식을 정리하면

$$\begin{aligned} y &= c_0\left(1 - x^2 + \frac{1}{2!}x^4 - \frac{1}{3!}x^6 + \cdots\right) \\ &= c_0 e^{-x^2} \end{aligned} \tag{3.13}$$

이 된다. 이것은 변수분리형으로 검증이 가능하다.

[표 3.2]

$c_1 = 0$	$c_1 = 0$
$2c_2 + 2c_0 = 0$	$c_2 = -c_0$
$3c_3 + 2c_1 = 0$	$c_3 = 0$
$4c_4 + 2c_2 = 0$	$c_4 = \frac{1}{2}c_0 = \frac{1}{2!}c_0$
$5c_5 + 2c_3 = 0$	$c_5 = 0$
$6c_6 + 2c_4 = 0$	$c_6 = -\frac{1}{3!}c_0$
$\vdots$	$\vdots$

연습문제 3-1

1. 다음 주어진 방정식을 급수해법에 의하여 일반해를 구하여라.

(1) $y \;\; - y = 0$

(2) $3xy'' + (2 - x)y' - y = 0$

(3) $xy'' + (x + 1)y' + y = 0$

(4) $x^2y'' + xy'\left(x^2 - \frac{1}{9}\right)y = 0$

(5) $y'' + (\sin x)y = x^2$

(6) $(x - 1)y'' + y' = 0$

2. $y' - y = x^2$을 멱급수해법에 의하여 풀어라. 단, $y(0) = 1$이다.

3. 다음 미분방정식 $y' = x^2 - 4x + y + 1$의 급수해를 구하여라.
(단, $x = 2$일 때 $y = 3$)

3.2 Legendre 미분방정식

P가 상수일 때 미분방정식

$$(1-x^2)y'' - 2xy' + P(P+1)y = 0 \tag{3.14}$$

의 형태의 미분방정식을 **Legendre 미분방정식**(Legendre differential equation)이라 한다. 식 (3.14)의 양변을 $1-x^2$으로 나누면

$$y'' - \frac{2x}{1-x^2}y' + \frac{P(P+1)}{1-x^2}y = 0$$

이 되고, $x=0$에서 해석적이므로

$$\begin{aligned} f(x) &= -\frac{2x}{1-x^2} = -2x(1+x^2+x^4+\cdots) = -2x-2x^3-2x^5-\cdots \\ g(x) &= \frac{P(P+1)}{1-x^2} = P(P+1)(1+x^2+x^4+\cdots) \end{aligned}$$

로 나타낼 수 있다. [정리3.1.1]의 급수해의 존재정리에 의하여 식(3.14)은

$$y = \sum_{m=0}^{\infty} c_m x^m \tag{3.15}$$

형태의 급수해를 갖는다. 식 (3.15)을 식 (3.14)에 대입하면

$$\begin{aligned} & (1-x^2)y'' - 2xy' + P(P+1)y \\ = & \sum_{m=0}^{\infty}[(m+2)(m+1)c_{m+2} - \{m(m-1)+2m-P(P+1)\}c_m]x^m \\ = & \ 0 \end{aligned}$$

이 되므로,

$$(m+2)(m+1)c_{m+2} = \{m(m-1)+2m-P(P+1)\}c_m$$

이 성립한다. 즉,

$$c_{m+2} = -\frac{(P-m)(P+m+1)}{(m+2)(m+1)}c_m, \qquad (m = 0, 1, 2\cdots)$$

을 얻는다. 여기에서 주어지는 계수들을 (3.14)에 대입하면 일반해 y는

$$\begin{aligned} y = c_0&\left[1 - P(P+1)\left(\frac{x^2}{2!}\right) + (P-2)P(P+1)(P+3)\left(\frac{x^4}{4!}\right) + \cdots\right] \\ + c_1&\left[x - (P-1)(P+2)\left(\frac{x^3}{3!}\right) + (P-3)(P-1)(P+2)(P+4)\left(\frac{x^5}{5!}\right)\right. \\ &\left. + \cdots\right] \end{aligned} \tag{3.16}$$

가 된다. 단, $|x| < 1$이고, c_0, c_1은 임의의 상수이다.
식 (3.16)에서, P가 0이거나 양의 짝수이면 앞의 급수 y_1이 유한급수로 나타나므로 하나의 다항식이 되고, P가 양의 홀수이면 뒤의 급수 y_2 가 유한급수로 나타나므로 역시 하나의 다항식으로 표현된다.
m이 양의 짝수일 때 y_1및 m이 양의 홀수일 때 y_2는 순차적으로 다음과 같이 표현된다.

$$\begin{aligned} &m = 0; \quad P_0(x) = 1 \\ &m = 1; \quad P_1(x) = x \\ &m = 2; \quad P_2(x) = \frac{3}{2}x^2 - \frac{1}{2} \\ &m = 3; \quad P_3(x) = \frac{5}{2}x^3 - \frac{3}{2}x \\ &m = 4; \quad P_4(x)\frac{35}{8}x^4 - \frac{15}{4}x^2 + \frac{3}{8} \\ &m = 5; \quad P_5(x) = \frac{63}{8}x^5 - \frac{35}{4}x^3 + \frac{15}{8}x \\ &\quad \vdots \end{aligned}$$

여기에서 $m = 0$일 때 $c_0 = 1$ 이고, $m = 1$일 때 $c_1 = 1$을 얻을 수 있으며, $m = 2$일 때 $c_0 = -\frac{1}{2}$이다. 또한 $m = 3$일 때 $c_1 = -\frac{3}{2}$이고, $m = 4$일 때 $c_1 = \frac{15}{8}$로 c_0또는 c_1 의 값을 적당히 잡아서 $x = 1$일 때 각 다항식의 값이 1이

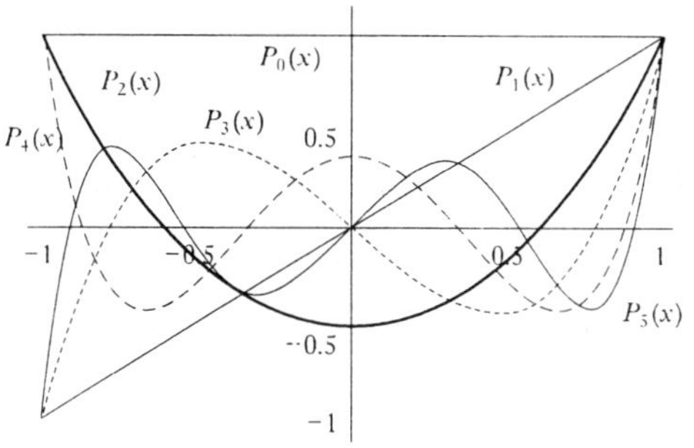

[**그림 3-1**] Legendre 다항식

되도록 만들어 내림차순으로 정리하여 $P_m(x)$로 나타낸 것이다. 이러한 $P_m(x)$를 m차의 **Legendre 다항식**(Legendre polynomial)이라 한다. m차의 **Legendre**다항식 $P_m(x)$는 **Legendre**미분방정식 (3.14)의 한 특수해가 된다. 즉,

$$(1-x^2)P_m''(x) - 2xP_m'(x) + m(m+1)P_m(x) = 0$$

이 성립하고, 이 때 $P_m(x)$는

$$P_m(x) = \frac{1}{2^m m!}\frac{d^m}{dx^m}(x^2-1)^m\ , \quad (m = 0, 1, 2, 3, \cdots) \tag{3.17}$$

으로 주어진다. 식 (3.17)을 **Rodrigues의 공식**(Rodrigues formula)이라 한다.

이제 위의 사실을 증명해 보자.

$$v = (x^2-1)^m$$

이라 놓으면, $\dfrac{dv}{dx} = 2mx(x^2-1)^{m-1}$이므로

$$(1-x^2)\frac{dv}{dx} + 2mxv = 0$$

이다. 이 식을 x로 미분하면

$$(1-x^2)\frac{d^2v_r}{dx^2}+2(m-1)x\frac{dv}{dx}+2mv=0$$

이 되고, 다시 x에 관하여 r회 미분하면

$$(1-x^2)\frac{d^2v_r}{dx^2}-2(m-r-1)x\frac{dv_r}{dx^2}+(r+1)(2m-r)v_r=0 \tag{3.18}$$

이 된다. 여기서 $v_r=\dfrac{d^rv}{dx^r}$이다. 특히 $r=m$이면 식 (3.18)는

$$(1-x^2)\frac{d^2v_m}{dx^2}-2x\frac{dv_m}{dx}+m(m+1)v_m=0$$

이다. 이 미분방정식은 $r=m$인 **Legendre**방정식이다. 따라서 v_m은 **Legendre**방정식을 만족한다. 그런데

$$v_m=\frac{d^mv}{dx^m}=\frac{d^m}{dx^m}(x^2-1)^m$$

이므로 v_m은 m차의 다항식이다. 또한 **Legendre**방정식은 다항식 형태의 해를 가지므로 $P_m(x)$는 v_m의 상수배이다. 따라서

$$\begin{aligned}
P_m(x) &= c\frac{d^m}{dx^m}(x^2-1)^m \\
&= c\{(x-1)^m(x+1)^m\}^{(m)} \\
&= c[\{(x-1)^m\}^{(m)}(x+1)^m+m\{(x-1)^m\}^{(m-1)}\{(x+1)^m\}^{(1)}+\cdots] \\
&= c[m!(x+1)^m+m\cdot(m!)(x-1)(x+1)^{m-1}+\cdots]
\end{aligned}$$

이다. 여기서 $x=1$이면

$$P_m(1)=c[m!2^m],\quad c=\frac{1}{2^mm!}$$

이므로,

$$P_m(x) = \frac{1}{2^m \cdot m!} \frac{d^m}{dx^m}(x^2-1)^m$$

이다. 이제 앞에서 구한 결과와 같은지 확인해 보기로 하자.

$$\begin{aligned}
P_0(x) &= \frac{1}{2^0 \cdot 0!}(x^2-1)^0 = 1 \\
P_1(x) &= \frac{1}{2 \cdot 1} \frac{d^2}{dx}(x^2-1) = \frac{1}{2} \cdot 2x = x \\
P_2(x) &= \frac{1}{2^2 \cdot 2!} \frac{d^2}{dx^2}(x^2-1)^2 = \frac{3}{2}x^2 - \frac{1}{2} \\
P_3(x) &= \frac{1}{2^3 \cdot 3!} \frac{d^3}{dx^3}(x^2-1)^3 = \frac{1}{48} \cdot \frac{d^3}{dx^3}(x^6 - 3x^4 + 3x^2 - 1) \\
&= \frac{1}{48}(120x^3 - 72x) = \frac{5}{2}x^3 - \frac{3}{2}x
\end{aligned}$$

따라서 앞에서 구했던 결과와 일치함을 알 수 있다.

$P_n(x)$는 구간 $|x| < 1$에서 $|P_n(x)| < 1$을 만족하고, 이러한 구간의 경계에서 $P_n(1) = 1$, $P_n(-1) = (-1)^n$이다. 아래는 자주 쓰이는 Legendre다항식의 성질들이다.

[1] $P_n(-x) = (-1)^n P_n(x)$

[2] $\displaystyle\int_{-1}^{1} P_n^2(x)dx = \frac{2}{2n+1}$

[3] $P_n(x) = \dfrac{1}{2^n n!} \dfrac{d^n}{dx^n}(x^2-1)^n$ (Rodrigues공식)

[4] $(n+1)P_{n+1}(x) + nP_{n-1}(x) = (2n+1)xP_n(x), \quad n = 1, 2, 3, \cdots$

[5] $\dfrac{d}{dx}P_{n+1}(x) - \dfrac{d}{dx}P_{n-1}(x) = (2n+1)P_n(x), \quad n = 1, 2, 3, \cdots$

일반적으로 P_0와 P_1을 알면 모든 **Legendre** 다항식을 유도해 낼 수 있는 점화식

$$(m+1)P_{m+1} + mP_{m-1} = (2m+1)xP_m \quad (m = 1, 2, 3, \cdots) \tag{3.19}$$

을 유도할 수 있다.

예 제 **1.** $P_0 = 1, P_1 = x$임을 알 때 P_2, P_3, P_4를 구하여라.

[풀이] 식(3.19)에 의하여

$$P_{m+1} = \frac{(2m+1)xP_m - mP_{m-1}}{m+1}$$

이므로 P_2, P_3, P_4는 다음과 같다.

$$\begin{aligned} P_2 &= \frac{3xP_1 - P_0}{2} = \frac{3x^2 - 1}{2} \\ P_3 &= \frac{5xP_2 - 2P_1}{3} = \frac{15x^3 - 5x - 4x}{6} = \frac{5x^3 - 3x}{2} \\ P_4 &= \frac{7xP_3 - 3P_2}{4} = \frac{35x^4 - 21x^2 - 9x^2 + 3}{8} = \frac{35x^4 - 30x^2 + 3}{8} \end{aligned}$$

연습문제 3-2

1. Legendre 함수의 $-1 < x < 1$에서 $f(x) = \sum_{n=0}^{\infty} c_n P_n(x)$이면, 계수 c_n은 다음과 같다.

$$c_n = \frac{2n+1}{2} \int_{-1}^{1} f(x)P_n(x)dx \quad (n = 0, 1, 2, \cdots)$$

성질을 이용하여 $f(x) = x^2$을 Legendre 다항식의 합으로 나타내어라.

2. Legendre 함수의

$$(2p+1)xP_p(x) = (p+1)P_{p+1}(x) + pP_{p-1}(x) \quad (p = 1, 2, 3, \cdots)$$

성질을 이용하여 $P_2(x), P_3(x), P_4(x)$를 P_0와 P_1을 이용하여 나타내어라. 단 $P_0(x) = 1$, $P_1(x) = x$이다.

3.3 Gauss 미분방정식

2계 선형미분방정식

$$a_2(x)y'' + a_1(x)y' + a_0(x)y = 0 \tag{3.20}$$

을 형식

$$y'' + P(x)y' + Q(x)y = 0 \tag{3.21}$$

으로 변형했다고 가정하자. 여기서 $P(x) = \dfrac{a_1(x)}{a_2(x)}$ 이고 $Q(x) = \dfrac{a_0(x)}{a_2(x)}$이다. 이 경우 $P(x)$와 $Q(x)$ 가 모두 x_0 에서 해석적이면 즉, $P(x)$ 와 $Q(x)$가 모두 양의 수렴 반경을 갖는 $(x - x_0)$의 멱급수를 가지면 점 $(x = x_0)$를 방정식(3.20)의 **정상점**(ordinary point)이라 한다. 정상점이 아닌 점을 그 방정식의 **특이점**(singular point)이라 한다. 만일 $(x - x_0)P(x)$와 $(x - x_0)^2Q(x)$가 모두 x_0에서 해석적이면 즉, $(x - x_0)P(x)$ 와 $(x - x_0)^2Q(x)$가 모두 양의 수렴 반경을 갖는 $(x - x_0)$의 멱급수를 가지면 방정식(3.20)의 특이점 $x = x_0$를 **정칙특이점**(regular singular point)이라 하고 정칙특이점이 아닌 특이점을 이 방정식의 **비정칙특이점**(irregular singular point)이라 한다.

정 리 **3.3.1.** $x = x_0$가 방정식(3.20)의 정칙특이점이면 형식이

$$y = (x - x_0)^r \sum_{n=0}^{\infty} c_n(x - x_0)^n = \sum_{n=0}^{\infty} c_n(x - x_0)^{n+r}$$

와 같은 급수해가 적어도 하나 존재한다. 여기서 수 r은 결정되어야 할 상수이고 이 급수는 어떤 구간 $0 < x - x_0 < R$에서 수렴한다.

---

a, b, c를 임의의 상수라 할 때

$$x(1 - x)y'' + [c - (a + b + 1)x]y' - aby = 0 \tag{3.22}$$

의 형태의 미분방정식을 **Gauss의 미분방정식**(Gauss differential equation)이라 한다. $x=0$이 식 (3.22)의 정칙 특이점이므로 급수해는

$$y = x^r \sum_{m=0}^{\infty} c_m x^m \tag{3.23}$$

형태를 취한다. 식 (3.23)를 식 (3.22)에 대입하고 동차항끼리 모아 정리하면

$$\begin{aligned}&r(r+c-1)c_0x^{r-1} + [(r+1)(r+c)c_1 - (r+a)(r+b)c_0]x^r + \cdots \\ &+[(r+m)(r+m+c-1)c_m - (r+m-1+a)(r+m-1+b)c_{m-1}]x^{r+m-1} \\ &+\cdots = 0\end{aligned} \tag{3.24}$$

을 얻는다. 식 (3.24)에서 결정방정식

$$r(r+(c-1)) = 0$$

에 의하여, $r=0$과 $r=1-c$이고, 또한

$$c_m = \frac{(r+m-1+a)(r+m-1+b)}{(r+m)(r+m+c-1)} c_{m-1} \tag{3.25}$$

을 얻는다. 따라서 c가 정수가 아니면 식 (3.23)와 식(3.25)에 의하여 $c_0=1$이라 놓아 다음과 같은 특수해를 얻는다.

$$\begin{aligned}y_1 = 1 + \frac{ab}{1\cdot c}x + \frac{a(a+1)b(b+1)}{2!c(c+1)}x^2 + \cdots \\ + \frac{a(a+1)\cdots(a+m-1)b(b+1)\cdots(b+m-1)}{n!c(c+1)\cdots(c+m-1)}x^m + \cdots\end{aligned}$$

$$y_2 = x^{1-c}\Bigg[1 + \frac{(a-c+1)(b-c+1)}{1\cdot(2-c)}x$$

$$+\frac{(a-c+1)(a-c+2)(b-c+1)(b-c+2)}{2!(2-c)(3-c)}x^2+\cdots+$$

$$\left.+\frac{(a-c+1)\cdots(a-c+m)(b-c+1)\cdots(b-c+m)}{n!(2-c)\cdots(m+1-c)}x^m+\cdots\right]$$

여기서 y_1을

$$y_1(x)=F(a,b,c,x)$$

로 표시하며 **초기하급수**(hypergeometric series)라고 부른다. 이 초기하급수의 수렴구간은 $|x|<1$이고

$$y_2(x)=x^{1-c}F(a-c+1,b-c+1,2-c,x)$$

이다. 따라서 **Gauss**의 미분방정식 (3.24)의 일반해는 c가 정수가 아닌 경우

$$y=c_1F(a,b,c,x)+c_2x^{1-c}F(a-c+1,b-c+1,2-c,x)$$

로 주어진다. 그러나 c가 양의 정수이면 $F(a,b,c,x)$가 하나의 해가 되고, c가 0이거나 음의 정수이면 $x^{1-c}F(a-c+1,b-c+1,2-c,x)$가 해가 된다.

3.4 Bessel 미분방정식

이번 절에서는 현이나 박막의 진동, 원주형 도체의 전류의 전도, 원통 내의 열의 흐름 등을 다룰 때 자주 등장하는 다음과 같은 형태의 미분방정식을 다루어 보자.

α를 상수라 할 때

$$x^2y'' + xy' + (x^2 - \alpha^2)y = 0 \tag{3.26}$$

의 형태의 미분방정식을 **Bessel의 미분방정식**(Bessel's differential equation)이라 한다. 여기서 $x = 0$이 정칙 특이점이므로 그 해는

$$y = x^r \sum_{m=0}^{\infty} c_m x^m = \sum_{m=0}^{\infty} c_m x^{m+r} \tag{3.27}$$

형태를 취한다. 이제

$$\begin{aligned} y' &= \sum_{m=0}^{\infty} (m+r)c_m x^{m+r-1} \\ y'' &= \sum_{m=0}^{\infty} (m+r)(m+r-1)c_m x^{m+r-2} \end{aligned}$$

를 식 (3.27)에 대입하고 동차항끼리 모아 정리하면

$$\begin{aligned} &x^r[-\alpha^2 c_0 + rc_0 + r(r-1)c_0] + x^{r+1}[-\alpha^2 c_1 + (r+1)c_1 + r(r+1)c_1] \\ &+ \sum_{m=0}^{\infty} x^{m+r+2}[c_m - \alpha^2 c_{m+2} + (m+r+2)c_{m+2}(m+r+2)(m+r+1)c_{m+2}] \\ &= 0 \end{aligned}$$

이 된다. 따라서 $c_0 \neq 0$일 때 결정방정식

$$\begin{aligned} c_0(r^2 - \alpha^2) &= 0 \\ c_1[(r+1)^2 - \alpha^2] &= 0 \end{aligned} \tag{3.28}$$

및 순환식

$$c_{m+2} = \frac{-1}{(m+r+2)^2-\alpha^2}c_m, \quad (m=0,1,2,\cdots) \tag{3.29}$$

을 얻는다. 따라서 다음 경우를 고려하여야 한다.

I. $r \pm \alpha, c_0 \neq 0, c_1 = 0$**인 경우**

우선 $r=\alpha, c_0 \neq 0, c_1 = 0$인 경우에는 순환식 (3.29)에 의하여 다음을 얻는다.

$$c_m = \frac{1}{m(2\alpha+m)}c_{m-2}, \quad (m=2,3,\cdots)$$

따라서

$$\begin{aligned}
c_2 &= -\frac{1}{2(2\alpha+2)}c_0 = -\frac{1}{2^2(\alpha+1)}c_0 \\
c_3 &= -\frac{1}{3(2\alpha+3)}c_1 = 0 \\
c_4 &= -\frac{1}{4(2\alpha+4)}c_2 = -\frac{1}{2^2\cdot 2(\alpha+2)}c_0 \\
c_5 &= -\frac{1}{5(2\alpha+5)}c_3 = 0 \\
&\vdots \\
c_{2m} &= -\frac{1}{2m(2\alpha+2m)}c_{2m-2} = -\frac{1}{2^2\cdot m(\alpha+m)}c_{2m-2} \\
c_{2m+1} &= -\frac{1}{(2m+1)(2\alpha+2m+1)}c_{2m-1} = 0
\end{aligned}$$

즉,

$$\begin{aligned}
c_{2m} &= (-1)^m \frac{2}{2^{2m}\cdot m!(\alpha+1)(\alpha+2)\cdots(\alpha+m)}c_0 \\
c_{2m+1} &= 0
\end{aligned}$$

따라서 식 (3.27)에 의해 얻어진 급수해를 y_1이라 하면

$$
\begin{aligned}
y_1 &= x^{\alpha}\left\{c_0 + c_1 x + \sum_{m=1}^{\infty} c_{2m}x^{2m} + \sum_{m=0}^{\infty} c_{2m+1}x^{2m+1}\right\} \qquad (3.30)\\
&= x^{\alpha}\left\{c_0 + \sum_{m=1}^{\infty}(-1)^m \frac{c_0}{2^{2m}\cdot m!(\alpha+1)(\alpha+2)\cdots(\alpha+m)}x^{2m}\right\}\\
&= c_0x^{\alpha}\left\{1 - \frac{1}{1\cdot(\alpha+1)}\left(\frac{2}{x}\right)^2 + \frac{1}{2!(\alpha+1)(\alpha+2)}\left(\frac{x}{2}\right)^4\right.\\
&\qquad\left. - \frac{1}{3!(\alpha+1)(\alpha+2)(\alpha+3)}\left(\frac{x}{2}\right)^6 + \cdots\right\} \qquad (3.31)
\end{aligned}
$$

가 된다. 다음으로 $r = -\alpha, c_0 \neq 0, c_1 = 0$이면 순환식 (3.29)은

$$
\begin{aligned}
c_m &= -\frac{1}{(-2\alpha+m)m}c_{m-2}\\
&= -\frac{1}{m(-2\alpha+m)}c_{m-2}, \quad (m = 2, 3, \cdots)
\end{aligned}
$$

가 된다. 이것은 앞의 경우 $r = \alpha$일 때는 $r = -\alpha$로 바꾼 것과 같으므로 이 때의 급수해를 y_2라 하면 y_1에서 α를 $-\alpha$로 대체한 것과 같다. 즉,

$$
\begin{aligned}
y_2 &= c_0x^{-\alpha}\left\{1 + \sum_{m=0}^{\infty}(-1)^m \frac{1}{m!(-\alpha+1)(-\alpha+2)\cdots(-\alpha+m)}\left(\frac{x}{2}\right)^{2m}\right\}\\
&= c_0x^{-\alpha}\left\{1 + \sum_{m=0}^{\infty}(-1)^m \frac{1}{m!(-1)^m(\alpha-1)(\alpha-2)\cdots(\alpha-m)}\left(\frac{x}{2}\right)^{2m}\right\}\\
&= c_0x^{-\alpha}\left\{1 + \sum_{m=0}^{\infty}\frac{1}{m!(\alpha-1)(\alpha-2)\cdots(\alpha-m)}\left(\frac{x}{2}\right)^{2m}\right\}\\
&= c_0x^{-\alpha}\left\{1 + \frac{1}{1\cdot(\alpha-1)}\left(\frac{x}{2}\right)^2 + \frac{1}{2!(\alpha-1)(\alpha-2)}\left(\frac{x}{2}\right)^4\right.\\
&\qquad\left. + \frac{1}{3!(\alpha-1)(\alpha-2)(\alpha-3)}\left(\frac{x}{2}\right)^6 + \cdots\right\} \qquad (3.32)
\end{aligned}
$$

따라서, α가 정수가 아니면 y_1과 y_2는 서로 일차독립인 관계에 있으므로 미분방

정식 (3.26)의 일반해는

$$y = c_1 y_1 + c_2 y_2, \quad (-\infty < x < \infty) \tag{3.33}$$

가 된다.

만약 $\alpha = 0$이면 $y_1 = y_2$이고, α가 양의 정수이면 $y_1(x)$가 식(3.26)의 하나의 해이고 $y_2(x)$는 의미가 없고, α가 음의 정수이면 $y_1(x)$는 의미가 없고 $y_2(x)$가 하나의 해가 된다. 또 다른 하나의 해는 앞에서 다루었던 결정방정식을 이용하여 구할 수 있다.

II. $r+1 = \pm\alpha, \quad c_0 = 0, \quad c_1 \neq 0$**인 경우**

식(3.31)에서 c_0는 임의의 상수이므로

$$c_0 = \frac{1}{2^\alpha \Gamma(\alpha+1)}, \quad (\alpha \geq 0)$$

이라 놓을 수 있고, 우변의 급수를 $J_\alpha(x)$라 하면

$$\begin{aligned} J_\alpha(x) &= \frac{x^\alpha}{2^\alpha \Gamma(\alpha+1)} \left[1 - \frac{1}{\alpha+1}\left(\frac{x}{2}\right)^2 + \frac{1}{2!(\alpha+1)(\alpha+2)}\left(\frac{x}{2}\right)^4 + \cdots \right] \\ &= \sum_{m=0}^{\infty} (-1)^m \frac{1}{m!\Gamma(m+\alpha+1)} \left(\frac{x}{2}\right)^{2m+\alpha} \end{aligned}$$

가 된다. 이 함수 $J_\alpha(x)$를 제1종 α계의 **Bessel 함수**(Bessel function)라 하며 Bassel의 미분방정식 (3.26)의 한 특수해가 된다. 여기서 **Gamma 함수**(Gamma function) Γ는 다음과 같이 정의된 함수이다.

$$\Gamma(x) = \int_0^\infty t^{x-1} e^{-t} dt \ (x > 0)$$

Gamma함수 Γ는 다음 성질을 갖는다.

[1] $\Gamma(x+1) = x\Gamma(x)$

[2] $\Gamma(m+1) = m!, \quad (m = 0, 1, 2, \cdots)$

[3] $\frac{d^m}{dx^m}\Gamma(x) = \int_0^\infty e^{-t}t^{x-1}(\ln t)^m dt, \quad (m = 1, 2, \cdots)$

또한 급수(3.32)에서

$$c_0 = \frac{2^\alpha}{\Gamma(1-\alpha)}$$

라 놓으면, $J_\alpha(x)$에서 α대신 $-\alpha$로 대체한 것과 같으므로 이것을 $J_\alpha(x)$라 표시하면, α가 정수가 아닐 때 식 (3.26)의 일반해 식(3.33)는

$$y = k_1 J_\alpha(x) + k_2 J_{-\alpha}(x), \quad (-\infty < x < \infty)$$

로 나타내고, α가 정수이면 식(3.33)는 일반해가 아니다. 왜냐하면 α가 양의 정수이면 $J_\alpha(x)$와 $J_{-\alpha}(x)$는 일차종속인 관계에 있고

$$J_{-\alpha}(x) = (-1)^\alpha J_\alpha(x)$$

가 성립하기 때문이다.

α가 정수일 때, Bessel의 미분방정식 (3.26)의 두 번째 해를 구하기 위해서 매개변수 변화법을 이용하자. 즉,

$$y_2 = uy_1 = uJ_\alpha$$

라 놓고,

$$y_2' = uJ_\alpha' + J\alpha u'$$
$$y_2'' = uJ_\alpha'' + 2J_\alpha' u' + J_\alpha u''$$

을 Bessel의 미분방정식 (3.26)에 대입하면

$$x^2y'' + xy' + (x^2 - \alpha^2)y = xu'(J_\alpha + 2xJ_\alpha') + xJ_\alpha u'' = 0$$

이므로

$$\frac{u''}{u'} = -\left(\frac{1}{x} + \frac{2J'_\alpha}{J_\alpha}\right)$$

이 된다. 이 식의 양변을 적분하면

$$\ln u' = -\ln x - 2\ln J_\alpha + \ln k_2, \quad (k_2\text{는 상수})$$

즉,

$$u' = \frac{k_2}{xJ_\alpha^2}$$

이다. 또 양변을 적분하여

$$u = k_2 \int \frac{1}{xJ_\alpha^2}dx + k_1$$

을 얻으므로, 구하려는 일반해는

$$y = uJ_\alpha = \left(k_2 \int \frac{1}{xJ_\alpha^2}dx + k_1\right) J_\alpha = k_1 J_\alpha + k_2 J_\alpha \int \frac{1}{xJ_\alpha^2}dx$$

가 된다. 여기서 함수

$$Y_\alpha(x) = J_\alpha \int \frac{1}{xJ_\alpha^2}dx$$

를 **제2종 α계 Bessel함수** 또는 **α계 Neumann 함수**라고 한다(그림 3-2).

따라서 양의 정수 α에 대한 Bessel 방정식 (3.26)의 일반해는

$$y = c_1 J_\alpha(x) + c_2 Y_\alpha(x) \quad (c_1, c_2;\text{ 임의의 상수})$$

이다. 이상에서 고려된 내용을 종합해 보면 다음 결과를 얻는다.

Bessel의 미분방정식 (3.26)의 일반해는

(a) α가 정수가 아니면 $y = c_1 J_\alpha(x) + c_2 J_{-\alpha}(x)$ 이고,

(b) α가 정수이면 $y = c_1 J_\alpha(x) + c_2 Y_\alpha(x)$

이다. 여기서 c_1, c_2는 임의의 상수이다.

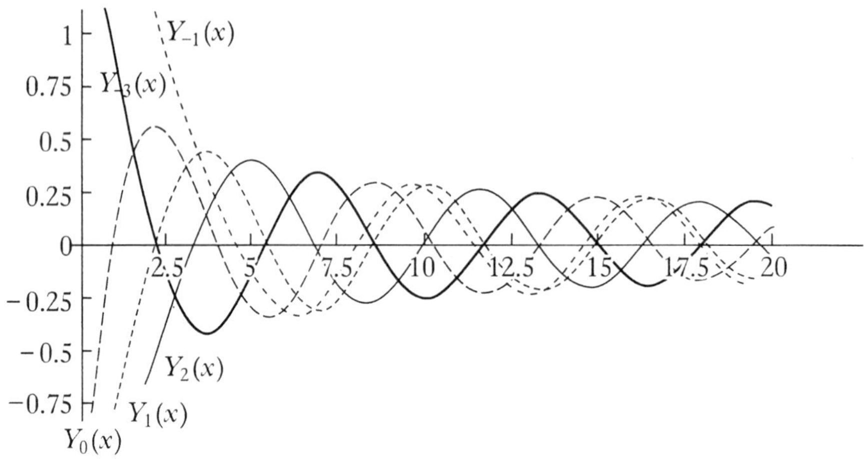

[**그림 3-2**] 제2종 α계 Bessel함수

예 제 **1.** 다음 미분방정식들의 일반해를 구하여라.

[1] $x^2y'' + xy' + \left(x^2 - \frac{1}{9}\right)y = 0, \quad (0 < x < \infty)$

[2] $x^2y'' + xy' + (x^2 - 9)y = 0, \quad (0 < x < \infty)$

[**풀이**] [1] 식(3.26)에서 $\alpha = \frac{1}{3}$인 경우에 해당하므로 주어진 미분방정식은 $\frac{1}{3}$계 Bessel미분방정식이다. 따라서 그 일반해는 다음과 같다.

$$y = c_1 J_{\frac{1}{3}}(x) + c_2 J_{-\frac{1}{3}}(x)$$

[2] 식(3.26)에서 $\alpha = 3$인 경우에 해당하므로 주어진 미분방정식은 3계 Bessel 미분방정식이다. 따라서 그 일반해는 다음과 같다.

$$y = c_1 J_3(x) + c_2 Y_3(x)$$

예 제 **2.** $\Gamma\left(\frac{1}{2}\right)$의 값을 계산하고 그 결과를 이용하여 함수 $J_{\frac{1}{2}}(x)$를 $\sin x$의 항으로 표현하여라.

[**풀이**] Gamma 함수의 정의에 의하여 계산한다.

$$\Gamma\left(\frac{1}{2}\right) = \int_0^\infty x^{-\frac{1}{2}} e^{-x} dx$$

에서 $x = y^2$이라 놓으면

$$\Gamma\left(\frac{1}{2}\right) = 2\int_0^\infty e^{-y^2} dy$$

즉,

$$\frac{1}{2}\Gamma\left(\frac{1}{2}\right) = \int_0^\infty e^{-y^2} dy$$

를 얻고

$$\begin{aligned}\left(\frac{1}{2}\Gamma\left(\frac{1}{2}\right)\right)^2 &= \frac{1}{4}\int_0^\infty e^{-2y^2} dy \cdot \int_0^\infty e^{-z^2} dz \\ &= \frac{1}{2^2}\int_{-\infty}^\infty e^{-y^2} dy \cdot \int_{-\infty}^\infty e^{-z^2} dx \\ &= \frac{1}{4}\int_{-\infty}^\infty \int_{-\infty}^\infty e^{-(y^2+z^2)} dy\, dz\end{aligned}$$

가 된다. 여기에서 $y = r\sin\theta$, $z = r\cos\theta$로 변수를 변환하면 Jacobian J는 $|J| = r$이고 면적소 $dx\,dy$는 $r\,dr\,d\theta$이므로

$$\left(\frac{1}{2}\Gamma\left(\frac{1}{2}\right)\right)^2 = \frac{1}{4}\int_0^{2\pi}\int_0^\infty re^{-r^2} dr d\theta = \frac{2\pi}{4}\int_0^\infty re^{-r^2} dr = \frac{\pi}{2}\left[-\frac{1}{2}e^{-r^2}\right] = \frac{\pi}{4}$$

즉,

$$\Gamma\left(\frac{1}{2}\right) = 2 \cdot \frac{\sqrt{\pi}}{2} = \sqrt{\pi}$$

를 얻는다. 또한

$$J_\alpha(x) = \sum_{m=0}^\infty (-1)^m \frac{1}{m!\Gamma(m+\alpha+1)} \left(\frac{x}{2}\right)^{2m+\alpha}$$

에서 $\alpha = \dfrac{1}{2}$이므로

$$J_{\frac{1}{2}}(x) = \sum_{m=0}^{\infty} (-1)^m \frac{1}{m!\Gamma\left(1+\frac{1}{2}+m\right)} \left(\frac{x}{2}\right)^{2m+\frac{1}{2}}$$

이 된다. 여기서 Gamma 함수의 성질 [1]에서

$$m = 0 \text{ 이면 } \Gamma\left(1+\frac{1}{2}\right) = \frac{1}{2}\Gamma\left(\frac{1}{2}\right) = \frac{\sqrt{\pi}}{2}$$

$$m = 1 \text{ 이면 } \Gamma\left(1+\frac{3}{2}\right) = \frac{3}{2}\Gamma\left(\frac{3}{2}\right) = \frac{3}{2}\Gamma\left(1+\frac{1}{2}\right) = \frac{3}{2}\cdot\frac{1}{2}\Gamma\left(\frac{1}{2}\right) = \frac{3\sqrt{\pi}}{2^2}$$

$$m = 2 \text{ 이면 } \Gamma\left(1+\frac{5}{2}\right) = \frac{5}{2}\Gamma\left(\frac{5}{2}\right) = \frac{5}{2}\Gamma\left(1+\frac{3}{2}\right) = \frac{5}{2}\cdot\frac{3}{2}\Gamma\left(\frac{3}{2}\right) = \frac{5!}{2^5\cdot 2!}\sqrt{\pi}$$

$$m = 3 \text{ 이면 } \Gamma\left(1+\frac{7}{2}\right) = \frac{7}{2}\Gamma\left(\frac{7}{2}\right) = \frac{7}{2}\Gamma\left(1+\frac{5}{2}\right) = \frac{7}{2}\cdot\frac{5}{2}\Gamma\left(\frac{5}{2}\right) = \frac{7!}{2^7\cdot 3!}\sqrt{\pi}$$

일반적으로

$$\Gamma\left(1+\frac{1}{2}+m\right) = \frac{(2m+1)!}{2^{2m+1}m!}\sqrt{\pi}$$

이므로

$$J_{\frac{1}{2}}(x) = \sum_{m=0}^{\infty} \frac{(-1)^m}{m!\dfrac{(2m+1)!\sqrt{\pi}}{2^{2m+1}m!}} \left(\frac{x}{2}\right)^{2m+\frac{1}{2}}$$

$$= \sqrt{\frac{2}{\pi x}} \sum_{m=0}^{\infty} \frac{(-1)^m}{(2m+1)!} x^{2m+1}$$

$$= \sqrt{\frac{2}{\pi x}} \sin x$$

위 [예제2]로부터 Bessel 함수의 성질이 삼각함수의 성질과 유사한 것을 알 수 있다. 즉, 아래의 그림에서 보듯이 그래프의 개형이 비슷하고 $J_0(x)$와 $J_1(x)$의 근이 대체로 π만큼 주기적이며 x가 증가함에 따라 $J_\alpha(x)$는 다음과 같은 근사식으로 주어진다(그림 3-3).

$$J_\alpha(x) \doteqdot \sqrt{\frac{2}{\pi x}} \cos\left(x - \frac{2\alpha+1}{4}\pi\right)$$

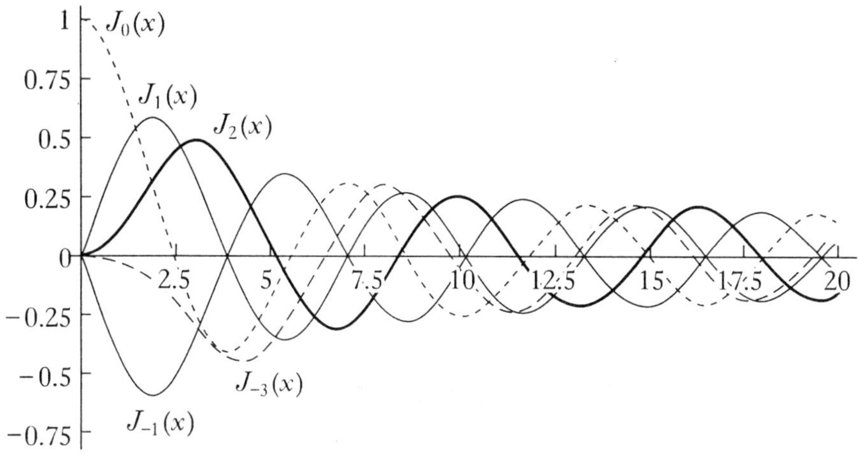

[**그림 3-3**] 제1종 α계 Bessel 함수

예 제 **3.** 미분방정식 $y'' + y = 0$을 종속변수변환 $y = z\sqrt{x}$에 의하여 Bessel의 미분방정식으로 전환하여 풀어라.

[**풀이**] 종속변수변환을

$$y = x^{\frac{1}{2}} z$$

로 놓고

$$\begin{aligned} y' &= \frac{1}{2}x^{-\frac{1}{2}}z + x^{\frac{1}{2}}\frac{dz}{dx} \\ y'' &= -\frac{1}{4}x^{-\frac{3}{2}}z + \frac{1}{2}x^{-\frac{1}{2}}\frac{dz}{dx} + \frac{1}{2}x^{-\frac{1}{2}}\frac{dz}{dx} + x^{\frac{1}{2}}\frac{d^2z}{dx^2} \end{aligned}$$

를 준식에 대입하면

$$x^{\frac{3}{2}}(y''+y)=x^2\frac{d^2z}{dx^2}+x\frac{dz}{dx}+\left(x^2-\frac{1}{4}\right)z=0$$

을 얻는다. 이 미분방정식은 분명히 z를 미지함수로 하는 1계 Bessel 미분방정식이고

$$z=c_1J_{\frac{1}{2}}(x)+c_2J_{-\frac{1}{2}}(x),\quad (c_1, c_2\text{는 임의의 상수})$$

이므로, 그 일반해는 다음과 같다.

$$y=\sqrt{x}\{c_1J_{\frac{1}{2}}(x)+c_2J_{-\frac{1}{2}}(x)\},\quad (c_1, c_2\text{는 임의의 상수})$$

연습문제 3-4

1. $\Gamma(1/2)=\sqrt{\pi}$를 이용하여 다음을 보여라.

$$(1)\ J_{1/2}(x)=\sqrt{\frac{2}{\pi x}}\sin x\ \ (2)\ J_{-1/2}(x)=\sqrt{\frac{2}{\pi x}}\cos x$$

2. $J_3(x)$를 $J_0(x)$와 $J_1(x)$로 나타내어라.

3. $\int x^3J_0(x)dx$를 구하고, $J_0(x)$와 $J_1(x)$로 나타내어라.

제 4 장

Laplace 변환

Laplace 변환은 19세기 말 전기자기 현상을 기술하는 미분방정식의 해를 구하는 한 연산방법으로 Oliver Heaviside에 의해 고안되었다. 그 후, 이 변환법은 상수계수 선형미분방정식이 자주 나타나는 물리학, 공학분야 등에 강력한 해석수단으로 이용되어 왔다. 특히, 전자, 전기, 통신 및 계측제어 공학에서는 회로망이론, 필터회로 해석 및 설계, 시스템 공학 및 신호처리 등에 기본적인 수학적 기법으로 사용된다.

4.1 Laplace 변환과 역변환

Laplace 변환(Laplace transform)은 미분방정식의 해를 푸는 방법으로 도입되어 신호처리 및 분석에 여러가지 편리한 수단을 제공한다. 일반적으로 공학문제에 나타나는 미분방정식의 해는 시간응답으로 시간영역(time domain)에서 해석되나 변환된 Laplace 함수는 s-영역(s-domain), 또는 복소변수영역(complex variable domain), 주파수영역(frequency domain)에서 해석된다.

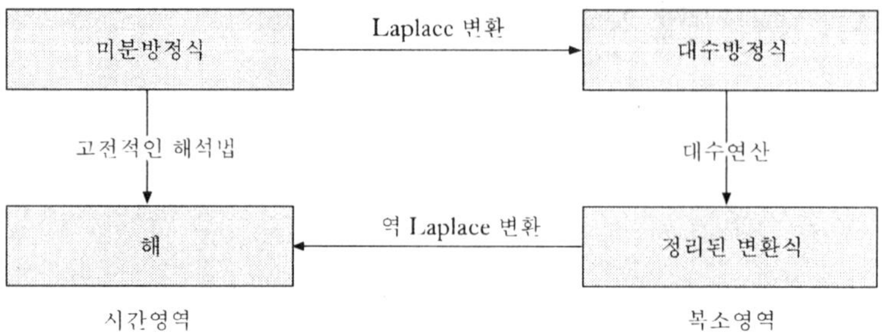

[**그림 4-1**] 미분방정식과 Laplace변환

[그림 4.1] 에서 보인 바와 같이, 미분방정식은 특수하게 정의된 적분에 의해 대수방정식으로 변환되고, 변환된 방정식의 해를 간단한 대수연산으로 구한다. 이 해는 복소함수로 역변환 기법에 의해 시간함수로 변환된다. 이와 같은 과정을 사용하는 이유 중 하나는 변환된 식이 대수방정식으로 주어지기 때문에, 앞장에서 설명한 미분방정식 해를 구하는 과정에 비하여 해석이 단순해진다는 점이다. 또다른 중요한 사실은 변환된 방정식으로 부터 특성근, 극과 영점, 전달함수 및 안정도 해석과 같은 응용분야로 쉽게 확장할 수 있다는 것이다. 또한, 이 방법은 여러가지 도식적 해석수단을 제공해 주기도 한다.

특히 전기회로에서, 입력함수(전원)가 불연속이거나 또는 불연속 함수의 도함수일 경우에는 고전적인 방법으로 해를 구하기가 어려우므로 Laplace 변환에 의하여 시간함수($f(t)$)를 s함수로 변환하면, 미분방정식이 간단한 대수방정식의 형태로 변환되어 보다 용이하게 해를 구할 수 있다. 또한 Laplace 변환은 선형 미분방정식의 초기값이나 경계값을 구하는데 유용하게 이용되며, 특히 과도응답을 구하는데 매우 효과적이다.

Laplace 변환을 사용하여 전기회로를 해석하는 방법은 다음과 같다.

(1) 주어진 회로에 대하여, 키르히호프의 법칙을 이용하여 회로방정식 (미분방정식)을 세운다

(2) Laplace 변환하여 대수방정식의 형으로 만든다.(초기값 대입)

(3) 부분분수로 전개한다.

(4) Laplace 역변환을 구한다.

여기서 Laplace 역변환에 의해 구하여진 해가 바로 회로방정식의 해가 된다. $t > 0$에서 정의된 시간 t의 함수 $f(t)$에 e^{-st}를 곱하고 그것을 다시 0에서부터 ∞까지의 시간에 대하여 적분하여 Laplace 변수(Laplace 연산자) s의 함수 $F(s)$를 $f(t)$의 **Laplace 변환**(Laplace transform)라 하고 $L[f(t)]$으로 나타낸다. 즉

$$F(s) = L[f(t)] = \int_0^\infty f(t)e^{-st}dt$$

이다. 여기서 함수$f(t)$를 $F(s)$의 **Laplace 역변환**(Laplace inverse transform)이라 하고 $L^{-1}[F(s)]$로 나타낸다. 즉

$$f(t) = L^{-1}[F(s)]$$

정 리 4.1.1. 존재정리 함수 f가 $t \geq 0$에서 구분적 연속(piecewise continuous)이고, 음이 아닌 상수 a, M, T에 대하여

$$t \geq T \quad \text{이면} \quad |f(t)| \leq Me^{at}$$

를 만족할 때, $s > a$인 모든 s에 대하여 $f(t)$의 Laplace 변환 $L\{f(t)\}$가 존재한다.

정 리 4.1.2. [Laplace 변환과 역변환의 선형성] 함수 $f(t), g(t)$의 Laplace 변환 $L\{f(t)\}, L\{g(t)\}$가 존재하면, $L\{af(t)+bg(t)\}$도 존재하고

$$L\{af(t)+bg(t)\} = aL\{f(t)\} + bL\{g(t)\}$$

이다. 또한 $F(s) = L\{f(t)\},\ G(s) = L\{g(t)\}$ 이면

$$\begin{aligned} L^{-1}\{aF(s)+bG(s)\} &= aL^{-1}\{F(s)\} + bL^{-1}\{G(s)\} \\ &= af(t)+bg(t) \end{aligned}$$

도 성립한다.

[**증명**] 정의에 의하여

$$\begin{aligned} L\{af(t)+bg(t)\} &= \int_0^\infty e^{-st}[af(t)+bg(t)]dt \\ &= a\int_0^\infty e^{-st}f(t)dt + b\int_0^\infty e^{-st}g(t)dt \\ &= aL\{f(t)\} + bL\{g(t)\} \\ &= aF(s) + bG(s) \end{aligned}$$

이고, 이에 역변환을 취하면

$$\begin{aligned} L^{-1}\{aF(s)+bG(s)\} &= af(t)+bg(t) \\ &= aL^{-1}\{F(s)\} + bL^{-1}\{G(s)\} \end{aligned}$$

가 성립한다. □

예 제 1. 다음 함수들의 Laplace 변환과 역변환을 구하여라.

[1] $f(t) = 1, \quad (t \geq 0)$ [2] $f(t) = e^{at}, \quad (t \geq 0)$

[풀이] [1] 정의에 의해 Laplace 변환을 하면

$$\begin{aligned} L\{1\} &= \int_0^{\infty} e^{-st}dt = \lim_{P\to\infty}\int_0^P e^{-st}dt \\ &= \lim_{P\to\infty}\left[-\frac{1}{s}e^{-st}\right]_0^P = \lim_{P\to\infty}\left[-\frac{1}{s}e^{-sp}+\frac{1}{s}\right] \\ &= \frac{1}{s}, \quad (s > 0) \end{aligned}$$

이고, 역변환을 취하면 $L^{-1}\left(\frac{1}{s}\right) = 1$이다.

[2] Laplace 변환 정의에 의해

$$\begin{aligned} L\{e^{at}\} &= \int_0^{\infty}(e^{-st}\cdot e^{at})dt = \lim_{P\to\infty}\int_0^P e^{-(s-a)t}dt \\ &= \lim_{P\to\infty}\left[-\frac{1}{s-a}e^{-(s-a)t}\right]_0^P \\ &= \frac{1}{s-a}, \quad (s > a) \end{aligned}$$

이고, 역변환을 취하면, $L^{-1}\left(\frac{1}{s-a}\right) = e^{at} \quad (s > a)$이다.

예 제 2. 다음 함수들의 Laplace 변환을 구하여라.

[1] $f(t) = \sin^2 at$ [2]$f(t) = \cos^2 at$

[3] $f(t) = (1+e^{at})^2$ [4]$f(t) = \sin at \cos at$

[풀이] [1] $\sin^2 at = \dfrac{1-\cos 2at}{2}$ 이므로

$$\begin{aligned} F(s) &= L\{f(t)\} = L\left\{\frac{1-\cos 2at}{2}\right\} \\ &= \frac{1}{2}L\{1\} - \frac{1}{2}L\{\cos 2at\} = \frac{1}{2}\frac{1}{s} - \frac{1}{2}\frac{s}{s^2+(2a)^2} \end{aligned}$$

$$= \frac{2a^2}{s(s^2+(2a)^2)}$$

[2] $\cos^2 at = \dfrac{1+\cos 2at}{2}$ 이므로

$$\begin{aligned} F(s) &= L\{f(t)\} = L\left\{\frac{1+\cos 2at}{2}\right\} \\ &= \frac{1}{2}L(1) + \frac{1}{2}L\{\cos 2at\} = \frac{1}{2}\cdot\frac{1}{s} + \frac{1}{2}\frac{s}{s^2(2a)^2} \\ &= \frac{s^2+2a^2}{s(s^2+(2a)^2)} \end{aligned}$$

이 성립한다.

[3] $(1+e^{at})^2$ 을 전개해서 Laplace 변환을 하면

$$\begin{aligned} F(s) &= L\{f(t)\} = L\{1+2e^{at}+e^{2at}\} \\ &= L\{1\} + 2L\{e^{at}\} + L\{e^{2at}\} \\ &= \frac{1}{s} + 2\frac{1}{s-a} + \frac{1}{s-2a} \\ &= \frac{4s^2-8as+2a^2}{s(s-a)(s-2a)} \end{aligned}$$

이다.

[4] $\sin 2at = \sin at \cos at$이므로

$$\begin{aligned} F(s) &= L\{f(t)\} = L\left\{\frac{1}{2}\sin 2at\right\} \\ &= \frac{1}{2}L\{\sin 2at\} = \frac{1}{2}\frac{2a}{s^2+(2a)^2} \\ &= \frac{a}{s^2+(2a)^2} \end{aligned}$$

정 리 **4.1.3.** [**제 1 이동정리, s-축 상에서의 이동**]
함수 $f(t)$의 Laplace 변환을 $F(s)(s > b)$라 하면 $e^{at}f(t)$의 Laplace변환은

$$L\{e^{at}f(t)\} = F(s-a), \quad s > a+b$$

이고 Laplace 역변환은

$$L^{-1}\{F(s+a)\} = e^{-at}f(t)$$

이다.

[**증명**] Laplace 변환의 정의

$$F(s) = L\{f\} = \int_0^\infty e^{-st}f(t)dt$$

에서

$$L\{e^{at}f(t)\} = \int_0^\infty e^{-st}e^{at}f(t)dt = \int_0^\infty e^{-(s-a)t}f(t)dt = F(s-a)$$

이고, 역변환을 취하면

$$L^{-1}\{F(s-a)\} = e^{at}f(t) = e^{-at}L^{-1}\{F(s)\}$$

이므로 a대신 $-a$로 대체시키면

$$L^{-1}\{F(s+a)\} = e^{-at}L^{-1}\{F(s)\} = e^{-at}f(t)$$

가 된다. □

예 제 3. 다음 함수의 Laplace 변환을 구하여라.

[1] $f(t) = t^n e^{at}$, (n: 양의 정수) [2] $f(t) = e^{at} \sin \omega t$

[풀이] (1) $L\{t^n\} = \frac{\omega}{s^{n+1}}$ 이므로

$$L\{e^{at} \sin \omega t\} = \frac{n!}{(s-a)^{n+1}}$$

이다.

(2) $L\{\sin \omega t\} = \frac{\omega}{s^2+\omega^2}$ 이므로

$$L\{e^a t \sin \omega t\} = \frac{\omega}{(s-a)^2 + \omega^2}$$

이다.

임의의 양의 상수 a에 대하여 **단위계단함수**(unit step function)는 다음과 같이 정의된다.

$$u_a(t) = \begin{cases} 0, & t < a \\ 1, & t \geq a \end{cases}$$

이 함수는

$$u_a(t) = u_0(t-a)$$

로 나타낼 수 있다. 이 단위계단함수는 공학에서 'on' 또는 'off'로 나타나는 함수를 다룰 때 종종 사용되며 어떤 주어진 함수 $f(t)$, $(t > a)$를 t축을 따라 a만큼 오른쪽으로 평행이동할 때 사용한다. 다시 말해서

$$u_a(t)f(t-a) = \begin{cases} 0, & t < a \\ 1, & t \geq a \end{cases}$$

단위계단함수의 Laplace 변환을 취하면 다음과 같다. 즉,

$$L\{u_a(t)\} = \int_0^\infty e^{-st} u_a(t) dt$$

$$= \int_0^a [e^{-st}u_a(t)]dt + \int_a^\infty [e^{-st}u_a(t)]dt$$
$$= \int_0^a (e^{-st} \cdot 0)dt + \int_a^\infty (e^{-st} \cdot 1)dt$$
$$= \left[-\frac{e^{-st}}{s} \right]_a^\infty$$
$$= \frac{e^{-as}}{s}, \quad (s > 0)$$

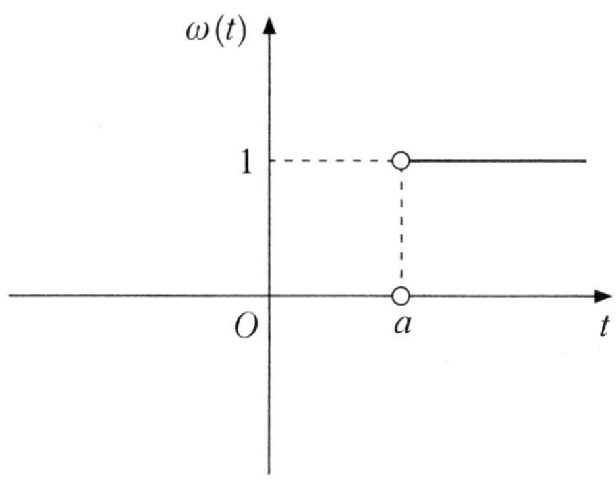

[**그림 4-2**] 단위 계단 함수

정 리 **4.1.4.** [**제 2 이동정리**] $t-$축 상에서의 이동 함수 $f(t)$의 Laplace 변환을 $F(s)$라 하면, a가 양의 임의의 상수일 때 $e^{-as}F(s)$는 함수

$$\tilde{f}(t) = \begin{cases} 0, & t < a \\ f(t-a), & t > a \end{cases}$$

의 Laplace 변환이다.

[**증명**] 단위계단함수의 정의에 의하여 $\tilde{f}(t) = f(t-a)u_a(t)$이므로 정의에 의하여

$$e^{-as}F(s) = e^{-as}\int_a^\infty e^{-s\tau}f(\tau)d\tau = \int_0^\infty e^{-s(\tau+a)}f(\tau)d\tau$$

이다. 여기서 $\tau = t - a$로 치환하면

$$\begin{aligned} e^{-as}F(s) &= \int_0^\infty e^{-st} f(t-a)dt = \int_0^\infty e^{-st} f(t-a)u_a(t)dt \\ &= L\{f(t-a)u_a(t)\} \end{aligned}$$

를 얻는다. □

예 제 **4.** 다음 함수들의 Laplace 변환을 구하여라.

$$[1]\ f(t) = \begin{cases} 0, & t < a \\ 1, & a < t < b \\ 0, & t > b \end{cases} \qquad [2]\ f(t) = \begin{cases} 0, & 0 \le t < 1 \\ t^2, & t > 1 \end{cases}$$

[**풀이**] [1] $f(t) = u_a(t)u_b(t)$이므로

$$\begin{aligned} L\{f(t)\} &= L\{u_a(t) - u_b(t)\} = L\{u_a(t)\} - \{u_b(t)\} \\ &= \frac{e^{-as}}{s} - \frac{e^{-bs}}{s} = \frac{1}{s}(e^{-as} - e^{-bs}) \end{aligned}$$

으로 구할 수 있다.

[2] 주어진 식을 정리하면,

$$\begin{aligned} f(t) = t^2 u_1(t) &= \{(t-1)^2 + 2(t-1) + 1\}u_1(t) \\ &= (t-1)^2 u_1(t) + 2(t-1)u_1(t) + u_1(t) \end{aligned}$$

이므로 [정리4.1.4] 에 의하여

$$\begin{aligned} L\{f(t)\} &= e^{-s}L\{t^2 + 2t + 1\} = e^{-s}[L\{t^2\} + 2L\{t\} + L(1)] \\ &= e^{-s}\left(\frac{2!}{s^3} + 2 \cdot \frac{1}{s^2} + \frac{1}{s}\right) = \frac{e^{-s}}{s^3}(s^2 + 2s + 2) \end{aligned}$$

이다.

정 리 **4.1.5. 상사성의 정리** 함수 $f(t)$의 Laplace 변환을 $F(s)$라 하면 $f(at)$의 Laplace 변환은

$$L\{f(at)\} = \frac{1}{a}F\left(\frac{s}{a}\right)$$

이 성립하고, 역변환은

$$L^{-1}\{F(as)\} = \frac{1}{a}f\left(\frac{t}{a}\right)$$

이다.

[증명] $u = at$로 놓으면

$$\begin{aligned} L\{f(at)\} &= \int_0^\infty e^{-st}f(at)dt = \int_0^\infty e^{-s\left(\frac{u}{a}\right)}f(u)d\left(\frac{u}{a}\right) \\ &= \frac{1}{a}\int_0^\infty e^{-\left(\frac{s}{a}\right)u}f(u)du = \frac{1}{a}F\left(\frac{s}{a}\right) \end{aligned}$$

이고, 또한

$$L^{-1}\left\{\frac{1}{a}F\left(\frac{s}{a}\right)\right\} = f(at) \quad \text{혹은} \quad L^{-1}\left\{F\left(\frac{s}{a}\right)\right\} = af(at)$$

이므로, a를 $\frac{1}{a}$로 대체시키면

$$L^{-1}\{F(as)\} = \frac{1}{a}f\left(\frac{t}{a}\right)$$

를 얻는다. □

예 제 **5.** 함수 $f(t) = \sin t$의 Laplace 변환을 이용하여 함수 $g(t) = \sin \omega t$의 Laplace 변환을 구하여라.

[풀이]

$$L\{f(t)\} = L\{\sin t\} = \frac{1}{s^2+1}$$

이므로

$$L\{g(t)\} = L\{\sin\omega t\} = \frac{1}{\omega}\frac{1}{\left(\frac{s^2}{\omega}\right)+1} = \frac{\omega}{s^2+\omega^2}$$

이다.

정 리 4.1.6. Laplace 변환의 미분정리 함수의 $f(t)$의 Laplace 변환을 $F(s)$라 하면,

$$L\{t^n f(t)\} = (-1)^n \frac{d^n}{ds^n}F(s) = (-1)^n F^{(n)}(s)$$

이고,

$$L^{-1}\left\{\frac{d^n}{ds^n}F(s)\right\} = (-t)^n f(t) \quad (n = 1, 2, \cdots)$$

이다.

[증명] $L(f) = F(s) = \int_0^\infty e^{-st}f(t)dt$이므로

$$\frac{d^n}{ds^n}F(s) = \frac{d^n}{ds^n}\int_0^\infty e^{-st}f(t)dt = \int_0^\infty (-t)^n e^{-st}f(t)dt$$
$$= (-1)^n \int_0^\infty e^{-st}t^n f(t)dt = (-1)^n L\{t^n f(t)\}$$

이고, 역변환을 취하면

$$L^{-1}\{(-1)^n F^{(n)}(s)\} = t^n f(t)$$

이므로

$$L^{-1}\{f^{(n)}(s)\} = (-1)^n t^n f(t) = (-t)^n f(t)$$

이다. □

예 제 6. 다음 함수들의 Laplace 변환을 구하여라.

[1] $f(t) = t\sin at$ [2] $f(t) = t\cos at$

[풀이] [1] $L\{\sin at\} = \dfrac{a}{s^2+a^2}$ 이므로 [정리4.1.6] 에 의하여

$$L\{f(t)\} = L\{t\sin at\} = -\frac{d}{ds}\left(\frac{a}{s^2+a^2}\right) = \frac{2as}{(s^2+a^2)^2}$$

이다.

(2) $L\{\cos at\} = \dfrac{s}{s^2+a^2}$ 이므로

$$L\{f(t)\} = L\{t\cos at\} = -\frac{d}{ds}\left(\frac{s}{s^2+a^2}\right) = \frac{s^2-a^2}{(s^2+a^2)^2}$$

이다.

정 리 4.1.7. [Laplace 변환의 적분정리] 함수의 $f(t)$의 Laplace 변환을 $F(s)$라 할 때, $\displaystyle\lim_{t\to 0}\frac{f(t)}{t}$의 값이 존재하면,

$$L\left\{\frac{f(t)}{t}\right\} = \int_s^\infty F(u)du \quad (s > r)$$

이다. 즉, 함수 $f(t)$의 Laplace 변환의 적분은 $\dfrac{f(t)}{t}$의 Laplace 변환도 같다.
또한,

$$L^{-1}\left\{\int_s^\infty F(u)du\right\} = \frac{1}{t}f(t)$$

도 성립한다.

[증명]

$$\int_s^\infty F(u) = \int_s^\infty\left[\int_0^\infty e^{-ut}f(t)dt\right]du = \int_0^\infty\left[\int_s^\infty e^{-ut}f(t)du\right]dt$$
$$= \int_0^\infty f(t)\left[\int_s^\infty e^{-ut}du\right]dt$$

이고, 또 $s > r$ 일 때

$$\int_s^\infty e^{ut} du = \frac{1}{t} e^{-st}$$

이므로

$$\int_s^\infty F(u)du = \int_0^\infty e^{-st}\left(\frac{f(t)}{t}\right) dt = L\left\{\frac{f(t)}{t}\right\}$$

이다. 역변환을 취하면 나머지 등식도 성립한다. □

다음 [표4.1]는 연습문제를 다룰 때 유용한 Laplace 변환들을 나타낸 것이다.

[**표 4.1**] 초등함수의 Laplace 변환표

$f(t)$	$L\{f(t)\}$	$f(t)$	$L\{f(t)\}$
1	$\frac{1}{s}$	$e^{at}\sinh\omega t$	$\frac{\omega}{(s-a)^2-\omega^2}$
t^n	$\frac{1}{s^{n+1}}$	$e^{at}\cosh\omega t$	$\frac{s-a}{(s-a)^2-\omega^2}$
$\sin\omega t$	$\frac{\omega}{s^2+\omega^2}$	$\sin\omega t\cos\omega t$	$\frac{\omega}{s^2+4\omega^2}$
$\cos\omega t$	$\frac{s}{s^2+\omega^2}$	$u_a(t)$	$\frac{e^{-as}}{s}$
$\sinh\omega t$	$\frac{\omega}{s^2-\omega^2}$	$t\sin\omega t$	$\frac{2as}{(s^2+\omega^2)^{@}}$
$\cosh\omega t$	$\frac{s}{s^2+\omega^2}$	$t\cos\omega t$	$\frac{s^2-\omega^2}{(s^2+\omega^2)^2}$
e^{at}	$\frac{1}{s-a}$	$\frac{1}{2\omega^3}(\sin\omega t-\omega t\cos\omega t)$	$\frac{1}{(s^2+\omega^2)^2}$
$e^{at}t^n$	$n!(s-a)^{n+1}$	$\frac{t}{2\omega}\sin\omega t$	$\frac{s}{(s^2+\omega^2)^2}$
$e^{at}\sin\omega t$	$\frac{\omega}{(s-a)^2+\omega^2}$	$\frac{1}{2\omega}(\sin\omega t+\omega t\cos\omega t)$	$\frac{s^2}{(s^2+\omega^2)^2}$
$e^{at}\cos\omega t$	$\frac{s-a}{(s-a)^2+\omega^2}$		

$$L\{tf(t)\} = -\frac{d}{ds}L\{f(t)\}$$

$$L\{t^n f(t)\} = (-1)^n \frac{d^n}{ds^n} L\{f(t)\}$$

$$L\{f(at)\} = \frac{1}{a}F\left(\frac{s}{a}\right), \quad F(s) = L\{f(t)\}$$

예 제 7. 함수 $f(t) = \frac{\sin\omega t}{t}$의 Laplace 변환을 구하여라.

[풀이] $L\{\sin\omega t\} = \dfrac{\omega}{s^2+\omega^2}$이고 $\displaystyle\lim_{t\to 0}\frac{\sin\omega t}{\omega t} = 1$이므로

$$\begin{aligned} L\left\{\frac{\sin\omega t}{t}\right\} &= \omega L\left\{\frac{\sin\omega t}{\omega t}\right\} = \omega\int_s^\infty \frac{\omega}{u^2\omega^2}du \\ &= \left[\tan^{-1}\left(\frac{u}{\omega}\right)\right]_s^\infty = \left[\frac{\pi}{2} - \tan^{-1}\left(\frac{s}{\omega}\right)\right] \\ &= \tan^{-1}\left(\frac{s}{\omega}\right) \end{aligned}$$

가 된다.

연습문제 4-1

1. 다음 함수의 $L-$변환을 구하여라.

(1) $f(t) = e^{2t} - e^{-2t}$ (2) $f(t) = \cos(2t + \pi/4)$

(3) $f(t) = \sin 3t - \sinh 3t$ (4) $f(t) = \sin^2 2t$

2. 다음 함수의 역변환을 구하여라.

(1) $F(s) = \dfrac{12-5s}{s^2+9}$ (2) $F(s) = \dfrac{8s-6}{s^2-16}$

(3) $F(s) = \dfrac{4}{s^2(s^2-4)}$ (4) $F(s) = \dfrac{2}{s-2} - \dfrac{2}{s^2-16}$

3. 다음 함수의 $L-$변환을 구하여라.

(1) $f(t) = t^3e^{4t}$ (2) $f(t) = e^{-t}(\sinh 3t - 2\sin 3t)$

(3) $f(t) = t^2\sin 2t$ (4) $f(t) = te^{-2t}\cos t$

(5) $f(t) = \dfrac{e^{2t}-e^{-t}}{t}$ (6) $f(t) = \dfrac{\sin t}{t}$

4. 다음 함수의 역변환을 구하여라.

(1) $F(s) = \dfrac{4}{(s+3)^2+4}$ (2) $F(s) = \dfrac{s}{(s+1)^2-1}$

(3) $F(s) = \dfrac{2s}{(s^2-4)^2}$ (4) $F(s) = \dfrac{a^2-s^2}{(s^2+a^2)^2}$

(5) $F(s) = \ln\left(1 - \dfrac{3}{s+2}\right)$ (6) $F(s) = \ln\dfrac{1+s^2}{s^2}$

5. 다음 그림4-3에서의 함수에 대한 $L-$변환을 구하여라.

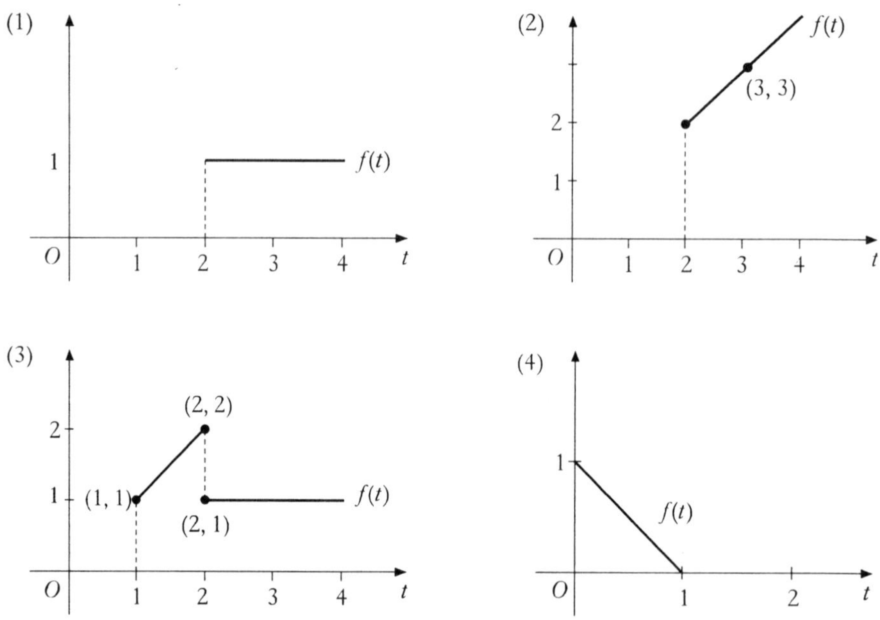

[**그림 4-3**]

4.2 함수의 미분과 적분의 Laplace 변환

편리하게 이용할 수 있는 Laplace 변환의 성질 중 하나를 소개하겠다. 미분방정식의 해를 구하는데 있어서 Laplace 변환법을 이용하면 고전적인 미분방정식 해법에 비하여 변환된 함수를 대수적 연산법으로 해를 구할 수 있으며, 초기조건이 자동적으로 변환과정에 적용되어 한번의 연산으로 완전해를 구할 수 있는 장점이 있다. 그 밖에도 Laplace 변환은 다음과 같은 장점이 있다.

(1)미분방정식을 복소영역의 대수방정식으로 변환하므로써, 시스템의 안정도에 관한 성질을 쉽게 해석할 수 있다.
(2) 시스템의 특성을 전달함수와 같은 간단한 수단으로서 표현가능하며, 극-영점 개념을 사용할 수 있다.
(3) 시간응답 및 주파수응답 특성을 해석하기 쉽다.
(4) 블럭선도, 신호흐름선도, 그래프이론과 Bode 선도 등의 도식적 해석도구를 마련하기 용이하다.

어떤 함수의 변화에 s를 곱한 것은 그 함수의 변환을 s로 나누면 그 함수의 적분의 변환과 같다.

이제 $t \geq 0$에서 $f(t)$가 미분가능하고 $f(t), f'(t)$가 L-변환 가능하다고 하자. 그리고

$$\lim_{t\to\infty} e^{-st}f(t) = 0$$

이라 하면, 부분적분법을 이용하여 $f'(t)$의 L-변환을 구할 수 있다.

$$\begin{aligned}
L\{f'(t)\} &= \int_0^\infty e^{-st}f'(t) \\
&= [e^{-st}f(t)]_0^\infty + s\int_0^\infty e^{-st}f(t)dt \\
&= -f(0) + sL[f'(t)dt]
\end{aligned}$$

그리고 $f''(t)$가 L-변환가능하다고 하면

$$\begin{aligned} L\{f''(t)\} &= \int_0^\infty e^{-st} f''(t)dt \\ &= [e^{-st} f'(t)]_0^\infty + s\int_0^\infty [e^{-st} f'(t)]dt \\ &= -f'(0) + sL\{f'(t)\} \end{aligned}$$

이므로 $f''(t)$의 L-변환은

$$\begin{aligned} L\{f''(t\}] &= -f'(0) + sL\{f'(t)\} \\ &= -f'(0) + s(-f(0) + sL\{f(t)\}) \\ &= s^2 L\{f(t)\} - sf(0) - f'(0) \end{aligned}$$

이다. 이러한 과정을 n번 반복하면 초기값문제를 구하는 미분방정식에 매우 유용하게 사용되는 다음의 정리를 얻는다.

정 리 4.2.1. **[도함수의 L-변환]** $t \geq 0$에서 $f(t)$가 n번 미분가능하고 $f(t)$, $f'(t)$, $\cdots$, $f^{(n)}(t)$가 L-변환가능하면

$$L\{f^{(n)}(t)\} = s^n L\{f(t)\} s^{n-1} f(0) - s^{n-2} f'(0) - \cdots - f^{n-1}(0)$$

예 제 1. 다음 함수의 L-변환을 구하여라

[1] $f(t) = t^3$　　　　[2] $f(t) = t\cos t + \sin t$

[풀이] [1] $f(t) = t^3$이므로 $f(0) = f'(0) = f''(0) = 0, f'''(0) = 6$이고, 따라서

$$L\{f'''(t)\} = L\{6\} = \frac{6}{s} = s^3 L\{t^3\} - s^2 f(0) - sf'(0) = s^3 L\{t^3\}$$

이다. 즉,

$$\frac{6}{s} = s^3 L\{t^3\}$$

이므로 $L\{t^3\} = \dfrac{6}{s^4}$ 이다.

[2] $f(t) = t\cos t + \sin t = \dfrac{t}{dt}(t\sin t)$ 이므로 $g(t) = t\sin t$ 라 하면 $g'(t) = f(t)$, $g(0) = 0$이다. 그러므로 구하고자 하는 L-변환은

$$\begin{aligned} L\{t\cos t + \sin t\} &= k\left[\frac{d}{dt}(t\sin t)\right] = sL\{t\sin t\} - g(0) \\ &= s\left[(-1)\frac{d}{ds}L\{\sin t\}\right] = s\left[(-1)\frac{d}{ds}\frac{1}{s^2+1}\right] \\ &= \frac{2s^2}{(s^2+1)^2} \end{aligned}$$

이다.

[정리4.2.1] 을 이용하여 초기값문제를 해결하는 방법을 살펴보기 위한 초기 조건

$$y(0) = y_0,\ y'(0) = y_0', \cdots, y^{(n-1)}(0) = y_0^{(n-1)}$$

을 갖는 다음의 상수계수 선형미분방정식을 생각한다.

$$a_0 y^{(n)} + a_1 y^{(n-1)} + \cdots + a_{n-1}y' + a_n y = f(t)$$

의 미분방정식의 양변에 L-변환을 취하면 선형적 성질에 의하여

$$a_0 L\{y^{(n)}\} a_1 L\{y^{(n-1)}\} \cdots + a_{n-1}L\{y'\} + a_n L\{y\} = L\{f(t)\}$$

와 같이 된다. 이제 $Y(s) = L\{y(t)\}, F(s) = L\{f(t)\}$라 놓고 위 식에 [정리 4.2.1] 을 적용하면

$$L\{y^{(n)}\} s^n Y(s) - s^{n-1}y(0) - s^{n-1}y'(0) - \cdots - y^{(n-1)}(0)$$

$$L\{y^{(n-1)}\} = s^{n-1}Y(s) - s^{n-2}y(0) - s^{n-1}y'(0) - \cdots - y^{(n-2)}(0)$$

$$\vdots$$

$$L\{y'\} = sY(s) - y'(0)$$

이므로 선형미분방정식에 대한 L-변환은

$$\begin{aligned} & a_0 \ [\ s^n Y(s) - s^{n-1}y_0 - s^{n-2}y_0' - \cdots - y_0^{(n-1)}] \\ & + a_1[s^{n-1}Y(s) - s^{n-2}y_0 - s^{n-3}y_0' - \cdots - y_0^{(n-2)}] + \cdots \\ & + a_{n-1}[sY(s) - y_0] + a_nY(s) \\ & = F(s) \end{aligned}$$

이다. 그러므로 $Y(s)$에 대한 대수방정식이 되며, 이 방정식으로부터

$$\begin{aligned} Y(s) = \frac{1}{a_0s^n + a_1s^{n-1} + \cdots + a_n} & [a_0(s^{n-1}y_0 + \cdots + y_0^{(n-1)}) \\ & + a_1(s^{n-2}y_0 + \cdots + y_0^{(n-2)}) + \cdots + a_{n-1}y_0F(s)] \end{aligned}$$

를 얻을 수 있다. 끝으로 위에서 구한 $Y(s)$에 역변환을 취하면 구하고자 하는 초기값문제의 해

$$y(t) = L^{-1}\{Y(s)\}$$

를 얻는다.

정 리 **4.2.2.** **[적분의 L-변환]** $f(t)$가 구분적으로 연속이고 L-변환이 가능한 함수라 하면,

$$L\int_0^t f(u)du = \frac{1}{s}L\{f(t)\} = \frac{1}{s}F(s)$$

이고, 역변환은

$$L^{-1}\{\frac{1}{s}F(s)\} = \int_0^t f(u)du = \int_0^t L^{-1}\{F(s)\}ds$$

이다.

예 제 **2.** 다음 함수의 L-변환을 구하여라.

$$f(t) = \frac{e^t}{5}(\cos 2t + 2\sin 2t) - \frac{1}{5}$$

[풀이] 주어진 함수식을 정리하면

$$f(t) = \frac{e^t}{5}(\cos 2t + 2\sin 2t) - \frac{1}{5} = \int_0^t e^t \cos 2u du$$

이므로, [정리4.2.2]의 적분의 $L-$변환 성질을 이용하여 구하면 다음과 같다.

$$\begin{aligned} L\left[\frac{e^t}{5}(\cos 2t + 2\sin 2t) - \frac{1}{5}\right] &= L\left[\int_0^t e^t \cos 2u du\right] = \frac{1}{s}L\{e^t \cos 2t\} \\ &= \frac{1}{s}L\{\cos 2t\}_{s \to s-1} = \frac{s-1}{s[(s-1)^2+4]} \end{aligned}$$

예 제 **3.** 다음 함수의 역변환을 구하여라.

$$F(s) = \frac{2}{s[(s-1)^2+9]}$$

[풀이]

$$\begin{aligned} L^{-1}\left[\frac{2}{s[(s-1)^2+9]}\right] &= \frac{2}{3}\int_0^t L^{-1}\left[\frac{3}{(s-1)^2+9}\right]du = \frac{2}{3}\int_0^t e^u L^{-1}\left[\frac{3}{s^2+3^2}\right]du \\ &= \frac{2}{3}\int_0^t e^u \sin 3u du = \frac{2}{3}\left[\frac{e^u}{10}(\sin 3u - 3\cos 3u)\right]_0^t \\ &= \frac{1}{15}[e^t(\sin 3t - 3\cos 3t) + 3] \end{aligned}$$

4.3 주기함수의 Laplace 변환

함수 $f(t)$가 주기가 T인 주기함수를 $f(t) = f(t+nT)$, $(n = 0, 1, 2, \cdots)$라 하면, $(0 \leq t \leq T)$에서 정의된 함수 $f_1(t)$에 대하여

$$L\{f(t)\} = \frac{1}{1-e^{-st}} \int_0^T f_1(t)e^{-st}dt = \frac{1}{1-e^{-st}} F_1(s)$$

이다. 왜냐하면 주기함수 $f(t)$는

$$\begin{aligned} f(t) &= f_1(t) + f_2(t) + f_3(t) + \cdots \\ &= f_1(t) + f_1(t-T)u(t-T) + f_1(t-2T)u(t-2T) + \cdots \end{aligned}$$

로 표현할 수 있으므로

$$\begin{aligned} L[f(t)] &= F_1(s) + e^{-sT}F_1(s) + e^{-2sT}F_1(s) + \cdots \\ &= (1 + e^{-sT} + e^{-2sT} + \cdots)F_1(s) = \frac{1}{1-e^{-sT}} F_1(s) \end{aligned}$$

가 된다. 여기서 $F_1(s) = \int_0^T e^{-st} f(t)dt$이다.

정 리 4.3.1. $t \geq 0$에서 구분적으로 연속이고 주기가 T인 주기함수 $f(t)$의 Laplace 변환 $L\{f(t)\}$는 다음과 같다.

$$L\{f(t)\} = \frac{1}{1-e^{-sT}} \int_0^T e^{-st} f(t)dt$$

[증명]

$$\begin{aligned} \int_0^T e^{-st} f(t)dt &= \int_0^\infty e^{-st} f(t)[1 - u_T(t)]dt \\ &= \int_0^\infty e^{-st} f(t)dt - \int_0^\infty e^{-st} f(t)u_T(t)dt \end{aligned}$$

$$= L\{f(t)\} - \int_0^\infty e^{-st} f(t-T)u_T(t)dt$$
$$= L\{f(t)\} - e^{-sT}L\{f(t)\}$$
$$= (1-e^{-sT})L\{f(t)\}$$

에 의하여

$$L\{f(t)\} = \frac{1}{1-e^{-sT}}\int_0^\infty e^{-st}f(t)dt$$

가 성립한다. □

예 제 **1.** 다음 그림에서 표시된 주기함수의 Laplace 변환을 구하여라.

[1]

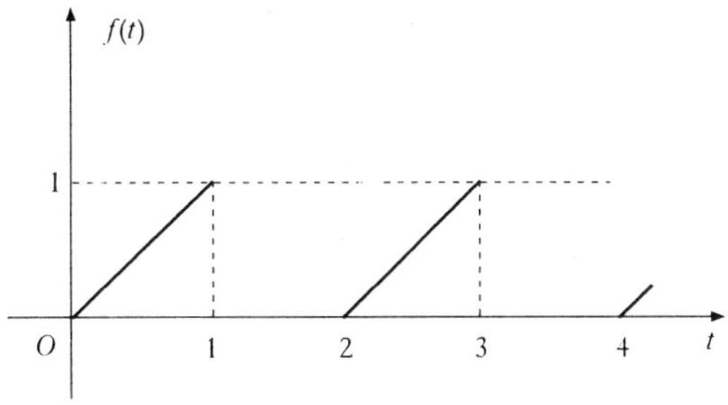

[2]

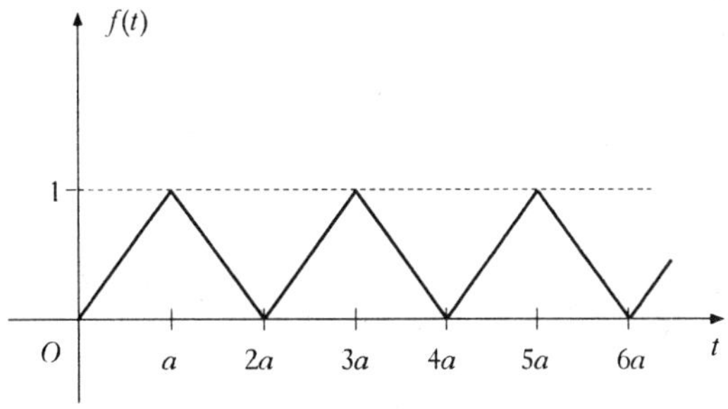

[**풀이**] [1] 구간 $0 \le t \le 2$에서 함수는

$$f(t) = \begin{cases} t, & 0 \le t \le 1, \\ 0, & 1 \le t \le 2 \end{cases}$$

과 $f(t+2n) = f(t)$에 의한 구간 외부로 정의될 수 있다. $T = 2$라 놓으면 위의 정리와 부분적분을 이용하여

$$\begin{aligned}
L\{f(t)\} &= \frac{1}{1-e^{-2s}} \int_0^2 e^{-st} f(t) dt \\
&= \frac{1}{1-e^{-2s}} \left[\int_0^1 e^{-st} t dt + \int_1^2 e^{-st} \cdot 0 dt \right] \\
&= \frac{1}{1-e^{-2s}} \left[\frac{e^{-s}}{s} + \frac{1-e^{-s}}{s^2} \right] = \frac{1-(s+2)e^{-s}}{s^2(1-e^{-2s})}
\end{aligned}$$

를 얻는다.

[2] 함수 f는 주기가 $2a$인 주기함수이며, $0 \leq t \leq a$인 구간에서는 $f(t) = \left(\frac{1}{a}\right) t$이고, $a \leq t \leq 2a$인 구간에서는 $f(t) = 2 - \left(\frac{1}{a}\right) t$이다. 즉,

$$f(t) = \begin{cases} \frac{t}{a}, & 0 \leq t \leq a \\ 2 - \frac{t}{a}, & a \leq t \leq 2a \end{cases}$$

이다. 위의 [정리4.3.1]에 의하여,

$$\begin{aligned}
L\{f(t)\} &= \frac{1}{1-e^{-2as}} \int_0^{2a} [e^{-st} f(t)] dt \\
&= \frac{1}{a(1-e^{-2as})} \left[\int_0^a (te^{-st}) dt + \int_a^{2a} [(2a-t)e^{-st} dt] \right] \\
&= \frac{1}{a(1-2^{-2as})} \left\{ \left[\frac{e^{-st}}{-s} \left(t + \frac{1}{s} \right) \right]_0^a + \left[\frac{e^{-st}}{-s} \left(2a - t - \frac{1}{s} \right) \right]_0^{2a} \right\} \\
&= \frac{1}{s^2(1-e^{-2as})} (1 - 2e^{-as} + e^{-2as}) \\
&= \frac{(1-e^{-as})^2}{s^2(1-e^{-2as})}
\end{aligned}$$

를 얻는다.

예 제 **2.** 다음 함수 $f(t)$의 Laplace 변환을 구하여라.

$$f(t) = \begin{cases} \sin\omega t, & 0 < t < \frac{\pi}{\omega} \\ 0, & \frac{\pi}{\omega} < t < \frac{2\pi}{\omega} \\ f\left(t - \frac{2\pi}{\omega}\right), & \frac{2\pi}{\omega} > t \end{cases}$$

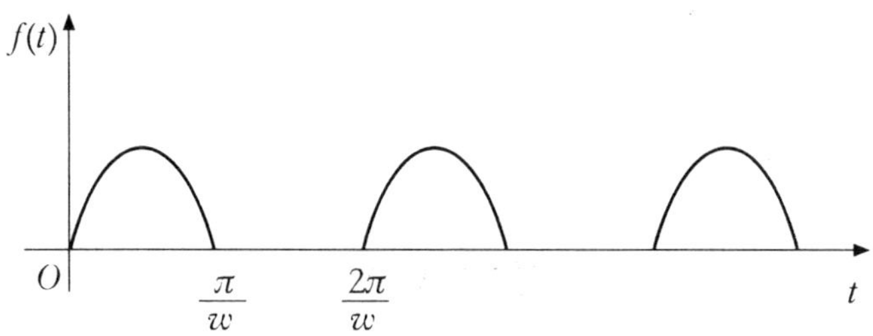

[**그림 4-4**]

[**풀이**] 함수 $f(t)$는 주기가 $\dfrac{2\pi}{\omega}$인 주기함수이므로 [정리4.3.1]에 의하여

$$\begin{aligned} L\{f(t)\} &= \frac{1}{1 - e^{-=frac2\pi s\omega}} \int_0^{\frac{2\pi}{\omega}} e^{-st} f(t)dt \\ &= \frac{1}{1 - e^{-\frac{2\pi s}{\omega}}} \int_0^{\frac{\pi}{\omega}} e^{-st} \sin\omega t dt \end{aligned}$$

이다. 그런데 단위계단함수의 성질과 [정리4.1.4] 에 의하여

$$\begin{aligned} \int_0^{\frac{\pi}{\omega}} (e^{-st}\sin\omega t)dt &= \int_0^{\infty} \left\{ e^{-st}\sin\omega t[1 - u_{\frac{\pi}{\omega}}(t)] \right\} dt \\ &= L\{\sin\omega t\} - L\{\sin\omega t \cdot u_{\frac{\pi}{\omega}}(t)\} \\ &= \frac{\omega}{s^2+\omega^2} - L\left\{ \sin\omega\left(t - \frac{\pi}{\omega} + \frac{\pi}{\omega}\right) \cdot u_{\frac{\pi}{\omega}}(t) \right\} \\ &= \frac{\omega}{s^2+\omega^2} - L\left\{ -\sin\omega\left(t - \frac{\pi}{\omega}\right) \cdot u_{\frac{\pi}{\omega}}(t) \right\} \\ &= \frac{\omega}{s^2+\omega^2} + e^{-\frac{\pi s}{\omega}} L\{\sin\omega t\} \end{aligned}$$

$$= \left(1 + e^{-\frac{\pi s}{\omega}}\right) \frac{\omega}{s^2 + \omega^2}$$

가 성립하므로,

$$L(f(t)) = \left(1 - e^{-\frac{2\pi s}{\omega}}\right)^{-1} \left(1 + e^{-\frac{\pi s}{\omega}}\right) \frac{\omega}{s^2 + \omega^2}$$
$$= \left(1 - e^{-\frac{\pi s}{\omega}}\right)^{-1} \frac{\omega}{s^2 + \omega^2}$$

이다.

연습문제 4-3

1. 다음 그림을 나타내는 함수에 대한 $L-$변환을 구하여라.

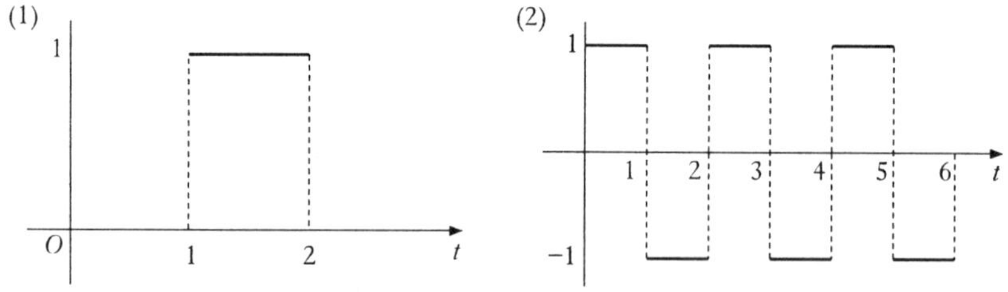

2. 다음 그림을 나타내는 함수에 대한 $L-$변환을 구하여라.

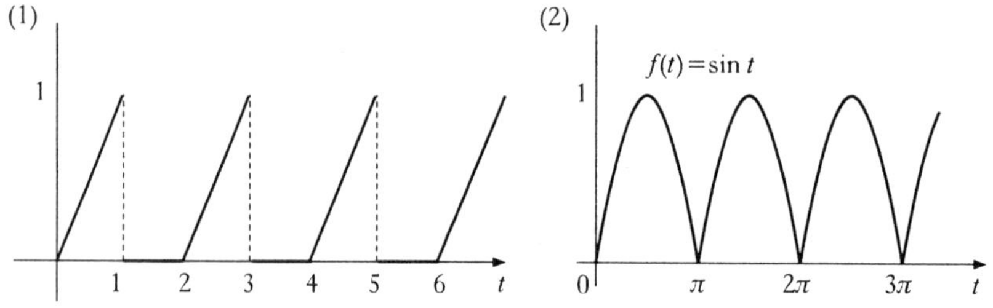

4.4 변환의 미분과 적분, 합성과 적분 방정식

함수 $f(t)$가 [정리4.1.1] 존재정리의 조건을 만족하면 $f(T)$의 Laplace 변환

$$F(s) = L\{f(t)\} = \int_0^\infty e^{-st} f(t)dt$$

를 s에 관하여 미분하면

$$F'(s) = -\int_0^\infty e^{-st}[tf(t)]dt$$

이므로

$$L\{tf(t)\} = -F'(s), \quad f(t) = -\frac{1}{t}L^{-1}\left(\frac{dF}{ds}\right) \tag{4.1}$$

를 얻는다.

예 제 **1.** 다음 함수들의 Laplace 변환을 구하여라.

[1] $f(t) = t\sin 2t$ [2] $f(t) = t^2 e^t$

[**풀이**] [1] $L\{\sin 2t\} = \dfrac{2}{s^2+4}$이므로

$$L\{t\sin 2t\} = -\frac{d}{ds}\left(\frac{2}{s^2+4}\right) = \frac{4s}{(s^2+4)^2}$$

를 얻는다.

[2] $L\{e'\} = \dfrac{1}{s-1}$이므로

$$L\{te^t\} = -\frac{d}{ds}\left(\frac{1}{s-1}\right) = \frac{1}{(s-1)^2} \tag{4.2}$$

이고, 또다시 식(4.2)을 이용하면

$$L\{t^2e^t\} = -\frac{d}{ds}\left(\frac{1}{(s-1)^2}\right) = \frac{2}{(s-1)^3}$$

가 된다.

위에서와 같은 방법으로, 함수 $f(t)$가 [정리4.1.1] 존재정리의 조건을 만족하고 $\lim_{t\to0^+}\dfrac{f(t)}{t}$가 존재한다고 하자. 그러면 정의에 의하여

$$\begin{aligned}\int_s^\infty F(\tilde{s})d\tilde{x} &= \int_s^\infty\left[\int_0^\infty e^{-st}f(t)dt\right]d\tilde{s} = \int_0^\infty\left[\int_s^\infty e^{-st}f(t)d\tilde{s}\right]dt \\ &= \int_0^\infty f(t)\left[\int_s^\infty e^{-st}d\tilde{s}\right]dt \\ &= \int_0^\infty e^{-st}\left(\frac{f(t)}{t}\right)dt = L\left\{\frac{f(t)}{t}\right\}\end{aligned}$$

즉,

$$\int_s^\infty F(\tilde{s})d\tilde{s} = L\left\{\frac{f(t)}{t}\right\}, \quad (s>a) \tag{4.3}$$

를 얻는다.

예 제 **2.** 다음 함수들의 Laplace 변환을 구하여라.

[1] $f(t)=\dfrac{\sin t}{t}$ [2] $f(t)=\dfrac{1}{t}\sinh t$

[**풀이**] [1] $L\{\sin t\}=\dfrac{1}{s^2+1}$이므로

$$L\left\{\frac{1}{t}\sin t\right\} = \int_s^\infty \frac{1}{\tilde{s}^2+1}d\tilde{s} = [\tan^{-1}]_s^\infty = \frac{\pi}{2}-\tan^{-1}s = \tan^{-1}\left(\frac{1}{s}\right)$$

[2] $L\{\sinh t\}=\dfrac{1}{s^2-1}$이므로

$$L\left\{\frac{1}{t}\sinh t\right\} = \int_s^\infty\left(\frac{1}{\tilde{s}^2-1}\right)d\tilde{s} = \int_s^\infty \frac{1}{2}\left(\frac{1}{\tilde{s}-1}-\frac{1}{\tilde{s}+1}\right)d\tilde{s} = \frac{1}{2}\ln\left(\frac{s-1}{s+1}\right)$$

이다.

두 함수$f(t)$와 $g(t)$의 Laplace 변환을 $F(s), G(s)$라 할 때 곱 $H(s)=F(s)G(s)$의 역변환 $h(t)$를 구하는 문제를 고려하자.

$$h(t)=L^{-1}(H(s))=L^{-1}[F(s)G(s)]=(f*g)(t)$$

로 나타내고 이 $h(t)$를 $f(t)$와 $g(t)$의 **합성(convolution)**이라 한다.

정 리 4.4.1. 함수 $f(t), g(t)$가 각각 $F(s), G(s)$의 Laplace 역변환이고 [정리4.1.1] 존재정리의 조건을 만족하면, 곱 $H(s) = F(s)G(s)$의 역변환 $h(t)$는

$$h(t) = (f * g)(t) = \int_0^t f(\tau)g(t-\tau)d\tau$$

이다.

위의 [정리4.4.1]의 증명은 단위계단함수의 성질을 이용하여 단순 계산으로 얻어질 수 있다. 정의에 의하여 합성은 다음과 같은 성질을 갖는다.

합성함수의 성질

임의의 함수 f, g, h에 대하여 다음 4가지 성질이 성립한다.

[1] $f * g = g * f$ (교환법칙)

[2] $f * (g + h) = f * g + f * h$ (분배법칙)

[3] $f * (g * h) = (f * g) * h$ (결합법칙)

[4] $f * 0 = 0 * f = 0$

그러나 일반적으로 $1 * g = g$는 성립하지 않는다. 예를 들어, $g(t) = t$라고 놓으면

$$(1 * g)(t) = \int_0^t 1 \cdot (t-\tau)d\tau = \frac{t^2}{2} \neq t = g(t)$$

이다. 또한 $(f * f)(t) \geqq 0$도 일반적으로 성립하지 않는다. 함수 $f(t) = \cos t$를 고려해 보아라.

예 제 3. 함수 $f(t) = t$와 $g(t) = e^{at}$의 합성 $(f * g)(t)$를 구하여라.

[**풀이**] 정의에 의하여

$$(f * g)(t) = t * e^{at} = \int_0^t \tau e^{a(t-\tau)}d\tau = e^{at}\int_0^t \tau e^{at}d\tau$$

를 얻고, 부분적분법에 의하여

$$(f*g)(t) = e^{at}\left\{\left[-\frac{1}{a}e^{-a\tau}\tau\right]_0^t + \frac{1}{a}\int_0^t e^{-a\tau}d\tau\right\}$$
$$= \frac{1}{a^2}(e^{at} - at - 1)$$

를 얻는다.

예 제 **4.** $H(s)$가 다음과 같을 때 $L^{-1}(H(s)) = h(t)$를 구하여라.

[1] $\dfrac{1}{(s-a)(s-b)}$, $(a > b)$ [2] $\dfrac{1}{s(s-2)^2}$

[**풀이**] [1] $F(s) = \dfrac{1}{s-a}$, $G(s) = \dfrac{1}{s(s-2)^2}$ 로 놓으면

$$f(t)e^{at}, \quad g(t) = e^{bt}$$

이므로

$$h(t) = L^{-1}\{F(s)G(s)\} = \int_0^t e^{a\tau}e^{b(t-\tau)}d\tau = e^{bt}\int_0^t e^{(a-b)\tau}d\tau$$

즉, 이를 적분하여 정리하면

$$h(t) = \frac{1}{a-b}(e^a t - e^{bt})$$

이다.

[2] $F(s) = \dfrac{1}{s}$, $G(s) = \dfrac{1}{(s-2)^2}$로 놓으면

$$L^{-1}\{F(s)\} = f(t) = 1$$
$$L^{-1}\{G(s)\} = g(t) = te^{2t}$$

이다. 따라서

$$\begin{aligned}h(t) &= L^{-1}\{F(s)G(s)\} = (f*g)(t)\\&= \int_0^t 1\cdot(t-\tau)e^{2(t-\tau)}d\tau = e^{2t}\int_0^t (t-\tau)e^{-2\tau}d\tau\\&= e^{2t}\left[t\int_0^t e^{-2\tau}d\tau - \int_0^t \tau e^{-2\tau}d\tau\right]\\&= \frac{1}{2}te^{2t} - \frac{1}{4}e^{2t} + \frac{1}{4}\end{aligned}$$

이다.

연습문제 4-4

1. 다음 주어진 식의 Laplace 변환을 구하여라.
   (1) $t\sin\beta t$
   (2) $t\cos\beta t$
   (3) $\displaystyle\int_0^t e^u\sin(t-u)du$

2. 다음의 원함수를 구하여라.
   (1) $\ln\dfrac{s}{s-1}$
   (2) $\dfrac{\omega}{s^2(s^2+\omega^2)}$
   (3) $\dfrac{s^2+2}{s(s+1)(s+2)}$

3. Laplace 변환을 이용하여 다음 적분 방정식을 풀어라.
   (1) $y(t) = t + \displaystyle\int_0^t y(u)\sin(t-u)du$
   (2) $y(t) = 1 - \displaystyle\int_0^t (t-\tau)y(\tau)d\tau$

4.5 부분분수에 의한 Laplace 역변환

앞에서는 시간 t의 함수 $f(t)$의 Laplace 변환 $F(s)$를 구하는 방법을 다루었고, 이 절에서는 역으로 Laplace 변환식 $F(s)$로부터 그 본래의 함수 $f(t)$를 찾아내는 문제를 취급한다. 이때 $F(s)$로부터 $f(t)$를 구하는 것을 $F(s)$의 Laplace 역변환(inverse Laplace transformation)이라고 하며

$$f(t) = L^{-1}\{F(s)\}$$

로 표시하고, 4.1절에서 제시한[표4.1]을 참고하면 많은 Laplace 변환의 역변환을 쉽게 구할 수 있다. 그러나 Laplace 변환식 $F(s)$가 복잡할 경우, 역변환을 구하기 위해서는 $F(s)$를 부분분수로 분해하여야 한다.

일반적으로 $F(s)$는

$$F(s) = \frac{b_m s^m + b_{m-1}s^{m-1} + \cdots + b_1 s + b_0}{a_n s^n + a_{n-1}s^{n-1} + \cdots + a_1 s + a_0} = \frac{\sum_{i=0}^{m} b_i s^i}{\sum_{i=0}^{n} a_i s^i} = \frac{B(s)}{A(s)}$$

으로 할 수 있으며, 여기서 $n > m$인 경우에는 부분분수 전개를 바로 적용할 수 있으나 $n \leq m$인 경우에는 $B(s)$를 $A(s)$로 나누어 분자의 차수를 $A(s)$의 차수보다 작게 한 후 부분분수를 전개하면 된다. 분모를 $A(s) = 0$으로 두고 구한 방정식의 근을 $p_1, p_2, \cdots, p_n$이라 하면

$$\begin{aligned} A(s) &= a_n s^n + a_{n-1}s^{n-1} + \cdots + a_1 s + a_0 \\ &= (s - p_1)(s - p_2)\cdots(s - p_n) \end{aligned}$$

일 때의 근에는 다음과 같이 세 가지의 형태로 분류할 수 있다.

[1] 서로 다른 실수의 단근인 경우

[2] 공액복소수근을 포함하는 경우

[3] 다중근을 포함하는 경우

I. 서로 다른 실수의 단근인 경우

$$F(s) = \frac{B(s)}{(s-p_1)(s-p_2)\cdots(s-p_n)}$$
$$= \frac{K_1}{(s-p_1)} + \frac{K_2}{(s-p_2)} + \cdots + \frac{K_j}{(s-p_j)} + \cdots + \frac{K_n}{(s-p_n)}$$

단, $p_1, p_2, \cdots, p_n$은 실수이고 $K_1, K_2, \cdots, K_n$중 K_j는 다음과 같이 구해진다.

$$K_j = \lim_{s \to P_j} (s - P_j) F(s)$$

예 제 1. $F(s) = \dfrac{s^2+2}{s(s+1)(s+2)}$의 Laplace 역변환을 구하여라.

[풀이] 부분분수로 변형하면

$$F(s) = \frac{K_1}{s} + \frac{K_2}{s+1} + \frac{K_3}{s+2}$$

이므로 상수 K_1, K_2, K_3는 다음과 같이 구할 수 있다.

$$K_1 = \lim_{s \to 0} s \frac{s^2+2}{s(s+1)(s+2)} = 1$$
$$K_2 = \lim_{s \to -1} (s+1) \frac{s^2+2}{s(s+1)(s+2)} = -3$$
$$K_3 = \lim_{s \to -2} (s+2) \frac{s^2+2}{s(s+1)(s+2)} = 3$$

따라서,

$$F(s) = \frac{1}{s} - \frac{3}{s+1} + \frac{3}{s+1}$$

이 되므로 $f(t)$는 다음과 같이 Laplace 역변환하면 된다.

$$
\begin{aligned}
f(t) &= L^{-1}\{f(s)\} \\
&= L^{-1}\left\{\frac{1}{s} - \frac{3}{s+1} + \frac{3}{s+1}\right\} \\
&= L^{-1}\left\{\frac{1}{s}\right\} - L^{-1}\left\{\frac{3}{s+1}\right\} + L^{-1}\left\{\frac{3}{s+2}\right\} \\
&= 1 - 3e^{-t} + 3e^{-2t}
\end{aligned}
$$

II. 공액복소근을 포함하는 경우

$$
\begin{aligned}
F(s) &= \frac{B(s)}{\{(s-\alpha)^2+\omega^2\}(s-p_3)\cdots(s-p_n)} \\
&= \frac{Cs+D}{(s-\alpha)^2+\omega^2} + \frac{K_3}{(s-p_3)} + \cdots + \frac{K_n}{(s-p_n)}
\end{aligned}
$$

여기서 $K_3, K_4, \cdots, K_n$은 실수 단근이므로 위와 같이 구하면 되고, C, D는 $(s-\alpha)^2+\omega^2=0$의 공액복소근인 $s=\alpha \pm j\omega$를 이용하여 다음과 같은 복소수의 방정식을 세워 구한다.

$$
\lim_{s\to\alpha+j\omega}(Cs+D) = \lim_{s\to\alpha+j\omega}\{(s-\alpha)^2+\omega^2\}F(s)
$$

예 제 2. 함수 $F(s) = \dfrac{2}{s(s^2+2s+2)}$의 Laplace 역변환을 구하여라.

[**풀이**] 준식을 정리하면

$$
\begin{aligned}
F(s) &= \frac{2}{s(s^2+2s+2)} \\
&= \frac{2}{s[(s^2+2s+1)+1]} = \frac{2}{s[(s+1)^2+1]}
\end{aligned}
$$

이고, 이를 부분분수로 정리하면

$$F(s) = \frac{K_1}{s} + \frac{Cs + D}{(s+1)^2 + 1} \tag{4.4}$$

이다. 따라서 K_1을 정리하면

$$K_1 = \lim_{s \to 0} s \frac{2}{s\{(s+1)^2 + 1\}} = 1$$

이 성립하고, C와 D를 구하기 위해서

$$\lim_{s \to -1+j} (Cs + D) = \lim_{s \to -1+j} \{(s+1)^2 + 1\} \frac{2}{s\{(s+1)^2 + 1\}}$$

이므로 양변을 정리하면

$$C(-1 + j) + D = \frac{2}{-1 + j}$$

와 같다. 따라서

$$(-C + D) + jC = \frac{2}{-1 + j} \frac{-1 - j}{-1 - j}$$

에 의하여

$$jC = -j \; C = -1$$

이므로,

$$-C + D = -1 \quad D = -2$$

이 된다. K_1, C, D를 식(4.4)에 대입하면

$$\begin{aligned} F(s) &= \frac{1}{s} + \frac{-s - 2}{(s+1)^2 + 1} \\ &= \frac{1}{s} - \frac{s + 1}{(s+1)^2 + 1} - \frac{1}{(s+1)^2 + 1} \end{aligned}$$

이 되므로 $f(t)$는 다음과 같이 Laplace 역변환 하면 된다.

$$f(t) = L^{-1}[F(s)] = 1 - e^{-t}\cos t - e^{-t}\sin t$$

III. 중근인 경우

$$\begin{aligned} F(s) &= B(s)(s-p_i)^r(s-p_{r+i})(s-p_{r+2})\cdots(s-p_n) \\ &= \frac{L_1}{(s-p_i)} + \frac{L_2}{(s-p_i)^2} + \cdots + \frac{L_r}{(s-p_i)^r} \\ &\quad + \frac{K_{r+1}}{s-p_{r+1}} + \frac{K_{r+2}}{s-p_{r+2}} + \cdots + \frac{K_n}{s-p_n} \end{aligned}$$

여기서 $K_{r+1}, K_{r+2}, \cdots, K_n$등은 실수 단근이므로 앞에서 같이 구하면 되고, $L_1, L_2, \cdots, L_r$은 중근이므로 다음과 같이 구한다.

$$L_{r-t} = \lim_{s\to p_i} \frac{1}{t!}\left[\frac{d^t}{ds^t}(s-p_i)^r F(s)\right]$$

$$\begin{cases} L_r = \lim\limits_{s\to p_i} [(s-p_i)^r F(s)] & , \quad (0! = 1) \\ L_{r-1} = \lim\limits_{s\to p_i} \left[\dfrac{d}{ds}(s-p_i)^r F(s)\right] \\ L_{r-2} = \lim\limits_{s\to p_i} \dfrac{1}{2!}\left[\dfrac{d^2}{ds^2}(s-p_i)^r F(s)\right] \\ \quad\vdots \qquad\qquad\qquad \vdots \\ L_1 = \lim\limits_{s\to p_i} \dfrac{1}{(r-1)!}\left[\dfrac{d^{r-1}}{ds^{r-1}}(s-p_i)^r F(s)\right] \end{cases}$$

예 제 3. $F(s) = \dfrac{s-2}{s(s+1)^3}$의 Laplace 역변환을 구하여라.

[풀이] 준식을 부분분수로 변형하면

$$F(s) = \frac{K_1}{s} + \frac{L_1}{(s+1)} + \frac{L_2}{(s+1)^2} + \frac{L_3}{(s+1)^3} \tag{4.5}$$

이므로 실수단근인 K_1을 구하면

$$K_1 = \lim_{s \to 0} s \frac{s-2}{s(s+1)^3} = -2$$

이 되고, 중근인 L_3, L_2, L_1을 차례대로 구하면 다음과 같다.

$$L_3 = \lim_{s \to -1} (s+1)^3 \frac{s-2}{s(s+1)^3} = 3$$

$$L_2 = \lim_{s \to -1} \frac{d}{ds}\left[(s+1)^3 \frac{s-2}{s(s+1)^3}\right]$$

$$= \lim_{s \to -1} \frac{d}{ds}\left[\frac{s-2}{s}\right] = \lim_{s \to -1} \frac{2}{s^2} = 2$$

$$L_1 = \lim_{s \to -1} \frac{1}{2!}\frac{d^2}{ds^2}\left[(s+1)^3 \frac{s-2}{s(s+1)^3}\right]$$

$$= \lim_{s \to -1} \frac{1}{2}\frac{d^2}{ds^2}\left[\frac{s-2}{s}\right]$$

$$= \lim_{s \to -1} \frac{1}{2}\frac{d}{ds}\left[\frac{2}{s^2}\right] = \lim_{s \to -1}\left(-\frac{2}{s^3}\right) = 2$$

그러므로 $K_1 = -2$, $L_1 = 2$, $L_2 = 2$, $L_3 = 3$을 식(4.5)에 대입하여 정리하면 다음과 같다.

$$F(s) = \frac{3}{(s+1)^3} + \frac{2}{(s+1)^2} + \frac{2}{(s+1)} - \frac{2}{s}$$

Laplace 역변환하면

$$L^{-1}[F(s)] = f(t) = \frac{3}{2}t^2 e^{-t} + 2(te^{-t} + e^{-t} - 1)$$

일반적으로 선형 미분방정식의 해를 구하는 방법은 먼저 일반해를 구하고, 그 일반해에 초기조건을 대입하여 구한다. 그러나 차수가 높게 되면 일반해를 구하는 것이 어렵다. 특히 포함된 초기조건이 많게 되므로 계산이 매우 복잡하게 된다. 그러나 Laplace 변환을 이용하면 복잡한 미분방정식의 해를 직접 구하는 것보다 풀이의 과정을 단순화시킬 수도 있다. 먼저 미분방정식을 Laplace 변환하여 대수방정식의 형으로 정리한 후, 부분분수 전개법을 이용하여 역변환을 하면 해를 구할 수 있다.

예 제 4. 다음 미분 방정식을 풀어라.

$$\frac{d^2y}{dt^2} + 3\frac{dy}{dt} + 2y = 4u(t), \quad y(0) = 1, \quad y'(0) = 0$$

[풀이] 양변을 Laplace 변환하면

$$s^2Y(s) - sy(0) - y'(0) + 3sY(s) - 3y(0) + 2Y(s) = \frac{4}{s}$$

초기값을 대입하면

$$s^2Y(s) - s + 3sY(s) - 3 + 2Y(s) = \frac{4}{s}$$

이므로 이를 정리하면

$$(s^2 + 3s + 2)Y(s) = \frac{4}{s} + s + 3 = \frac{s^2 + 3s + 4}{s}$$

와 같이 쓸수 있고, 이를 $Y(s)$에 대해 정리하면 다음과 같다.

$$Y(s) = \frac{s^2 + 3s + 4}{s(s+1)(s+2)} \tag{4.6}$$

식(4.6)를 부분분수 전개하면

$$Y(s) = \frac{K_1}{s} + \frac{K_2}{s+1} + \frac{K_3}{s+2} \tag{4.7}$$

이므로 실수 단근 K_1, K_2, K_3을 구하면 다음과 같다.

$$K_1 = \lim_{s\to 0} s\frac{s^2+3s+4}{s(s+1)(s+2)} = 2$$
$$K_2 = \lim_{s\to -1}(s+1)\frac{s^2+3s+4}{s(s+1)(s+2)} = -2$$
$$K_3 = \lim_{s\to -2}(s+2)\frac{s^2+3s+4}{s(s+1)(s+2)} = 1$$

따라서 $K_1 = 2$, $K_2 = -2$, $K_3 = 1$ 을 식(4.7)에 대입하여 정리하면

$$Y(s) = \frac{2}{s} - \frac{2}{s+1} + \frac{1}{s+1}$$

이 되므로 Laplace 역변환하면 다음과 같다.

$$y(t) = 2 - 2e^{-t} + e^{-2t}$$

예 제 5. 그림과 같은 R-L 회로에서 $t=0$ 일 때 스위치 S를 닫았다면 그 때 회로에 흐르는 전류를 구하시오.(단, 초기조건은 0이다)

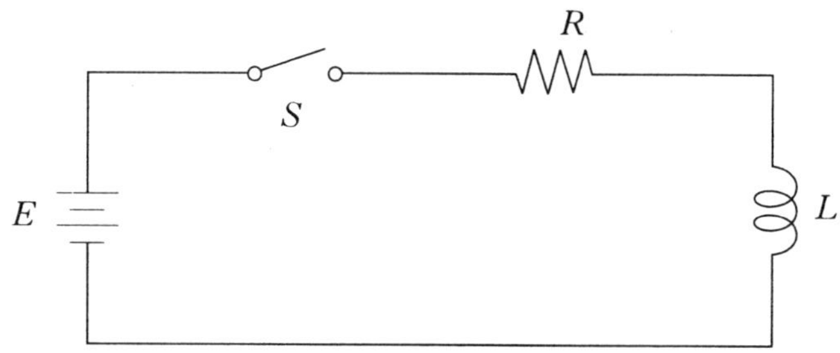

[**그림 4-5**]

[**풀이**] 회로의 전압 방정식을 세우면 다음과 같다.

$$L\frac{d}{dt}i(t) + R_i(t) = 3$$

양변에 Laplace 변환하여 초기값을 대입하면

$$L\{sI(s)-i(0)\}+RI(s)=\frac{3}{s}$$
$$I(s)(Ls+R)\frac{3}{s}=L\{i(0)\}$$
$$I(s)=\frac{3}{s(Ls+R)}=\frac{\frac{3}{L}}{s\left(s+\frac{R}{L}\right)}$$

부분분수 전개를 하면

$$I(s)=\frac{K_1}{s}+\frac{K_2}{s+\frac{R}{L}}$$

이므로, K_1 과 K_2 는 다음과 같다.

$$K_1=\lim_{s\to 0}s\frac{\frac{2}{L}}{s\left(s+\frac{R}{L}\right)}\frac{3}{R}$$
$$K_2=\lim_{s\to -\frac{R}{L}}\left(s+\frac{R}{L}\right)\frac{\frac{3}{L}}{s\left(s+\frac{R}{L}\right)}=-\frac{3}{R}$$

따라서

$$I(s)=\frac{3}{R}\left(\frac{1}{s}-\frac{1}{s+\frac{R}{L}}\right)$$

이 되므로 Laplace 역변환하면 $i(r)$는 다음과 같이 된다.

$$i(t)=\frac{3}{R}\left(1-e^{-\frac{R}{L}t}\right)$$

연습문제 4-5

1. 다음 함수의 $L-$변환을 구하여라.

(1) $f(t)=e^{-2t}\sinh 3t$

(2) $f(t)=\dfrac{\sin^2 t}{t}$

(3) $f(t)=t+\dfrac{1}{2}\sin 2t$

(4) $f(t) = (t-2)^3 u_2(t)$

(5) $f(t) = \int_0^t e^{-u} \cos u du$

2. 다음 함수의 역변환을 구하여라.

(1) $L^{-1}\left[\frac{1}{(s-1)(s+2)(s+4)}\right]$

(2) $L^{-1}\left[\frac{s-1}{(s+1)(s+2)^2}\right]$

(3) $L^{-1}\left[\frac{2s}{(s^2-4)^2}\right]$

(4) $L^{-1}\left[\ln \frac{s+1}{s-1}\right]$

(5) $L^{-1}\left[\frac{1}{(s-1)^3} + \frac{1}{s^2+2s-8}\right]$

3. 다음 초기값문제를 풀어라.

(1) $y'' + 2y' - 8y = 0 y(0) = 1, \quad y'(0) = 8$

(2) $y' - 3y = e^{2t} y(0) = 1$

(3) $y'' + 16y = \cos 4t y(0) = 0, \quad y'(0) = 2$

(4) $y'' + 16y = \begin{cases} \cos 4t & , 0 \leq t < \pi, \quad y(0) = 0, \quad y'(0) = 1 \\ 0 & , \quad t \geq \pi, \quad y(0) = 0, \quad y'(0) = 2 \end{cases}$

제 I 편

Mathematica의 활용

Mathematica 의 배경과 사용안내

*Mathematica*는 모든 수학문제를 해결할 수 있는 소프트웨어를 만들겠다는 목표로 일리노이 대학의 복합시스템 연구 센타 교수로 재직중인 *Stepen Wolfram* 박사가 개발을 하였다. 1988년 V1.0이 첫선을 보인 후 꾸준한 버전업을 통해 사용자 인터페이스의 개선과 여러 전문분야의 패키지들이 추가되고 있고, 수치와 관련된 모든분야에서 사용되고 있으며, 그 활용 범위가 점점 넓어지고 있다. 이 책에서는 공학 수학을 공부하면서 필요한 간단한 계산들을 *Mathematica*를 이용하여 풀이하는 실례를 기초적인 설명을 곁들여 설명하였다. 특히 그래픽 기능을 이용하면 시각적으로 수학적 개념을 이해하거나 계산의 결과를 검증하고 응용하는데 매우 편리하다. *Mathematica*의 사용법을 위하여 따로 강좌를 들어야 하는 불편을 덜기 위하여 각 과정 마다 해설을 곁들였다. *Mathematica*는 자신이 *help*기능을 가지고 있어서 우리가 필요한 주제에 따른 프로그램의 사용 예제를 안내하고 있다. 예제를 따라서 조금만 사용하여 보면 곧 프로그램의 사용에 익숙해 질 것이다. *Mathematica*의 전문적인 사용법을 위하여는 많은 공부가 필요하지만, 여기서는 간단히 수식 연산이 가능한 프로그램으로 생각하면 되고 필요할 때 마다 내장된 패키지를 부르고 예제를 따라서 필요한 명령어를 입력 후에 Shift + Enter를 치면 된다.

*Mathematica*의 기능

프로그래밍 필요없이 *Mathematica*가 지원해주는 수 천개의 수학함수와 강력한 심볼릭 기능을 이용해서 자신이 원하는 것을 계산하므로 개발시간을 단축할 수 있으며, 수학적인 표기를 화면상에 나타내주고 계산해서 그 값을 그림으로 나타내주는 통합적인 환경을 제공해준다.

미적분

메쓰메티카는 수치해석적인 방법뿐만 아니라, 대수적으로도 여러가지 미적분 문제를 해결해주는데 가장 전형적으로 사용하는 방법뿐만 아니라, 함수로는 D(Partial Differentiation), Dt(Total Differentiation) 가 있으며, 적분 관련 함수로는 Integrate(Symbolic Integration), NIntegration(Numerical Integration)등이 있는데, 거의 어떠한 형식의 미적분 문제도 해결 할 수 있다, 물론 정적분 부정적분을 가리지 않고 모두 해결해낸다.게다가 *Integrated* 와 같은 함수는 우리가 흔히 접하는 정함수 형태의 함수뿐만 아니라 , *Bessel Function*이나 *Gamma Function*등의 거의 40여가지에 이르는 *Special Function* 의 적분 문제까지도 풀어낸다.따라서 이러한 미적분이 특히 많이 사용되는 물리학이나 ,광학,레이져,파동연구와 같은 분야에서는 더없이 좋은 도구가 될 수 있을 것이다.

미분방정식

특히 공학분야의 경우에는 거의 대부분의 시스템이 여러가지 미분 방정식의 형태로 기술되는데 ,메쓰메티카는 기존의 여러 프로그램이나 패키지들이 하는 것처럼 수치해석적인 방법으로 이러한 미분 방정식들을 풀어줄 뿐만 아니라, 대수적인 방법으로도 그 문제에 대한 해를 구해준다. 메쓰메티카에서는

Dsolve(*Symbolic*)과 *NDSolve*(*Numerical*)

두 개의 내장 함수가 미분방정식을 푸는 문제를 풀어내는 역할을 맡고 있는데,이들 두 함수만 있으면 상미분 방정식의 경우에는 거의 어떠한 형식의 미분 방정식도 수치적으로 뿐만 아니라 대수적으로까지풀어낼 수 있으며, *Calculus*패키지에 있는 *DSolve*함수를 사용용하면 간단한 편미분방정식(1차에 한함)까지도 해결할 수 있다.그리고 대부분의 전문 패키지에서 사용되고 있는 알고리즘인 *RungeKutta*법도 메쓰메티카에서는 단 하나의 함수로 구현이 가능하다.

행렬 벡터 연산

행렬연산이란 원래가 다항식으로 구성된 연립방정식을 쉽게 기술하고, 그 해를 구하기 위해서 만들어낸 개념인데,실제로 이공학 분야에서 연구되고있는 대상의 상당한 부분이 여러 다항식의 연립 방정식의 형태이고 기술되므로, 행렬 조

작을 쉽게 할 수 있다는 것은 다른 말로 표현하면 우리가 연구하고자하는 시스템을 아주 쉽게 기술하고 그 시스템의 특성 또한 아주 쉽게 파악할 수가 있다는 것을 의미한다. 메쓰메티카에서는 현재 우리가 사용하고 있는 행렬 조작에 필요한 거의 모든 기능들을 가지고 있다고 할 수 있는데 , *Innerproduct*, *Outerproduct*, *Determinant*를 구하는 것과 같은 기본적인 행렬 조작 뿐만 아니라, 주로 복잡한 행렬 계산을 간단히 처리할 목적으로 사용되는 여러가지 소거법이나 축약법의 수행도 한 두개의 메스메티카 함수로 간단히 처리할 수 있다. 게다가, 최근 들어서 여러가지 시스템의 최적화 문제를 해결할 목적으로 자주 사용되고 있는 최대값, 최소값 구하기나 선형 계획법도 메쓰메티카의 *ConstrainedMax*, *ConstrainedMin*, *LinearPrograming*, *BackTracking* 등의 함수를 사용하면 거의 단번에 그러한 문제를 해결할 수 있다.

그래픽과 에니메이션

메쓰메티카의 그래픽 기능은 여타의 전문 데이터 프리젠테이션 프로그램에 비해서도 뒤지지 않는다. 메쓰메티카의 그래픽 함수들은 단순히 어떤 수식이나 데이터를 그 프로그램이 임의로 설정해둔 기준에 맞추어서 융통성 없게 화면에 뿌려주는 것이 아니라, 사용자가 원하는대로 좌표축의 비를 바꾼다든가, 샘플링 구간을 조절할 수도 있을뿐만 아니라, 3차원 그래프의 경우에는 그 그래프를 관찰하는 시점이나 광원의 위치도 임의로 지정할 수 있으므로 하나의 데이터를 자신이 원하는 거의 모든 각도에서 조망할 수 있다. 게다가, 메쓰메티카는 *C*나 *Fortran* 등의 프로그램에 의해서 만들어진 데이터도 쉽게 불러들일 수 있기 때문에, *C*나 *Fortran*이 없으면 심각한 금단증세를 나타내는 사람들도 자신의 시스템에 대한 시뮬레이션 과정은 *C*나 *Fortran*으로 만들고, 그 결과를 프리젠테이션 할 때에는 메쓰메티카의 화려한 그래픽 기능을 사용함으로써 꽤 쓸만한 앙상블을 연출할 수 있을 것이다. 그리고, 메쓰메티카는 *PC*수준에서는 구현하기 힘들 정도의 에니메이션 기능을 제공하므로 어떤 시스템을 여러 각도에서 분석한 데이터들을 일련의 그래프로 나타낸 다음 그들을 에니메이션시킴으로써 자신이 연구하는 시스템의 특성을 한층 더 이해하기 쉽게 나타낼 수 있다.

프로그래밍

아무리 막강한 패키지라고 할지라도 그 패키지에 들어있는 한 두 개의 함수만으로 자신이 연구하고 있는 모든 문제를 해결할 수 있는 것은 없다. 바로 이러한 이유때문에 특수한 연구 목적에 맞게 디자인된 전문 패키지들이 많이 나와있는데도 불구하고, 여전히 C나 $Fortran$같이 배우기 어려운 프로그램 언어들을 사용하게되는데, 메쓰메티카가 지니고 있는 프로그래밍 기능은 C나 $Fortran$에 비해서 알고리즘 구현 방법이 간단할 뿐만 아니라, 그 성능에 있어서도 간단한 $ProceduralProgramming$에 이르기까지, 현재 사용용되고 있는 거의 모든 프로그래밍 기법들을 모두 제공하고 있다. 한마디로, 메쓰메티카의 프로그래밍 기능은 $WolframResearch$사에서도 별도의 프로그래밍 언어로 판매할 움직임이 있을 정도로 막강한 능력을 갖추고 있는 것이다.

$Mathematica$의 활용

학술부문과 엔지니어링분야의 컴퓨터 이용은 데이타조작,시뮬레이션,모델링등으로 요약될 수 있다. 그러나 $Mathematica$는 그런 분야외에 새로운 분야를 개척하고 있다. 즉 컴퓨터는 데이타 처리기 정도의 기능에서 연구자의 사고를 진척시키고 창조적인 발상을 도와주는 적극적인 도구로 끌어올리는 것이다. $Mathematica$는 어떤 한 분야만을 위한 전용 패키지가 아니라, 수치와 관련된 곳이라면 어디에서나 사용될 수 있는 범용 패키지이므로, 그 활용범위는 거의 무한대라고해도 과언이 아니다. $Wolfram$사이트에 들어가면 순수과학분야 뿐만 아니라 물리학,기계공학,전기전자,컴퓨터,화학,생물학,통계학 분야에 이르기까지 다양한 응용 사례들이 있으며, 최근에는 신경망이나 유전자알고리즘,퍼지,이미지프로세싱등 여러가지 첨단 알고리즘에 대한 응용사례들이 늘고 있다.

0.1 Mathematica를 이용한 미분방정식의 풀이

예 제 **1.** $y'' + 2y' + y = 0$의 미분방정식의 해가 $y[x] = xExp[-x]$ 임을 확인하여 보자.

[풀이] 우선 $y[x] = xExp[-x]$라 하자. 이때 $x_$라고 한 것은 x가 변수 임을 의미하게 된다.

In[1]:= $y[x\_] = xExp[-x]$

Out[1]:= $e^{-x}x$

그 다음 $y[x]$를 미분하여 dy라고 하자.

In[2]:= $dy = y'[x]$

Out[2]:= $e^{-x} - e^{-x}x$

그리고 dy를 미분하여 $d2y$라 하자.

In[3]:= $d2y = y''[x]$

Out[3]:= $-2e^{-x} + e^{-x}x$

이제 나온 결과 $d2y$, dy, $y[x]$을 이용하여 $y'' + 2y' + y$를 구하여보자.

In[4]:= $d2y + 2dy + y[x]$

Out[4]:= $-2e^{-x} + 2e^{-x}x + 2\left(e^{-x} - e^{-x}x\right)$

위에서 나온 결과를 간단히 하기 위해 Simplify 명령어를 사용한다.

In[5]:= $Simplify[d2y + 2dy + y[x]]$

Out[5]:= 0

In[6]:= $Simplify\left[y''[x] + 2y'[x] + y[x]\right]$

Out[6]:= 0

나온 결과에서 보듯이 $y'' + 2y' + y = 0$의 미분방정식의 해가 $y[x] = xExp[-x]$ 임을 알 수 있다.

이제 주어진 함수 $y[x]$의 그래프 형태를 보자. 2차원 함수의 그래프를 표현하기 위하여 $Plot[y[x], \{x, -1, 1\}]$을 사용하는데 여기선 구간 $-1 < x < 1$ 에서의 $y[x]$를 나타낸다.

In[7]:= $Plot[y[x], \{x, -1, 1\}]$

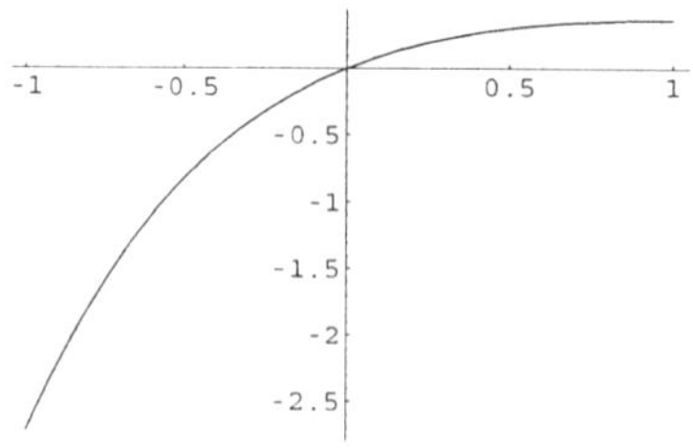

Out[7]:= $-Graphics-$

예 제 **2.** 음함수 $2x^2 + y^2 - 2xy + 5x = 0$의 미분방정식이 $\frac{dy}{dx} = \frac{-5-4x+2y}{-2x+2y}$ 임을 보이자.

[**풀이**] 우선 x와 y 에 이전의 계산에 의해 기억된 정해진 값을 초기화 하기위해 $Clear[x, y]$명령을 하고,

In[1]:= $Clear[x, y]$

음함수방정식 $2x^2 + y^2 - 2xy + 5x == 0$를 eq로 기억시킨다. 여기서 (==)은 $mathematica$에서 "같다" 라는 의미로 사용한다.

In[2]:= $eq = 2x^2 + y^2 - 2xy + 5x == 0$

Out[6]:= $5x + 2x^2 - 2xy + y^2 == 0$

앞에서 정의한 방정식 eq 를 변수 x에 대하여 미분하라는 명령어로 $Dt[eq, x]$를 사용하였다.

여기서 Dt는 변수 x외에 다른문자도 하나의 변수로 관여하여 편미분할때 사용한다. eq를 x에 대해 미분하고 $step1$이라 두자.

In[2]:= $step1 = Dt[eq, x]$

Out[2]:= $5 + 4x - 2y - 2xDt[y, x] + 2yDt[y, x] == 0$

여기서 나온 출력값에서 $Dt[y, x]$은 $\frac{dy}{dx}$를 의미한다.

step1에서 나온 결과를 $Dt[y, x]$에 관하여 풀고 $step2$라고 두자.

In[2]:= $step2 = Solve[step1, Dt[y, x]]$

Out[2]:= $\left\{\left\{Dt[y, x] \rightarrow \frac{-5-4x+2y}{-2x+2y}\right\}\right\}$

일반적으로 함수 $f(x,y) = C$ (여기서 C는 상수)를 그래프 표현하는 것으로 *ContourPlot*를 사용하는데 직접 입력해도 되지만 굳이 주어진 음함수 eq에서 $f(x,y)$ 즉 왼쪽부분만 따올려면 $eq[[1]]$를 사용하는데 즉 eq함수의 첫번째 부분, 즉 등호의 좌변을을 추출하여 라는 것이다.

In[3]:= $eq[[1]]$

Out[3]:= $5x + 2x^2 - 2xy + y^2$

이제 나온 결과를 이용하여 주어진 음함수의 그래프를 그려보자.
$-7 < x < 2, -7 < y < 2$ 범위에서 그리라는 옵션으로 $\{x, -7, 2\}, \{y, -7, 2\}$와,
$Contours \to \{0\}$을 주어 $5x + 2x^2 - 2xy + y^2 = 0$ 한 개만 그리라고 명령하고,
$Frame \to False$을 주어 외부 테두리 를 없애고,
$Axes \to Automatic, AxesOrigin \to \{0, 0\}$을 주어 축을 (0,0)을 중심으로 그리고,
축의 스타일로는 $AxesStyle \to GrayLevel[0.5]$을 주어 그래프와 구분하였다.
정밀도로서 $PlotPoints \to 100$을 줄 수 있고, 내부를 없애기 위하여 $Contour$ $-Shading \to False$ 를 하였다.

In[2]:=
$$\begin{aligned}&ContourPlot\left[5x + 2x^2 - 2xy + y^2, \{x, -7, 2\}, \{y, -7, 2\},\right.\\&Frame \to False, Axes \to Automatic, AxesOrigin \to \{0, 0\},\\&AxesStyle \to GrayLevel[0.5], PlotPoints \to 100, Contours \to \{0\},\\&\left.ContourShading \to False\right]\end{aligned}$$

Out[2]:= $-ContourGraphics-$

명령어에 대하여 궁금한 것은 메뉴 상단의 오른쪽 $Help - HelpBrowser$ 에서 검색하면 자세한 설명과 사용법을 알 수 있다.

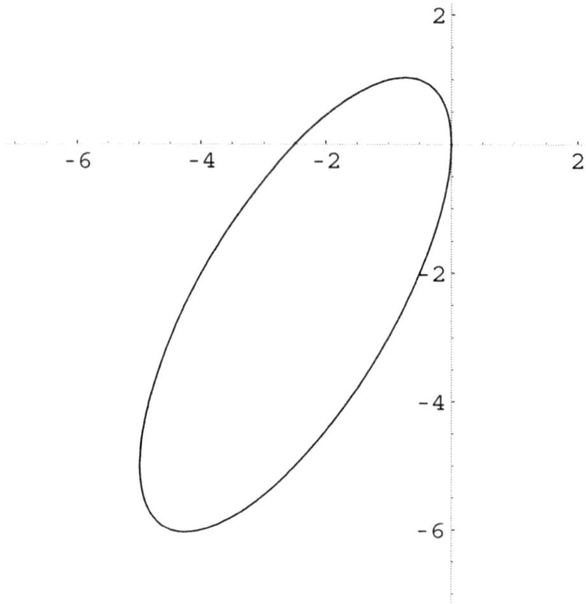

예 제 **3.** 미분방정식 $y' = -y\cos[x]$ 의 해가 무수히 많음을 보여라.

[**풀이**] 주어진 미분방정식을 푸는 명령어로서 *Dsolve* 명령어를 사용하는데 여기서는 $DSolve[y'[x] == -\cos[x]*y[x],\ y[x],\ x]$ 라고 하였다. 이것은 주어진 미분방정식 $y' = -y\cos[x]$ 에서 $y[x]$를 변수 x 대하여 풀이한 결과를 *sol* 이라고 두라는 뜻이다.

In[2]:= $sol = DSolve[y'[x] == -\cos[x]*y[x],\ y[x],\ x]$

Out[2]:= $\{\{y[x] \to e^{-\sin[x]}C[1]\}\}$

나온 결과에서 $C[1]$은 임의의 상수를 의미한다. 또한 E은 네이피어의 상수 e로 인식한다.

In[3]:= $E^{-\sin[x]}C[1]$

Out[3]:= $e^{-\sin[x]}C[1]$

주어진 미분방정식 $y' = -y\cos[x]$에서 풀이 결과 *sol*를 다시 대입하여 확인하여 보면 아래와 같다.

In[4]:= $y'[x] + \cos[x]*y[x]\ /.\ sol$

Out[4]:= $\{e^{-\sin[x]}C[1]\cos[x] + y'[x]\}$

이제 나온 결과 $y[x] \to e^{-\sin[x]}C[1]$의 그래프 표현을 보자.
우선 $e^{-\sin[x]}C[1]$의 그래프에서 상수 $C[1]$을 -5부터 5까지 범위를 주고 테이블을 만들기 위하여 $Table\left[E^{-\sin[x]}C[1]/.C[1]->i,\{i,-5,5\}\right]$을 사용하였으며 이를 *toplot*이라 이름하고 맨 끝의 (;) 표시는 출력하지 말라는 뜻이다.
$Evaluate[toplot]$은 *toplot*의 "값을 구하라"는 뜻이며, 이를 *Plot*를 이용하여 $0 < x < 4\pi$ 까지 그려보자.

In[5]:= $toplot = Table\left[E^{-\sin[x]}C[1]\,/.\,C[1]->i,\ \{i,-5,5\}\right];$

In[6]:= $Plot[Evaluate[toplot],\{x,0,4\pi\}]$

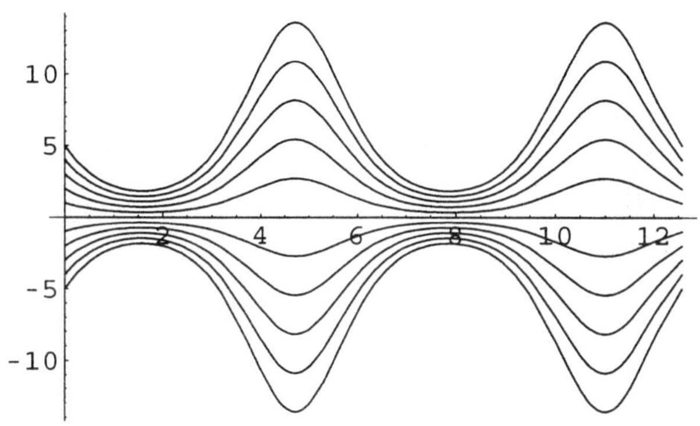

Out[6]:= *−Graphics−*

예 제 **4.** 미분방정식 $y'' + y = 0$ 역시 많은 해를 가지고 있음을 보여라.

[**풀이**] 이 문제 역시 미분방정식을 푸는 명령어로서 $DSolve[y''[x]+y[x]==0,\ y[x],x]$를 사용한다. 이것은 주어진 미분방정식에서 $y[x]$를 변수x 대하여 구하라는 것이다.

In[1]:= $sol = DSolve[y''[x]+y[x]==0,\ y[x],x]$

Out[1]:= $\{\{y[x] \to C[1]\cos[x] + C[2]\sin[x]\}\}$

나온 결과에서 C[1]와 C[2] 역시 앞에서처럼 임의의 상수이다.

이제 그래프를 보면서 알아보자. 임의의 상수가 $C[1]$와 $C[2]$ 두개에 대하여 각각 2종류에 대한 그래프를 살펴보자.

$toplot1 = Table[C[1]\cos[x] + C[2]\sin[x]/.\{C[1]- >i, C[2]- >0\}, \{i, -2.5, 2.5, 0.5\}];$

$toplot2 = Table[C[1]\cos[x] + C[2]\sin[x]/.\{C[1]- >0, C[2]- >i\}, \{i, -2.5, 2.5, 0.5\}];$

나온 결과에 대한 2종류의 그래프의 유형을 위에서처럼 각각 테이블로 만들고 이를 *Plot*를 사용하여 아래와 같이 구현하였다.

여기서 *DisplayFunction− >Identity* 은 그래프를 구현하지 말라는 것이다.

그런 다음 *Show*[*GraphicsArray*[{*plot*1, *plot*2}]] 를 사용하여 동시에 표현하였다.

In[2]:= $plot1 = Plot[Evaluate[toplot1], \{x, 0, 4\pi\}, DisplayFunction- >Identity];$

In[3]:= $plot2 = Plot[Evaluate[toplot2], \{x, 0, 4\pi\}, DisplayFunction- >Identity];$

In[4]:= $Show[GraphicsArray[\{plot1, plot2\}]]$

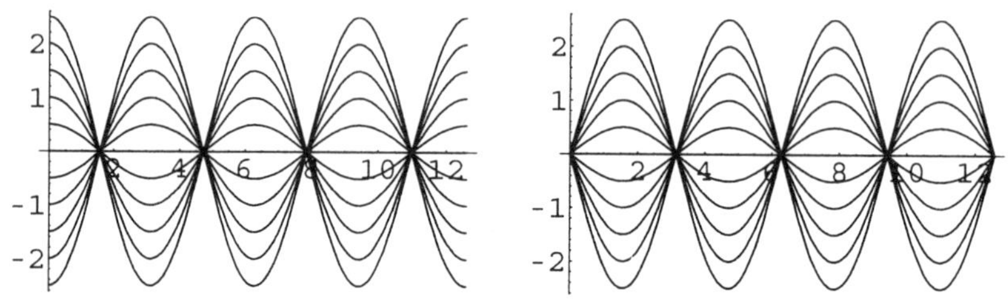

Out[4]:= −*GraphicsArray*−

0.2 초기값과 경계치 문제풀이

예 제 **1.** 다항식 $3x^2 - 4x$을 적분하여라.

[**풀이**] 기본적으로 적분 기호를 이용한 명령어가 지원하게 된다.

그렇지만 결과값에선 적분상수 C가 생략되어서 나온다.

In[1]:= $\int \left(3x^2 - 4x\right) dx$

Out[1]:= $-2x^2 + x^3$

그럼 나온 결과를 적분상수 C를 주어서 그래프 형태를 알아보자.

우선 나온 결과 $-2x^2 + x^3$에 적분상수 C를 주어서 $toplot = Table[-2x^2 + x^3 +$

$C, \{C, -10, 10, 2\}]$와 같이 나타내었다. 여기서 $\{C, -10, 10, 2\}$는 C의 값을 -10에서 10까지 2씩 변화시켜서 나타낸 것으로 총 테이블 값이 11개가 나오게 되는데 이를 $Short[toplot]$명령어를 사용하여 짧게 줄여서 나타내면 앞의 값과 끝의 값만 출력되고 나머진 << 5 >>와 같이 5개가 생략 되었다는 표시로 나타난다. 여기서 << 5 >>처럼 꼭 앞에 3개 뒤에 3개만 나오고 나머진 생략되는 것은 아니며 $notebook$창의 가로 크기에 맞추어서 생략 되어진다.
그리고 $Length[toplot]$은 $toplot$에 들어가 있는 값이 몇개 있는지를 알 수 있는 명령어이다.

$$toplot = Table[-2x^2 + x^3 + c, \{c, -10, 10, 2\};$$

In[2]:= $Short[toplot]$

$Length[toplot]$

Out[2]:= $\{-10 - 2x^2 + x^3, -8 - 2x^2 + x^3, -6 - 2x^2 + x^3, \langle\langle 5\rangle\rangle, 6 - 2x^2 + x^3, 8 - 2x^2 + x^3, 10 - 2x^2 + x^3\}$

Out[3]:= 11

이제 나온 11개의 값을 각각의 선의 진하기를 다르게 변화시키면서 살펴보기 위해서
$grays = Tab1e\left[GrayLevel[i], \left\{i, 0, 0.5, \frac{0.5}{10}\right\}\right]$와 같이 스타일을 별도로 만들었다. 여기서 $GrayLevel$이것이 진하기를 나타내며 i의 값을 0에서 0.5까지 $\frac{0.5}{10}$까지 변화를 주었다.
그리고 그래프를 $Plot[Evaluate[toplot], \{x, -2, 3\}, PlotStyle \to grays,$ $AxesStyle \to GrayLevel[0.5], PlotRange \to \{-15, 15\}]$를 사용하여 나타낸 것인데 $-2 < x < 3$까지 $toplot$의 값을 구하여 그래프 스타일을 $PlotStyle \to gray$로 좌표축스타일은 $AxesStyle \to GrayLebel[0.5]$으로 치역범위는 $PlotRange \to \{-15, 15\}$로 나타내었다.

In[4]:= $grays = Table\left[GrayLevel[i], \left\{i, 0, 0.5, \frac{0.5}{10}\right\}\right];$

$Plot[Evaluate[toplot], \{x, -2, 3\}, PlotStyle \to grays,$

$AxesStyle \to GrayLevel[0.5], PlotRange \to \{-15, 15\}]$

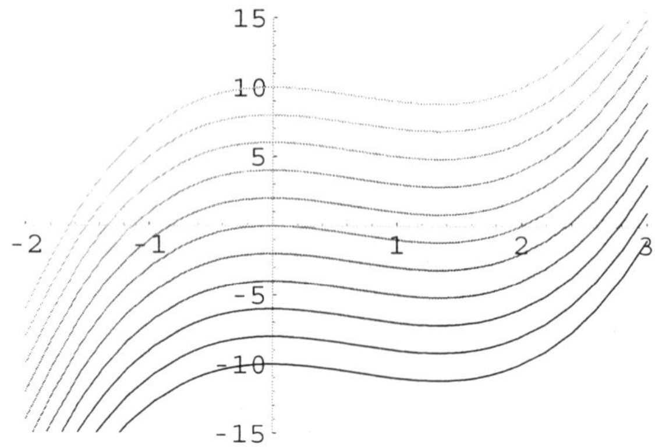

Out[4]:= $-Graphics-$

이를 하나만 선택하여 그리면, 아래와 같다.

In[5]:= $Plot\left[x^3 - 2x^2 + 5, \{x, -2, 3\}, PlotRange \to \{-15, 15\}\right]$

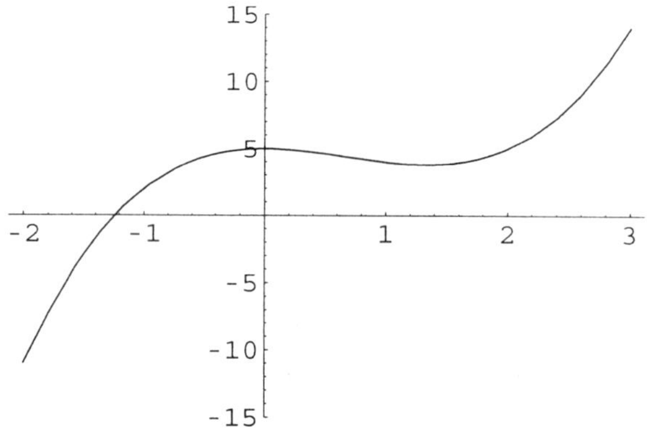

Out[5]:= $-Graphics-$

예 제 **2.** 미분방정식 $v'[t] = 32 - v[t]$을 변수 t에 대하여 $v[t]$를 구하여라.

[**풀이**] 이를 푸는 명령어로서 $DSolve[v'[t] == 32 - v[t], v[t], t]$를 사용하였는데 이는 미분방정식을 변수$t$에 대하여 $v[t]$를 구하라는 것이다. 출력된 결과에서 보면 $C[1]$은 상수를 의미하며 무수히 많음을 의미한다.

In[1]:= $gensol = DSolve[v'[t]{==}32 - v[t], v[t], t]$

Out[1]:= $\{\{v[t] \to 32 + e^{-t}C[1]\}\}$

위에서 나온 결과에서 $v[0] = 0$ 까지 동시에 만족하는 미분방정식을 풀면 아래와 같다.

In[2]:= $gensol = DSolve[\{v'[t]{==}32 - v[t], v[0]{==}0\}, v[t], t]$

Out[2]:= $\{\{v[t] \to 32e^{-t}\left(-1 + e^{t}\right)\}\}$

예 제 3. 미분방정식 $y'[x] = \sin\left[x^2\right], y[0] = 0$을 구하여라.

[**풀이**] In[1]:= $exactsol = DSolve\left[\left\{y'[x] == \sin\left[x^2\right], y[0] == 0\right\}, y[x], x\right]$

Out[1]:= $\left\{\left\{y[x] \to \sqrt{\frac{\pi}{2}} FresnelS\left[\sqrt{\frac{2}{\pi}} x\right]\right\}\right\}$

나온결과에서 보면 $FresnelS$이 나오는데 이를 살펴보면

In[2]:= $?FresnelS$

FresnelS[z] gives the Fresnel integral S(z). FresnelS[z] isgivenby

$\int_0^z \sin\left(\pi t^2/2\right) dt$..*More*...

이제 나온 결과를 초기값을 주어서 정수화하여 ($NDSolve$) 살펴보자.

In[3]:= $numsol = NDSolve\left[\left\{y'[x]{==}Sin\left[x^2\right], y[0]{==}0\right\}, y[x], \{x, 0, 10\}\right]$

Out[3]:= $\{\{y[x] \to InterpolatingFunction[\{\{0., 10.\}\}, <>][x]\}\}$

위에서 나온 결과값에 $x \to 5$를 대입하여보자.

In[4]:= $numsol/.x \to 5$

Out[4]:= $\{\{y[5] \to 0.527922\}\}$

이렇게 나온 결과를 그래프로 살펴보면

In[5]:= $Plot[y[x]/.numsol, \{x, 0, 10\}, PlotRange \to All]$

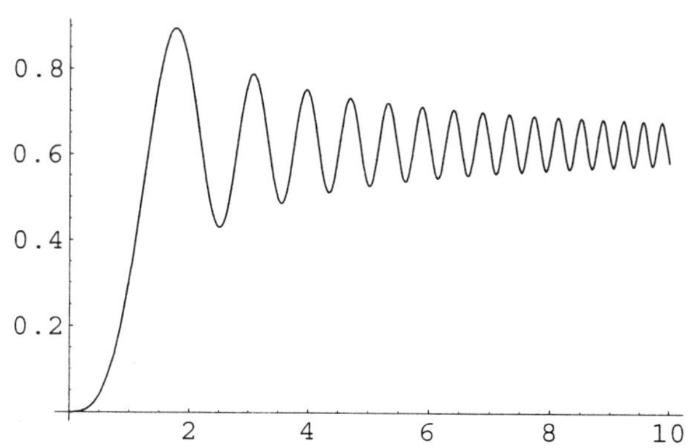

Out[5]:= $-Graphics-$

예 제 **4.** 미분방정식 $x''[t]+x[t]=0$을 구하고 $(x[0]=0, x'[0]=1)$까지 만족할 때도 구하여보자.

[**풀이**] In[1]:= $sol = DSolve[x''[t]+x[t]==0, x[t], t]$

Out[1]:= $\{\{x[t] \to C[1]\cos[t]+C[2]\sin[t]\}\}$

In[2]:= $DSolve[\{x''[t]+x[t]==0, x[0]==0, x'[0]==1\}, x[t], t]$

Out[2]:= $\{\{x[t] \to \sin[t]\}\}$

예 제 **5.** 미분방정식 $y''[x]+\frac{\pi^2}{4}y[x]=0$를 구하고 동시에 $(y[0]=0, y[1]=2)$까지 만족할때도 구하여보자.

In[1]:= $DSolve\left[y''[x]+\frac{\pi^2}{4}y[x]==0, y[x], x\right]$

Out[1]:= $\left\{\left\{y[x] \to C[1]\cos\left[\frac{\pi x}{2}\right]+C[2]\sin\left[\frac{\pi x}{2}\right]\right\}\right\}$

In[2]:= $DSolve\left[\left\{y''[x]+\frac{\pi^2}{4}y[x]==0, y[0]==0, y[1]==2\right\}, y[x], x\right]$

Out[2]:= $\left\{\left\{y[x] \to 2\sin\left[\frac{\pi x}{2}\right]\right\}\right\}$

이제 나온 결과를 그래프를 통해 살펴보자.

In[3]:= $Plot\left[2\sin\left[\frac{\pi x}{2}\right], \{x, 0, 1\}\right]$

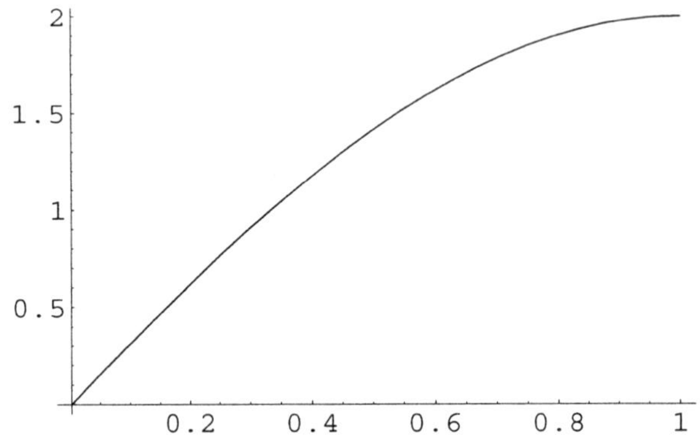

Out[3]:= $-Graphics-$

예 제 **6.** 미분방정식 $x''[t]+\left(\frac{1}{3}x'[t]^2-1\right)x'[t]+x[t]=0$ 를 구하는데 여러가지 조건에 맞추어 살펴보자.

[**풀이**] In[1]:= $numsol1 =$

$NDSolve\left[\left\{x''[t]+\left(\frac{1}{3}x'[t]^2-1\right)x'[t]+x[t]{=}{=}0, x[0]{=}{=}1,\right.\right.$
$\left.\left. x'[0]{=}{=}0\right\}, x[t], \{t,0,15\}\right]$

Out[1]:= $\{\{x[t] \to InterpolatingFunction[\{\{0.,15.\}\},<>][t]\}\}$

In[2]:= $numsol2 =$

$NDSolve\left[\left\{x''[t]+\left(\frac{1}{3}x'[t]^2-1\right)x'[t]+x[t]{=}{=}0, x[0]{=}{=}0.1',\right.\right.$
$\left.\left. x'[0]{=}{=}0\right\}, x[t], \{t,0,15\}\right]$

Out[2]:= $\{\{x[t] \to InterpolatingFunction[\{\{0.,15.\}\},<>][t]\}\}$

In[3]:= $numsol3 =$

$NDSolve\left[\left\{x''[t]+\left(\frac{1}{3}x'[t]^2-1\right)x'[t]+x[t]{=}{=}0, x[0]{=}{=}0, x'[0]{=}{=}1.9'\right\},\right.$
$\left. x[t], \{t,0,15\}\right]$

Out[3]:= $\{\{x[t] \to InterpolatingFunction[\{\{0.,15.\}\},<>][t]\}\}$

나온 3 가지 결과값을 그래프를 통하여 살펴보자.

여기서 $PlotStyle \to \{GrayLevel[0], GrayLevel[0.3'], GrayLevel[0.6']\}$은 나온 3개의 그래프를 각각 선의 진하기를 다르게 주어서 구별하기 위하여 사용하였다.

In[4]:= $Plot[Evaluate[x[t]/.\{numsol1, numsol2, numsol3\}], \{t,0,15\},$
$PlotStyle \to \{GrayLevel[0], GrayLevel[0.3'], GrayLevel[0.6']\}]$

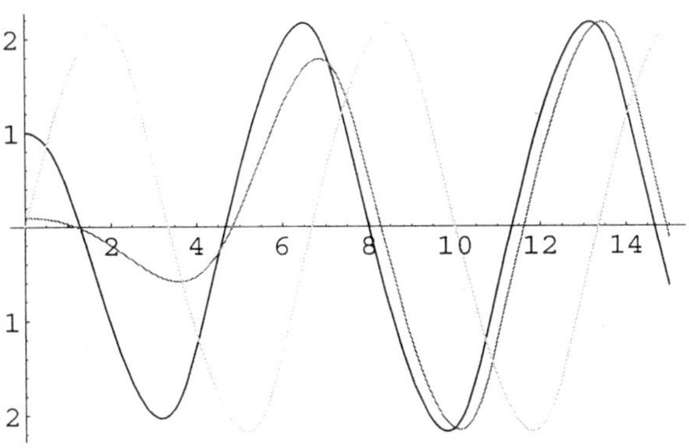

Out[4]:= $-Graphics-$

0.3 방향장

예 제 1. $\frac{dy}{dx} = e^{-x} - 2y$ 의 그래프를 벡터장을 이용하여 나타내어보자.

우선 벡터장을 이용하기 위하여 패키지 $<< Graphics'PlotField'$를 불러왔다.

In[1]:= $<< Graphics'PlotField'$

In[2]:= $?PlotVectorField$

$PlotVectorField[f, \{x, x0, x1, (xu)\}, \{y, y0, y1, (yu)\}, (options)]$

produces a vector field plot of the two − dimensional vector function f.

More...

여기선 벡터장이$(1, Exp[-x] - 2y)$인 그래프를 살펴보겠다.

기본적으로 좌표축을 그리고 구간을 $-\frac{1}{2} < x < 1$ $-\frac{3}{4} < y < \frac{3}{4}$ 에서 알아보자.

In[3]:= $p1 = PlotVectorField\left[\{1, Exp[-x] - 2y\}, \left\{x, -\frac{1}{2}, 1\right\}, \left\{y, -\frac{3}{4}, \frac{3}{4}\right\},\right.$
$Axes \to Automatic, AxesOrigin \to \{0, 0\}]$

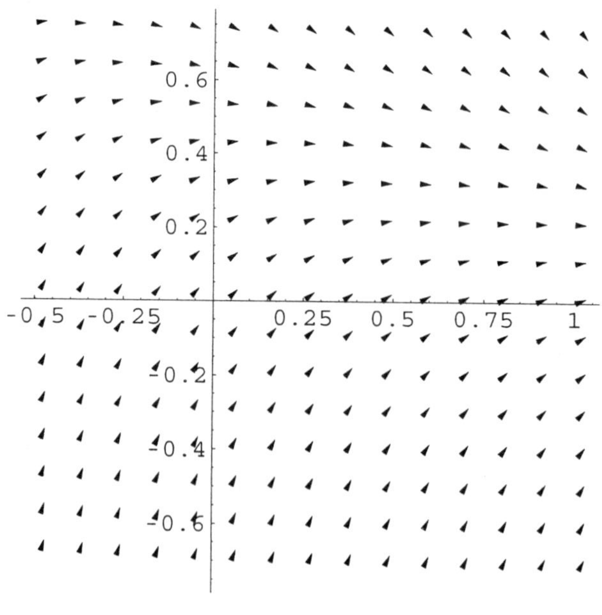

Out[3]:= $-Graphics-$

여기서 옵션으로 선을 좀 더 길게 $ScaleFunction \to (1\&)$을 사용하고 화살표를 없애기 위하여 $HeadLength \to 0$을 추가하면

In[4]:= $p1 = PlotVectorField\left[\{1, Exp[-x] - 2y\}, \left\{x, -\frac{1}{2}, 1\right\}, \left\{y, -\frac{3}{4}, \frac{3}{4}\right\},\right.$
$Axes \to Automatic, ScaleFunction \to (1\,\&), AxesOrigin \to \{0,0\},$
$HeadLength \to 0]$

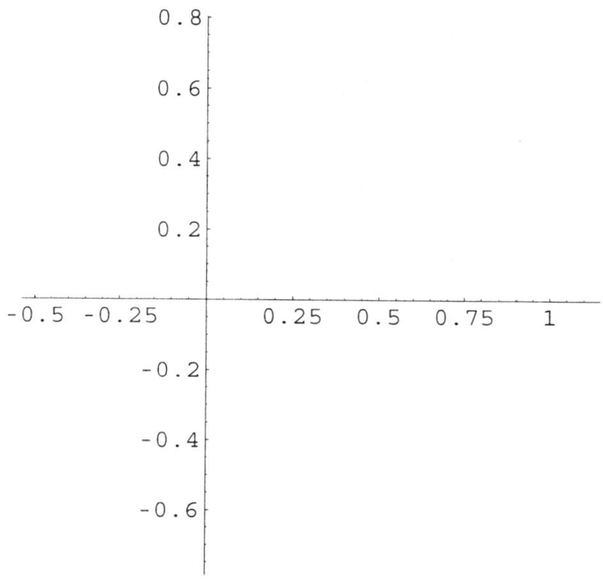

Out[4]:= $-Graphics-$

이제 미분방정식을 풀어서 본래의 그래프 형태를 알아보자.

In[5]:= $Clear[x, y, diffeq]$

$gensol = DSolve\,[y'[x]{=}{=}Exp[-x] - 2y[x], y[x], x]$

Out[5]:= $\{\{y[x] \to e^{-x} + e^{-2x}C[1]\}\}$

나온 결과가 $\{\{y[x] \to e^{-x} + e^{-2x}C[1]\}\}$와 같은데 이를 1번째 -1번째 -2번째인 함수 $e^{-x} + e^{-2x}C[1]$만 추출하자.

In[6]:= $gensol[[1, 1, 2]]$

Out[6]:= $e^{-x} + e^{-2x}C[1]$

보면 무수히 많은 함수들이 나오는데 이들 상수를 -2에서 2까지 0.5간격으로 정하여보면

In[7]:= $toplot = Table[(gensol[[1,1,2]])/.C[1] \to i, \{i, -2, 2, 0.5\}];$

이렇게 나온 출력값을 그려보자.

옵션으로는 상하 좌우 비율을 1:1로 나타내기 위하여 $AspectRatio \to 1$을 좌표축 라벨을 $AxesLabel \to \{x, y\}$로서 x와 y를 나타내었다.

다른 그래프의 진하기는 아래와 같이 표현하였다.

In[8]:= $p2 = Plot\left[Evaluate[toplot], \left\{x, -\frac{1}{2}, 1\right\}, PlotRange \to \left\{-\frac{3}{4}, \frac{3}{4}\right\},\right.$
$AspectRatio \to 1,\ AxesStyle \to GrayLevel[0.5],$
$PlotStyle \to GrayLevel[0.4], AxesLabel \to \{x, y\}]$

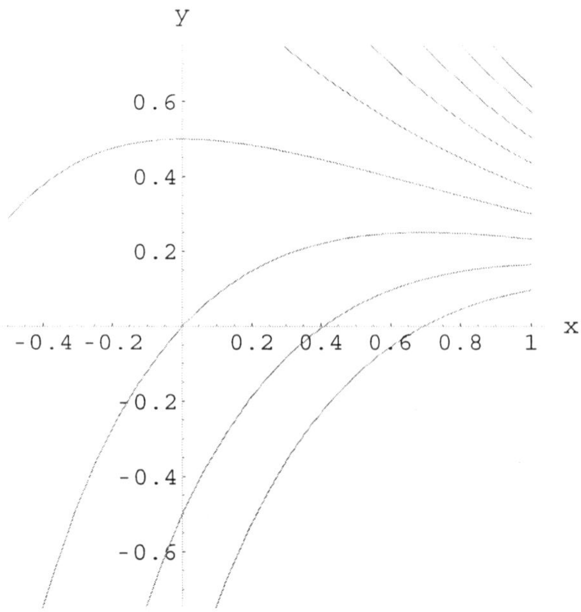

Out[8]:= $-Graphics-$

그럼 지금까지 그린 2종류의 그래프를 동시에 살펴보자.

In[9]:= $Show[p2, p1]$

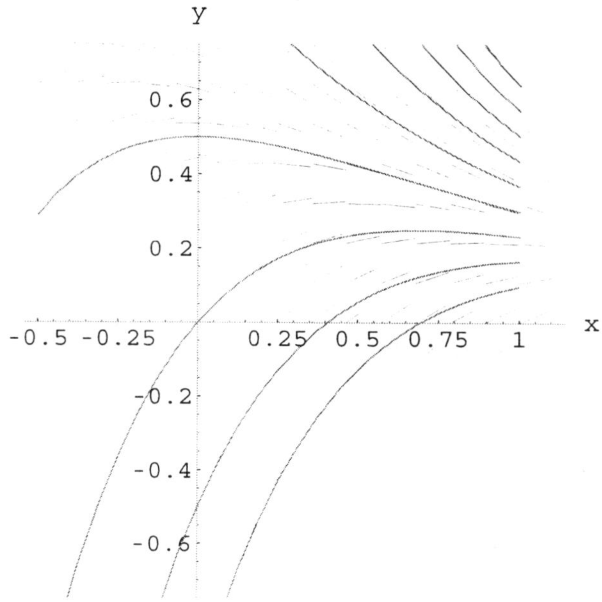

Out[9]:= $-Graphics-$

예 제 2. $\frac{dy}{dx} = \frac{\cos[y]-y\cos[x]}{x\sin[y]+\sin[x]-1}$의 그래프를 벡터장을 이용하여 나타내어보자.

[풀이] 우선 벡터장을 이용하기 위하여 패키지 << *Graphics'PlotField'*를 불러 왔다.

In[1]:= << "*Graphics'PlotField*"

역시 앞에서의 문제 형태와 비슷한 방법으로 알아보자.

추가된 것은 $Frame \rightarrow False$으로 틀을 없애고, 정밀도를 $PlotPoints->30$으로 맞추었다.

In[2]:= $p1 = PlotVectorField\left[\left\{1, \frac{\cos[y]-y\cos[x]}{x\sin[y]+\sin[x]-1}\right\}, \{x, 0, 4\pi\}, \{y, 0, 4\pi\},\right.$
$Frame \rightarrow False, Axes \rightarrow Automatic, AxesOrigin \rightarrow \{0, 0\},$
$AxesStyle \rightarrow GrayLevel[0.5],\ ScaleFunction \rightarrow (0.5\,\&),$
$PlotPoints \rightarrow 30, HeadLength \rightarrow 0]$

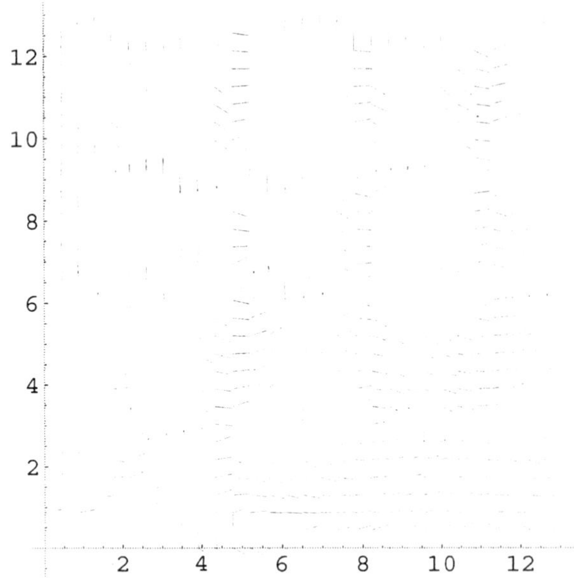

Out[2]:= $-Graphics-$

그럼 주어진 미분방정식의 (분모 = 분자)를 만족하는 미분방식을 살펴보자.

In[3]:= $Clear[x,y]$

$$gensol = DSolve[(x\sin[y[x]] + \sin[x] - 1)y'[x]$$
$$== \cos[y[x]] - y[x]\cos[x], y[x], x]$$

$Solve :: tdep :$

The equations appear to involve the variables to be solved for in an essentially non − algebraic way.

Out[3]:= $Solve[-x\cos[y[x]] - y[x] + \sin[x]y[x]==C[1], y[x]]$

이제 나온 결과의 그래프 유형을 알아보자.

우선 $y[x]$ 대신 y를 대입하여 구간 $\{0 < x < 4\pi\}, \{0 < y < 4\pi\}$ 에서 살펴보자.

In[4]:= $toplot = -x = \cos[y[x]] - y[x] + \sin[x]y[x]/.y[x] \to y$

Out[4]:= $-y - x\cos[y] + y\sin[x]$

그래프 유형은 하나의 $Contour$형식으로 내부를 지우기 위하여 $ContourShading \to False$를 주고, 정밀도는 $PlotPoints \to 150$로, 좌표축은 기본좌표방식으로 하였다. 또한 좌표축과 그래프 사이에 차이를 주기 위하여 각각 진하기를

$AxesStyle \to GrayLevel[0.5], ContourStyle \to GrayLevel[0.4]$와 같이 하였다.

In[5]:= $cp1 = ContourPlot[toplot, \{x, 0, 4\pi\}, \{y, 0, 4\pi\}, ContourShading \to False, Frame \to False, PlotPoints \to 150, Axes \to Automatic, AxesOrigin \to \{0, 0\}, AxesStyle \to GrayLevel[0.5], ContourStyle \to GrayLevel[0.4]]$

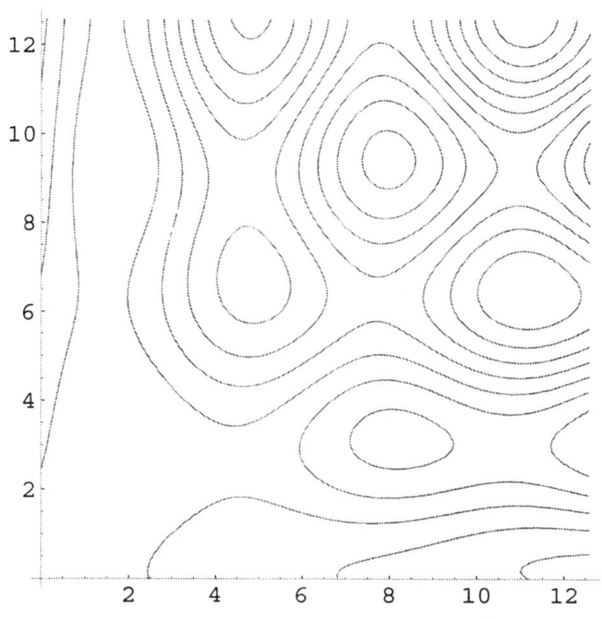

Out[5]:= $-ContourGraphics-$

그럼 나온 2종류의 방향벡터장과 본래의 그래프를 같이 나타내면 아래와 같다.

In[6]:= $Show[cp1, p1]$

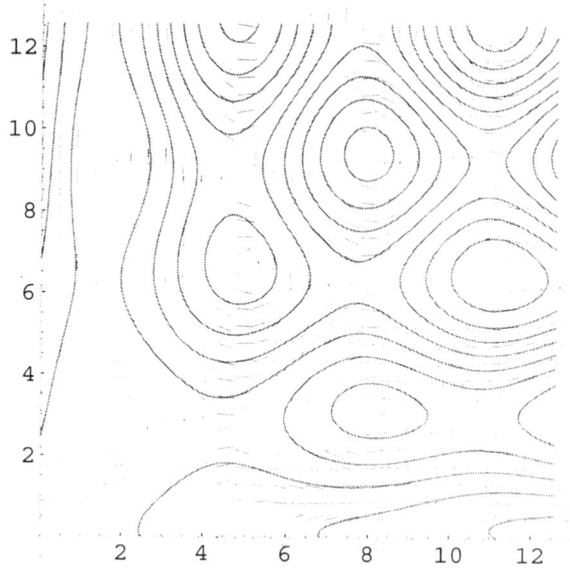

Out[6]:= $-Graphics-$

예 제 3. $\begin{pmatrix} \frac{dx}{dt} = x(a - b1x - b2y) \\ \frac{dy}{dt} = y(c - d1x - d2y) \end{pmatrix}$ 의 그래프를 벡터장을 이용하여 나타내어 보자.

[**풀이**] 상수는 별도로 2종류로 다르게 주어서 살펴보겠다.

우선 함수를 각각 정의하자.

In[1]:= $Clear[g, f, x, y]$

$f[x\_, y\_] = x(a - b1x - b2y);$

$g[x\_, y\_] = y(c - d1x - d2y);$

$a = 1; b1 = 2; b2 = 1; c = 1; d1 = 0.75;$

$d2 = 2;$

그리고 벡터장을 이용하기 위하여 패키지 $<< Graphics'PlotField'$를 불러왔다. 여기서도 앞에서와 마찬가지로 벡터장을 나타낼때 비슷한 형식을 사용하였다. 단지 기본적인 *basis*인 화살표 형식을 따라서 방향까지 알아보았다.

In[2]:= $<< Graphics'PlotField'$

$PlotVectorField[\{f[x, y], g[x, y]\}, \{x, 0, 1\}, \{y, 0, 1\}, Frame \rightarrow False,$

$Axes \rightarrow Automatic, AxesLabel \rightarrow \{x, y\}, AxesOrigin \rightarrow \{0, 0\},$

$AxesStyle \rightarrow GrayLevel[0.5], ScaleFunction \rightarrow (1\&)]$

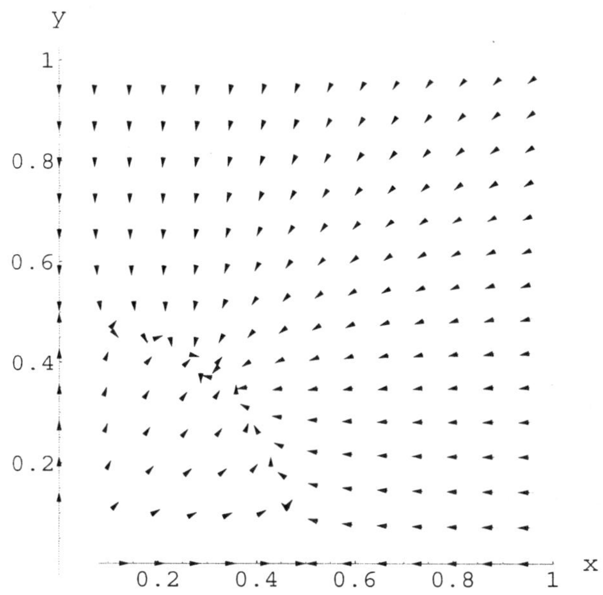

Out[2]:= $-Graphics-$

주어진 상수를 다르게 바꾸어서 살펴보자.

In[3]:= $a = 1; b1 = 1; b2 = 1; c = 0.67; d1 = 0.75; d2 = 1;$

In[4]:= $PlotVectorField[\{f[x, y], g[x, y]\}, \{x, 0, 1\}, \{y, 0, 1\},$

$Frame \rightarrow False, Axes \rightarrow Automatic, AxesLabel \rightarrow \{x, y\},$

$AxesOrigin \rightarrow \{0, 0\}, AxesStyle \rightarrow GrayLevel[0.5],$

$ScaleFunction \rightarrow (1\&)]$

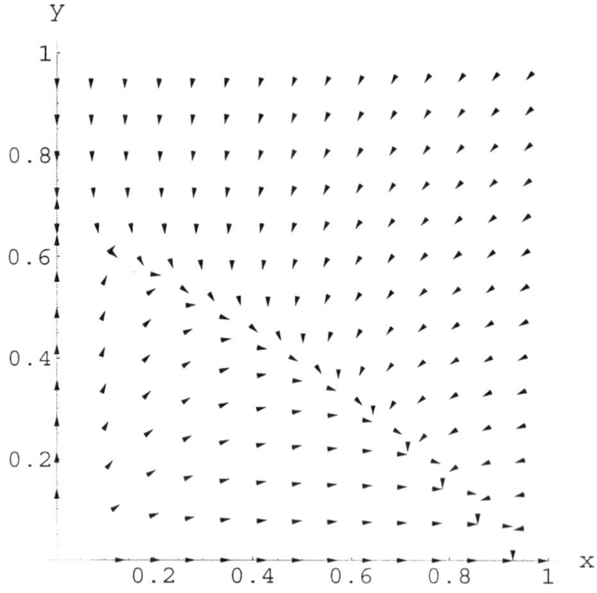

Out[4]:= $-Graphics-$

예 제 **4.** 좀 더 다양한 형태를 알아보자.

[**풀이**] *Rayleigh's equation* $\left(x'' + \left(1/3\,(x')^\wedge 2 - 1\right)x' + x = 0\right)$의 벡터장을 알아보자.

우선 주어진 미분방정식을 *Plot*벡터장에서 사용가능하게 입력하기 위하여 변수를 다르게 입력 할 것이다. $y = x'$로 바꿔보자.

그럼 $y' = x'' = -\,(1/3\,(x')\,^\wedge 2 - 1)\,x' - x = -(1/3y^\wedge 2 - 1)y - x$로 바꿀 수 있다.

이제 벡터장 $(x', x'') = (y, -(1/3y^\wedge 2 - 1)y - x)$를 살펴보자.

벡터장을 이용하기 위하여 패키지 $<<$ *Graphics'PlotField'*를 불러왔다.

여기서 이 패키지는 프로그램 실행할 때 한번만 실행하면 매번 불러올 필요 없이 프로그램을 닫을때까지 작용하게 된다.

명령어 옵션은 앞의 방법과 비슷한 방법을 따르겠다.

In[1]:= $<<$ *Graphics'PlotField'*

$pvf = PlotVectorField[\{y, -(1/3y^\wedge 2 - 1)y - x\}, \{x, -4, 4\}, \{y, -4, 4\},$

$Frame{\rightarrow}False, Axes{\rightarrow}Automatic, AxesOrigin{\rightarrow}\{0,0\},$

$ScaleFunction{\rightarrow}(1\&), PlotPoints{\rightarrow}25]$

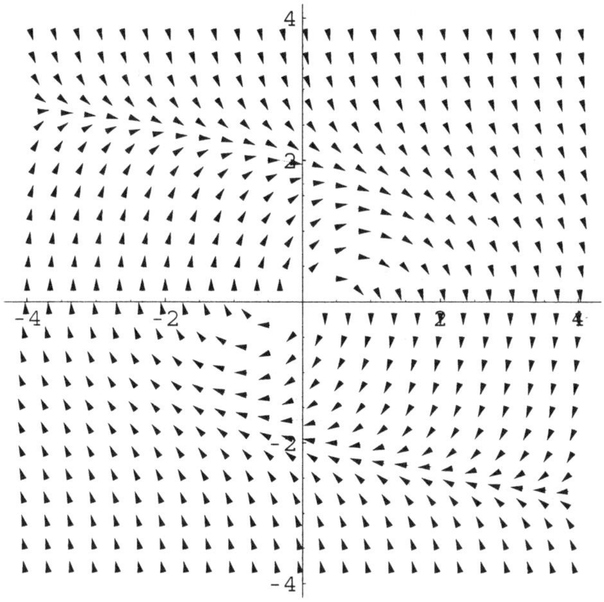

Out[1]:= $-Graphics-$

이제 이 미분방정식을 4종류의 정수화 형태로 구하여 본래의 그래프 형태를 알아보자.

In[2]:= $numsol1 =$

$NDSolve[\{x'[t]{=}{=}y[t], y'[t]{=}{=}-(1/3y[t]\hat{}2-1)y[t]-x[t], x[0]{=}{=}1,$

$y[0]{=}{=}0\}, \{x[t], y[t]\}, \{t, 0, 15\}]$

Out[2]:= $\{\{x[t] \rightarrow InterpolatingFunction[\{\{0., 15.\}\}, <>][t],$

$y[t] \rightarrow InterpolatingFunction[\{\{0., 15.\}\}, <>][t]\}\}$

In[3]:= $numsol2 =$

$NDSolve[\{x'[t]{=}{=}y[t], y'[t]{=}{=}-(1/3y[t]\hat{}2-1)y[t]-x[t], x[0]{=}{=}0.1,$

$y[0]{=}{=}0\}, \{x[t], y[t]\}, \{t, 0, 15\}]$

Out[3]:= $\{\{x[t] \rightarrow InterpolatingFunction[\{\{0., 15.\}\}, <>][t],$

$y[t] \rightarrow InterpolatingFunction[\{\{0., 15.\}\}, <>][t]\}\}$

In[4]:= $numsol3 =$

$NDSolve[\{x'[t]{=}{=}y[t], y'[t]{=}{=} -(1/3y[t]\hat{}2-1)y[t]-x[t], x[0]{=}{=}0,$
$y[0]{=}{=}1.9\}, \{x[t], y[t]\}, \{t, 0, 15\}]$

Out[4]:= $\{\{x[t] \rightarrow InterpolatingFunction[\{\{0., 15.\}\}, <>][t],$
$y[t] \rightarrow InterpolatingFunction[\{\{0., 15.\}\}, <>][t]\}\}$

In[5]:= $numsol4 =$
$NDSolve[\{x'[t]{=}{=}y[t], y'[t]{=}{=} -(1/3y[t]\hat{}2-1)y[t]-x[t], x[0]{=}{=}-4,$
$y[0]{=}{=}4\}, \{x[t], y[t]\}, \{t, 0, 15\}]$

Out[5]:= $\{\{x[t] \rightarrow InterpolatingFunction[\{\{0., 15.\}\}, <>][t],$
$y[t] \rightarrow InterpolatingFunction[\{\{0., 15.\}\}, <>][t]\}\}$

위에서 구한 4종류의 형태를 그래프 구현을 위하여 *ParametricPlot*명령어를 사용하였다. 옵션으로는 주어진 값이 4종류로 변수가 작용하므로 각각 *compiled*할 수 없기에 $Compiled \rightarrow False$을 사용, 각각의 곡선의 스타일을 진하기를 변화시켜서 합쳐진 형태를 살펴보고자 $PlotStyle \rightarrow \{\{GrayLevel[.5], Thickness[0.01]\}\}$를 사용하였다.

In[6]:= $parplot = ParametricPlot[Evaluate[\{x[t], y[t]\}/.$
$\{numsol1, numsol2, numsol3, numsol4\}], \{t, 0, 15\}, Compiled \rightarrow False,$
$PlotStyle \rightarrow \{\{GrayLevel[.5], Thickness[0.01]\}\}]$

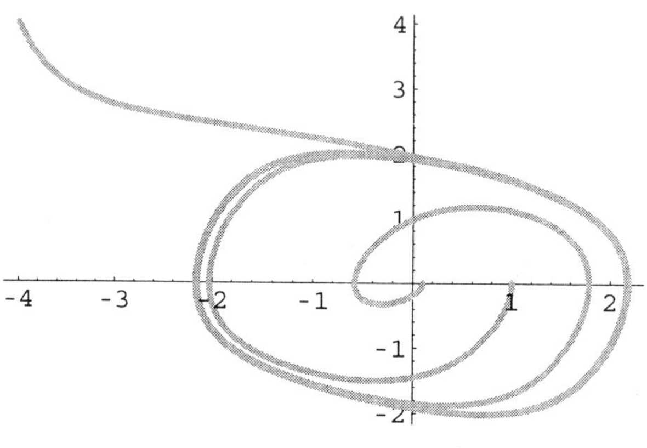

Out[6]:= $-Graphics-$

이제 벡터장과 본래의 함수의 그래프를 동시에 살펴보자.

In[7]:= $Show[pvf, parplot]$

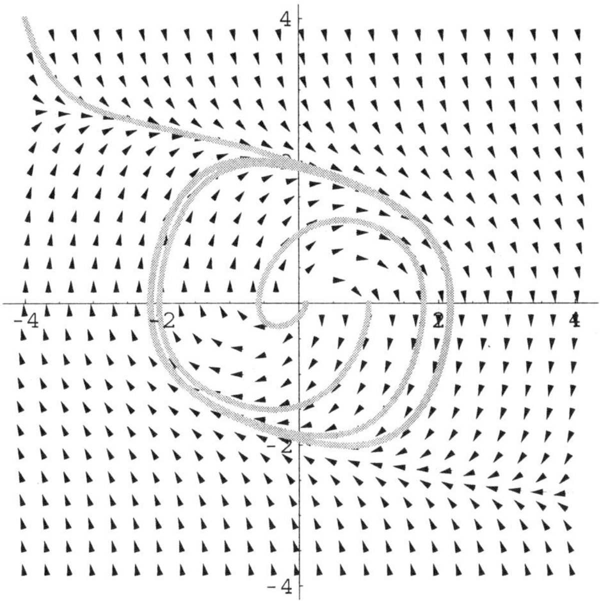

Out[7]:= $-Graphics-$

0.4 동차 미분방정식

예 제 **1.** 2차 동차 미분방정식 $\left(x^2 - y^2\right) dx + (xy)dy = 0$을 풀자.

[**풀이**] 주어진 미분방정식은 $DSolve$명령어를 사용하기 위하여 약간의 변화를 주면 $\left(x^2 - y^2\right) dx + (xy)dy = 0 \Longleftrightarrow \left(x^2 - y^2\right) + (xy)\frac{dy}{dx} = 0$

$\Longleftrightarrow x^2 - y[x]^2 + xy[x]y'[x] = 0$형태가 된다.

이제 $DSolve$를 사용하여 보자.

In[1]:= $gensol = DSolve\left[x^2 - y[x]^2 + xy[x]y'[x]{=}{=}0, y[x], x\right]$

Out[1]:= $\left\{\left\{y[x] \to -\sqrt{x^2C[1] - 2x^2Log[x]}\right\}, \left\{y[x] \to \sqrt{x^2C[1] - 2x^2Log[x]}\right\}\right\}$

이 결과는 이 미분방정식의 일반해가 $y^2 = x^2(C - 2\ln|x|)$라는 것을 뜻한다. 이제 몇가지 상수C값에 대하여 음함수로 표시된 이 일반해의 그래프를 그려보자.

In[2]:= $f = Solve\left[y^2{=}{=}gensol[[1,1,2]]^2, C[1]\right]$

Out[2]:= $\left\{\left\{C[1] \to -\frac{-y^2-2x^2 Log[x]}{x^2}\right\}\right\}$

여기서 함수만 선택하여 보자.

In[3]:= $f[[1,1,2]]$

Out[3]:= $-\frac{-y^2-2x^2 Log[x]}{x^2}$

우선 몇 가지 $C[1]$의 값을 정하여 보자.

In[4]:= $contourvals = Table[(f[[1,1,2]])\ /.\ \{x \to i, y \to 0\},\ \{i,1,10\}]$

Out[4]:= $\{0, 2Log[2], 2Log[3], 2Log[4], 2Log[5], 2Log[6], 2Log[7], 2Log[8],$
$2Log[9], 2Log[10]\}$

이렇게 나온 결과에 대한 *ContourPlot* 그래프를 살펴보자. 옵션으로 $Contours \to contourvals$로서 위에서 나온 상수 값을 사용하였다.

In[5]:= $ContourPlot[f[[1,1,2]], \{x, 0.01, 10\}, \{y, -7, 7\},$
$PlotPoints \to 150, Frame \to False, Contours \to contourvals,$
$Axes \to Automatic, AxesOrigin \to \{0,0\}, ContourShading \to False]$

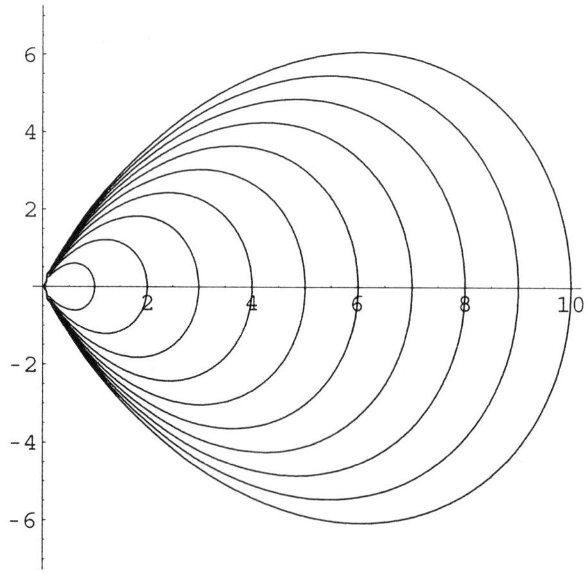

Out[5]:= $-ContourGraphics-$

예 제 2. 미분방정식 $\left(x^{1/3}y^{2/3} + x\right)dx + \left(x^{2/3}y^{1/3} + y\right)dy = 0$을 풀자.

[**풀이**] 우선 $M(x,y) = x^{1/3}y^{2/3} + x$와 $N(x,y) = x^{2/3}y^{1/3} + y$라 하고 이를 정의하여 보자.

In[1]:= $Clear[capm, capn]$

$capm[x\_, y\_] = x^{1/3}y^{2/3} + x;$

$capn[x\_, y\_] = x^{2/3}y^{1/3} + y;$

이제 $M(tx,ty)$와 $N(tx,ty)$를 계산하고 인수분해하여, 이 방정식이 일차의 동차 방정식이라는 것을 확인하기 위하여 $PowerExpand$와 $Factor$를 사용하자.

In[2]:= $Factor[PowerExpand[capm[tx, ty]]]$

Out[2]:= $tx^{1/3}\left(x^{2/3} + y^{2/3}\right)$

In[3]:= $Factor[PowerExpand[capn[tx, ty]]]$

Out[3]:= $t\left(x^{2/3} + y^{2/3}\right)y^{1/3}$

다음으로 $x = vy$로 치환하자.

In[4]:= $x = vy$

Out[4]:= vy

In[5]:= $Dt[x]$

Out[4]:= $yDt[v] + vDt[y]$

여기서 $Dt[x]$는 dx, $Dt[v]$는 dv, $Dt[y]$는 dy를 뜻한다. 이제 주어진 미분방정식의 좌변을 $x = vy$로 바꾸어서 나타내어 보자.

In[5]:= $step1 = PowerExpand[capm[x, y]Dt[x] + capn[x, y]Dt[y]]$

Out[5]:= $\left(y + v^{2/3}y\right)Dt[y] + \left(v^{1/3}y + vy\right)\left(yDt[v] + vDt[y]\right)$

위 결과를 $Dt[v], Dt[y]$에 관하여 정렬하면

In[6]:= $step2 = Collect[step1, \{Dt[v], Dt[y]\}]$

Out[6]:= $y\left(v^{1/3}y + vy\right)Dt[v] + \left(y + v^{2/3}y + v\left(v^{1/3}y + vy\right)\right)Dt[y]$

나온 결과의 $Dt[y]$ 계수파트를 $\frac{1}{y}$, 즉 $Dt[y]$를 끌어내기 위하여 현재 $Dt[y]$의 계수인 $\left(y + v^{2/3}y + v\left(v^{1/3}y + vy\right)\right)$에 y를 곱한 $\left(y + v^{2/3}y + v\left(v^{1/3}y + vy\right)\right)y$로 $step2$를 나누어 간단히 정리하여 보자.

In[7]:= $step3 = Simplify\left[\frac{step2}{\left(y+v^{2/3}y+v\left(v^{1/3}y+vy\right)\right)y}\right]$

Out[7]:= $\frac{v^{1/3}yDt[v]+Dt[y]+v^{4/3}Dt[y]}{y+v^{4/3}y}$

그런데 $Dt[v], Dt[y]$이 분수로 한데 뭉쳐있다. 이를 부분분수 형태로 분해하기 위하여 $Apart$ 명령어를 사용하자.

In[8]:= $step4 = Apart[step3]$

Out[8]:= $\frac{v^{1/3}Dt[v]}{1+v^{4/3}} + \frac{Dt[y]}{y}$

이렇게 나온 $step4$는 미분방정식 $\frac{v^{1/3}}{1+v^{4/3}}dv + \frac{1}{y}dy = 0$의 좌변을 나타낸다. 이 식은 $\frac{1}{y}dy = -\frac{v^{1/3}}{1+v^{4/3}}dv$로 변형할 수 있어며, 이제 양변을 적분하여 각각을 $leftside$와 $rightside$라고 하자.

In[9]:= $leftside = \int \frac{1}{y}\,dy$

Out[9]:= $Log[y]$

In[10]:= $rightside = -\int \frac{v^{1/3}}{1+v^{4/3}}\,dv$

Out[10]:= $-\frac{3}{4}Log\left[1 + v^{4/3}\right]$

마지막으로 이 두 적분을 결합하여 미붕방정식의 일반해를 만들어 낼 수 있다.

In[11]:= $step5 = leftside{=}{=}rightside + c$

Out[11]:= $Log[y]{=}{=}c - \frac{3}{4}Log\left[1 + v^{4/3}\right]$

최종적으로 $x = vy$라고 치환하였으므로, 다시 $v = \frac{x}{y}$를 대입하여 보자.

In[12]:= $Clear[x, v, y]$

$gensol2 = step5/.v \to \frac{x}{y}$

Out[12]:= $Log[y]{=}{=}c - \frac{3}{4}Log\left[1 + \left(\frac{x}{y}\right)^{4/3}\right]$

이로서 미분방정식을 풀었다.

그럼 이것을 $DSolve$를 사용하여 풀어보자.

In[13]:= $gensol = DSolve\left[x^{1/3}y[x]^{2/3} + x + \left(x^{2/3}y[x]^{1/3} + y[x]\right)y'[x]{=}{=}0, y[x], x\right]$

Out[13]:= $\{\{y[x] \to -ix\}, \{y[x] \to ix\},$

$$\left\{y[x] \to -\frac{\left(-27x^4+108x^{8/3}C[1]-144x^{4/3}C[1]^2+64C[1]^3\right)^{1/4}}{3^{3/4}}\right\},$$

$$\left\{y[x] \to -\frac{i\left(-27x^4+108x^{8/3}C[1]-144x^{4/3}C[1]^2+64C[1]^3\right)^{1/4}}{3^{3/4}}\right\},$$

$$\left\{y[x] \to \frac{i\left(-27x^4+108x^{8/3}C[1]-144x^{4/3}C[1]^2+64C[1]^3\right)^{1/4}}{3^{3/4}}\right\},$$

$$\left\{y[x] \to \frac{\left(-27x^4+108x^{8/3}C[1]-144x^{4/3}C[1]^2+64C[1]^3\right)^{1/4}}{3^{3/4}}\right\}\}$$

나온 결과에서 우리가 원하는 일반해는 3번째 -1번째 -2번째이므로 이를 선택하면,

In[14]:= $gensol[[3,1,2]]$

Out[14]:= $-\frac{\left(-27x^4+108x^{8/3}C[1]-144x^{4/3}C[1]^2+64C[1]^3\right)^{1/4}}{3^{3/4}}$

이것을 그래프로 표현하는데 문제가 있다. 바로 근호안은 항상 음수가 되면 안되는 것이다.

그러므로 이를 좀 변형시켜보자.

$y=-\frac{\left(-27x^4+108x^{8/3}C[1]-144x^{4/3}C[1]^2+64C[1]^3\right)^{1/4}}{3^{3/4}}$

$\Longleftrightarrow y^4{=}{=}\frac{1}{27}\left(-27x^4+108x^{8/3}C[1]-144x^{4/3}C[1]^2+64C[1]^3\right)$

이렇게 변형된 것을 A라 정의하고 음함수의 그래프를 그리는 $ImplicitPlot$명령어를 사용할 것이다.

In[15]:= $A=y\hat{}4{=}{=}gensol[[3,1,2]]\hat{}4$

Out[15]:= $y^4{=}{=}\frac{1}{27}\left(-27x^4+108x^{8/3}C[1]-144x^{4/3}C[1]^2+64C[1]^3\right)$

이제 나온 상수 $C[1]$ 값에 따른 그래프를 살펴보자.

In[16]:= $toplot=Table[A/.C[1]\to i,\{i,0,9\}]$

Out[16]:= $\{y^4{=}{=}-x^4, y^4{=}{=}\frac{1}{27}\left(64-144x^{4/3}+108x^{8/3}-27x^4\right),$
$y^4{=}{=}\frac{1}{27}\left(512-576x^{4/3}+216x^{8/3}-27x^4\right),$
$y^4{=}{=}\frac{1}{27}\left(1728-1296x^{4/3}+324x^{8/3}-27x^4\right),$
$y^4{=}{=}\frac{1}{27}\left(4096-2304x^{4/3}+432x^{8/3}-27x^4\right),$
$y^4{=}{=}\frac{1}{27}\left(8000-3600x^{4/3}+540x^{8/3}-27x^4\right),$
$y^4{=}{=}\frac{1}{27}\left(13824-5184x^{4/3}+648x^{8/3}-27x^4\right),$
$y^4{=}{=}\frac{1}{27}\left(21952-7056x^{4/3}+756x^{8/3}-27x^4\right),$
$y^4{=}{=}\frac{1}{27}\left(32768-9216x^{4/3}+864x^{8/3}-27x^4\right),$
$y^4{=}{=}\frac{1}{27}\left(46656-11664x^{4/3}+972x^{8/3}-27x^4\right)\}$

이렇게 나온 결과를 그리기 위하여 음함수를 그리는 명령어를 사용 할 것이다.

음함수를 그릴때는 우선

$<<Algebra'Master'$

$<<$ *Graphics'Master'*

를 줄 바꾸어 써서 (*Package*명령어를 쓴다)*Package*를 불러 온 후에 *ImplicitPlot* [함수, 변수 x의 범위]를 하면 된다.

In[17]:= $<<$ *Algebra'Master'*

In[18]:= $<<$ *Graphics'Master'*

In[19]:= $ImplicitPlot[Evaluate[toplot], \{x, 0, 7\}, PlotRange \rightarrow \{0, 7\}]$

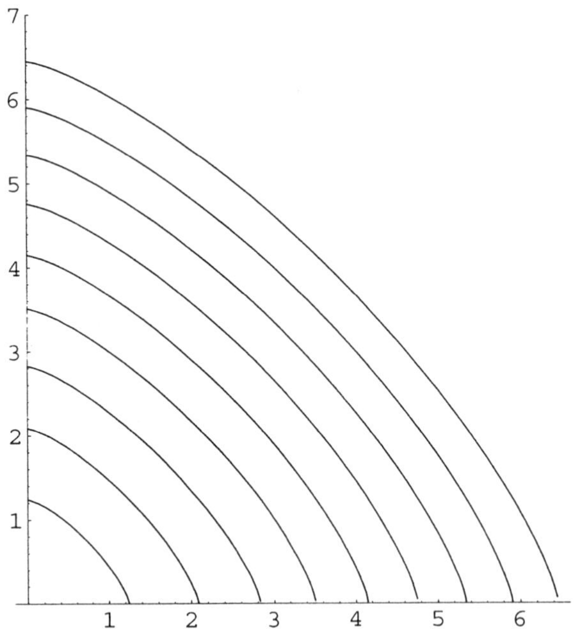

Out[19]:= *−Graphics−*

예 제 3. 초기값 문제 $(x^2 - 4y^2)\,dx + (2xy)dy = 0, y(1) = 1$을 구하여 보자.

[**풀이**] 이 문제 역시 *DSolve* 명령어를 이용하면 쉽게 풀린다.

In[1]:= $partsol = DSolve\left[\{x^2 - 4y[x]^2 + 2xy[x]y'[x]{=}{=}0, y[1]{=}{=}1\}, y[x], x\right]$

DSolve :: bvnul :

For some branches of the general solution, the given boundary conditions lead to an empty solution.

Solve :: ifun :

Inverse functions are being used by Solve, so some solutions may not be found.

Out[1]:= $\left\{\left\{y[x] \to \sqrt{\frac{x^2}{2} + \frac{x^4}{2}}\right\}\right\}$

나온 $y[x]$ 값의 그래프를 살펴보자.

In[2]:= $Plot[y[x]/.partsol, x, -4, 4]$

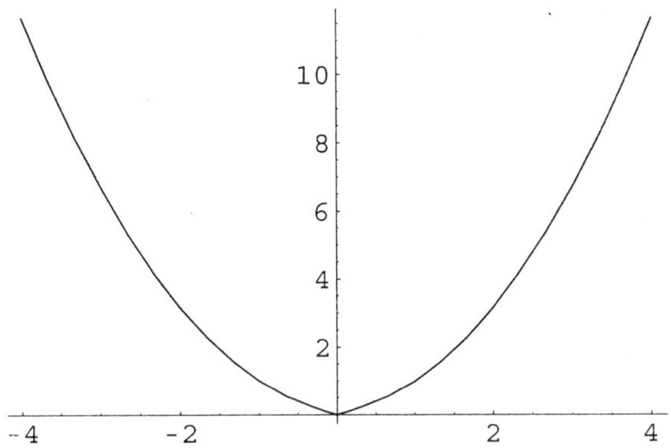

Out[2]:= $-Graphics-$

예 제 4. 미분하기

$y(x) = e^{-x}x$ 를 미분하여라.

[풀이] In[1]:= $y[x\_] = xExp[-x]$

Out[1]:= $e^{-x}x$

In[2]:= $dy = y'[x]$

Out[2]:= $e^{-x} - e^{-x}x$

In[3]:= $d2y = y''[x]$

Out[3]:= $-2e^{-x} + e^{-x}x$

In[4]:= $d3y = y'''[x]$

Out[4]:= $3e^{-x} - e^{-x}x$

예 제 5. 미분방정식 $y'[x] = \sin[x^2], y[0] = 0$을 구하여라.

[풀이] In[1]:= $exactsol = DSolve[\{y'[x] == \sin[x^2], y[0] == 0\}, y[x], x]$

$Out[1] := \left\{\left\{y[x] \to \sqrt{\frac{\pi}{2}} FresnelS\left[\sqrt{\frac{2}{\pi}} x\right]\right\}\right\}$

나온 결과에서 보면 $FresnelS$이 나오는데 이를 살펴보면

In[2]:= $?FresnelS$

Out[2]:= $FresnelS[z]$ *gives the* $Fresnel$ *integral* $S(z)$. $FresnelS[z]$ *is given by* $\int_0^z \sin\left(\pi t^2/2\right) dt$..*More*...

이제 나온 결과를 초기값을 주어서 정수화하여($NDSolve$)를 살펴보자.

In[3]:= $numsol = NDSolve\left[\{y'[x]==Sin\left[x^2\right], y[0]==0\}, y[x], \{x, 0, 10\}\right]$

Out[3]:= $\{\{y[x] \to InterpolatingFunction[\{\{0., 10.\}\}, <>][x]\}\}$

위에서 나온 결과에 $x \to 5$를 대입하여보자.

In[4]:= $numsol \ /. \ x \to 5$

Out[4]:= $\{\{y[5] \to 0.527922\}\}$

예 제 **6.** 미분방정식 $\frac{dy}{dx} = \frac{2\sqrt{y}-2y}{x}$을 구하여라.

[풀이] 주어진 미분방정식은 다음과 같은 형태로 쓸 수 있으며 변수 분리형이다.
$\frac{dy}{2\sqrt{y}-2y} = \frac{dx}{x}$로서 양변을 적분하자.

우선 좌변을 적분하면

In[1]:= $\int \frac{1}{2\sqrt{y}-2y} dy$

Out[1]:= $\frac{2\left(-1+\sqrt{y}\right)\sqrt{y} Log\left[-1+\sqrt{y}\right]}{2\sqrt{y}-2y}$

이를 간단히 정리하면

In[2]:= $Simplify\left[\frac{2\left(-1+\sqrt{y}\right)\sqrt{y} Log\left[-1+\sqrt{y}\right]}{2\sqrt{y}-2y}\right]$

Out[2]:= $-Log\left[-1 + \sqrt{y}\right]$

이제 우변을 적분하면

In[3]:= $\int \frac{1}{x} dx$

Out[3]:= $Log[x]$

이제 양변의 적분에서 나온 결과를 풀자.

여기서 적분상수를 $cons$로 하였다.

우선 x를 구하여 보자.

In[4]:= $Solve\left[-Log\left[-1+\sqrt{y}\right]==Log[x]+cons, x\right]//Simplify$

Out[4]:= $\left\{\left\{x \to \frac{e^{-cons}}{-1+\sqrt{y}}\right\}\right\}$

이제 y를 구하여 보자.

In[5]:= $Solve\left[-Log\left[-1+\sqrt{y}\right]==Log[x]+cons, y\right]//Simplify$

Out[5]:= $\left\{\left\{y \to \frac{e^{-2cons}(1+e^{cons}x)^2}{x^2}\right\}\right\}$

그럼 주어진 문제를 직접 $DSolve$를 이용하여 풀어보자.

In[6]:= $Clear[x, y]$

$gensol = DSolve\left[y'[x]==\frac{2\sqrt{y[x]}-2y[x]}{x}, y[x], x\right]$

Out[6]:= $\left\{\left\{y[x] \to \frac{\left(e^{\frac{C[1]}{2}}+x\right)^2}{x^2}\right\}\right\}$

In[7]:= $Expand\left[\left(e^{\frac{C[1]}{2}}+x\right)^2\right]$

Out[7]:= $e^{C[1]}+2e^{\frac{C[1]}{2}}x+x^2$

In[8]:= $Expand\left[e^{-2cons}\left(1+e^{cons}x\right)^2\right]$

Out[8]:= $e^{-2cons}+2e^{-cons}x+x^2$

예 제 7. 초기값문제

-완전미분방정식$(2x\sin[y])dx+\left(x^2\cos[y]-1\right)dy=0,\ \ y[0]=\frac{1}{2}$을 구하여라.

[**풀이**] $DSolve$를 이용하여 구하면

In[1]:= $Clear[x, y]$

$partsol = DSolve\left[\left\{2xSin[y[x]]+\left(x^2Cos[y[x]]-1\right)y'[x]==0\right\}, y[x], x\right]$

$Solve :: tdep :$

$Theequationsappeartoinvolvethevariablestobesolvedforinanessentially$

$non-algebraicway.$

Out[1]:= $Solve\left[x^2Sin[y[x]] - y[x]{=}{=}C[1], y[x]\right]$

여기서 상수 $C[1]$의 값을 구하면

In[2]:= $Solve\left[x^2 \sin[y[x]] - y[x] == C[1]/. \{x \to 0, y[x] \to 1/2\}, C[1]\right]$

Out[2]:= $\{\{C[1] \to -\frac{1}{2}\}\}$

예 제 **8.** 초기값문제 $\frac{dy}{dx} + 5x^4y = x^4$, $\{y(0) = -7\}$

주어진 미분방정식을 $DSolve$명령어를 이용하여 일반해와 초기조건을 만족하는 특수해를 구하여보자.

[**풀이**] In[1]:= $Clear[x, y]$

$gensol = DSolve\left[y'[x] + 5x^4y[x]{=}{=}x^4, y[x], x\right]$

Out[2]:= $\left\{\left\{y[x] \to \frac{1}{5} + e^{-x^5}C[1]\right\}\right\}$

In[2]:= $partsol = DSolve\left[\left\{y'[x] + 5x^4y[x]{=}{=}x^4, y[0]{=}{=}-7\right\}, y[x], x\right]$

Out[2]:= $\left\{\left\{y[x] \to \frac{1}{5}e^{-x^5}\left(-36 + e^{x^5}\right)\right\}\right\}$

초기값 문제의 해 $partsol$을 $Plot$명령어로 그래프를 살펴보면 아래와 같이 나타난다.

In[3]:= $Plot[y[x] \ /. \ partsol, \ \{x, -1, 2\}]$

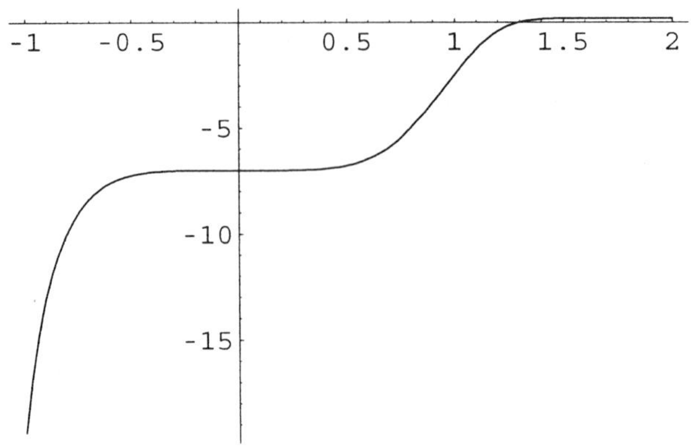

Out[3]:= $-Graphics-$

물론 선형 미분방정식을 푸는 각 단계마다 *Mathematica*를 사용하여 다음과 같이 풀 수 있다.

적분인자$e^{\int 5x^4 dx}$를 $intfac$라 하자.

In[4]:= $intfac = Exp\left[\int 5x^4 dx\right]$

Out[4]:= e^{x^5}

따라서 주어진 방정식의 양변에 적분인자를 곱하면 $e^{x^5}\frac{dy}{dx} + e^{x^5}\left(5x^4 y\right) = e^{x^5}x^4$이다.

한편$\frac{d}{dx}\left(e^{x^5}y\right) = e^{x^5}\frac{dy}{dx} + e^{x^5}\left(5x^4 y\right)$이므로

주어진 방정식은 $\frac{d}{dx}\left(e^{x^5}y\right) = e^{x^5}x^4$으로 바꿀 수 있다.

이제 우변을 적분하여 $rightside$라고 하자.

In[5]:= $rightside = \int intfac\ x^4 dx$

Out[5]:= $\frac{e^{x^5}}{5}$

이제 $Solve$명령어로 일반해를 y에 관하여 풀자. 여기서 c는 적분상수이다.

In[6]:= $step1 = Solve\left[Exp\left[x^5\right] y == rightside + c, y\right]$

Out[6]:= $\left\{\left\{y \to e^{-x^5}\left(c + \frac{e^{x^5}}{5}\right)\right\}\right\}$

다음으로 주어진 초기조건에따라 위에서 구한$step1$의 함수파트 $\left\{e^{-x^5}\left(c + \frac{e^{x^5}}{5}\right)\right\}$에 $\{x \to 0\}$을 대입하여 상수 c의 값을 구하자.

In[7]:= $findc = Solve[step1[[1, 1, 2]] == -7\ /.\ x \to 0]$

Out[7]:= $\left\{\left\{c \to -\frac{36}{5}\right\}\right\}$

이제 나온 상수 c의 값을 $step1[[1, 1, 2]]$에 대입하여 특수해를 구하자.

In[8]:= $step1[[1, 1, 2]]\ /.\ findc[[1]]$

Out[8]:= $e^{-x^5}\left(-\frac{36}{5} + \frac{e^{x^5}}{5}\right)$

제 II 편

행렬 및 벡터해석학

제 5 장

벡터공간과 선형함수

이 장에서는 벡터공간과 그 공간에서 정의된 선형함수를 소개한다. 벡터공간은 기저에 의하여 형성되고 기저는 그 공간의 차원을 결정한다. 그리고 기저의 선택에 따라 공간에 속하는 벡터와 도형의 표현이 달라지므로 기저를 잘 선택하는 것은 매우 중요하다. 벡터공간으로 표현되는 자연계에서 일어나는 여러 가지 변환은 크게 두 가지로 선형과 비선형으로 나눌 수 있다. 이 변환은 함수로 표현되고 그 함수의 원상과 함수값은 변환의 원인과 결과에 대한 정보를 가지고 있다.

5.1 벡터공간과 기저 차원

면적이나 길이, 질량과 같은 물리적 양(quantity)은 주어진 양의 크기 (magnitude)인 실수로 표시할 수 있다. 실수 $\mathbb{R}$나 복소수(complex number) $\mathbb{C}$를 **체**(field)라 하고, 흔히 **스칼라**(scalar)라고 한다. 길이나 질량과는 다른 속도나 가속도는 힘의 크기와 방향을 가지고 있다. 이러한 양을 **벡터**(vector)라 한다. 벡터는 기하학적으로 선분(line segment)이나 화살(arrow), $\rightarrow$로 표시한다. 화살의 $\rightarrow$ 표는 벡터의 방향을 나타내고 화살의 길이는 벡터의 크기가 된다. 화살의 시작점인 P를 **시점**(initial point), 끝나는 점인 Q를 **종점**(terminal point)이라 한다. 이러한 벡터를 $\overrightarrow{PQ}$, 또는 간단히 진한 글씨(boldface type)인 문자 $\mathbf{a}$, $\mathbf{b}$, $\mathbf{u}$, $\mathbf{v}$, $\cdots$ 등으로 나타낸다.

$$\mathbf{v} = \overrightarrow{PQ}$$

벡터 $\mathbf{u}$의 크기 또는 길이(length)를 $\|\mathbf{u}\|$으로 나타낸다. 종점과 시점이 일치하는 특수한 벡터를 **영벡터**(zero)라 하고, $\mathbf{0}$으로 표시한다. 스칼라인 수 0과 벡터 $\mathbf{0}$는 다르다. 또한 길이가 1인 벡터를 **단위벡터**(unit vector)라 하고 $\mathbf{e}$로 나타낸다.

우리가 생활하는 자연계를 3차원공간이라고 부르고 좌표를 사용하여 (x, y, z)라고 표현한다. 그러나 물체의 위치뿐만 아니라 그 물체가 특정한 위치에서 시간을 지정하려면 4개의 좌표(x, y, z, t)가 필요하다. 이와같은 어떤 계(system)내의 입자를 표현 하기 위해 좌표가 필요한데 이를 자연스럽게 정리해 주는것이 R^n, 즉 n개의 좌표를 갖는 점들의 집합이다. R^1은 실수들로 구성되어 있고 R^2는 실수의 순서쌍(x, y) 들로 구성되어 있다. 이러한 모든 순서쌍은 평면위의 점들과 일대일 대응을 이룬다. 또한 이 점 P 들은 원점 O 를 시점으로 하고 이 점P 들을 종점으로 하는 벡터 $\overrightarrow{OP}$ 를 대응시키면 각 점 P 들은 벡터 $\overrightarrow{OP}$에 대응되고 좌표를 표현하는 순서쌍의 기호를 빌려와서 벡터를 $\overrightarrow{OP} = (x_1, x_2, ..., x_n)$로 표시할 수 있다. 이를 일반화하여 n 이 양의 정수라 하면 n-벡터는 각각의 좌표 x_j 가 실수인 n 개의 순서쌍 $\mathbf{v} = (x_1, x_2, ..., x_n)$ 으로 표현하고 n-벡터의 모든 집합은 V^n으로 표시한다.

물을 끓이면 대류현상이 일어나듯이 벡터의 집합에 연산을 도입한 것을 벡터공간이라고 한다. 벡터공간은 적당한 조건을 만족하는 연산이 주어진 집합이라 할 수 있다.

정 의 **1.** 벡터의 집합 V^n 에 정의된 연산

1. 두 개의 n-벡터 $\mathbf{x} = (x_1, x_2, ..., x_n)$와 $\mathbf{y} = (y_1, y_2, ..., y_n)$의 합 + 은 벡터의 각 대응 성분을 합하여 $\mathbf{x} + \mathbf{y}$ 를 얻는다.

$$\mathbf{x} + \mathbf{y} = (x_1, x_2, ..., x_n) + (y_1, y_2, ..., y_n) = (x_1 + y_1, x_2 + y_2, ..., x_n + y_n)$$

2. n-벡터$\mathbf{x} = (x_1, x_2, ..., x_n)$의 스칼라곱 · 은 벡터의 각 성분에 스칼라 α를 곱하여 $\alpha\mathbf{x}$를 얻는다.

$$\alpha\mathbf{x} = \alpha(x_1, x_2, ..., x_n) = (\alpha x_1, \alpha x_2, ..., \alpha x_n),$$

단 벡터의 스칼라곱은 곱의 기호 · 을 생략하여 표기한다.

V^n 내의 $\mathbf{0}$벡터는 각 좌표가 0을 갖는 n-벡터 즉 $\mathbf{0} = (0, 0, ..., 0)$ 이다. $\mathbf{x} = (x_1, x_2, ..., x_n)$의 음벡터는 $(-1)\mathbf{x} = (-x_1, -x_2, ..., -x_n)$이고 $-\mathbf{x}$로 표기한다. 또한 $\mathbf{x} + (-\mathbf{y})$는 $\mathbf{x} - \mathbf{y}$로 표기하기로 약속하고 (실)벡터공간을 정의하자.

정 의 **2.** 아래의 8가지 조건을 만족시키는 벡터의 합 + 과 스칼라곱·의 두 연산을 가진 n-벡터의 집합을 V^n **벡터공간**(vector space)라고 부른다. $\mathbf{u}$, $\mathbf{v}$, $\mathbf{w}$가 n-벡터이고 α, β는 임의의 실수일때,

(1) $\mathbf{u} + \mathbf{v} = \mathbf{v} + \mathbf{u}$ (교환법칙)

(2) $\mathbf{u} + (\mathbf{v} + \mathbf{w}) = (\mathbf{u} + \mathbf{v}) + \mathbf{w}$ (결합법칙)

(3) $\mathbf{u} + \mathbf{0} = \mathbf{u}$ (+ 의 항등원 $\mathbf{0}$)

(4) $(\alpha + \beta)\mathbf{u} = \alpha\mathbf{u} + \beta\mathbf{u}$ (스칼라에 대한 배분법칙)

(5) $(\alpha\beta)\mathbf{u} = \alpha(\beta\mathbf{u})$ (스칼라에 대한 결합법칙)

(6) $\alpha(\mathbf{u} + \mathbf{v}) = \alpha\mathbf{u} + \alpha\mathbf{v}$ (벡터에 대한 배분법칙)

(7) $\alpha\mathbf{0} = \mathbf{0}$

(8) $1\mathbf{u} = \mathbf{u}$

H를 벡터공간 V의 공집합이 아닌 부분집합이라 하자. 만일 H가 V에서 정의된 벡터의 합(+)과 스칼라곱 (·) 에 관해 역시 벡터공간이 된다면 H를 V의 **부분공간**(subspace)이라 부른다.

벡터 $\mathbf{v}_1, \mathbf{v}_2, ..., \mathbf{v}_n$과 스칼라 $c_1, c_2, ..., c_n$ 에 대하여 $c_1\mathbf{v}_1 + c_2\mathbf{v}_2 + ... + c_n\mathbf{v}_n$을 $\mathbf{v}_1, \mathbf{v}_2, ..., \mathbf{v}_n$ 의 **일차결합**(linear combination)이라 한다. 벡터공간 V의 벡터 $\mathbf{v}_1, \mathbf{v}_2, ..., \mathbf{v}_n$ 과 모두가 동시에 0 은 아닌 n개의 스칼라 $c_1, c_2, ..., c_n$ 에 대하여 그의 일차결합이 영벡터, 즉

$$c_1\mathbf{v}_1 + c_2\mathbf{v}_2 + ... + c_n\mathbf{v}_n = \mathbf{0}$$

이라면 이 벡터들을 **일차종속**(linearly dependent)이라 부르고 이 벡터들이 일차종속이 아니면 **일차독립**(linearly independent)라고 부른다. 바꾸어 말하면 이 벡터들의 일차결합이 영벡터일 경우에 n개의 스칼라가 모두 동시에 $c_1 = c_2 = ... = c_n = 0$ 이면 이 벡터들은 일차독립이고 그 중에 하나라도 영이 아닌 것이 있으면 일차종속이라고 한다.

정 리 **5.1.1.** 두 벡터 $\mathbf{u}$와 $\mathbf{v}$가 종속일 필요충분조건은 한 벡터 $\mathbf{u}$가 다른 벡터 $\mathbf{v}$의 스칼라 c배로 표현된다. 즉 $\mathbf{u} = c\mathbf{v}$이다.

기하학적으로 두 개의 벡터가 종속이면 동일 직선상에 놓여 있고 세 개의 벡터가 종속이면 동일 평면에 속한다.

예 제 **1.** 벡터 $\mathbf{e}_1 = (1, 0, 0)$와 $\mathbf{e}_3 = (0, 0, 1)$ 은 $c_1\ \mathbf{e}_1 + c_3\ \mathbf{e}_3 = \mathbf{0}$ 일 때 $c_1 = c_3 = 0$이기 때문에 두 벡터는 일차 독립으로 동일 직선에 위치하지 않는다. 그러나 $\mathbf{x} = (2, 0)$ 와 $\mathbf{e}_1 = (1, 0)$ 는 $\mathbf{x} = 2\mathbf{e}_1$이므로 일차 종속으로 동일한 직선위에 놓여 있다. 또한 $\mathbf{v} = (2, 3)$, $\mathbf{e}_1 = (1, 0)$, $\mathbf{e}_2 = (0, 1)$ 도 $(2, 3) = 2(1, 0) + 3(0, 1)$ 이므로 일차 종속으로 세 벡터 $\mathbf{v}$, $\mathbf{e}_1$, $\mathbf{e}_2$ 는 동일평면에 위치한다. 여기서 우리는 평면에서 3 개의 벡터 는 일차종속임을 유추할 수 있다.

정 리 **5.1.2.** V^n 내의 m개의 벡터들의 집합은 $m > n$인 경우 일차종속이다.

벡터 공간 $\mathbb{R}^3$ 의 벡터 $\mathbf{e}_1 = (1,0,0), \mathbf{e}_2 = (0,1,0), \mathbf{e}_3 = (0,0,1)$ 의 일차결합으로 $\mathbb{R}^3$ 내의 모든 벡터 $\mathbf{v} = (v_1, v_2, v_3)$ 를 표현할 수 있다. 즉

$$v = v_1\mathbf{e}_1 + v_2\mathbf{e}_2 + v_3\mathbf{e}_{\ 3}$$

이다. 이처럼 벡터공간 V내의 모든 벡터 $\mathbf{v}$에 대해 $\mathbf{v} = c_1\mathbf{v}_1 + c_2\mathbf{v}_2 + ... + c_n\mathbf{v}_n$을 만족시키는 $c_1, c_2, ..., c_n$ 이 존재할때 $\mathbf{v}_1, \mathbf{v}_2, ..., \mathbf{v}_n$ 은 벡터 공간 V를 **생성한다**(span)고 말한다. 또 벡터들의 집합 $\{\mathbf{v}_1, \mathbf{v}_2, ..., \mathbf{v}_n\}$ 이

(1) 일차독립이고 (2) V를 생성하면

이를 벡터공간 V의 **기저**(basis)라고 부른다. 그리고 길이가 모두 1이고 서로 수직인 기저를 **정규직교기저**(orthonormal basis)라고 부른다. 기저에 포함된 벡터의 개수 n을 벡터공간 V의 **차수**(dimension)라 하고 dim$V=\ n$ 으로 나타낸다. 벡터공간이 정규직교기저를 가질 때 $\mathbf{v} = c_1\mathbf{v}_1 + c_2\mathbf{v}_2 + ... + c_n\mathbf{v}_n$로 부터 얻은 순서쌍 $(c_1, c_2, ..., c_n)$를 이용하여 $\mathbf{v} = (c_1, c_2, ..., c_n)$ 으로 표시하고 기저 $\mathbf{v}_1,\ \mathbf{v}_2, ...,\ \mathbf{v}_n$에 의한 벡터 $\mathbf{v}$ 의 좌표라고 한다.

예 제 **2.** $\mathbb{R}^n$ 내의 n개의 벡터 $e_1 = (1,0,0,...,0),\ e_2 = (0,1,0,..,0), ..., e_n = (0,....,1)$ 은 일차독립이고 $\mathbb{R}^n$ 내의 모든 벡터 $\mathbf{v} = (v_1, v_2, ..., v_n)$ 을 $\mathbf{v} = v_1\mathbf{e}_1 + v_2\mathbf{e}_2 + ... + v_n\mathbf{e}_n$ 와 같이 일차결합으로 표시할 수 있어 $\mathbb{R}^n$ 을 생성한다. 따라서 $\mathbf{e}_1, \mathbf{e}_2, ..., \mathbf{e}_n$ 은 $\mathbb{R}^n$ 의 기저이다. 이것을 $\mathbb{R}^n$ 의 **표준기저**(standard basis)라 부른다.

앞으로 특별한 언급이 없으면 벡터공간 V^n은 표준기저에 의해 좌표가 주어진 $\mathbb{R}^n$ 벡터공간을 생각한다.

예 제 **3.** $\mathbb{R}^3$ 의 벡터집합 $\{\mathbf{v}_1 = (-1,0,1),\ \mathbf{v}_2 = (1,1,0),\ \mathbf{v}_3 = (1,-1,1)\}$가 기저가 됨을 보이시오.

[**풀이**] (1) 먼저 $\{\mathbf{v}_1,\ \mathbf{v}_2,\ \mathbf{v}_3\}$ 가 일차독립임을 보이자.
적당한 실수 x, y, z가 있어서 $x\mathbf{v}_1 + y\mathbf{v}_2 + z\mathbf{v}_3 = \mathbf{0}$,
즉 $(-x,0,x)+(y,y,0)+(z,-z,z)=(0,0,0)$ 이라면

$$\begin{aligned} -x+y+z &= 0 \\ y-z &= 0 \\ x \qquad +z &= 0 \end{aligned}$$

이다. 이 때 이 연립방정식의 해를 구하면 $x=y=z=0$ 이므로 일차 독립이다.

(2) $\mathbb{R}^3$ 가 $\{\mathbf{v}_1,\ \mathbf{v}_2,\ \mathbf{v}_3\}$ 에 의해 생성됨을 보이자.
즉 $\mathbb{R}^3$ 의 임의의 벡터 $\mathbf{v}=(v_1,v_2,v_3)$ 를 아래와 같이 $\{\mathbf{v}_1,\ \mathbf{v}_2,\ \mathbf{v}_3\}$ 의 일차결합으로 표시하였을 때 그의 상수 x, y, z가 존재함을 보이면 된다.

$$\begin{aligned} \mathbf{v} &= c_1\mathbf{v}_1 + c_2\mathbf{v}_2 + c_3\mathbf{v}_3 \\ (v_1,\ v_2,\ v_3) &= c_1(-1,0,1) + c_2(1,1,0) + c_3(1,-1,1) \\ (v_1,\ v_2,\ v_3) &= (-c_1+c_2+c_3,\ c_2-c_3,\ c_1+c_3) \end{aligned}$$

가 된다면

$$\begin{aligned} -c_1+c_2+c_3 &= v_1 \\ c_2-c_3 &= v_2 \\ c_1 \qquad +c_3 &= v_3 \end{aligned}$$

가 되어, 위의 연립방정식의 해를 구하면

$$c_1 = \frac{-v_1+v_2-v_3}{3}, \qquad c_2 = \frac{v_1+2v_2+v_3}{3}, \qquad c_3 = \frac{v_1-v_2+v_3}{3}$$

이다. 따라서 임의의 벡터 $\mathbf{v}$는

$$\begin{aligned}\mathbf{v} &= \frac{-v_1+v_2-v_3}{3}(-1,0,1)+\frac{v_1+2v_2+v_3}{3}(1,1,0)+\frac{v_1-v_2+v_3}{3}(1,-1,1)\\ &= \frac{-v_1+v_2-v_3}{3}\mathbf{v}_1+\frac{v_1+2v_2+v_3}{3}\mathbf{v}_2+\frac{v_1-v_2+v_3}{3}\mathbf{v}_3\end{aligned}$$

로 표시되어 $\mathbb{R}^3$는 $\{\mathbf{v}_1,\ \mathbf{v}_2,\ \mathbf{v}_3\}$ 에 의해 생성된다. 예를 들면 $\mathbf{v}=(1,\ 2,\ 3)$ 일 때 $\mathbf{v}=-2\mathbf{v}_1+8\mathbf{v}_2+2\mathbf{v}_3$ 로 표현된다.

위의 예에서 만약 $\{\mathbf{v}_1,\ \mathbf{v}_2,\ \mathbf{v}_3\}$가 $\mathbb{R}^3$ 의 정규직교기저라면 $c_1,\ c_2,\ c_3$는 벡터 $\mathbf{v}$의 좌표가 된다. $\mathbf{v}_1,\ \mathbf{v}_2,\ \mathbf{v}_3$를 정규직교기저화하는 것은 이 후에 취급한다. 벡터공간에서 기저가 중요한 의미를 가지는 이유는 벡터공간에서 정규직교기저의 선택에 의해 벡터의 표현, 즉 벡터의 좌표가 결정되기 때문이다. 또 기저의 수는 벡터공간의 차원을 결정한다.

연습문제 5-1

1. $\mathbb{R}^n$공간의 차원은 n임을 보여라.
2. 다음 벡터 $\mathbf{x}\in\mathbb{R}^2$의 기저 $\{(1,0),(0,1)\},\{(-3,7),(5,5)\}$에 관한 좌표를 구하여라.
3. 벡터집합 $\{(1,0,0),(1,1,0),(1,2,3),(0,0,1)\}$ 가 $\mathbb{R}^3$의 기저인지 조사하라.
4. $\mathbb{R}^3$가 벡터공간임을 보여라.
5. n차 이하의 다항식 전체의 집합을 P_n이라 하면 $1,x,\cdots,x^n$ 은 P_n의 기저임을 보여라.
6. 벡터집합 $\{(1,0,0),(1,1,0)\}$ 가 $\mathbb{R}^3$을 생성하는지 조사하라.
7. 벡터집합 $\{(1,0,0),(1,2,0),(1,2,3)\}$ 가 일차독립인지 조사하라.

5.2 벡터공간의 내적과 외적

$\mathbb{R}^n$ 내의 벡터 $\mathbf{v} = (v_1, v_2, ..., v_n)$ 의 **길이**(norm, 크기) 는 $\| \mathbf{v} \|$ 라 표시하고 $\| \mathbf{v} \| = \sqrt{v_1^2 + v_2^2 + ... + v_n^2}$ 와 같이 정의한다.

그리고 두 벡터 $\mathbf{u} = (u_1, u_2, ..., u_n)$ 와 $\mathbf{v} = (v_1, v_2, ..., v_n)$ 에 대해서

$$\mathbf{u} \cdot \mathbf{v} = u_1 v_1 + u_2 v_2 + ... + u_n v_n$$

를 대응시키는 대응을 **내적**(inner product)또는 **스카라곱**(scalar product)이라 부르고 $\cos\theta = \dfrac{\mathbf{u} \cdot \mathbf{v}}{\|\mathbf{u}\|\|\mathbf{v}\|}$ 인 θ를 두 벡터 $\mathbf{u}$와 $\mathbf{v}$의 **사이각**(angle)이라 부른다.

$\mathbf{u} \cdot \mathbf{v} = 0$ 일 때 $\mathbf{u}$ 와 $\mathbf{v}$ 는 **직교한다**(orthogonal)고 하고 이때 사이각은 $\theta = \pi/2$ 이다.

예 제 **1.** $\mathbf{v} = (-1,\ 0,\ 1)$일 때 $\dfrac{\mathbf{v}}{\|\mathbf{v}\|}$ 를 구하시오.

[**풀이**] $\| \mathbf{v} \| = \sqrt{(-1)^2 + 0^2 + 1^2} = \sqrt{2}$ 이고 $\dfrac{\mathbf{v}}{\|\mathbf{v}\|} = (\dfrac{-1}{\sqrt{2}},\ 0,\ \dfrac{1}{\sqrt{2}})$ 이다.

위의 예로부터 임의의 벡터를 자신의 길이로 나누면 단위벡터가 됨을 알 수 있다. 이는 정규직교기저를 구하는데 사용된다.

예 제 **2.** $\mathbf{v} \cdot \mathbf{v} = \|\mathbf{v}\|^2$ 임을 보이시오.

[**풀이**] 같은 벡터의 내적은 사이각 θ가 0 이므로 $\cos\theta = \dfrac{\mathbf{v} \cdot \mathbf{v}}{\|\mathbf{v}\|\|\mathbf{v}\|}$ 에서 $\cos\theta = 1$ 이므로 $\mathbf{v} \cdot \mathbf{v} = \|\mathbf{v}\|^2$ 이다.

일반으로 $\mathbb{R}^2$의 벡터 $\mathbf{u} = 2\mathbf{e}_1 + 3\mathbf{e}_2$ 에서 $2 = \mathbf{u} \cdot \mathbf{e}_1$, $3 = \mathbf{u} \cdot \mathbf{e}_2$ 는 각각 $\mathbf{u}$ 를 단위벡터 $\mathbf{e}_1$, $\mathbf{e}_2$ 상에 정사영하였을 때의 길이이고 $2\mathbf{e}_1 = (\mathbf{u} \cdot \mathbf{e}_1)\mathbf{e}_1$과 $3\mathbf{e}_2 = (\mathbf{u} \cdot \mathbf{e}_2)\mathbf{e}_2$는 각기 $\mathbf{u}$의 단위벡터 $\mathbf{e}_1$, $\mathbf{e}_2$ 상의 정사영벡터들이다. 즉

$$\begin{aligned}\mathbf{u} &= 2\mathbf{e}_1 + 3\mathbf{e}_2 \\ &= (\mathbf{u} \cdot \mathbf{e}_1)\mathbf{e}_1 + (\mathbf{u} \cdot \mathbf{e}_2)\mathbf{e}_2 \\ &= (\mathbf{u}\text{의 } \mathbf{e}_1\text{상의 정사영벡터 }) + (\ \mathbf{u}\text{의 } \mathbf{e}_2\text{상의 정사영벡터})\end{aligned}$$

이고 일반으로 $\mathbf{u}$의 $\mathbf{v}$ 상의 정사영 벡터는 $(\mathbf{u}\cdot\frac{\mathbf{v}}{\|\mathbf{v}\|})\frac{\mathbf{v}}{\|\mathbf{v}\|}=\frac{(\mathbf{u}\cdot\mathbf{v})\mathbf{v}}{\|\mathbf{v}\|^2}$ 이고

$\mathbb{R}^2$ 상의 벡터 $\mathbf{u}$는 $\mathbf{u}=(\mathbf{u}\cdot\mathbf{e}_1)\mathbf{e}_1+(\mathbf{u}\cdot\mathbf{e}_2)\mathbf{e}_2$로 쓸 수 있다.

이로부터 $(\mathbf{u}\cdot\mathbf{e}_2)\mathbf{e}_2=\mathbf{u}-(\mathbf{u}\cdot\mathbf{e}_1)\mathbf{e}_1$ 이므로

$\mathbf{w}=(\mathbf{u}\cdot\mathbf{e}_2)\mathbf{e}_2$ 라 두면

$\mathbf{w}=\mathbf{u}-(\mathbf{u}\cdot\mathbf{e}_1)\mathbf{e}_1$ 는 $\mathbf{e}_1$에 수직인 벡터이다.

여기에서 $\mathbf{e}_1=\frac{\mathbf{v}}{\|\mathbf{v}\|}$ 라 두고 일반화하면 다음 정리가 성립한다.

정 리 **5.2.1.** $\mathbf{0}$ 이 아닌 서로 다른 두 벡터 $\mathbf{u}$, $\mathbf{v}$ 에 대하여 벡터 $\mathbf{w}=\mathbf{u}-\frac{(\mathbf{u}\cdot\mathbf{v})\mathbf{v}}{\|\mathbf{v}\|^2}$ 는 벡터 $\mathbf{v}$ 에 수직이다.

예 제 **3.** $\mathbf{u}=(3,5)$, $\mathbf{v}=(1,1)$ 일 때 $\mathbf{u}$의 $\mathbf{v}$상의 정사영 벡터를 구하고 이를 이용하여 $\mathbf{v}$ 에 수직인 벡터 $\mathbf{w}$를 구하라.

[**풀이**] $\mathbf{u}$의 $\mathbf{v}$상의 정사영 벡터는 $\frac{(\mathbf{u}\cdot\mathbf{v})\mathbf{v}}{\|\mathbf{v}\|^2}=\frac{8}{(\sqrt{2})^2}\mathbf{v}=4\mathbf{e}_1+4\mathbf{e}_2$ 이고 $\mathbf{v}$ 에 수직인 벡터 $\mathbf{w}$는 $\mathbf{w}=\mathbf{u}-\frac{(\mathbf{u}\cdot\mathbf{v})\mathbf{v}}{\|\mathbf{v}\|^2}=(3,5)-(4,4)=(-1,1)=-1\mathbf{e}_1+\mathbf{e}_2$ 이다.

두 벡터의 **외적**(cross-product) $\times$ 는 **벡터곱**(vector product)이라고 부르기도 하는데 주어진 두 개의 벡터 $\mathbf{u}$ 와 $\mathbf{v}$에 대하여 새로운 $\mathbf{u}\times\mathbf{v}$ 벡터의 대응으로 정의한다. 이 때 대응하는 벡터 $\mathbf{u}\times\mathbf{v}$ 의 크기 $\|\mathbf{u}\times\mathbf{v}\|$ 는 두 벡터 $\mathbf{u}$와 $\mathbf{v}$가 이루는 평행사변형의 면적 $\|\mathbf{u}\times\mathbf{v}\|=\|\mathbf{u}\|\|\mathbf{v}\|\sin\theta$과 같고 그 방향은 두 벡터 $\mathbf{u}$와 $\mathbf{v}$에 모두 수직인 벡터로서 물리학의 오른손법칙에 의한 방향을 택한다. 이 때 θ도 두 벡터 $\mathbf{u}$와 $\mathbf{v}$의 **사이각**(angle)으로 두 벡터가 서로 **평행**하면 $\theta=0$ 이 되어 $\mathbf{u}\times\mathbf{v}=\mathbf{0}$ 가 성립한다. 뒤에 나오는 행렬의 표현을 빌려서 표현하면 $\mathbb{R}^3$ 공간 내의 두 벡터 $\mathbf{u}=(u_1,\ u_2,\ u_3)$ $\mathbf{v}=(v_1,\ v_2,\ v_3)$의 외적은

$$\mathbf{u}\times\mathbf{v}=\begin{vmatrix}\mathbf{e}_1 & \mathbf{e}_2 & \mathbf{e}_3\\ u_1 & u_2 & u_3\\ v_1 & v_2 & v_3\end{vmatrix}=(u_2v_3-u_3v_2)\mathbf{e}_1+(u_3v_1-u_1v_3)\mathbf{e}_2+(u_1v_2-u_2v_1)\mathbf{e}_3$$

이다.

정 리 **5.2.2.** 내적 $\cdot$ 과 외적 $\times$ 에 대해서 다음의 성질이 성립한다.

(1) $\mathbf{u}\cdot\mathbf{0} = \mathbf{0}\cdot\mathbf{u} = 0$

(2) $\mathbf{u}\cdot\mathbf{v} = \mathbf{v}\cdot\mathbf{u}$ (교환법칙)

(3) $\mathbf{u}\cdot(\mathbf{v}+\mathbf{w}) = \mathbf{u}\cdot\mathbf{v}+\mathbf{u}\cdot\mathbf{w}$ (배분법칙)

(4) $(\alpha\mathbf{u})\cdot\mathbf{v} = \mathbf{u}\cdot(\alpha\mathbf{v}) = \alpha(\mathbf{u}\cdot\mathbf{v}), \quad \alpha\in\mathbb{R}$

(5) $\mathbf{u}\times\mathbf{v} = -\mathbf{v}\times\mathbf{u}$

(6) $\mathbf{u}\times(\mathbf{u}+\mathbf{w}) = \mathbf{u}\times\mathbf{v}+\mathbf{u}\times\mathbf{w}$

(7) $\mathbf{u}\times(\mathbf{v}\times\mathbf{w}) \neq (\mathbf{u}\times\mathbf{v})\times\mathbf{w}$

(8) $\mathbf{u}\cdot(\mathbf{v}\times\mathbf{w}) = \mathbf{v}\cdot(\mathbf{w}\times\mathbf{u}) = \mathbf{w}\cdot(\mathbf{u}\times\mathbf{v})$

(9) $\mathbf{u}\times(\mathbf{v}\times\mathbf{w}) = (\mathbf{u}\cdot\mathbf{w})\mathbf{v}-(\mathbf{u}\cdot\mathbf{v})\mathbf{w}$

연습문제 5-2

1. 두 벡터 $\mathbf{u} = (2,-6,-3)$와 $\mathbf{v} = (4,3,-1)$에 서로 수직인 단위벡터를 구하여라.

2. 세 벡터 $\mathbf{u} = (1,1,0)$, $\mathbf{v} = (-1,1,0)$, $\mathbf{w} = (1,1,1)$에 의하여 만들어진 평행육면체의 체적 V를 구하여라.

3. $\mathbb{R}^4$ 공간의 두 벡터 $\mathbf{x} = (1,1,1,-1), \mathbf{y} = (2,2,3,1)$이 이루는 각을 구하여라.

4. $\mathbf{x} = (1,-1,2)$, $\mathbf{y} = (2,4,1)$은 $\mathbb{R}^3$ 공간에서 수직임을 보이자.

5.3 Gram-Schmidt의 정규직교화

$\mathbb{R}^n$의 벡터들의 집합 $S = \{\mathbf{u}_1, \mathbf{u}_2, ..., \mathbf{u}_k\}$ 가 다음 성질을 만족할 때 **정규직교 집합**(orthonormal set) 이라 한다.

$$\mathbf{u}_i \cdot \mathbf{u}_j = 0 \ (i \neq j), \qquad \mathbf{u}_i \cdot \mathbf{u}_i = 1 \ (i = j).$$

즉 S내의 벡터들은 서로 직교하고 각 벡터의 길이가 1 이다.

$\mathbb{R}^n$의 표준 기저 $E = \{\mathbf{e}_1, \mathbf{e}_2, ..., \mathbf{e}_n\}$ 은 $\mathbf{e}_i \cdot \mathbf{e}_j = \delta_{ij}$ (단 δ_{ij} 는 $i \neq j$ 이면 0 , $i = j$ 이면 1) 이므로 정규 직교 기저이다.

$\mathbb{R}^n$ 의 임의의 기저는 **Gram-Schmidt의 정규직교화과정**(Gram-Schmidt Orthonormalization Process)을 거쳐 정규직교기저로 바꿀 수 있다.

Gram-Schmidt의 정규직교화 과정

$S = \{\mathbf{v}_1, \mathbf{v}_2, ..., \mathbf{v}_n\}$을 벡터공간 V의 기저라하자. 먼저 기저는 일차독립이므로 S 는 영벡터는 포함하지 않음을 유의하자.

[**step 1**(단위벡터화과정)] 임의의 벡터 $\mathbf{v}_1$를 취하여 단위벡터 $\mathbf{u}_1$을 만든다.

$\mathbf{u}_1 = \dfrac{\mathbf{v}_1}{\|\mathbf{v}_1\|}$이라 두면 $\mathbf{u}_1 \cdot \mathbf{u}_1 = \dfrac{\mathbf{v}_1}{\|\mathbf{v}_1\|} \cdot \dfrac{\mathbf{v}_1}{\|\mathbf{v}_1\|} = \dfrac{\mathbf{v}_1 \cdot \mathbf{v}_1}{\|\mathbf{v}_1\|^2} = 1$ 이므로 $\mathbf{u}_1$ 은 단위벡터이다.

[**step 2**(직교화과정)] 다음 벡터 $\mathbf{v}_2$를 취하여 $\mathbf{u}_1$ 벡터에 수직인 $\mathbf{v}_2'$벡터를 만든다.

$\mathbf{v}_2' = \mathbf{v}_2 - (\mathbf{v}_2 \cdot \mathbf{u}_1)\mathbf{u}_1$ 이라 두면 내적의 배분법칙에 의해

$\mathbf{v}_2' \cdot \mathbf{u}_1 = \mathbf{v}_2 \cdot \mathbf{u}_1 - (\mathbf{v}_2 \cdot \mathbf{u}_1)(\mathbf{u}_1 \cdot \mathbf{u}_1) = \mathbf{v}_2 \cdot \mathbf{u}_1 - \mathbf{v}_2 \cdot \mathbf{u}_1 = 0$ 이 되어 $\mathbf{v}_2'$ 는 $\mathbf{u}_1$에 수직이다. 여기서 $\mathbf{v}_2' \neq 0$ 이다. (만약 $\mathbf{v}_2' = 0$ 이면 $\mathbf{v}_2 - (\mathbf{v}_2 \cdot \mathbf{u}_1)\mathbf{u}_1 = 0$ 이 되어 $\mathbf{v}_2$는 $\mathbf{u}_1$ 의 배수가 되어 $\mathbf{v}_1$와 평행이 된다. 따라서 $\mathbf{v}_1$과 $\mathbf{v}_2$가 평행이면 일차종속이 되므로 S가 기저라는 가정에 위배된다.)

[**step 3**(단위벡터화과정)] $\mathbf{v}_2'$를 길이로 나누어 단위 벡터 $\mathbf{u}_2$를 만든다.

$\mathbf{u}_2 = \dfrac{\mathbf{v}_2'}{\|\mathbf{v}_2'\|}$이라 두면 $\mathbf{u}_2$ 는 단위벡터가 되어서 $\{\mathbf{u}_1, \mathbf{u}_2\}$ 는 정규직교집합이 된다. 이와 같이

$$\mathbf{v}_3' = \mathbf{v}_3 - (\mathbf{v}_3 \cdot \mathbf{u}_1)\mathbf{u}_1 - (\mathbf{v}_3 \cdot \mathbf{u}_2)\mathbf{u}_2$$

라 두고 $\mathbf{u}_3 = \dfrac{\mathbf{v}_3'}{\|\mathbf{v}_3'\|}$ 라 두면 $\{\mathbf{u}_1, \mathbf{u}_2, \mathbf{u}_3\}$ 는 정규직교집합이 된다.

[**step 4**(직교화 과정)] 이를 일반화하여

$$\mathbf{v}_{k+1}' = \mathbf{v}_{k+1} - (\mathbf{v}_{k+1} \cdot \mathbf{u}_1)\mathbf{u}_1 - (\mathbf{v}_{k+1} \cdot \mathbf{u}_2)\mathbf{u}_2 - \ldots - (\mathbf{v}_{k+1} \cdot \mathbf{u}_k)\mathbf{u}_k$$

라두면 $i = 1, 2, ..., k$ 에 대하여 $\mathbf{u}_i \cdot \mathbf{u}_j = \delta_{ij}$ 이므로

$\mathbf{v}_{k+1}' \cdot \mathbf{u}_i = \mathbf{v}_{k+1} \cdot \mathbf{u}_i - (\mathbf{v}_{k+1} \cdot \mathbf{u}_1)(\mathbf{u}_1 \cdot \mathbf{u}_i) - (\mathbf{v}_{k+1} \cdot \mathbf{u}_2)(\mathbf{u}_2 \cdot \mathbf{u}_i) - \ldots - (\mathbf{v}_{k+1} \cdot \mathbf{u}_k)(\mathbf{u}_k \cdot \mathbf{u}_i) = \mathbf{v}_{k+1} \cdot \mathbf{u}_i - \mathbf{v}_{k+1} \cdot \mathbf{u}_i = 0$ 이고 $\mathbf{v}_{k+1}' \neq 0$ 이다.

[**step 5**(단위벡터화 과정)]

$\mathbf{u}_{k+1} = \dfrac{\mathbf{v}_{k+1}'}{\|\mathbf{v}_{k+1}'\|}$ 라 두면 $\{\mathbf{u}_1, \mathbf{u}_2, ..., \mathbf{u}_k, \mathbf{u}_{k+1}\}$은 정규직교집합이고 이 방법으로 $k+1 = n$ 일 때 까지 계속하면 원하는 정규직교기저 $S' = \{\mathbf{u}_1, \mathbf{u}_2, ..., \mathbf{u}_n\}$을 구할 수 있다.

예 제 **1.** Gram-Schmidt의 정규직교화과정에 의하여 $\mathbb{R}^3$의 기저 $\mathbf{u}_1 = (-1, 0, 1)$, $\mathbf{u}_2 = (1, 1, 0)$, $\mathbf{u}_3 = (1, -1, 1)$로 부터 정규직교기저를 구하라.

[**풀이**] $\mathbf{v}_1 = \dfrac{\mathbf{u}_1}{\|\mathbf{u}_1\|}$ 와 $\|\mathbf{u}_1\| = \sqrt{(-1)^2 + 0^2 + 1^2} = \sqrt{2}$ 로 부터

$$\mathbf{v}_1 = \frac{1}{\sqrt{2}}(-1, 0, 1)$$
$$\mathbf{v}_2 = \frac{\mathbf{u}_2 - (\mathbf{u}_2 \cdot \mathbf{v}_1)\mathbf{v}_1}{\|\mathbf{u}_2 - (\mathbf{u}_2 \cdot \mathbf{v}_1)\mathbf{v}_1\|}$$

$$\begin{aligned}\mathbf{u}_2 - (\mathbf{u}_2 \cdot \mathbf{v}_1)\mathbf{v}_1 &= (1, 1, 0) - \left[\frac{1}{\sqrt{2}}(1, 1, 0) \cdot (-1, 0, 1)\right]\left(\frac{-1}{\sqrt{2}}, 0, \frac{1}{\sqrt{2}}\right) \\ &= (1, 1, 0) + \left(-\frac{1}{2}, 0, \frac{1}{2}\right)\end{aligned}$$

$$= \left(\frac{1}{2}, 1, \frac{1}{2}\right)$$

$$\begin{aligned}\|\mathbf{u}_2 - (\mathbf{u}_2 \cdot \mathbf{v}_1)\mathbf{v}_1\| &= \sqrt{\left(\frac{1}{2}\right)^2 + 1^2 + \left(\frac{1}{2}\right)^2} \\ &= \sqrt{\frac{3}{2}}\ .\end{aligned}$$

따라서,

$$\begin{aligned}\mathbf{v}_2 &= \frac{\left(\frac{1}{2}, 1, \frac{1}{2}\right)}{\sqrt{\frac{3}{2}}} = \frac{1}{\sqrt{6}}(1, 2, 1) \\ \mathbf{v}_3 &= \frac{\mathbf{u}_3 - (\mathbf{u}_3 \cdot \mathbf{v}_2)\mathbf{v}_2 - (\mathbf{u}_3 \cdot \mathbf{v}_1)\mathbf{v}_1}{\|\mathbf{u}_3 - (\mathbf{u}_3 \cdot \mathbf{v}_2)\mathbf{v}_2 - (\mathbf{u}_3 \cdot \mathbf{v}_1)\mathbf{v}_1\|}\end{aligned}$$

에서

$$\begin{aligned}&\mathbf{u}_3 - (\mathbf{u}_3 \cdot \mathbf{v}_2)\mathbf{v}_2 - (\mathbf{u}_3 \cdot \mathbf{v}_1)\mathbf{v}_1 \\ &\quad = (1, -1, 1) - \left[(1, -1, 1) \cdot \frac{1}{\sqrt{6}}(1, 2, 1)\right]\left(\frac{1}{\sqrt{6}}(1, 2, 1)\right) \\ &\qquad - \left[(1, -1, 1) \cdot \frac{1}{\sqrt{2}}(-1, 0, 1)\right]\left(\frac{1}{\sqrt{2}}(-1, 0, 1)\right) \\ &\quad = (1, -1, 1).\end{aligned}$$

따라서,

$$\mathbf{v}_3 = \frac{1}{\sqrt{3}}(1, -1, 1)$$

이다. $\mathbf{v}_1, \mathbf{v}_2, \mathbf{v}_3$은 단위벡터이고 이들은 서로 수직임을 확인할 수 있다.

정규직교기저는 벡터공간의 새로운 직교좌표축을 구하는 데 쓰인다. 그리고 신직교좌표축은 벡터의 새로운 좌표를 구하는데 사용된다. 이것은 관측점에 의해 사물이 다르게 보이는 것처럼 기저의 선택에 의해 벡터의 좌표가 달라짐을 보여준다. 복잡한 수식으로 표현된 도형을 적당한 신좌표축을 설정하고 이에 따른 신좌표를 이용하여 도형을 간단하게 표현하려는 것이 도형의 표준화 과정이다.

예 제 2. 벡터 $\mathbf{v} = (1,2,1)$을 $\mathbb{R}^3$ 내의 새로운 직교기저 $\{\mathbf{v}_1 = \frac{1}{\sqrt{2}}(-1,0,1),$ $\mathbf{v}_2 = \frac{1}{\sqrt{6}}(1,2,1),$ $\mathbf{v}_3 = \frac{1}{\sqrt{3}}(1,-1,1)\}$ 의 일차 결합으로 표시하고 신좌표를 구하시오.

[풀이] 기저가 $B = \{\mathbf{v}_1, \mathbf{v}_2, \mathbf{v}_3\}$ 일 때 벡터는 $\mathbf{v} = (\mathbf{v}\cdot\mathbf{v}_1)\mathbf{v}_1 + (\mathbf{v}\cdot\mathbf{v}_2)\mathbf{v}_2 + (\mathbf{v}\cdot\mathbf{v}_3)\mathbf{v}_3$ 로 부터 $\mathbf{v} = 0\mathbf{v_1} + \sqrt{6}\mathbf{v_2} + 0\mathbf{v_3} = (0, \sqrt{6}, 0)_B$로 표현된다.

연습문제 5-3

1. $\{\mathbf{v}_1, \mathbf{v}_2, \cdots, \mathbf{v}_n\}$이 내적공간 V의 직교집합이면, 다음의 등식이 성립한다.

$$\|\mathbf{v}_1 + \mathbf{v}_2 + \cdots + \mathbf{v}_n\|^2 = \|\mathbf{v}_1\|^2 + \|\mathbf{v}_2\|^2 + \cdots + \|\mathbf{v}_n\|^2$$

2. 내적공간 $\mathbb{R}^3$의 기저 $\{\mathbf{u}_1, \mathbf{u}_2, \mathbf{u}_3\}$에 Gram-Schmidt 정규직교법을 써서 정규직교기저를 구하여라.

   (1)$\mathbf{u}_1 = (1,1,1),\ \mathbf{u}_2 = (-1,1,0),\ \mathbf{u}_3 = (1,2,1)$

   (2)$\mathbf{u}_1 = (1,0,0),\ \mathbf{u}_2 = (3,7,-2),\ \mathbf{u}_3 = (0,4,1)$

3. 다음의 벡터 $\mathbf{u}_1$, $\mathbf{u}_2$, $\mathbf{u}_3$, $\mathbf{u}_4$는 Euclid 내적공간 $\mathbb{R}^4$의 직교집합임을 보여라. 또한 Gram-Schmidt 정규직교법을 써서 정규직교기저를 구하여라.

$$\mathbf{u}_1 = (1,0,0,1),\quad \mathbf{u}_2 = (-1,0,2,1)$$

$$\mathbf{u}_3 = (2,3,2,-2),\ \mathbf{u}_4 = (-1,2,-1,1)$$

5.4 선형함수

벡터공간 V 와 W에 대하여, 사상(또는 함수) $f : V \to W$가

$$(L1)\quad f(\mathbf{u}+\mathbf{v}) = f(\mathbf{u}) + f(\mathbf{v}),$$

$$(L2)\quad f(\alpha\mathbf{u}) = \alpha f(\mathbf{u})$$

을 만족할 때, 단 $\mathbf{u}, \mathbf{v}$는 V의 임의의 원소, α 는 임의의 스칼라, f를 **선형사상**(linear mapping)이라 한다. 일반적으로 W 가 $\mathbf{R}^n$ 공간일 때 **선형함수**(linear function)라고 부른다.

위 조건 $(L1)$에서 주목해야 할 것은 벡터 합 $\mathbf{u}+\mathbf{v}$에서 덧셈 연산은 벡터공간 V에서의 벡터 연산이고, 벡터 합 $T(\mathbf{u}) + T(\mathbf{v})$에서 덧셈 연산은 벡터공간 W에서의벡터 연산이다. 마찬가지로 조건 $(L2)$에서 $\alpha\mathbf{u}$는 V에서의 스칼라 곱이고, $\alpha T(\mathbf{u})$은 W에서의 스칼라 곱이 된다. 위 두 조건 $(L1)$과 $(L2)$는 다음 조건과 동치가 됨을 쉽게 알 수 있다. 임의의 벡터 $\mathbf{u}$와 $\mathbf{v}$와 임의의 스칼라 α와 β에 대하여

$$(L)\qquad f(\alpha\mathbf{u} + \beta\mathbf{v}) = \alpha f(\mathbf{u}) + \beta f(\mathbf{v}).$$

예 제 **1.** $V = \mathbf{R}^3$, $W = \mathbf{R}^2$에서 사상 $f : \mathbf{R}^3 \to \mathbf{R}^2$을 $f(x, y, z) = (x, y)$로 정의하면 선형사상이다.

[**풀이**] $\mathbf{x} = (x_1, x_2, x_3)$, $\mathbf{y} = (y_1, y_2, y_3)$를 $\mathbf{R}^3$의 임의의 두 벡터라 할 때

$$\begin{aligned} f(\mathbf{x}+\mathbf{y}) &= f(x_1+y_1, x_2+y_2, x_3+y_3) \\ &= (x_1+y_1, x_2+y_2) \\ &= (x_1, x_2) + (y_1, y_2) \\ &= f(\mathbf{x}) + f(\mathbf{y}). \end{aligned}$$

또한 임의의 수(=스칼라) α에 대해

$$f(\alpha\mathbf{x}) = f(\alpha x_1, \alpha x_2, \alpha x_3) = (\alpha x_1, \alpha x_2) = \alpha(x_1, x_2) = \alpha f(\mathbf{x}).$$

기하학적으로 이 사상 f 는 xyz-평면에서 xy-평면으로의 정사영(orthogonal projection)이다.

예 제 **2.** $f : \mathbf{R}^2 \to \mathbf{R}^2$을 $f(u, v) = (u+1, v+2)$는 선형함수가 아니다.

[**풀이**] $\mathbf{R}^2$ 의 임의의 벡터가 $\mathbf{u} = (x_1, y_1), \mathbf{v} = (x_2,\ y_2)$ 일 때

$$\begin{aligned}
f(\mathbf{u}+\mathbf{v}) &= f(x_1 + x_2,\ y_1 + y_2) \\
&= (x_1 + x_2 + 1,\ y_1 + y_2 + 2) \\
f(\mathbf{u}) + f(\mathbf{v}) &= f(x_1,\ \ y_1) + f(x_2,\ y_2) \\
&= (x_1 + 1,\ y_1 + 2) + (x_2 + 1,\ y_2 + 2) \\
&= (x_1 + x_2 + 2,\ y_1 + y_2 + 4) \\
f(\mathbf{u}+\mathbf{v}) &\neq f(\mathbf{u}) + f(\mathbf{v})
\end{aligned}$$

이므로 선형함수가 아니다.

$f : V \to W$ 가 선형사상일때 $f(\mathbf{v}) = \mathbf{0}$ 를 만족하는 V 의 모든 원소들의 집합을 f 의 **핵**(kernel)이라고 하고 $\mathrm{Ker}(f)$ 로 표시한다. 즉 $\mathrm{Ker}(f) = \{\mathbf{v} \in V \mid f(\mathbf{v}) = \mathbf{0} \in W\}$. 이 때 핵은 V의 부분공간이 되고 그의 차원(dimension)을 **핵공간의 차원**(nullity)라 한다.

예 제 **3.** 선형사상 $f : \mathbf{R}^3 \to \mathbf{R}^2$ 가 $f(x, y, z) = (-x + 3y + z,\ y + 2z)$으로 정의될 때 f의 핵과 차원을 구하라.

[**풀이**] $\mathbf{v} = (x, y, z) \in \mathrm{Ker}(f)$는 $f(\mathbf{v}) = (0, 0)$ 이다. 따라서

$$-x + 3y + z = 0$$

$$y + 2z = 0$$

이므로 $z = t \quad (t \in \mathbf{R})$로 놓으면 $x = -5t, \ y = -2t$가 되어서 $\mathrm{Ker}(f) = \{(-5t, -2t, t) \mid t \in \mathbf{R}\}$가 되고 $\mathrm{dimKer}(f) = 1$이 된다. 이 선형사상은 $\mathbf{R}^3$ 상의 1차원 직선을 $\mathbf{R}^2$의 원점 $\mathbf{0}$ 으로 보낸다.

선형사상이 1대1 대응이라 함은 정의역의 서로 다른 두 원소가 치역에서 서로 다른 상을 갖게 된다는 것을 의미하고 선형사상 $f : V \to W$가 1대1 대응이기 위한 동치조건은 $\mathrm{Ker}(f) = \{\mathbf{0} \in V\}$이다.

핵과 핵의 차원은 나중에 공부하게 될 제차선형연립방정식의 해공간과 그의 차원에 해당되며 선형사상에서 $\mathbf{0}$ 의 원상에 해당한다.

연습문제 5-4

1. 사상 $T : \mathbf{R}^2 \to \mathbf{R}^2$이 선형이고, $T(1,1) = (3,4), \ T(0,1) = (-1,2)$ 일 때 $T(x,y)$를 구하여라.

2. 선형사상 $T : \mathbf{R}^3 \to \mathbf{R}^2$이 $T\left(\begin{pmatrix} a_1 \\ a_2 \\ a_3 \end{pmatrix}\right) = \begin{pmatrix} a_1 \\ a_2 \end{pmatrix}$으로 정의될 때 T의 핵 $\mathrm{Ker}T$를 구하라.

3. 사상 $T : \mathbf{R}^3 \to \mathbf{R}^3$이 $T(x,y,z) = (x-y, \ 0, \ y+z)$로 정의될 때 T가 선형사상이 됨을 보여라.

4. 사상 $T : \mathbf{R}^2 \to \mathbf{R}^2$이 $T\left(\begin{pmatrix} x \\ y \end{pmatrix}\right) = \begin{pmatrix} xcos\theta - ysin\theta \\ xsin\theta + ycos\theta \end{pmatrix}$ 일 때 T가 선형사상이 됨을 보여라.

5. 사상 $T : \mathbf{R}^3 \to \mathbf{R}^2$이 $T(x, \ y, \ z) = (x^2, \ 0)$이면 선형사상인지 조사하여라.

제 6 장

행렬과 행렬식

이 장에서는 선형함수와 일대일 대응관계에 놓여 있는 행렬의 합과 곱을 생각하고 행렬의 계수가 선형함수의 정의역과 치역에 어떤 영향을 미치는가를 조사하여 본다. 그리고 행렬식의 성질과 역행렬에 대해서도 함께 살펴본다.

6.1 행렬과 행렬의 연산

실수 전체의 집합 $\mathbb{R}$이나 복소수 전체의 집합 $\mathbb{C}$와 같은 구조를 갖는 집합을 체라하고, $\mathbf{K}$ 또는 $\mathbf{F}$로 나타낸다. 체의 원소를 **스칼라**(scalar) 또는 **수**(number)라 한다. 수 $a_{ij} \in \mathbf{K}$ $(i = 1, 2, \cdots, m,\ j = 1, 2, \cdots, n)$의 직사각형 모양의 배열

$$A = \begin{pmatrix} a_{11} & a_{12} & \cdots & a_{1n} \\ a_{21} & a_{22} & \cdots & a_{2n} \\ \vdots & \vdots & & \vdots \\ a_{m1} & a_{m2} & \cdots & a_{mn} \end{pmatrix}$$

을 체 $\mathbf{K}$ 위의 **행렬**(matrix)이라 하고 그 구성 요소에 따라 실수 $\mathbb{R}$ 위의 행렬을 **실행렬**(real matrix), 복소수 $\mathbb{C}$ 위의 행렬을 **복소행렬**(complex matrix)이라 부른다. 체 $\mathbf{K}$ 위의 $m \times n$행렬 전체의 집합을 $M_{m\times n}(\mathbf{K})$로 나타내고 여기서 체 $\mathbf{K}$를 특별히 언급하지 않으면 $A = (a_{ij})$를 실행렬로 생각한다. 또한 행렬의 형태로 볼 때 가로에 배열된 수가 m 개, 세로에 배열된 수가 n 개라는 의미에서 $m \times n$행렬 또는 크기가 $m \times n$ 인 행렬이라 한다. 위의 행렬 A에는 m개 의 행과 n개의 열이 있다. 제 i행 과 제 j열이 만나는 자리의 수 a_{ij} 를 **행렬의** ij-**성분**(component)이라 하고 행렬을 $A = (a_{ij})$, $(i = 1, 2, \cdots, m,\ j = 1, 2, \cdots, n)$ 또는 크기를 표시하여 $A_{m\times n}$으로 나타낸다.

그리고 n 개의 요소를 갖는 i 행을 $R_i = \begin{pmatrix} a_{i1} & a_{i2} & \cdots & a_{in} \end{pmatrix}$ $(i = 1, 2, \cdots, m)$ 로 나타내고 **행벡터**(row vector), m개의 요소를 갖는 j 열을 $C_j = \begin{pmatrix} a_{1j} \\ a_{2j} \\ \vdots \\ a_{mj} \end{pmatrix}$ $(j = 1, 2, \cdots, n)$ 로 나타내고 **열벡터**(column vector)라 부르기로 한다.

이제 특수한 형태를 갖는 행렬들을 생각하여 보자.

행과 열의 수가 같은 행렬을 정방행렬이라하고, 정방행렬 $A = (a_{ij}) \in M_{n\times n}$에서 a_{11}, a_{22}, $\cdots$, a_{nn}을 행렬 A의 **주대각성분**(principal diagonal component)이

라 한다. 주대각성분 이외의 모든 성분이 0인 정방행렬을 **대각행렬**(diagonal matrix), 모든 주대각성분이 일정한 수 α인 대각행렬을 **스칼라 행렬**(scalar matrix), 그리고 주대각성분이 모두 1인 대각행렬을 n**차 항등행렬** 또는 **항등행렬**(identity matrix)이라 하고 I_n, 또는 $I = (\delta_{ij})$로 나타낸다. 단 여기서 δ_{ij}는 **Kronecker의 델타**라 부르고 $i = j$이면 $\delta_{ij} = 1$이고 $i \neq j$이면 $\delta_{ij} = 0$이다. 행렬 $A = (a_{ij}) \in M_{m\times n}$의 제 ij 성분 a_{ij}를 행과 열의 순서를 바꾸어 제 ji 성분으로 갖는 행렬 $(a_{ji}) \in M_{n\times m}$을 A의 **전치행렬**(transposed matrix)이라 하고 A^t 또는 ${}^tA$로 나타낸다.

$$A = \begin{pmatrix} a_{11} & a_{12} & \cdots & a_{1n} \\ a_{21} & a_{22} & \cdots & a_{2n} \\ \cdots & \cdots & \cdots & \cdots \\ a_{m1} & a_{m2} & \cdots & a_{mn} \end{pmatrix} \qquad A^t = \begin{pmatrix} a_{11} & a_{21} & \cdots & a_{m1} \\ a_{12} & a_{22} & \cdots & a_{m2} \\ \cdots & \cdots & \cdots & \cdots \\ a_{1n} & a_{2n} & \cdots & a_{mn} \end{pmatrix}$$

예 제 **1.** 다음 행렬의 전치행렬 A^t, B^t 을 구하여라.

$$A = \begin{pmatrix} 2 & 0 & 1 \\ -1 & 0 & 4 \end{pmatrix} \qquad B = \begin{pmatrix} -1 & 0 & 4 \\ 1 & 3 & 0 \\ -1 & 1 & 1 \end{pmatrix}$$

[풀이]

$$A^t = \begin{pmatrix} 2 & -1 \\ 0 & 0 \\ 1 & 4 \end{pmatrix} \qquad B^t = \begin{pmatrix} -1 & 1 & -1 \\ 0 & 3 & 1 \\ 4 & 0 & 1 \end{pmatrix}$$

n차 정방행렬 $A = (a_{ij})$에서 $A^t = A$일 때, A를 **대칭행렬**(symmetric matrix)이라 한다. 모든 $1 \leq i,\ j \leq n$에 대하여 $a_{ji} = a_{ij}$이면 A는 대칭행렬이다. 또한 $A^t = -A$일 때, A 를 **교대행렬**(alternating matrix)이라 한다. 모든 $1 \leq i,\ j \leq n$에 대하여 $a_{ji} = -a_{ij}$이면 A는 교대행렬이다. 교대행렬의 대각성분은 $a_{ii} = -a_{ii}$이므로 모두 영이다.

예 제 **2.** $A = \begin{pmatrix} -1 & 1 & 4 \\ 1 & 3 & 2 \\ 4 & 2 & 1 \end{pmatrix}$ 는 대칭행렬이고 $B = \begin{pmatrix} 0 & 1 & -1 \\ -1 & 0 & 2 \\ 1 & -2 & 0 \end{pmatrix}$ 는 교대행렬이다.

행렬의 합과 곱

$m \times n$행렬 전체의 집합 $M_{m\times n}$에서 이 집합의 행렬 $A = (a_{ij})$, $B = (b_{ij})$가 모든 $i = 1, 2, \cdots, m$, $j = 1, 2, \cdots, n$에 대하여 $a_{ij} = b_{ij}$일 때 A와 B는 **같다**(equal)고 하고, **A=B**로 나타낸다. 두 행렬이 같으려면 행과 열의 개수가 각각 같고 성분도 같아야 한다.

같은 크기의 두 행렬 $A, B \in M_{m\times n}$와 스카라 α에 대하여 행렬의 **합**(sum)과 **스칼라곱**(scalar multiplication)은 다음과 같이 정의한다.

$$A + B = (a_{ij}) + (b_{ij}) = (a_{ij} + b_{ij}), \qquad \alpha A = \alpha(a_{ij}) = (\alpha a_{ij}).$$

즉 행렬의 덧셈은 같은 크기의 행렬끼리만 가능하고 같은 위치의 성분끼리 합을 취한다. 그리고 행렬에 상수를 곱할 때, 모든 원소에 각각 상수곱을 행하도록 정의되어 이후에 나오는 행렬식의 성질과 다르다.

예 제 **3.** 행렬 A와 상수 $\alpha = -1$에서 $\alpha A = (-1)A$를 $-A$로 나타내면 $A - B = A + (-1)B$이다. 다음 행렬 A, B에서 $2A - 3B$를 구하여라.

$$A = \begin{pmatrix} 1 & 0 & -1 \\ 1 & 1 & 0 \end{pmatrix}, \qquad B = \begin{pmatrix} -1 & 2 & 1 \\ 1 & 0 & 2 \end{pmatrix}$$

[풀이]

$$2A - 3B = 2\begin{pmatrix} 1 & 0 & -1 \\ 1 & 1 & 0 \end{pmatrix} - 3\begin{pmatrix} -1 & 2 & 1 \\ 1 & 0 & 2 \end{pmatrix} = \begin{pmatrix} 5 & -6 & -5 \\ -1 & 2 & -6 \end{pmatrix}$$

모든 성분이 0 인 $m \times n$행렬을 **영행렬**(zero matrix)이라 하고 O로 나타낸다. 영행렬 $\mathbf{0}$ 은 행렬의 덧셈에 대하여 항등원이고 행렬은 덧셈에 대하여 교환법칙이 성립한다.

정 리 6.1.1. 행렬 A, B, $C \in M_{m\times n}(\mathbf{K})$와 $\alpha, \beta \in \mathbf{K}$에 대하여 다음이 성립한다.

(1)	$(A+B)+C = A+(B+C)$	(2)	$A+O = O+A = A$
(3)	$A+(-A) = (-A)+A = O$	(4)	$A+B = B+A$
(5)	$\alpha(A+B) = \alpha A + \alpha B$	(6)	$(\alpha+\beta)A = \alpha A + \beta A$
(7)	$(\alpha\beta)A = \alpha(\beta A)$	(8)	$1A = A \ (1 \in \mathbf{K})$

$1 \times n$행렬 A와 $n \times 1$행렬 B의 **도트곱**(dot product)을 다음으로 정의한다.

$$A \cdot B = \begin{pmatrix} a_1 & a_2 & \cdots & a_n \end{pmatrix} \begin{pmatrix} b_1 \\ b_2 \\ \cdots \\ b_n \end{pmatrix} = a_1 b_1 + a_2 b_2 + \cdots + a_n b_n$$

그리고 행렬 $A = (a_{ij}) \in M_{m\times n}$, $B = (b_{ij}) \in M_{n\times r}$의 **곱**(multiplication) AB는 앞의 행렬$A_{m\times n}$의 열의 수 n 과 뒤의 행렬 $B_{n\times r}$의 행의 수 n이 같은 행렬끼리만 곱셈을 정의하여

$$AB = \begin{pmatrix} a_{11} & a_{12} & \cdots & a_{1n} \\ a_{21} & a_{22} & \cdots & a_{2n} \\ \cdots & \cdots & a_{ik} & \cdots \\ a_{m1} & a_{m2} & \cdots & a_{mn} \end{pmatrix} \begin{pmatrix} b_{11} & b_{12} & \cdots & b_{1r} \\ b_{21} & b_{22} & \cdots & b_{2r} \\ \cdots & \cdots & b_{kj} & \cdots \\ b_{n1} & b_{n2} & \cdots & b_{nr} \end{pmatrix} = \begin{pmatrix} c_{11} & c_{12} & \cdots & c_{1r} \\ c_{21} & c_{22} & \cdots & c_{2r} \\ \cdots & \cdots & c_{ij} & \cdots \\ c_{m1} & c_{m2} & \cdots & c_{mr} \end{pmatrix} = C$$

$$c_{ij} = \sum_{k=1}^{n} a_{ik} b_{kj} = a_{i1} b_{1j} + a_{i2} b_{2j} + \cdots a_{in} b_{nj}$$

를 제 ij 성분으로 갖는 $m \times r$크기의 행렬 $C_{m\times r}$이다.

이 행렬의 곱을 도트곱을 이용하면 좀더 쉽게 나타낼 수 있다. A를 행벡터 $A_1, \cdots, A_m$로 나타내고, B를 열벡터 $B_1, \cdots, B_r$로 나타내면

$$\begin{pmatrix} A_1 \\ A_2 \\ \cdots \\ A_m \end{pmatrix} \begin{pmatrix} B_1 & B_2 & \cdots & B_r \end{pmatrix} = \begin{pmatrix} A_1 \cdot B_1 & A_1 \cdot B_2 & \cdots & A_1 \cdot B_r \\ A_2 \cdot B_1 & A_2 \cdot B_2 & \cdots & A_2 \cdot B_r \\ \cdots & \cdots & \cdots & \cdots \\ A_m \cdot B_1 & A_m \cdot B_2 & \cdots & A_m \cdot B_r \end{pmatrix} = (c_{ij})$$

이다. 단 여기에서

$$\begin{aligned} A_1 \cdot B_1 &= a_{11}b_{11} + a_{12}b_{21} + \cdots + a_{1n}b_{n1} = c_{11}, \\ A_1 \cdot B_2 &= a_{11}b_{12} + a_{12}b_{22} + \cdots + a_{1n}b_{n2} = c_{12}, \\ A_2 \cdot B_1 &= a_{21}b_{11} + a_{22}b_{21} + \cdots + a_{2n}b_{n1} = c_{21}, \\ A_2 \cdot B_2 &= a_{21}b_{12} + a_{22}b_{22} + \cdots + a_{2n}b_{n2} = c_{22}, \\ \cdots & \qquad \cdots \\ A_m \cdot B_r &= a_{m1}b_{1r} + a_{m2}b_{2r} + \cdots + a_{mn}b_{nr} = c_{mr}, \end{aligned}$$

이다.

예 제 4. 행렬 $A = \begin{pmatrix} 1 & 3 \\ -2 & 4 \end{pmatrix}$ $B = \begin{pmatrix} 3 & -2 \\ 5 & 1 \end{pmatrix}$ $C = \begin{pmatrix} 1 & -2 & 5 \\ 0 & 0 & 1 \end{pmatrix}$ 에 대하여 AB , BA, AC 를 구하시오.

[**풀이**] $AB = \begin{pmatrix} 18 & 1 \\ 14 & 8 \end{pmatrix}$ $\quad BA = \begin{pmatrix} 7 & 1 \\ 3 & 19 \end{pmatrix}$

$$AC = \begin{pmatrix} 1 & 3 \\ -2 & 4 \end{pmatrix} \begin{pmatrix} 1 & -2 & 5 \\ 0 & 0 & 1 \end{pmatrix} = \begin{pmatrix} 1 & -2 & 8 \\ -2 & 4 & -6 \end{pmatrix}$$

위의 예에서 보는 바와 같이 앞의 행렬 $A_{2\times2}$의 열의 갯수와 뒤의 행렬 $B_{2\times2}$의

행의 갯수가 같을 때만, 곱 AB는 가능하다. 따라서 A와 C의 곱 $A_{2\times2}C_{2\times3}$ 이 가능하지만 C와 A의 곱 $C_{2\times3}A_{2\times2}$는 불가능하다. 이로부터 행렬의 곱에 대해서는 일반으로 교환법칙이 성립하지 않음을 알 수 있다. 그러나 $n\times n$ 정방행렬 전체의 집합 $M_{n\times n}$은 모든 원소에 대하여 곱이 가능하고 특히 행렬 A와 B에 대해서 $AB=BA$일 때, A와 B는 **가환적**(commutative)이라 한다.

정 리 6.1.2. 합과 곱이 가능한 행렬 A, B, C와 수 α에 대하여 다음이 성립한다.

(1) $(AB)C = A(BC)$ (2) $A(B+C) = AB+AC$

(3) $(A+B)C = AC+BC$ (4) $\alpha(AB) = (\alpha A)B = A(\alpha B)$

(5) $A,\ B \in M_{m\times n}$ 일 때

$$(A^t)^t = A, \quad (A+B)^t = A^t + B^t, \quad (\alpha A)^t = \alpha A^t.$$

(6) $A\in M_{m\times n}$, $B\in M_{n\times r}$일 때 $(AB)^t = B^tA^t$.

$n\times n$ 정방행렬 A, B 에 대해서 $AB=BA=I_n$ (단 I_n은 n 차 단위행렬)이 성립하면 B 를 A 의 **역행렬**(inverse matrix)이라 하고 A^{-1} 로 쓴다. A 가 역행렬을 가지면 A 를 **가역행렬**(invertible matrix) 또는 **정칙행렬**(regular matrix)라 부른다. 역행렬에 대해서는 다음과 같은 정리가 성립한다.

정 리 6.1.3. A, B가 가역행렬이면 $(A^{-1})^{-1}=A$, $(AB)^{-1}=B^{-1}A^{-1}$ 이다.

크리스탈의 난보(Random Walk)

행렬 곱에 대한 예로서 원자들이 크리스탈 격자를 통과할 수 있는 경로를 헤아리는 문제를 살펴보자.

크리스탈은 어떤 격자 형태에 정렬된 사이트(site)들을 가진다. 원자는 한 사

이트에서 비어있는 임의의 이웃 사이트로 이동할 수 있다. 하나 이상의 사이트가 비어 있을 때 원자는 불규칙하게 목표 사이트를 선택하여 크리스탈을 통과하면서 경로를 만드는데 이를 **난보**(random walk)라 한다. 원자의 위치와 이웃에 대한 격자는 점과 선으로 표현하여 각 위치는 점으로 나타내고, 원자가 한 점에서 다른 한 점으로 바로 이동할 수 있을 때 두 점을 선으로 연결하여 표현하고 이것을 **그래프**(graph)라 부른다.

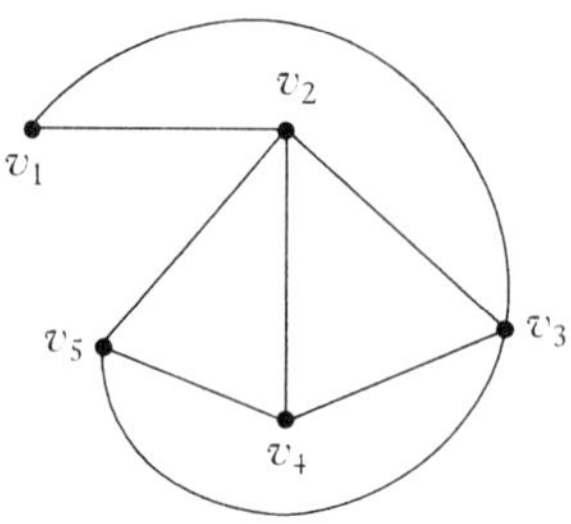

[그림 **6-1**]

이 그래프에서 원자는 점v_1에서 v_2혹은 v_3로 이동할 수 있지만, v_5로는 바로 이동할 수 없다. 왜냐하면 v_1은 v_2와 v_3에 연결되어 있지만 v_5 에는 연결되어 있지 않기 때문이다.

그래프 G에서, 두 점을 연결하는 선이 있으면, 그 두 점은 **이웃**(adjacent)하다고 한다. 홀로 있는 한 점은 연결선이 없기 때문에 자기 자신을 이웃이라 하지 않는다.

그래프에서 길이 n을 가지는 **보항**(walk)은 첫 번째 위치(혹은 점)에서 $n+1$번째 위치(혹은 점)까지 이동한 경로를 순서대로 나열한 수열(sequence)이다. 즉 보항은 크리스탈에서 원자가 여러 사이트들을 통과할 수 있는 경로를 나타낸다. 원자가 같은 사이트를 여러번 통과할 수도 있기 때문에, 하나의 보항에서 점들은 반복될 수 있다. $v_i - v_j$보항은 v_i에서 출발하여 v_j에서 끝나는 보항을 나타내기로 한다.

크리스탈을 연구하는 물리학자와 재료공학자들은 $v_1, ..., v_n$의 n사이트를 가지는 크리스탈에 대하여, 임의의 두 사이트(혹은 하나의 사이트에서 자기 자신)

사이에 길이 k를 가지는 서로 다른 보항의 개수에 관심을 갖는다. 즉 어떤 두 사이트를 k개 통로를 통하여 통과하는 경우의 수를 행렬을 이용하여 다음과 같이 해결한다.

먼저 그래프에 대한 **이웃행렬**(adjacency matrix) A를 정의하자. A는 $n \times n$ 행렬이고, 대각선 a_{ii} 요소는 0이고, $i \neq j$인 a_{ij} 요소에 대해서는 v_i와 v_j사이에 선이 있으면 1, 그렇지 않으면 0이다. 따라서 앞의 그림의 그래프의 이웃행렬 A은 다음과 같다.

$$A = \begin{pmatrix} 0 & 1 & 1 & 0 & 0 \\ 1 & 0 & 1 & 1 & 1 \\ 1 & 1 & 0 & 1 & 1 \\ 0 & 1 & 1 & 0 & 1 \\ 0 & 1 & 1 & 1 & 0 \end{pmatrix}$$

위의 행렬을 살펴보면 v_1과 v_2, v_1과 v_3사이에 선이 있으므로 이웃 행렬 A의 a_{12}, a_{13} 요소는 1인 반면에, v_1과 v_1 자신, 또는 v_1과 v_4, v_1과 v_5사이에는 선이 없으므로 a_{11}, a_{14}, a_{15} 요소는 0이다.

수학적 귀납법을 사용하면 이웃행렬을 이용한 보항문제에 대하여 다음 정리가 성립한다.

정 리 6.1.4. $A = (a_{ij})$를 점 $v_1, \ldots, v_n$를 가지는 그래프 G의 이웃행렬이라 두고, k는 임의의 자연수로 둘 때, G의 길이 k를 가지는 서로 다른 $v_i - v_j$보항의 개수는 A^k의 ij성분과 같다.(여기서 A^k는 A의 k번 행렬의 곱을 의미한다.)

그러므로 임의의 두 점(혹은 임의의 한 점에서 자기 자신)사이에 길이를 가지는 난보의 개수는 이웃행렬을 k번 곱한 결과의 요소이다. 예를 들어, 앞의 그

래프 G의 이웃행렬 A로 부터 길이가 3인 $v_1 - v_4$보항의 개수를 알기 위해 먼저

$$A^3 = \begin{pmatrix} 2 & 7 & 7 & 4 & 4 \\ 7 & 8 & 9 & 9 & 9 \\ 7 & 9 & 8 & 9 & 9 \\ 4 & 9 & 9 & 6 & 7 \\ 4 & 9 & 9 & 7 & 6 \end{pmatrix}$$

을 구한다. 이 때 A^3의 a_{14}원소 4 가 v_1에서 v_4로 가는 길이가 3인 보항의 개수이다. 이 그래프는 비교적 간단하므로, 모든 보항을 써 보면

$$v_1v_2v_3v_4; \quad v_1v_2v_5v_4; \quad v_1v_3v_5v_4; \quad v_1v_3v_2v_4;$$

이다. 또한 길이가 4인 $v_1 - v_4$ 보항의 개수를 구하기 위해서는

$$A^4 = \begin{pmatrix} 14 & 17 & 17 & 18 & 18 \\ 17 & 34 & 33 & 26 & 26 \\ 17 & 33 & 34 & 26 & 26 \\ 18 & 26 & 26 & 25 & 24 \\ 18 & 26 & 26 & 24 & 25 \end{pmatrix}$$

를 구하고 그의 a_{14}원소를 찾으면 18 이고 $v_2 - v_4$의 보항의 개수는 26임을 알 수 있다. 길이 k나 격자의 수 n이 클 때는 $v_i - v_j$보항의 개수를 알기 위해서 일일이 보항들을 기록한다는 것은 대단히 힘든 작업이다. 그러나 이 정리에 의하면 난보 계산문제는 행렬의 곱을 이용하여 간단하게 해결할 수 있다. (A^k를 계산하기 위해서는 Mathematica와 같은 프로그램을 사용하면 쉽게 구할 수 있다)

연습문제 6-1

1. 다음 행렬 A, B를 대칭행렬과 교대행렬의 합으로 나타내어라.

$$A = \begin{pmatrix} 0 & 1 \\ -1 & 1 \end{pmatrix} \qquad B = \begin{pmatrix} -2 & 0 & 1 \\ -1 & 1 & 0 \\ 0 & -1 & 1 \end{pmatrix}$$

2. 다음 행렬 A, B에서 A^n, B^n을 구하여라.

$$A = \begin{pmatrix} \alpha & a \\ 0 & \alpha \end{pmatrix} \qquad B = \begin{pmatrix} \alpha & 1 & 0 \\ 0 & \alpha & 1 \\ 0 & 0 & \alpha \end{pmatrix}$$

3. $(A+B)^2 = A^2 + 2AB + B^2$인 행렬 A, B의 예를 들고, 등식이 성립할 필요충분조건을 구하여라.

4. 정방행렬 A에 대하여 다음이 성립함을 보여라.

   (1) AA^t, $A + A^t$는 대칭행렬이다.

   (2) $A - A^t$는 교대행렬이다.

   (3)행렬 A는 대칭행렬과 교대행렬의 합으로 일의적으로 표시된다.

5. 다음을 증명하여라.

   (1) A가 가역행렬이고 $AB = AC$이면 $B = C$이다.

   (2) A가 가역행렬이고 $\lambda \neq 0$, $A = \lambda B$ 일 때, $A^{-1} = \frac{1}{\lambda}B^{-1}$이다.

   (3) 가역행렬 A, B가 대칭행렬일 때, $[(AB)^t]^{-1} = A^{-1}B^{-1}$이다.

6. 다음 행렬 $A = \begin{pmatrix} 1 & 2 \\ 4 & -3 \end{pmatrix}$ 에서 $f(A) = 2A^3 - 4A + 3I$를 구하여라.

6.2 행렬의 계수

이 절에서는 연립방정식의 해를 언급하는데 중요한 역할을 하고 선형사상의 이미지의 차원을 결정하는 행렬에 관련된 특별한 수에 관하여 언급한다.

어떤 4×3 행렬 $A = \begin{pmatrix} 2 & 2 & -4 \\ 10 & -8 & 12 \\ 3 & 1 & -2 \\ 5 & -5 & 7 \end{pmatrix}$ 에 대하여

$$C_1 = \begin{pmatrix} 2 \\ 10 \\ 3 \\ 5 \end{pmatrix}, \qquad C_2 = \begin{pmatrix} 2 \\ -8 \\ 1 \\ -5 \end{pmatrix}, \qquad C_3 = \begin{pmatrix} -4 \\ 12 \\ -2 \\ 7 \end{pmatrix}$$

를 열벡터(column vector)로 생각하고, 행렬을

$$A = (C_1,\ C_2,\ C_3)$$

로 표현할 수 있다. 마찬가지로

$R_1 = (2,\ 2,\ -4),\ R_2 = (10,\ -8,\ 12),\ R_3 = (3,\ 1,\ -2),\ R_4 = (5,\ -5,\ 7)$
를 행벡터(row vector)로 생각하고 행렬 A 를

$$A = \begin{pmatrix} R_1 \\ R_2 \\ R_3 \\ R_4 \end{pmatrix}$$

로 나타낼 수 있다.

행렬 A에서 행과 열을 각각 벡터로 생각하여 일차 독립인 행벡터와 열벡터에 의해 생성된 벡터공간을 각각 행렬 A의 **행공간**(row space) 과 **열공간**(column space)이라 한다. 이 때 일차 독립인 열벡터와 행벡터의 수를 각각 열공간과 행공간의 차원이라고 한다.

실수를 성분으로 가지는 임의의 행렬 A의 행공간과 열공간은 같은 차원을 가지고 그 차원을 행렬 A 의 **계수**(rank)라 하고 rank(A)로 표기한다.

즉 행렬 A의 계수는 행렬 A 의 일차독립인 행(또는 열)의 갯수이다.

예 제 **1.** $A = \begin{pmatrix} -4 & 2 & 2 & 1 \\ 0 & 4 & -8 & 7 \\ 2 & 1 & -5 & 3 \end{pmatrix}$ 에 대하여, 행공간과 열공간의 차원을 구하시오.

[**풀이**] 3×4행렬 A 는 행벡터

$$R_1 = (-4,\ 2,\ \ 2,\ 1\ ),$$
$$R_2 = (\ 0,\ 4, -8,\ 7\ ),$$
$$R_3 = (\ 2,\ 1, -5,\ 3\ )$$

로 구성되어 있고 이 세 개의 행벡터는 $R_2 = 2R_3 + R_1$, 즉

$$(\ 0,\ 4, -8, 7) = 2\ (\ 2, 1, -5, 3) + (-4, 2, 2, 1)$$

이므로 1차독립이 아니다. 그러나 벡터 R_1과 R_3 는 어느 하나의 벡터도 다른 벡터의 상수배로 나타낼 수 없으므로 일차 독립이다. 따라서 행공간은 벡터 R_1과 R_3 의하여 생성된 공간이고 차원은 2이다.

다음으로 A의 열벡터는

$$C_1 = \begin{pmatrix} -4 \\ 0 \\ 2 \end{pmatrix},\ C_2 = \begin{pmatrix} 2 \\ 4 \\ 1 \end{pmatrix},\ C_3 = \begin{pmatrix} 2 \\ -8 \\ -5 \end{pmatrix},\ C_4 = \begin{pmatrix} 1 \\ 7 \\ 3 \end{pmatrix}$$

이고 벡터 C_1과 C_2 는 어느 하나를 다른 것의 상수배로 표시할 수 없으므로 일

차 독립이다. 그러나

$$C_3 = (-\frac{3}{2})C_1 + (-2)C_2 \Longleftrightarrow \begin{pmatrix} 2 \\ -8 \\ -5 \end{pmatrix} = -\frac{3}{2}\begin{pmatrix} -4 \\ 0 \\ 2 \end{pmatrix} - 2\begin{pmatrix} 2 \\ 4 \\ 1 \end{pmatrix}$$

이므로 C_1, C_2, C_3 는 일차종속이다. 따라서 행공간의 차원도 2 이다.

이 예제에서 보는 바와 같이, 이 행렬 A의 행벡터 $R_i\,(i = 1, 2, 3)$ 들은 벡터 공간 $\mathbf{R}^4$에 속하고, 열벡터 $C_j\,(j = 1, 2, ..., 4)$ 들은 다른 차원의 벡터 공간 $\mathbf{R}^3$ 에 속한다 할지라도 이 벡터들이 이루는 행공간과 열공간은 같은 차원을 가진다. 이 차원을 행렬의 계수라하였으므로 계수는 행과 열의 수 3, 4 중 작은 수 3을 넘을 수는 없다.

예 제 2. $M_{3\times6} = \begin{pmatrix} 0 & 1 & 0 & 0 & 3 & 0 \\ 0 & 0 & 1 & 0 & -2 & 1 \\ 0 & 0 & 0 & 1 & 2 & 0 \end{pmatrix}$ 의 계수를 구하라.

[**풀이**] $M_{3\times6}$의 계수는 일차 독립인 행벡터의 개수이므로, 계수는 3이다.

미지수를 소거하여 방정식을 풀 때 방정식들을 교환하거나, 한 방정식에서 0 이 아닌 수를 곱하거나, 하나의 방정식에서 상수를 곱하여 다른 방정식에 더하는 연산을 행한다. 제차 선형연립 방정식의 계수를 행렬로 표시하였을 때 방정식은 $AX = 0$ 로 표시되고 위의 세가지 연산은

(1) 행렬 A 의 두 행을 서로 바꾸기($R_i \leftrightarrows R_j$),

(2) 행렬 A 의 한 행에 0 이 아닌 상수를 곱하기($R_i \leftrightarrows kR_i,\ k \neq 0$),

(3) 행렬 A 의 한 행에 상수를 곱하여 다른 행에 더하기($R_i \leftrightarrows R_i + kR_j$)

와 대응 된다. 이를 행렬의 **기본 행 연산**(elementary row operation)이라 하고 이 연산에 의해 만들어진 행렬 B 를 행렬 A와 **행등가**(Row Equivalence)라고 하고 $A \sim B$ 로 표시한다. 그리고 $A \sim B$ 이면 $rank(A) = rank(B)$ 이다

행렬 A 에서 모든 성분이 0인 행을 행렬 A의 **0의 행**이라 하고 0의 행이 아닌

행의 **선행 성분**은 행의 왼쪽에서 오른쪽으로 읽어서 첫번째 0 이 아닌 성분을 말한다. 예를 들어 행렬

$$A = \begin{pmatrix} 0 & 2 & 7 \\ 1 & -3 & 0 \\ 0 & 0 & 0 \\ 0 & 0 & 5 \end{pmatrix}$$

에서 3행(R_3)은 0의 행이고 1행(R_1)의 선행 성분은 2 이고 2행(R_2)의 선행 성분은 1 , 4행(R_4)의 선행 성분은 5이다. 3행(R_3)의 선행 성분은 언급하지 않는다.

행렬의 기본 행연산을 이용하여 변형된 아래의 (1) ~ (4) 의 조건들

(1) 0 이 아닌 행의 선행 성분은 1 이다.

(2) 어떤 행이 j 열에 선행 성분을 가지면 j 열의 다른 요소들은 모두 0 이다.

(3) i 행은 0의 행이 아니고 k 행이 0의 행이 이라면 $i < k$이다.

(4) r_1행의 선행성분이 c_1열에 있고 r_2행의 선행 성분이 c_2열에 있을 때

$r_1 < r_2$이면 $c_1 < c_2$ 이다.

을 만족하는 행렬을 **축약된 행 사다리꼴**(reduced row echelon form)이라 정의한다. 축약된 행 사다리꼴 행렬을 **축약행렬**(reduced row matrix)이라고 하고 A_R로 표시한다. 위의 기본 행연산을 이용하여 축약된 행 사다리꼴로 만드는 과정을 **가우스의 소거법**(Gaussian elimination)이라 한다.

축약행렬은 아주 특별한 구조이다. 위의 조건 (1)은 0이 아닌 행의 요소들을 왼쪽에서 오른쪽으로 읽었을 때, 0이 아닌 첫 번째 수는 1이라는 것이다. 조건(2)는 어느 행의 선행성분의 위와 아래는 모두 0이라는 것을 의미한다. 조건(3)에 의하면 축약행렬은 0의 행을 꼭 가질 필요는 없다. 그러나 0의 행이 있다면, 그것은 0이 아닌 행 아래 부분에 있다. 조건(4)는 선행성분이 그 이전의 선행성분의 오른쪽 아래에 있다는 것을 의미한다. 위의 예제2는 축약행렬이기 때문에 일차 독립인 행의 수, 즉 행렬의 계수를 쉽게 알 수 있었다. 이처럼 행렬을 축약행렬로 변형하는 가우스의 소거법을 이용하면 행렬의 계수를 쉽게 찾을 수 있다.

예 제 **3.** 다음 행렬 A, B 는 축약행렬이고 C 는 축약행렬이 아니다.

$$A = \begin{pmatrix} 0 & 1 & 3 & 0 \\ 0 & 0 & 0 & 1 \\ 0 & 0 & 0 & 0 \end{pmatrix} \qquad B = \begin{pmatrix} 1 & 0 & 0 & 3 & 1 \\ 0 & 1 & 0 & -2 & 4 \\ 0 & 0 & 1 & 0 & 1 \\ 0 & 0 & 0 & 0 & 0 \end{pmatrix} \qquad C = \begin{pmatrix} 0 & 1 & 4 & 0 & 0 \\ 0 & 0 & 1 & 0 & 0 \\ 0 & 0 & 0 & 1 & 0 \\ 0 & 0 & 0 & 0 & 1 \end{pmatrix}$$

C는 2행의 선행성분이 1이지만 이 선행 성분을 포함하는 3열에 0이 아닌 요소 4가 존재하기 때문이다.

그러나 2행에 -4를 곱하여 1행에 더하면 축약행렬 $C_R = \begin{pmatrix} 0 & 1 & 0 & 0 & 0 \\ 0 & 0 & 1 & 0 & 0 \\ 0 & 0 & 0 & 1 & 0 \\ 0 & 0 & 0 & 0 & 1 \end{pmatrix}$ 을 얻고 $C \sim C_R$ (행등가)이다.

행렬의 기본 행연산을 통하여 행렬을 행등가인 축약행렬로 바꿀 수 있다. 그리고 임의의 행렬 A와 그의 축약행렬 A_R의 계수는 같다. 이것을 이용하면 행렬의 계수를 구하기 쉽다.

예 제 **4.** $A = \begin{pmatrix} -2 & 1 & 3 \\ 0 & 1 & 1 \\ 2 & 0 & 1 \end{pmatrix}$ 의 축약행렬과 계수(rank)를 구하시오.

[**풀이**] 1행 1열에 0이 아닌 요소가 있으므로 다음과 같은 행연산을 행한다.

$$R_1 \leftrightarrows -\tfrac{1}{2}R_1 \Rightarrow \begin{pmatrix} 1 & -\frac{1}{2} & -\frac{3}{2} \\ 0 & 1 & 1 \\ 2 & 0 & 1 \end{pmatrix} \qquad R_3 \leftrightarrows -2R_1 + R_3 \Rightarrow \begin{pmatrix} 1 & -\frac{1}{2} & -\frac{3}{2} \\ 0 & 1 & 1 \\ 0 & 1 & 4 \end{pmatrix}$$

$$\begin{matrix} R_1 \leftrightarrows \frac{1}{2}R_2 + R_1, \\ R_3 \leftrightarrows (-1)R_2 + R_3 \end{matrix} \Rightarrow \begin{pmatrix} 1 & 0 & -1 \\ 0 & 1 & 1 \\ 0 & 0 & 3 \end{pmatrix} \qquad R_3 \leftrightarrows \tfrac{1}{3}R_3 \Rightarrow \begin{pmatrix} 1 & 0 & -1 \\ 0 & 1 & 1 \\ 0 & 0 & 1 \end{pmatrix}$$

$$\begin{matrix} R_1 \leftrightarrows R_3 + R_1, \\ R_2 \leftrightarrows (-1)R_3 + R_2 \end{matrix} \Rightarrow \begin{pmatrix} 1 & 0 & 0 \\ 0 & 1 & 0 \\ 0 & 0 & 1 \end{pmatrix} = A_R$$

이다. 이것은 축약행렬이고 각 행벡터들은 일차 독립이므로 $rank(A_R) = rank(A) = 3$ 이다.

축약행렬은 행렬의 계수를 구하거나 연립방정식을 풀이 할 때 요긴하게 쓰인다. 앞의 예제3 의 행렬 B 를 계수로 하는 연립 방정식을 생각하자.

$$\begin{aligned} x_1 \qquad + 3x_4 + \ x_5 &= 0 \\ x_2 \quad - 2x_4 + 4x_5 &= 0 \\ x_3 \qquad + \ x_5 &= 0 \end{aligned}$$

세번째 방정식으로 부터 $x_3 = -x_5$, 두 번째 방정식에서 $x_2 = 2x_4 - 4x_5$, 첫 번째 방정식으로 부터 $x_1 = -3x_4 - x_5$ 이다. 따라서 x_4와 x_5를

$$x_4 = c, \qquad x_5 = d$$

와 같이 임의의 수 c, d 라 두면 나머지 미지수들은

$$x_1 = -3c - d,\ x_2 = 2c - 4d,\ x_3 = -d$$

으로 선택하여 이 방정식의 해를 구한다. 어떤 연립 방정식의 계수 행렬이 축약행렬형태로 되어 있다면 이 방정식의 해는 쉽게 구할 수가 있다. 이후에 나오는 선형연립방정식을 풀기 위해 행렬의 축약된 형태를 이용할 것이다.

연습문제 6-2

1. 행렬 $\begin{pmatrix} -2 & 3 & 4 \\ 0 & 1 & 0 \end{pmatrix}$ 의 계수를 구하고 축약행렬을 구하여라.

2. $A = \begin{pmatrix} 2 & 1 \\ 3 & 0 \end{pmatrix}$ 의 행공간과 열공간의 차원을 구하여라.

6.3 선형함수와 행렬

이 절에서는 임의의 선형함수 $L : \mathbb{R}^n \to \mathbb{R}^m$ 가 주어질 때 이에 대응하는 $m \times n$ 연관행렬이 유일하게 존재함을 보임으로써 선형함수와 행렬 사이의 관계를 살펴보기로 하자.

임의의 행렬 $A = (a_{ij})_{m\times n}$이 주어질 때, $\mathbb{R}^n$내의 열벡터 $\mathbf{x}$에 대하여 행렬 $A\mathbf{x}$를 대응시키는 함수

$$L_A : \mathbb{R}^n \to \mathbb{R}^m \ ; \ L_A(\mathbf{x}) = A\mathbf{x}$$

는 다음의 계산에 의해 선형함수가 됨을 알 수 있다. 즉 $\mathbb{R}^n$의 임의의 열벡터 $\mathbf{x}$, $\mathbf{y}$와 임의의 수 c에 대하여 다음 식이 성립한다.

$$L_A(\mathbf{x}+\mathbf{y}) = A(\mathbf{x}+\mathbf{y}) = A\mathbf{x} + A\mathbf{y} = L_A(\mathbf{x}) + L_A(\mathbf{y}),$$
$$L_A(c\mathbf{x}) = A(c\mathbf{x}) = c(A\mathbf{x}) = cL_A(\mathbf{x}).$$

이 함수 L_A를 **행렬** $A = (a_{ij})_{m\times n}$ **에 대응되는 선형함수**이라 한다.

예 제 1. $f(\mathbf{x}) = f(x,y,z) = (x,y)$로 정의된 선형함수 $f : \mathbb{R}^3 \to \mathbb{R}^2$ 에 대응되는 행렬은 $\begin{pmatrix} 1 & 0 & 0 \\ 0 & 1 & 0 \end{pmatrix}_{2\times 3}$ 이다.

[**풀이**] $L_A(\mathbf{x}) = A\mathbf{x} \iff \begin{pmatrix} 1 & 0 & 0 \\ 0 & 1 & 0 \end{pmatrix} \begin{pmatrix} x \\ y \\ z \end{pmatrix} = \begin{pmatrix} x \\ y \end{pmatrix} \iff f(x,y,z) = (x,y)$

단 여기서 행렬의 곱 $A\mathbf{x}$를 취할 때 $\mathbf{x}$는 열벡터로 표현하여 계산한다.

예 제 2. 행렬 $A = \begin{pmatrix} -1 & 3 & 2 \\ 0 & 1 & 2 \end{pmatrix}$ 에 함수 $L_A : \mathbb{R}^3 \to \mathbb{R}^2 \ ; L_A(\mathbf{x}) = A\mathbf{x}$를 대응시키면 이 함수는 선형함수이다.

[**풀이**] $L_A(\mathbf{x}) = A\mathbf{x} \Longleftrightarrow L_A(a,\ b,\ c) = (-a+3b+c,\ b+2c)$ 이므로
$\mathbb{R}^3$의 임의의 두 벡터 $\mathbf{x} = (x_1, x_2, x_3),\ \mathbf{y} = (y_1, y_2, y_3)$에 대하여

$$\begin{aligned} L_A(\mathbf{x}+\mathbf{y}) &= L_A(x_1+y_1,\ x_2+y_2,\ x_3+y_3) \\ &= (-(x_1+y_1)+3(x_2+y_2)+(x_3+y_3),\ (x_2+y_2)+2(x_3+y_3)) \\ &= (-x_1+3x_2+x_3,\ x_2+2x_3)+(-y_1+3y_2+y_3,\ y_2+3y_3) \\ &= L_A(\mathbf{x})+L_A(\mathbf{y}). \end{aligned}$$

또한 임의의 수(=스칼라) α에 대해

$$\begin{aligned} L_A(\alpha\mathbf{x}) = L_A(\alpha x_1, \alpha x_2, \alpha x_3) &= (-\alpha x_1+3\alpha x_2+\alpha x_3,\ \alpha x_2+2\alpha x_3) \\ &= \alpha(-x_1+3x_2+x_3,\ x_2+2x_3) = \alpha L_A(\mathbf{x}). \end{aligned}$$

따라서 선형함수이다.

선형함수 $L_A : \mathbb{R}^n \to \mathbb{R}^m$ 의 정의역과 공변역의 차원과 그와 일대일로 대응되는 행렬 $A_{m\times n}$ 의 행과 열의 수를 눈여겨 보자.

연습문제 6-3

1. 다음 행렬에 관한 선형사상을 구하여라.

(1) $\begin{pmatrix} 2 & 1 \\ 0 & 1 \end{pmatrix}$ (2) $\begin{pmatrix} 1 & 0 & 1 \\ 1 & -1 & -1 \end{pmatrix}$

(3) $\begin{pmatrix} -1 & 0 & -1 & 4 \\ 0 & 1 & -1 & 0 \\ 2 & 1 & 0 & 1 \end{pmatrix}$ (4) $\begin{pmatrix} 2 & 1 & 3 \\ 0 & 1 & 0 \\ 1 & -1 & 0 \\ 0 & 1 & 1 \end{pmatrix}$

2. $T(x, y, z) = (x+y, y+z, z+x)$로 정의된 선형사상 $T : \mathbf{R}^3 \to \mathbf{R}^3$에 대하여 표준기저에 관한 T의 행렬 M_T를 구하여라.

3. 행렬 $R = \begin{pmatrix} \cos\theta & \sin\theta \\ \sin\theta & \cos\theta \end{pmatrix}$ 에 대응되는 함수 $\mathcal{R}_\theta : \mathbb{R}^2 \to \mathbb{R}^2$ 를 $\mathcal{R}_\theta(x, y) = \begin{pmatrix} \cos\theta & \sin\theta \\ \sin\theta & \cos\theta \end{pmatrix} \begin{pmatrix} x \\ y \end{pmatrix} = \begin{pmatrix} \cos\theta x + \sin\theta y \\ \sin\theta x + \cos\theta y \end{pmatrix}$ 으로 정의할 때 이 함수에 대응되는 선형 함수는 원점을 축으로 하여 시계 반대 방향으로 θ 라디안 만큼의 회전임을 보이시오.

4. $T : \mathbf{R}^2 \to \mathbf{R}^2$인 선형사상이 모든 점을 x축 대칭인 위치로 변화시킬 때 이 선형사상에 관한 행렬을 구하여라.

5. $T(\mathbf{x}) = \alpha\mathbf{x}$로 정의한 선형사상 $T : \mathbf{R}^n \to \mathbf{R}^n$에 관한 행렬 M_T을 구하여라.

6. 선형사상 $T : \mathbf{R}^4 \to \mathbf{R}^3$, $T(x, y, z, w) = (x, z, w)$와 선형사상 $S : \mathbf{R}^3 \to \mathbf{R}^2$, $S(x, y, z) = (z, x+y)$에 대하여

   (1) T에 관한 행렬 $A = M_T$을 구하여라.

   (2) S에 관한 행렬 $B = M_S$을 구하여라.

   (3) $S \circ T$에 관한 행렬 C를 구하여라.

   (4) 행렬 BA와 C를 비교하여라.

7. 다음 변환들의 표준기저에 관한 행렬을 구하여라.

   (1) $T : \mathbf{R}^2 \to \mathbf{R}^2$, $T(x, y) = (x+y, 2x)$

   (2) $T : \mathbf{R}^3 \to \mathbf{R}^2$, $T(x, y, z) = (2x + 3y - 4z, -2x + 5y + 4z)$

   (3) $T : \mathbf{R}^3 \to \mathbf{R}^3$, $T(x, y, z) = (x+y, 3y, 2z)$

   (4) $T : \mathbf{R} \to \mathbf{R}^2$, $T(x) = (3x, 4x)$

6.4 행렬식과 역행렬

정방행렬 $A = (a_{ij}) \in M_{n \times n}$에 정당한 규칙을 따라 숫자를 대응시킨 것이 행렬 A 의 **행렬식**(determinant)이다. 이를 $|A|$ 또는 $detA$ 로 나타낸다.

$n \times n$ 행렬 A 의 행렬식 $|A|$ 를 귀납적으로 정의하자.
1×1 행렬 $A = (a)$ 의 행렬식은 $|A| = a$ 이고
2×2 행렬 $B = \begin{pmatrix} a & b \\ c & d \end{pmatrix}$ 의 행렬식은 $|B| = \begin{vmatrix} a & b \\ c & d \end{vmatrix} = ad - bc$이다.

$(n-1) \times (n-1)$ 행렬의 행렬식이 정의되어 있다고 하자.
그러면 행렬 A 의 행렬식 $|A|$는 임의의 i 행에 대해

$$|A| = a_{i1}C_{i1} + a_{i2}C_{i2} + \ldots + a_{in}C_{in} = \sum_{j=1}^{n} a_{ij}C_{ij}$$

로 주어진다.

여기서 행렬 A에서 i번째 행과 j번째 열을 뺀 나머지 **소행렬**(minor matrix)을 M_{ij}이라 할 때, 소행렬의 행렬식에 부호를 붙여 C_{ij} 를

$$C_{ij} = (-1)^{i+j}\,|M_{ij}|$$

으로 정의하고 이를 행렬 A의 a_{ij}성분의 **여인수**(cofactor)라고 한다.

행렬식을 정의하는 방법은 여러가지가 있다. 위의 정의는 행렬식 A를 i행에 관하여 전개한 것이라고 한다. 즉 행렬의 임의의 i 행을 선택하고 그 행의 각 성분에 그의 여인수들을 각각 곱하여 합을 취한 수이다.

마찬가지로 열에 대해서 전개해도 행렬식의 값은 변하지 않는다. 즉 임의의 j열에 대해서도 각 성분의 여인수들을 곱하고 합을 취하여

$$|A| = a_{1j}C_{1j} + a_{2j}C_{2j} + \ldots + a_{nj}C_{nj} = \sum_{i=1}^{n} a_{ij}C_{ij}$$

가 성립한다.

예 제 **1.** 행렬 $A = \begin{pmatrix} a_{11} & a_{12} & a_{13} \\ a_{21} & a_{22} & a_{23} \\ a_{31} & a_{32} & a_{33} \end{pmatrix}$ 의 소행렬 M_{11}, M_{12}, M_{13}과 여인수 C_{11}, C_{12}, C_{13} 를 구하시오.

[풀이] M_{ij} 는 행렬 A 에서 i행 j열을 제외한 소행렬이므로

$$M_{11} = \begin{pmatrix} a_{22} & a_{33} \\ a_{32} & a_{33} \end{pmatrix} \quad M_{12} = \begin{pmatrix} a_{21} & a_{23} \\ a_{31} & a_{33} \end{pmatrix} \quad M_{13} = \begin{pmatrix} a_{21} & a_{22} \\ a_{31} & a_{32} \end{pmatrix}$$ 이고

$$C_{11} = (-1)^{(1+1)}\,|M_{11}| = a_{22}a_{33} - a_{23}a_{32}$$
$$C_{12} = (-1)^{(1+2)}\,|M_{12}| = -(a_{21}a_{33} - a_{23}a_{31}) = a_{23}a_{31} - a_{21}a_{33}$$
$$C_{13} = (-1)^{(1+3)}\,|M_{13}| = a_{21}a_{32} - a_{22}a_{31}$$ 이다.

예 제 **2.** $|A| = \begin{vmatrix} a_{11} & a_{12} & a_{13} \\ a_{21} & a_{22} & a_{23} \\ a_{31} & a_{32} & a_{33} \end{vmatrix} = \begin{array}{l} a_{11}a_{22}a_{33} + a_{12}a_{23}a_{31} + a_{13}a_{21}a_{32} \\ -a_{11}a_{23}a_{32} - a_{13}a_{22}a_{31} - a_{12}a_{21}a_{33} \end{array}$

임을 보여라.

[풀이] 행렬 A 를 1행에 대하여 전개하자.

$$|A| = a_{11}C_{11} + a_{12}C_{12} + a_{13}C_{13}$$
$$= a_{11}\begin{vmatrix} a_{22} & a_{23} \\ a_{32} & a_{33} \end{vmatrix} - a_{12}\begin{vmatrix} a_{21} & a_{23} \\ a_{31} & a_{33} \end{vmatrix} + a_{13}\begin{vmatrix} a_{21} & a_{22} \\ a_{31} & a_{32} \end{vmatrix}$$
$$= a_{11}(a_{22}a_{33} - a_{23}a_{32}) - a_{12}(a_{21}a_{33} - a_{23}a_{31}) + a_{13}(a_{21}a_{32} - a_{22}a_{31})$$
$$= a_{11}a_{22}a_{33} + a_{12}a_{23}a_{31} + a_{13}a_{21}a_{32} - a_{11}a_{23}a_{32} - a_{12}a_{21}a_{33} - a_{13}a_{22}a_{31}\,.$$

예 제 **3.** $A = (a_{ij})_{3\times3}$ 에서 $a_{21}C_{11} + a_{22}C_{12} + a_{23}C_{13} = 0$임을 보여라.

[풀이] $a_{21}C_{11} + a_{22}C_{12} + a_{23}C_{13} = a_{21}\begin{vmatrix} a_{22} & a_{23} \\ a_{32} & a_{33} \end{vmatrix} - a_{22}\begin{vmatrix} a_{21} & a_{23} \\ a_{31} & a_{33} \end{vmatrix} + a_{23}\begin{vmatrix} a_{21} & a_{22} \\ a_{31} & a_{32} \end{vmatrix}$

$$= a_{21}(a_{22}a_{33} - a_{23}a_{32}) - a_{22}(a_{21}a_{33} - a_{23}a_{31}) + a_{23}(a_{21}a_{32} - a_{22}a_{31}) = 0$$

정 리 **6.4.1.** 행렬식의 성질은 다음과 같다.

(1) $|A| = |A^t|$ (2) $|AB| = |A|\,|B|$

(3) $$\begin{vmatrix} a_{11}+kb_{11} & a_{12} & \cdots & a_{1n} \\ a_{21}+kb_{21} & a_{22} & \cdots & a_{2n} \\ \cdots & \cdots & \cdots & \cdots \\ a_{n1}+kb_{n1} & a_{n2} & \cdots & a_{nn} \end{vmatrix} = \begin{vmatrix} a_{11} & a_{12} & \cdots & a_{1n} \\ a_{21} & a_{22} & \cdots & a_{2n} \\ \cdots & \cdots & \cdots & \cdots \\ a_{n1} & a_{n2} & \cdots & a_{nn} \end{vmatrix} + k \begin{vmatrix} b_{11} & a_{12} & \cdots & a_{1n} \\ b_{21} & a_{22} & \cdots & a_{2n} \\ \cdots & \cdots & \cdots & \cdots \\ b_{n1} & a_{n2} & \cdots & a_{nn} \end{vmatrix}$$

(4) 하나의 행(또는 열)이 0 이면 그 행렬식의 값은 0 이다.

(5) 어느 한 행(또는 열)이 다른 행(또는 열)의 상수 k배가 되면 행렬식은 0 이다.

(6) 어느 두 행(또는 열)을 서로 교환하면 행렬식의 부호가 바뀐다.

(7) 어느 하나의 행(또는 열)에 상수 k를 곱하여 다른 행(또는 열)에 합해도 행렬식의 값은 불변이다.

(8) $\sum_{j=1}^{n} a_{ij}C_{kj}$ 는 $i = k$ 일 때 $|A|$ 이고 $i \neq k$ 일 때 0 이다.

[**증명**] 위의 정리의 각 성질들은 행렬식의 정의를 따라 증명됨을 쉽게 알 수 있으므로 여기서는 증명을 생략한다.

(1)의 성질로 부터 행렬식은 행에서 성립하는 성질은 열에서도 성립함을 알 수 있고 예제 3 과 (8)의 성질로 부터 어떤 행에 다른 행의 여인수를 곱하면 0이 됨을 알 수 있다.

이제 부터는 주어진 정방 행렬의 역행렬을 구하기 위해서 그의 행렬식을 이용하는 방법과 기본 행 연산을 이용하는 방법이 있는데 이를 차례로 소개한다.

행렬 $A = (a_{ij})$의 각 성분 a_{ij}의 여인수 C_{ij}를 원소로 하는 행렬 $C = (C_{ij})$를 **여인수 행렬**이라하고 이 여인수 행렬의 전치행렬 $C^t = (C_{ij})^t = (C_{ji})$를 A의 **수**

반행렬(adjoint matrix)이라하고 $adjA$ 로 쓴다. 즉

$$adjA = (C_{ij})^t = (C_{ji}) = \begin{pmatrix} C_{11} & C_{21} \cdots & C_{31} \\ C_{12} & C_{22} \cdots & C_{32} \\ \cdots & \cdots \cdots & \cdots \\ C_{13} & C_{23} \cdots & C_{33} \end{pmatrix}$$

이다. 위의 정리의 성질 (8)로 부터

$$A(adjA) = \begin{pmatrix} a_{11} & a_{12} \cdots & a_{1n} \\ a_{21} & a_{22} \cdots & a_{2n} \\ \cdots & \cdots \cdots & \cdots \\ a_{n1} & a_{n2} \cdots & a_{nn} \end{pmatrix} \begin{pmatrix} C_{11} & C_{21} \cdots & C_{n1} \\ C_{12} & C_{22} \cdots & C_{n2} \\ \cdots & \cdots \cdots & \cdots \\ C_{1n} & C_{2n} \cdots & C_{nn} \end{pmatrix}$$

$$= \begin{pmatrix} \sum_{i=1}^{n} a_{1i}C_{1i} & \sum_{i=1}^{n} a_{1i}C_{2i} & \cdots & \sum_{i=1}^{n} a_{1i}C_{ni} \\ \sum_{i=1}^{n} a_{2i}C_{1i} & \sum_{i=1}^{n} a_{2i}C_{2i} & \cdots & \sum_{i=1}^{n} a_{2i}C_{ni} \\ \cdots & \cdots & \cdots & \cdots \\ \sum_{i=1}^{n} a_{ni}C_{1i} & \sum_{i=1}^{n} a_{ni}C_{2i} & \cdots & \sum_{i=1}^{n} a_{ni}C_{ni} \end{pmatrix} = \begin{pmatrix} |A| & 0 & \cdots & 0 \\ 0 & |A| & \cdots & 0 \\ \cdots & \cdots & \cdots & \cdots \\ 0 & 0 & \cdots & |A| \end{pmatrix}$$

$$= |A|\, I_{n\times n}$$

가 성립한다.

따라서 $A_{n\times n}$ 에 대하여 $A(adjA) = |A|\, I_{n\times n}$ 이고 이로부터 $A\dfrac{(adjA)}{|A|} = I$ 가 되어 다음정리가 성립한다.

정 리 **6.4.2.** 정방행렬 A가 가역행렬이기 위한 필요충분 조건은 $|A| \neq 0$ 이고 이 때 $|A| \neq 0$ 이면 역행렬A^{-1}은 $A^{-1} = \dfrac{1}{|A|}adjA$ 이다.

예 제 **4.** 2×2 행렬 $A = \begin{pmatrix} a & b \\ c & d \end{pmatrix}$ 가 가역행렬이기 위한 필요충분조건은

$$|A| = ad - bc \neq 0$$

이고 그의 역행렬은 $A^{-1} = \dfrac{1}{ad-bc}\begin{pmatrix} d & -b \\ -c & a \end{pmatrix}$ 이다.

예 제 **5.** 다음 행렬의 역행렬을 구하여라.

$$(1) \quad A = \begin{pmatrix} 1 & 1 & 0 \\ 1 & 1 & 1 \\ 0 & 2 & 1 \end{pmatrix} \qquad (2) \quad B = \begin{pmatrix} 1 & 2 & 2 \\ 3 & 1 & 0 \\ 1 & 1 & 1 \end{pmatrix}$$

[**풀이**] (1) $\text{adj}A = \begin{pmatrix} -1 & -1 & 1 \\ -1 & 1 & -1 \\ 2 & -2 & 0 \end{pmatrix}, \quad A^{-1} = \dfrac{\text{adj}A}{|A|} = \begin{pmatrix} \frac{1}{2} & \frac{1}{2} & -\frac{1}{2} \\ \frac{1}{2} & -\frac{1}{2} & \frac{1}{2} \\ -1 & 1 & 0 \end{pmatrix}.$

(2) $\text{adj}B = \begin{pmatrix} 1 & 0 & -2 \\ -3 & -1 & 6 \\ 2 & 1 & -5 \end{pmatrix}, \quad B^{-1} = \dfrac{\text{adj}B}{|B|} = \begin{pmatrix} -1 & 0 & 2 \\ 3 & 1 & -6 \\ -2 & -1 & 5 \end{pmatrix}.$

다음으로 행렬의 기본 행연산을 이용하여 역행렬을 구하는 법을 소개한다.

(1) 주어진 행렬 A의 오른쪽에 항등 행렬을 포함시켜 확대된 행렬 $(A : I)$을 만든다.

(2) 행렬 A 가 행사다리 꼴이나 항등행렬이 될 때까지 기본행 연산을 행한다.

(3a) A를 항등행렬로 변형이 가능하면 A^{-1}은 $(I : A^{-1})$이 된다.

(3b) A가 기본행 연산에 의해 한 행이 모두 0이 되면 A는 비가역 행렬이다.

예 제 **6.** 기본행 연산에 의해 $A = \begin{pmatrix} 1 & -3 & 4 \\ 2 & -5 & 7 \\ 0 & -1 & 1 \end{pmatrix}$ 의 역행렬이 존재하지 않음을 보이시오.

[풀이]

$$(A:I) = \left(\begin{array}{ccc:ccc} 1 & -3 & 4 & 1 & 0 & 0 \\ 2 & -5 & 7 & 0 & 1 & 0 \\ 0 & -1 & 1 & 0 & 0 & 1 \end{array}\right) R_2 \rightleftarrows R_2 + (-2)R_1 \Rightarrow$$

$$\left(\begin{array}{ccc:ccc} 1 & -3 & 4 & 1 & 0 & 0 \\ 0 & 1 & -1 & -2 & 1 & 0 \\ 0 & -1 & 1 & 0 & 0 & 1 \end{array}\right) R_3 \rightleftarrows R_3 + R_2 \Rightarrow \left(\begin{array}{ccc:ccc} 1 & 0 & 1 & -5 & 3 & 0 \\ 0 & 1 & -1 & -2 & 1 & 0 \\ 0 & 0 & 0 & -2 & 1 & 1 \end{array}\right)$$

따라서 좌측의 행렬에 3행이 모두 0 으로 나와 역행렬 A^{-1}은 존재하지 않는다.

예 제 **7.** $A = \begin{pmatrix} 1 & 1 & 2 \\ 2 & 2 & 3 \\ 1 & 0 & 1 \end{pmatrix}$ 의 역행렬을 구하시오.

[풀이] 왼쪽의 행렬이 항등행렬이 될 때까지 행연산을 행하자.

$$\left(\begin{array}{ccc:ccc} 1 & 1 & 2 & 1 & 0 & 0 \\ 2 & 2 & 3 & 0 & 1 & 0 \\ 1 & 0 & 1 & 0 & 0 & 1 \end{array}\right) \begin{array}{c} R_2 \rightleftarrows R_2 + (-2)R_1 \\ R_3 \rightleftarrows R_3 + (-1)R_1 \end{array} \Rightarrow \left(\begin{array}{ccc:ccc} 1 & 1 & 2 & 1 & 0 & 0 \\ 0 & 0 & -1 & -2 & 1 & 0 \\ 0 & -1 & -1 & -1 & 0 & 1 \end{array}\right)$$

$$R_2 \rightleftarrows R_3 \Rightarrow \left(\begin{array}{ccc:ccc} 1 & 1 & 2 & 1 & 0 & 0 \\ 0 & -1 & -1 & -1 & 0 & 1 \\ 0 & 0 & -1 & -2 & 1 & 0 \end{array}\right) \begin{array}{c} R_2 \rightleftarrows (-1)R_2 \\ R_3 \rightleftarrows (-1)R_3 \end{array} \Rightarrow$$

$$\begin{pmatrix} 1 & 1 & 2 & : & 1 & 0 & 0 \\ 0 & 1 & 1 & : & 1 & 0 & -1 \\ 0 & 0 & 1 & : & 2 & -1 & 0 \end{pmatrix} \begin{matrix} R_1 \rightleftarrows R_1 + (-2)R_3 \\ R_2 \rightleftarrows R_2 + (-1)R_3 \end{matrix} \Rightarrow \begin{pmatrix} 1 & 1 & 0 & : & -3 & 2 & 0 \\ 0 & 1 & 0 & : & -1 & 1 & -1 \\ 0 & 0 & 1 & : & 2 & -1 & 0 \end{pmatrix}$$

$$R_1 \rightleftarrows R_1 + (-1)R_2 \Rightarrow \begin{pmatrix} 1 & 0 & 0 & : & -2 & 1 & 1 \\ 0 & 1 & 0 & : & -1 & 1 & -1 \\ 0 & 0 & 1 & : & 2 & -1 & 0 \end{pmatrix}$$

따라서 역행렬은 $A^{-1} = \begin{pmatrix} -2 & 1 & 1 \\ -1 & 1 & -1 \\ 2 & -1 & 0 \end{pmatrix}$ 이다.

가우스 소거법의 장점은 행렬식을 사용할 때 보다 비교적 계산의 양이 적다는 점이다. 실제로

$$A\mathbf{e}_1 = \begin{pmatrix} 1 & 1 & 2 \\ 2 & 2 & 3 \\ 1 & 0 & 1 \end{pmatrix} \begin{pmatrix} 1 \\ 0 \\ 0 \end{pmatrix} = \begin{pmatrix} 1 \\ 2 \\ 1 \end{pmatrix}, \; A\mathbf{e}_2 = \begin{pmatrix} 1 \\ 2 \\ 0 \end{pmatrix}, \; A\mathbf{e}_2 = \begin{pmatrix} 2 \\ 3 \\ 1 \end{pmatrix}$$

이다. 즉 $A\mathbf{e}_i$는 행렬 A의 i 번째 열이다. 따라서

$$(A : \mathbf{e}_1,\ \mathbf{e}_2,\ \mathbf{e}_3) = (A^{-1}A : A^{-1}\mathbf{e}_1,\ A^{-1}\mathbf{e}_2,\ A^{-1}\mathbf{e}_3)$$

$$= (I : A^{-1}\text{의 } 1\text{열},\ A^{-1}\text{의 } 2\text{열},\ A^{-1}\text{의 } 3\text{열}) = (I : A^{-1})$$

이다.

연습문제 6-4

1. 삼각행렬의 행렬식 $\begin{vmatrix} 2 & 0 & 0 & 0 \\ 3 & -2 & 0 & 0 \\ 8 & 1 & -2 & 0 \\ 1 & 3 & -2 & -3 \end{vmatrix}$ 를 1행에 대하여 전개하여 대각성분의 곱과 같음을 보이시오.

2. 다음 행렬의 역행렬을 구하시오.

(1) $A = \begin{pmatrix} 2 & 3 & 4 \\ 4 & 3 & 1 \\ 1 & 2 & 4 \end{pmatrix}$ (2) $B = \begin{pmatrix} 2 & 5 & 2 & 3 \\ 2 & 3 & 3 & 4 \\ 3 & 6 & 3 & 2 \\ 4 & 1 & 2 & 8 \end{pmatrix}$

3. 다음 행렬의 소행렬식, 여인수, 수반행렬을 구하여라.

$$A = \begin{pmatrix} 1 & 2 & 3 \\ 4 & 5 & 6 \\ 7 & 8 & 9 \end{pmatrix}$$

4. 여인수 전개을 이용하여 다음 행렬식을 계산하여라.

$$\begin{vmatrix} 1 & 1 & 1 & 1 \\ a & x & a & a \\ b & b & x & b \\ c & c & c & x \end{vmatrix}$$

5. 다음 식을 만족하는 x의 값을 구하여라.

$$\begin{vmatrix} x+3 & -1 & 1 \\ 5 & x-3 & 1 \\ 6 & -6 & x+5 \end{vmatrix} = 0$$

제 7 장

행렬과 선형연립방정식

선형함수는 선형연립방정식으로 표현되어 연립방정식의 풀이문제로 바꿀 수 있고, 연립방정식은 그의 계수들로 행열을 만들고 그의 행렬식을 이용하여 해를 구할 수 있다. 즉, 행렬과 연립방정식을 공부하는 것은 벡터공간상의 선형함수를 연구하는 것이 된다. 이 장에서는 선형연립방정식을 풀이하는데 행렬과 행렬식의 이론이 어떻게 사용되는가 살펴본다. 연립방정식의 계수로 만든 행렬과 그 계수에 대응되는 선형함수들과의 관계속에서 연립방정식의 해는 자연계의 선형인 현상들의 원인과 결과를 규명하는 과정임을 알 수 있게 된다. 행렬의 계수와 행렬식 등이 선형함수와 행렬과 연립방정식의 관계속에서 어떤 의미를 가지는지 살펴보자.

7.1 행렬과 연립방정식의 해법

선형함수 $f : \mathbf{R}^n \to \mathbf{R}^m$ 의 함수식을 $\mathbf{y} = f(\mathbf{x})$ 라 하자. 이 때 원상 $\mathbf{x} = (x_1, x_2, ..., x_n) \in \mathbf{R}^n$에 대한 함수값은 $\mathbf{y} = (y_1, y_2, ..., y_m) \in \mathbf{R}^m$이다. 이를 선형함수에 대응되는 행렬 $A = (a_{ij})_{m\times n}$ 를 이용해서 행렬의 방정식으로 표현하면 $A\mathbf{x} = \mathbf{y}$ 이다. 이 때 $\mathbf{x}$, $\mathbf{y}$는 열벡터로 표시한다. 이로부터 우리는 다음과 같은 선형연립방정식을 얻는다.

$$f(\mathbf{x}) = \mathbf{y} \Leftrightarrow A\mathbf{x} = \mathbf{y} \Leftrightarrow \begin{pmatrix} a_{11} & a_{12} & \cdots & a_{1n} \\ a_{21} & a_{22} & \cdots & a_{2n} \\ \vdots & \vdots & \vdots & \vdots \\ a_{m1} & a_{m2} & \cdots & a_{mn} \end{pmatrix} \begin{pmatrix} x_1 \\ x_2 \\ \vdots \\ x_n \end{pmatrix} = \begin{pmatrix} y_1 \\ y_2 \\ \vdots \\ y_m \end{pmatrix}$$

$$\begin{cases} a_{11}x_1 & + \ a_{12}x_2 & + \cdots + & a_{1n}x_n = y_1 \\ a_{21}x_1 & + \ a_{22}x_2 & + \cdots + & a_{2n}x_n = y_2 \\ \vdots & \vdots & & \vdots \ = \ \vdots \\ a_{m1}x_1 & + \ a_{m2}x_2 & + \cdots + & a_{mn}x_n = y_m \end{cases}$$

이 때 $\mathbf{y} = \mathbf{0}$, 즉 $A\mathbf{x} = \mathbf{0}$ 일 때 **제차 선형연립방정식**(homogeneous linear equations)이라고 하고 $\mathbf{y} = \mathbf{b} \neq \mathbf{0}$, 즉 $A\mathbf{x} = \mathbf{b}$ 일 때 **비제차 선형연립방정식**(non-homogeneous linear equations)이라고 한다. 그리고 행렬 A를 선형연립방정식의 **계수행렬**(coefficient matrix)이라 하고 계수행렬 A 에 열벡터 $\mathbf{b}$ 를 덧붙인 $m \times (n+1)$ 행렬 $(A : \mathbf{b})$을 **확대 행렬**(augmented matrix)이라고 한다.

연립방정식을 풀이할 때 가장 자연스런 질문은 "방정식의 해의 존재여부와 해가 존재한다면 얼마나 많은 해가 어떻게 존재하는가?"이다. 이 질문은 선형함수 f의 정의역 $\mathbf{R}^n$과 치역 $f(\mathbf{R}^m)$간의 관계로 설명할 수 있다.

연립방정식을 풀이하는 것은 선형함수 f 의 원상을 찾는 것과 같다.

특히 제차 선형 연립 방정식의 해를 찾는 것은

$\mathbf{0} = f(\mathbf{x}) \in \mathbf{R}^m$ 의 선형함수 f의 원상 $\mathbf{x} \in \mathbf{R}^n$ 를 찾는 것과 같고

비제차 선형 연립 방정식의 해를 찾는 것은

$\mathbf{b} = f(\mathbf{x}) \neq \mathbf{0} \in \mathbf{R}^m$ 의 원상 $\mathbf{x} \in \mathbf{R}^n$를 찾는 것과 같다.

즉 비제차 선형 연립 방정식의 해는

벡터 $\mathbf{b} \in \mathbf{R}^m$가 치역 $f(\mathbf{R}^n)$안에 있을 때 (즉, $\mathbf{b} \in f(\mathbf{R}^n)$ 일 때)

(1)유일하게 존재하거나 (2) 무수히 많이 존재하고,

벡터 $\mathbf{b} \in \mathbf{R}^m$가 치역 $f(\mathbf{R}^n)$ 에 속하지 않을 때 (3)해가 존재하지 않는다.

(1)의 경우 선형함수는 일대일 대응이고, (2)의 경우 **부정**이라고 하고 선형함수에 의한 원상이 무수히 많이 존재한다. (3)의 경우 우리는 이 연립방정식계를 **모순계**(inconsistent system)이라 하고 선형함수에 의한 $\mathbf{b}$의 원상을 생각할 수 없다.

제차 선형 연립방정식의 해는

$\mathbf{0}$의 원상이므로 선형함수의 핵공간에 속한 벡터들이다. 이 때 선형함수의 성질 $f(\mathbf{0}) = \mathbf{0}$에 의해서 항상 자명한 해 $\mathbf{0}$가 존재하므로 제차 연립 방정식의 경우는

(1)해가 $\mathbf{0}$ 밖에 없을 때와 (2) $\mathbf{0}$ 이외의 해가 무수히 존재하는 경우

뿐이다. (1)의 경우 그 행렬에 대응하는 선형함수의 핵공간의 원소는 $\mathbf{0}$ 뿐이고 **일대일 대응함수**이다. (2)의 경우 핵공간에는 $\mathbf{0}$ 이외의 벡터가 존재한다.

모든 행렬은 기본 행 연산을 반복하여 행 사다리꼴(row echelon form) 또는 축약 행 사다리꼴(reduced row echelon form)로 변형된다. 행 사다리꼴에서는 왼쪽에서 첫번째로 영이 아닌 선행 성분 1 아래의 수는 모두 0 이나 축약 행 사다리꼴에서는 선행 성분 1 아래 위가 모두 0 이다. 아래 행렬 A, B는 행 사다리꼴이고 C, D는 축약 행 사다리꼴이다.

$$A = \begin{pmatrix} 1 & 2 & 3 \\ 0 & 1 & 4 \\ 0 & 0 & 1 \end{pmatrix} \quad B = \begin{pmatrix} 1 & 0 & 3 & 0 \\ 0 & 0 & 1 & 2 \end{pmatrix} \quad C = \begin{pmatrix} 1 & 0 & 0 & 0 \\ 0 & 1 & 0 & 0 \\ 0 & 0 & 0 & 1 \end{pmatrix} \quad D = \begin{pmatrix} 1 & 0 & 0 & 0 \\ 0 & 0 & 1 & 2 \end{pmatrix}$$

축약 행 사다리꼴은 행 사다리꼴이나 역은 성립하지 않는다. 축약 행 사다리꼴의 행렬을 축약행렬(reduced matrix)이라함을 기억하자.

연립방정식의 확대행렬을 기본 행연산에 의해 행 사다리꼴 (row echelon form) 또는 축약 행 사다리꼴(reduced row echelon form)을 만들어 선형 연립 방정식의 해를 찾는 방법을 **Gauss-Jordan의 소거법**(Gauss-Jordan method) 혹은 **완전 피보팅**(complete pivoting)이라고 한다.

제차 선형연립방정식의 해법

예 제 1. 다음 두 연립방정식의 해가 동일함을 보이시오.

$$\begin{cases} x_1 - 3x_2 + 2x_3 = 0 \\ -2x_1 + x_2 - 3x_3 = 0 \end{cases} \qquad \begin{cases} x_1 \quad + \frac{7}{5}x_3 = 0 \\ \quad x_2 - \frac{1}{5}x_3 = 0 \end{cases}$$

[**풀이**] 첫번째 연립 방정식의 계수행렬 A를 행연산에 의해 축약행렬 A_R을 구하면 두 번째의 연립방정식의 계수행렬이 된다. 따라서 두 행렬은 행등가 $A \sim A_R$이고 연립방정식은 동일한 해를 갖는다.

$$A = \begin{pmatrix} 1 & -3 & 2 \\ -2 & 1 & -3 \end{pmatrix} R_2 \rightleftarrows R_2 + 2R_1 \Rightarrow \begin{pmatrix} 1 & -3 & 2 \\ 0 & -5 & 1 \end{pmatrix}$$

$$R_2 \rightleftarrows -\tfrac{1}{5}R_2 \Rightarrow \begin{pmatrix} 1 & -3 & 2 \\ 0 & 1 & -\frac{1}{5} \end{pmatrix} R_1 \rightleftarrows R_1 + 3R_2 \Rightarrow \begin{pmatrix} 1 & 0 & \frac{7}{5} \\ 0 & 1 & -\frac{1}{5} \end{pmatrix} = A_R$$

정 리 7.1.1. 행렬 A 의 기본 행연산에 의해 구한 축약행렬을 A_R이라 하면 $A\mathbf{x} = \mathbf{0}$와 $A_R\mathbf{x} = \mathbf{0}$는 같은 해를 가진다.

예 제 2. Gauss-Jordan의 소거법을 이용하여 다음 제차연립방정식을 풀이하시오.

$$\begin{cases} x_1 \qquad - x_3 + 2x_4 = 0 \\ 2x_1 - 3x_2 \qquad - 4x_4 = 0 \\ \qquad x_2 + 2x_3 + 3x_4 = 0 \\ 3x_1 - 2x_2 + x_3 + x_4 = 0 \end{cases}$$

[**풀이**] 주어진 제차 연립방정식의 확대행렬에 기본 행연산을 하면

$$\begin{pmatrix} 1 & 0 & -1 & 2 & : & 0 \\ 2 & -3 & 0 & -4 & : & 0 \\ 0 & 1 & 2 & 3 & : & 0 \\ 3 & -2 & 1 & 1 & : & 0 \end{pmatrix} \begin{matrix} R_2 \rightleftarrows R_2 - 2R_1 \\ R_4 \rightleftarrows R_4 - 3R_1 \end{matrix} \Rightarrow \begin{pmatrix} 1 & 0 & -1 & 2 & : & 0 \\ 0 & -3 & 2 & -8 & : & 0 \\ 0 & 1 & 2 & 3 & : & 0 \\ 0 & -2 & 4 & -5 & : & 0 \end{pmatrix}$$

$$R_2 \rightleftarrows R_3 \Rightarrow \begin{pmatrix} 1 & 0 & -1 & 2 & : & 0 \\ 0 & 1 & 2 & 3 & : & 0 \\ 0 & -3 & 2 & -8 & : & 0 \\ 0 & -2 & 4 & -5 & : & 0 \end{pmatrix} \begin{matrix} R_3 \rightleftarrows R_3 + 3R_2 \\ R_4 \rightleftarrows R_4 + 2R_2 \end{matrix} \Rightarrow \begin{pmatrix} 1 & 0 & -1 & 2 & : & 0 \\ 0 & 1 & 2 & 3 & : & 0 \\ 0 & 0 & 8 & 1 & : & 0 \\ 0 & 0 & 8 & 1 & : & 0 \end{pmatrix}$$

$$R_4 \rightleftarrows R_4 - R_3 \Rightarrow \begin{pmatrix} 1 & 0 & -1 & 2 & : & 0 \\ 0 & 1 & 2 & 3 & : & 0 \\ 0 & 0 & 8 & 1 & : & 0 \\ 0 & 0 & 0 & 0 & : & 0 \end{pmatrix}$$

마지막 행렬은 행사다리꼴(row reduced form)인 축약행렬임을 눈여겨 보자.

3행에서 $8x_3 + x_4 = 0$ 이므로 $x_3 = k$(임의의 상수)로 두면 $x_4 = -8k$이다. 2행에서 $x_2 + 2k - 24k = 0$ 이므로 $x_2 = 22k$ 이고, 1 행에서 $x_1 - k - 16k = 0$ 이다. 따라서 해는 임의의 상수 k 에 대하여 $x_1 = 17k$, $x_2 = 22k$, $x_3 = k$, $x_4 = -8k$ 이다. 해벡터로 표시하면 $\mathbf{x} = k(17, 22, 1, -8)$ 로서 $\mathbb{R}^4$ 내의 직선상의 벡터들이다. 이 벡터들은 계수행렬에 대응되는 선형사상에 의하여 0 벡터로 바뀐다.

정 리 **7.1.2.** 방정식의 개수보다 더 많은 미지수를 가지는($n > m$) 제차 연립방정식 $A_{m\times n}\mathbf{x} = 0$는 항상 비자명한 해를 가진다.

이 때 해공간의 차원은 $n - rank(A)$ 이다. 그리고 $A_{m\times m}$가 m차 정방행렬로서 $rank(A) = m$일 때 제차 연립방정식 $A_{m\times m}\mathbf{x} = 0$는 자명한 해 $\mathbf{0}$ 뿐이고 $rank(A) < m$일 때 $\mathbf{0}$이외의 비자명한 해를 가진다.

비제차 선형 연립 방정식의 해법

예 제 **3.** 다음 연립 방정식을 풀어라. $\begin{cases} 2x_1 + 4x_2 + 6x_3 = 18 \\ 4x_1 + 5x_2 + 6x_3 = 24 \\ 3x_1 + \ x_2 - 2x_3 = \ 4 \end{cases}$

[**풀이**] 확대행렬에 기본행 연산을 행하여 축약행렬을 찾아보사.

$$\begin{pmatrix} 2 & 4 & 6 & : 18 \\ 4 & 5 & 6 & : 24 \\ 3 & 1 & -2 & : \ 4 \end{pmatrix} R_1 \rightleftarrows \frac{1}{2}R_1 \Rightarrow \begin{pmatrix} 1 & 2 & 3 & : & 9 \\ 4 & 5 & 6 & : & 24 \\ 3 & 1 & -2 & : & 4 \end{pmatrix} \begin{matrix} R_2 \rightleftarrows R_2 + (-4)R_1 \\ R_3 \rightleftarrows R_3 + (-3)R_1 \end{matrix}$$

$$\Rightarrow \begin{pmatrix} 1 & 2 & 3 & : & 9 \\ 0 & -3 & -6 & : & -12 \\ 0 & -5 & -11 & : & -23 \end{pmatrix} R_2 \rightleftarrows -\frac{1}{3}R_2 \Rightarrow \begin{pmatrix} 1 & 2 & 3 & : & 9 \\ 0 & 1 & 2 & : & 4 \\ 0 & -5 & -11 & : & -23 \end{pmatrix}$$

$$\begin{matrix} R_1 \rightleftarrows R_1 - 2R_2 \\ R_3 \rightleftarrows R_3 + 5R_2 \end{matrix} \Rightarrow \begin{pmatrix} 1 & 0 & -1 & : & 1 \\ 0 & 1 & 2 & : & 4 \\ 0 & 0 & -1 & : & -3 \end{pmatrix} R_3 \leftrightarrows -R_3 \Rightarrow \begin{pmatrix} 1 & 0 & -1 & : & 1 \\ 0 & 1 & 2 & : & 4 \\ 0 & 0 & 1 & : & 3 \end{pmatrix}$$

$$\begin{matrix} R_1 \rightleftarrows R_1 + 1R_3 \\ R_2 \rightleftarrows R_2 - 2R_3 \end{matrix} \Rightarrow \begin{pmatrix} 1 & 0 & 0 & : & 4 \\ 0 & 1 & 0 & : & -2 \\ 0 & 0 & 1 & : & 3 \end{pmatrix}$$

따라서 방정식의 해는 $x = 4,\ y = -2,\ z = 3$ 이다.

특수해를 가지는 비제차 연립 방정식의 일반해를 구하기 위해 제차 연립방정식의 해를 사용한다.

벡터 $\mathbf{x}_1,\ \mathbf{x}_2$ 가 비제차 연립 방정식 $A\mathbf{x} = \mathbf{b}$ 의 해라면

$$A\mathbf{x}_1 = \mathbf{b}, \qquad A\mathbf{x}_2 = \mathbf{b}$$

이다. 이로부터

$$A(\mathbf{x}_2 - \mathbf{x}_1) = \mathbf{0}$$

이므로 $\mathbf{x}_2 - \mathbf{x}_1$는 제차 연립 방정식

$$A\mathbf{x} = \mathbf{0}$$

의 해이다. 따라서 $\mathbf{x}_0$를

$$\mathbf{x}_0 = \mathbf{x}_2 - \mathbf{x}_1$$

로 두면 다음 정리가 성립 한다.

정 리 7.1.3. $\mathbf{x}_1$이 비제차 연립 방정식 $A\mathbf{x} = \mathbf{b}$의 특수해이고 $\mathbf{x}_2$가 또 다른 해라면 $A\mathbf{x} = \mathbf{0}$의 해가 되는 벡터 $\mathbf{x}_0$ 가 존재해서 $\mathbf{x}_2 = \mathbf{x}_1 + \mathbf{x}_0$ 이다.

이 정리는 비제차 연립 방정식 $A\mathbf{x} = \mathbf{b}$의 특수해 $\mathbf{x}_1$와 그와 관련된 제차 연립 방정식 $A\mathbf{x} = \mathbf{0}$의 해 $\mathbf{x}_0$를 구하기만 하면 이들의 합이 $A\mathbf{x} = \mathbf{b}$의 일반해가 됨을 보여준다. 이것은 제차 선형미분 방정식과 비제차 선형미분 방정식의 풀이에도 적용되었다.

예 제 4. $\begin{cases} x_1 + 2x_2 - x_3 = 2 \\ 2x_1 + 3x_2 + 5x_3 = 5 \\ -x_1 - 3x_2 + 8x_3 = -1 \end{cases}$ 의 해를 구하시오.

[**풀이**] 확대 행렬에 Gauss-Jordan의 소거법을 사용하면

$$\begin{pmatrix} 1 & 2 & -1 : & 2 \\ 2 & 3 & 5 : & 5 \\ -1 & -3 & 8 : & -1 \end{pmatrix} \Rightarrow \begin{pmatrix} 1 & 2 & -1 : 2 \\ 0 & -1 & 7 : 1 \\ 0 & -1 & 7 : 1 \end{pmatrix} \Rightarrow \begin{pmatrix} 1 & 0 & 13 : 4 \\ 0 & -1 & 7 : 1 \\ 0 & 0 & 0 : 0 \end{pmatrix}$$

이다. 이로 부터

$$\begin{cases} x_1 + \qquad 13x_3 = 4 \\ \qquad -x_2 + 7x_3 = 1 \end{cases} \Leftrightarrow \begin{cases} x_1 = -13x_3 + 4 \\ x_2 = \quad 7x_3 - 1 \end{cases}$$

가 되어 제차 연립 방정식의 일반해는

$$\mathbf{x}_g = (x_1,\ x_2,\ x_3) = (-13x_3 + 4,\ 7x_3 - 1,\ x_3)$$

또는,

$$x_1 = -13k + 4, \quad x_2 = 7k - 1, \quad x_3 = k(k\text{는 임의의 상수})$$

이다. 위의 예에서 일반해를

$$\mathbf{x}_g = \mathbf{x}_p + \mathbf{x}_0 = (4, -1, 0) + x_3(-13,\ 7,\ 1)$$

로 나누어 표현하면

$$\mathbf{x}_p = (4,\ -1,\ 0)$$

은 $x_3 = 0$ 일 때 제차 연립방정식의 하나의 특수해이고

$$\mathbf{x}_0 = x_3(-13,\ 7,\ 1)$$

는 동일한 계수행렬을 갖는 제차 연립 방정식

$$\begin{cases} x_1 + \qquad 13x_3 = 0 \\ \qquad -x_2 + 7x_3 = 0 \end{cases} \Leftrightarrow \begin{pmatrix} 1 & 0 & 13 : 0 \\ 0 & -1 & 7 : 0 \\ 0 & 0 & 0 : 0 \end{pmatrix}$$

의 해이다. $x_3 = 2$ 일 때의 해 $(-22,\ 13,\ 2)$ 는

$$\begin{array}{ccccc} \mathbf{x}_g & = & \mathbf{x}_p & + & \mathbf{x}_0 \end{array}$$
$$(-22,\ 13,\ 2) = (4,\ -1\ 0) + (-26,\ 14,\ 2)$$

로서 특수해와 관련 제차방정식의 해와의 합이다. 이와 같이 비제차 연립 방정식의 일반해는 비제차 연립 방정식의 특수해와 그와 관련된 제차 연립방정식의 해의 합으로 표시 됨을 알 수 있다.

연습문제 7-1

1. 다음 연립방정식의 해를 Gauss-Jordan의 소거법을 사용하여 구하시오.

$$\begin{cases} x_1 + 2x_2 + 2x_3 = 1 \\ 3x_1 + x_2 = 2 \\ x_1 + x_2 + x_3 = 0 \end{cases}$$

2. 다음 연립방정식의 해를 구하시오.

$$\begin{cases} x_1 + x_3 + x_4 = 0 \\ 2x_1 + x_2 - x_3 = 0 \\ x_2 + x_3 = 0 \\ x_2 - x_3 - x_4 = 0 \end{cases}$$

3. 제차 일차연립방정식의 해를 구하시오.

$$\begin{cases} x_1 - 3x_2 + x_3 - 7x_4 + 4x_5 = 0 \\ x_1 + 2x_2 - 3x_3 = 0 \\ x_2 - 4x_3 + x_5 = 0 \\ x_1 + x_2 = 0 \\ x_1 + x_3 + x_4 = 0 \end{cases}$$

4. 비제차 일차연립방정식의 해를 구하시오.

$$\begin{cases} x_1 - x_2 + 2x_3 = -1 \\ x_3 = 0 \\ 3x_1 - 3x_2 + 7x_3 = 1 \\ 10x_1 - 10x_2 + 24_3 = -2 \end{cases}$$

7.2 행렬식과 연립방정식의 해법

선형함수 $f : \mathbf{R}^n \to \mathbf{R}^n$은 정의역과 공변역의 차수가 같다. 이 때 선형사상 f에 대응되는 행렬은 행렬식이 정의된 정방행렬 $A_{n \times n}$이다. 이 절에서는 행렬식을 이용하여 연립방정식을 풀이하는 방법을 생각하여보자.

정 리 **7.2.1. Cramer의 법칙(Cramer's rule)**

계수행렬 $A = (a_{ij})$, $|A| \neq 0$인 다음 비제차 선형연립방정식

$$\begin{cases} a_{11}x_1 & + a_{12}x_2 & + \cdots + & a_{1n}x_n = b_1 \\ a_{21}x_1 & + a_{22}x_2 & + \cdots + & a_{2n}x_n = b_2 \\ \vdots & \vdots & & \vdots \quad \vdots \\ a_{n1}x_1 & + a_{n2}x_2 & + \cdots + & a_{nn}x_n = b_n \end{cases}$$

의 해는 유일하게 존재하고 그 해는

$$x_1 = \frac{D_1}{|A|}, \quad x_2 = \frac{D_2}{|A|}, \quad \ldots, \quad x_n = \frac{D_n}{|A|}$$

로 주어진다. 여기서 D_i 는 행렬식 $|A|$의 i 번 째 열 대신에 연립방정식의 우변의 열벡터 $\mathbf{b} = (b_1, b_2, \ldots, b_n)^t$의 성분을 대신 대입한 행렬식이다.

예 제 **1.** Cramer의 법칙으로 다음 연립방정식의 해를 구하여라.

$$(1) \begin{cases} x + 2y + z = 4 \\ x - y + z = 5 \\ 2x + 3y - z = 1 \end{cases} \qquad (2) \begin{cases} 2x + 4y + z = 7 \\ 3x + 2y + 3z = 7 \\ 5x - 4y + 4z = 9 \end{cases}$$

[**풀이**] (1) 계수행렬식 $|A|$의 값이 $|A| = \begin{vmatrix} 1 & 2 & 1 \\ 1 & -1 & 1 \\ 2 & 3 & -1 \end{vmatrix} = 9$ 이므로

$$x = \frac{1}{9}\begin{vmatrix} 4 & 2 & 1 \\ 5 & -1 & 1 \\ 1 & 3 & -1 \end{vmatrix} = \frac{20}{9}, \qquad y = \frac{1}{9}\begin{vmatrix} 1 & 4 & 1 \\ 1 & 5 & 1 \\ 2 & 1 & -1 \end{vmatrix} = -\frac{3}{9},$$

$$z = \frac{1}{9}\begin{vmatrix} 1 & 2 & 4 \\ 1 & -1 & 5 \\ 2 & 3 & 1 \end{vmatrix} = \frac{22}{9}$$

(2) $|A| = \begin{vmatrix} 2 & 4 & 1 \\ 3 & 2 & 3 \\ 5 & -4 & 4 \end{vmatrix} = 30$이므로

$$x = \frac{1}{30}\begin{vmatrix} 7 & 4 & 1 \\ 7 & 2 & 3 \\ 9 & -4 & 4 \end{vmatrix} = 3, \qquad y = \frac{1}{30}\begin{vmatrix} 2 & 7 & 1 \\ 3 & 7 & 3 \\ 5 & 9 & 4 \end{vmatrix} = \frac{1}{2},$$

$$z = \frac{1}{30}\begin{vmatrix} 2 & 4 & 7 \\ 3 & 2 & 7 \\ 5 & -4 & 9 \end{vmatrix} = -1.$$

제차 연립 방정식에 크래머의 공식을 적용하면 위의 정리에서 D_i는 한 열이 모두 0이므로

$$D_i = 0$$

가 되어 다음과 같은 결론을 얻을 수 있다.

정 리 7.2.2. 제차 연립 방정식

$$\begin{cases} a_{11}x_1 & +a_{12}x_2 & +\cdots+ & a_{1n}x_n = 0 \\ a_{21}x_1 & +a_{22}x_2 & +\cdots+ & a_{2n}x_n = 0 \\ \vdots & \vdots & & \vdots \quad = \vdots \\ a_{n1}x_1 & +a_{n2}x_2 & +\cdots+ & a_{nn}x_n = 0 \end{cases}$$

이 자명한 해를 가지기 위한 필요충분조건은

$$|A| \neq 0$$

이고

$$|A| = 0$$

일 때는 $\mathbf{0}$ 이외의 해를 가진다.

제차 연립방정식의 계수로 만든 행렬의 $|A| \neq 0$일 때 그 대응 되는 선형사상의 핵공간의 원소는 $\mathbf{0}$ 뿐이다. 그러나 $|A| = 0$일 때 선형사상의 핵공간은 $\mathbf{0}$ 이외의 벡터가 존재한다. 이 때 핵공간의 차원은 선형사상의 계수에 영향을 받는다.

계수행렬 A가 가역행렬일 경우 역행렬 A^{-1} 을 이용하여 연립방정식을 풀이할 수 있다.

$$A\mathbf{x} = \mathbf{b} \Rightarrow (A^{-1}A)\mathbf{x} = A^{-1}\mathbf{b} \Rightarrow \mathbf{x} = A^{-1}\mathbf{b}$$

이므로 다음 정리를 얻는다.

정 리 7.2.3. $A\mathbf{x} = \mathbf{b}$의 형태로 나타나는 연립 방정식에서 A 가 정칙행렬이면 단 하나의 해를 가지며 그 해는 $\mathbf{x} = A^{-1}\mathbf{b}$이다.

예 제 **2.** 역행렬을 이용하여 다음 연립방정식의 해를 구하라.

$$\begin{cases} 2x - 5y + 2z = 7 \\ x + 2y - 4z = 3 \\ 3x - 4y - 6z = 5 \end{cases}$$

[**풀이**] 위의 연립방정식의 계수 행렬을 A 라 하고 행렬로 표현하면

$$A\mathbf{x} = \mathbf{b} \Leftrightarrow \begin{pmatrix} 2 & -5 & 2 \\ 1 & 2 & -4 \\ 3 & -4 & -6 \end{pmatrix} \begin{pmatrix} x \\ y \\ z \end{pmatrix} = \begin{pmatrix} 7 \\ 3 \\ 5 \end{pmatrix} \quad \text{이고}$$

$$A^{-1} = -\frac{1}{46} \begin{pmatrix} -28 & -38 & 16 \\ -6 & -18 & 10 \\ -10 & -7 & 9 \end{pmatrix}$$

이다. 따라서

$$\mathbf{x} = A^{-1}\mathbf{b} = -\frac{1}{46} \begin{pmatrix} -28 & -38 & 16 \\ -6 & -18 & 10 \\ -10 & -7 & 9 \end{pmatrix} \begin{pmatrix} 7 \\ 3 \\ 5 \end{pmatrix} = \begin{pmatrix} 5 \\ 1 \\ 1 \end{pmatrix}$$

이므로 방정식의 해는 $x = 5,\ y = 1,\ z = 1$이다.

연습문제 7-2

1. Cramer의 법칙을 이용하여 다음 연립방정식의 해를 구하여라.

(1) $\begin{pmatrix} 1 & 2 & -1 \\ -1 & 1 & 2 \\ 2 & -1 & 1 \end{pmatrix} \begin{pmatrix} x \\ y \\ z \end{pmatrix} = \begin{pmatrix} 3 \\ 2 \\ 1 \end{pmatrix}$ (2) $\begin{pmatrix} a & -2b \\ 3a & -5b \end{pmatrix} \begin{pmatrix} x \\ y \end{pmatrix} = \begin{pmatrix} c \\ 2c \end{pmatrix}$

2. 다음 연립방정식에서 $a^2 - bc \neq 0$일 때, a, b, c를 소거하여라.

(1) $$\begin{cases} ax + by + c = 0 \\ cx + ay + b = 0 \\ bx + cy + a = 0 \end{cases}$$ (2) $$\begin{cases} ax + b(x-1) + c(x-y) = 0 \\ a(y-1) + by + c(y-x) = 0 \\ a(1-y) + b(1-x) + c = 0 \end{cases}$$

3. 역행렬을 이용하여 다음 연립방정식의 해를 구하시오.

$$\begin{cases} 14x_1 - 3x_3 = 5 \\ 2x_1 - 4x_3 + x_4 = 2 \\ x_1 - x_2 + x_3 - x_4 = 1 \\ x_3 - 4x_4 = -5 \end{cases}$$

4. Cramer의 법칙을 이용하여 다음 연립방정식의 해를 구하시오.

$$\begin{cases} x_2 - 4x_4 = 18 \\ x_1 - x_2 + 3x_3 = -1 \\ x_1 + x_2 - 3x_3 + x_4 = 5 \\ x_2 + 3x_4 = 0 \end{cases}$$

제 8 장

선형함수와 고유값

자연계에 존재하는 모든 변환은 선형변환과 비선형변환으로 분류할 수 있다. 그 중 선형변환은 행렬로 표시되어 그 현상의 원인을 규명하고 결과를 미리 예측할 수 있게 되었다. 선형변환에 대한 우리의 관심은 선형변환에 의해 모든 현상이 변화하지만 그 중에서도 바뀌지않는 불변인 성질의 규명에 있다. 이 장에서는 선형변환에 의해 팽창과 수축만 하는 고유벡터에 대하여 소개하고 그들이 어떻게 응용되고 있는지 알아본다.

8.1 고유값과 고유벡터

벡터공간상의 선형함수 $L_A : \mathbf{R}^n \to \mathbf{R}^n$ 에 의하여 $\mathbf{y} = L_A(\mathbf{x})$ 가 그의 방향을 바꾸지 않고 x 의 $\lambda(\neq 0)$ 배로 단지 확대 또는 축소만 할 때 $L_A(\mathbf{x}) = \lambda\mathbf{x}$ 가 되고 이를 선형 함수에 대응되는 $n \times n$ 행열 A 를 사용하여 표현하면 $A\mathbf{x} = \lambda\mathbf{x}$ 가 된다(이 때 $\mathbf{x}$는 열벡터를 사용한다).

주어진 스칼라 $\lambda(\neq 0)$ 와 $n \times n$ 행열 $A = (a_{ij})$에 대하여 벡터방정식

$$A\mathbf{x} = \lambda\mathbf{x} \tag{8.1}$$

를 생각하자. 이 때 $\mathbf{x} = \mathbf{0}$ 는 임의의 스칼라 λ에 대하여 해가 되지만 $\mathbf{x} \neq \mathbf{0}$인 해를 갖게 하는 λ를 행열 A의 **고유값**(eigenvalue) 또는 **특성값**(characteristic value)이라 하고 이에 대응하는 $\mathbf{x} \neq \mathbf{0}$인 벡터 $\mathbf{x}$를 **고유벡터**(eigenvector) 또는 **특성벡터**(characteristic vector)라 한다. 또한 고유값들을 A의 **스펙트럼**(spectrum)이라 하고 절대값이 가장 큰 고유값을 A의 **스펙트럼 반지름**(spectrum radius)이라 한다. 영벡터와 함께 A의 고유값에 대응하는 모든 고유벡터들의 집합은 하나의 벡터공간을 형성하고, 이 공간을 이 고유값에 대응하는 A의 **고유공간**(eigenspace)이라 한다.

예 제 **1.** 선형함수 $L_A : \mathbb{R}^2 \to \mathbb{R}^2 : L_A(x_1, x_2) = (-5x_1 + 2x_2,\ 2x_1 - 2x_2)$ 에 의하여 벡터 $\mathbf{x}_1 = (1,\ 2)$ 와 $\mathbf{x}_2 = (2,\ 4)$, $\mathbf{x}_3 = (2,\ -1)$, $\mathbf{x}_4 = (6,\ -3)$, $\mathbf{x}_5 = (2,\ 3)$, $\mathbf{x}_6 = (3,\ 4)$ 가 어떻게 바뀌는지 조사하시오.

[풀이]

$$L_A(\mathbf{x}_1) = L_A(1,\ 2) = (-1,\ -2), \quad L_A(\mathbf{x}_2) = L_A(2,\ 4) = (-2,\ -4)$$
$$L_A(\mathbf{x}_3) = L_A(2,\ -1) = (-12,\ 6), \quad L_A(\mathbf{x}_4) = L_A(6,\ -3) = (-36,\ 18)$$
$$L_A(\mathbf{x}_5) = L_A(2,\ 3) = (-4,\ -2), \quad L_A(\mathbf{x}_6) = L_A(3,\ 4) = (-7,\ -2)$$

위의 벡터들을 살펴보면

$$L_A(\mathbf{x}_1) = (-1)\mathbf{x}_1,\ L_A(\mathbf{x}_2) = (-1)\mathbf{x}_2\ ,\ L_A(\mathbf{x}_3) = (-6)\mathbf{x}_3,\ L_A(\mathbf{x}_4) = (-6)\mathbf{x}_4$$

가 되어. $\mathbf{x}_1$, $\mathbf{x}_2$ 벡터는 선형함수 L_A 에 의해 -1배 확대 되었고, $\mathbf{x}_3$, $\mathbf{x}_4$ 벡터는 선형함수 L_A 에 의해 -6배 확대 되었다. 그러나 나머지 벡터들 $\mathbf{x}_5$, $\mathbf{x}_6$은 방향과 크기가 모두 바뀌었다. 따라서 $\mathbf{x}_1$, $\mathbf{x}_2$는 고유치가 -1 인 고유벡터이고 $\mathbf{x}_3$, $\mathbf{x}_4$벡터는 고유치가 -6 인 고유벡터이다.

이제 간단한 행렬로 부터 고유벡터와 고유치를 구하는 법을 생각해 보자.

예 제 2. (고유값과 고유벡터의 결정)

$$A = \begin{pmatrix} -5 & 2 \\ 2 & -2 \end{pmatrix}$$

에 대하여 고유값과 고유벡터를 찾는 모든 과정을 설명하라.

[풀이] **(a) 고유값 찾기**

$\mathbf{x} \neq \mathbf{0}$ 와 $\lambda \neq \mathbf{0}$ 에 대하여

$$A\mathbf{x} = \lambda\mathbf{x} \Leftrightarrow \begin{pmatrix} -5 & 2 \\ 2 & -2 \end{pmatrix} \begin{pmatrix} x_1 \\ x_2 \end{pmatrix} = \lambda \begin{pmatrix} x_1 \\ x_2 \end{pmatrix}$$

가 성립한다고 하자. 이를 항등행렬 I를 사용하여 고쳐쓰면

$$(\mathbf{A} - \lambda\mathbf{I})\mathbf{x} = \mathbf{0} \Leftrightarrow \begin{pmatrix} -5-\lambda & 2 \\ 2 & -2-\lambda \end{pmatrix} \begin{pmatrix} x_1 \\ x_2 \end{pmatrix} = \begin{pmatrix} 0 \\ 0 \end{pmatrix}$$

$$\Leftrightarrow \begin{cases} (-5-\lambda)x_1 + \qquad 2x_2 = 0 \\ 2x_1 + (-2-\lambda)x_2 = 0 \end{cases} \tag{8.2}$$

와 같다. 이 식은 제차 선형연립방정식으로 Cramer 정리에 의해서 $\mathbf{x} \neq \mathbf{0}$해를 가질 필요충분조건은 계수행렬식 $|A - \lambda I|$가 0 이므로

$$|A - \lambda I| = 0 \Leftrightarrow \begin{vmatrix} -5-\lambda & 2 \\ 2 & -2-\lambda \end{vmatrix} = (-5-\lambda)(-2-\lambda) - 4 = \lambda^2 + 7\lambda + 6 = 0$$

이다.

여기서 $\mathbf{D}(\lambda) = |A - \lambda I| = 0$는 좌변의 행렬식을 전개한 λ를 변수로 하는 방정식이다. 따라서 이 방정식의 해 $\lambda_1 = -1, \lambda_2 = -6$ 가 바로 행렬 A 의 고유값들이다. 즉 이 선형사상 L_A에 의하여 -1 배 , -6 배로 크기가 바뀌는 고유벡터들이 존재한다. 이제 이 고유벡터들을 찾아 보자.

(B_1) 고유값 $\lambda_1 = -1$ 에 대응하는 고유벡터 $\mathbf{x_1}$

제차 연립 방정식 (8.2)에 $\lambda_1 = -1$을 대입하여

$$\begin{cases} -4x_1 + 2x_2 = 0 \\ 2x_1 - x_2 = 0 \end{cases}$$

로 부터 $x_2 = 2x_1$ 을 얻는다. 이것은 $\lambda_1 = -1$ 에 대응하는 고유벡터 $\mathbf{x_1} = \begin{pmatrix} x_1 \\ x_2 \end{pmatrix}$의 x_1의 성분과 x_2의 성분의 비례관계식이다. 따라서 첫번 째 성분을 임의의 상수 k 로 택하면 $x_2 = 2k$ 가 되어, 고유벡터는

$$\mathbf{x_1} = \begin{pmatrix} k \\ 2k \end{pmatrix} = k \begin{pmatrix} 1 \\ 2 \end{pmatrix} , \qquad k\text{는 영이 아닌 임의의 상수}$$

가 된다(이 때 $x_2 = k$ 로 택해도 벡터의 표현만 달라진다). 즉 xy좌표 평면상의 직선 $y = 2x$ 위의 모든 벡터들은 이 행렬 A에 대응되는 선형함수 L_A 에 의해 -1배로 확대된다. 예를 들어 $k = 1,\ 2, \ldots$ 일 때 고유벡터 $\mathbf{x_1}$은 각각 $\begin{pmatrix} 1 \\ 2 \end{pmatrix}$, $\begin{pmatrix} 2 \\ 4 \end{pmatrix}, \ldots$

가 되어 이것은 다음의 식으로부터 쉽게 검증된다.

$$A\mathbf{x_1} = \begin{pmatrix} -5 & 2 \\ 2 & -2 \end{pmatrix} \begin{pmatrix} 1 \\ 2 \end{pmatrix} = \begin{pmatrix} -1 \\ -2 \end{pmatrix} = (-1)\mathbf{x_1} = \lambda_1 \mathbf{x_1}$$

$$A\mathbf{x_1} = \begin{pmatrix} -5 & 2 \\ 2 & -2 \end{pmatrix} \begin{pmatrix} 2 \\ 4 \end{pmatrix} = \begin{pmatrix} -2 \\ -4 \end{pmatrix} = (-1)\mathbf{x_1} = \lambda_1 \mathbf{x_1}$$

(B_2) **고유값 $\lambda_2 = -6$ 에 대응하는 고유벡터 $\mathbf{x}_2$**

$\lambda_2 = -6$ 일 때 방정식 (8.2)은

$$\begin{cases} x_1 + 2x_2 = 0 \\ 2x_1 + 4x_2 = 0 \end{cases}$$

이 되며, 해는 $x_2 = -\frac{1}{2}x_1$ 이다. 따라서 고유벡터 $\mathbf{x}_2$는 xy좌표 평면상의 직선 $y = -\frac{1}{2}x$ 위의 벡터들이다. 여기서 $x_2 = -1$로 두면 $x_1 = 2$ 가 되어 고유벡터

$$\mathbf{x}_2 = k \begin{pmatrix} 2 \\ -1 \end{pmatrix}, \qquad k \text{ 는 0이 아닌 임의의 상수}$$

가 된다. 실제로 이 고유벡터들은 행렬에 대응하는 선형사상에 의해 -6 배 확대된다.

$$A\mathbf{x}_2 = \begin{pmatrix} -5 & 2 \\ 2 & -2 \end{pmatrix} \begin{pmatrix} 2 \\ -1 \end{pmatrix} = \begin{pmatrix} -12 \\ 6 \end{pmatrix} = (-6)\mathbf{x}_2 = \lambda_2 \mathbf{x}_2$$

결론적으로 행렬 A의 고유벡터는 행렬에 대응되는 선형사상에 의해 고유값만큼 확대, 또는 축소하는 벡터이고 고유값은 팽창, 또는 축소의 비율을 나타낸다. 그 이외의 벡터들은 선형사상에 의해 크기와 방향이 바뀐다.

이 예제로부터 다음과 같은 일반적인 경우로 확장할 수 있다.

식(8.1)을 선형 연립 방정식으로 풀어쓰면

$$\begin{cases} a_{11}x_1 + a_{12}x_2 + \ldots + a_{1n}x_n = \lambda x_1 \\ a_{21}x_1 + a_{22}x_2 + \ldots + a_{2n}x_n = \lambda x_2 \\ \cdots \qquad \cdots \qquad \cdots \\ a_{n1}x_1 + a_{n2}x_2 + \ldots + a_{nn}x_n = \lambda x_n \end{cases} \tag{8.3}$$

이 되고, 우변의 항들을 좌변으로 옮기면

$$\begin{cases} (a_{11} - \lambda)x_1 + a_{12}x_2 + \ldots + a_{1n}x_n = 0 \\ a_{21}x_1 + (a_{22} - \lambda)x_2 + \ldots + a_{2n}x_n = 0 \\ \cdots \qquad \cdots \qquad \cdots \\ a_{n1}x_1 + a_{n2}x_2 + \ldots + (a_{nn} - \lambda)x_n = 0 \end{cases} \tag{8.4}$$

가 되어, 행렬 표기법으로는 다음과 같다.

$$(\mathbf{A} - \lambda\mathbf{I})\mathbf{x} = \mathbf{0} \tag{8.5}$$

Cramer 정리에 의해서, 이 제차 선형연립방정식이 **0**이 아닌 해를 가질 필요충분조건은 다음의 계수행렬식이 0 이므로

$$\mathbf{D}(\lambda) = |\mathbf{A} - \lambda\mathbf{I}| = \begin{vmatrix} a_{11} - \lambda & a_{12} & \ldots & a_{1n} \\ a_{21} & a_{22} - \lambda & \ldots & a_{2n} \\ . & . & \ldots & . \\ a_{n1} & a_{n2} & \ldots & a_{nn} - \lambda \end{vmatrix} = 0 \tag{8.6}$$

여기서 $\mathbf{D}(\lambda) = |A - \lambda I|$ 를 **특성행렬식**(characteristic determinant)이라 하고, 이를 전개한 것을 **특성다항식**(characteristic polynomial) 그리고 $\mathbf{D}(\lambda) = 0$ 을 행열 A의 **특성방정식**(characteristic equation)이라 한다.

특성방정식이 n차 방정식이라는 것으로 부터 다음의 중요한 정리를 얻는다.

정 리 8.1.1. [고유값]

$n \times n$ 정방행렬 A의 고유값들은 특성방정식 (8.6)의 근으로 n 개 이하의 서로 다른 고유값을 가진다.

---

n 이 큰 수일 경우, 고유값의 실제 계산은 일반적으로 Newton의 소거법 이나 수치근사법, 또는 Mathematica, Maple, Matlab등의 소프트웨어를 사용한다.

한편 (예제 1) 의 $\mathbf{x}_1$ 과 $\mathbf{x}_2$, 또는 $\mathbf{x}_3$와 $\mathbf{x}_4$ 벡터로 부터 다음의 정리를 얻는다.

정 리 8.1.2. [고유벡터]

$\mathbf{x}$가 행렬 A의 고유값 λ 에 대응하는 고유벡터라면, 영이 아닌 상수 k 에 대하여 $k\mathbf{x}$ 도 고유벡터이다.

[**증명**] $A\mathbf{x} = \lambda\mathbf{x}$ 는 $k(A\mathbf{x}) = A(k\mathbf{x}) = \lambda(k\mathbf{x})$ 를 의미한다. □

$n \times n$행렬 A 의 특성방정식

$$\mathbf{D}(\lambda) = \lambda^n + b_{n-1}\lambda^{n-1} + \cdots + b_1\lambda + b_0$$

는 대수학의 기본정리에 의해 실수 또는 복소수의 계수를 가진 임의의 다항식이므로 중근을 포함해서 반드시 n 개의 근을 가진다. 따라서 $\mathbf{D}(\lambda)$는 다음과 같이 인수분해된다.

$$\mathbf{D}(\lambda) = (\lambda - \lambda_1)^{r_1}(\lambda - \lambda_2)^{r_2} \cdots (\lambda - \lambda_m)^{r_m}.$$

여기서 $m \geqq 1$ 이고 고유값 $\lambda_1, \lambda_2, ..., \lambda_m$ 은 $\mathbf{D}(\lambda)$ 의 근인 실수 또는 복소수이고 $r_1, r_2, ..., r_m$은 $r_1 + r_2 + ... + r_m = n$ 이 되는 양의 정수이다. 인수분해는 인

수의 순서외에는 유일하다. 이 때 수 r_i를 고유값 λ_i의 **대수적 중복도**(algebraic multiplicity)라고 한다.

정 리 **8.1.3.** 같은 고유값에 대응하는 고유벡터들의 0 이 아닌 일차결합은 그 고유치에 대응하는 고유벡터이다.

[**증명**] $\mathbf{x}_1$, $\mathbf{x}_2$ 가 같은 고유값 λ 에 대응하는 행렬 A 의 고유벡터라 할 때, 임의의 상수 c_1 과 c_2 에 대해서 $\mathbf{x} = c_1\mathbf{x}_1 + c_2\mathbf{x}_2 \neq \mathbf{0}$ 도

$A\mathbf{x} = A(c_1\mathbf{x}_1 + c_2\mathbf{x}_2) = c_1A\mathbf{x}_1 + c_2A\mathbf{x}_2 = c_1\lambda\mathbf{x}_1 + c_2\lambda\mathbf{x}_2 = \lambda(c_1\mathbf{x}_1 + c_2\mathbf{x}_2) = \lambda\mathbf{x}$

이므로 λ 에 대응하는 A의 고유벡터이다. □

예 제 **3. (다중 고유값)** 다음 행렬의 고유값과 고유벡터를 구하라.

$$A = \begin{pmatrix} -2 & 2 & -3 \\ 2 & 1 & -6 \\ -1 & -2 & 0 \end{pmatrix}$$

[**풀이**] 특성행렬식으로부터 특성방정식은 아래와 같다.

$$|\mathbf{A} - \lambda\mathbf{I}| = -\lambda^3 - \lambda^2 + 21\lambda + 45 = 0$$

이로부터 A의 고유값은 $\lambda_1 = 5, \lambda_2 = \lambda_3 = -3$(중근)이다.

고유벡터를 찾기 위해 먼저 $\lambda_1 = 5$ 인 경우, Gauss 소거법을 $(\mathbf{A} - \lambda_1\mathbf{I})\mathbf{x} = \mathbf{0}$ 에 적용하면,

$$(A - \lambda I)\mathbf{x} = (A - 5I)\mathbf{x} = \mathbf{0} \Leftrightarrow \begin{cases} -7x_1 + 2x_2 - 3x_3 = 0 \\ 2x_1 - 4x_2 - 6x_3 = 0 \\ -1x_1 - 2x_2 - 5x_3 = 0 \end{cases}$$

로부터 $x_1 + x_3 = 0$, $x_2 + 2x_3 = 0$ 를 얻는다. 따라서 고유벡터 $\mathbf{x}_1 = k\begin{pmatrix} 1 \\ 2 \\ -1 \end{pmatrix}$ (k는 0이 아닌 임의의 상수) 을 얻을 수 있다.

또 $\lambda_2 = \lambda_3 = -3$ 에 대한 특성연립방정식

$$(A - \lambda I)\mathbf{x} = (A + 3I)\mathbf{x} = \mathbf{0} \Leftrightarrow \begin{cases} 1x_1 + 2x_2 - 3x_3 = 0 \\ 2x_1 + 4x_2 - 6x_3 = 0 \\ -1x_1 - 2x_2 + 3x_3 = 0 \end{cases}$$

을 Gauss의 소거법에 의해 계산하면 $x_1 + 2x_2 - 3x_3 = 0$ 이다. 따라서 $x_2 = 1$, $x_3 = 0$ 과 $x_2 = 0$, $x_3 = 1$ 을 택함으로써 $\lambda = -3$ 에 대응하는 A의 두 개의 일차독립인 고유벡터 $\mathbf{u} = k\begin{pmatrix} -2 \\ 1 \\ 0 \end{pmatrix}$ 와 $\mathbf{v} = l\begin{pmatrix} 3 \\ 0 \\ 1 \end{pmatrix}$ 를 얻을 수 있다(여기서 k, l은 영이 아닌 임의의 상수). 이것을 일반적으로 표현하면 고유값 -3에 대응하는 고유벡터는

$$\mathbf{x}_2 = k\mathbf{u} + l\mathbf{v} = k\begin{pmatrix} -2 \\ 1 \\ 0 \end{pmatrix} + l\begin{pmatrix} 3 \\ 0 \\ 1 \end{pmatrix} \qquad k,\ l \text{은 영이 아닌 임의의 상수}$$

이다.

한편 실수 계수를 갖는 다항식이 복소수 근을 가질 수 있으므로 실수 행렬도 복소수 고유값과 고유벡터를 가질 수 있다.

예 제 4. $A = \begin{pmatrix} 0 & 1 \\ -1 & 0 \end{pmatrix}$ 의 고유값과 고유벡터를 구하라.

[**풀이**] 특성방정식

$$|A - \lambda I| = \begin{pmatrix} -\lambda & 1 \\ -1 & -\lambda \end{pmatrix} = \lambda^2 + 1 = 0$$

으로부터 고유값 $\lambda_1 = i \ (= \sqrt{-1})$, $\lambda_2 = -i$를 가진다. 식 $-ix_1 + x_2 = 0$ 과 $ix_1 + x_2 = 0$ 에서 $x_1 = 1$ 로 택하면, 고유벡터는 $k\begin{pmatrix} 1 \\ i \end{pmatrix}$, $l\begin{pmatrix} 1 \\ -i \end{pmatrix}$ 이다.

일반적으로 위의 벡터들은 행렬 $\begin{pmatrix} a & b \\ -b & a \end{pmatrix}$ 의 고유벡터가 되며, A의 고유값은 각각 $a + ib$, $a - ib$ 가 됨을 알 수 있다.

결론적으로 이제까지의 고유값과 고유벡터를 구하는 과정을 요약하면
(1) 특성다항식 $\mathbf{D}(\lambda) = |A - \lambda I|$를 구한다.
(2) 특성방정식 $\mathbf{D}(\lambda) = 0$의 해를 구한다.
(3) 각 고유값 λ_i 에 대하여 제차 연립방정식 $(A - \lambda I)\mathbf{x} = \mathbf{0}$의 해를 구한다.

연습문제 8-1

1. 다음 행렬들의 고유값과 고유벡터를 구하여라.

   (1) $A = \begin{pmatrix} 0 & a \\ a & 0 \end{pmatrix}$ (2) $B = \begin{pmatrix} 3 & 4 \\ 4 & -3 \end{pmatrix}$

2. λ 를 $n \times n$ 행렬 A의 고유값이라 할 때 이에 대응하는 고유벡터 전체의 집합은 $\mathbb{R}^n$의 부분 공간임을 보이시오. 이 때 이 부분공간을 **고유공간**(eigenspace)라 하고 E_λ로 표시한다. λ 의 기하적 중복도는 고유공간 E의 차원으로 정의 된다. $n \times n$ 행렬 A 가 n 개의 서로 다른 고유값을 가지면, 각 고유값의 기하적 중복도는 1임을 보이시오.

3. $A = \begin{pmatrix} -5 & -5 & -9 \\ 8 & 9 & 18 \\ -2 & -3 & -7 \end{pmatrix}$ 이라 하자.

   $\lambda = -1$은 대수적 중복도가 3 인 고유값임을 보이시오.

8.2 행렬의 대각화

n 차 정방행렬 $A_{n\times n}$ 의 대각선상의 성분 a_{ii} 를 **주대각선 성분**(main diagonal element)이라 하고, 그 이외의 모든 성분들이 0 인 정방행렬을 **대각행렬**(diagonal matrix)이라고 부른다.

주대각 성분이 $d_1, ..., d_n$인 대각행렬은 다음과 같이 표시된다.

$$D = diag(d_1,\ d_2,\ ...,\ d_n) = \begin{pmatrix} d_1 & & & 0 \\ & d_2 & & \\ & & \ddots & \\ 0 & & & d_n \end{pmatrix}$$

대각행렬의 성질을 살펴보면 다음과 같다.

정 리 **8.2.1.** n 차 대각행렬 $D = diag(d_1,\ d_2,\ ...,\ d_n)$와 $W = diag(w_1,\ w_2,\ ...,\ w_n)$에 대하여 다음이 성립한다.

1. DW = WD(곱의 교환 법칙)
2. 행렬식은 대각성분의 곱이다. 즉 $|D| = d_1 d_2 ... d_n$.
3. 대각행렬이 가역행렬이 될 필요충분조건은 $d_i \neq 0$이다.
4. 만약 모든 대각 성분들이 각각 $d_j \neq 0$ 이면, 그의 역행렬은

$$D^{-1} = \begin{pmatrix} \frac{1}{d_1} & & & 0 \\ & \frac{1}{d_2} & & \\ & & \ddots & \\ 0 & & & \frac{1}{d_n} \end{pmatrix}$$

5. D의 주 대각성분 $d_1,\ ...,\ d_n$ 들은 D의 고유값이고 고유값 d_j 와 관련한 고유벡터는 j열만 1 이고 나머지 성분들은 모두 0이다.

[**증명**] 증명은 간단하므로 생략한다. □

두 개의 n 차 정방행렬 A, B 사이에

$$B = P^{-1}AP$$

를 만족시키는 n 차 가역행렬 P 가 존재할 때, 이 두 행렬 A와 B는 **닮은행렬**(similar matrix)이라 한다.

예 제 **1.** $A = \begin{pmatrix} 2 & 1 \\ 0 & -1 \end{pmatrix}$, $B = \begin{pmatrix} 4 & -2 \\ 5 & -3 \end{pmatrix}$, $P = \begin{pmatrix} 2 & -1 \\ -1 & 1 \end{pmatrix}$ 일 때 A, B는 닮은 행렬임을 보이시오.

[**풀이**]

$$PB = \begin{pmatrix} 2 & -1 \\ 0 & -1 \end{pmatrix}\begin{pmatrix} 4 & -2 \\ 5 & -3 \end{pmatrix} = \begin{pmatrix} 3 & -1 \\ 1 & -1 \end{pmatrix}$$

$$AP = \begin{pmatrix} 2 & 1 \\ 0 & -1 \end{pmatrix}\begin{pmatrix} 2 & -1 \\ -1 & 1 \end{pmatrix} = \begin{pmatrix} 3 & -1 \\ 1 & -1 \end{pmatrix}$$

즉 $PB = AP$ 이다. 한 편 $|P| \neq 0$ 이므로 P는 가역행렬이다. 따라서 $PB = AP$의 양변에 P^{-1}로 행렬곱을 취하면 $P^{-1}PB = P^{-1}AP$ 로 부터 $B = P^{-1}AP$ 를 얻는다. 따라서 A와 B는 닮은행렬이다.

정 리 **8.2.2.** 두 n 차 정방행렬 A, B이 닮은행렬이면 A, B는 같은 특성방정식을 갖고, 같은 고유값을 갖는다.

[**증명**] A, B 가 닮은행렬이면 적당한 가역행렬 P가 존재하여 $B = P^{-1}AP$ 이다. 그런데 $|AB| = |A||B| = |B||A|$ 이므로 다음이 성립한다.

$$\begin{aligned} |B - \lambda I| &= \left|P^{-1}AP - \lambda I\right| = \left|P^{-1}AP - P^{-1}(\lambda I)P\right| \\ &= \left|P^{-1}(A - \lambda I)P\right| = \left|P^{-1}\right| |A - \lambda I| \, |P| \end{aligned}$$

$$= \left|P^{-1}\right| |P| \, |A - \lambda I| = |I| \, |A - \lambda I| = |A - \lambda I|$$

따라서 닮은행렬 A, B 는 같은 특성방정식을 가지고, 고유값은 특성방정식의 해이므로 똑같은 대수적 중복도를 지닌 고유값들을 가진다. □

예 제 2. 앞의 (예제1) 에서 행렬 A, B의 특성 방정식과 고유값을 비교하시오.

$$|A - \lambda I| = \begin{vmatrix} 2-\lambda & 1 \\ 0 & -1-\lambda \end{vmatrix} = \lambda^2 - \lambda - 2 = (\lambda - 2)(\lambda + 1) = 0$$

$$|B - \lambda I| = \begin{vmatrix} 4-\lambda & 2 \\ 5 & -3-\lambda \end{vmatrix} = \lambda^2 - \lambda - 2 = (\lambda - 2)(\lambda + 1) = 0$$

이므로 고유값은 동일하게 2, -1 이다.

대각행렬은 고유값이 대각선상에 있어 찾기가 쉽고 역행렬과 행렬식을 구하기가 용이하다. 그래서 가능하다면 주어진 정방행렬 A와 닮은 대각행렬 D를 구하면 A의 고유값을 쉽게 구할 수 있다. n 차 정방행렬 A에 대하여 닮은 대각행렬 D가 존재하면 A를 **대각화 가능**(diagonalizable)하다고 말한다. 다음 정리는 행렬이 언제 대각화 가능한지를 보여준다.

정 리 8.2.3. n 차 정방행렬 A가 대각화 가능할 필요충분 조건은 A가 n 개의 일차 독립인 고유벡터를 가지는 경우이다. 이 때 A의 고유값이 λ_1, λ_2, ..., λ_n 일 때 A와 닮은 대각행렬 D는 다음과 같은 형태를 지니고 있다.

$$D = P^{-1}AP = \begin{pmatrix} \lambda_1 & 0 & 0 & \cdots & 0 \\ 0 & \lambda_2 & 0 & \cdots & 0 \\ 0 & 0 & \lambda_3 & \cdots & 0 \\ \vdots & \vdots & \vdots & & \vdots \\ 0 & 0 & 0 & \cdots & \lambda_n \end{pmatrix}$$

단 행렬 P는 A의 일차 독립인 고유벡터를 열로 가진 행렬이다.

[**증명**] 먼저 A가 고유값 $\lambda_1, \lambda_2, ..., \lambda_n$ 에 대응하는 n 개의 일차 독립인 고유벡터

$$\mathbf{p}_1 = \begin{pmatrix} p_{11} \\ p_{21} \\ \vdots \\ p_{n1} \end{pmatrix}, \ \mathbf{p}_2 = \begin{pmatrix} p_{11} \\ p_{22} \\ \vdots \\ p_{n2} \end{pmatrix}, \cdots, \ \mathbf{p}_n = \begin{pmatrix} p_{1n} \\ p_{2n} \\ \vdots \\ p_{nn} \end{pmatrix}$$

를 가진다고 하자(단 여기서 고유값이 모두가 서로 다를 필요는 없다). 이 때 A의 고유벡터 $\mathbf{p}_i$를 열로 가지는 행렬을

$$P = (\mathbf{p}_1, \ \mathbf{p}_2, \ ..., \mathbf{p}_n) = \begin{pmatrix} p_{11} & p_{12} & \cdots & p_{1n} \\ p_{21} & p_{22} & \cdots & p_{2n} \\ \vdots & \vdots & & \vdots \\ p_{n1} & p_{n2} & \cdots & p_{nn} \end{pmatrix}$$

로 두자(이를 **대각화 행렬**(Diagonalizing Matrix)이라 부른다). 그러면 λ_i 가 $\mathbf{p}_i$의 고유값이므로 $A\mathbf{p}_i = \lambda_i \mathbf{p}_i$가 성립하여

$$AP = A(\mathbf{p}_1, \ \mathbf{p}_2, \ ..., \mathbf{p}_n) = (A\mathbf{p}_1, \ A\mathbf{p}_2, \ ..., A\mathbf{p}_n)$$

$$= (\lambda_1 \mathbf{p}_1, \ \lambda_2 \mathbf{p}_2, \ ..., \lambda_n \mathbf{p}_n) = \begin{pmatrix} p_{11} & p_{12} & \cdots & p_{1n} \\ p_{21} & p_{22} & \cdots & p_{2n} \\ \vdots & \vdots & & \vdots \\ p_{n1} & p_{n2} & \cdots & p_{nn} \end{pmatrix} \begin{pmatrix} \lambda_1 & 0 & 0 & \cdots & 0 \\ 0 & \lambda_2 & 0 & \cdots & 0 \\ \vdots & \vdots & \vdots & & \vdots \\ 0 & 0 & 0 & \cdots & \lambda_n \end{pmatrix} = PD$$

$$\Leftrightarrow \quad AP = PD$$

가 된다. 또 P가 가역행렬이므로 $AP = PD \Leftrightarrow P^{-1}AP = P^{-1}PD = D$ 가 되어

$$D = P^{-1}AP$$

가 성립한다. 이것은 A가 n 개의 일차 독립인 고유벡터를 가지면 닮은행렬 D로 대각화 가능함을 보여준다.

역으로 A가 적당한 가역행렬 P에 의해서 $D = P^{-1}AP$가 성립한다고 가정하자. 그러면 $AP = PD$이고, 위의 증명을 거슬러 올라가면 각 $i = 1, 2, ..., n$ 에 대해서 $A\mathbf{p}_i = \lambda_i \mathbf{p}_i$임을 알 수 있다. 따라서 $\mathbf{p}_1$, $\mathbf{p}_2, ..., \mathbf{p}_n$ 은 A의 고유벡터이고 P는 가역행렬이기 때문에 이 열벡터들은 일차 독립이다. □

예 제 3. 행렬 $A = \begin{pmatrix} -1 & 4 \\ 0 & 3 \end{pmatrix}$ 을 대각화하여라.

[**풀이**] 행렬 A의 고유값은 -1 과 3 이고, 각 각의 고유값에 관련된 고유벡터를 순서대로 $\mathbf{p}_1 = \begin{pmatrix} 1 \\ 0 \end{pmatrix}$ 과 $\mathbf{p}_2 = \begin{pmatrix} 1 \\ 1 \end{pmatrix}$ 로 취하자. 이 때 $P = (\mathbf{p}_1, \mathbf{p}_2)$, 즉

$$P = \begin{pmatrix} 1 & 1 \\ 0 & 1 \end{pmatrix}$$

로 두면 이 행렬은 대각화행렬이다. 한편 P의 고유벡터들이 일차독립이고 $|P| \neq 0$이므로 가역행렬이 되어 역행렬

$$P^{-1} = \begin{pmatrix} 1 & -1 \\ 0 & 1 \end{pmatrix}$$

를 구하여 D 를 계산하면

$$D = P^{-1}AP = \begin{pmatrix} 1 & -1 \\ 0 & 1 \end{pmatrix} \begin{pmatrix} -1 & 4 \\ 0 & 3 \end{pmatrix} \begin{pmatrix} 1 & 1 \\ 0 & 1 \end{pmatrix} = \begin{pmatrix} -1 & 0 \\ 0 & 3 \end{pmatrix}$$

로 대각화 된다. 이 때 앞에서 고유벡터를 $\mathbf{p}_1$, $\mathbf{p}_2$ 와 평행한 고유벡터 $\mathbf{r}_1 = \begin{pmatrix} 6 \\ 0 \end{pmatrix}$ 과 $\mathbf{r}_2 = \begin{pmatrix} -4 \\ -4 \end{pmatrix}$ 을 사용하여 대각화행렬을 $R = \begin{pmatrix} 6 & -4 \\ 0 & -4 \end{pmatrix}$ 로 두고 대각화해도 똑같이

$$D = R^{-1}AR = \begin{pmatrix} \frac{1}{6} & -\frac{1}{6} \\ 0 & -\frac{1}{4} \end{pmatrix} \begin{pmatrix} -1 & 4 \\ 0 & 3 \end{pmatrix} \begin{pmatrix} 6 & -4 \\ 0 & -4 \end{pmatrix} = \begin{pmatrix} -1 & 0 \\ 0 & 3 \end{pmatrix}$$

로 대각화 된다.

한편 대각행렬 D를 살펴보면 고유벡터가 대각화행렬 $P = (\mathbf{p}_1,\ \mathbf{p}_2)$ 의 열로 쓰였던 순서와 같이 주 대각선상에 고유값 -1, 3 을 가짐을 볼 수 있다. 만약 P의 열에 고유벡터를 쓸 때 순서를 바꾸어

$$Q = (\mathbf{p}_2,\ \mathbf{p}_1) = \begin{pmatrix} 1 & 1 \\ 1 & 0 \end{pmatrix}$$

를 취하면 다음과 같이 대각성분의 순서가 바뀌어 대각화된다.

$$D_2 = Q^{-1}AQ = \begin{pmatrix} 0 & 1 \\ 1 & -1 \end{pmatrix} \begin{pmatrix} -1 & 4 \\ 0 & 3 \end{pmatrix} \begin{pmatrix} 1 & 1 \\ 1 & 0 \end{pmatrix} = \begin{pmatrix} 3 & 0 \\ 0 & -1 \end{pmatrix}$$

따라서 대각화행렬 P의 형태는 A의 고유벡터가 그 행렬의 열을 이루는데 사용하는 순서에 의존하므로 유일하지 않고 대각화된 행렬 D도 P에 따라서 바뀐다.

한편 A의 대각화행렬이 n 개의 일차독립인 고유벡터가 되기 위하여 반드시 n 개의 서로 다른 고유값을 가질 필요는 없다.

예 제 4.

$$A = \begin{pmatrix} 5 & -4 & 4 \\ 12 & -11 & 12 \\ 4 & -4 & 5 \end{pmatrix}$$

를 대각화하여 보자.

[**풀이**] A의 고유값은 1, 1, -3이며 1 은 중복도 2 이다. -3 에 대응하는 고유벡터는

$$\mathbf{p}_1 = \begin{pmatrix} 1 \\ 3 \\ 1 \end{pmatrix}$$

를 선택하자. 이제 고유값 1에 대응하는 고유벡터를 구하기 위하여

$$(A-(1)I)\mathbf{x} = \begin{pmatrix} 4 & -4 & 4 \\ 12 & -12 & 12 \\ 4 & -4 & 4 \end{pmatrix} \begin{pmatrix} x_1 \\ x_2 \\ x_3 \end{pmatrix} = \begin{pmatrix} 0 \\ 0 \\ 0 \end{pmatrix}$$

를 풀면, 일반해 $\alpha \begin{pmatrix} -1 \\ 0 \\ -1 \end{pmatrix} + \beta \begin{pmatrix} 0 \\ 1 \\ 1 \end{pmatrix}$ (α, β는 임의의 상수) 를 얻을 수 있으므로 고유값 1에 대응하는 두 개의 일차독립인 고유벡터를 선택할 수 있다. 예를 들면

$$\mathbf{p}_2 = \begin{pmatrix} 1 \\ 0 \\ -1 \end{pmatrix}, \quad \mathbf{p}_3 = \begin{pmatrix} 0 \\ 1 \\ 1 \end{pmatrix}$$

에서 정칙행렬

$$P = (\mathbf{p}_1, \mathbf{p}_2, \mathbf{p}_3) = \begin{pmatrix} 1 & 1 & 0 \\ 3 & 0 & 1 \\ 1 & -1 & 1 \end{pmatrix}$$

를 얻는다. 이제 P^{-1}를 구하여 A를 대각화하면

$$D = P^{-1}AP = \begin{pmatrix} -3 & 0 & 0 \\ 0 & 1 & 0 \\ 0 & 0 & 1 \end{pmatrix}$$

이다.

예 제 **5.** 다음 행렬

$$B = \begin{pmatrix} 1 & -1 \\ 0 & 1 \end{pmatrix}$$

이 대각화 불가능함을 보이시오.

[**풀이**] 행렬 B의 고유값은 1(중근)이며 각 고유벡터는 $\alpha \begin{pmatrix} 1 \\ 0 \end{pmatrix}$ 형태를 갖는다. 두 개의 1차독립인 벡터가 없으므로 행렬 B 는 대각화가 가능하지 않다. 만약 B 가 대각화가 가능하다고 가정하면 대각화한 행렬은 고유값이 대각선에 늘어서서 임의의 P 에 대해 $D = P^{-1}BP = \begin{pmatrix} 1 & 0 \\ 0 & 1 \end{pmatrix}$ 여야 한다. 또 P 의 열들이 고유벡터라야 하기 때문에 P는

$$P = \begin{pmatrix} \alpha & \beta \\ 0 & 0 \end{pmatrix}$$

의 형태를 가져야만 한다. 그러나 이것은 α 와 β 의 어떤 값을 취해도 이 행렬 P 는 비가역행렬(행렬식이 0)이기 때문에 P^{-1} 가 존재하지 않아서 B 를 대각화시키지 못한다.

(예제4)의 고유값 1은 중근이지만 서로 다른 고유벡터를 2개 잡아서 대각화하였지만 (예제5)의 고유값 1은 일차 독립인 고유벡터를 2개 잡을 수 없어 대각화하지 못하였다. 그러므로 n차 행렬을 대각화시키기 위해서는 n개의 1차 독립인 고유벡터가 존재해야 한다. 즉 $rank(A) = n$ 일 때 대각화 가능하다. 대각화를 위해서 A가 반드시 서로 다른 n개의 고유값을 가져야 하는 것이 아니지만 (정리 8.2.3)에 의하여 다음의 따름 정리가 성립한다.

정 리 **8.2.4.** n 차 정방행렬 A가 n 개의 서로 다른 고유치를 가지면 A 는 대각화가능하다.

예 제 **6.**

$$A = \begin{pmatrix} 2 & 1 & -1 \\ 3 & 2 & -3 \\ 3 & 1 & -2 \end{pmatrix}$$

의 고유값은 2, 1, −1 로서 서로 다르므로 대각화 가능하다. 즉

$$P^{-1}AP = \begin{pmatrix} 2 & 0 & 0 \\ 0 & 1 & 0 \\ 0 & 0 & -1 \end{pmatrix}$$

를 만족하는 행렬 P가 존재한다. 실제로 이것을 명확히 결론짓기 위해 P를 반드시 찾을 필요는 없다.

정 리 **8.2.5.** λ_1, λ_2를 A의 실대칭행렬의 서로 다른 고유치라 할 때 이에 대응하는 실고유벡터 $\mathbf{v}_1$, $\mathbf{v}_2$는 직교한다.

[**증명**] $A\mathbf{v}_1 = \lambda_1\mathbf{v}_1$ 로 부터

$$A\mathbf{v}_1 \cdot \mathbf{v}_2 = \lambda_1\mathbf{v}_1 \cdot \mathbf{v}_2 = \lambda_1(\mathbf{v}_1 \cdot \mathbf{v}_2)$$

이고 $A\mathbf{v}_2 = \lambda_2\mathbf{v}_2$ 와 $A = A^t$로 부터 $A^t\mathbf{v}_2 = \lambda_2\mathbf{v}_2$ 이다. 따라서

$$A\mathbf{v}_1 \cdot \mathbf{v}_2 = \mathbf{v}_1 \cdot A^t\mathbf{v}_2 = \mathbf{v}_1 \cdot \lambda_2\mathbf{v}_2 = \lambda_2(\mathbf{v}_1 \cdot \mathbf{v}_2)$$

이다. 그런데 $\lambda_1 \neq \lambda_2$ 이므로 $\mathbf{v}_1 \cdot \mathbf{v}_2 = 0$이다. 따라서 $\mathbf{v}_1, \mathbf{v}_2$는 직교한다.

예 제 **7.**

$$A = \begin{pmatrix} 3 & 0 & -2 \\ 0 & 2 & 0 \\ -2 & 0 & 0 \end{pmatrix}$$

이면 A 는 3 차 실대칭행렬이며 고유값이 2, -1과 4이며 대응하는 고유벡터는 각각

$$\begin{pmatrix} 0 \\ 1 \\ 0 \end{pmatrix}, \quad \begin{pmatrix} 1 \\ 0 \\ 2 \end{pmatrix}, \quad \begin{pmatrix} 2 \\ 0 \\ -1 \end{pmatrix}$$

이다. 이들은 서로 직교하는 벡터들의 집합을 만든다.

이 예제에서 고유벡터들이 서로 직교하였으나 고유벡터의 길이가 모두 1 은 아니다. 그러나 고유벡터를 자신의 길이로 나누어 단위벡터를 만들어 A 의 고유벡터를 다음과 같이 취할 수 있다.

$$\begin{pmatrix} 0 \\ 1 \\ 0 \end{pmatrix}, \quad \begin{pmatrix} \frac{1}{\sqrt{5}} \\ 0 \\ \frac{2}{\sqrt{5}} \end{pmatrix}, \quad \begin{pmatrix} \frac{2}{\sqrt{5}} \\ 0 \\ -\frac{1}{\sqrt{5}} \end{pmatrix}$$

n차 정방행렬 A 가 가역적이고 $A^t = A^{-1}$ 이면 A를 **직교 행렬**(Orthogonal matrix)이라고 한다. 즉 A가 직교행렬이면 $AA^t = A^tA = I$ 가 성립한다.

예 제 **8.** 행렬

$$A = \begin{pmatrix} 0 & \frac{1}{\sqrt{5}} & \frac{2}{\sqrt{5}} \\ 1 & 0 & 0 \\ 0 & \frac{2}{\sqrt{5}} & -\frac{1}{\sqrt{5}} \end{pmatrix}$$

는 직교행렬이고 열벡터

$$\begin{pmatrix} 0 \\ 1 \\ 0 \end{pmatrix}, \quad \begin{pmatrix} \frac{1}{\sqrt{5}} \\ 0 \\ \frac{2}{\sqrt{5}} \end{pmatrix}, \quad \begin{pmatrix} \frac{2}{\sqrt{5}} \\ 0 \\ -\frac{1}{\sqrt{5}} \end{pmatrix}$$

는 R^3 벡터 공간의 직교 단위 기저를 이룬다.

$\lambda_1, \lambda_2, ..., \lambda_n$ 이 n차 정방행렬의 고유값이고 $D = diag(\lambda_1, \lambda_2, ..., \lambda_n)$ 일 때

$$Q^t AQ = D$$

가 되는 직교행렬 Q가 존재하면 A를 **직교대각화 가능**(Orthogonally diagonalizable)하다고 말한다. $Q^t = Q^{-1}$ 임을 상기하면

$$Q^{-1}AQ = D \Leftrightarrow Q^t AQ = D$$

이다.

정 리 8.2.6. A가 n차 정방행렬일때 A가 직교대각화 가능하기위한 필요충분 조건은 A가 대칭행렬이다.

[**증명**] A가 대칭행렬이면 A는 n개의 실단위직교 고유벡터를 가지고 이를 열로 가지는 행렬 Q로 대각화 가능하다. 역으로 , A가 직교대각화 가능하다고 하자. 그러면 $Q^t AQ = D$ 가 되는 직교행렬 Q 가 존재한다. 이식의 좌변에 Q,우변에 Q^t를 곱하고 $Q^t Q = QQ^t = I$를 사용하면

$$Q^t AQ = D \Leftrightarrow QQ^t AQQ^t = QDQ^t \Leftrightarrow A = QDQ^t$$

를 얻는다. 따라서 $(QD)^t = D^t Q^t$, $D = D^t$, $(Q^t)^t = Q$를 이용하여 A^t를 구하면

$$A^t = (QDQ^t)^t = (Q^t)^t D^t Q^t = QDQ^t = A$$

로서 A는 대칭행렬이다.

보기를 살펴보기 전에 대칭행렬 A를 대각화하는 직교행렬 Q를 구하는 법을 요약하자.

(1) 먼저 대칭 행렬 A의 각 고유공간의 기저를 구한다.

(2) Gram-Schmidt의 직교화 과정을 거쳐 A의 각 고유공간에 대한 직교 단위 기저를 구한다(단위길이로 만든다).

(3) (2)에서 구한 직교단위 고유벡터를 열로 갖는 행렬을 Q 로 한다.

예 제 9. 대칭행렬 $A = \begin{pmatrix} -1 & 2 & 4 \\ 2 & 2 & -2 \\ 4 & -2 & -1 \end{pmatrix}$ 에 대한 직교대각행렬을 구하시오.

[**풀이**] A 의 고유값은 $-6, 3, 3$이다. 이에 대응하는 일차 독립인 고유벡터를

$$\mathbf{v}_1 = \begin{pmatrix} -2 \\ 1 \\ 2 \end{pmatrix}, \quad \mathbf{v}_2 = \begin{pmatrix} 1 \\ 2 \\ 0 \end{pmatrix}, \quad \mathbf{v}_3 = \begin{pmatrix} 0 \\ -2 \\ 1 \end{pmatrix}$$

로 잡는다. 그러나 이 벡터들은 직교하지 않음을 볼 수 있다. 이제 *Gram – Schumit*의 직교화과정을 거쳐서 $\mathbf{q}_1$, $\mathbf{q}_2$, $\mathbf{q}_3$를 찾으면 다음과 같은 정규직교 집합을 얻는다.

$$\mathbf{q}_1 = \begin{pmatrix} -\frac{2}{3} \\ -\frac{1}{3} \\ \frac{2}{3} \end{pmatrix}, \quad \mathbf{q}_2 = \begin{pmatrix} \frac{1}{\sqrt{5}} \\ \frac{2}{\sqrt{5}} \\ 0 \end{pmatrix}, \quad \mathbf{q}_3 = \begin{pmatrix} \frac{4}{3\sqrt{5}} \\ -\frac{2}{3\sqrt{5}} \\ \frac{\sqrt{5}}{3} \end{pmatrix}$$

이고 이 경우 직교대각화 행렬은

$$Q = \begin{pmatrix} -\frac{2}{3} & \frac{1}{\sqrt{5}} & \frac{4}{3\sqrt{5}} \\ -\frac{1}{3} & \frac{2}{\sqrt{5}} & -\frac{2}{3\sqrt{5}} \\ \frac{2}{3} & 0 & \frac{\sqrt{5}}{3} \end{pmatrix}$$

이고 대응하는 대각행렬은

$$D = Q^t A Q = \begin{pmatrix} -6 & 0 & 0 \\ 0 & 3 & 0 \\ 0 & 0 & 3 \end{pmatrix}$$

이다.

연습문제 8-2

1. 다음 행렬들이 대각화 가능한지 결정하고 대각화 가능하면 $P^{-1}AP = D$를 만족시키는 행렬 P를 구하시오.

(1) $A = \begin{pmatrix} 2 & -2 \\ -5 & 1 \end{pmatrix}$ (2) $B = \begin{pmatrix} 5 & 0 & 0 \\ 1 & 0 & 3 \\ 0 & 0 & -2 \end{pmatrix}$

2. 주어진 대칭행렬에 대해 직교대각화 행렬 Q를 구하시오.

(1) $A = \begin{pmatrix} 2 & 1 & 0 \\ 1 & -2 & 4 \\ 0 & 4 & 2 \end{pmatrix}$ (2) $B = \begin{pmatrix} 3 & 0 & 0 \\ 0 & 3 & 1 \\ 0 & 1 & 3 \end{pmatrix}$

(3) $C = \begin{pmatrix} 5 & 1 & 0 \\ 1 & 5 & 0 \\ 0 & 0 & 2 \end{pmatrix}$ (4) $D = \begin{pmatrix} 4 & 1 & 1 \\ 1 & 4 & 1 \\ 1 & 1 & 4 \end{pmatrix}$

8.3 고유값 문제의 응용

행렬의 고유값 문제는 역학계와 전기회로망의 미분방정식과 관련된다. 이 절에서는 행렬의 고유값 문제에 관한 몇 가지 전형적인 예제를 소개하기로 한다.

예 제 1. [탄성막의 확장] x_1x_2 평면상에서 경계원 $x_1^2 + x_2^2 = 1$을 갖는 탄성막을 잡아당겨 한 점 $P(x_1, x_2)$ 가

$$\mathbf{y} = A\mathbf{x} \Leftrightarrow \begin{pmatrix} y_1 \\ y_2 \end{pmatrix} = \begin{pmatrix} 2 & 1 \\ 1 & 2 \end{pmatrix} \begin{pmatrix} x_1 \\ x_2 \end{pmatrix} = \begin{pmatrix} 2x_1 + x_2 \\ x_1 + 2x_2 \end{pmatrix} \tag{8.7}$$

로 표현되는 점 $Q(y_1, y_2)$ 로 변환될 때, Q의 위치벡터 $\mathbf{y}$ 의 방향이 P의 위치벡터 $\mathbf{x}$의 방향과 같은 방향 혹은 정반대 방향이 되는 $\mathbf{x}$의 방향, 즉 $\mathbf{x}$의 주방향(principle directions)을 찾아라. 이 변형에 의하여 경계원은 어떤 형상으로 되겠는가?

[**풀이**] $\mathbf{y} = A\mathbf{x}$ 로부터, 주어진 문제는 $A\mathbf{x} = \lambda\mathbf{x}$ 의 고유값 문제로 귀결되며, 성분으로는

$$\begin{cases} 2x_1 + x_2 = \lambda x_1 \\ x_1 + 2x_2 = \lambda x_2 \end{cases} \Leftrightarrow \begin{cases} (2-\lambda)x_1 + x_2 = 0 \\ x_1 + (2-\lambda)x_2 = 0 \end{cases} \tag{8.8}$$

으로 된다. 이로부터 특성방정식은

$$\begin{vmatrix} 2-\lambda & 1 \\ 1 & 2-\lambda \end{vmatrix} = (2-\lambda)^2 - 1 = 0 \tag{8.9}$$

이 되며, 해는 $\lambda_1 = 1, \lambda_2 = 3$ 이다.

먼저 $\lambda_1 = 1$ 에 대하여 연립방정식 (8.8)는
$x_1 + x_2 = 0$ 에서 $x_2 = -x_1$ 이 되고 $x_1 = 1$ 을 택하면 $x_2 = -1$ 이 되며,
$\lambda_2 = 3$ 의 경우, 연립방정식 (8.8)의 해는 $x_2 = x_1$이다.
그러므로 A의 고유벡터는

$$\lambda_1\text{에 대응되는 } \mathbf{x}_1 = k_1 \begin{pmatrix} 1 \\ -1 \end{pmatrix} \text{ 과 } \lambda_2\text{에 대응되는 } \mathbf{x}_2 = k_2 \begin{pmatrix} 1 \\ 1 \end{pmatrix}$$

을 갖는다(k_1, k_2 는 영이 아닌 임의의 상수). 이 변환에 의해 원의 상이 무엇으로 바뀌는지 알아 보기 위하여 $\mathbf{x}$, $\mathbf{y}$ 에 관해 풀어보자.

$$A^{-1} = \frac{1}{|A|} \begin{pmatrix} 2 & -1 \\ -1 & 2 \end{pmatrix} = \frac{1}{3} \begin{pmatrix} 2 & -1 \\ -1 & 2 \end{pmatrix}$$

이므로

$$\mathbf{x} = A^{-1}\mathbf{y} \Leftrightarrow \begin{pmatrix} x_1 \\ x_2 \end{pmatrix} = \frac{1}{3} \begin{pmatrix} 2y_1 - y_2 \\ -y_1 + 2y_2 \end{pmatrix}$$

인 관계가 성립한다. 이를 원의 방정식 $x_1^2 + x_2^2 = 1$에 대입하면

$$\frac{1}{9}\{(2y_1 - y_2)^2 + (-y_1 + 2y_2)^2\} = 1 ,$$

즉,

$$5y_1^2 - 8y_1y_2 + 5y_2^2 = 9 .$$

이 식으로 주어진 곡선을 좀 더 자세히 알아보기 위하여 좌표의 회전이동을 하여 보자. $\cos\alpha = \dfrac{5-5}{-8} = 0$으로 두면 $\alpha = \dfrac{\pi}{4}$ 이므로 좌표축을 $\dfrac{\pi}{4}$ 만큼 회전이동하여 새로운 좌표축에 의한 좌표를 $(w_1,\ w_2)$ 라고 하면

$$\begin{pmatrix} y_1 \\ y_2 \end{pmatrix} = \begin{pmatrix} \frac{1}{\sqrt{2}} & -\frac{1}{\sqrt{2}} \\ \frac{1}{\sqrt{2}} & \frac{1}{\sqrt{2}} \end{pmatrix} \begin{pmatrix} w_1 \\ w_2 \end{pmatrix} = \frac{1}{\sqrt{2}} \begin{pmatrix} w_1 - w_2 \\ w_1 + w_2 \end{pmatrix}$$

인 관계가 있으므로 이를 $y_1,\ y_2$ 에 대입하면

$$\frac{w_1^2}{3^2} + w_2^2 = 1$$

를 얻는다. 따라서 경계원은 타원으로 변형됨을 알 수 있다.

예 제 2. [두 용수철에 매달린 두 질량의 진동계]

다음 미분 방정식

$$y_1'' = -5y_1 + 2y_2 \qquad y_2'' = 2y_1 - 2y_2$$

에 의해 지배되는 용수철계는 고유값 문제로 설명할 수 있다. 이 때 y_1과 y_2는 정지상태로부터의 질량의 변위를 나타내고 기호 $(')$ 는 시간 t 에 관한 도함수를 나타낸다. 이를 벡터의 형태로 표시하면

$$\mathbf{y}'' = \begin{pmatrix} y_1'' \\ y_2'' \end{pmatrix} = A\mathbf{y} = \begin{pmatrix} -5 & 2 \\ 2 & -2 \end{pmatrix} \begin{pmatrix} y_1 \\ y_2 \end{pmatrix} \tag{8.10}$$

가 된다. 한 개의 용수철에 매달린 한 개의 질량으로 구성된 역학계의 운동이 지수함수로 주어진다는 사실로 부터 $\mathbf{y} = \mathbf{x}e^{\omega t}$ 형태의 벡터해를 시도해 보자. 이를 (8.10) 식에 대입하여 보자. $\omega^2\mathbf{x}e^{\omega t} = A\mathbf{x}e^{\omega t}$ 로 부터 양변을 $e^{\omega t}$로 나누고 $\omega^2 = \lambda$로 치환하면 주어진 역학계는 다음의 고유값 문제로 귀결된다.

$$A\mathbf{x} = \omega^2\mathbf{x} \Leftrightarrow A\mathbf{x} = \lambda\mathbf{x}$$

이 때 A 의 고유값은 $\lambda_1 = -1,\ \lambda_2 = -6$ 가 되고 $\omega = \sqrt{-1} = \pm\, i$ 와 $\sqrt{-6} = \pm\sqrt{-6}$ 이 되고 이에 대응하는 고유벡터는 $\mathbf{x} = \begin{pmatrix} 1 \\ 2 \end{pmatrix}$와 $\begin{pmatrix} 2 \\ -1 \end{pmatrix}$ 이다.

이 경우 일반해 $\mathbf{y}$의 성분은 두 질량의 조화진동을 묘사하고 있다.

정 리 8.3.1. [Gerschgorin의 정리] $A = (a_{ij})$를 실수 혹은 복소수의 n 차 정방행렬이라 하자. $r = 1, ..., n$ 일 때 중심이 a_{rr} 이고, 반지름이 ρ_r인 다음과 같은 복소평면상의 원 $C_1,\ C_2,\ ...C_n$ 을 정의하자.

$$\rho_r = \sum_{j=1,\ j\neq r}^{n} |a_{rj}| = |a_{r1}| + |a_{r2}| + ... + |a_{r,r-1}| + |a_{r,r+1}| + ... + |a_{rn}|.$$

이때 A의 각 고유값들을 복소수 평면상에 한 점으로 표시하면 이 고유값들은 원 $C_1, ..., C_n$ 중의 한 개의 원 위 또는 원 안에 놓이게 된다.

[**증명**] $A\mathbf{x} = \lambda\mathbf{x}$의 r 번째 방정식은

$$a_{r1}x_1 + ... + a_{r,r-1}x_{r-1} + (a_{rr} - \lambda)x_r + a_{r,r+1}x_{r+1} + ... + a_{rn}x_n = 0.$$

이 방정식을 $(a_{rr} - \lambda)$ 에 대해서 풀고 임의의 복소수 a와 b에 대한 삼각부등식 $|a+b| \leqq |a| + |b|$를 반복적으로 사용하면 다음 부등식을 얻는다.

$$|\lambda - a_{rr}| < \sum_{j=1,\ j\neq r}^{n} |a_{rj}| \frac{|x_j|}{|x_r|}, \qquad r = 1, 2, ..., n.$$

이제 가장 큰 값을 가진 $\mathbf{x}$의 원소로 x_r을 선택하면 $r = 1, 2, ..., n$에 대해 $\dfrac{|x_i|}{|x_r|} \leqq 1$ 이 된다. 정리는 우변에 있는 각각의 항 $\dfrac{|x_i|}{|x_r|}$ 을 1 로 치환함으로써 $|\lambda - a_{rr}|$을 포함하는 부등식을 얻고 $r = 1, 2, ..., n$에 대해 이 논증을 반복함으로써 얻을 수 있다. 이 때 원 C_r 를 행렬 A의 **Gerschgorin원**(Gerschgorin circle)이라고 부른다. C_r 의 반지름은 대각선요소 a_{rr} 을 제외한 행 r 의 나머지 원소들의 절대값의 합이다. 그리고 C_k 의 a_{rr} 는 $a_{rr} = \alpha_r + i\beta_r$ 로서 복소수 평면상에 점 (α_r, β_r) 으로 표시된다. A의 모든 고유값들을 포함하는 영역에 대한 그림은 Gerschgorin원을 그린 후에 원의 내부를 어둡게 처리하면 된다.

예 제 3. Gerschgorin circle이론을 행렬 $A = \begin{pmatrix} 2 & 1 & -1 \\ 3 & 2 & -3 \\ 3 & 1 & -2 \end{pmatrix}$ 에 적용하시오.

[**풀이**] 원 C_1은 중심이 $a_{11} = (2, 0)$, 반경이 $\rho_1 = |a_{12}| + |a_{13}| = 1 + 1 = 2$이고,

원 C_2은 중심이 $a_{22} = (2, 0)$, 반경이 $\rho_2 = |a_{21}| + |a_{23}| = 3 + 3 = 6$이며

원 C_3은 중심이 $a_{33} = (-2, 0)$, 반경이 $\rho_3 = |a_{31}| + |a_{32}| = 3 + 1 = 4$이다.

결과적으로 Gerschgorin circle이론은 A의 모든 고유값이 이러한 원 C_1, C_2, C_3에 의해 둘러 싸인 복소평면안에 놓여 있다는 것을 보여 준다.

예 제 **4.**

$$A = \begin{pmatrix} 12i & 1 & 9 & -4 \\ 1 & -6 & 2+i & -1 \\ 4 & 1 & -1 & 4i \\ 1-3i & -9 & 1 & 4-7i \end{pmatrix}$$

의 Gerschgorin circle의 중심과 반경을 찾으시오.

[**풀이**] 위의 행렬 A 의 특성방정식은 다음과 같다.

$$\rho_A(\lambda) = \lambda^4 + (3-5i)\lambda^3 + (18-4i)\lambda^2 + (290+90i)\lambda + 1374 - 1120i = 0$$

이 때 이 4차 방정식의 근을 찾기가 용이하지 않으므로 고유값의 존재하는 위치를 근사적으로 알아보기 위해 Gerschgorin circle을 찾아보자.

원 C_1, 중심: $a_{11} = (0,12)$, 반경: $\rho_1 = |a_{12}| + |a_{13}| + |a_{14}| = 1+9+4 = 14$,

원 C_2, 중심: $a_{22} = (-6,0)$, 반경: $\rho_2 = |a_{21}| + |a_{23}| + |a_{24}| = 1+\sqrt{5}+1 = 2+\sqrt{5}$,

원 C_3, 중심: $a_{11} = (-1,0)$, 반경: $\rho_3 = |a_{31}| + |a_{32}| + |a_{34}| = 4+1+4 = 9$,

원 C_4, 중심: $a_{44} = (4,-7)$, 반경: $\rho_4 = |a_{41}|+|a_{42}|+|a_{43}| = \sqrt{10}+9+1 = 10+\sqrt{10}$.

Gerschgorin원들은 큰 반경을 가질 수도 있으므로 근사적인 해법으로 의도된 것

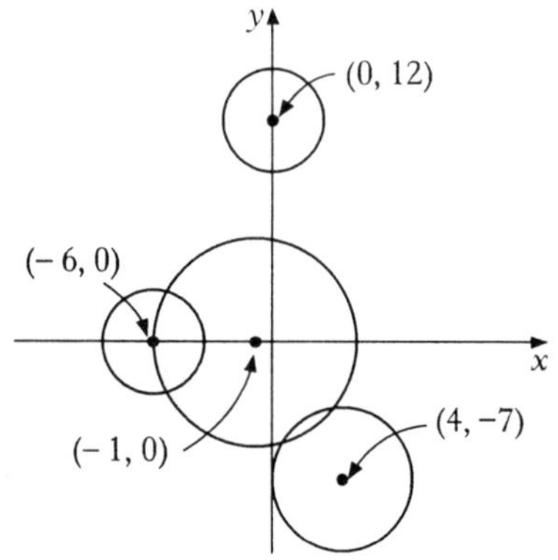

그림 8-1

은 아니다. 하지만 어떤 문제들의 경우 고유값의 개략적인 위치에 대한 근사적

인 정보를 아는 것이 중요할 수 있다. 예를 들면 유체유동의 안정성의 연구에 있어서 평면상의 고유값의 위치를 아는 것이 중요하다.

연습문제 8-3

1. [**탄성변형**] 주어진 행렬 A 에 따른 탄성변형 $\mathbf{y} = A\mathbf{x}$에 의한 팽창 또는 수축인수와 주방향을 구하라.

$$(1)\begin{pmatrix} 4 & \sqrt{8} \\ \sqrt{8} & 6 \end{pmatrix} \qquad (2)\begin{pmatrix} 1 & 3 \\ 2 & 1 \end{pmatrix} \qquad (3)\begin{pmatrix} 2.0 & 0.4 \\ 0.4 & 2.0 \end{pmatrix} \qquad (4)\begin{pmatrix} 6 & -2 \\ -3 & 4 \end{pmatrix}$$

2. 위의 행렬의 Gerschgorin circle을 스케치하고 평면상의 점으로 고유값의 위치를 찾으시오.

3. x_1x_2-평면 위에서 경계가 원 $x_1^2 + x_2^2 = 1$인 탄성막을 생각한다. 이 탄성막은

$$\mathbf{Y} = \begin{pmatrix} y_1 \\ y_2 \end{pmatrix} = A\mathbf{X} = \begin{pmatrix} 5 & 3 \\ 3 & 5 \end{pmatrix}\begin{pmatrix} x_1 \\ x_2 \end{pmatrix}$$

에 의하여, 경계 위의 점P(x_1, x_2)가 점 $Q(y_1, y_2)$로 옮겨진다고 한다. 이 때, 벡터 $\mathbf{Y}$의 방향과 같은 방향 또는 정반대 방향인 벡터 $\mathbf{X}$를 구하라. 또 팽창된 탄성막의 경계는 어떤 모양인가?

4. (Markov 과정) 어떤 상황이 새로 시작될 확률이, 마지막 상황과 그 과정을 결정하는 행렬에만 의존하는 추이과정(stochastic process)을 Markov과정이라 한다. 한 공업도시의1992년 토지사용 비율이 (1)주거지역: 30 (2)상업지역: 20 (3)공업지역: 50 이고 5년 간격으로 추이확률이 확률행렬

$$A = (a_{jk}) = \begin{pmatrix} 0.8 & 0.1 & 0.1 \\ 0.1 & 0.7 & 0.2 \\ 0 & 0.1 & 0.9 \end{pmatrix} \qquad (a_{jk}\text{는 } j\text{에서 } k\text{로 변화될 확률을 나타낸다.})$$

로 주어진다고 할 때, 토지사용 비율의 극한상황을 구하라.

8.4 2차형식

정 의 **1.** 복소수의 **2차형식(quadratic form)**은 다음과 같이 표현한다.

$$q(z_1,\ z_2,\ \cdots,z_n) = \sum_{i=1}^{n}\sum_{j=1}^{n} a_{ij}\overline{z}_i z_j \tag{8.11}$$

여기서 a_{ij} 와 z_i 는 복소수이다.

$n=2$ 의 경우, **2차형식(quadratic form)**은 다음과 같은 형태이다.

$$q(z_1,\ z_2) = a_{11}\overline{z}_1 z_1 + a_{12}\overline{z}_1 z_2 + a_{21}\overline{z}_1 z_2 + a_{22}\overline{z}_2 z_2$$

$i \neq j$ 이고 $z_i z_j$ 를 포함하는 항은 **혼합곱항(mixed product term)**이다.

모든 a_{ij} 와 z_i 이 실수이면 2차 형식은 실수의 2차형식이다. 이러한 경우 $\overline{x}_j = x_j$ 이므로 x_j는 실변수이며 일반적으로 z_j 를 x_j 로 쓴다. 이 때 2차형식의 형태는 다음과 같다.

$$q(x_1,\ x_2,\ \cdots,x_n) = \sum_{i=1}^{n}\sum_{j=1}^{n} a_{ij}x_i x_j$$

$n=2$ 의 경우, 다음과 같다.

$$q(x_1,\ x_2) = a_{11}x_1^2 + (a_{12}+a_{21})x_1x_2 + a_{22}x_2^2$$

x_1^2 과 x_2^2 을 포함하는 항은 이러한 실수의 2차항이며 x_1x_2 는 혼합곱항이다. 여기서 a_{ij}는 $i \leq j$인 i,j에 대하여 정의 되어있는데 $i > j$인 i,j에 대하여

$$a_{ij} = a_{ji}$$

로 정의하면(즉 $a_{12} = a_{21}, ...$) 대칭행렬

$$A = \begin{pmatrix} a_{11} & a_{12} & \cdots & a_{1n} \\ a_{21} & a_{22} & \cdots & a_{2n} \\ \cdots & \cdots & \cdots & \cdots \\ a_{n1} & a_{n2} & \cdots & a_{nn} \end{pmatrix}$$

를 얻고 2차형식 $q(x_1, \cdots, x_n)$은

$$q(x_1, \cdots, x_n) = \sum_{j=1}^{n}\sum_{i=1}^{n} a_{ij}x_ix_j = \mathbf{x}^tA\mathbf{x}$$

와 같은 행렬의 곱으로 나타내어진다. 여기서

$$\mathbf{x} = \begin{pmatrix} x_1 \\ x_2 \\ \cdots \\ x_n \end{pmatrix}$$

이다. 이때 $q(x_1, \cdots, x_n)$를 **대칭행렬 A로 정의된 2차형식**이라 하고 A를 **2차형식 $q(x_1, \cdots, x_n)$의 관련 행렬**이라 한다.

한편 임의의 대칭행렬 A에 대하여 직교행렬 $P(P^{-1} = P^{\,t})$이 존재하여 A를 대각화시키면 대각행렬 $D = P^tAP$를 얻는다. 즉

$$D = P^tAP = \begin{pmatrix} \lambda_1 & 0 & \cdots & 0 \\ 0 & \lambda_2 & \cdots & 0 \\ \cdots & \cdots & \cdots & \cdots \\ 0 & 0 & \cdots & \lambda_n \end{pmatrix}$$

이다. 여기서 $\lambda_1, \lambda_2, \cdots, \lambda_n$은 A의 고유값이고 이 고유값에 대응된 단위 직교고유벡터를 각각 $\mathbf{u}_1, \mathbf{u}_2, \cdots, \mathbf{u}_n$라 하면 $P = (\mathbf{u}_1\, \mathbf{u}_2 \cdots \mathbf{u}_n)$로 나타내어진다. 따라

서 $\mathbf{x}$에 대신 $\mathbf{x} = P\mathbf{y}$를 대입하고 $\mathbf{x}^t = (P\mathbf{y})^t = \mathbf{y}^t P^t$를 이용하면

$$\mathbf{x}^t A\mathbf{x} = \mathbf{y}^t P^t A P\mathbf{y} = \mathbf{y}^t D\mathbf{y} = \sum_{i=1}^{n} \lambda_i {y_i}^2$$

이 된다. 이를 2차형식 $q(x_1, x_2, \cdots, x_n)$의 **표준형**이라 한다.

정 리 **8.4.1. 주축정리(principal axes theorem)** $\mathbf{A}$를 고유값 $\lambda_1, ..., \lambda_n$ 을 갖는 실수의 대칭행렬이라 하고, $\mathbf{P}$는 $\mathbf{A}$를 대각화시키는 직교행렬이라 두자. 이 때 좌표변환 $\mathbf{x} = \mathbf{P}\mathbf{y}$ 에 의해 이차형식$q(x_1, \cdots, x_n)$는 다음과 같이 표준화된다.

$$\sum_{j=1}^{n} \lambda_j y_j^2$$

예 제 **1.** 이차 형식 $x_1^2 - 2x_1x_2 + x_2^2$을 관련 대칭행렬을 이용하여 표준화하시오.

$$\mathbf{A} = \begin{pmatrix} 1 & -1 \\ -1 & 1 \end{pmatrix}$$

[**풀이**] $\mathbf{A}$의 고유값은 0 과 2 이고 대응하는 고유벡터는 각각 $\begin{pmatrix} 1 \\ 1 \end{pmatrix}, \begin{pmatrix} 1 \\ -1 \end{pmatrix}$ 이다. 각 고유벡터들을 길이로 나누어 단위벡터로 만들면, $\begin{pmatrix} \frac{1}{\sqrt{2}} \\ \frac{1}{\sqrt{2}} \end{pmatrix}, \begin{pmatrix} \frac{1}{\sqrt{2}} \\ -\frac{1}{\sqrt{2}} \end{pmatrix}$ 이고 이들은 $\mathbf{A}$를 대각화시키는 직교행렬 $\mathbf{P}$의 열이다. 즉

$$\mathbf{P} = \begin{pmatrix} \frac{1}{\sqrt{2}} & \frac{1}{\sqrt{2}} \\ \frac{1}{\sqrt{2}} & -\frac{1}{\sqrt{2}} \end{pmatrix}.$$

이제 $\mathbf{x} = \mathbf{P}\mathbf{y}$ 에 의해 변환을 취하면, 즉

$$\begin{pmatrix} x_1 \\ x_2 \end{pmatrix} = \begin{pmatrix} \frac{1}{\sqrt{2}} & \frac{1}{\sqrt{2}} \\ \frac{1}{\sqrt{2}} & -\frac{1}{\sqrt{2}} \end{pmatrix} \begin{pmatrix} y_1 \\ y_2 \end{pmatrix}$$

을 2차형식 $x_1^2 - 2x_1x_2 + x_2^2$에 대입하면 이것은 $2y_2^2$ 로 표준화된다.

예 제 2. 2차 형식 $q(x, y) = 17x^2 - 30xy + 17y^2$ 를 표준화하여라.

[**풀이**] 2차형식 $q(x, y)$의 행렬 $A = \begin{pmatrix} 17 & -15 \\ -15 & 17 \end{pmatrix}$ 이다. 행렬 A의 고유방정식은 $(\lambda - 17)^2 - 15^2 = 0$이므로 고유값은 $\lambda = 2$, $\lambda = 32$이다. 고유값 $\lambda = 2$, $\lambda = 32$에 대응하는 단위고유벡터 $\mathbf{u}_1$, $\mathbf{u}_2$ 는 각각

$$\mathbf{u}_1 = \begin{pmatrix} 1/\sqrt{2} \\ 1/\sqrt{2} \end{pmatrix}, \qquad \mathbf{u}_2 = \begin{pmatrix} -1/\sqrt{2} \\ 1/\sqrt{2} \end{pmatrix}$$

이다. 따라서

$$P = \begin{pmatrix} 1/\sqrt{2} & -1/\sqrt{2} \\ 1/\sqrt{2} & 1/\sqrt{2} \end{pmatrix}, \qquad P^tAP = \begin{pmatrix} 2 & 0 \\ 0 & 32 \end{pmatrix}$$

이다. 그러므로 $\mathbf{x}' = (x'\ y')^t$에 대하여 $\mathbf{x} = P\mathbf{x}'$라 하면 2차형식 $q(x, y)$의 표준형은 $2x'^2 + 32y'^2$ 이다.

예 제 3. $q(x, y, z) = 2x^2 + 2y^2 + 2z^2 + 2xy + 2yz + 2zx$를 표준화하여라.

[**풀이**] 2차형식 $q(x, y, z)$의 행렬 A는

$$A = \begin{pmatrix} 2 & 1 & 1 \\ 1 & 2 & 1 \\ 1 & 1 & 2 \end{pmatrix}$$

이다. 행렬 A의 고유방정식은 $(\lambda - 1)^2(\lambda - 4) = 0$이므로 고유값은 $\lambda = 1$(2중근), $\lambda = 4$이다. $\lambda = 1$일 때 $A\mathbf{x} = \mathbf{x}$인 $\mathbf{x} = (x, y, z)^t$는 $x + y + z = 0$을 만족하므로 이

방정식의 일차독립인 해는

$$\mathbf{v}_1 = \begin{pmatrix} 1 \\ -1 \\ 0 \end{pmatrix}, \qquad \mathbf{v}_2 = \begin{pmatrix} 1 \\ 0 \\ -1 \end{pmatrix}$$

이므로 Gram-Schmidt의 직교화과정에 의하여 고유값 $\lambda = 1$에 대응하는 두 개의 단위직교고유벡터 $\mathbf{u}_1$, $\mathbf{u}_2$를 얻는다.

$$\mathbf{w}_1 = \mathbf{v}_1, \qquad \mathbf{w}_2 = \mathbf{v}_2 - \frac{\langle \mathbf{v}_2, \mathbf{w}_1 \rangle}{\langle \mathbf{w}_1, \mathbf{w}_1 \rangle}\mathbf{w}_1,$$

$$\mathbf{u}_1 = \frac{\mathbf{w}_1}{\|\mathbf{w}_1\|}, \qquad \mathbf{u}_2 = \frac{\mathbf{w}_2}{\|\mathbf{w}_2\|}$$

그러므로

$$\mathbf{u}_1 = \frac{1}{\sqrt{2}} \begin{pmatrix} 1 \\ -1 \\ 0 \end{pmatrix}, \qquad \mathbf{u}_2 = \frac{1}{\sqrt{6}} \begin{pmatrix} 1 \\ 1 \\ -2 \end{pmatrix}$$

이다. $\lambda = 4$일 때 $A\mathbf{x} = 4\mathbf{x}$ 인 $\mathbf{x} = (x, y, z)^t$ 는

$$2x - y - z = 0, \qquad x - 2y + z = 0$$

을 만족하므로

$$\mathbf{w}_3 = \begin{pmatrix} 1 \\ 1 \\ 1 \end{pmatrix}$$

이고

$$\mathbf{u}_3 = \frac{\mathbf{w}_3}{\|\mathbf{w}_3\|} = \frac{1}{\sqrt{3}} \begin{pmatrix} 1 \\ 1 \\ 1 \end{pmatrix}$$

이다. 따라서

$$P = \begin{pmatrix} 1/\sqrt{2} & 1/\sqrt{6} & 1/\sqrt{3} \\ -1/\sqrt{2} & 1/\sqrt{6} & 1/\sqrt{3} \\ 0 & -2/\sqrt{6} & 1/\sqrt{3} \end{pmatrix}, \qquad D = P^tAP = \begin{pmatrix} 1 & 0 & 0 \\ 0 & 1 & 0 \\ 0 & 0 & 4 \end{pmatrix}$$

이다. 그러므로 $\mathbf{x}' = (x'\, y'\, z')^t$에 대하여 $\mathbf{x} = P\mathbf{x}'$라 하면 2차형식 $q(x, y, z)$의 표준형은 다음과 같이 얻어진다.

$$q'(x', y', z') = x'^2 + y'^2 + 4z'^2$$

원점에서 관측할 때 복잡한 2차형식으로 표현되는 동점의 궤적은, 평행이동과 회전이동을 이용하여 관측점과 측량의 방향을 적당히 변환하면, 표준형의 꼴로 나타나 쉽게 파악할 수 있다. 이차형식으로 나타나는 곡선과 곡면을 행렬의 곱으로 표현하고 그 행렬을 대각화하여 그 곡선과 곡면들을 분류할 수 있다.

연습문제 8-4

1. 다음 2차형식의 표준형을 구하고 그의 계수와 관련행렬의 고유치를 비교하시오.

   (1) $5x^2 + 2xy + 5y^2$ (2) $x^2 + 4xy + 3y^2$

2. 다음 2차형식의 표준화하고 그래프를 그리시오.

   (1) $3x^2 + 2y^2 + 2z^2 + 2xy + 2zx$ (2) $x^2 + 2y^2 + 3z^2 - 4xy - 4yz$

제 9 장

벡터함수의 미분법

우리가 살고 있는 자연계에는 힘의 크기만 있는 스칼라량과 힘의 크기와 방향을 가지고 있는 벡터량이 존재한다. 스칼라장이란 스칼라량이 공간에 분포되어 있는 형상이며, 벡터장이란 벡터량이 공간에 분포되어 있는 형상인데, 어떤 별을 중심으로 물체를 잡아당기려는 중력장은 벡터장이다. 스칼라장은 스칼라함수로 나타내고 벡터장은 벡터함수로 나타낸다. 따라서 공간의 한 점이 정해지면 그 점에 대해서 스칼라량 또는 벡터량이 대응하는 함수관계가 성립한다. 이 장에서는 벡터함수로 표현되는 곡선 곡면의 성질들을 살펴 보고 발산과 회전같은 벡터미분 연산자의 성질을 소개한다.

9.1 벡터함수의 도함수

흐르는 강의 한 지점을 생각할 때 그 점에서 어느 순간에 물이 움직이는 방향과 속도는 벡터로 주어진다. 이처럼 공학및 과학분야에서 발생하는 많은 물리적인 양들은 벡터양으로 표현되고 변화하는 현상들은 벡터함수로 표현된다. 실수들의 집합 R 에 속한 실변수 t 에 실수 $f(t)$를 대응시키는 함수 f를 **스칼라함수**(scalar function)라고 하고, 벡터 $\mathbf{F}(t)$ 를 대응시키는 함수 $\mathbf{F}$ 를 **벡터함수**(vector function)라 한다. 여기서는 편의상 $\mathbf{F}(t)$ 를 벡터함수라 부르기로 하자.

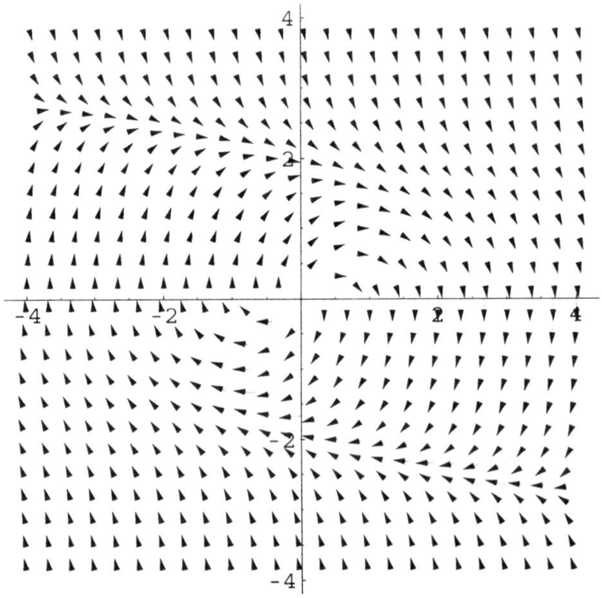

[그림 9-1]

2변수 벡터함수는 그림 9.1 에서 보는 바와 같이 평면의 각 점에 대하여 벡터가 하나씩 대응하는 함수로 생각하면 된다.

이제 벡터 함수의 공변역이 3차원 표준벡터공간 일 때 벡터함수의 극한과 연속 그리고 미분법에 관하여 조사하여 보자.

여기서 부터는 3차원 표준벡터공간의 벡터는 기저의 표기를 $\mathbf{e}_1$, $\mathbf{e}_2$, $\mathbf{e}_3$ 대신 $\mathbf{i}, \mathbf{j}$, $\mathbf{k}$ 를 사용하여 $\mathbf{F}(t) = f_1(t)\mathbf{i} + f_2(t)\mathbf{j} + f_3(t)\mathbf{k}$로 표시하자. 또한 때로는 기저

벡터를 표시하지 않고 $\mathbf{F}(t) = (f_1(t),\ f_2(t),\ f_3(t))$와 같이 사용하기도 한다. 이 때 벡터의 성분을 표하는 함수 $f_i(t)(i = 1, 2, 3)$는 스칼라함수이고 벡터함수 $\mathbf{F}(t)$의 성분함수라고 부르자.

벡터함수 $\mathbf{F}(t)$에 대하여 변수 t가 한없이 t_0에 가까이 갈 때 $\mathbf{F}(t)$가 $\mathbf{L}$에 가까이 가면 $t = t_0$에서 $\mathbf{F}(t)$의 극한값을 $\mathbf{L}$이라 하고 이것을 기호로 다음과 같이 표시한다.

$$\lim_{t \to t_0} \mathbf{F}(t) = \mathbf{L}$$

벡터함수 $\mathbf{F}(t) = (f_1(t), f_2(t), f_3(t))$가 $t \to t_0$ 일 때 극한값 $\mathbf{L} = (l_1, l_2, l_3)$을 가질 필요충분조건은 각 성분함수 $f_i(t)$가 $t \to t_0$ 일 때 극한값 l_i 을 가지는 것이다. 즉

$$\lim_{t \to t_0} \mathbf{F}(t) = \mathbf{L} \Leftrightarrow \lim_{t \to t_0} f_i(t) = l_i \quad (i = 1,\ 2,\ 3)$$

이 성립한다.

예 제 **1.** $\mathbf{F}(t) = \dfrac{\sin t}{t}\mathbf{i} + \ln(3+t)\mathbf{j} + \cos t\ \mathbf{k}$ 일 때 극한 $\lim_{t \to 0} \mathbf{F}(t)$ 를 구하여라.

[**풀이**] $\lim_{t \to 0} \mathbf{F}(t) = \left(\lim_{t \to 0} \dfrac{\sin t}{t}\right)\mathbf{i} + \lim_{t \to 0} \ln(3+t)\mathbf{j} + \lim_{t \to 0} \cos t\ \mathbf{k} = \mathbf{i} + \ln 3\mathbf{j} + \mathbf{k}$

스칼라 함수의 연속과 미분의 개념과 같은 방법으로 벡터함수 $\mathbf{F}(t)$ 의 연속과 미분을 정의한다.

함수 $\mathbf{F}(t)$ 는 점 $t = t_0$ 에서 $\lim_{t \to t_0} \mathbf{F}(t) = \mathbf{F}(t_0)$ 을 만족하면, $t = t_0$에서 **연속**(continuous)라 한다. 또한 $t = t_0$ 에서 $\lim_{\Delta t \to 0} \dfrac{\mathbf{F}(t_0 + \Delta t) - \mathbf{F}(t_0)}{\Delta t}$가 존재할 때 $t = t_0$에서 **미분가능**(differentiable)이라 하고, 그 극한값은 $\mathbf{F}'(t_0)$로 나타낸다. 이 때

$$\mathbf{F}'(t_0) = f_1'(t_0)e_1 + f_2'(t_0)e_2 + f_3'(t_0)e_3 = (f_1'(t_0),\ f_2'(t_0)'\ f_3'(t_0))$$

임을 알 수 있다.

벡터함수 $\mathbf{F}(t)$가 모든 t 에서 미분가능할 때,

$$\frac{d\mathbf{F}(t)}{dt} = \lim_{\Delta t \to 0} \frac{\Delta \mathbf{F}}{\Delta t} = \lim_{\Delta t \to 0} \frac{\mathbf{F}(t+\Delta t) - \mathbf{F}(t)}{\Delta t}$$

으로 정의하고, $\frac{d\mathbf{F}}{dt}$을 스칼라 t 에서 벡터 함수 $F(t)$ 의 **도함수**(derivative function)라 한다. $\frac{d\mathbf{F}}{dt}$ 역시 t 에 관한 벡터함수이므로 t 에 관한 $\frac{d\mathbf{F}}{dt}$ 의 도함수를 다시 생각할 수 있다. 만약 이 도함수가 역시 존재한다면 이것을 $\frac{d}{dt}\left(\frac{d\mathbf{F}}{dt}\right) = \frac{d^2\mathbf{F}}{dt^2}$ 로 나타낸다. 이와 같은 방법으로 그 이상의 고계도함수도 정의할 수 있다.

예 제 2. 벡터 함수 $F(t) = (\cos t)\mathbf{i} + e^{2t}\mathbf{j} + t^3\mathbf{k}$의 도함수 $\frac{d}{dt}\mathbf{F}(t)$와 $\frac{d^2}{dt^2}\mathbf{F}(t)$ 를 구하여라.

[풀이] $\frac{d}{dt}\mathbf{F}(t) = (-\sin t)\mathbf{i} + 2e^{2t}\mathbf{j} + 3t^2\mathbf{k}$, $\frac{d^2}{dt^2}\mathbf{F}(t) = (-\cos t)\mathbf{i} + 4e^{2t}\mathbf{j} + 6t\mathbf{k}$

이제, 벡터함수를 자연스럽게 일반화시킨 함수값이 $\mathbf{R}^n$에 속하는 벡터함수의 극한과 도함수의 개념을 살펴보자. $f_1, f_2, \cdots, f_n$이 실 변수 t의 실 함수라 할 때, $f_1(t), f_2(t), \cdots, f_n(t)$가 정의되는 t의 모든 값에 대해서 다음과 같이 벡터함수 $\mathbf{F}$를 정의할 수 있다.

$$\mathbf{F}(t) = (f_1(t),\ f_2(t),\ \cdots,\ f_n(t)) \tag{9.1}$$

이 때, 함수 $f_1(t), f_2(t), \cdots, f_n(t)$를 $\mathbf{F}$의 **성분함수**(component function)라 한다.

식(9.1)에서 모든 $i = 1, 2, \cdots, n$에 대해 극한 $\lim_{t \to t_0} f_i(t)$가 존재할 때 t_0에서 $\mathbf{F}$의 극한이 존재한다고 하고, 그 극한을 다음과 같이 정의한다.

$$\lim_{t \to t_0} \mathbf{F}(t) = (\lim_{t \to t_0} f_1(t),\ \lim_{t \to t_0} f_2(t),\ \cdots,\ \lim_{t \to t_0} f_n(t))$$

또, 모든 성분 함수가 t_0에서 연속일 때 $\mathbf{F}$는 t_0 에서 **연속**(continuous)이라고 한다. 모든 성분 함수 $f_i(t)$가 t_0에서 미분 가능하면, $\mathbf{F}(t) = (f_1(t),\ f_2(t),\ \cdots,\ f_n(t))$를

t_0에서 **미분가능**(differentiable)하다고 하고, 다음과 같이 정의한다.

$$\mathbf{F}'(t_0) = (f_1'(t_0),\ f_2'(t_0),\ \cdots,\ f_n'(t_0))$$

모든 성분 함수 $f_i(t)(i = 1, 2, \cdots, n)$가 구간 $[a, b]$의 모든 점 t 에서 미분가능할 때, $\mathbf{F}'(t)$를 $\mathbf{F}(t)$의 **도함수**(derivative)라 한다. 또한, 모든 $i = 1,\ 2,\ \cdots,\ n$에 대해서 f_i' 가 t_0 에서 연속이면 $\mathbf{F}$ 는 t_0 에서 **연속 미분 가능**(continuously differentiable)하다고 한다.

예 제 **3.** 벡터 함수 $\mathbf{F}(t) = (t,\ t^2,\ \cdots,\ t^n)$의 도함수 $\mathbf{F}'(t)$를 구하여라.

[풀이] $\mathbf{F}'(t) = (1,\ 2t,\ 3t^2,\ \cdots,\ nt^{n-1})$

벡터함수의 정의와 벡터연산의 성질에 의하여 다음 정리는 쉽게 증명된다.

정 리 **9.1.1.** [미분공식] $\mathbf{F}, \mathbf{G}, \mathbf{H}$ 는 각각 미분가능한 벡터함수이고, ϕ 는 미분가능한 스칼라함수라 하면 다음 관계가 성립한다.

(1) $\dfrac{d}{dt}(\mathbf{F} + \mathbf{G}) = \dfrac{d\mathbf{F}}{dt} + \dfrac{d\mathbf{G}}{dt}$

(2) $\dfrac{d}{dt}(\mathbf{F} \cdot \mathbf{G}) = \dfrac{d\mathbf{F}}{dt} \cdot \mathbf{G} + \mathbf{F} \cdot \dfrac{d\mathbf{G}}{dt}$

(3) $\dfrac{d}{dt}(\mathbf{F} \times \mathbf{G}) = \dfrac{d\mathbf{F}}{dt} \times \mathbf{G} + \mathbf{F} \times \dfrac{d\mathbf{G}}{dt}$

(4) $\dfrac{d}{dt}(\phi\mathbf{F}) = \left(\dfrac{d\phi}{dt}\right)\mathbf{F} + \phi\left(\dfrac{d\mathbf{F}}{dt}\right)$

(5) $\dfrac{d}{dt}(\mathbf{F} \cdot \mathbf{G} \times \mathbf{H}) = \dfrac{d\mathbf{F}}{dt} \cdot (\mathbf{G} \times \mathbf{H}) + \mathbf{F} \cdot \left(\dfrac{d\mathbf{G}}{dt} \times \mathbf{H}\right) + \mathbf{F} \cdot \left(\mathbf{G} \times \dfrac{d\mathbf{H}}{dt}\right)$

(6) $\dfrac{d}{dt}(\mathbf{F} \times \mathbf{G} \times \mathbf{H}) = \left(\dfrac{d\mathbf{F}}{dt} \times \mathbf{G} \times \mathbf{H}\right) + \left(\mathbf{F} \times \dfrac{d\mathbf{G}}{dt} \times H\right) + \left(\mathbf{F} \times \mathbf{G} \times \dfrac{d\mathbf{H}}{dt}\right)$

[**증명**] 이 공식들은 그 형식이 일반 미분공식과 매우 비슷하고 증명방법도 그와 유사하다. 예를 들어 (3)만을 증명하여 보자.

이제 $\mathbf{W}(t) = \mathbf{F}(t) \times \mathbf{G}(t)$ 라 놓으면

$$\begin{aligned}
\frac{d}{dt}\mathbf{H}(t) &= \lim_{\Delta t \to 0} \frac{\mathbf{H}(t+\Delta t) - \mathbf{H}(t)}{\Delta t} \\
&= \lim_{\Delta t \to 0} \frac{\mathbf{F}(t+\Delta t) \times \mathbf{G}(t+\Delta t) - \mathbf{F}(t) \times \mathbf{G}(t)}{\Delta t} \\
&= \lim_{\Delta t \to 0} \left[\frac{\mathbf{F}(t+\Delta t) \times (\mathbf{G}(t+\Delta t) - \mathbf{G}(t))}{\Delta t} \right. \\
&\qquad\qquad \left. + \frac{(\mathbf{F}(t+\Delta t) - \mathbf{F}(t)) \times \mathbf{G}(t)}{\Delta t} \right] \\
&= \lim_{\Delta t \to 0} \mathbf{F}(t+\Delta t) \times \lim_{\Delta t \to 0} \frac{\mathbf{G}(t+\Delta t) - \mathbf{G}(t)}{\Delta t} \\
&\qquad\qquad + \lim_{\Delta t \to 0} \frac{\mathbf{F}(t+\Delta t) - \mathbf{F}(t)}{\Delta t} \times \mathbf{G}(t) \\
&= \mathbf{F}(t) \times \frac{d\mathbf{G}(t)}{dt} + \frac{d\mathbf{F}(t)}{dt} \times \mathbf{G}(t).
\end{aligned}$$

□

예 제 4. $\mathbf{F} = (3t^2+1)\mathbf{i} + (\sin t)\mathbf{j}$, $\mathbf{G} = (\cos t)\mathbf{i} + e^t\mathbf{k}$ 일 때

(1) $\dfrac{d}{dt}(\mathbf{F} \cdot \mathbf{G})$ (2) $\dfrac{d}{dt}(\mathbf{F} \times \mathbf{G})$ 를 구하시오.

[**풀이**]

$$\begin{aligned}
(1)\ \frac{d}{dt}(\mathbf{F} \cdot \mathbf{G}) &= \frac{d\mathbf{F}}{dt} \cdot \mathbf{G} + \mathbf{F} \cdot \frac{d\mathbf{G}}{dt} \\
&= \{6t\mathbf{i} + (\cos t)\mathbf{j}\} \cdot \{(\cos t)\mathbf{i} + e^t\mathbf{k}\} \\
&\qquad + \{(3t^2+1)\mathbf{i} + (\sin t)\mathbf{j}\} \cdot \{(-\sin t)\mathbf{i} + e^t\mathbf{k}\} \\
&= 6t\cos t - (3t^2+1)\sin t\ .
\end{aligned}$$

또는, $\mathbf{F} \cdot \mathbf{G} = (3t^2+1)\cos t$ 로 부터

$$\frac{d}{dt}(\mathbf{F} \cdot \mathbf{G}) = \frac{d}{dt}\{(3t^2+1)\cos t\} = 6t\cos t - (t^2+1)\sin t$$

를 구할 수도 있다.

$$(2)\quad \frac{d}{dt}(\mathbf{F}\times\mathbf{G}) = \frac{d}{dt}\begin{vmatrix} \mathbf{i} & \mathbf{j} & \mathbf{k} \\ 3t^2+1 & \sin t & 0 \\ \cos t & 0 & e^t \end{vmatrix}$$

$$= \frac{d}{dt}\{(e^t \sin t)\mathbf{i} - e^t(3t^2+1)\mathbf{j} - (\sin t\cos t)\mathbf{k}\}$$

$$= e^t(\sin t + \cos t)\mathbf{i} - e^t(3t^2+6t+1)\mathbf{j} + (\sin^2 t + \cos^2 t)\mathbf{k}.$$

연습문제 9-1

1. $\mathbf{F}(t) = (\sin t)\mathbf{i} + t\mathbf{k}$, $\mathbf{G}(t) = (t^2+1)\mathbf{i} + e^t\mathbf{j}$ 일 때
   (1) $\lim_{t\to 0}(\mathbf{F}(t)\cdot\mathbf{G}(t))$, (2) $\lim_{t\to 0}(\mathbf{F}(t)\times\mathbf{G}(t))$의 값을 구하여라.

2. $\mathbf{F}(t), \mathbf{G}(t), \mathbf{H}(t)$이 t_0 에서 연속이면 $\mathbf{F}(t)\cdot\mathbf{G}(t)\times\mathbf{H}(t)$도 t_0 에서 연속이다. 증명하여라.

3. $\lim_{\Delta t\to 0}\dfrac{\mathbf{F}(t_0+\Delta t)-\mathbf{F}(t_0)}{\Delta t}$는 $\lim_{t\to t_0}\dfrac{\mathbf{F}(t)-\mathbf{F}(t_0)}{t-t_0}$ 와 동치임을 보여라.

4. 벡터함수 $\mathbf{F}(t) = (t^3+1)\mathbf{i} + (1-t^2)\mathbf{j}$ $(-4 \le t \le 4)$ 를 스케치하여 보아라.

5. $\lim_{t\to -1}\{(t^2+1)\mathbf{i} + e^t\mathbf{j} + (\dfrac{t^2-1}{t+1})\mathbf{k}\}$ 을 구하여라.

6. $\mathbf{F}(t) = (t^2-1)\mathbf{j} + (\cos t)\mathbf{k}$, $\mathbf{G}(t) = (\sin t)\mathbf{i} + e^t\mathbf{j}$ 일 때,
   (1) $\lim_{t\to 0}(\mathbf{F}\cdot\mathbf{G})$, (2) $\lim_{t\to 0}(\mathbf{F}\times\mathbf{G})$ 을 구하여라.

7. $\mathbf{F}(t) = (t^2-1)\mathbf{i} + (t+3)\mathbf{j} + (t^4+4t+1)\mathbf{k}$ 으로 표시된 곡선의 접선의 방정식을 $t=1$ 에서 구하여라.

8. $\mathbf{F}(t) = e^t\mathbf{i} + 2(\sin t)\mathbf{j} + (t^2+1)\mathbf{k}$ $(t = \theta^2+2)$ 일 때 $\dfrac{d\mathbf{F}}{d\theta}$ 와 $\dfrac{d^2\mathbf{F}}{d\theta^2}$ 을 구하여라.

9. $\mathbf{F}(t) = 5t^2\mathbf{i} + t\mathbf{j} - t^3\mathbf{k}$, $\mathbf{G}(t) = (\sin t)\mathbf{i} - (\cos t)\mathbf{j}$ 일 때
   (1) $\dfrac{d}{dt}(\mathbf{F}\cdot\mathbf{G})$, (2) $\dfrac{d}{dt}(\mathbf{F}\times\mathbf{G})$, (3) $\dfrac{d}{dt}|\mathbf{F}|^2$ 의 값을 구하여라.

9.2 곡선의 길이와 곡률, 비틀림률

벡터함수

$$\mathbf{F}(t) = x_1(t)\mathbf{i} + x_2(t)\mathbf{j} + x_3(t)\mathbf{k}$$

에 대하여, 시초점을 원점 $O = (0,0,0)$로 하고 $\mathbf{F}(t)$ 위의 한점 $P(x, y, z)$ 을 종점으로 하는 위치벡터를

$$\mathbf{r}(t) = x\mathbf{i} + y\mathbf{j} + z\mathbf{k}$$

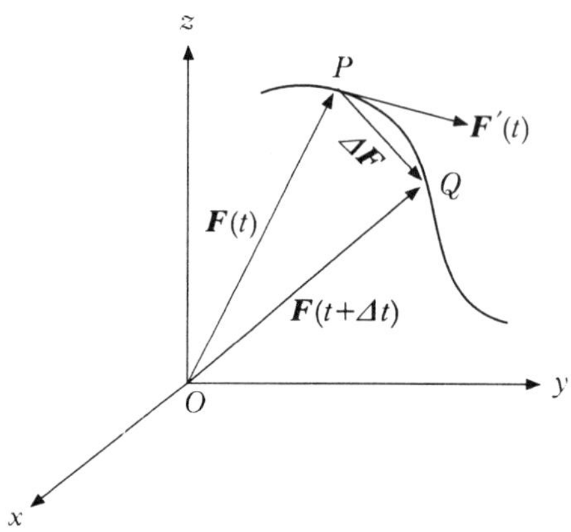

[그림 9-3]

라 하면, 변수 t에 따라 P 가 연속적으로 그리는 곡선의 궤적은

$$x = x_1(t), \quad y = x_2(t), \quad z = x_3(t)$$

에 의하여 정의된다. 이 식을 **공간곡선의 매개변수방정식**(parametric equations of space curve)이라고 한다. 한편 P와 Q를 각각 t, $t + \Delta t$에 대한 점이라고 하면

$$\lim_{\Delta t \to 0} \frac{\Delta \mathbf{F}}{\Delta t} = \lim_{\Delta t \to 0} \frac{\mathbf{F}(t+\Delta t) - \mathbf{F}(t)}{\Delta t} = \lim_{\Delta t \to 0} \frac{\overrightarrow{PQ}}{\Delta t} = \mathbf{F}'(t)$$

으로 표시된다. 이 때 만약 t 가 시간을 나타낸다면, $\mathbf{v} = \dfrac{d\mathbf{F}}{dt}$ 은 그 곡선의 **속도**(velocity)를, $\mathbf{F}$ 의 이차도함수 $\mathbf{a} = \dfrac{d\mathbf{v}}{dt} = \dfrac{d^2\mathbf{F}}{dt^2}$ 은 그 곡선의 **가속**

도(acceleration)를 나타낸다.

예 제 **1.** 벡터함수 $\mathbf{F} = (a\cos t)\mathbf{i} + (a\sin t)\mathbf{j}$ 의 궤적은 반경이 a 이고 원점을 중심으로 하는 원 $x^2 + y^2 = a^2$을 나타낸다. 이 원 위의 한점 t 에서 속도와 가속도는

$$\text{속도 벡터} : \mathbf{v} = \mathbf{F}'(t) = (-a\sin t)\mathbf{i} + (a\cos t)\mathbf{j}$$

$$\text{가속도 벡터} : \mathbf{a} = \mathbf{F}''(t) = (-a\cos t)\mathbf{i} - (a\sin t)\mathbf{j}$$

이다. 이 때 $\mathbf{F}' \cdot \mathbf{F}'' = 0$ 이므로 $\mathbf{F}'$ 와 $\mathbf{F}''$ 는 원 위에서 항상 직교한다. 이와같이 움직이는 동점의 속도, 가속도등의 방향과 크기를 가진 양들은 벡터함수로 나타내는 것이 유용하다.

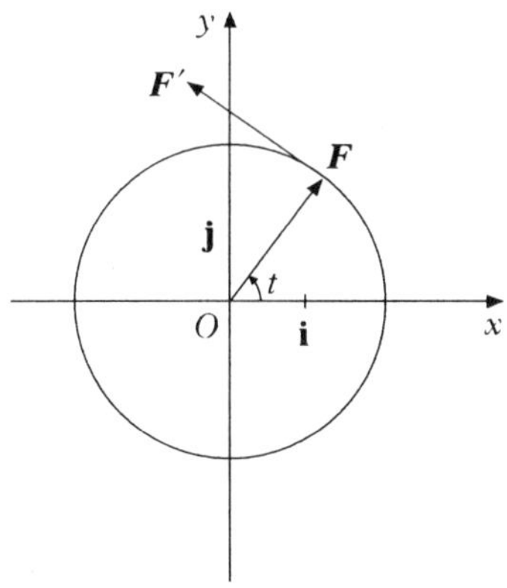

[그림 9-4]

앞에서 공간곡선이 하나의 매개변수 t 에 관한 벡터함수 $\mathbf{F}(t) = x(t)\mathbf{i} + y(t)\mathbf{j} + z(t)\mathbf{k}$로 표현된다는 사실을 보았다.

우리가 여기서 벡터함수를 사용하는 이유는 3차원 공간에서 직선이나 곡선을 스칼라 함수로 나타내면 복잡한 방정식으로 표현되고 순간 순간의 변화상태를 알 수 없으나 벡터함수를 이용하면 움직이는 점의 상태를 잘 표현할 수 있기 때문이다.

예 제 **2.** 다음 스칼라함수식으로 표현된 곡선들을 벡터함수를 이용하여 나타내시오.

직선 : $y = x - 1, \quad z = 3x - 1$

포물선 : $y = x^2, \quad z = 0$

타원 : $\dfrac{x^2}{a^2} + \dfrac{y^2}{b^2} = 1, \quad z = 2$

나선 : $x^2 + y^2 = 4, \quad z = \cos^{-1} x$

[**풀이**] 개구간 $I \subset \mathbf{R}$ 내의 모든 t 에 대하여

직선 : $\mathbf{F}(t) = (2+t,\ 1+t,\ 5+3t)$ 또는 $\mathbf{G}(t) = (t,\ t-1,\ 3t-1)$

포물선 : $\mathbf{F}(t) = (t,\ t^2,\ 0)$

타원 : $\mathbf{F}(t) = (a\cos t,\ b\sin t,\ 2)$

나선 : $\mathbf{F}(t) = (\cos t,\ \sin t,\ t)$

이제 $\mathbf{F}'(t)$에 대한 기하학적 의미를 살펴보자. $\mathbf{F}$의 정의역에 있는 t에 대해서 벡터함수 $\mathbf{F}(t) = f_1(t)\mathbf{i} + f_2(t)\mathbf{j}$ $(\mathbf{F}'(t) \neq 0)$ 은 $\mathbf{R}^2$ 내의 곡선 C 를 나타낸다.

$$\mathbf{F}'(t) = \lim_{\Delta t \to 0} \frac{\mathbf{F}(t+\Delta t) - \mathbf{F}(t)}{\Delta t} \tag{9.2}$$

식 (9.2)에서 분모는 수이고 분자는 현의 벡터이다. 이 현의 벡터의 방향은 $\Delta t \to 0$일 때 $\mathbf{F}(t)$에서 C의 접선의 방향에 접근한다. 따라서 $\mathbf{F}'(t)$는 $\mathbf{F}(t)$에서 C의 접선과 같은 방향을 가지기 때문에 $\mathbf{F}'(t)$를 $\mathbf{F}(t)$에서 C 의 **접선벡터**(tangent vector)라고 한다.

특히, 크기가 1인 접선벡터를 **단위접선벡터**(unit tangent vector)라고 하며, 기호 $\mathbf{T}$로 표현한다. 곡선 C의 단위접선벡터는 $\mathbf{F}'(t) \neq 0$일 때, 다음과 같다.

$$\mathbf{T}(t) = \frac{\mathbf{F}'(t)}{|\mathbf{F}'(t)|}$$

예 제 **3.** 벡터 함수 $\mathbf{F}(t) = (\cos t)\mathbf{i} + (\sin t)\mathbf{j} + t\mathbf{k}$로 정의된 곡선을 **원형나선**(circular helix)이라고 한다. 이 벡터함수의 그래프를 그리고, 도함수를 구하여라.

[**풀이**] xy평면에서 $(\cos t)\mathbf{i} + (\sin t)\mathbf{j}$는 단위 원운동을 하면서 z축으로 늘어나는 원형나선의 그래프와 그의 도함수는 다음과 같다.

$$\mathbf{F}'(t) = (-\sin t)\mathbf{i} + (\cos t)\mathbf{j} + \mathbf{k}$$

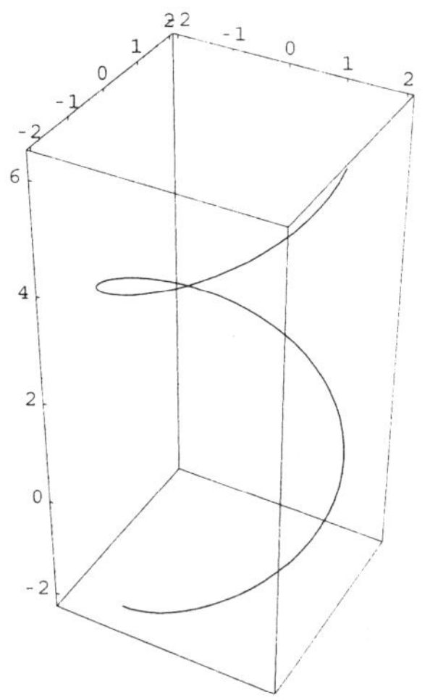

[그림 9-5]

지금까지 살펴본 1변수 벡터함수의 기하학적 의미는 공간상에서의 곡선 (또는 직선)이다. 이것은 정의역인 개구간 I를 고무줄처럼 연속성을 보존하면서 공간에서 꺾지말고 늘여서 구부린 것과 유사하다.

벡터함수 $\mathbf{F}(t)$로 표현되는 곡선 C 가 구간 $[t_0, b]$에서 연속인 도함수를 가지고 모든 $t_1 \in [t_0,\ b]$에 대해서 $\int_{t_0}^{t_1} |\mathbf{F}'(t)|dt$가 존재할 때 $\mathbf{F}$는 구간 $[t_0,\ b]$내에서 **길이를 갖는다**(rectifiable)이라고 하고, $t_0 \leq t_1 \leq b$ 일 때 구간 $[t_0,\ t_1]$에 대응하는 곡선상의 점 $P_0 = \mathbf{F}(t_0)$ 에서 $P_1 = \mathbf{F}(t_1)$까지의 **호의 길이**(arc length)는 다음과 같이 정의 한다.

$$s(t_1) = \int_{t_0}^{t_1} |\mathbf{F}'(t)|dt$$

예 제 **4.** 원나선 상의 호 $\mathbf{F}(t) = a\cos t\ \mathbf{i} + a\sin t\ \mathbf{j} + bt\ \mathbf{k},\ t \in [0,\ 2\pi]$의 길이를 구하시오.

[**풀이**] $|\mathbf{F}^{'}(t)| = |-a\sin t\ \mathbf{i} + a\cos t\ \mathbf{j} + b\ \mathbf{k}|$ 이므로

$$s = \int_0^{2\pi} \sqrt{a^2\sin^2 t + a^2\cos^2 t + b^2}dt = \int_0^{2\pi} \sqrt{a^2+b^2}dt = 2\pi\sqrt{a^2+b^2}\ .$$

이 때 $t \in [0, t]$ 에 대해서

$$s(t) = \int_0^t |\mathbf{F}'(t)|dt$$

는 호의 길이를 정하는 **호장변수**(arc length parameter)로서

$$\frac{ds}{dt} = |\frac{d\mathbf{F}}{dt}| = |\mathbf{F}^{'}| \tag{9.3}$$

관계가 성립한다. 따라서 다음 정리가 성립한다.

정 리 **9.2.1.** 호장변수 s 를 갖는 벡터함수 $\mathbf{F}^*(s)$로 표현된 곡선의
(1) 단위 접선벡터는 $\mathbf{T}^* = \dfrac{d\mathbf{F}^*}{ds}$로서 속도가 1 이다.
(2) $P_1 = \mathbf{F}^*(s_1)$에서 $P_2 = \mathbf{F}^*(s_2)$까지 호의 길이는 $|s_2 - s_1|$ 이다.

[**증명**] (1) 변수 t 를 호장변수 s 로 변수변환을 취하여 $\mathbf{F}^*(s) = \mathbf{F}(t(s))$ 로 곡선을 표현하면 $\mathbf{T}^* = \dfrac{d\mathbf{F}^*}{ds}/|\dfrac{d\mathbf{F}^*}{ds}|$이다. 한편 식 (9.3)을 고려하면

$$|\frac{d\mathbf{F}^*}{ds}| = |\frac{d\mathbf{F}}{dt}||\frac{dt}{ds}| = |\frac{d\mathbf{F}}{dt}|/|\frac{ds}{dt}| = |\frac{d\mathbf{F}}{dt}|/|\frac{d\mathbf{F}}{dt}| = 1\ .$$

이므로 $\mathbf{T}^* = \dfrac{d\mathbf{F}^*}{ds}$ 이다.

(2)

$$P_0 \text{ 에서 } P_1 \text{ 의 호의 길이} = \int_{s_0}^{s_1} |\frac{d\mathbf{F}^*}{ds}|ds = \int_{s_0}^{s_1} ds = s_2 - s_1\ .$$

호장변수로 표현된 곡선은 정의역이란 철사를 공간에서 굽힌 것과 같이 되어 정의역의 길이가 그대로 보존되고 속도는 항상 1 이다.

예 제 **5.** 앞의 예제 4의 원형나선을 호장변수 s 로 매개변수 변환을 하시오.

[**풀이**] 원나선의 식 $\mathbf{F}(t) = a\cos t\ \mathbf{i} + a\sin t\ \mathbf{j} + bt\ \mathbf{k}$ 로 부터

$$s = \int_0^t |\frac{d\mathbf{F}}{dt}| = \int_0^t \sqrt{a^2+b^2}dt = \sqrt{a^2+b^2}t$$

이므로 $t = \dfrac{s}{\sqrt{a^2+b^2}}$ 이다. 이를 원형나선의 식에 대입하면

$$\mathbf{F}^*(s) = (a\cos\frac{s}{\sqrt{a^2+b^2}}\ ,\ a\sin\frac{s}{\sqrt{a^2+b^2}}\ ,\ \frac{bs}{\sqrt{a^2+b^2}})$$

이다. 이 때 $|\dfrac{d\mathbf{F}(t)}{dt}| = \sqrt{a^2+b^2}$ 이지만 $|\dfrac{\mathbf{F}^*(s)}{ds}| = 1$ 임을 유의하자.

곡선을 표현하는 벡터함수 $\mathbf{F}(t)$의 변수 t 를 위의 예제에서와 같이 호장함수 s로 바꿀 수 있다.

이 후부터는 호장변수로 표현된 벡터함수를 $\mathbf{F}(s)$로 쓰기로 하고, 2번이상 미분가능하다고 가정하자. 그리고

$$\mathbf{T} = \dot{\mathbf{F}} = \frac{d\mathbf{F}}{ds}\ ,\qquad \dot{\mathbf{T}} = \ddot{\mathbf{F}} = \frac{d^2\mathbf{F}}{d^2s}\ ,\qquad \cdots$$

로 표현하기로 한다.

이 때 관계식 (9.3)을 이용하면

$$\mathbf{F}' = \frac{d\mathbf{F}}{dt} = \frac{d\mathbf{F}}{ds}\frac{ds}{dt} = \dot{\mathbf{F}}|\mathbf{F}'| = \mathbf{T}|\mathbf{F}'| \tag{9.4}$$

임을 유의하자.

이제 $\mathbf{k} = \dfrac{d\mathbf{T}}{ds} = \dot{\mathbf{T}} = \ddot{\mathbf{F}}$를 **곡률벡터**(curvature vector)라 하고 곡선 C 의 곡률 κ 과 곡률반경 ρ 은 다음과 같이 정의 한다.

(1) **곡률**(curvature)은 κ 로 표기하고 다음과 같이 정의한다.

$$\kappa = |\mathbf{k}| \tag{9.5}$$

이 때 곡률벡터의 크기는 단위벡터 $\mathbf{T}$의 변화율을 의미하고 단위 속력으로 곡선을 따라 움직일 때 얼마나 빠른 속도로 곡선을 따라 회전하는가를 나타내는 측도이다. 이 때

$$|\mathbf{k}| = |\dot{\mathbf{T}}| = |\ddot{\mathbf{F}}| = |\frac{d^2\mathbf{F}}{d^2 s}|$$

임을 유의하자.

(2) **곡률반경**(radius of curvature) $\rho(s)$ 는 $\kappa > 0$ 일 때 다음과 같이 정의 한다.

$$\rho(s) = \frac{1}{\kappa(s)} = \frac{1}{|\mathbf{k}(s)|}$$

곡률반경은 주어진 곡률을 가진 곡선상의 점에서 곡선과 접촉하는 원(또는 구)의 반경이다.

예 제 6. 반지름이 $r > 0$인 원 C : $\mathbf{F}(t) = (r\cos\frac{t}{r}\,,\ \ r\sin\frac{t}{r})$의 곡률반경을 구하라

[**풀이**] $\mathbf{F}'(t) = (-\sin\frac{t}{r}\,,\ \ \cos\frac{t}{r})\,,\ \ |\mathbf{F}'(t)| = 1$ 이므로 이 때 t는 호장변수이다. 따라서 호장변수로 두번 미분한 곡률벡터는

$$\mathbf{k} = \mathbf{F}''(t) = -\frac{1}{r}(\cos\frac{t}{r}\,,\ \ \sin\frac{t}{r})$$

가 되어 곡률과 곡률반경은 아래와 같다.

$$\kappa = |\mathbf{k}| = \frac{1}{r}\,,\quad \rho = \frac{1}{\kappa} = r$$

$\mathbf{k} \neq \mathbf{0}$일 때 주어진 곡선의 **주 단위법선벡터**(principal unit normal vector)를

$\mathbf{N} = \dfrac{\mathbf{k}}{|\mathbf{k}|}$로 정의하면 다음이 성립한다.

$$\dot{\mathbf{T}} = \mathbf{k} = \kappa(s)\mathbf{N}(s) \ . \tag{9.6}$$

이 때 $\mathbf{T} \cdot \mathbf{T} = 1$이므로 이를 미분하면 $\mathbf{T} \perp \mathbf{N}$이 성립한다. 그리고 앞의 두 벡터 $\mathbf{T}$, $\mathbf{N}$과 오른손 법칙을 이루는 **종법선벡터**(binormal vector) $\mathbf{B}$는 다음과 같이 정의한다.

$$\mathbf{B} = \mathbf{T} \times \mathbf{N} \ . \tag{9.7}$$

정규직교 기저 $\mathbf{T}, \mathbf{N}, \mathbf{B}$는 곡선상의 동점 P을 따라서 정의된 움직이는 3차원 공간의 기저로서 **Frenet표구**(Frenet frame) 라고 부른다.

한 편 (9.7) 를 미분하면

$$\dot{\mathbf{B}} = \dot{\mathbf{T}} \times \mathbf{N} + \mathbf{T} \times \dot{\mathbf{N}} = \kappa\mathbf{N} \times \mathbf{N} + \mathbf{T} \times \dot{\mathbf{N}} = \mathbf{T} \times \dot{\mathbf{N}} \tag{9.8}$$

이다. 한편 $\dot{\mathbf{N}} \perp \mathbf{N}$ 이므로 $\mathbf{N}$은 $\mathbf{T}$와 $\mathbf{B}$가 이루는 평면에 속하여 이들의 일차결합으로 표시된다. 따라서 $\dot{\mathbf{N}} = \mu(s)\mathbf{T} + \tau(s)\mathbf{B}$ 라 두고 식 (9.8)과 $\mathbf{T} \times \mathbf{B} = -\mathbf{N}$을 이용하면

$$\dot{\mathbf{B}} = \mathbf{T} \times \dot{\mathbf{N}} = \mathbf{T} \times (\mu(s)\mathbf{T} + \tau(s)\mathbf{B}) = \mu(s)\mathbf{T} \times \mathbf{T} + \tau(s)\mathbf{T} \times \mathbf{B} = -\tau(s)\mathbf{N} \tag{9.9}$$

이다. 이 때 윗 식의 양변에 $\mathbf{N}$ 을 내적하고 $\mathbf{N} \cdot \mathbf{N} = 1$ 를 이용하면 $\tau(s)$ 는

$$\tau(s) = -\dot{\mathbf{B}} \cdot \mathbf{N} \tag{9.10}$$

가 되어 이를 **뒤틀림**(torsion)이라고 정의한다.

예 제 **7.** 원형나선 $\mathbf{F}(t) = a\cos t\mathbf{i} + a\sin t\mathbf{j} + bt\mathbf{k}$의 각 점에서의 곡률 κ과 비틀림률 τ 을 구하라.

[**풀이**] κ, τ를 구하기 위해서는 위치벡터 $\mathbf{F}$를 호장변수 s에 대한 함수 $\mathbf{F}(s)$로

나타내어야 하므로, 나선상의 어떤 점 P까지의 호장변수 s와 매개변수 t 와의 관계를 구하면 예제 5 에 의하여

$$s = \int_0^t \sqrt{a^2+b^2}dt = t\sqrt{a^2+b^2} \ .$$

그러므로, 원호의 길이를 매개변수로 한 위치벡터 $\mathbf{F}(s)$는 $\mathbf{F}(t)$의 t 대신에 $t = \frac{s}{\sqrt{a^2+b^2}}$을 대입하여 s 로 미분하면 다음을 얻는다.

$$\begin{aligned}
\mathbf{F}(s) &= a\cos\frac{s}{\sqrt{a^2+b^2}}\mathbf{i} + a\sin\frac{s}{\sqrt{a^2+b^2}}\mathbf{j} + b\frac{s}{\sqrt{a^2+b^2}}\mathbf{k} \\
\mathbf{T}(s) = \dot{\mathbf{F}}(s) &= -\frac{a}{\sqrt{a^2+b^2}}\sin\frac{s}{\sqrt{a^2+b^2}}\mathbf{i} + \frac{a}{\sqrt{a^2+b^2}}\cos\frac{s}{\sqrt{a^2+b^2}}\mathbf{j} + \frac{b}{\sqrt{a^2+b^2}}\mathbf{k} \\
\dot{\mathbf{k}}(s) = \ddot{\mathbf{F}}(s) &= -\frac{a}{a^2+b^2}\cos\frac{s}{\sqrt{a^2+b^2}}\mathbf{i} - \frac{a}{a^2+b^2}\sin\frac{s}{\sqrt{a^2+b^2}}\mathbf{j}
\end{aligned}$$

를 구한다. 따라서 곡률은 $\kappa = |\dot{\mathbf{k}}| = |\ddot{\mathbf{F}}| = \frac{a}{a^2+b^2}$ 이다. 한편

$$\begin{aligned}
\mathbf{N}(s) &= \frac{1}{\kappa}\dot{\mathbf{k}}(s) = \frac{1}{\kappa}\ddot{\mathbf{F}}(s) \\
&= -\cos\frac{s}{\sqrt{a^2+b^2}}\mathbf{i} - \sin\frac{s}{\sqrt{a^2+b^2}}\mathbf{j} \\
\mathbf{B}(s) &= \dot{\mathbf{F}}(s)\times\mathbf{N}(s) = \mathbf{T}(s)\times\mathbf{N}(s) \\
&= \frac{b}{\sqrt{a^2+b^2}}\sin\frac{s}{\sqrt{a^2+b^2}}\mathbf{i} - \frac{b}{\sqrt{a^2+b^2}}\cos\frac{s}{\sqrt{a^2+b^2}}\mathbf{j} \\
&\quad + \frac{a}{\sqrt{a^2+b^2}}\mathbf{k} \\
\dot{\mathbf{B}}(s) &= \frac{b}{a^2+b^2}\cos\frac{s}{\sqrt{a^2+b^2}}\mathbf{i} + \frac{b}{a^2+b^2}\sin\frac{s}{\sqrt{a^2+b^2}}\mathbf{j} \\
\tau(s) &= -\mathbf{N}(s)\cdot\dot{\mathbf{B}}(s)
\end{aligned}$$

로 부터 비틀림률은 $\tau = \frac{b}{a^2+c^2}$ 이다.

예에서 보는 바와 같이 원형 나선의 곡률 κ와 비틀림률 τ 은 s에 대하여 일정하다. 또한 원형 나선의 각 점에서의 곡률과 비틀림률의 비 $\frac{\kappa}{\tau}$도 일정하다. 그러나 일반적인 곡선의 경우에는 각 점에서의 곡률, 비틀림률은 s의 함수가 되므로

동일하지 않다. 왜냐하면 각 점에서의 $\mathbf{T}(s), \mathbf{N}(s), \mathbf{B}(s)$ 벡터가 다르기 때문이다.

지금까지의 공식을 요약하면 다음 정리가 성립한다.

정 리 **9.2.2 (Frenet 정리).** 벡터함수 $\mathbf{F}(s)$ 로 주어진 곡선 C 의 $\mathbf{T}$, $\mathbf{N}$, $\mathbf{B}$ 에 대하여 다음이 성립한다.

$$\begin{aligned} \dot{\mathbf{T}}(s) &= \kappa\mathbf{N} \\ \dot{\mathbf{N}}(s) &= -\kappa\mathbf{T} + \tau\mathbf{B} \\ \dot{\mathbf{B}}(s) &= -\tau\mathbf{N} \end{aligned}$$

[**증명**] 식 (??)과 식 (??)에 의해 (1), (3)이 성립한다.
이제 (2)를 증명하자. $\mathbf{B} = \mathbf{T} \times \mathbf{N}$와 외적의 성질을 고려하면

$$\begin{aligned} \dot{\mathbf{N}}(s) &= \dot{\mathbf{B}} \times \mathbf{T} + \mathbf{B} \times \dot{\mathbf{T}} \\ &= -\tau\mathbf{N} \times \mathbf{T} + \mathbf{B} \times \kappa\mathbf{N} \\ &= -\kappa\mathbf{T} + \tau\mathbf{B} \end{aligned}$$

가 성립한다.

주어진 곡선에 대하여 곡률 $\kappa(s)$ 와 비틀림률 $\tau(s)$ 은 공간에서 위치를 무시하면 일의적으로 결정된다. 또한 역으로 곡률 $\kappa(s)$ 와 비틀림률 $\tau(s)$ 이 주어지면 *Frenet* 정리에 의해서 오직 하나의 곡선이 정해진다.

연습문제 9-2

1. 다음 벡터함수로 표시되는 곡선의 길이와 κ , τ , ρ를 구하여라.

   (1) $\mathbf{F}(t) = (\cos t, \sin t, \sin t)$, $0 \le t \le 2\pi$

   (2) $\mathbf{F}(t) = (t, \sin 2\pi t, \cos 2\pi t)$, $0 \le t \le 1$

   (3) $\mathbf{F}(t) = (\cos 3t, \sin 3t)$, $0 \le t \le 2\pi$.

2. 주어진 곡선이 직선이 될 필요충분 조건은 곡률이 $\kappa = 0$ 임을 보이시오.

3. 주어진 곡선이 평면곡선이 될 필요충분 조건은 비틀림률 $\tau = 0$임을 보이시오

9.3 편도함수와 방향미분

이 절에서는 매개변수를 u와 v 두 개로 하는 벡터함수

$$\mathbf{F}(u,v)=x(u,v)\mathbf{i}+y(u,v)\mathbf{j}+z(u,v)\mathbf{k}$$

을 생각하자. 이 함수는 하나의 매개변수를 고정시키면 공간곡선을 그린다. 이때 $v=v_0$(상수) 일 때 만들어지는 곡선을 **u- 매개변수곡선**이라 하고 $u=u_0$일때 만들어지는 곡선을 **v- 매개변수곡선**이라 한다. 그리고 이 두가지 곡선을 **좌표곡선**(coordinate curves)이라 한다. 그러므로 좌표곡선들은 분명히 $\mathbf{x}=\mathbf{x}(u,v)$위에 있으므로 $\mathbf{x}=\mathbf{x}(u,v)$는 하나의 **곡면**(surface)를 나타낸다.

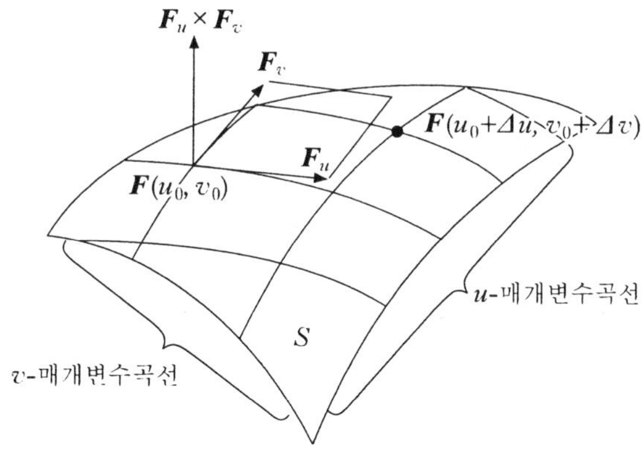

[그림 9-6]

예 제 1. 2변수 벡터함수 $\mathbf{F}(\theta,\phi)=(a\sin\theta\cos\phi, a\cos\theta\sin\phi, a\cos\theta)$, (단 $0<\theta<\pi$, $0<\phi<2\pi$)는 $x^2+y^2+z^2=a^2$인 구면을 나타낸다.

[**풀이**] 매개변수 표현을 빌리면

$$x(\theta,\phi)=a\sin\theta\cos\phi,\ \ y(\theta,\phi)=a\cos\theta\sin\phi,\ \ z(\theta,\phi)=a\cos\theta$$

이다. 따라서 $x^2+y^2+z^2=a^2$로서 반지름이 a인 구면이다.

예 제 **2.** 방정식 $z = x^2 + y^2$으로 표시되는 곡면 S의 매개변수 방정식은

$$x = u, \quad y = v, \quad z = z(x, y) = u^2 + v^2$$

이고 벡터함수로는

$$\mathbf{F}(u, v) = u\mathbf{i} + v\mathbf{j} + (u^2 + v^2)\mathbf{k}$$

로 표현할 수 있다.

벡터함수 $\mathbf{F}$가 두 개 이상의 변수에 의하여 정의되었을 때, 예를 들어 x, y, z 가 변수일 때 $\mathbf{F} = \mathbf{F}(x, y, z)$ 로 표시할 수 있다. 이때 x 에 대한 $\mathbf{F}$ 의 **편도함수**(partial derivative)는 그 극한값이 존재할 경우에

$$\frac{\partial \mathbf{F}}{\partial x} = \lim_{\Delta x \to 0} \frac{\mathbf{F}(x + \Delta x, y, z) - \mathbf{F}(x, y, z)}{\Delta x}$$

으로 정의한다. 같은 방법으로 각각 y와 z에 대한 $\mathbf{F}$ 의 편도함수는

$$\frac{\partial \mathbf{F}}{\partial y} = \lim_{\Delta y \to 0} \frac{\mathbf{F}(x, y + \Delta y, z) - \mathbf{F}(x, y, z)}{\Delta y}$$

$$\frac{\partial \mathbf{F}}{\partial z} = \lim_{\Delta z \to 0} \frac{\mathbf{F}(x, y, z + \Delta z) - \mathbf{F}(x, y, z)}{\Delta z}$$

이다.

1 변수의 함수에 대한 연속성과 미분가능성은 2 변수 또는 그 이상의 변수들의 함수들로 확장할 수 있다. 예들 들어, $\phi(x, y)$ 가 (x, y) 에서 연속이라 함은

$$\lim_{\substack{\Delta x \to 0 \\ \Delta y \to 0}} \phi(x + \Delta x, y + \Delta y) = \phi(x, y)$$

또는, 임의의 $\epsilon > 0$ 에 대하여 $|\Delta x| < \delta$, $|\Delta y| < \delta$ 이면

$$|\phi(x + \Delta x, y + \Delta y) - \phi(x, y)| < \epsilon$$

이 되는 $\delta > 0$ 이 존재하는 경우를 말한다.

두 개 이상의 변수로 정의된 함수들에 대하여 미분가능(differentiable)이라는 용어는 그 함수가 연속인 제 1 계 편도함수를 가지고 있다는 것으로 정의하자. 고계편도함수 역시 미적분에서 사용되는 것과 똑같이 정의된다.

$$\frac{\partial^2 \mathbf{F}}{\partial x^2} = \frac{\partial}{\partial x}\left(\frac{\partial \mathbf{F}}{\partial x}\right), \quad \frac{\partial^2 \mathbf{F}}{\partial y^2} = \frac{\partial}{\partial y}\left(\frac{\partial \mathbf{F}}{\partial y}\right), \cdots,$$

$$\frac{\partial^3 \mathbf{F}}{\partial x \partial z^2} = \frac{\partial}{\partial x}\left(\frac{\partial^2 \mathbf{F}}{\partial z^2}\right), \cdots.$$

그러므로 고계편도함수는 연속이므로 미분하는 변수의 순서에는 아무 관계가 없음을 알 수 있다. 따라서 다음의 정리를 얻을 수 있다.

정 리 9.3.1. (1) $\frac{\partial}{\partial x}(\mathbf{F} \cdot \mathbf{G}) = \frac{\partial \mathbf{F}}{\partial x} \cdot \mathbf{G} + \mathbf{F} \cdot \frac{\partial \mathbf{G}}{\partial x}$

(2) $\frac{\partial}{\partial x}(\mathbf{F} \times \mathbf{G}) = \frac{\partial \mathbf{F}}{\partial x} \times \mathbf{G} + \mathbf{F} \times \frac{\partial \mathbf{G}}{\partial x}$

$$\begin{aligned}(3)\ \frac{\partial^2}{\partial y \partial x}(\mathbf{F} \cdot \mathbf{G}) &= \frac{\partial}{\partial y}\left\{\frac{\partial}{\partial x}\mathbf{F} \cdot \mathbf{G}\right\} = \frac{\partial}{\partial y}\left\{\frac{\partial \mathbf{F}}{\partial x} \cdot \mathbf{G} + \mathbf{F} \cdot \frac{\partial \mathbf{G}}{\partial x}\right\} \\ &= \frac{\partial^2 \mathbf{F}}{\partial y \partial x} \cdot \mathbf{G} + \frac{\partial \mathbf{F}}{\partial x} \cdot \frac{\partial \mathbf{G}}{\partial y} + \frac{\partial \mathbf{F}}{\partial y} \cdot \frac{\partial \mathbf{G}}{\partial x} + \mathbf{F} \cdot \frac{\partial^2 \mathbf{G}}{\partial y \partial x} \\ &= \frac{\partial^2}{\partial x \partial y}(\mathbf{F} \cdot \mathbf{G}), \text{ 등등.}\end{aligned}$$

벡터함수의 전미분에 관한 법칙도 미적분에서 쓰이는 법칙에 따른다.

정 리 9.3.2.

(1) $\mathbf{F} = f_1\mathbf{i} + f_2\mathbf{j} + f_3\mathbf{k}$일 때 $d\mathbf{F} = (df_1)\mathbf{i} + (df_2)\mathbf{j} + (df_3)\mathbf{k}$

(2) $d(\mathbf{F} \cdot \mathbf{G}) = d\mathbf{F} \cdot \mathbf{G} + d\mathbf{F} \cdot \mathbf{G}$

(3) $d(\mathbf{F} \times \mathbf{G}) = d\mathbf{F} \times \mathbf{G} + d\mathbf{F} \times \mathbf{G}$

(4) $\mathbf{F} = \mathbf{F}(x, y, z)$이면 $d\mathbf{F} = \dfrac{\partial \mathbf{F}}{\partial x}dx + \dfrac{\partial \mathbf{F}}{\partial y}dy + \dfrac{\partial \mathbf{F}}{\partial z}dz$, 등등.

예 제 3. $\mathbf{F} = (2x^2y - x^4)\mathbf{i} + (e^{xy} - \sin x)\mathbf{j} + (x^2 \cos y)\mathbf{k}$ 일 때

(1)
$$\frac{\partial \mathbf{F}}{\partial x} = \frac{\partial}{\partial x}(2x^2y - x^4)\mathbf{i} + \frac{\partial}{\partial x}(e^{xy} - \sin x)\mathbf{j} + \frac{\partial}{\partial x}(x^2 \cos y)\mathbf{k}$$
$$= (4xy - 4x^3)\mathbf{i} + (y\,e^{xy} - y\cos x)\mathbf{j} + (2x\cos y)\mathbf{k}$$

(2)
$$\frac{\partial \mathbf{F}}{\partial y} = (2x^2)\mathbf{i} + (x\,e^{xy} - \sin x)\mathbf{j} - (x^2 \sin y)\mathbf{k}$$

(3)
$$\frac{\partial^2 \mathbf{F}}{\partial y \partial x} = \frac{\partial}{\partial y}(4xy - 4x^3)\mathbf{i} + \frac{\partial}{\partial y}(ye^{xy} - y\cos x)\mathbf{j}$$
$$+\frac{\partial}{\partial y}(2x\cos y)\mathbf{k}$$
$$= 4x\mathbf{i} + (xye^{xy} + e^{xy} - \cos x)\mathbf{j} - (2x\sin y)\mathbf{k}$$
$$\frac{\partial^2 \mathbf{F}}{\partial x \partial y} = \frac{\partial}{\partial x}(2x^2)\mathbf{i} + \frac{\partial}{\partial x}(xe^{xy} - \sin x)\mathbf{j} - \frac{\partial}{\partial x}(x^2 \sin y)\mathbf{k}$$
$$= 4\,x\mathbf{i} + (xye^{xy} + e^{xy} - \cos x)\mathbf{j} - (2x\sin y)\mathbf{k}$$

그러므로 $\dfrac{\partial^2 \mathbf{F}}{\partial x \partial y} = \dfrac{\partial^2 \mathbf{F}}{\partial y \partial x}$이 성립한다. 일반적으로 $\mathbf{F}$가 적어도 2차의 연속인 편도함수를 가지면 미분의 순서에는 문제가 되지 않는다.

공간의 어떤 영역 R에서 각각의 점 (x, y, z)에 대하여 생각한 스칼라 $f(x, y, z)$ 전체를 **스칼라장**(scalar field)이라고 한다. 마찬가지로 공간의 어떤 영역 R에서 각각의 점 $P(x, y, z)$에 대하여 생각한 벡터 $\mathbf{F}(P) = \mathbf{F}(x, y, z)$ 전체를 **벡터장**(vector field)이라고 한다.

벡터장 $\mathbf{F}$는 x, y, z에 대한 벡터함수이고, 벡터 $\mathbf{r} = (r_1,\ r_2,\ r_3)$는 벡터장 $\mathbf{F} = (f_1(x,\ y,\ z),\ f_2(x,\ y,\ z),\ f_3(x,\ y,\ z))$에 한 점 $P_0(x_0,\ y_0,\ z_0)$의 값을 적용했을 때의 값이다. 즉, $\mathbf{r} = \mathbf{F}(P_0) = (f_1(x_0, y_0, z_0),\ f_2(x_0, y_0, z_0),\ f_3(x_0, y_0, z_0))$으로 이해하면 좋을 것이다.

이제 벡터미분연산자(vector differential operator)

$$\nabla = \left(\frac{\partial}{\partial x}, \frac{\partial}{\partial y}, \frac{\partial}{\partial z}\right) = \frac{\partial}{\partial x}\mathbf{i} + \frac{\partial}{\partial y}\mathbf{j} + \frac{\partial}{\partial z}\mathbf{k} \tag{9.11}$$

을 이용하여 기울기, 발산, 회전에 관한 내용들을 공부하여 보자(∇ 을 nabla, atled(delta의 역순), 또는 Hamilton의 연산자라고 한다. 보통 nabla 또는 del이라고 읽는다).

미분가능한 스칼라장 $f(x, y, z)$에 대하여, 점 (x, y, z)에서 정의된

$$\nabla f = \left(\frac{\partial}{\partial x}, \frac{\partial}{\partial y}, \frac{\partial}{\partial z}\right) f = \frac{\partial f}{\partial x}\mathbf{i} + \frac{\partial f}{\partial y}\mathbf{j} + \frac{\partial f}{\partial z}\mathbf{k} \tag{9.12}$$

을 f의 **기울기**라고 한다. 이때 ∇f 대신 **grad** f라고 쓰기도 한다.

정 리 **9.3.3.** $f(x, y, z) = c$(상수)가 곡면일 때, ∇f는 그 곡면에 직교하는 벡터이다.

[**증명**] 곡면 $f(x, y, z) = c$ 위의 한점 $P(x, y, z)$에 대한 위치벡터를 $\mathbf{A} = x\mathbf{i} + y\mathbf{j} + z\mathbf{k}$라 하면, $d\mathbf{A} = (dx)\mathbf{i} + (dy)\mathbf{j} + (dz)\mathbf{k}$는 점 P에서 그 곡면에 접하는 벡터(접벡터)이다. 그런데

$$df = \frac{\partial f}{\partial x}dx + \frac{\partial f}{\partial y}dy + \frac{\partial f}{\partial z}dz = 0$$

이므로

$$\nabla f \cdot d\mathbf{A} = \left(\frac{\partial f}{\partial x}\mathbf{i} + \frac{\partial f}{\partial y}\mathbf{j} + \frac{\partial f}{\partial z}\mathbf{k}\right) \cdot d\mathbf{A} = df = 0$$

따라서 벡터 $\nabla f = \frac{\partial f}{\partial x}\mathbf{i} + \frac{\partial f}{\partial y}\mathbf{j} + \frac{\partial f}{\partial z}\mathbf{k}$는 곡면 $f = c$에 직교한다.

예 제 **4.** 점 $P_0(1,\ 0,\ 2)$에서 회전 원추면 $z^2 = 4(x^2 + y^2)$ 의 단위법선 벡터를 구하여라.

[**풀이**] 원추(cone)의 옆면은 함수 $f(x,\ t,\ z) = 4(x^2 + y^2) - z^2$에서 $c = 0$일 때의 등위 곡면이 된다. 따라서

$$\nabla f = 8x\ \mathbf{i} + 8y\ \mathbf{j} - 2z\ \mathbf{k} \ \text{ 이고 } \ P_0 \ \text{ 에서 } \ \nabla f = 8\ \mathbf{i} - 4\ \mathbf{k}\,.$$

원추면위의 점 P_0에서의 단위 법선벡터는

$$\mathbf{N} = \frac{\nabla f}{|\nabla f|} = \frac{2}{\sqrt{5}}\mathbf{i} - \frac{1}{\sqrt{5}}\mathbf{k}\ .$$

정 리 9.3.4. f와 g가 스칼라장일 때, 다음관계가 성립한다(단, $a, b, c \in \mathbb{R}$)

(1) $\nabla cf = c\nabla f$,

(2) $\nabla(af + bg) = a\nabla f + b\nabla g$,

(3) $\nabla fg = (\nabla f)g + f(\nabla g)$.

점 $P(x, y, z)$를 지나는 단위벡터를 $\mathbf{v}_p = (v_1, v_2, v_3)_P$라 할 때, $\nabla f \cdot \mathbf{v}_p$를 $\mathbf{v}_p$에 대한 f의 **방향도함수**(directional derivative)라고 한다. 물리학적으로, 이것은 점 $P(x, y, z)$가 $\mathbf{v}$의 방향으로 움직일 때 함수 f의 초기변화율을 나타낸다. 다시말하면, $\mathbf{v}_p$ 방향으로 향하는 ∇f의 성분, 즉 $\mathbf{v}_p$에 대한 ∇f의 직교성분(orthogonal component)을 의미한다.

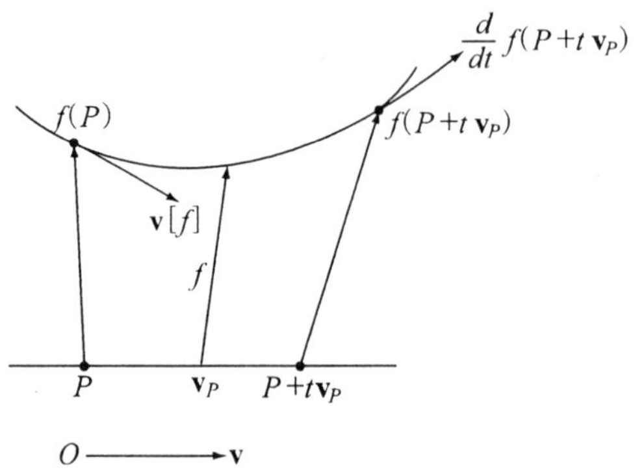

[그림 9-9]

정 리 9.3.5. $\mathbf{v}_p = (v_1, v_2, v_3)_p$를 곡선 C의 단위접벡터라 하면

$$\nabla f \cdot \mathbf{v}_p = \sum_{i=1}^{3} v_i \frac{\partial f}{\partial x_i}(p)$$

[주의] 좌표 x, y, z 대신 각각 x_1, x_2, x_3을 사용하였다. 식을 간단하게 표현하기 위하여 앞으로도 이런 방법이 가끔 사용될 것이다. 한편 $\nabla f \cdot \mathbf{v}_p$를 $\mathbf{v}[f]$라고 표시하기도 한다.

[증명]
$$\begin{aligned}\nabla f \cdot \mathbf{v}_p &= \left(\frac{\partial f}{\partial x}, \frac{\partial f}{\partial y}, \frac{\partial f}{\partial z}\right) \cdot (v_1, v_2, v_3)_p \\ &= v_1 \frac{\partial f}{\partial x}(p) + v_2 \frac{\partial f}{\partial y}(p) + v_3 \frac{\partial f}{\partial z}(p) \\ &= \sum_{i=1}^{3} v_i \frac{\partial f}{\partial x_i}(p).\end{aligned}$$
□

예 제 5. 점 $P(1, 1, 0)$로 부터 $Q(2, 1, 1)$로 향하는 벡터의 방향에 대한 함수 $f(x, y, z) = x^2 + y^2 + z^2$의 방향미분계수를 구하여 보자. $\overrightarrow{PQ}$와 같은 방향을 갖는 단위벡터 $\mathbf{v}_p$는 $\overrightarrow{PQ} = (1, 0, 1)_p$이므로

$$\mathbf{v}_p = \frac{\overrightarrow{PQ}}{|\overrightarrow{PQ}|} = \frac{\mathbf{i} + \mathbf{k}}{\sqrt{1^2 + 1^2}} = \frac{1}{\sqrt{2}}\mathbf{i} + \frac{1}{\sqrt{2}}\mathbf{k} = \left(\frac{1}{\sqrt{2}}, 0, \frac{1}{\sqrt{2}}\right)_p$$

이다. 따라서

$$\begin{aligned}\nabla f \cdot \mathbf{v}_p &= \sum_{i=1}^{3} v_i \frac{\partial f}{\partial x_i}(p) \\ &= \left[\frac{1}{\sqrt{2}}(2x) + 0(2y) + \frac{1}{\sqrt{2}}(2z)\right](1,\ 1,\ 0) = \frac{2}{\sqrt{2}} = \sqrt{2}.\end{aligned}$$

이 값은 P에서 Q로 이동할 때 f의 값은 단위거리에 대하여 $\sqrt{2}$ 만큼 증가하는 것을 표시한다.

[주의] 점 P의 좌표가 (x, y, z)로 되었을 경우 $\nabla f \cdot \mathbf{v}_p$는 x, y, z의 함수로 표시될 것이다. 이런 경우의 값을 f의 **미분도함수** 또는 **방향도함수**라고 한다.

정 리 9.3.6. $f = f(u)$이고 $u = u(x, y, z)$이면

$$\nabla f = \nabla f(u) = f'(u)\nabla u$$

[증명]

$$\begin{aligned}\nabla f &= \frac{\partial f}{\partial x}\mathbf{i} + \frac{\partial f}{\partial y}\mathbf{j} + \frac{\partial f}{\partial z}\mathbf{k} \\ &= f'(u)\frac{\partial u}{\partial x}\mathbf{i} + f'(u)\frac{\partial u}{\partial y}\mathbf{j} + f'(u)\frac{\partial u}{\partial x}\mathbf{k} \\ &= f'(u)\left(\frac{\partial u}{\partial x}\mathbf{i} + \frac{\partial u}{\partial y}\mathbf{j} + \frac{\partial u}{\partial z}\mathbf{k}\right) \\ &= f'(u)\nabla u. \qquad \square\end{aligned}$$

스칼라함수의 구배로 얻어지는 벡터장의 경우, 그 스칼라 함수를 이 벡터장의 퍼텐셜이라고 부른다. 또, 이러한 벡터장은 에너지가 보존된다는 의미에서 보존장이라고 부른다. 중력장 이외의 보존장에는 정전기장, 정자기장 등이 있다.

예 제 6. 두 동심원 실린더 사이의 정전 퍼텐셜 V가

$$V(x, y) = 110 + 30\ln(x^2 + y^2)$$

로 주어질 때, 점 $P(2, 5)$에서의 정전기력의 방향을 구하여라

[풀이] 중력이 작용하는 방향이 중력 퍼텐셜의 grad인 것 처럼 정전기력이 작용하는 방향은 정전퍼텐셜의 grad이므로

$$\text{grad}\, V = \frac{\partial V}{\partial x}\mathbf{i} + \frac{\partial V}{\partial y}\mathbf{j}$$

$$= 30\left(\frac{2x}{x^2+y^2}\mathbf{i} + \frac{2y}{x^2+y^2}\mathbf{j}\right)$$

점 $P(2,5)$에서의 grad는

$$\begin{aligned}\operatorname{grad} V(P) &= 30\left(\frac{4}{4+25}\mathbf{i} + \frac{10}{4+25}\mathbf{j}\right)\\ &= \frac{120}{29}\mathbf{i} + \frac{300}{29}\mathbf{j}\end{aligned}$$

연습문제 9-3

1. 점 $A(a,\ b,\ c)$로 부터 점 $P(x,\ y,\ z)$까지의 거리를 R이라 하면 ∇R은 $\overrightarrow{AP}$의 방향과 같은 단위벡터임을 증명하여라.

   [힌트] A와 P를 종점으로 하는 위치벡터를 각각 $\mathbf{A}$, $\mathbf{P}$라 하면

   $$\overrightarrow{AP} = \mathbf{R} = \mathbf{P} - \mathbf{A} = (x-a, y-b, z-c).$$

   $$\therefore \mathbf{R} = \sqrt{(x-a)^2 + (y-b)^2 + (z-c)^2}.$$

   이때 $\nabla R = \mathbf{R}/R$이 됨을 증명하면 된다.

2. $\phi = 2x^3y^2z^4$일 때 $\nabla \cdot \nabla\phi = \nabla^2\phi$이 됨을 증명하여라.

3. $\mathbf{R} = (x, y, z)$, $R = |\mathbf{r}|$ 라 하면$\nabla^2\left(\frac{1}{R}\right) = 0$이다. 증명하여라.
   [힌트] $r = \sqrt{x^2+y^2+z^2}$이므로
   $\nabla^2\left(\frac{1}{R}\right) = \left(\frac{1}{\partial x^2} + \frac{1}{\partial y^2} + \frac{1}{\partial z^2}\right)\left(\frac{1}{\sqrt{x^2+y^2+z^2}}\right)$이다.

4. $\mathbf{A} = xz^3\mathbf{e}_x - 2x^2yz\mathbf{e}_y + 2yz^4\mathbf{e}_z$일 때, 점$(1,\ -1,\ 1)$에서 $\nabla \times \mathbf{A}$의 값을 구하여라.

9.4 발산과 회전

벡터함수의 연산자중에는 스칼라장을 벡터장으로 만드는 기울기(grad)연산자가 있는 반면에 벡터장을 스칼라장으로 만드는 발산(div)과 벡터장을 벡터장으로 바꾸는 연산자인 회전(curl)에 대해서 공부하자.

단위체적당 바깥방향으로의 유출량을 의미하는 벡터장의 발산은 스칼라장이며 다음과 같다.

미분가능한 벡터장 $\mathbf{F}(x, y, z) = f_1\mathbf{i} + f_2\mathbf{j} + f_3\mathbf{k}$에 대하여

$$\begin{aligned}\nabla \cdot \mathbf{F} &= \left(\frac{\partial}{\partial x}, \frac{\partial}{\partial y}, \frac{\partial}{\partial z}\right) \cdot (f_1, f_2, f_3) \\ &= \frac{\partial f_1}{\partial x} + \frac{\partial f_2}{\partial y} + \frac{\partial f_3}{\partial z} = \sum \frac{\partial f_i}{\partial x_i} \end{aligned} \tag{9.13}$$

을 $\mathbf{F}$의 **발산**(divergence)이라고 한다. $\nabla \cdot \mathbf{F}$를 $div\mathbf{F}$로 표시하기도 한다.

예 제 **1.** 벡터장 $\mathbf{F} = 2xy\ \mathbf{i} + (xyz^2 - sin(yz))\ \mathbf{f} + ze^{x+y}\ \mathbf{k}$ 의 발산은
$div\mathbf{F} = 2y + xz^2 - zcos(yz) + e^{x+y}$ 인 스칼라장이다.

한편, $\nabla \cdot \mathbf{F} = \mathrm{div}\ \mathbf{F} = 0$을 만족하는 벡터장 $\mathbf{F}$를 **원통형벡터장**(solveenoidal vector field)이라고 말한다.

유체내의 작은 직사각형 상자가 있을 때 임의의 주어진 시간에서 유체가 상자의 각면을 통하여 상자 바깥으로 단위 부피당 밖으로 흘러나가거나 퍼져나가는 유량은 유속의 수직성분과 유출면의 면적을 곱하여 구한다. 유출량이란 뜻을 가진 발산은 어떤 점에서 양(+)의 발산을 가지면 source ,음(−)의 발산을 가지면 sink가 주어졌다고 한다. 다시 말해서

$$\nabla \cdot \mathbf{r} = \begin{cases} q > 0 & \text{source} \\ q < 0 & \text{sink} \end{cases}$$

으로 구별한다. 예를 들어 우리 일상에서 수도꼭지는 source, 세면대는 sink와 유사한 역할을 한다. 만일 $\nabla \cdot \mathbf{r} = 0$이면 source와 sink가 평형, 즉 $\sum \frac{\partial r_i}{\partial x_i} = 0$인 것

으로 본다.

예 제 2. $\mathbf{F} = x^2z\mathbf{i} - 2y^3z^2\mathbf{j} + xy^2z\mathbf{k}$일 때

$$\begin{aligned}\nabla \cdot \mathbf{F} &= \left(\frac{\partial}{\partial x}\mathbf{i} + \frac{\partial}{\partial y}\mathbf{j} + \frac{\partial}{\partial z}\mathbf{k}\right) \cdot (x^2z\mathbf{i} - 2y^3z^2\mathbf{j} + xy^2z\mathbf{k}) \\ &= \frac{\partial}{\partial x}(x^2z) + \frac{\partial}{\partial y}(-2y^3z^2) + \frac{\partial}{\partial z}(xy^2z) \\ &= 2xz - 6y^2z^2 + xy^2.\end{aligned}$$

따라서 점 $(1, 1, -1)$에서 $\nabla \cdot \mathbf{F}$의 값은 $\nabla \cdot \mathbf{F}(1, 1, -1) = -7$ 이다.

미분가능한 벡터장 $\mathbf{F}(x, y, z) = f_1\mathbf{i} + f_2\mathbf{j} + f_3\mathbf{k}$에 대하여,

$$\begin{aligned}\nabla \times \mathbf{F} &= \left(\frac{\partial}{\partial x}\mathbf{i} + \frac{\partial}{\partial y}\mathbf{j} + \frac{\partial}{\partial z}\mathbf{k}\right) \times (f_1\mathbf{i} + f_2\mathbf{j} + f_3\mathbf{k}) \\ &= \begin{vmatrix} \mathbf{i} & \mathbf{j} & \mathbf{k} \\ \dfrac{\partial}{\partial x} & \dfrac{\partial}{\partial y} & \dfrac{\partial}{\partial z} \\ f_1 & f_2 & f_3 \end{vmatrix} \qquad (9.14) \\ &= \begin{vmatrix} \dfrac{\partial}{\partial y} & \dfrac{\partial}{\partial z} \\ f_2 & f_3 \end{vmatrix}\mathbf{i} + \begin{vmatrix} \dfrac{\partial}{\partial z} & \dfrac{\partial}{\partial x} \\ f_3 & f_1 \end{vmatrix}\mathbf{j} + \begin{vmatrix} \dfrac{\partial}{\partial x} & \dfrac{\partial}{\partial y} \\ f_1 & f_2 \end{vmatrix}\mathbf{k} \\ &= \left(\frac{\partial f_3}{\partial y} - \frac{\partial f_2}{\partial z}\right)\mathbf{i} + \left(\frac{\partial f_1}{\partial z} - \frac{\partial f_3}{\partial x}\right)\mathbf{j} + \left(\frac{\partial f_2}{\partial x} - \frac{\partial f_1}{\partial y}\right)\mathbf{k}\end{aligned}$$

이다. 이때 $\nabla \times \mathbf{F}$를 $\mathbf{F}$의 **회전**(rotation)이라 하고, 이것을 **curl** $\mathbf{F}$, 또는 **rot** $\mathbf{F}$로 표시한다.

직선 L을 중심으로 일정한 각속도 ω 로 회전하는 물체의 각속도벡터 $\boldsymbol{\Omega}$ 는 선형속도 T의 회전의 상수곱 $\boldsymbol{\Omega} = \mathbf{c}\nabla \times \mathbf{T}$ 으로 표현된다. 이 의미때문에 **curl** 은 역학에서 **rot**(rotation)으로 쓰였다. 이것은 또한 회전이 0 인 벡터장을 **비회전계**(irrotational)라고 하는 이유이다.

정 리 9.4.1. 위치벡터 $\mathbf{r}$의 회전은 0이다. 즉, $\nabla \times \mathbf{r} = 0$이다.

[증명] $\mathbf{r} = x\mathbf{i} + y\mathbf{j} + z\mathbf{k}$이므로, 식 (9.14)을 사용하면

$$\nabla \times \mathbf{r} = \begin{vmatrix} \mathbf{i} & \mathbf{j} & \mathbf{k} \\ \dfrac{\partial}{\partial x} & \dfrac{\partial}{\partial y} & \dfrac{\partial}{\partial z} \\ x & y & z \end{vmatrix} = 0. \qquad \square$$

예 제 3. 벡터장 $\mathbf{F} = (x + 2y + az)\mathbf{i} + (bx - 3y - z)\mathbf{j} + (4x + cy + 2z)\mathbf{k}$이 비회전이 되도록 하는 상수 a, b, c를 구하여 보자.

$$\operatorname{curl}\mathbf{F} = \nabla \times \mathbf{F} = \begin{vmatrix} \mathbf{i} & \mathbf{j} & \mathbf{k} \\ \frac{\partial}{\partial x} & \frac{\partial}{\partial y} & \frac{\partial}{\partial z} \\ x + 2y + az & bx - 3y - z & 4x + cy + 2z \end{vmatrix}$$

$$= (c + 1)\mathbf{i} + (a - 4)\mathbf{j} + (b - 2)\mathbf{k}$$

이므로 $c = -1$, $a = 4$, $b = 2$일 때 $\mathbf{F}$는 비회전이다. 즉,

$$\mathbf{F} = (x + 2y + 4z)\mathbf{i} + (2x - 3y - z)\mathbf{j} + (4x - y + 2z)\mathbf{k} \tag{9.15}$$

는 비회전벡터이다.

이제 벡터 $\mathbf{F}$를 스칼라함수의 기울기로써 표시하여 보자.

$$\mathbf{F} = \nabla\phi = \left(\frac{\partial \phi}{\partial x}, \frac{\partial \phi}{\partial y}, \frac{\partial \phi}{\partial z}\right)$$

라 가정하면, 식 (9.15)로 부터

$$(1)\ \frac{\partial \phi}{\partial x} = x + 2y + 4z \quad (2)\ \frac{\partial \phi}{\partial y} = 2x - 3y - z \quad (3)\ \frac{\partial \phi}{\partial z} = 4x - y + 2z$$

을 얻는다. 따라서 식 (1), (2), (3)을 각 각 x, y, z에 관하여 적분하면

$$\begin{aligned}\phi &= \frac{x^2}{2} + 2xy + 4xz + f(y,z),\\ \phi &= 2xy - \frac{3}{2}y^2 - yz + g(x,z),\\ \phi &= 4xz - yz + z^2 + h(x,y)\end{aligned}$$

을 얻는다. 따라서 f, g, h를 각 각

$$f(y,z) = -\frac{3}{2}y^2 + z^2, \quad g(x,z) = \frac{x^2}{2} + z^2, \quad h(x,y) = \frac{x^2}{2} - \frac{3}{2}y^2$$

라 놓으면 스칼라함수

$$\phi = \frac{x^2}{2} - \frac{3}{2}y^2 + z^2 + 4xz + c, \ (c : \text{상수})$$

은 조건 $\mathbf{F} = \nabla\phi$를 만족한다.

예 제 4. $\mathbf{F} = x^2y\mathbf{i} - 2xz\mathbf{j} + 2yz\mathbf{k}$일 때 $\nabla \times (\nabla \times \mathbf{F}) = \mathbf{curl}(\mathbf{curl}\mathbf{F})$를 구하여 보자.

$$\begin{aligned}\nabla \times (\nabla \times \mathbf{F}) &= \nabla \times \begin{vmatrix} \mathbf{i} & \mathbf{j} & \mathbf{k} \\ \dfrac{\partial}{\partial x} & \dfrac{\partial}{\partial y} & \dfrac{\partial}{\partial z} \\ x^2y & -2xz & 2yz \end{vmatrix}\\ &= \nabla \times ((2x+2z)\mathbf{i} - (x^2+2z)\mathbf{j})\\ &= \begin{vmatrix} \mathbf{i} & \mathbf{j} & \mathbf{k} \\ \dfrac{\partial}{\partial x} & \dfrac{\partial}{\partial y} & \dfrac{\partial}{\partial z} \\ 2x+2z & 0 & -(x^2+2z) \end{vmatrix} = 2(x+1)\mathbf{j}\,.\end{aligned}$$

정 리 9.4.2. $\mathbf{F}$, $\mathbf{G}$를 미분가능한 벡터함수, ϕ와 ψ를 스칼라 함수라 하면 다음과 같은 기울기, 발산 및 회전에 관한 공식들을 얻는다.

(1) $\nabla(\phi+\psi) = \nabla\phi + \nabla\psi$, 또는 grad $(\phi+\psi)$ = grad ϕ + grad ψ

(2) $\nabla\cdot(\mathbf{F}+\mathbf{G}) = \nabla\cdot\mathbf{F} + \nabla\cdot\mathbf{G}$, 또는 div $(\mathbf{F}+\mathbf{G})$ = div $\mathbf{F}$ + div $\mathbf{G}$

(3) $\nabla\times(\mathbf{F}+\mathbf{G}) = \nabla\times\mathbf{F} + \nabla\times\mathbf{G}$, 또는 curl $(\mathbf{F}+\mathbf{G})$ = curl $\mathbf{F}$ + curl $\mathbf{G}$

(4) $\nabla\cdot(\phi\mathbf{F}) = (\nabla\phi)\cdot\mathbf{F} + \phi(\nabla\cdot\mathbf{F})$

(5) $\nabla\times(\phi\mathbf{F}) = (\nabla\phi)\times\mathbf{F} + \phi(\nabla\times\mathbf{F})$

(6) $\nabla\cdot(\mathbf{F}\times\mathbf{G}) = (\nabla\times\mathbf{F})\cdot\mathbf{G} - \mathbf{F}\cdot(\nabla\times\mathbf{G})$

(7) $\nabla\times(\mathbf{F}\times\mathbf{G}) = (\mathbf{B}\cdot\nabla)\mathbf{F} - \mathbf{G}(\nabla\cdot\mathbf{F}) - (\mathbf{F}\cdot\nabla)\mathbf{G} + \mathbf{F}(\nabla\cdot\mathbf{G})$

(8) $\nabla\cdot\nabla\phi = \nabla^2\phi = \dfrac{\partial^2\phi}{\partial x^2} + \dfrac{\partial^2\phi}{\partial y^2} + \dfrac{\partial^2\phi}{\partial z^2}$ (ϕ의 기울기의 발산)

(9) $\nabla\times(\nabla\phi) = 0$ (ϕ의 기울기의 회전은 0이다)

(10) $\nabla\cdot(\nabla\times\mathbf{F}) = 0$ ($\mathbf{F}$의 회전의 발산은 0이다)

(11) $\nabla\times(\nabla\times\mathbf{F}) = \nabla(\nabla\cdot\mathbf{F}) - \nabla^2\mathbf{F}$.

여기서 $\nabla^2\phi = \dfrac{\partial^2\phi}{\partial x^2} + \dfrac{\partial^2\phi}{\partial y^2} + \dfrac{\partial^2\phi}{\partial z^2}$을 **라플라스 연산자**, 또는 **라플라스 작용소**(Laplace operator)라 한다. 한편, $\nabla^2\phi = 0$을 **라플라스 방정식**(Laplace's equation)이라 하고, 라플라스 방정식 $\nabla^2\phi = 0$을 만족하는 ϕ를 **조화함수**(harmonic function)라고 한다.

[증명] $\mathbf{F} = \sum f_i\mathbf{e}_i$, $\mathbf{G} = \sum B_i\mathbf{e}_i$라 하고 몇 가지만 증명하여 보자.

$$(2)\quad \nabla\cdot(\mathbf{F}+\mathbf{G}) = \left(\frac{\partial}{\partial x}\mathbf{i} + \frac{\partial}{\partial y}\mathbf{j} + \frac{\partial}{\partial z}\mathbf{k}\right)\cdot[(f_1+g_1)\mathbf{i} \\ +(f_2+g_2)\mathbf{j} + (f_3+g_3)\mathbf{k}]$$

$$
\begin{aligned}
&= \frac{\partial}{\partial x}(f_1+g_1) + \frac{\partial}{\partial y}(f_2+g_2) + \frac{\partial}{\partial z}(f_3+g_3) \\
&= \left(\frac{\partial f_1}{\partial x} + \frac{\partial f_2}{\partial y} + \frac{\partial f_3}{\partial z}\right) + \left(\frac{\partial g_1}{\partial x} + \frac{\partial g_2}{\partial y} + \frac{\partial g_3}{\partial z}\right) \\
&= \left(\frac{\partial}{\partial x}\mathbf{i} + \frac{\partial}{\partial y}\mathbf{j} + \frac{\partial}{\partial z}\mathbf{k}\right) \cdot (f_1\mathbf{i} + f_2\mathbf{j} + f_3\mathbf{k}) \\
&\quad + \left(\frac{\partial}{\partial x}\mathbf{i} + \frac{\partial}{\partial y}\mathbf{j} + \frac{\partial}{\partial z}\mathbf{k}\right) \cdot (g_1\mathbf{i} + g_2\mathbf{j} + g_3\mathbf{k}) \\
&= \nabla \cdot \mathbf{F} + \nabla \cdot \mathbf{G}.
\end{aligned}
$$

여기서 x, y, z를 각 각 x_1, x_2, x_3로 바꾸어 처리하면 증명이 훨씬 간단해 질 것이다. 예를 들어 보자.

$$
\begin{aligned}
(4)\quad \nabla \cdot (\phi\mathbf{F}) &= \left(\frac{\partial}{\partial x_1}, \frac{\partial}{\partial x_2}, \frac{\partial}{\partial x_3}\right) \cdot (\phi f_1, \phi f_2, \phi f_3) \\
&= \sum_{i=1}^{3} \frac{\partial}{\partial x_i}(\phi f_i) \\
&= \sum \left(\frac{\partial \phi}{\partial x_i}\right) f_i + \phi \sum \frac{\partial f_i}{\partial x_i} \\
&= \nabla\phi \cdot \mathbf{F} + \phi(\nabla \cdot \mathbf{F})
\end{aligned}
$$

$$
\begin{aligned}
(8)\quad \nabla \cdot \nabla\phi &= \operatorname{div}(\operatorname{grad}\phi) \\
&= \left(\frac{\partial}{\partial x}, \frac{\partial}{\partial y}, \frac{\partial}{\partial z}\right) \cdot \left(\frac{\partial \phi}{\partial x}, \frac{\partial \phi}{\partial y}, \frac{\partial \phi}{\partial z}\right) \\
&= \frac{\partial^2 \phi}{\partial x^2} + \frac{\partial^2 \phi}{\partial y^2} + \frac{\partial^2 \phi}{\partial z^2} = \nabla^2\phi
\end{aligned}
$$

$$
\begin{aligned}
(9)\quad \nabla \times (\nabla\phi) = \nabla \times \sum \frac{\partial \phi}{\partial x_i}\mathbf{e}_i &= \begin{vmatrix} \mathbf{i} & \mathbf{j} & \mathbf{k} \\ \frac{\partial}{\partial x_1} & \frac{\partial}{\partial x_2} & \frac{\partial}{\partial x_3} \\ \frac{\partial \phi}{\partial x_1} & \frac{\partial \phi}{\partial x_2} & \frac{\partial \phi}{\partial x_3} \end{vmatrix} \\
&= \left(\frac{\partial^2 \phi}{\partial x_2 \partial x_3} - \frac{\partial^2 \phi}{\partial x_3 \partial x_2}\right)\mathbf{i} + \left(\frac{\partial^2 \phi}{\partial x_3 \partial x_1} - \frac{\partial^2 \phi}{\partial x_1 \partial x_3}\right)\mathbf{j} \\
&\quad + \left(\frac{\partial^2 \phi}{\partial x_1 \partial x_2} - \frac{\partial^2 \phi}{\partial x_2 \partial x_1}\right)\mathbf{k} = 0
\end{aligned}
$$

$$(10)\quad \nabla\cdot(\nabla\times\mathbf{F}) = \nabla\cdot\begin{vmatrix} \mathbf{i} & \mathbf{j} & \mathbf{k} \\ \frac{\partial}{\partial x_1} & \frac{\partial}{\partial x_2} & \frac{\partial}{\partial x_3} \\ f_1 & f_2 & f_3 \end{vmatrix}$$

$$= \nabla\cdot\left[\left(\frac{\partial f_3}{\partial x_2} - \frac{\partial f_2}{\partial x_3}\right)\mathbf{i} + \left(\frac{\partial f_1}{\partial x_3} - \frac{\partial f_3}{\partial x_1}\right)\mathbf{j} + \left(\frac{\partial f_2}{\partial x_1} - \frac{\partial f_1}{\partial x_2}\right)\mathbf{k}\right]$$

$$= \frac{\partial}{\partial x_1}\left(\frac{\partial f_3}{\partial x_2} - \frac{\partial f_2}{\partial x_3}\right) + \frac{\partial}{\partial x_2}\left(\frac{\partial f_1}{\partial x_3} - \frac{\partial f_3}{\partial x_1}\right) + \frac{\partial}{\partial x_3}\left(\frac{\partial f_2}{\partial x_1} - \frac{\partial f_1}{\partial x_2}\right) = 0 \qquad \square$$

연습문제 9-4

1. $\mathbf{F} = (6xy + z^3)\mathbf{i} + (3x^2 - z)\mathbf{j} + (3xz^2 - y)\mathbf{k}$는 비회전적 벡터임을 증명하고, $\mathbf{F} = \nabla\phi$을 만족하는 스칼라장 ϕ를 구하여라.

2. $\mathbf{F} = x^2z\mathbf{i} + yz^3\mathbf{j} - 3xy\mathbf{k}$, $\mathbf{G} = y^2\mathbf{i} - yz\mathbf{j} + 2x\mathbf{k}$, $\phi = 2x^2 + yz$ 일 때, 다음의 값을 구하고 그것을 비교하여 보아라.

   (1) $\mathbf{F}\cdot\nabla\phi$ (2) $(\mathbf{F}\cdot\nabla)\phi$ (3) $(\mathbf{F}\cdot\nabla)\mathbf{G}$ (4) $\mathbf{F}\cdot(\nabla\mathbf{G})$

3. $\mathbf{F}$, $\mathbf{G}$가 회전에 의하여 불변이면 $\mathbf{F}\cdot\mathbf{G}$와 $\mathbf{F}\times\mathbf{G}$도 불변이다. 증명하여라.

4. 미분가능한 스칼라함수$f_1(x,y,z)$, $f_2(x,y,z)$, $f_3(x,y,z)$에 대하여 다음 **야코비 행렬식**(Jacobian determinant)이 성립함을 증명하여라.

$$\mathbf{J}(f) = [\nabla f_1 \nabla f_2 \nabla f_3] = \begin{vmatrix} \frac{\partial f_1}{\partial x} & \frac{\partial f_1}{\partial y} & \frac{\partial f_1}{\partial z} \\ \frac{\partial f_2}{\partial x} & \frac{\partial f_2}{\partial y} & \frac{\partial f_2}{\partial z} \\ \frac{\partial f_3}{\partial x} & \frac{\partial f_3}{\partial y} & \frac{\partial f_3}{\partial z} \end{vmatrix} == \det\left(\frac{\partial f_i}{\partial x_i}\right)$$

제 10 장

벡터함수의 적분법

적분이란 물리학적으로 변화의 총계를 나타내는데 벡터적분학에서는 (곡)선적분과 (표)면적분이 핵심적인 내용이다. 선적분이란 곡선상을 이동하면서 한 일을 의미하고 면적분은 표면의 유출량을 의미한다. 또한 표면으로부터의 유출이 체적으로 부터의 발산과 같다는 Gauss의 발산정리와 표면 전체에서의 회전은 표면 외곽선을 따른 순환과 같다는 Stokes의 정리 내용도 벡터적분학에서는 매우 중요하다.

10.1 벡터함수의 적분법

$f_i(t)$, $(i = 1, 2, 3)$, 이 주어진 구간 I에서 연속일 때 벡터함수

$$\mathbf{F}(t) = f_1(t)e_x + f_2(t)e_y + f_3(t)e_z$$

의 부정적분(indefinite integral)은

$$\int \mathbf{F}(t)dt = \mathbf{i}\int f_1(t)dt + \mathbf{j}\int f_2(t)dt + \mathbf{k}\int f_3(t)dt \qquad (10.1)$$

으로 정의된다. 여기에서 $\mathbf{i}$, $\mathbf{j}$, $\mathbf{k}$ 는 x, y, z 축에 평행한 단위 벡터, 즉 $\mathbf{e}_1, \mathbf{e}_2, \mathbf{e}_3$와 각각 동일한 벡터이다.
이 때, $\int f_i(t)dt$ 의 값을 구하는 방법은 일반 미적분의 방법과 같다.
만약 $\mathbf{F}(t) = \dfrac{d}{dt}\mathbf{G}(t)$이 되는 $\mathbf{G}(t)$가 존재하면

$$\int \mathbf{F}(t)dt = \int \frac{d}{dt}\mathbf{G}(t)dt = \mathbf{G}(t) + \mathbf{C}$$

이다 (단, $\mathbf{C}$는 변수 t 에 무관한 임의의 상수벡터). 이런 적분은 일반 미적분에서 처럼 합의 극한으로써 정의될 수 있다.
여기서 $\int$를 **적분기호**(integral sign), $\mathbf{F}(t)$를 **피적분 벡터함수**, $\mathbf{C}$를 **적분 상수벡터**라고 부른다.
일반 미적분에서 처럼, 벡터함수의 정적분(definite integral)도 같은 방법으로 정의된다. 즉, 구간 $t = a$와 $t = b$ 사이에서 함수 $\mathbf{F}(t)$의 정적분은

$$\int_a^b \mathbf{F}(t)dt = \int_a^b \frac{d}{dt}\mathbf{G}(t)dt = [\mathbf{G}(t) + \mathbf{C}]_a^b = \mathbf{G}(b) - \mathbf{G}(a) \qquad (10.2)$$

이다. 한편 식 (10.1)을 이용하면

$$\int_a^b \mathbf{F}(t)dt = \mathbf{i}\int_a^b f_1(t)dt + \mathbf{j}\int_a^b f_2(t)dt + \mathbf{k}\int_a^b f_3(t)dt \qquad (10.3)$$

을 얻는다.

정 리 10.1.1. $\int \mathbf{F} \times \frac{d^2\mathbf{F}}{dt^2}\, dt = \mathbf{F} \times \frac{d\mathbf{F}}{dt} + \mathbf{C}$

[**증명**] 우변을 미분하면

$$\begin{aligned} \frac{d}{dt}\left(\mathbf{F} \times \frac{d\mathbf{F}}{dt} + \mathbf{C}\right) &= \frac{d\mathbf{F}}{dt} \times \frac{d\mathbf{F}}{dt} + \mathbf{F} \times \frac{d}{dt}\left(\frac{d\mathbf{F}}{dt}\right) \\ &= \mathbf{F} \times \frac{d^2\mathbf{F}}{dt^2}\, dt \qquad \text{이므로} \end{aligned}$$

$$\int \mathbf{F} \times \frac{d^2\mathbf{F}}{dt^2}\, dt = \int \frac{d}{dt}\left(\mathbf{F} \times \frac{d\mathbf{F}}{d} + c\right) dt = \mathbf{F} \times \frac{d\mathbf{F}}{dt} + \mathbf{C} \quad \text{이다} \qquad \square$$

예 제 1. 시간 $t \geq 0$에 관한 가속도 $\mathbf{a}$가

$$\mathbf{a} = \frac{d\mathbf{v}}{dt} = (12\cos 2t)\mathbf{i} - (8\sin 2t)\mathbf{j} + (16t)\mathbf{k}$$

로 주어졌다. $t = 0$에서 속도 $\mathbf{v}$와 변위(displacement) $\mathbf{r}$이 0이라 할 때 임의의 시간 t에서 $\mathbf{v}$와 $\mathbf{r}$을 구하여 보자.

$$\begin{aligned} \mathbf{v} &= \mathbf{i}\int 12\cos 2t dt - \mathbf{j}\int 8\sin 2t dt + \mathbf{k}\int 16t dt \\ &= (6\sin 2t)\mathbf{i} + (4\cos 2t)\mathbf{j} + 8t^2\mathbf{k} + \mathbf{C}_1. \end{aligned}$$

그런데 $t = 0$일 때 $\mathbf{v} = 0$ 이므로 $\mathbf{C}_1 = -4\,\mathbf{j}$ 이다. 따라서

$$\mathbf{v} = (6\sin 2t)\mathbf{i} + (4\cos 2t - 4)\mathbf{j} + 8t^2\mathbf{k} = \frac{d\mathbf{r}}{dt}$$

이어야 한다. 그러므로 다시 적분하면

$$\begin{aligned} \mathbf{r} &= \mathbf{i}\int (6\sin 2t)dt + \mathbf{j}\int (4\cos 2t - 4)dt + \mathbf{k}\int 8t^2 dt \\ &= (-3\cos 2t)\mathbf{i} + (2\sin 2t - 4t)\mathbf{j} + \frac{8}{3}t^3\mathbf{k} + \mathbf{C}_2. \end{aligned}$$

그런데 $t=0$ 일 때 $\mathbf{r}=0$ 이므로 대입하여 구하면 $\mathbf{C}_2=3\mathbf{i}$이다. 따라서

$$\mathbf{r}=3(1-\cos 2t)\mathbf{i}+2(\sin 2t-2t)\mathbf{j}+\frac{8}{3}t^3\mathbf{k}.$$

예 제 2. $\mathbf{F}(t)=(t-t^2)\mathbf{i}+2t^3\mathbf{j}-3\mathbf{k}$일 때 $\int_1^2 \mathbf{F}(t)dt$을 구하자.

$$\begin{aligned}\int \mathbf{F}(t)dt &= \mathbf{i}\int (t-t^2)dt+2\mathbf{j}\int t^3dt-3\mathbf{k}\int dt\\ &=\left(\frac{t^2}{2}-\frac{t^3}{3}\right)\mathbf{i}+\frac{t^4}{2}\mathbf{j}-3t\mathbf{k}\end{aligned}$$

이므로

$$\begin{aligned}\int_1^2 \mathbf{F}(t)dt &= \left[\frac{t^2}{2}-\frac{t^3}{3}\right]_1^2\mathbf{i}+\left[\frac{t^4}{2}\right]_1^2\mathbf{j}-\Big[3t\Big]_1^2\mathbf{k}\\ &=-\frac{5}{6}\mathbf{i}+\frac{15}{2}\mathbf{j}-3\mathbf{k}\end{aligned}$$

연습문제 10-1

1. $\mathbf{F}(u)=(u-u^2)\mathbf{e}_1+2u^3\mathbf{e}_2-3\mathbf{e}_3$일때, 다음 값을 구하여라.
   (1) $\int \mathbf{F}(u)\,du,$ (2) $\int_1^2 \mathbf{F}(u)\,du$

2. 각 점 에서 벡터는 그 점을 통과하는 곡선에 접한다 3차원 공간의 모든 점에서 정의된 벡터장이 주어지면 이것을 접벡터로하는 선이 존재한다. 이를 흐름선(streamlines)이라고 한다.
   벡터장 $\mathbf{F}=x^2\mathbf{i}+2y\mathbf{j}-\mathbf{k}$의 흐름선이 $x=\frac{1}{z-c}$, $y=ae^{-2z}$, $z=z$ (단 a, c 는 상수)임을 보이시오.

10.2 선적분과 그린의 정리

선적분의 개념은 미분적분학에서 배우는 정적분 $\int_a^b f(x)dx$의 개념을 자연스럽게 일반화한 것이다. 즉 선적분에서는 주어진 피적분함수를 평면에서의 곡선 C, 또는 공간을 따라 적분하게 된다.

만일 C가 각점에서 유일한 접선을 갖고 그 접선의 방향이 C를 따라가면서 연속적으로 변하면 C를 **매끄러운 곡선**(smooth curve)라고 한다. 즉 C 가 미분가능한 함수 $\mathbf{x}(t)$ 로 표현되고 C의 모든 점에서 $\mathbf{x}'(t) = \dfrac{d\mathbf{x}}{dt} \neq \mathbf{0}$인 연속인 도함수를 갖는다는 말이다.

이제 곡선 C 는 $\mathbf{x}(t)$가 연속인 도함수를 가지는 유한개의 곡선들로 구성되었다고 가정하자. 이 때 C 를 따라서 연속이고, 정의된 벡터장을

$$\mathbf{F}(x, y, z) = f_1\mathbf{i} + f_2\mathbf{j} + f_3\mathbf{k}$$

라 하면 점 P_1 으로 부터 점 P_2까지 곡선 C 를 따라갈 때 곡선 C 에 대한 $\mathbf{F}$의 접성분(tangential component)의 적분은, $d\mathbf{x} = dx\mathbf{i} + dy\mathbf{j} + dz\mathbf{k}$ 이므로,

$$\int_{P_1}^{P_2} \mathbf{F} \cdot d\mathbf{x} = \int_C \mathbf{F} \cdot d\mathbf{x} = \int_C (f_1dx + f_2dy + f_3dz) \tag{10.4}$$

과 같이 선적분으로 표시된다 만약 C 를 따라 움직이는 각각의 점에서 $\mathbf{F}$가 **힘**(force) $\mathbf{F}$ 를 표시한다면 이 선적분은 그 힘에 의하여 행하여진 **일**(work)을 나타낸다 만약 C 가 자기 자신과 어느곳에서도 교차하지 않는 단순폐곡선(simple close curve)일때 주위의 적분은 $\int_C$ 대신에

$$\oint \mathbf{F} \cdot d\mathbf{x} = \oint (f_1dx + f_2dy + f_3dz) \tag{10.5}$$

으로 표시한다. 이 때 적분기호 $\oint$은 반시계 방향을 +, 시계방향을 − 로 하는 적분을 의미한다. 기체역학과 유체역학에서는 이 적분을 C 에 관한 유체의 속도 $\mathbf{F}$의 **순환**(circualtion)이라고 말한다.

일반적으로 한 곡선을 따라 얻어진 적분을 **선적분**(line integral)이라고 말한다.

정적분 $\int_a^b f(x)dx$ 와 선적분 $\int_C \mathbf{F}(\mathbf{x})\cdot\ \mathbf{x}$의 차이점은 정적분 $\int_a^b f(x)dx$는 x 축을 따라서 $f(x)$를 적분한 것이고, 선적분 $\int_C \mathbf{F}(\mathbf{x})\cdot\mathbf{x}$는 곡선 $C:\mathbf{x}$ 를 따라서 $\mathbf{F}(\mathbf{x})$을 적분하는 것이 다르다. 이 때 이 곡선을 적분경로라고 하고 선적분을 곡선 적분이라고 하는것이 정확한 표현이나 관습상 선적분이라고 부르는 것이며 선적분자체는 정적분을 일반화한 것이다.

이제 2차원 평면에서의 일반적인 선적분의 정의를 살펴보자.
S는 다음과 같이 매개변수 방정식으로 주어진 매끄러운(또는 조각적으로 매끄러운) 곡선 C 를 포함하고 있으면, P 와 Q 는 S 에서 정의된 연속함수이다.

$$C\ :\ \mathbf{x}(t) = x(t)\mathbf{i} + y(t)\mathbf{j} \qquad (t \in [a,\ b])$$

벡터장 $\mathbf{F}$가

$$\mathbf{F}(x,\ y) = P(x,\ y)\mathbf{i} + Q(x,\ y)\mathbf{j}$$

로 주어질 때, C 위에서 $\mathbf{F}$의 **선적분**(line integral)은 다음과 같이 정의 한다.

$$\int_C \mathbf{F}(\mathbf{x})\cdot d\mathbf{x} = \int_a^b \{P(x(t),\ y(t))\frac{dx}{dt} - Q(x(t),\ y(t))\frac{dy}{dt}\}dt$$

만일 C 가 각 조각으로는 매끄럽지만 전체적으로 매끄럽지 않으면 C 를 몇 개의 매끄러운 곡선으로 분할해서 생각한다. 그러나 C 가 연속이므로 이 분할된 곡선들은 이어져 있다. 이 때 C 가 n 개의 매끄러운 곡선 $C_1,\ C_2,\ ...,C_n$ 으로 이루어져 있으면 다음이 성립한다.

$$\int_C \mathbf{F}(\mathbf{x})\cdot d\mathbf{x} = \int_{C_1} \mathbf{F}(\mathbf{x})\cdot d\mathbf{x} + \int_{C_2} \mathbf{F}(\mathbf{x})\cdot d\mathbf{x} + \ \cdots\ + \int_{C_n} \mathbf{F}(\mathbf{x})\cdot d\mathbf{x}$$

일반적으로 선적분은 정적분으로 바꾸어 계산한다.

예 제 **1.** $\mathbf{F}(x,\ y) = xy\ \mathbf{i} + ye^x\mathbf{j}$이고 C는 네 점 (0, 0), (2, 0), (2, 1), (0, 1)을 꼭지점으로 갖는 반시계방향의 직사각형이다. 이 때 $\int_C \mathbf{F}(\mathbf{x}) \cdot d\mathbf{x}$를 계산하여라.

[**풀이**] 그림10.1 에 의하면 사각형 C 가 네개의 매끄러운 곡선(선분)으로 이루어져 있다. 이 선들을 매개 변수를 사용해서 표현하면 다음과 같다.

$C_1 : \mathbf{x} = t\mathbf{i} \quad (0 \le t \le 2)$

$C_2 : \mathbf{x} = 2\mathbf{i} + t\mathbf{j} \quad (0 \le t \le 1)$

$C_3 : \mathbf{x} = (2-t)\mathbf{i} + \mathbf{j} \quad (0 \le t \le 2)$

$C_4 : \mathbf{x} = (1-t)\mathbf{j} \quad (0 \le t \le 1)$

예를 들어, C_3에서는 $t = 0$일 때 점 $2\mathbf{i} + \mathbf{j} = (2,\ 1)$이 대응하고, $t = 2$일 때 점 $(2-2)\mathbf{i} + \mathbf{j} = (0,\ 1)$이 대응한다. 그러므로 t가 증가하면 C_3상의 점들은 그림 10.1 상의 화살표 방향으로 움직이게 된다. 그러므로 다음을 얻는다.

$$\int_C \mathbf{F}(\mathbf{x}) \cdot d\mathbf{x} = \int_{C_1} \mathbf{F}(\mathbf{x}) \cdot d\mathbf{x} + \int_{C_2} \mathbf{F}(\mathbf{x}) \cdot d\mathbf{x} + \int_{C_3} \mathbf{F}(\mathbf{x}) \cdot d\mathbf{x} + \int_{C_4} \mathbf{F}(\mathbf{x}) \cdot d\mathbf{x}$$

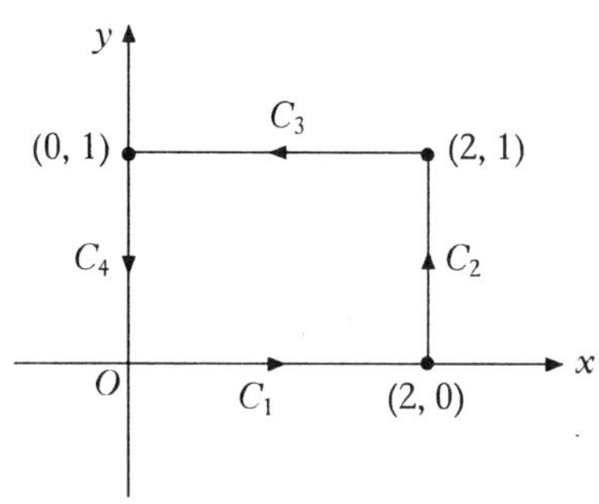

그림 10-1

C_1에서는 $x = t,\ y = 0$이므로 $xy = 0,\ ye^x = 0$이고 다음을 얻는다.

$$\int_{C_1} \mathbf{F}(\mathbf{x}) \cdot d\mathbf{x} = 0$$

C_2 에서는 $x = 2,\ y = t,\ x' = 0,\ y' = 1,\ ye^x = te^x$ 이므로

$$\int_{C_2} \mathbf{F}(\mathbf{x}) \cdot d\mathbf{x} = \int_0^1 te^2 dt = \frac{e^2}{2}$$

이고, C_3 에서는 $x = (2-t),\ y = 1,\ x' = -1,\ y' = 0,\ xy = 2-t$ 이므로

$$\int_{C_3} \mathbf{F}(\mathbf{x}) \cdot d\mathbf{x} = \int_0^2 (2-t)(-1)dt = -2$$

이다. C_4 에서는 $x = 0,\ y = 1-t,\ x' = 0,\ y' = -1,\ xy = 0,\ ye^x = 1-t$ 이므로

$$\int_{C_4} \mathbf{F}(\mathbf{x}) \cdot d\mathbf{x} = \int_0^1 (1-t)(-1)dt = -\frac{1}{2}$$

를 얻는다. 따라서 다음이 성립한다.

$$\int_C \mathbf{F}(\mathbf{x}) \cdot d\mathbf{x} = 0 + \frac{e^2}{2} - 2 - \frac{1}{2} = \frac{e^2}{2} - \frac{5}{2} \fallingdotseq 1.2$$

통상적인 경우에는 선적분의 값이 적분경로에 의존하지만 어떤 형태의 벡터함수에 대해서는 선적분의 값이 단지 적분경로의 양 끝점에만 관련이 있다는 사실을 보일 수 있다.

정 리 10.2.1. $a_1 \le x \le a_2$, $b_1 \le y \le b_2$, $c_1 \le z \le c_2$ 에 의하여 정의된 영역 R 에서 $\mathbf{A} = \nabla\phi$ 이고 일가함수인 $\phi(x, y, z)$ 가 R 에서 연속인 편도함수를 가지면

(1) $\displaystyle\int_{P_1}^{P_2} \mathbf{A} \cdot d\mathbf{r}$ 은 R 에서 P_1 과 P_2를 연결하는 경로(path, 적분경로)와는 무관하다.

(2) R에 속한 임의의 폐곡선 C 에 대하여 $\displaystyle\oint_C \mathbf{A} \cdot d\mathbf{r} = 0$ 이다.

이러한 경우에 $\mathbf{A}$ 를 **보존적 벡터장**(conservative vector field), ϕ를 $\mathbf{A}$ 의 **스칼라 포텐셜**(scalar potential)이라고 말한다

[증명] 점 $P_1 = (x_1,\ y_1,\ z_1)$ 으로부터 점 $P_2 = (x_2,\ y_2,\ z_2)$ 까지의 이동에 의하여 행하여진 일을 W 라 하면

$$\begin{aligned}
W &= \int_{P_1}^{P_2} \mathbf{A} \cdot d\mathbf{r} \\
&= \int_{P_1}^{P_2} \nabla\phi \cdot d\mathbf{r} \\
&= \int_{P_1}^{P_2} \left(\frac{\partial \phi}{\partial x}\mathbf{i} + \frac{\partial \phi}{\partial y}\mathbf{j} + \frac{\partial \phi}{\partial z}\mathbf{k} \right) \cdot (dx\mathbf{i} + dy\mathbf{j} + dz\mathbf{k}) \\
&= \int_{P_1}^{P_2} \left(\frac{\partial \phi}{\partial x}dx + \frac{\partial \phi}{\partial y}dy + \frac{\partial \phi}{\partial z}dz \right) \\
&= \int_{P_1}^{P_2} d\phi \\
&= \phi(P_1) - \phi(P_2) \\
&= \phi(x_2,\ y_2,\ z_2) - \phi(x_1,\ y_1,\ z_1)
\end{aligned}$$

으로 표시되므로, 그 적분은 단지 점 P_1과 P_2의 위치에 의하여 결정될 뿐 그 두점을 연결하는 경로와는 무관함을 알 수 있다. 이 사실은 $\phi(x,\ y,\ z)$ 가 두 점 P_1과 P_2 에서 일가함수(single valued function)로 정의되었을 경우에만 성립한다. 역으로, 만약 $\int_C \mathbf{A} \cdot d\mathbf{r}$ 이 두점 P_1 과 P_2 를 연결하는 경로와 무관하면 $\mathbf{A} = \nabla\phi$을 만족하는 함수 ϕ 가 반드시 존재한다는 것을 증명하자.

이제 $\mathbf{A} = A_1\mathbf{i} + A_2\mathbf{j} + A_3\mathbf{k}$ 라 하고 $\int \mathbf{A} \cdot d\mathbf{r}$ 이 두 점 $(x_1,\ y_1,\ z_1)$ 와 $(x,\ y,\ z)$ 을 연결하는 C 의 경로와 무관하다고 가정하면, 관계식

$$\begin{aligned}
\phi(\mathbf{x},\ \mathbf{y},\ \mathbf{z}) &= \int_{(x_1,y_1,z_1)}^{(x,\ y,\ z)} \mathbf{A} \cdot d\mathbf{r} \\
&= \int_{(x_1,y_1,z_1)}^{(x,\ y,\ z)} (A_1dx + A_2dy + A_3dz)
\end{aligned}$$

은 (x_1, y_1, z_1) 와 (x, y, z) 을 연결하는 C 의 경로와는 무관하므로

$$\begin{aligned}\phi(x+\triangle x, y, z)-\phi(x, y, z) &= \int_{(x_1,y_1,z_1)}^{(x+\triangle x,y,z)} \mathbf{A}\cdot d\mathbf{r} - \int_{(x_1,y_1,z_1)}^{(x, y, z)} \mathbf{A}\cdot d\mathbf{r} \\ &= \int_{(x_1,y_1,z_1)}^{(x+\triangle x, y, z)} \mathbf{A}\cdot d\mathbf{r} + \int_{(x, y, z)}^{(x_1,y_1,z_1)} \mathbf{A}\cdot d\mathbf{r} \\ &= \int_{(x_1,y_1,z_1)}^{(x+\triangle x, y, z)} \mathbf{A}\cdot d\mathbf{r} \\ &= \int_{(x, y, z)}^{(x+\triangle x, y, z)} (A_1dx + A_2dy + A_3dz)\end{aligned}$$

그런데 마지막 관계식은 두 점 (x, y, z) 과 $(x+\triangle x, y, z)$ 를 연결하는 경로와는 무관하므로 $dy = dz = 0$ 이 되는 두 점을 연결하는 경로를 선택할 수 있다. 한 편

$$\frac{\phi(x+\triangle x, y, z)-\phi(x, y, z)}{\triangle x} = \frac{1}{\triangle x}\int_{(x, y, z)}^{(x+\triangle x,y,z)} A_1dx$$

이므로

$$\begin{aligned}\frac{\partial\phi}{\partial x} &= \lim_{\triangle x\to 0}\frac{\phi(x+\triangle x, y, z)-\phi(x, y, z)}{\triangle x} \\ &= \frac{d}{dx}\int_{(x,y,z)}^{(x+\triangle x, y, z)} A_1dx\,.\end{aligned}$$

마찬가지 방법으로 $\dfrac{\partial\phi}{\partial y} = A_2,\ \dfrac{\partial\phi}{\partial y} = A_3$을 얻을 수 있다. 따라서

$$\mathbf{A} = A_1\mathbf{i} + A_2\mathbf{j} + A_3\mathbf{k} = \frac{\partial\psi}{\partial x}\mathbf{i} + \frac{\partial\psi}{\partial y}\mathbf{j} + \frac{\partial\psi}{\partial z}\mathbf{k} = \nabla\phi \qquad \square$$

예 제 2. $\mathbf{A} = x\mathbf{i}+2y\mathbf{j}+z\mathbf{k}$ 이고 경로 C 가 다음과 같이 주어졌을때 $P(0, 0, 0)$ 으로부터 $Q(1, 1, 1)$ 까지 $\int_C \mathbf{A}\cdot d\mathbf{r}$을 구하여 보자.

[**풀이**] (1) C 가 두 점 P 와 Q 를 연결하는 직선일 때 :

두 점 P 와 Q 를 연결하는 직선은 매개변수 t를 사용하면

$$x = t,\ y = t,\ z = t\ (0 \le t \le 1)$$

이므로, 곡선 C 상의 임의의 점에 대한 위치벡터 $\mathbf{r}$은

$$\mathbf{r} = t\mathbf{i} + t\mathbf{j} + t\mathbf{k}\ (0 \le t \le 1)$$

이다. 따라서

$$d\mathbf{r} = dt\mathbf{i} + dt\mathbf{j} + dt\mathbf{k}\ \ \mathbf{A} = t\mathbf{i} + 2t\mathbf{j} + t\mathbf{k}$$

이므로

$$\int_C \mathbf{A} \cdot d\mathbf{r} = \int_0^1 (t + 2t + t)dt = \int_0^1 4tdt = 2.$$

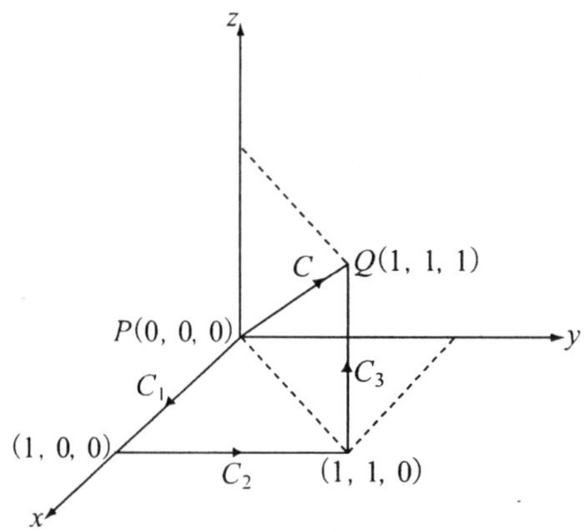

그림 10-2

(2) C 가 (0, 0, 0)과 (1, 0, 0), (1, 0, 0)과 (1, 1, 0), (1, 1, 0)과 (1, 1, 1)을 연결하는 선분 C_1, C_2, C_3 으로 구성될 때 (10.2):

C_1, C_2, C_3으로 구성되는 경로 C 에 대하여

$$\int_C \mathbf{A} \cdot d\mathbf{r} = \int_{C_1} \mathbf{A} \cdot d\mathbf{r} + \int_{C_2} \mathbf{A} \cdot d\mathbf{r} + \int_{C_3} \mathbf{A} \cdot d\mathbf{r}$$

이다. 그런데

(a) C_1에 대하여 : $x = 0 \to 1,\ \ y = z = 0,\ dy = dz = 0$ 이므로

$$\int_{C_1} \mathbf{A} \cdot d\mathbf{r} = \int_{x=0}^{x=1} x\mathbf{i} \cdot dx\mathbf{i} = \int_0^1 x dx = \frac{1}{2}$$

(b) C_2에 대하여 : $x = 1,\ y = 0 \to 1,\ z = 0,\ dx = dz = 0$ 이므로

$$\int_{C_2} \mathbf{A} \cdot dr = \int_{y=0}^{y=1} (\mathbf{i} + 2y\mathbf{j}) \cdot dy\mathbf{j} = \int_0^1 2y dy = 1$$

(c) C_3에 대하여 : $x = y = 1,\ \ z = 0 \to 1,\ dx = dy = 0$ 이므로

$$\int_{C_3} \mathbf{A} \cdot dr = \int_{z=0}^{z=1} (\mathbf{i} + 2y\mathbf{j} + z\mathbf{k}) \cdot dz\mathbf{i} = \int_0^1 z dz = \frac{1}{2}$$

따라서 $\int_C \mathbf{A} \cdot dr = \frac{1}{2} + 1 + \frac{1}{2} = 2$이다.

위의 예제에서 보듯이, 선적분의 값은 $(0,0,0)$으로부터 $(1,1,1)$에 이르는 두 개의 서로 다른 경로에 대하여 동일하다는 것을 알 수 있다. 즉, 선적분의 값은 이들의 점을 어떻게 연결하든 경로에 관계없이 2가 되었다. 그 이유를 규명하기 위해 정리 (10.2.1)에서 조건 $\mathbf{A}=\nabla\phi$를 만족하는 ϕ 가 존재하는가를 확인하여보자. 이 경우에 이 조건은

$$\nabla\phi = \left(\frac{\partial}{\partial x}, \frac{\partial}{\partial y}, \frac{\partial}{\partial z}\right)\phi = \frac{\partial\phi}{\partial x}\mathbf{i} + \frac{\partial\phi}{\partial y}\mathbf{j} + \frac{\partial\phi}{\partial z}\mathbf{k} = x\mathbf{i} + 2y\mathbf{j} + z\mathbf{k}$$

와 동치이므로 그 조건을 만족하는 일가 함수

$$\phi = \frac{x^2}{2} + y^2 + \frac{z^2}{2}$$

이 존재 하기 때문에 결국 선적분의 값은 항상 일정하게 되는것이다. 즉,

$$\int_C \mathbf{A} \cdot d\mathbf{r} = \int_C (xdx + 2ydy + zdz)$$

$$= \int_{(0,0,0)}^{(1,1,1)} d\left(\frac{x^2}{2} + y^2 + \frac{z^2}{2}\right)$$

$$= \left[\frac{x^2}{2} + y^2 + \frac{z^2}{2}\right]_{(0,0,0)}^{(1,1,1)} = \frac{1}{2} + 1 + \frac{1}{2} = 2$$

이 성립하기 때문이다. 그러므로 정리(10.2.1)로 부터

"$\mathbf{A} = \nabla\phi$ 이면 $\mathbf{A}$ 는 보존벡터장이고 그 역도 성립한다"

는 사실을 알 수 있다. $\mathbf{A} = \nabla\phi$ 와 $\nabla \times \mathbf{A} = 0$ 이 동치라는 사실은 제 9장 4절 발산과 회전에서 이미 공부하였다.

일반적으로 조건 $\mathbf{A}=\nabla\phi$ (ϕ : 일가함수)를 만족하지 않는 경우에는 적분의 경로에 따라 그 선적분의 값이 달라질 것이다. 몇가지 예를 보자.

예 제 3. $\mathbf{A} = (3x^2 + 6y)\mathbf{i} - 14yz\mathbf{j} + 20xz^2\mathbf{k}$ 이고 경로 C 가 다음과 같이 주어졌을때 $P(0,0,0)$ 으로부터 $Q(1,1,1)$ 까지 $\int_C \mathbf{A} \cdot d\mathbf{r}$을 구하여 보자.

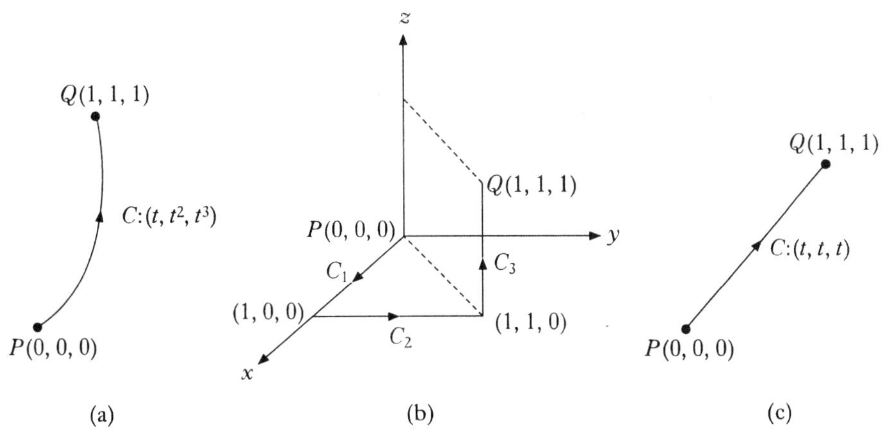

[그림 10-3]

[**풀이**] (1) C $: x = t,\ y = t^2,\ z = t^3$일 때 (그림 10-3(a))

$$\int_C \mathbf{A} \cdot d\mathbf{r} = \int_C (3x^2 + 6y,\ -14yz,\ 20xz^2) \cdot (dx, dy, dz)$$

$$= \int_C ((3x^2 + 6y)dx - 14yzdy + 20xz^2dz)$$

이므로

$$\int_C \mathbf{A} \cdot d\mathbf{r} = \int_{t=0}^{t=1} [(3t^2 + 6t)dt - 14t^2t^3(2tdt) + 20t(t^6)(3t^2dt)]$$
$$= \left[3t^3 - 4t^7 + 6t^{10}\right]_0^1 = 5$$

(2) C 가 $(0,0,0)$과 $(1,0,0)$, $(1,0,0)$과 $(1,1,0)$, $(1,1,0)$과 $(1,1,1)$을 연결하는 직선일 때 (그림 10-3(b))

(a) 점 $(0,0,0)$와 점 $(1,0,0)$을 연결하는 직선:

$y = z = 0,\ dy = dx = 0,\ x : 0 \to 1$이므로

$$\int_{C_1} \mathbf{A} \cdot d\mathbf{r} = \int_{x=0}^{x=1} \left[(3x^2 + 6(0))dx - 14(0)(0)(0) + 20x(0)^2(0)\right]$$
$$= \int_{t=0}^{t=1} 3x^2dx = \left[x^3\right]_0^1 = 1$$

(b) 점 (1,0,0)와 점 (1,1,0)을 연결하는 직선:

$x = 1,\ z = 0,\ \ dx = dz = 0,\ y : 0 \to 1$ 이므로

$$\int_{C_2} \mathbf{A} \cdot d\mathbf{r} = \int_{y=0}^{y=1} [(3(1)^2 + 6y)(0) - 14y(0)dy + 20(1)(0)^2(0)]$$
$$= 0$$

(c) 점 (1,1,0)와 점 (1,1,0)을 연결하는 직선:

$x = 1,\ y = 1,\ dx = dy = 0,\ z : 0 \to 1$ 이므로

$$\int_{C_3} \mathbf{A} \cdot d\mathbf{r} = \int_{z=0}^{z=1} [(3(1)^2 + 6(1))(0) - 14(1)z(0) + 20(1)z^2dz]$$
$$= \left[\frac{20}{3}z^3\right]_0^1 = \frac{20}{3}$$

(a), (b), (c)으로부터 구하는 값은

$$\int_C \mathbf{A}\cdot d\mathbf{r} = \int_{C_1} \mathbf{A}\cdot d\mathbf{r} + \int_{C_2} \mathbf{A}\cdot d\mathbf{r} + \int_{C_3} \mathbf{A}\cdot d\mathbf{r}$$
$$= 1 + 0 + \frac{20}{3} = \frac{23}{3} \quad .$$

(3) C 가 $(0,0,0)$과 $(1,1,1)$을 연결하는 직선일 때 (그림 10-3(c))

$$\int_C \mathbf{A}\cdot d\mathbf{r} = \int_{t=0}^{t=1} [(3t^2+6t)dt - (t)(t)dt + 20t(t)^2 dt]$$
$$= \frac{13}{3}$$

위의 예제로 부터 $\nabla \mathbf{A} = \phi$를 만족하는 일가함수 ϕ가 존재 하지 않으므로 적분경로에 따라 선적분의 값이 모두 다르다는 사실을 알 수 있다. 그러나 $\mathbf{A} = \nabla\phi$이면 선적분값은 경로에 관계없이 일정하다. 이 경우 벡터장 $\mathbf{F}$를 보존적이라 한다. 즉 에너지가 보존된다는 뜻이다. $\mathbf{A} = \nabla\phi$가 성립하는지 쉽게 알 수 있는 방법은 $\operatorname{curl}\mathbf{A}$ 를 구해서 $\operatorname{curl}\mathbf{A} = 0$이면 $\mathbf{F} = \nabla\phi$ 이다. 왜냐하면 만약 $\mathbf{A} = \nabla\phi$라면 $\operatorname{curl}\mathbf{A} = \operatorname{curl}(\nabla\phi) = 0$이 언제나 성립하기 때문이다.

선적분이란 변화하는 힘을 가하여 곡선상을 이동시켰을 때 행한 일을 의미한다. 아래의 예제가 이를 잘 보여주고 있다.

예 제 4. 곡선 $x = t^2+1$, $y = 2t^2$, $z = t^3$을 따라 힘 $\mathbf{F}$=$(3xy, -5z, 10x)$ 에 의하여 $t = 1$에서 $t = 2$까지 움직일때 생긴 전체 일(total work) W를 구해보자.

[풀이]

$$W = \int_C \mathbf{F}\cdot d\mathbf{r}$$
$$= \int_C (3xy\mathbf{i} - 5z\mathbf{j} + 10x\mathbf{k})\cdot(dx\mathbf{i} + dy\mathbf{j} + dz\mathbf{k})$$
$$= \int_C (3xydx - 5zdy + 10xdz)$$
$$= \int_1^2 [3(t^2+1)(2t^2)d(t^2+1) - 5t^3 d(2t^2) + 10(t^2+1)d(t^3)]$$

$$= \int_1^2 (12t^5 + 10t^4 + 12t^3 + 30t^2)dt$$
$$= 303$$

예 제 **5.** $\mathbf{F}=3xy\mathbf{i}-y^2\mathbf{j}$이 xy평면위의 곡선 $y=2x^2$을 따라 $(0,0)$에서 $(1,2)$까지 움직일 때 생긴 일을 구하여 보자.

[풀이]

$$\int_C \mathbf{F}\cdot d\mathbf{r} = \int_C (3xy\mathbf{i}-y^2\mathbf{j})\cdot(dx\mathbf{i}+dy\mathbf{j})$$
$$= \int_C (3xydx - y^2dy)$$

방법 (1): 곡선 $y=2t^2$ 은 $x=t$라 하면 $t=2t^2$이다 따라서 $(0,0)$에서 $(1,2)$까지

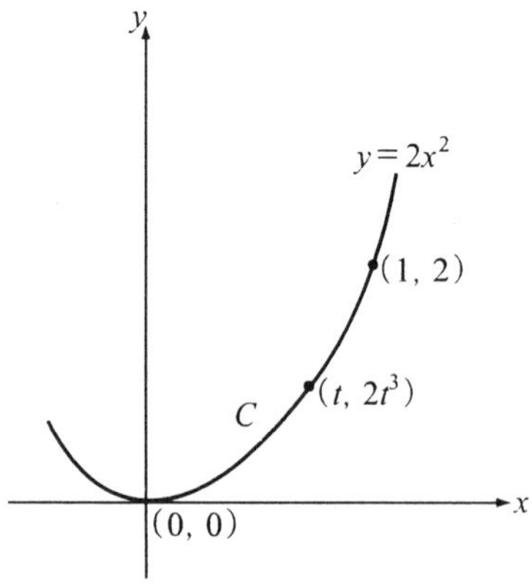

[그림 10-4]

(x, y)의 변화량은 $t=0$에서 $t=1$까지의 변화량으로 바뀌므로

$$\int_C \mathbf{F}\cdot d\mathbf{r} = \int_{t=0}^{t=1} [3(t)(2t^2)dt - (2t^2)^2 d(2t^2)]$$
$$= \int_0^1 (6t^3 - 16t^5)dt = -\frac{7}{6}$$

방법 (2): x 또는 y의 변수로 통일시킨다. $y=2x^2$이라 하면 $x=0$에서 $x=1$까

지 변화하므로

$$\int_C \mathbf{F}\cdot d\mathbf{r} = \int_{x=0}^{x=1}[3x(2x^2)dx - (2x^2)^2 d(2x^2)]$$
$$= \int_0^1 (6x^3 - 16x^5)dx = -\frac{7}{6}$$

예 제 6. $x^2+y^2=a^2$, $z=0$으로 표시되는 원 C에 대한 적분 $\oint_C \mathbf{r}\cdot d\mathbf{r}$을 구하여 보자.

[**풀이**] 주어진 원을 매개변수 방정식으로 고치면

$$x = a\cos t,\ \ y = a\sin t,\ \ (0 \le t \le 2\pi)$$

이므로

$$\mathbf{r} = (a\cos t)\mathbf{e}_1 + (a\sin t)\mathbf{e}_2, (0 \le t \le 2\pi)$$

이다. 따라서

$$\mathbf{r}\cdot d\mathbf{r} = (a\cos t,\ a\sin t)\cdot(-a\sin t dt,\ a\cos t dt)$$
$$= -a^2\cos t\sin t dt + a^2\sin t\cos t dt = 0$$

이므로 $\oint_C \mathbf{r}\cdot d\mathbf{r} = 0$이다.

선적분의 일반적인 성질을 요약하면 다음과 같다.

(1) $\displaystyle\int_C k\mathbf{F}\cdot d\mathbf{r} = k\int_C \mathbf{F}\cdot d\mathbf{r}$ (k는 상수)

(2) $\displaystyle\int_C (\mathbf{F}+\mathbf{G})\cdot d\mathbf{r} = \int_C \mathbf{F}\cdot d\mathbf{r} + \int_C \mathbf{G}\cdot d\mathbf{r}$

(3) $\displaystyle\int_C \mathbf{F}\cdot d\mathbf{r} = \int_{C_1} \mathbf{F}\cdot d\mathbf{r} + \int_{C_2} \mathbf{F}\cdot d\mathbf{r}$

(3)에서 경로 C는 두 개의 호 C_1과 C_2로 나누어지고 C와 같은 방향을 갖는다. 만일 C의 방향이 반대로 된다면 적분의 값은 -1을 곱한 값이 된다.

연습문제 10-2

1. $\mathbf{R}(u) = (u - u^2)\mathbf{i} + 2u^3\mathbf{j} - 3\mathbf{k}$일 때, 다음 값을 구하여라.

   (1) $\int \mathbf{R}(u)du$ (2) $\int_1^2 \mathbf{R}(u)du$

2. 힘을 나타내는 벡터장 $\mathbf{F} = 3xy\mathbf{i} - 5z\mathbf{j} + 10x\mathbf{k}$이 곡선 C : $x = t^2 + 1$, $y = 2t^2$, $z = t^3$ $(1 \le t \le 2)$을 따라 갈 때 생긴 일의 총량을 구하여라.

3. (1) $\mathbf{F} = (2xy + z^3)\mathbf{i} + x^2\mathbf{j} + 3xz^2\mathbf{k}$는 보존적 힘장(conservative force field)임을 증명하여라.

   (2) $\mathbf{F}$에 대한 스칼라 포텐셜(potential)을 구하여라.

   (3) 점 $(1, -2, 1)$부터 $(3, 1, 4)$으로 움직일 때 $\mathbf{F}$에 의하여 얻은 일의 양을 구하여라.

4. $\phi = 2xyz^2$, $\mathbf{F} = xy\mathbf{i} - z\mathbf{j} + x^2\mathbf{k}$일 때, C는 곡선 $x = t^2$, $y = 2t$, $z = t^3$, $0 \le t \le 1$, 이라 한다. 다음의 선적분을 구하여라.

   (1) $\int_C \phi\, d\mathbf{r}$, (2) $\int_C \mathbf{F} \times d\mathbf{r}$

5. 한 입자가 포물선 $y = 2x^2$위의 벡터장 $2xy\mathbf{i} - (x^2 + y^2)\mathbf{j}$로 주어진 힘을 받으면서 움직이고 있다. 힘의 단위는 뉴턴(Newton), 길이의 단위는 미터(meter)일 때, 점 (1,1)에서 점 (3, 9)까지 움직이면서 한 일은 얼마인가?

6. $\mathbf{F}(x, y) = xy\mathbf{i} + x\mathbf{j}$ 이고 C 가 다음과 같을 때 $\int_C \mathbf{F}(\mathbf{x}) \cdot d\mathbf{x}$를 계산하여라.

   (1) C는 (0, 0)로 부터 (1, 1)까지의 선분

   (2) C는 (0, 0)로 부터 (1, 1)까지의 포물선 $y = x^2$상의 곡선

10.3 면적분과 체적적분

S를 두 면(안과 밖)을 가지고 있는 곡면이라 가정하고, S의 한 면을 임의로 양(+)의 면으로 생각하기로 하자(S가 구면과 같이 폐곡면인 경우에는 바깥쪽의 면을 양의 면으로 생각한다).

이제 S의 양의 면 위로 향하는 S에 직교하는 단위벡터를 $\mathbf{n}$이라 할 때, 곡면의 미분요소 dS는 크기가 곡면적(surface area)의 미분 dS와 같고

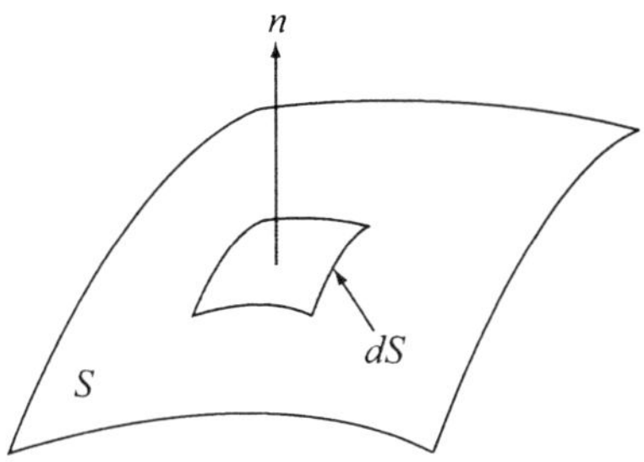

[그림 10-5]

방향이 $\mathbf{n}$과 같은 벡터, 즉 $d\mathbf{S} = \mathbf{n}dS$이므로, 적분

$$\iint_S \mathbf{A} \cdot d\mathbf{S} = \iint_S (\mathbf{A} \cdot \mathbf{n}) dS \tag{10.6}$$

이 성립한다. 이때 식 (10.6)을 S 위에서 $\mathbf{A}$의 속(flux)이라고 한다.

식 (10.6)과 같은 적분을 **표면적분**(surface integral)이라고 말하는데, 이와 같은 곡면적분들은

$$\iint_S \phi\, d\mathbf{S},\ \iint_S \phi\, \mathbf{n}\, dS,\ \iint_S \mathbf{A} \times d\mathbf{S}, \cdots$$

이 있다. 이 때 ϕ는 스칼라함수이다.

표면적분은 유출량을 의미한다고해서 플럭스적분이라고도 부른다.

면적분과 중적분의 차이는 일반적으로 곡면(혹은 평면일 수 도 있음)에 해당하는 공간에 있는 표면 S에 대해서 $\mathbf{v} \cdot \mathbf{n}$을 적분하는 것을 면적분 $\iint_S \mathbf{v} \cdot \mathbf{n} dS$ 라

한다. 반면, 보통 중적분

$$\iint_S f(x,\ y)dx = \int [\int_{q(y)}^{p(y)} f(x,\ y)dx]dy$$

는 $xy-$ 평면상의 평면 R(반드시 평면)에 대하여 $f(x,\ y)$를 2번 정적분하는 것을 의미한다.

이러한 적분들은 일반기초 미적분과 같이 합에 관한 극한의 항으로 정의될 수 있는데 이 과정을 조사하여보자.

곡면의 면적 S를 m개의 소면적 $\Delta S_i, (i = 1, 2, \cdots)$으로 분할하자. 이 때 ΔS_i에 속한 한 점 $P_i = (x_i,\ y_i,\ z_y)$를 취하고, $\mathbf{A}(x_i,\ y_i,\ z_y) = \mathbf{A}_i$으로 정의하자. P_i에서 ΔS_i 에 직교하는 양(positive, 곡면의 바깥쪽으로 향하는 방향)의 단위벡터를 $\mathbf{n}_i$라 하면

$$\sum_{i=1}^{m} (\mathbf{A}_i \cdot \mathbf{n}_i)\Delta S_i$$

은 합의 형식을 이루고 $\mathbf{A}_i \cdot \mathbf{n}_i$는 $\mathbf{A}_i$의 직교성분(normal component)을 의미한다.

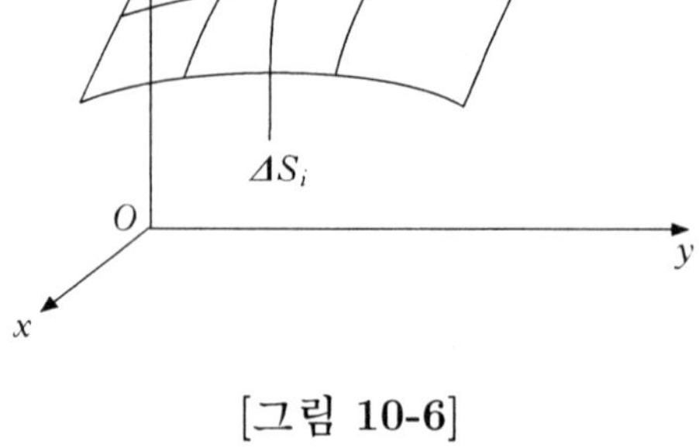

[그림 10-6]

이제 $\Delta S_i \to 0$이 되도록 $m \to \infty$ 함으로써 합의 극한을 취할 때, 만약 그 극한값이 존재한다면, 그 값을

$$\iint_S (\mathbf{A}\cdot\mathbf{n})dS = \lim_{m\to\infty}\sum_{i=1}^{m}(\mathbf{A}_i\cdot\mathbf{n}_i)\Delta S_i \tag{10.7}$$

으로 표시한다. 이 극한값을 S위에서 $\mathbf{A}$의 직교성분에 관한 **곡면 적분**(Surface Integral)이라고 말한다.

S가 폐곡면인 경우의 곡면 적분은

$$\oint \phi\, dS, \quad \oint \phi\, \mathbf{n} dS, \quad \oint \mathbf{A}\times dS, \cdots\cdots$$

와 같이 기호 $\oint$ 을 사용하여 표시한다.

정 리 10.3.1. 곡면 S를 xy평면으로 정사영(orthogonal projection)하여 얻은 평면을 R이라 하면

$$\iint_S \mathbf{A}\cdot\mathbf{n}\, dS = \iint_S \frac{\mathbf{A}\cdot\mathbf{n}}{|\mathbf{n}\cdot\mathbf{e}_3|}\, dx\, dy \tag{10.8}$$

[**증명**] 곡면의 적분에 대한 정의

$$\iint_S (\mathbf{A}\cdot\mathbf{n})dS = \lim_{m\to\infty}\sum_{i=1}^{m}(\mathbf{A}_i\cdot\mathbf{n}_i)\Delta S_i$$

으로부터 ΔS_i을 xy평면으로 정사영한것을 ΔR_i라 하자

벡터 $\mathbf{n}_i\Delta S_i$는 크기가 ΔS_i이고 방향이 $\mathbf{n}_i$인 벡터이므로, 이 벡터를 z축으로 정사영하면 그 크기는

$$|\mathbf{n}_i\Delta S_i\cdot\mathbf{k}| = |\mathbf{n}_i\cdot\mathbf{k}|\Delta S_i.$$

이값은 ΔS_i와 ΔR_i에 각각 수직인 단위법벡터 $\mathbf{n}_i$와 $\mathbf{k}$의 내적에 의하여 결정된다는 것을 알수있다(두평면이 이루는 각은 두 평면의 법벡터들의 사이각과 같다

는 사실을 기억하라). 그런데 ΔR_i의 면적은 $\Delta x_i \Delta y_i$이므로

$$|\mathbf{n}_i \cdot \mathbf{e}_3|\Delta S_i = \Delta x_i \Delta y_i, \text{ 또는 } \Delta S_i = \frac{\Delta x_i \Delta y_i}{|\mathbf{n}_i \cdot \mathbf{k}|}$$

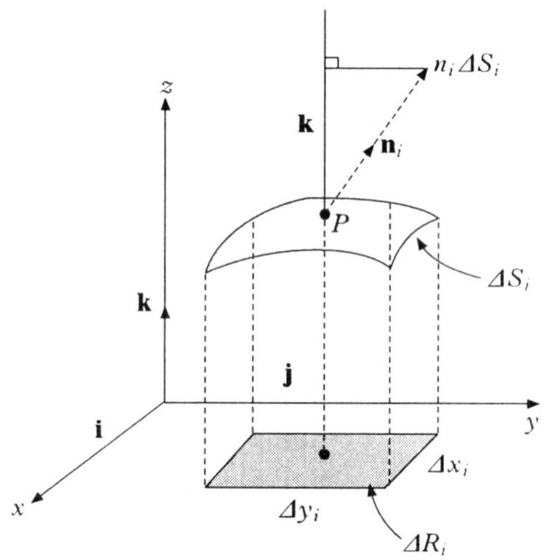

그림 10-7

따라서 적분의 식 (10.7)로부터

$$\begin{aligned}\iint_S (\mathbf{A} \cdot \mathbf{n}) dS &= \lim_{m\to\infty} \sum_{i=1}^{m} (\mathbf{A}_i \cdot \mathbf{n}_i)\Delta S_i \\ &= \lim_{m\to\infty} \sum_{i=1}^{m} (\mathbf{A}_i \cdot \mathbf{n}_i)\frac{\Delta x_i \Delta y_i}{|\mathbf{n}_i \cdot \mathbf{k}|} \\ &= \iint_R \frac{\mathbf{A} \cdot \mathbf{n}}{|\mathbf{n} \cdot \mathbf{k}|} dxdy.\end{aligned}$$

마찬가지 방법으로, S를 yz평면 zx평면으로 각각 정사영한 경우에는

$$\iint_S (\mathbf{A} \cdot \mathbf{n})\, dS = \iint_S \frac{\mathbf{A} \cdot \mathbf{n}}{|\mathbf{n} \cdot \mathbf{i}|}\, dy\, dz = \iint_S \frac{\mathbf{A} \cdot \mathbf{n}}{|\mathbf{n} \cdot \mathbf{j}|}\, dz\, dx \tag{10.9}$$

이 성립한다. 단,

$$|\mathbf{n}\cdot\mathbf{i}| = \pm\cos(\mathbf{n}, x), \quad |\mathbf{n}\cdot\mathbf{j}| = \pm\cos(\mathbf{n}, y), \quad |\mathbf{n}\cdot\mathbf{k}| = \pm\cos(\mathbf{n}, z).$$

정 리 10.3.2. $\mathbf{A} = A_1(x,y,z)\mathbf{i} + A_2(x,y,z)\mathbf{j} + A_3(x,y,z)\mathbf{k}$일때 $\mathbf{A}$에 대한 곡면의 S의 면적분은

$$\begin{aligned}\iint_S \mathbf{A}\cdot d\mathbf{S} &= \iint_S (\mathbf{A}\cdot\mathbf{n})dS \\ &= \pm\iint_{R_{yz}} A_1 dydz \pm \iint_{R_{zx}} A_2 dzdx \pm \iint_{R_{xy}} A_3 dxdy\end{aligned}$$

으로 표시할수있다. 여기에서 R_{yz}, R_{zx}, R_{xy}는 S를 각각 yz평면, zx 평면, xy 평면으로의 정사영이다. 그리고 우변의 $\pm$ 는 각각 $\cos(\mathbf{n},\mathbf{i})$, $\cos(\mathbf{n},\mathbf{j})$, $\cos(\mathbf{n},\mathbf{k})$의 값을 양(+)으로 하는 부호이다.

[**증명**] S의 단위법벡터 $\mathbf{n}$이 x, y, z 축과 이루는 각을 각각 α, β, γ라 하면

$$\mathbf{n} = (\cos\alpha)\mathbf{i} + (\cos\beta)\mathbf{j} + (\cos\gamma)\mathbf{k}$$

로 쓸수있다 (이때 $\cos\alpha$, $\cos\beta$, $\cos\gamma$ 를 $\mathbf{n}$의 방향코사인이라 한다). 따라서

$$d\mathbf{S} = \mathbf{n}dS = (\cos\alpha)dS\ \mathbf{i} + (\cos\beta)dS\ \mathbf{j} + (\cos\gamma)dS\ \mathbf{k}$$

그런데 그림 10-7 에서 보듯이, 면적 dS를 xy평면으로 정사영하면 $dx\,dy$이 되므로 (실제로, $d\mathbf{S}$는 크기가 dS이고 방향이 $\mathbf{n}$과 같다)

$$d\mathbf{S}\cdot\mathbf{k} = dS(\mathbf{n}\cdot\mathbf{k}) = (\cos\gamma)dS = \pm\,dx\,dy$$

마찬가지 방법으로

$$d\mathbf{S}\cdot\mathbf{j} = (\cos\beta)dS = \pm\, dz\, dx$$

$$d\mathbf{S}\cdot\mathbf{i} = (\cos\alpha)dS = \pm\, dy\, dz$$

여기서 부호 ±는 $\cos\alpha$, $\cos\beta$, $\cos\gamma$의 부호에 의하여 결정된다. 따라서 R_{yz}, R_{zx}, R_{xy}를 각각 yz평면, zx평면, xy평면에 대한 정사영이라 하면

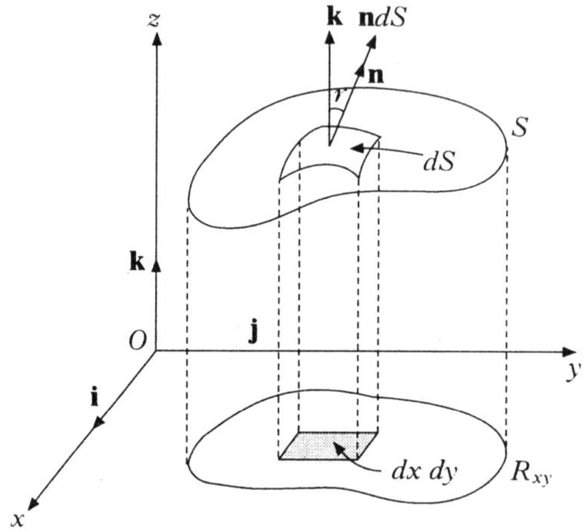

[그림 10-8]

$$\begin{aligned}\iint_S \mathbf{A}\cdot d\mathbf{S} &= \iint_S (A_1\mathbf{e}_1 + A_2\mathbf{e}_2 + A_3\mathbf{e}_3)\cdot \\ &\qquad (\cos\alpha dS\mathbf{e}_1 + \cos\beta dS\mathbf{e}_2 + \cos\gamma\, dS\mathbf{e}_3) \\ &= \iint_S (A_1\cos\alpha\, dS + A_2\cos\beta\, dS + A_3\cos\gamma\, dS) \\ &= \pm\iint_S A_1\, dy\, dz \pm \iint_{R_{zx}} A_2\, dz\, dx \pm \iint_{R_{xy}} A_3\, dx\, dy.\end{aligned}$$

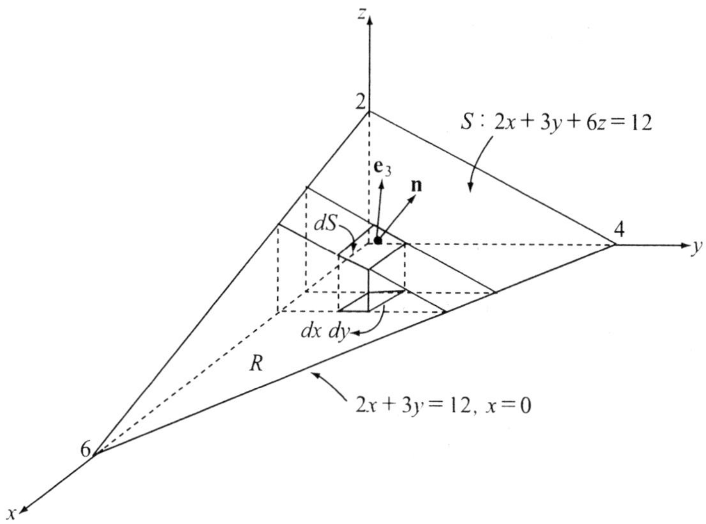

[그림 10-9]

예 제 1. 곡면 S가 평면 $2x+3y+6z=12,\ x>0,\ y>0$으로 주어졌을 때 벡터 $\mathbf{A}=18z\mathbf{i}-12\mathbf{j}+3y\mathbf{k}$에 대한 S의 면적분 $\iint_S \mathbf{A}\cdot\mathbf{n}\,dS$를 구하여보자.

[**풀이**] 평면 $S\ :\ 2x+3y+6z=12$에 직교하는 벡터는

$$\nabla(2x+3y+6z)=2\mathbf{i}+3\mathbf{j}+6\mathbf{k}$$

이므로 S에 직교하는 단위벡터는

$$\mathbf{n}=\frac{2\ \mathbf{i}+3\ \mathbf{j}+6\ \mathbf{k}}{\sqrt{2^2+3^2+6^2}}=\frac{2}{7}\ \mathbf{i}+\frac{3}{7}\ \mathbf{j}+\frac{6}{7}\ \mathbf{k}$$

이다. 그러므로 S 위에서 $z=(12-2x-3y)/6$을 이용하면

$$\mathbf{n}\cdot\ \mathbf{k}=\left(\frac{2}{7},\ \frac{3}{7},\ \frac{6}{7}\right)\cdot(0,\ 0,\ 1)=\frac{6}{7}$$

$$\mathbf{A}\cdot\mathbf{n}=(18z,\ -12,\ 3y)\cdot\left(\frac{2}{7},\ \frac{3}{7},\ \frac{6}{7}\right)=\frac{36-12x}{7}.$$

따라서 S를 xy평면에 정사영하였을 때의 R은

$$R : 2x + 3y = 12,\ 0 \le x \le 6,\ z = 0$$

이므로

$$\iint_S \mathbf{A} \cdot \mathbf{n}\, dS = \iint_R \frac{\mathbf{A} \cdot \mathbf{n}}{|\mathbf{n} \cdot \mathbf{k}|}\, dx\, dy$$
$$= \int_{x=0}^{6} \int_{y=0}^{\frac{12-2x}{3}} \left(\frac{7}{6}\right)\left(\frac{36-12x}{7}\right) dy\, dx = 24.$$

만약 $\mathbf{n}$을 반대방향으로 정의하였다면 구하는 값은 -24가 될 것이다.

예 제 2. S는 주면(cylinder)의 한 부분 $x^2 + y^2 = 16$ ($x > 0$, $y > 0$, $0 < z < 5$)이고 $\mathbf{A} = z\mathbf{i} + x\mathbf{j} - 3y^2 z\mathbf{k}$일 때 $\iint_S \mathbf{A} \cdot \mathbf{n}\, dS$를 구하여보자.

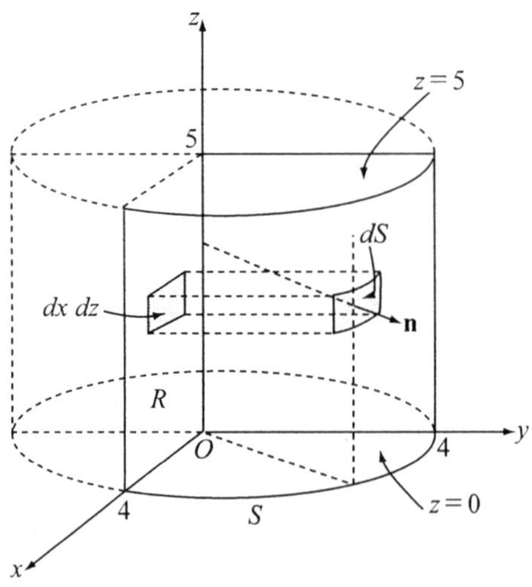

[그림 10-10]

[**풀이**] S를 xz평면에 정사영하여 적분값을 구하는 방법을 사용하자.

$\nabla(x^2+y^2) = 2x\,\mathbf{i} + 2y\mathbf{j}$이고 $x^2+y^2=16$이므로

$$\mathbf{n} = \frac{2x\mathbf{i}+2y\mathbf{j}}{\sqrt{(2x)^2+(2y)^2}} = \frac{x\mathbf{i}+y\mathbf{j}}{\sqrt{x^2+y^2}} = \frac{x\mathbf{i}+y\mathbf{j}}{4},$$
$$\mathbf{A}\cdot\mathbf{n} = (z,\, x,\, -3y^2z)\cdot\frac{1}{4}(x,\, y,\, 0) = \frac{1}{4}(xz+xy),$$
$$\mathbf{n}\cdot\mathbf{j} = \frac{1}{4}(x,\, y,\, 0)\cdot(0,\, 1,\, 0) = \frac{y}{4}.$$

$y=\sqrt{16-x^2}$을 대입하고 치환적분법을 사용하면

$$\iint_S \mathbf{A}\cdot\mathbf{n}\,dS = \iint_R \frac{\mathbf{A}\cdot\mathbf{n}}{|\mathbf{n}\cdot\mathbf{j}|}\,dx\,dz = \iint_R \frac{xz+xy}{y}\,dx\,dz$$
$$= \int_{z=0}^{5}\int_{x=0}^{4}\left(\frac{xz}{\sqrt{16-x^2}}+x\right)dx\,dz$$
$$= \int_0^5 (4z+8)\,dz = 90.$$

정 리 10.3.3. 곡면 S를 $\mathbf{x}(u,v)$로 표시할 때 S위에서 $\mathbf{A}$의 속(flux)은

$$\iint_S \mathbf{A}\cdot\,d\mathbf{S} = \iint_R [\mathbf{A}\mathbf{x}_u\mathbf{x}_v]\,du\,dv.$$

단, $[\mathbf{A}\mathbf{x}_u\mathbf{x}_v] = \mathbf{A}\cdot\mathbf{x}_u\times\mathbf{x}_v$는 스칼라삼중적이고 R은 u,v의 영역이다.

[증명] 곡면적의 미분요소는

$$d\mathbf{S} = \mathbf{x}_u\times\mathbf{x}_v\,du\,dv$$

이므로 이것을 직접 대입하면 된다.

$$\iint_S \mathbf{A}\cdot\,d\mathbf{S} = \iint_R \mathbf{A}\cdot\mathbf{x}_u\times\mathbf{x}_v\,du\,dv = \iint_R [\mathbf{A}\mathbf{x}_u\mathbf{x}_v]\,du\,dv.$$

예 제 3. 구면 $S : x^2 + y^2 + z^2 = a^2$에 대하여 아래의 값을 구하여라.

(1) $\iint_S d\mathbf{S}\,(z > 0)$, (2) $\oint S\,d\mathbf{S}$, (3) $\oint S\,dS$,

(4) $0 \le u \le \pi,\ 0 \le v \le 2\pi$에서 $\mathbf{A} = (\cos u \cos v,\ \cos u \sin v,\ -\sin u)$라 할 때 구면 $S(z > 0)$에 대한 $\iint_S \mathbf{A} \cdot d\mathbf{S}$의 값

[**풀이**] (1) 구면 $x^2 + y^2 + z^2 = a^2$의 매개변수방정식(위치벡터)은

$$\mathbf{x}(u, v) = (a \sin u \cos v,\ a \sin u \sin v,\ a \cos u)$$

이므로, 제 9 장의 예제로 부터

$$\begin{aligned} d\mathbf{S} &= (\mathbf{x}_u \times \mathbf{x}_v)\,du\,dv \\ &= (a^2 \sin^2 u \cos v\,du\,dv,\ a^2 \sin^2 u \sin v\,du\,dv,\ a^2 \sin u \cos v\,du\,dv). \end{aligned}$$

그런데 $z > 0$인 S의 부분에 대한 적분값이므로

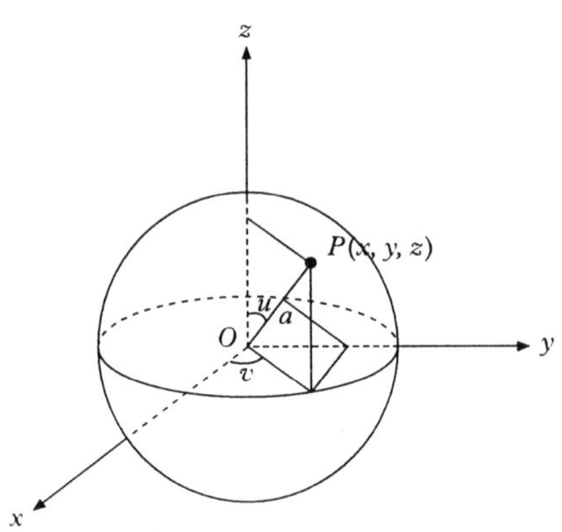

그림 10-11

$0 \le u \le \frac{\pi}{2}$, $0 \le v \le 2\pi$ 의 범위에서 구하면

$$\begin{aligned}\iint_S d\mathbf{S} &= \int_0^{2\pi}\int_0^{\pi/2}(\mathbf{x}_u \times \mathbf{x}_v)\,du\,dv \\ &= a^2\int_0^{2\pi}\int_0^{\pi/2}\left(\sin^2 u\cos v + \sin^2 u \sin v + \sin u \cos v\right)\,du\,dv \\ &= a^2\pi\mathbf{k}.\end{aligned}$$

이 값은 크기가 πa^2이고 z방향과 같은 벡터이다. 크기는 구 S와 xy평면과의 교선에 의하여 만들어진 대원의 면적과 같다.

(2) 구 $x^2+y^2+z^2 = a^2$ 전체에 대한 적분값이므로 $z < 0$인 부분, 즉 $\frac{\pi}{2} \le u \le 2\pi$에 대한 값을 더하여야 한다. 실제로

$$\begin{aligned}&\int_0^{2\pi}\int_{\pi/2}^{\pi}(\mathbf{x}_u \times \mathbf{x}_v)\,du\,dv \\ &= a^2\int_0^{2\pi}\int_{\pi/2}^{\pi}\left(\sin^2 u\cos v + \sin^2 u \sin v + \sin u \cos v\right)\,du\,dv \\ &= -a^2\pi\end{aligned}$$

이므로, 구하는 적분값은

$$\begin{aligned}\oint S\,d\mathbf{S} &= \int_0^{2\pi}\int_0^{\pi/2}(\mathbf{x}_u \times \mathbf{x}_v)\,du\,dv + \int_0^{2\pi}\int_{\pi/2}^{\pi}(\mathbf{x}_u \times \mathbf{x}_v)\,du\,dv \\ &= \pi a^2 - \pi a^2 = 0.\end{aligned}$$

(3) $dS = |d\mathbf{S}| = a^2 \sin u$이므로

$$\oint S\,dS = a^2\int_0^{2\pi}\int_0^{\pi}\sin u\,du\,dv = 4\pi a^2.$$

(4) $\mathbf{A} = (\cos u \cos v,\ \cos u \sin v,\ -\sin u)$,

$\mathbf{x}_u = (a\cos u\cos v,\ a\cos u \sin v,\ -a\sin u)$,

$\mathbf{x}_v = (-a \sin u \sin v,\ a \sin u \cos v,\ 0)$

이므로 $[\mathbf{A}\mathbf{x}_u\mathbf{x}_v] = \mathbf{A} \cdot \mathbf{x}_u \times \mathbf{x}_v = 0$이다. 따라서 $\iint\limits_S \mathbf{A} \cdot d\mathbf{S} = 0$이다.

체적적분

체적이 V인 폐곡면에 대하여 살펴보자(벡터장 V와 혼돈하지 말 것). 체적요소 dV는 스칼라이고 어떤 영역 V위에서 두 개의 체적적분 (volume integral)

$$\iiint\limits_V \phi \, dV \tag{10.10}$$

$$\iiint\limits_V \mathbf{A} \, dV \tag{10.11}$$

을 생각하자. 직교좌표에서 체적요소는

$$dV = dxdydz$$

이므로 (10.10)을 다시 쓰면

$$\iiint\limits_V \phi(x, y, z)\, dx\, dy\, dz$$

이 된다. 이것은 V위에서 $\phi(x, y, z)$의 삼중적분이다.

특히, $\phi(x, y, z) = 1$이면 영역 V에서 체적 V는

$$V = \iiint\limits_V dV = \iiint\limits_V dx\, dy\, dz$$

으로 정의된다. 만약 $\mathbf{A} = \sum A_i\ \mathbf{i}$이면 식 (10.11)는 다음과 같이 분해된다.

$$\iiint_V \mathbf{A}\,dV = \mathbf{i}\iiint_V A_1\,dV + \mathbf{j}\iiint_V A_2\,dV + \mathbf{k}\iiint_V A_3\,dV.$$

예 제 4. $\mathbf{F} = 2xz\ \mathbf{i} - x\ \mathbf{j} + y^2\ \mathbf{k}$이고 V는 곡선 $x=0,\ y=0,\ y=6,$ $z=x^2,\ z=4$에 의하여 만들어진 영역이라 할 때, 적분

$$\iiint_V \mathbf{F}\,dV$$

을 구하여보자.

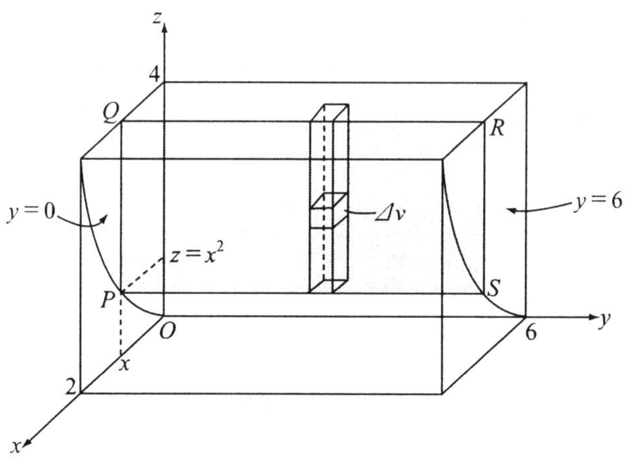

[그림 10-12]

[**풀이**] 영역 V는 (1) x, y를 고정시키고 $z = x^2$으로부터 $z = 4$까지 적분하고(임의의 직선 PQ의 길이),

(2) x를 고정시키고 $y=0$으로부터 $y=6$까지 적분한 후(사각형 $PQRS$의 면적),

(3) $x=0$으로부터 $x=2$까지 적분하므로써 얻어진다. 즉,

$$V = \iiint_V dx\,dy\,dz = \int_{x=0}^{2}\int_{y=0}^{6}\int_{z=x^2}^{4} dz\,dy\,dx$$

에 의하여 구할 수 있다. 따라서 구하는 적분은 다음과 같다.

$$\begin{aligned}\iiint_V \mathbf{F}\,dV &= \int_{x=0}^{2}\int_{y=0}^{6}\int_{z=x^2}^{4}(2xz\,\mathbf{i} - x\,\mathbf{j} + y^2\,\mathbf{k})\,dz\,dy\,dx\\ &= \mathbf{i}\int_{x=0}^{2}\int_{y=0}^{6}\int_{z=x^2}^{4}2xz\,dz\,dydx - \mathbf{j}\int_{x=0}^{2}\int_{y=0}^{6}\int_{z=x^2}^{4}x\,dz\,dy\,dx\\ &\quad + \mathbf{k}\int_{x=0}^{2}\int_{y=0}^{6}\int_{z=x^2}^{4}y^2\,dz\,dy\,dx\\ &= 128\,\mathbf{i} - 24\,\mathbf{j} + 384\,\mathbf{k}.\end{aligned}$$

[참 고] 도형의 체적을 구하는 문제는 미적분에서 행하는 방법과 동일하다. 즉, 위의 문제에서는 하나의 변수로 표시된 단면적을 구하고, 그 단면적을 이용하여 한번 더 적분하므로써 체적을 구하는 방법을 이용하였다.

그러므로 구면 $x^2+y^2+z^2=a^2$의 체적은, 제1공간에 있는 도형의 단면적은 반경이 $\sqrt{a^2-x^2}$인 원의 면적으로부터 $\triangle S = \frac{1}{4}(\sqrt{a^2-x^2})^2\pi$이므로,

$$V = 8\int_0^a \frac{(a^2-x^2)}{4}\pi\,dx = \frac{4}{3}\pi a^2$$

이다.

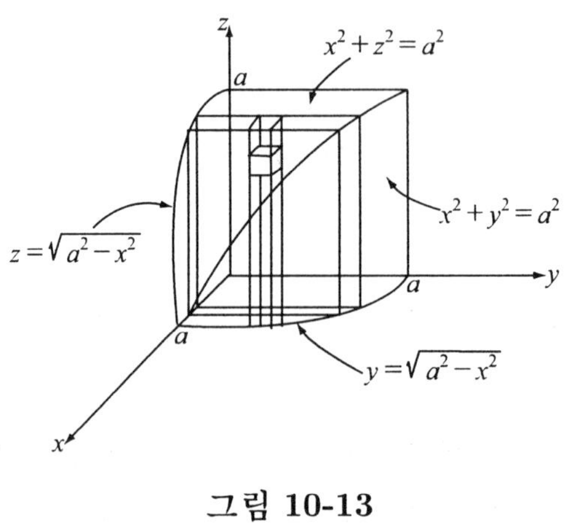

그림 10-13

예 제 5. 두 개의 주면 $x^2+y^2=a^2$과 $x^2+z^2=a^2$의 공통부분으로 된 도형

의 체적을 구하여 보자.

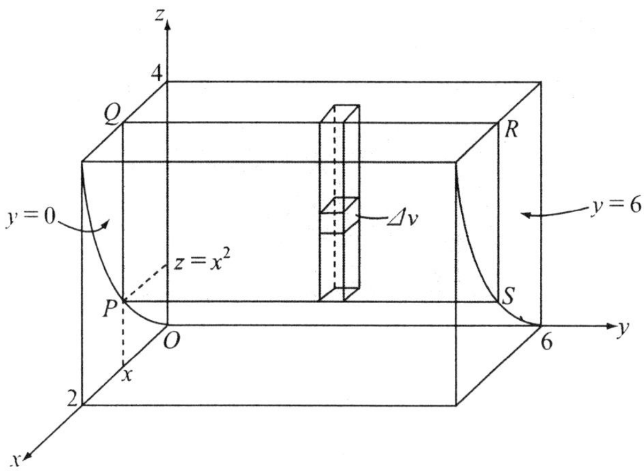

[그림 10-14]

[풀이] 구하는 체적 $= 8 \times$ (그림 10-14에서 보여준 도형의 체적)

$$= 8\int_{x=0}^{a}\int_{y=0}^{\sqrt{a^2-x^2}}\int_{z=0}^{\sqrt{a^2-x^2}} dz\,dy\,dx$$

$$= 8\int_{x=0}^{a}\int_{y=0}^{\sqrt{a^2-x^2}} \sqrt{a^2-x^2}\,dy\,dx$$

$$= 8\int_{x=0}^{a}(a^2-x^2)\,dx = \frac{16}{3}a^3.$$

연습문제 10-3

1. $\mathbf{F} = 2y\mathbf{e}_1 - z\mathbf{e}_2 + x^2\mathbf{e}_3$이고 S는 곡면 $y^2 = 8x,\ x > 0,\ 0 < y < 4,$ $0 < z < 6$(포물주면의 일부) 일 때 $\iint_S \mathbf{F}\cdot\mathbf{n}\,dS$를 구하여라 .

2. $\mathbf{A} = 4xz\mathbf{e}_1 + xyz^2\mathbf{e}_2 + 3z\mathbf{e}_3$이고 S는 추면 $z^2 = x^2 + y^2,\ 0 < z < 4$일 때 $\iint_S \mathbf{A}\cdot\mathbf{n}\,dS$를 구하여라 .

3. 곡면 S를 xy평면위로 정사영한 것을 R이라 하자. 이때
   (1) S의 방정식이 $z = f(x, y)$일 때 S의 곡면적을 구하여라.
   (2) 만약 S의 방정식이 $F(x, y, z) = 0$으로 주어지면 S의 면적은 얼마인가?

10.4 Stokes의 정리와 발산 정리

벡터해석학에서 첫 번째 중요한 결과를 Green의 정리라고 한다면 두번째로 중요한 결과라고 할 수 있는 Stokes정리에 대해서 생각해 보자.

Stokes의 정리는 앞 절에서 다룬 Green의 정리를 일반화한 것이고 면적분을 선적분으로, 또는 선적분을 면적분으로 변환한 것이다. 이는 표면 전체에서의 회전이 표면의 외곽선을 따르는 순환과 같음을 의미한다.

G.G.Stokes(1819-1903)는 영국의 수학자겸 물리학자로서 평등 수렴을 가장 먼저 논의한 사람 중 한 사람으로 알려져 있다.

정 리 **10.4.1.** (Stokes의 정리)

$$\mathbf{F}(x, y, z) = P(x, y, z)\mathbf{i} + Q(x, y, z)\mathbf{j} + R(x, y, z)\mathbf{k} \qquad (10.12)$$

는 매끄러운 곡면 S 를 품고 있는 공간 상의 유계 영역 W 에서 연속 일계 편도함수를 갖고, ∂S 는 조각적으로 매끄러운 단순 폐곡선으로 양의 방향을 갖는다고 하자. 그러면 다음이 성립한다.

$$\oint_{\partial S} \mathbf{F} \cdot \mathbf{T} ds = \iint_S curl\ \mathbf{F} \cdot \mathbf{n} d\sigma \qquad (10.13)$$

여기서 $\mathbf{T}$ 는 ∂S 의 점 (x, y, z) 에서, ∂S 에 대한 단위 접선 벡터이고, $\mathbf{n}$ 은 S 의 점 (x, y, z) 에서 S 에 대한 외향 단위 법선 벡터이다.

[참고] 1. Stokes의 정리와 첫째 벡터 형태의 Green의 정리 사이의 유사성에 주목하자.

2. 만일 ∂S 가 $\mathbf{x}(t) = x(t)\mathbf{i} + y(t)\mathbf{j} + z(t)\mathbf{k}$ 와 같이 매개 변수로 표기 되고

$$\mathbf{T} = \frac{d\mathbf{x}}{ds} \quad \text{또는} \quad d\mathbf{x} = \mathbf{T} ds \qquad (10.14)$$

이면, Stokes의 정리는 아래와 같다.

$$\oint_{\partial S} \mathbf{T} \cdot d\mathbf{x} = \iint_S curl\mathbf{F} \cdot \mathbf{n} d\sigma \tag{10.15}$$

흔히 폐곡선을 따른 선적분 $\oint_C \mathbf{F} \cdot dl$은 순환이라고 부르는데 이것은 폐곡선으로 둘러싸인 영역에서의 $\nabla \times \mathbf{F}$ 와 연관되기 때문이다.

예 제 **1.** Stokes의 정리를 이용하여 $\oint_C \mathbf{F} \cdot d\mathbf{x}$ 를 계산하여라. 여기서 C 는 평면 $z = 2$ 에서의 단위원이고 $\mathbf{F}(x, y, z) = (z - 2y)\mathbf{i} + (3x - 4y)\mathbf{j} + (Z + 3y)\mathbf{k}$ 이다.

[**풀이**] C 는 매개 변수식으로 $\mathbf{x}(t) = (\cos t)\mathbf{i} + (\sin t)\mathbf{j} + 2\mathbf{k}$ 이다. 분명히 C 는 평면 $z = 2$ 에서 단위 원판 $x^2 + y^2 \leq 1, z = 0$ 의 경계가 된다(이것은 여러 곡면의 경계가 된다. 예를 들면, 이 원을 바탕으로 하는 반구의 경계도 된다. 하지만 원판이 사용하기가 가장 간단하다.) 따라서 다음이 성립한다.

$$\oint_C \mathbf{F} \cdot d\mathbf{x} = \iint_S curl\,\mathbf{F} \cdot \mathbf{n} d\sigma$$

한편, $curl\,\mathbf{F}$ 를 계산해 보면 다음과 같다.

$$curl\,\mathbf{F} == 3\mathbf{i} + \mathbf{j} + 5\mathbf{k}$$

그리고 $\mathbf{n} = \mathbf{k}$ 이다(왜냐하면 $\mathbf{k}$는 $xy-$평면에 평면 속의 벡터와 수직이기 때문이다). 따라서 $curl\,\mathbf{F} \cdot \mathbf{n} = 5$ 이고 다음을 얻는다.

$$\oint_C \mathbf{F} \cdot d\mathbf{x} = 5 \iint_S d\sigma$$

그런데 $\int\int_S d\sigma$ 는 S 의 면적, 즉 단위 원판이 면적이므로 π 이다. 그러므로 적분값은 아래와 같다.

$$\oint_C \mathbf{F} \cdot d\mathbf{x} = 5\pi$$

앞 절의 정리로부터, 단순 연결 영역에서 $\mathbf{F}$ 가 어떤 함수 f 의 경사도가 될 필요 충분 조건은 $curl\,\mathbf{F} = \mathbf{0}$ 임을 알았다. 이 결과로 다음 사실을 증명할 수 있다.
만일 $\mathbf{F}$ 가 어떤 함수 f 의 경사도이면

$$\oint_C \mathbf{F} \cdot d\mathbf{x} = \iint_S curl\,\mathbf{F} \cdot \mathbf{n} d\sigma = 0$$

이므로

$$\oint \mathbf{F} \cdot d\mathbf{x} = 0$$

이다(S 는 경계가 C 인 매끄러운 곡면).
앞의 여러 가지 결과를 결합하여 다음 정리를 얻을 수 있다.

정 리 10.4.2.

$$\mathbf{F} = P(x,y,z)\mathbf{i} + Q(x,y,z)\mathbf{j} + R(x,y,z)\mathbf{k}$$

는 공간에 있는 단순 연결 영역 S 에서 연속 일계 편도함수를 갖는다고 하자. 그러면 다음 조건들은 하나가 성립하면 나머지도 모두 성립하는 동치관계에 있다.

[1] $\mathbf{F}$ 는 어떤 미분 가능한 함수 f 의 경사도이다.

[2] $\dfrac{\partial P}{\partial y} = \dfrac{\partial Q}{\partial x}, \dfrac{\partial R}{\partial x} = \dfrac{\partial P}{\partial z}, \dfrac{\partial Q}{\partial z} = \dfrac{\partial R}{\partial y}$

[3] S 에 있는 임의의 조각적으로 매끄러운 단순 폐곡선 $\mathbf{C}$ 에 대하여 $\oint_C \mathbf{F} \cdot d\mathbf{x} = 0$ 이다.

[4] $\oint \mathbf{F} \cdot d\mathbf{x}$ 는 경로에 대하여 독립적이다.

[5] $curl\mathbf{F} = \mathbf{0}$

Ampere법칙에 의하면 전류 $\mathbf{J}$의 흐름에 의해서 유도되는 자기장 $\mathbf{H}$와 전류 $\mathbf{J}$ 사이에는

$$\oint_C \mathbf{H} \cdot \mathbf{r}' ds = \iint_S \mathbf{J} \cdot \mathbf{n} dA$$

의 관계가 있다. 즉 폐곡선 C 를 다른 자기장 $\mathbf{H}$의 선적분 ($\mathbf{H}$의 순환)은 그 폐곡선 C 로 둘러싸여진 면적 S를 통과하는 전류 $\mathbf{J}$의 면적분 ($\mathbf{J}$ 의 유출량 = 플럭스)와 같다. Ampere법칙을 편미분 방정식으로 나타내면

$$curl\,\mathbf{H} = \mathbf{J}$$

이다. 이를 Stokes 정리를 이용하여 정리하면 다음과 같다. Stokes 정리에 의하면

$$\oint_C \mathbf{H}\cdot\mathbf{r}'ds = \iint_S curl\,\mathbf{H}\cdot\mathbf{n}dA$$

이다. 그러므로

$$\iint_S curl\,\mathbf{H}\cdot\mathbf{n}dA = \iint_S \mathbf{J}\cdot\mathbf{n}dA$$

이다. 따라서 다음이 성립한다.

$$curl\,\mathbf{H} = \mathbf{J}$$

예 제 **2.** 평면 $z=3$위의 타원 $x^2+4y^2=4$의 둘레를 따른 선적분 $\oint_C \mathbf{F}\cdot dl$을 구하라. (위에서 보았을 때 반시계 방향), 단 벡터장 $\mathbf{F}$는

$$\mathbf{F} = (2xy+yz^2)\mathbf{i} + (x^2+xz)\mathbf{j} - (y^2+yz)\mathbf{k}$$

[**풀이**] 적분 경로 C 가 평면 $z=3$ 위에서 반시계 방향을 택하면 Stokes 정리에 의해서 $\mathbf{n}$은 $\mathbf{n}=\mathbf{k}$ 가 된다. 그런데,

$$\oint_C \mathbf{F}\cdot dl = \int_S \nabla\times\mathbf{F}\cdot d\mathbf{A} = \int_S \nabla\times\mathbf{F}\cdot\mathbf{n}dA$$

에서

$$\nabla\times\mathbf{F}\cdot d\mathbf{k} = \frac{\partial F_2}{\partial x} - \frac{\partial F_1}{\partial x} = \frac{\partial}{\partial x}(x^2+xz) - \frac{\partial}{\partial y}(2xy+yz^2) = z - z^2$$

Faraday의 전자유도법칙에 의하면 자속밀도 **B**의 변화에 의해 유도되는 전기장 **E**와 **B** 사이에는

$$\oint_C \mathbf{E}\cdot\mathbf{r}' ds = -\frac{d}{dt}\iint_S \mathbf{B}\cdot\mathbf{n}dA$$

의 관계가 있다. 즉 폐곡선 C를 따르는 전기장 **E**의 선적분(**E**의 순환)은 C 로 둘러싸인 면적 S 로 들어오는 자속밀도 **B** 의 유입량의 시간의 변화와 같다.

발산의 정리

그린의 정리가 선적분을 통상적인 이중 적분으로 바꾸는 것처럼 발산 정리는 면적분을 통상적인 삼중 적분으로 바꾼다. 역으로 말하면 체적분을 면적분으로 변환시키는 Gauss의 **발산의 정리**(Divergence theorem)는 표면으로 부터의 유출이 곧 체적으로 부터의 발산과 같다는 것을 의미한다. 이 정리는 독일의 수학자 Carl Friedrich Gauss(1777-1855)의 이름을 따서 Guass의 정리라고도 부른다.

정 리 10.4.3. (발산 정리) W 는 R^3 에 있는 입체 영역으로 매끄러운 또는 조각적으로 매끄러운 곡면 S 에 의하여 완전하게 경계가 지어졌다고 하자. **F** 는 W 위에 있는 매끄러운 벡터장이고, **n** 은 S 에 대한 외향 단위 법선 벡터를 나타낸다. 이 때, 다음이 성립한다.

$$\int\int_S \mathbf{F}\cdot\mathbf{n}d\sigma = \int\int\int_W div\mathbf{F}dxdydz$$

$\mathbf{F} = P\mathbf{i} + Q\mathbf{j} + R\mathbf{K}$ 이면 발산 정리를 다음과 같은 형태로 쓸 수 있다.

$$\iint_S (Pcos\alpha + Qcos\beta + Rcos\gamma)d\sigma = \int\int\int_W div\mathbf{F}dxdydz$$

여기서 α, β, γ 는 **n** 과 양의 방향의 좌표축들 사이의 각이다. 이렇게 되는 이유를 알아보기 위해, 우선 다음 방정식을 살펴보자.

$\cos\gamma = \mathbf{n}\cdot\mathbf{k}$, ($\mathbf{n}$ 과 $\mathbf{k}$ 는 단위 벡터)

같은 이유로 다음도 알 수 있다.

$$\cos\beta = \mathbf{n}\cdot\mathbf{j}\,, \quad \cos\alpha = \mathbf{n}\cdot\mathbf{j}$$

따라서

$$\mathbf{n} = (\cos\alpha)\mathbf{i} + (\cos\beta)\mathbf{j} + (\cos\gamma)\mathbf{k}$$

가 되고, 결과적으로 다음이 성립한다.

$$\mathbf{F}\cdot\mathbf{n} = P\cos\alpha + Q\cos\beta + R\cos\gamma$$

예 제 3. $\int\int_S \mathbf{F}\cdot\mathbf{n}d\sigma$ 를 계산하여라. 단, $\mathbf{F}(x,y,z) = x^2\mathbf{i} + 2y\mathbf{j} + 4z^2\mathbf{k}$ 이고, S 는 원통 $x^2+y^2 \le 4, 0 \le z \le 2$ 의 겉면이다.

[풀이] $div\mathbf{F} = 2x + 2 + 8z$ 이므로 다음과 같이 계산된다.

$$\begin{aligned}
\int\int_S \mathbf{F}\cdot\mathbf{n}d\sigma &= \int\int\int_W (2x+2+8z)dzdxdy \\
&= \int\int_{x^2+y^2\le 4}\int_0^2 (2x+2+8z)dzdxdy \\
&= \int\int_{x^2+y^2\le 4} [2xz + 2z + 4z^2]dxdy \\
&= \int\int_{x^2+y^2\le 4} (4x+20)dxdy \\
&= \int_0^{2\pi}\int_0^2 (4r\cos\theta + 20)rdrd\theta \\
&= 4\int_0^{2\pi}\int_0^2 (r^2\cos\theta + 5r)drd\theta \\
&= 4\int_0^{2\pi} (\frac{8}{3}\cos\theta + 10)d\theta = 80\pi
\end{aligned}$$

예 제 4. (열 흐름) 어떤 입체 속에서 열은 온도가 낮은 쪽으로 흐른다. 실험에 의하면 열의 전도 $\mathbf{F}$ 는 온두 T의 경사도에 비례한다. 즉, 다음과 같다.

$$\mathbf{F} = -k\nabla T$$

여기서 k 는 입체의 열전도 계수이다. W 는 그 입체 속의 영역이고, S 는 W의 경계 곡면이라고 하자. 열의 흐름이 일정하다고 가정한다(물론, 이를테면 오랜 시간 동안 동일한 조건의 유지되는 경우에 이와 같이 가정한다) 또 열의 생성지나 소멸지가 W에는 없다고 가정한다. 따라서 S를 통한 평균 전도율은 0이 되어야 한다. 그러므로 다음을 얻는다

$$\begin{aligned} 0 &= \int\int_S \mathbf{F}\cdot\mathbf{n}d\sigma = \int\int\int_W div\mathbf{F}dxdydz \\ &= -k\int\int\int_W \nabla\nabla T dxdydz \end{aligned}$$

따라서 다음을 얻는다.

$$-k\int\int\int_W \nabla^2 T dxdydz = 0 \tag{10.16}$$

만일 그 입체 속의 어떤 영역도 열의 생성점이나 소멸점을 포함하고 있지 않으며 (10.16)입체 속의 어떤 영역 W에 대해서도 성립할 것이다. 만일 (10.16)의 피적분 함수가 연속이면, 이런 현상이 일어나기 위해서는 피적분 함수가 입체의 각 점에서 0이 되어야만 한다. 즉, 다음과 같아야 한다.

$$\nabla^2 T = \frac{\partial^2 f}{\partial x^2} + \frac{\partial^2 f}{\partial y^2} + \frac{\partial^2 f}{\partial z^2} = 0 \tag{10.17}$$

식 (10.17)을 **Laplace 방정식(Laplace's equation)**이라고 한다. 이것은 일정한 흐름에서 중요한 식이다.

예 제 5. (그린의 공식) $\mathbf{F} = u\nabla v$로 두자. 여기서 u와 v는 스칼라 함수이다. 따라서

$$div\mathbf{F} = \nabla\cdot(u\nabla v) = u\nabla^2 v + \nabla u\cdot\nabla v, \quad \mathbf{F}\cdot\mathbf{n} = u(\nabla v\cdot\mathbf{n})$$

이 된다. 발산 정리를 이용하면, 다음과 같은 **그린의 제 1공식(Green's first formula)**을 얻는다.

$$\iiint_w (u\nabla^2 + \nabla u \cdot \nabla v)dxdydz = \iint_s u(\nabla \cdot \mathbf{n})d\sigma \tag{10.18}$$

공식 (10.18)에서 u와 v의 역할을 서로 바꾼 다음, (10.18)에서 이 결과를 빼면, 다음과 같은 **그린의 제 2공식(Green's second formula)**을 얻는다.

$$\iiint_w (u\nabla^2 + v\nabla^2 u)dxdydz = \iint_s (u\nabla v - v\nabla u) \cdot \mathbf{n}d\sigma \tag{10.19}$$

예 제 **6.** 함수 f가 정의역 R에서 라플라스 방정식 $\nabla^2 f = 0$의 한 해가 된다고 하자. W는 R안에 있는 영역으로 W의 경계 곡면 S는 조각적으로 매끄럽고, S도 또한 R에 완전히 품긴다고 가정하자. S에서 $f \equiv 0$이면 $u = v = f$라 두고 (10.18)을 적용해서 다음 식을 얻는다.

$$\iiint_w |\nabla f|^2 dxdydz = \iiint_w f\nabla^2 + f\nabla \cdot f\nabla dxdydz = \iint_s f(\nabla \cdot \mathbf{n})d\sigma = 0$$

∇f가 연속이므로, 위의 식은 W에서 $\nabla f = 0$ 임을 의미한다. 따라서 f는 W에서 상수이고, 또한 S에서 0 이므로, $\omega \cup S$에서도 $f \equiv 0$이어야 한다.

위의 보기에 대한 결과로, 만일 라플라스 방정식의 두 해가 S에서 일치하면 $W \cup S$에서도 일치하여야 한다. 왜냐하면 두 해의 차가 위의 보기에 있는 가정을 만족하기 때문이다.

발산정리의 물리적인 이해와 응용

유체의 밀도를 σ , 속도를 $\mathbf{v}$ 라고 할 때 벡터장 $\rho\mathbf{v}$의 발산은

$$\nabla \cdot \rho\mathbf{v} = \begin{cases} + & source \\ - & sink \end{cases}$$

인 개념을 나타내는 것으로 이해하였다. 주어진 체적에 대한 적분 $\int_V \nabla \cdot \rho \mathbf{v} dV$는 체적으로 부터 유체의 총유출량(net outflow)을 뜻한다. 그런데 밖으로 유출되는 유체는 반드시 체적의 표면을 통과하기 때문에 표면에 대한 적분 $\int_S \rho \cdot \mathbf{n} dA$ 와 서로 같아야 한다. 다시 말하면

$$\int_V \nabla \cdot \rho \mathbf{v} dV = \int_S \rho \cdot \mathbf{n} dA$$

의 관계가 성립하고 윗 식은 발산의 정리를 나타내고 있다. 그런데, 유체가 빠져나간 만큼 체적 내부의 질량이 감소하므로 질량보존의 법칙은

$$\int_V -\frac{\partial \rho}{\partial t} dV = \int_S \rho \cdot \mathbf{n} dA$$

로 나타나고, 발산정리를 이용하면

$$\int_V (\frac{\partial \rho}{\partial t} + \rho \cdot \mathbf{v}) dV = 0$$

를 얻는다. 여기서 미소체적 dV는 임의로 택할 수 있기 때문에

$$\frac{\partial \rho}{\partial t} + \rho \cdot \mathbf{v} = 0$$

이 항상 성립하고, 이것을 유체역학에서 **연속방정식**(continuity equation)이라고 한다.

연습문제 10-4

1. Stokes 정리를 이용하여 다음 선적분을 계산하여라.

(1) $\oint \mathbf{F} \cdot d\mathbf{x}$ $(, \mathbf{F}(x, y, z) = (x+y)\mathbf{i} + (z - 2x + y)\mathbf{j} + (y - z)\mathbf{k}$ 이고 C는 평면 $z = 5$ 에 잇는 단위원이다.

(2) $\oint_C x^3 y^2 dx + 2xyz^3 dy + 3xy^2 z^2 dz$, 단 $C : \mathbf{x}(t) = 2cost\mathbf{i} + 3\mathbf{j} + 2sint\mathbf{k}(0 \leq$

$t \le 2\pi)$

2. 발산의 정리에서 $\mathbf{F} = f\nabla g$를 택하면 다음이 성립함을 보여라.

$$\int_V (f\nabla^2 g + \nabla f \cdot \nabla g)dV = \int_S f\frac{\partial g}{\partial n}dA$$

3. $\mathbf{F} = (x+2y)\mathbf{e}_1 - 3z\mathbf{e}_2 + x\mathbf{e}_3$, $\phi = 4x + 3y - 2z$이고, S는 $x = 0$, $x = 1$, $y = 0$, $y = 2$에 의하여 만들어진 평면 $2x + y + 2z = 6$의 일부일 때 다음 값을 구하여라.
(1) $\iint\limits_S (\nabla \times \mathbf{F}) \cdot \mathbf{n}\, dS$ (2) $\iint\limits_S \phi\, \mathbf{n}\, dS$

4. $\mathbf{F} = (2x^2 - 3z)\mathbf{i} - 2xy\mathbf{e}_2 - 4x\mathbf{k}$이고, V는 평면 $x = 0$, $y = 0$, $z = 0$과 $2x + 2y + z = 4$에 의하여 만들어진 폐 영역일 때 다음의 값을 구하여라.
(1) $\iiint\limits_V \nabla \cdot \mathbf{F}\, dV$ (2) $\iiint\limits_V (\nabla \times \mathbf{F})\, dV$

제 II 편

Mathematica의 활용

0.1 벡터공간과 선형함수의 예제풀이

예 제 1. 정규직교기저 구하기.

R^3에서 $S = \{(2,2,1),(1,1,-1),(2,1,-1)\}$로 부터 $Gram - Schmidt$직교화법을 써서 정규직교기저를 구하여라.

[풀이] In[1]:= $<< LinearAlgebra`Orthogonalization'$

In[2]:= $GramSchmidt[\{\{1,1,1\},\{2,1,-3\},\{4,-5,1\}\}]$

Out[2]:= $\left\{\left\{\frac{1}{\sqrt{3}},\frac{1}{\sqrt{3}},\frac{1}{\sqrt{3}}\right\},\left\{\sqrt{\frac{2}{7}},\frac{1}{\sqrt{14}},-\frac{3}{\sqrt{14}}\right\},\left\{2\sqrt{\frac{2}{21}},-\frac{5}{\sqrt{42}},\frac{1}{\sqrt{42}}\right\}\right\}$

In[3]:=
$x1 = \{2,2,1\};$
$x2 = \{1,1,-1\};$
$x3 = \{2,1,-1\};$
$\{x1\cdot x2,\ x1\cdot x3,\ x2\cdot x3,\ x1\cdot x1,\ x2\cdot x2,\ x3\cdot x3\}$

Out[3]:= $\{3,5,4,9,3,6\}$

In[4]:= $\{y1,y2,y3\} = GramSchmidt[\{\{2,2,1\},\{1,1,-1\},\{2,1,-1\}\}];$
$\{y1.y2, y1.y3, y2.y3, y1.y1, y2.y2, y3.y3\}$

Out[4]:= $\{0,0,0,1,1,1\}$

예 제 2. 역행렬 구하기

다음 행렬의 역행렬을 구하라.

$$\begin{pmatrix} 2 & -1 & 3 \\ 1 & -2 & -2 \\ 3 & -4 & -3 \end{pmatrix}$$

[풀이] case 1. 일반적인 방법: a의 값을 입력한 후 $Inverse$ 명령어를 이용한다.

In[1]:= $a = \{\{2,-1,3\},\{1,-2,-2\},\{3,-4,-3\}\};$

In[2]:= $a//MatrixForm$

Out[2]:= $\begin{pmatrix} 2 & -1 & 3 \\ 1 & -2 & -2 \\ 3 & -4 & -3 \end{pmatrix}$

In[3]:= $Inverse[a]//MatrixForm$

$$\text{Out[3]:=}\quad \begin{pmatrix} -\frac{2}{5} & -3 & \frac{8}{5} \\ -\frac{3}{5} & -3 & \frac{7}{5} \\ \frac{2}{5} & 1 & -\frac{3}{5} \end{pmatrix}$$

case 2. 행렬식을 이용한 방법: Det를 구한 후 여인수를 구하여 역행렬값을 계산한다.

In[4]:= $d = Det[a]$

Out[4]:= 5

In[5]:= $cofactor =$

$Table\left[(-1)^{i+j} Det[Transpose[Drop[Transpose[Drop[a, \{i\}]], \{j\}]]],\right.$

$\left.\{i, 3\}, \{j, 3\}\right];$

$cofactor//MatrixForm$

$$\text{Out[5]:=}\quad \begin{pmatrix} -2 & -3 & 2 \\ -15 & -15 & 5 \\ 8 & 7 & -3 \end{pmatrix}$$

In[6]:= $adj = Transpose[cofactor]//MatrixForm$

$$\text{Out[6]:=}\quad \begin{pmatrix} -2 & -15 & 8 \\ -3 & -15 & 7 \\ 2 & 5 & -3 \end{pmatrix}$$

In[7]:= $inv = adj/d//MatrixForm$

$$\text{Out[7]:=}\quad \frac{1}{5}\begin{pmatrix} -2 & -15 & 8 \\ -3 & -15 & 7 \\ 2 & 5 & -3 \end{pmatrix}$$

In[8]:= $inv == MatrixForm[Inverse[a]]$

$$\text{Out[8]:=}\quad \frac{1}{5}\begin{pmatrix} -2 & -15 & 8 \\ -3 & -15 & 7 \\ 2 & 5 & -3 \end{pmatrix} == \begin{pmatrix} -\frac{2}{5} & -3 & \frac{8}{5} \\ -\frac{3}{5} & -3 & \frac{7}{5} \\ \frac{2}{5} & 1 & -\frac{3}{5} \end{pmatrix}$$

예 제 3. 행렬식 계산

다음 행렬의 행렬식을 구하여라.

$A = \begin{pmatrix} 2 & -1 \\ 4 & -3 \end{pmatrix}, B = \begin{pmatrix} 2 & -1 & 3 \\ 4 & -3 & -1 \\ -2 & 2 & 1 \end{pmatrix}$의 *Determinant*를 구하여라.

[**풀이**] 행렬값을 입력한 수 *Det*명령어를 이용한다.

In[1]:= $A = \{\{2, -1\}, \{4, -3\}\};$

In[2]:= $A//MatrixForm$

Out[2]:= $\begin{pmatrix} 2 & -1 \\ 4 & -3 \end{pmatrix}$

In[3]:= $Det[A]$

Out[3]:= -2

In[4]:= $B = \{\{2, -1, 3\}, \{4, -3, -1\}, \{-2, 2, 1\}\};$

In[5]:= $B//MatrixForm$

Out[5]:= $\begin{pmatrix} 2 & -1 & 3 \\ 4 & -3 & -1 \\ -2 & 2 & 1 \end{pmatrix}$

In[6]:= $Det[B]$

Out[6]:= 6

예 제 4. 고유값과 고유벡터 구하기.

행렬$A = \begin{pmatrix} 3 & -2 & 0 \\ -2 & 3 & 0 \\ 0 & 0 & 5 \end{pmatrix}$의 고유값과 고유벡터를 구하라.

[**풀이**] 행렬 값 입렬 후 *Eigensystem*명령어를 입력하면 좌항이 고유값, 우항이 고유벡터가 된다.

In[1]:= $Clear[A];$

$A = \{\{3, -2, 0\}, \{-2, 3, 0\}, \{0, 0, 5\}\};$

$Eigensystem[A]$

Out[1]:= $\{\{1, 5, 5\}, \{\{1, 1, 0\}, \{0, 0, 1\}, \{-1, 1, 0\}\}\}$

예 제 5. 대각화 문제.

행렬 $A = \begin{pmatrix} 3 & -2 & 0 \\ -2 & 3 & 0 \\ 0 & 0 & 5 \end{pmatrix}$는 대각화 가능함을 보이고, 이때 A를 대각화하는 행렬 P를 구하여라.

[풀이] In[1]:= $Clear[A];$

$A = \{\{3, -2, 0\}, \{-2, 3, 0\}, \{0, 0, 5\}\};$

$A//MatrixForm$

Out[1]:= $\begin{pmatrix} 3 & -2 & 0 \\ -2 & 3 & 0 \\ 0 & 0 & 5 \end{pmatrix}$

행렬의 고유값을 구한다.

In[2]:= $Eigenvalues[A]$

Out[2]:= $\{1, 5, 5\}$

In[3]:= $Clear[B];$

$B = Eigenvectors[A];$ A의 고유벡터를 B라 한다.

$B//MatrixForm$

Out[3]:= $\begin{pmatrix} 1 & 1 & 0 \\ 0 & 0 & 1 \\ -1 & 1 & 0 \end{pmatrix}$

In[4]:= $P = Transpose[B];$ B의 전치행렬을 P라 한 후,

$P//MatrixForm$

Out[4]:= $\begin{pmatrix} 1 & 0 & -1 \\ 1 & 0 & 1 \\ 0 & 1 & 0 \end{pmatrix}$

In[5]:= $Invp = Inverse[P];$ P의 역행렬 값을 구한 후,

$Invp//MatrixForm$

Out[5]:= $\begin{pmatrix} \frac{1}{2} & \frac{1}{2} & 0 \\ 0 & 0 & 1 \\ -\frac{1}{2} & \frac{1}{2} & 0 \end{pmatrix}$

In[6]:= $Invp.A.P//MatrixForm$ 그 값과 A와 P를 내적한다.

Out[6]:= $\begin{pmatrix} 1 & 0 & 0 \\ 0 & 5 & 0 \\ 0 & 0 & 5 \end{pmatrix}$

예 제 6. 연립방정식 풀기. (크레머 공식 이용)

다음 연립일차방정식을 풀어라.(크레머공식 이용)

$$\begin{pmatrix} -2x + 3y + z = 4 \\ x - 2y - 2z = -6 \\ 3x - 4y - 3z = -11 \end{pmatrix}$$

[**풀이**] In[1]:= $a = \{\{-2,3,1\},\{1,-2,-2\},\{3,-4,-3\}\};$

$a//MatrixForm$

Out[1]:= $\begin{pmatrix} -2 & 3 & 1 \\ 1 & -2 & -2 \\ 3 & -4 & -3 \end{pmatrix}$

In[2]:= $Det[a]$

Out[2]:= -3

In[3]:= $b = \{\{4\},\{-6\},\{-11\}\};$

$b//MatrixForm$

Out[3]:= $\begin{pmatrix} 4 \\ -6 \\ -11 \end{pmatrix}$

연산식을 이용해 답을 찾으면 이러하다.

In[4]:= $LinearSolve[a,b]$

Out[4]:= $\{\{-2\},\{-1\},\{3\}\}$

결과를 확인해보자.

In[5]:= $<<$ *LinearAlgebra`MatrixManipulation'*

In[6]:= $d = Det[a];$

a의 2열과 3열을 불러온 뒤 b를 1열로 불러온것을 뒷열로 붙인다.

In[7]:= $TakeColumns[a, \{2, 3\}]//MatrixForm$

Out[7]:= $\begin{pmatrix} 3 & 1 \\ -2 & -2 \\ -4 & -3 \end{pmatrix}$

In[8]:= $AppendRows[b, TakeColumns[a, \{2, 3\}]]//MatrixForm$

Out[8]:= $\begin{pmatrix} 4 & 3 & 1 \\ -6 & -2 & -2 \\ -11 & -4 & -3 \end{pmatrix}$

그 결과의 Det를 $dx1$이라 한다.

In[9]:= $dx1 = Det[AppendRows[b, TakeColumns[a, \{2, 3\}]]]$

Out[9]:= 6

마찬가지 방법으로 $dx2$와 $dx3$을 구한다.

In[10]:= $TakeColumns[a, \{1, 1\}]//MatrixForm$

$TakeColumns[a, \{3, 3\}]//MatrixForm$

Out[10]:= $\begin{pmatrix} -2 \\ 1 \\ 3 \end{pmatrix}$

Out[11]:= $\begin{pmatrix} 1 \\ -2 \\ -3 \end{pmatrix}$

In[12]:= $AppendRows[TakeColumns[a, \{1, 1\}], b,$

$TakeColumns[a, \{3, 3\}]]//MatrixForm$

Out[12]:= $\begin{pmatrix} -2 & 4 & 1 \\ 1 & -6 & -2 \\ 3 & -11 & -3 \end{pmatrix}$

In[13]:= $dx2 = Det[AppendRows[TakeColumns[a, \{1, 1\}], b,$

$TakeColumns[a, \{3, 3\}]]]$

Out[13]:= 3

In[14]:= $TakeColumns[a, \{1, 2\}]//MatrixForm$

Out[14]:= $\begin{pmatrix} -2 & 3 \\ 1 & -2 \\ 3 & -4 \end{pmatrix}$

In[15]:= $AppendRows[TakeColumns[a, \{1, 2\}], b]//MatrixForm$

Out[15]:= $\begin{pmatrix} -2 & 3 & 4 \\ 1 & -2 & -6 \\ 3 & -4 & -11 \end{pmatrix}$

In[16]:= $dx3 = Det[AppendRows[TakeColumns[a, \{1, 2\}], b]]$

Out[16]:= -9

$dx1$, $dx2$, $dx3$을 이용하여 아래와 같이 결과를 구할 수 있다.

In[17]:= $\{x = dx1/d,\ y = dx2/d,\ z = dx3/d\}$

Out[17]:= $\{-2, -1, 3\}$

예 제 7. 일차연립방정식

$\begin{pmatrix} 2 & 1 & 3 \\ 1 & -2 & 2 \\ 0 & 1 & 3 \end{pmatrix}\begin{pmatrix} x \\ y \\ z \end{pmatrix} = \begin{pmatrix} 1 \\ 2 \\ 3 \end{pmatrix}$ 은 $rank(A) = rank(A, b) = 3$이므로 해를 갖는다. 이 해를 구하여라.

[**풀이**] In[1]:= $A = \{\{2, 1, 3\},\ \{1, -2, 2\},\ \{0, 1, 3\}\};$

$MatrixForm[RowReduce[A]]$

Out[1]:= $\begin{pmatrix} 1 & 0 & 0 \\ 0 & 1 & 0 \\ 0 & 0 & 1 \end{pmatrix}$

In[2]:= $b = \{\{1\},\ \{2\},\ \{3\}\};$

In[3]:= $<< LinearAlgebra\ `MatrixManipulation'$

In[4]:= $Ab = AppendRows[A, b];$

$MatrixForm[Ab]$

Out[4]:= $\begin{pmatrix} 2 & 1 & 3 & 1 \\ 1 & -2 & 2 & 2 \\ 0 & 1 & 3 & 3 \end{pmatrix}$

In[5]:= $MatrixForm[RowReduce[Ab]]$

Out[5]:= $\begin{pmatrix} 1 & 0 & 0 & -1 \\ 0 & 1 & 0 & -\frac{3}{8} \\ 0 & 0 & 1 & \frac{9}{8} \end{pmatrix}$

In[6]:= $LinearSolve[A,\ \{1, 2, 3\}]$

Out[6]:= $\left\{-1, -\frac{3}{8}, \frac{9}{8}\right\}$

$AppendRows$명령어를 사용하기 위해서는 $LinearAlgebra`MatrixManipulation'$를 불러와야 한다.

0.2 2변수 함수의 그래프 그리기

예 제 **1.** 2 변수 함수 $z = x^2 + y^2$의 그래프 그리기

[notebook의 해설] Plot3D는 3차원 그래프로 x와 y의 범위를 정해서 그려준다.

[풀이] In[1]:= $Plot3D[x\verb|^|2 + y\verb|^|2, \{x, -3, 3\}, \{y, -5, 5\}]$

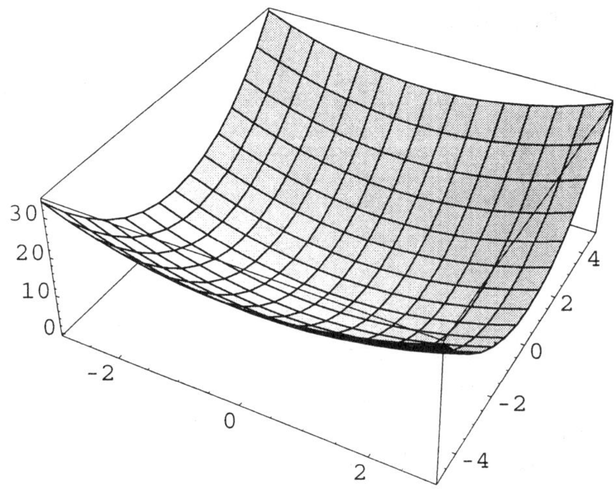

Out[1]:= $-SurfaceGraphics-$

예 제 **2.** 2 변수 함수 $x + y + z = 1$ 즉 $z = 1 - 3x - 2y$의 그래프 그리기.

[풀이] In[1]:= $Plot3D[1 - 3x + 2y, \{x, -4, 4\}, \{y, -6, 6\}]$

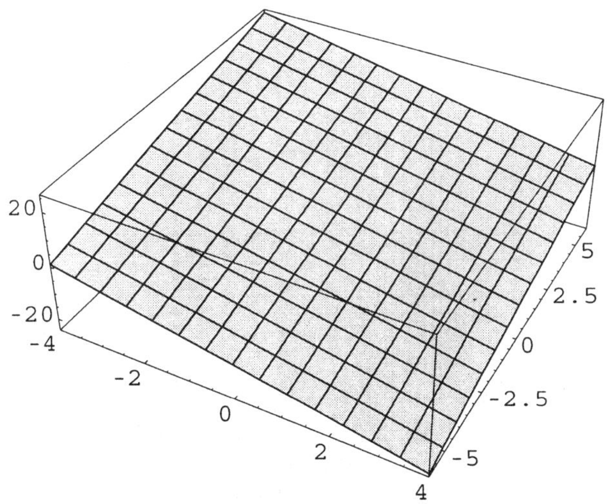

Out[1]:= $-SurfaceGraphics-$

예 제 **3.** 함수 $z = \cos(x\char`^2 + y\char`^2)$의 그래프를 축을 없애고 그리시오.

[풀이] [notebook의 해설] $Axes \to False$는 좌표축의눈금 없애는 명령이다.

In[1]:= $Plot3D[\cos[x\hat{}2 + y\hat{}2], \{x, -1, 1\}, \{y, -2, 2\}, Axes \to False]$

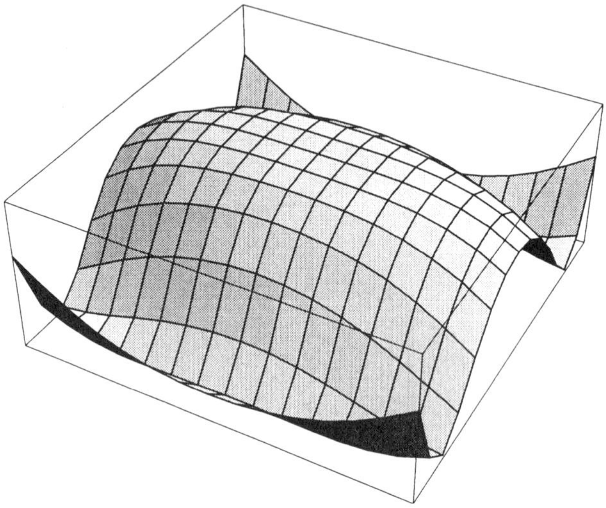

Out[1]:= $-SurfaceGraphics-$

[notebook의 해설] $AxesLabel \to \{$"x", "y축", "z축"$\}$는 좌표축의 이름을 붙여준다.

In[1]:= $Plot3D[\cos[x\hat{}2 + y\hat{}2], \{x, -1, 1\}, \{y, -2, 2\}, AxesLabel \to \{"x", "y", "z"\}]$

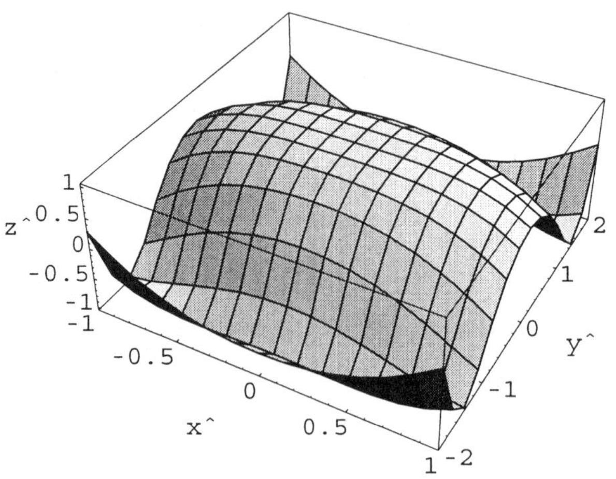

Out[1]:= $-SurfaceGraphics-$

[notebook의 해설] 그래프의 정밀도를 수정하기 위해서는 $PlotPoints \to 50$을 적당히 정하면 된다.

In[2]:= $Plot3D[Cos[x\char`^2 + y\char`^2], \{x, -1, 1\}, \{y, -2, 2\}, PlotPoints \to 50]$

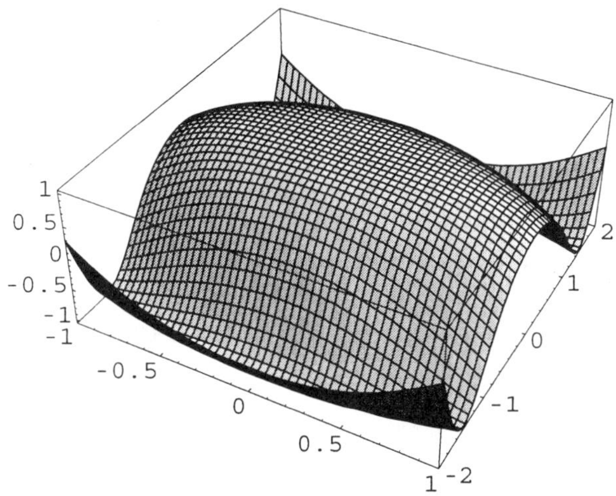

Out[2]:= $-SurfaceGraphics-$

* 여러각도에서 그래프 보기

[notebook의 해설] $Input$에서 $3DViewpointselector$를 선택하면 저절로 $ViewPoint \to \{2.529, 0.784, 2.108\}$로 정해진다.

In[3]:= $Plot3D[\cos[x\char`^2 + y\char`^2], \{x, -1, 1\}, \{y, -2, 2\},$
$PlotPoints \to 30, ViewPoint \to \{2.529, 0.784, 2.108\}]$

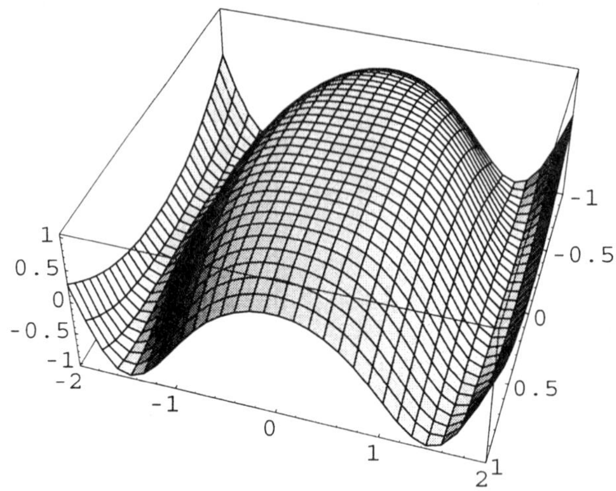

Out[3]:= $-SurfaceGraphics-$

In[4]:= $Plot3D[\cos[x\hat{}2 + y\hat{}2], \{x, -1, 1\}, \{y, -2, 2\},$
$PlotPoints \to 30, ViewPoint \to \{1, 0.784, 2.108\}]$

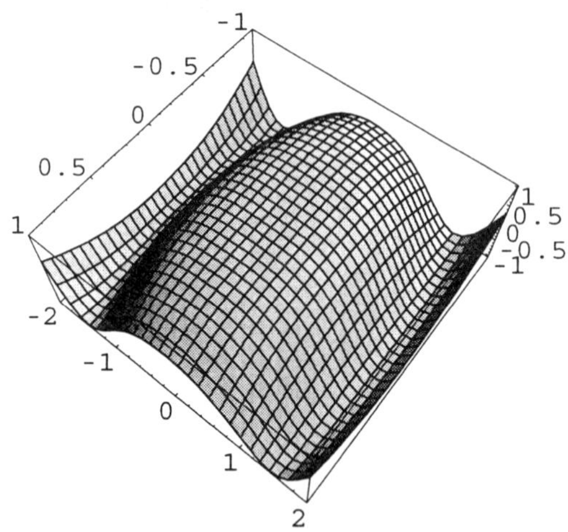

Out[4]:= $-SurfaceGraphics-$

In[5]:= $Plot3D[\cos[x\hat{}2 + y\hat{}2], \{x, -1, 1\}, \{y, -2, 2\},$
$PlotPoints \to 30, ViewPoint \to \{2.529, 1, 1\}]$

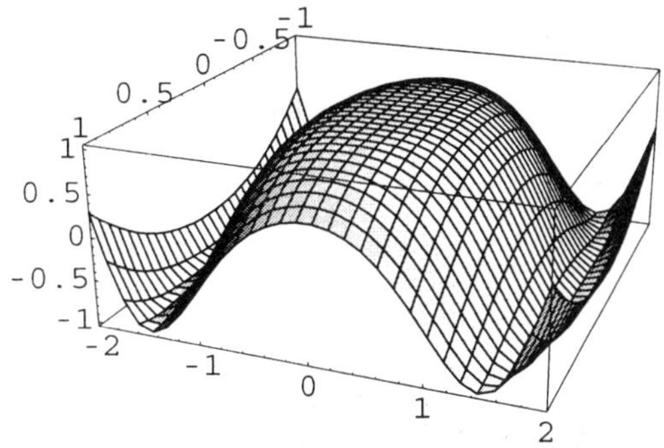

Out[5]:= $-SurfaceGraphics-$

In[6]:= $Plot3D[\cos[x\wedge 2+y\wedge 2],\{x,-1,1\},\{y,-2,2\},$

$PlotPoints\rightarrow 30, ViewPoint\rightarrow\{2.529,0,0\}]$

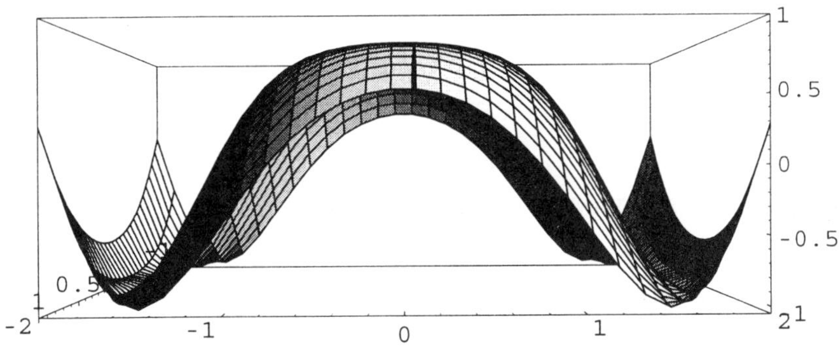

Out[6]:= $-SurfaceGraphics-$

In[7]:= $Plot3D[\cos[x\wedge 2+y\wedge 2],\{x,-1,1\},\{y,-2,2\},$

$PlotPoints\rightarrow 30, ViewPoint\rightarrow\{2.529,-0.5,-0.5\}]$

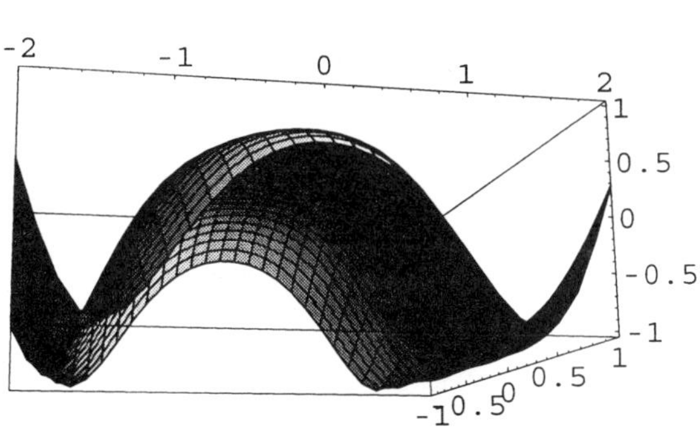

Out[7]:= $-SurfaceGraphics-$

In[8]:= $Plot3D[\cos[x\verb|^|2+y\verb|^|2],\{x,-1,1\},\{y,-2,2\},$
$PlotPoints\rightarrow 30, ViewPoint\rightarrow\{2,-1,-0.5\}]$

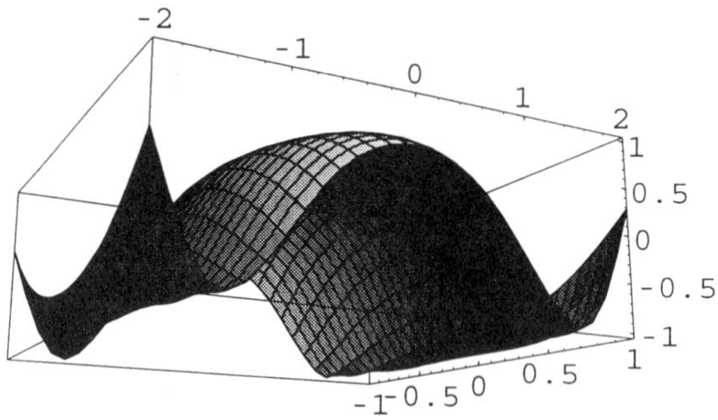

Out[8]:= $-SurfaceGraphics-$

0.3 매개변수 함수의 그래프 그리기

예 제 **1.** 중심이 (0,0)이고 반지름이 1인 원의 방정식 $x^2+y^2=1$을 매개변수로 표현하면 $x(t)=\sin[t], y(t)=\cos[t]$이다. 이것의 그래프를 그려보자.

[**풀이**] [notebook의 해설] {x좌표식, y좌표식} 매개변수 t의 범위를 정하고 매개변수 그림을 그린다.

In[1]:= $ParametricPlot[\{\sin[t],\cos[t]\},\{t,-Pi,Pi\}]$

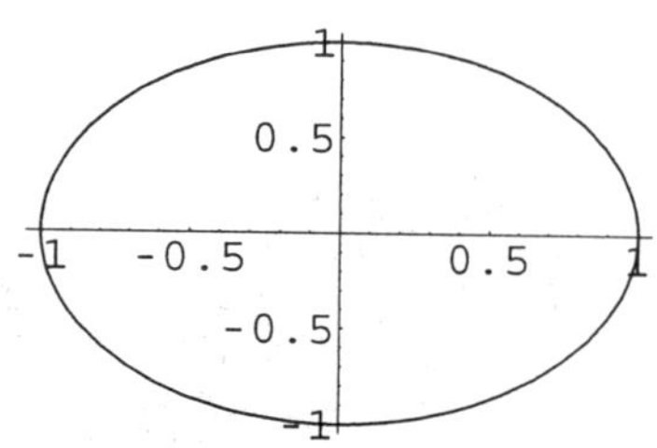

Out[1]:= $-Graphics-$

그런데 원보다는 타원에 가깝다. 자세히보면 가로, 세로비율이 맞지 않는다. 이는 기본적으로 그래프의 가로 세로 표현의 비율이

$AspectRatio \to \dfrac{1}{GoldenRatio}$ 즉 황금비율로 되어있기 때문이다. 따라서

[notebook의 해설] 황금비 $GoldenRatio$를 소수이하 30자리까지 구해보면

In[2]:= $N[GoldenRatio, 30]$

Out[2]:= 1.61803398874989484820458683437

In[3]:= $N[1/GoldenRatio, 30]$

Out[3]:= 0.618033988749894848204586834366

로서 가로 : 세로 = 1 : 0.61... 로 그려져 있기 때문이다.

그래서 비율을 1 : 1로 바꾸면 둥근 원이 된다.

In[4]:= $ParametricPlot[\{\sin[t], Cos[t]\}, \{t, -Pi, Pi\}, AspectRatio \to 1]$

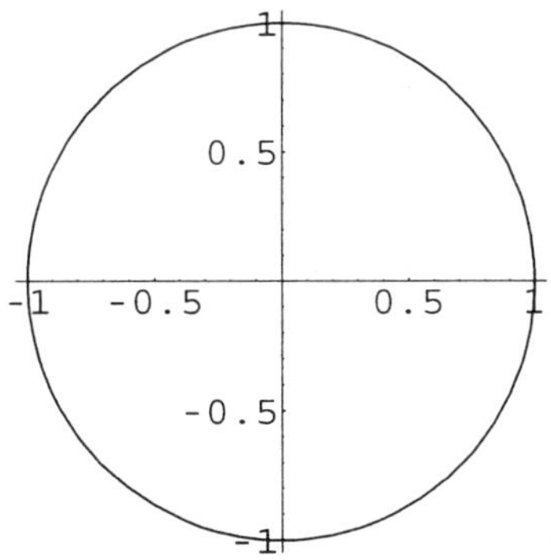

Out[4]:= $-Graphics-$

예 제 **2.** $x = t\sin[t], y = t\cos[t], \{0 \le t \le 20\pi\}$을 그려보자.

[**풀이**] In[1]:= $ParametricPlot[\{t\sin[t], t\cos[t]\}, \{t, 0, 20\pi\}]$

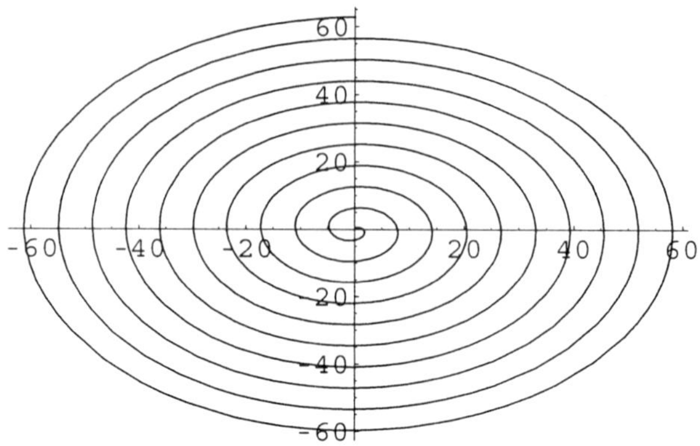

Out[1]:= $-Graphics-$

[notebook의 해설] 가로 : 세로 = 1 : 1로 그리자.

In[1]:= $ParametricPlot[\{t\sin[t], t\cos[t]\}, \{t, 0, 20\pi\}, AspectRatio \rightarrow 1]$

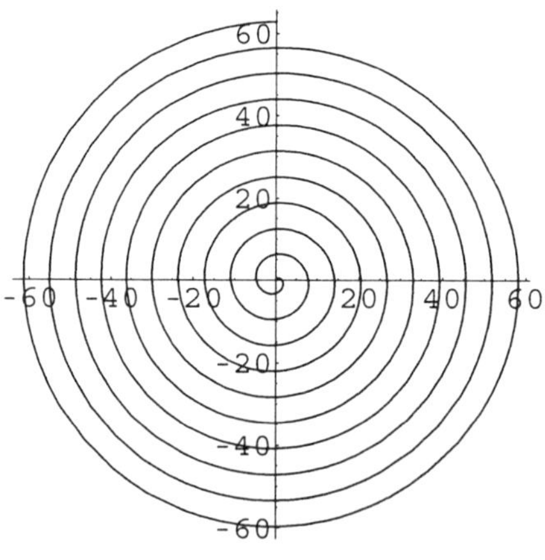

Out[1]:= $-Graphics-$

0.4 3 차원 매개변수 방정식의 그래프 그리기

예 제 **1.** 중심이 $(0,0,0)$이고 반지름이 1인 구의 방정식은 $x^2+y^2+z^2=1$이다. 이를 매개변수화하면, $x(t,s)=\sin[t]\sin[s], y(t,s)=\sin[t]\cos[s], z(t,s)=\cos[t]$이다.

[**풀이**] [notebook의 해설] {x좌표, y좌표, z좌표 }, t와 s의 범위를 각각 정하고 3차원 매개변수 그림을 그린다.

In[1]:= $ParametricPlot3D[\{\sin[t]\sin[s], \sin[t]\cos[s], \cos[t]\}, \{t, 0, Pi\}, \{s, -Pi, Pi\}]$

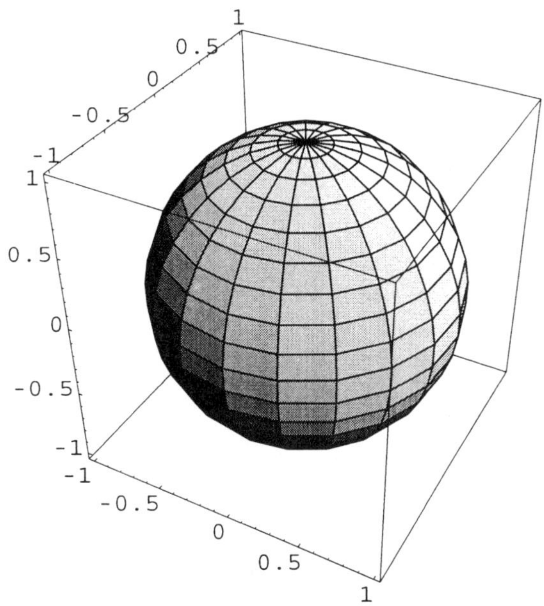

Out[2]:= $-Graphics3D-$

[notebook의 해설] 3차원 곡선 $x(t) = (2\cos t, 2\sin t, t)$의 표현으로 매개변수 t의 범위를 정한다.

In[2]:= $ParametricPlot3D[\{2\cos[t], 2\sin[t], t\}, \{t, 0, 2Pi\}]$

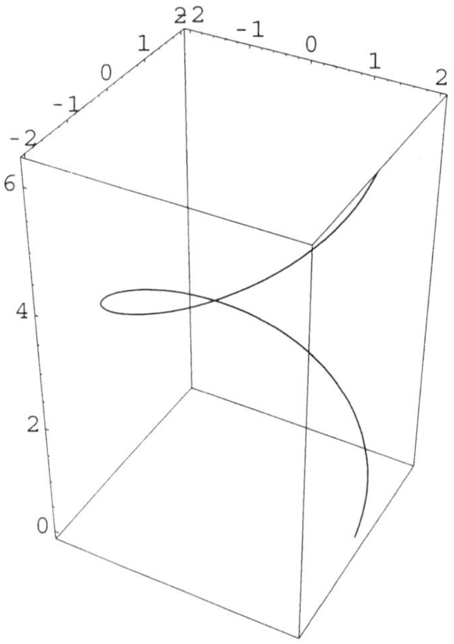

Out[2]:= $-Graphics3D-$

예 제 **2.** 공간에서 직선과 평면의 위치관계

직선 $a : x(t) = (1+t, 2-2t, 3-3t)(-1 < t < 1)$

직선 $b : x(t) = (2+3t, 3+1t, 4-2t)(-5 < t < 5)$

평면 $c : x - 2y - 3z = 1, (-4 < x < 4, -6 < y < 6)$

직선 $d : x(t) = (4+3t, -3+1t, 2-2t)(-5 < t < 5)$

직선 $e : x(t) = (-1+1t, 2+2t, 3-3t)(-5 < t < 5)$ 의 그래프를 그려보자.

가 직선 a와 평면 c가 공간에서 어떻게 만나는지 살펴보자.

나 직선 b와 직선 d의 공간상의 위치관계를 살펴보자.(평행)

다 직선 a와 직선 e의 공간상의 위치관계를 살펴보자.

[**풀이**] [notebook의 해설] 직선의 그래프와 평면의 그래프를 함께 그리기.
직선 b와 직선 d를 함께 보려면 $Show[b, d]$라 하고 직선 a와 평면 c를 함께 보려면 $Show[a, c]$라 한다. 여기서 a와 c를 잘 보기 위해 공간에서의 관점 ($3DViewPoint$)를 원하는대로 조정하여 $Show[\{a, c\}, ViewPoint \rightarrow \{1.302, 3.122, -0.094\}]$라 하면 다음과 같다.

In[1]:= $a = ParametricPlot3D[\{1+1t, 2-2t, 3-3t\}, \{t, -1, 1\}, ViewPoint \rightarrow \{1.610, 2.812, 0.975\}, PlotRange \rightarrow \{\{-4,4\}, \{-5,5\}, \{-6,6\}\}]$

$b = ParametricPlot3D[\{2+3t, 3+1t, 4-2t\}, \{t, -5, 5\}]$

$c = Plot3D\left[\frac{x-2y-1}{3}, \{x, -4, 4\}, \{y, -6, 6\}\right]$

$d = ParametricPlot3D[\{4+3t, -3+1t, 2-2t\}, \{t, -5, 5\}]$

$e = ParametricPlot3D[\{-1+1t, 2+2t, 3-3t\}, \{t, -5, 5\}]$

$Show[\{a, c\}, ViewPoint \rightarrow \{1.302, 3.122, -0.094\}]$

$Show[b, d]$

$Show[\{a, e\}, ViewPoint \rightarrow \{-1.302, -1, 3.122\}]$

$Show[\{a, e\}, ViewPoint \rightarrow \{1.302, 1, 3\}]$

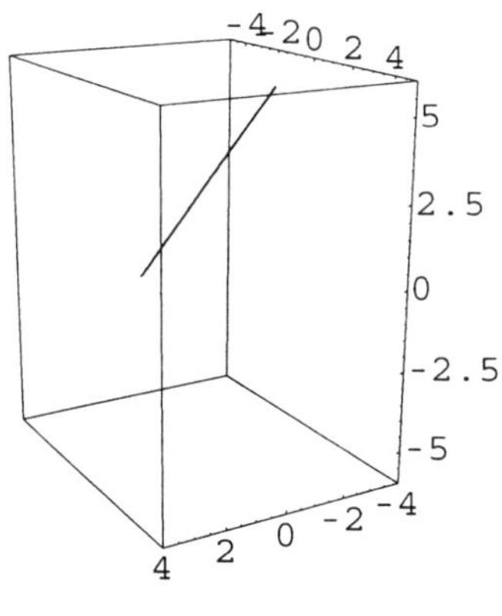

Out[1]:= $-Graphics3D-$

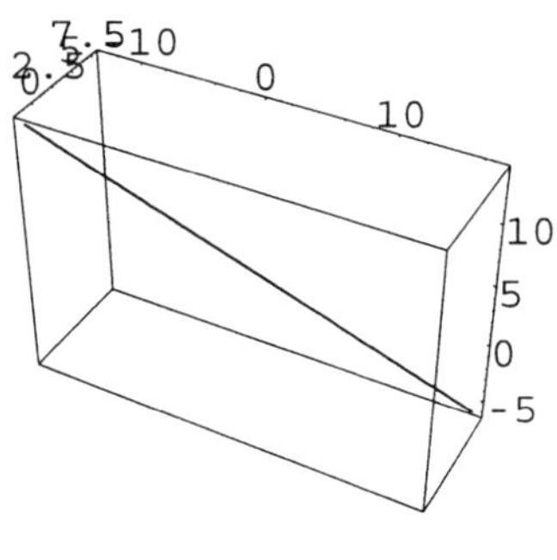

Out[2]:= $-Graphics3D-$

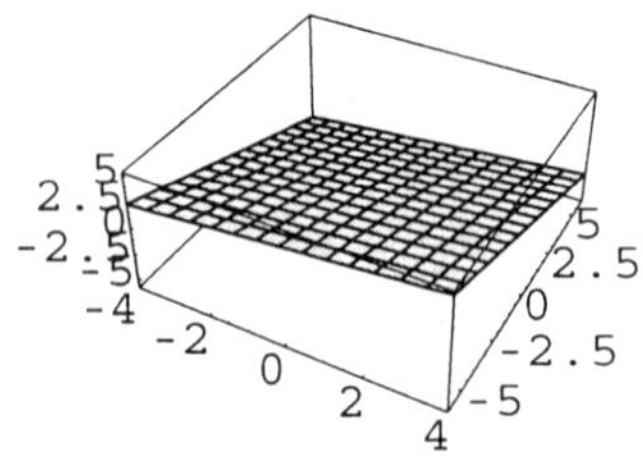

Out[3]:= $-SurfaceGraphics-$

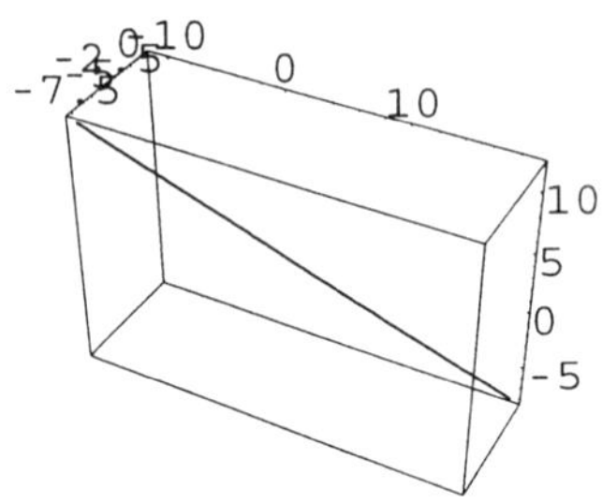

Out[4]:= $-Graphics3D-$

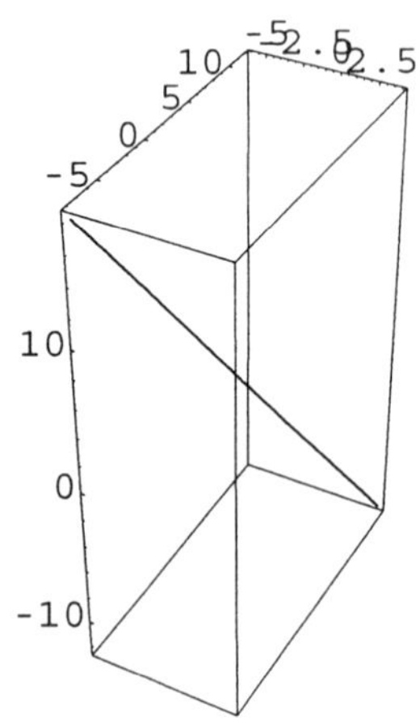

Out[5]:= $-Graphics3D-$

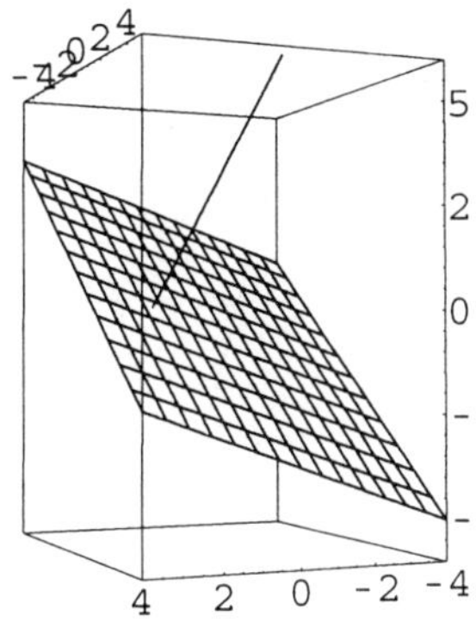

Out[6]:= $-Graphics3D-$

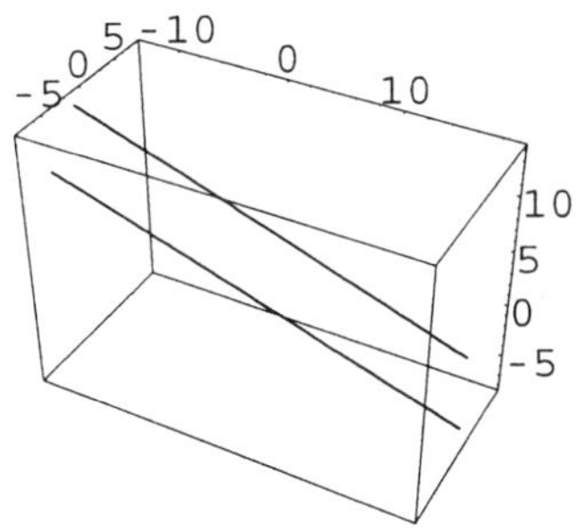

Out[7]:= $-Graphics3D-$

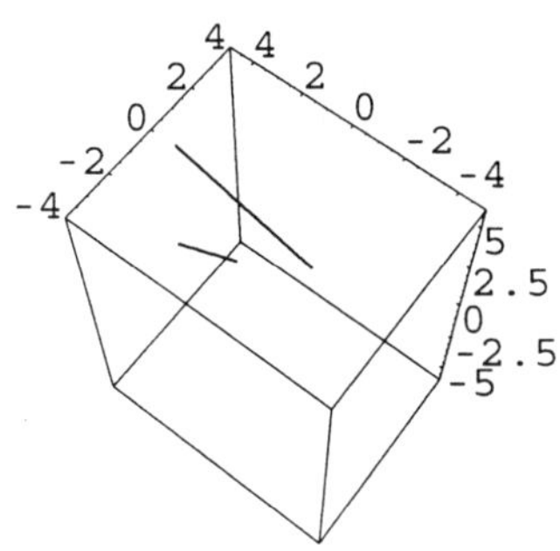

Out[8]:= $-Graphics3D-$

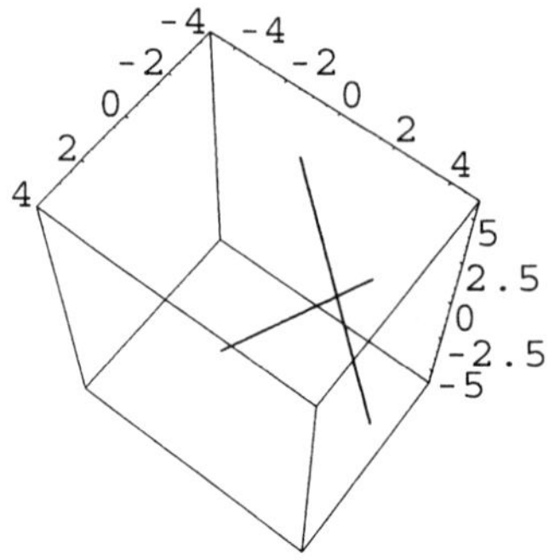

Out[9]:= $-Graphics3D-$

예 제 **3.** $y = \arcsin(x), y = \arccos(x), y = \arctan(x)$의 그래프를 비교하시오.

[풀이] In[1]:= $a = Plot[ArcSin[x], \{x, -1, 1\}]$

$b = Plot[ArcCos[x], \{x, -1, 1\}]$

$c = Plot[ArcTan[x], \{x, -10, 10\}]$

$Show[a, b, c]$

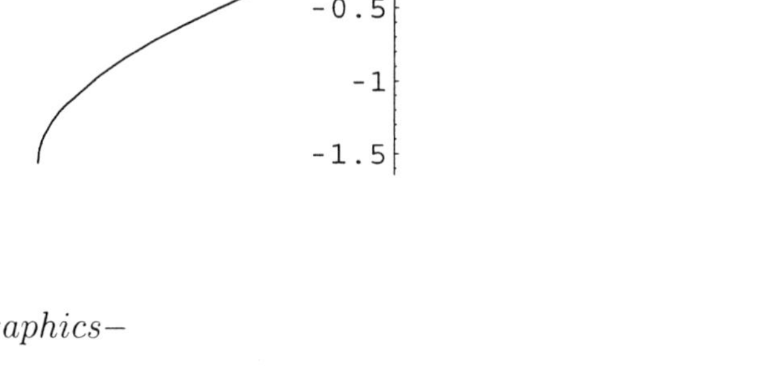

Out[1]:= $-Graphics-$

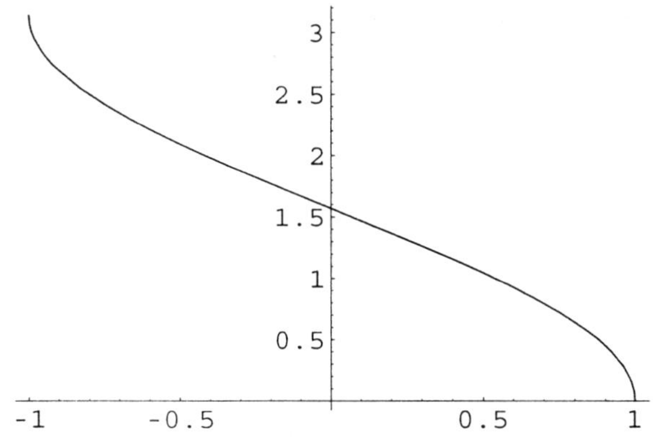

Out[2]:= *−Graphics−*

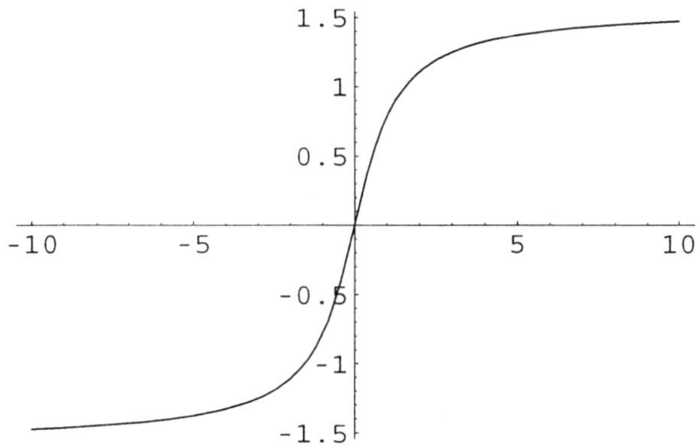

Out[3]:= *−Graphics−*

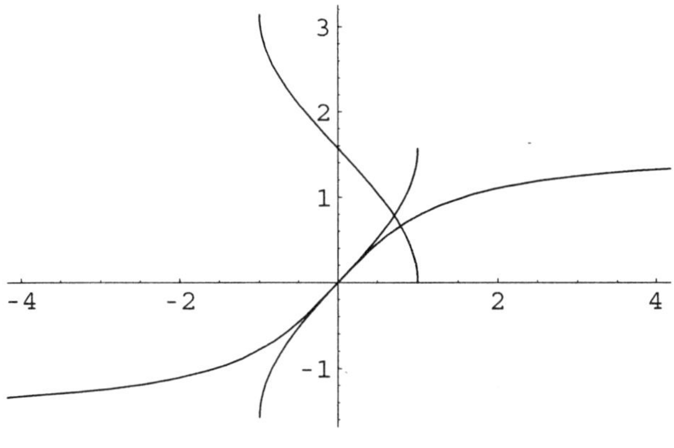

Out[4]:= *−Graphics−*

예 제 **4.** $y = \log(x)$를 $1 < x < 10$ 범위에서 그리시오.

[풀이] In[1]:= $Plot[Log[x], \{x, 1, 10\}]$

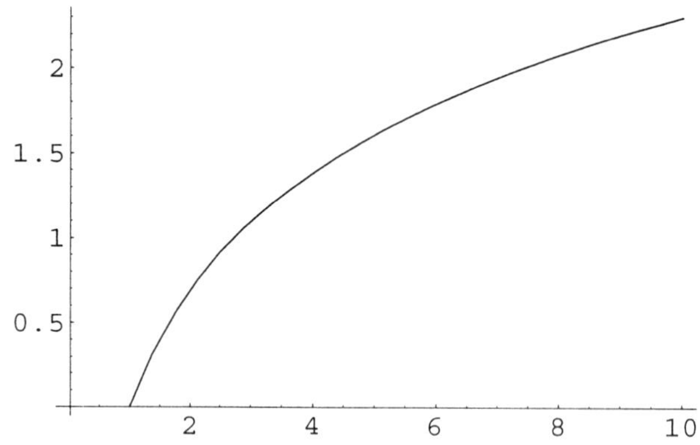

Out[1]:= $-Graphics-$

예 제 **5.** $y = \sin(x), y = \sin(4x), y = \sin(x/2), y = \sin(x\char`^2)$의 그래프를 비교하여 삼각함수와 주기와의 상관관계를 살펴보시오.

[풀이] In[1]:= $a = Plot[\sin[x], \{x, -2Pi, 2Pi\}]$

$b = Plot[\sin[2x], \{x, -2Pi, 2Pi\}]$

$c = Plot[\sin[x/2], \{x, -2Pi, 2Pi\}]$

$d = Plot[\sin[x\char`^2], \{x, -2Pi, 2Pi\}]$

$Show[a, b]$

$Show[a, c]$

$Show[a, d]$

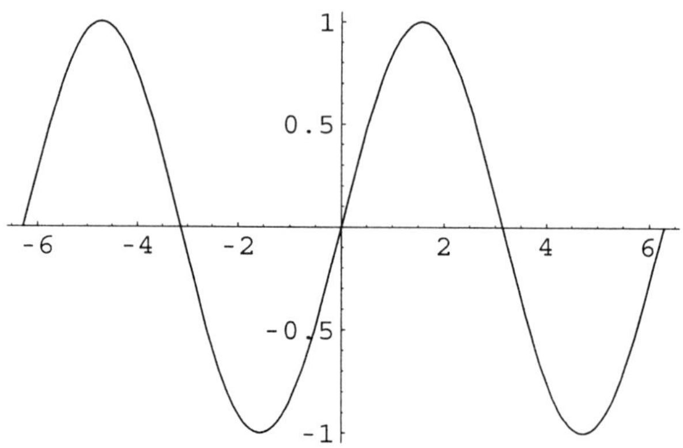

Out[1]:= $-Graphics-$

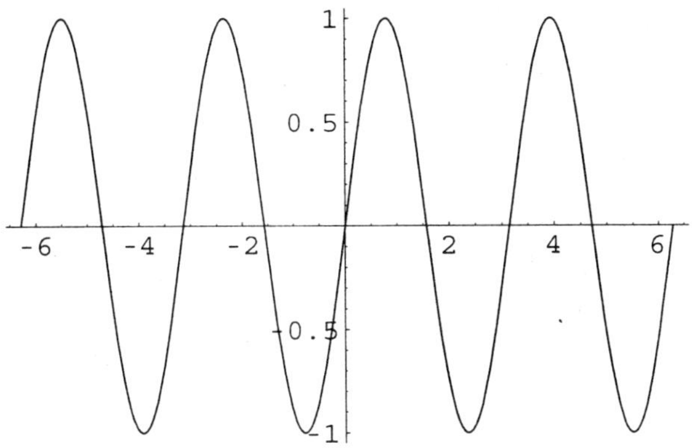

Out[2]:= $-Graphics-$

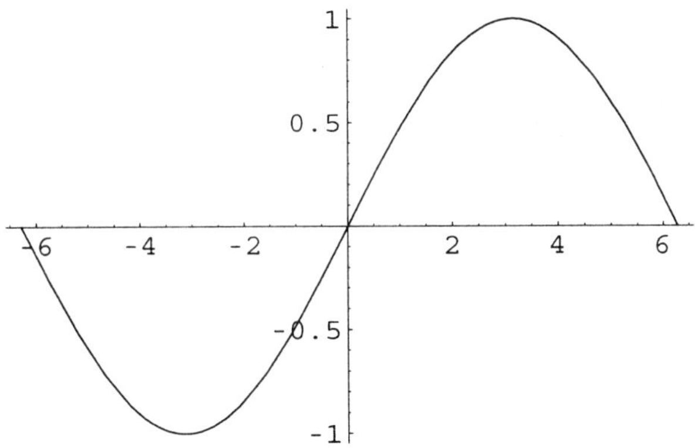

Out[3]:= $-Graphics-$

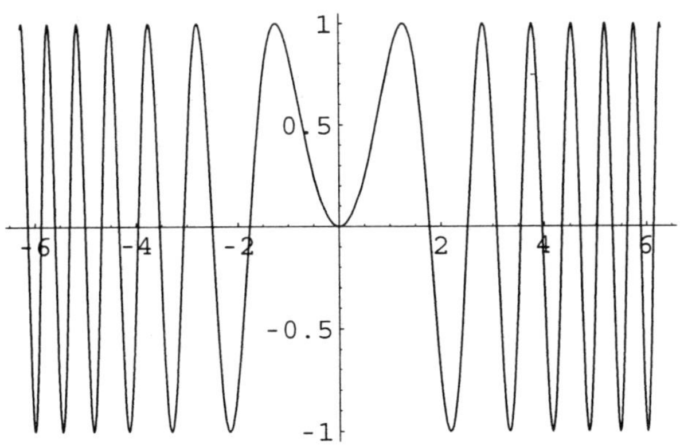

Out[4]:= $-Graphics-$

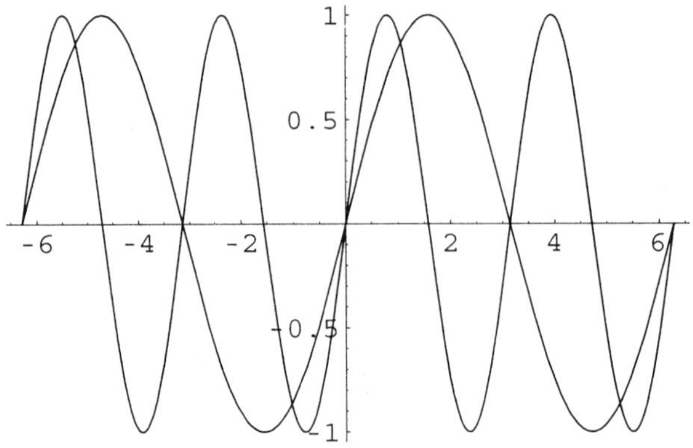

Out[5]:= *−Graphics−*

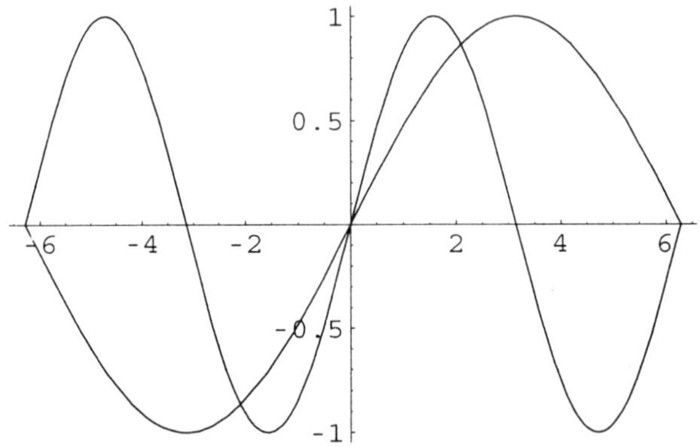

Out[6]:= *−Graphics−*

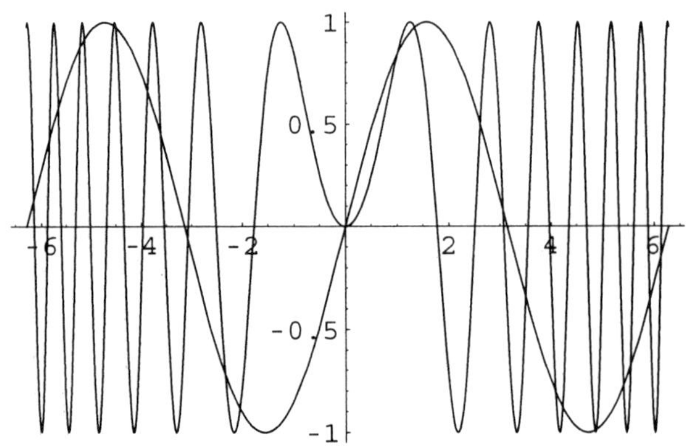

Out[7]:= *−Graphics−*

예 제 6. $y = 2x + 4\sin(2x), y = \cos(x) + \sin(3x), y = x\hat{}2 + 7\sin(x)$의 그래프를 비교하시오.

[풀이] In[1]:= $a = Plot[2x + 4Sin[2x], \{x, -2Pi, 2Pi\}]$

$b = Plot[Cos[x] + Sin[3x], \{x, -2Pi, 2Pi\}]$

$c = Plot[x\hat{}2 + 7Sin[x], \{x, -2Pi, 2Pi\}]$

$Show[a, b]$

$Show[a, c]$

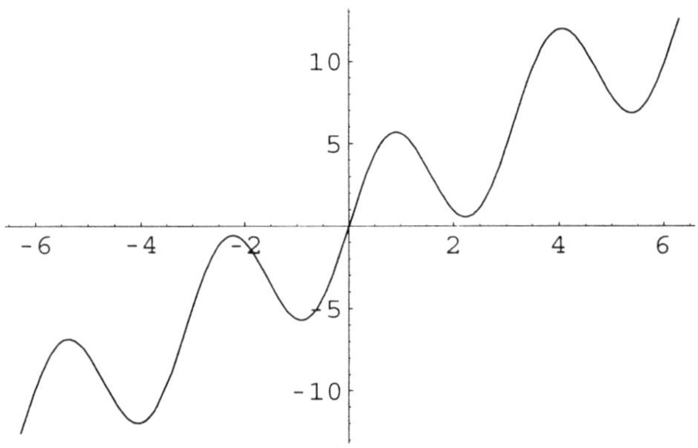

Out[1]:= $-Graphics-$

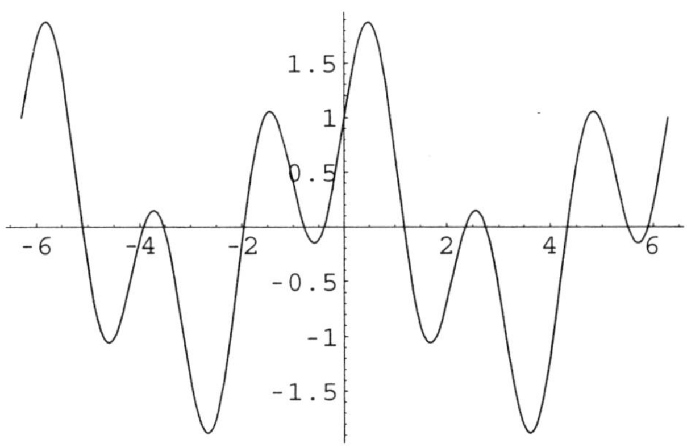

Out[2]:= $-Graphics-$

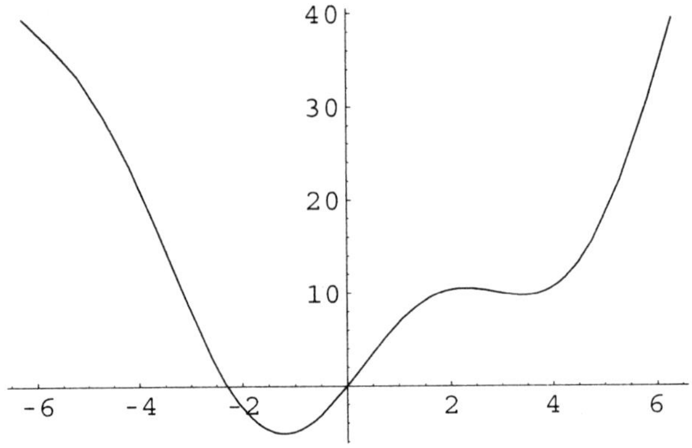

Out[3]:= *–Graphics–*

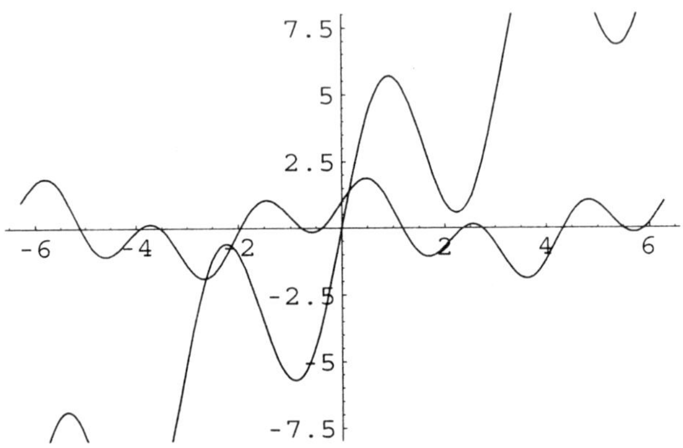

Out[4]:= *–Graphics–*

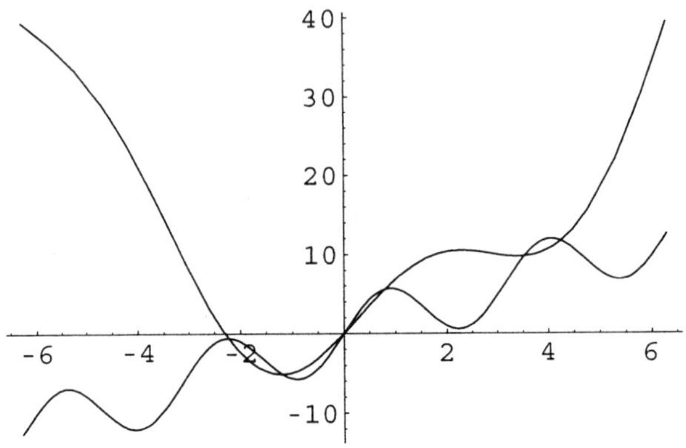

Out[5]:= *–Graphics–*

제 III 편

Fourier 해석학과 편미분방정식론

제 11 장

Fourier 해석학

멱급수는 계수가 변수인 선형 상미분 방정식의 연구에 매우 유용하게 사용된다. 이 장에서는 다른 유형의 급수인 Fourier 급수를 소개한다. Fourier 급수는 편미분 방정식의 해를 구하고 해의 성질을 탐구하는 이론적인 면과 공학 등의 여러 응용 분야에서 많이 이용되고 있다.

11.1 직교함수

이 절에서는 이차원 평면 벡터의 집합과 삼차원 공간 벡터의 집합 및 일반적으로 n차원 공간 벡터의 집합이 이루는 벡터 공간과 관련된 개념과 성질을, 함수의 집합에 적용하여 확장한다. 벡터의 내적과 직교성의 함수들에 대해 정의하고, 이를 이용하여 함수를 Fourier 급수(Fourier series)로 표현하는 방법에 대해 소개한다.

함수의 내적

삼차원 공간의 두 벡터 $\mathbf{u}$와 $\mathbf{v}$에 대해, $\mathbf{u}$와 $\mathbf{v}$의 내적$(\mathbf{u}, \mathbf{v})$ 또는 $\mathbf{u} \cdot \mathbf{v}$는 다음과 같은 네 가지 성질을 만족시킨다.

(i) $(\mathbf{u}, \mathbf{v}) = (\mathbf{v}, \mathbf{u})$

(ii) $(k\mathbf{u}, \mathbf{v}) = \mathbf{k}(\mathbf{u}, \mathbf{v})$ ($\mathbf{k}$는 스칼라)

(iii) $\mathbf{u} = \mathbf{0}$이면$(\mathbf{u}, \mathbf{u}) = \mathbf{0}$이고, $\mathbf{u} \neq \mathbf{0}$이면$(\mathbf{u}, \mathbf{u}) > \mathbf{0}$이다.

(iv) $(\mathbf{u} + \mathbf{v}, \mathbf{w}) = (\mathbf{u}, \mathbf{w}) + (\mathbf{v}, \mathbf{w})$ ($\mathbf{w}$는 벡터)

일반적으로 임의의 벡터 공간에서 위의 네 조건을 만족시키며 스칼라(실수 또는 복소수)값을 취하는 이항 연산을 **내적**(inner product)이라고 한다. 구간$[a, b]$에서 연속 함수 전체의 집합 $C[a, b]$에 속하는 두 함수 f_1과 f_2의 곱$f_1 f_2$ 의 정적분 $(f_1, f_2) = \int_a^b f_1(x) f_2(x)\, dx \quad (f_1, f_2 \in C[a, b])$은 위의 네 가지 성질을 모두 만족시킨다. 따라서 다음 식으로 정의되는 이항 연산은 집합 $C[a, b]$의 한 내적이다.

앞으로 기호 (f_1, f_2)로 두 함수 f_1과 f_2의 내적을 나타내기로 하고, 집합 $F[a, b]$는 이와같은 내적이 정의되어 있는 함수의 집합을 나타내기로 한다.

직교함수와 직교함수의 집합

삼차원 공간의 두 벡터 $\mathbf{u}$와 $\mathbf{v}$가 서로 직교할 필요 충분 조건은 $(\mathbf{u}, \mathbf{v}) = \mathbf{0}$이다. 이를 확장하여 집합 $F[a, b]$에 속하는 두 함수 f_1과 f_2가 다음 식을 만족시키면 두 함수는 서로 **직교**(orthogonal)한다고 한다.

$$(f_1, f_2) = \int_a^b f_1(x) f_2(x)\, dx = 0$$

삼차원 공간의 두 벡터가 서로 직교한다는 것은 기하학적으로 서로 수직임을 뜻하지만, 함수의 직교성에는 그런 기하학적 의미가 없다.

예 제 1. 구간$[-1, 1]$에서 정의된 두 함수 $f_1(x) = x$와 $f_2(x) = x^2$은 다음과 같이 서로 직교한다.

$$(f_1, f_2) = \int_{-1}^{1} f_1(x) f_2(x)\, dx = \int_{-1}^{1} x^3\, dx = \frac{1}{4}x^4 \Big|_{-1}^{1} = 0$$

집합 $F[a, b]$에 속하는 0이 아닌 함수들의 무한 집합$\{\phi_n\}_{n=0}^{\infty}$이 다음 식을 만족시키면, 집합 $\{\phi_n\}_{n=0}^{\infty}$을 **구간** $[a, b]$**의 직교집합**(orthogonal set)이라고 한다.

$$(\phi_n, \phi_m) = \int_a^b \phi_n(x) \phi_m(x)\, dx = 0 \qquad (n \neq m)$$

예 제 2. $1, \cos x, \cos 2x, \cdots, \cos nx, \cdots$는 구간 $[0, 2\pi]$의 직교집합임을 보여라.

[**풀이**] $\phi_0(x) = 1$, $\phi_1(x) = \cos x$, $\phi_2(x) = \cos 2x, \cdots, \phi_n(x) = \cos nx, \cdots$ 이라 하면 다음이 성립한다.

$$\begin{aligned}
\int_0^{2\pi} \phi_0(x)\phi_n(x)\, dx &= \int_0^{2\pi} \cos nx\, dx = 0,\ (n \neq 0) \\
\int_0^{2\pi} \phi_n(x)\phi_m(x)\, dx &= \int_0^{2\pi} \cos nx \cos mx\, dx \\
&= \int_0^{2\pi} \frac{1}{2}\{\cos(n+m)x + \cos(n-m)x\}\, dx \\
&= 0 \ \ (n \neq m)
\end{aligned}$$

따라서 주어진 집합은 직교집합이다.

삼차원 공간 벡터 $\mathbf{u}$의 크기 또는 길이$||\mathbf{u}||$는 다음과 같다.

$$(\mathbf{u},\, \mathbf{u}) = ||\mathbf{u}||^{\mathbf{2}} \text{ 혹은 } ||\mathbf{u}|| = \sqrt{(\mathbf{u},\, \mathbf{u})}$$

이를 확장하여 집합 $F[a,\, b]$에 속하는 함수f의 **크기** 또는 **노름**(norm)을 다음과 같이 정의한다.

$$||f|| = \sqrt{(f,\, f)} = \left(\int_a^b \{f(x)\}^2\, dx \right)^{1/2}$$

흔히, $||f||$를 함수 f의 **제곱 노름**(square norm 또는 two-norm)이라 부르기도 한다. 특히, 다음 식을 만족시키는 구간 $[a,\, b]$의 직교집합 $\{\phi_n\}_{n=0}^{\infty}$를 **구간**$[a,\, b]$**의 정규집합**, 또는 **정칙집합**(orthonormal set)이라고 한다.

$$||\phi_n|| = 1 \quad (n = 0,\, 1,\, 2,\, \cdots)$$

따라서 직교집합의 각 함수를 그 함수의 크기로 나누어 얻은 집합은 정규집합이다.

예 제 3. 예제 2에 주어진 직교집합의 각 원소의 크기를 구하여라.

[**풀이**] $||\phi_0||^2 = \displaystyle\int_0^{2\pi} 1\, dx = 2\pi$이므로 $||\phi_0|| = \sqrt{2\pi}$이다. $n > 0$일 때, 다음이 성립한다.

$$\begin{aligned} ||\phi_n||^2 &= \int_0^{2\pi} \phi_n^2(x)\, dx = \int_0^{2\pi} \cos^2 nx\, dx \\ &= \int_0^{2\pi} \frac{1}{2}(1 + \cos 2nx)\, dx = \pi \end{aligned}$$

따라서 $||\phi_n|| = \sqrt{\pi}\, (n > 0)$이다.

예 제 **4.** 예제 2와 3으로부터 다음 집합은 구간 $[0, 2\pi]$의 정규집합이다.

$$\left\{\frac{1}{\sqrt{2\pi}}, \frac{\cos x}{\sqrt{\pi}}, \cdots, \frac{\cos nx}{\sqrt{\pi}}, \cdots\right\}$$

일반 Fourier 급수

삼차원 공간의 임의의 벡터는 영벡터가 아닌 서로 직교하는 세 벡터의 일차 결합으로 표현할 수 있다. 함수들의 집합에 대해서도 이와 비슷한 이야기를 할 수 있는데, 간단히 말해 함수는 서로 직교하는 유한 개의 함수가 아니라 무한 개의 함수의 일차 결합으로 표현할 수 있다. 이에 대해 자세히 살펴보자. 임의의 삼차원 공간 벡터 $\mathbf{u}$는 영벡터가 아니고 서로 직교하는 임의의 세 벡터 $\mathbf{v_1}$, $\mathbf{v_2}$, $\mathbf{v_3}$의 일차 결합, 즉 적당한 스칼라 c_1, c_2, c_3에 대해 다음과 같은 식으로 표현된다.

$$\mathbf{u} = \mathbf{c_1 v_1} + \mathbf{c_2 v_2} + \mathbf{c_3 v_3} \tag{11.1}$$

여기서 $c_i\,(i = 1, 2, 3)$을 벡터 $\mathbf{u}$의 **성분**이라고 한다. 식 (11.1)의 양변을 벡터 $\mathbf{v_i}\,(\mathbf{i} = \mathbf{1}, \mathbf{2}, \mathbf{3})$와 내적시키고 내적의 성질 (i)과 (iv)를 이용하면 다음을 얻는다.

$$(\mathbf{u}, \mathbf{v_i}) = \mathbf{c_1}(\mathbf{v_1}, \mathbf{v_i}) + \mathbf{c_2}(\mathbf{v_2}, \mathbf{v_i}) + \mathbf{c_3}(\mathbf{v_3}, \mathbf{v_i}) = \mathbf{c_i}||\mathbf{v_i}||^{\mathbf{2}}$$

따라서 벡터 $\mathbf{u}$의 성분 c_1, c_2, c_3의 값은 다음과 같다.

$$c_i = \frac{(\mathbf{u}, \mathbf{v_i})}{||\mathbf{v_i}||^{\mathbf{2}}} \qquad (i = 1, 2, 3)$$

이를 이용하여 식 (11.1)을 다시 쓰면 다음과 같다.

$$\mathbf{u} = \sum_{\mathbf{i}=\mathbf{1}}^{\mathbf{3}} \frac{(\mathbf{u}, \mathbf{v_i})}{||\mathbf{v_i}||^{\mathbf{2}}} \mathbf{v_i} \tag{11.2}$$

n차원 공간의 영벡터가 아닌 서로 직교하는 벡터의 최대 개수는 n이다. 이러한

n개의 벡터를 $\mathbf{v_1}$, $\mathbf{v_2}$, $\cdots$, $\mathbf{v_n}$이라 하고 식 (11.2)를 확장하여 적용하면 n차원 공간의 임의의 벡터 $\mathbf{u}$는 다음과 같이 표현된다.

$$\mathbf{u} = \sum_{\mathbf{i=1}}^{\mathbf{n}} \frac{(\mathbf{u},\ \mathbf{v_i})}{||\mathbf{v_i}||^2}\mathbf{v_i} \tag{11.3}$$

이제, 이와 같은 생각을 내적이 정의된 함수의 집합에 적용해 보자. 예제 2와 같이 일반적으로 구간 $[a,\ b]$의 직교집합은 무한 집합이므로 구간 $[a,\ b]$의 직교 집합 $\{\phi_n\}_{n=0}^{\infty}$에 대해 집합 $F[a,\ b]$에 속하는 임의의 함수 $f(x)$를 다음과 같이 쓸 수 있다고 하자.

$$f(x) = c_0\phi_0(x) + c_1\phi_1(x) + c_2\phi_2(x) + \cdots + c_n\phi_n(x) + \cdots \quad (x \in [a,\ b]) \tag{11.4}$$

여기서 $c_i(i = 0,\ 1,\ 2,\ \cdots)$는 스칼라이다. 식 (11.4)의 양변을 ϕ_m과 내적시키면 다음과 같다.

$$\begin{aligned}\int_a^b f(x)\phi_m(x)\,dx &= c_0\int_a^b \phi_0(x)\phi_m(x)\,dx + c_1\int_a^b \phi_1(x)\phi_m(x)\,dx + \cdots \\ &\quad + c_n\int_a^b \phi_n(x)\phi_m(x)\,dx + \cdots \\ &= c_m||\phi_m||^2 \qquad (m = 0,\ 1,\ 2,\ \cdots)\end{aligned}$$

이를 이용하여 식 (11.4)를 다시 쓰면 다음과 같다.

$$f(x) = \sum_{n=0}^{\infty} c_n\phi_n(x) = \sum_{n=0}^{\infty} \frac{(f,\ \phi_n)}{||\phi_n||^2}\phi_n(x) \quad (x \in [a,\ b]) \tag{11.5}$$

특히, $\{\phi_n\}_{n=0}^{\infty}$이 정규집합이면 $||\phi_n||^2 = 1(n = 0,\ 1,\ \cdots)$이므로 식 (11.5)는 다음과 같다.

$$f(x) = \sum_{n=0}^{\infty}(f,\ \phi_n)\phi_n(x)$$

함수의 집합에 여러 가지 내적을 정의할 수 있다. 예를 들면, 집합 $C[0,\ 1]$에 속하는 두 함수 f와 g에 대해 다음 식으로 정의되는 이항 연산 $(f,\ g)_x$도 내적이다(연습 문제 8번).

$$(f,\ g)_x = \int_0^1 x f(x) g(x)\, dx$$

일반적으로 구간$(a,\ b)$에서 정의된 함수 $\omega(x) > 0$에 대하여, 집합 $F[a,\ b]$에 속하는 임의의 두 함수 f와 g에 대해 다음 식으로 정의되는 이항 연산 $(f,\ g)_\omega$가 내적이 되면, $(f,\ g)_\omega$를 **가중함수**(weight function) ω**에 대한 내적**이라 한다.

$$(f,\ g)_\omega = \int_a^b \omega(x) f(x) g(x)\, dx$$

두 함수의 내적이 0이면, 두 함수는 **가중함수 ω에 대해 서로 직교한다**고 한다.

예 제 5. 집합 $C[0,\ 1]$에 속하는 함수 $f(x) = x$와 $g(x) = \frac{3}{2}x$에 대해, 가중함수 $\omega(x) = 1$과 $\omega(x) = x$에 대한 내적을 각각 구하여라.

[**풀이**] 먼저, $\omega(x) = 1$이면 다음을 얻는다.

$$(f,\ g)_1 = \int_0^1 1 \cdot 1 \cdot \left(1 - \frac{3}{2}x\right) dx = x - \frac{3x^2}{4}\bigg|_0^1 = \frac{1}{4}$$

또, $\omega(x) = x$이면 다음과 같다.

$$(f,\ g)_x = \int_0^1 x \cdot 1 \cdot \left(x - \frac{3}{2}x^2\right) dx = \frac{x^2}{2} - \frac{x^3}{2}\bigg|_0^1 = 0$$

위의 예제 5 와 같이 두 함수의 직교성은 사용하는 내적, 즉 가중 함수에 따라 달라진다. 많은 경우에 가중함수를 생각하면 편리하다. 또, 가중 함수에 대한 내적을 이용하여 새로운 직교집합을 생각할 수 있다. 구간 $[a,\ b]$에서 정의된 0이 아닌 함수의 무한 집합 $\{\phi_n\}_{n=0}^{\infty}$가 가중함수 $\omega(x)$에 대한 내적에 대해 다음을 만족시키면 무한 집합 $\{\phi_n\}_{n=0}^{\infty}$를 **구간 [a, b]의 가중함수 ω에 대한 직교집합**이라 한다.

$$\int_a^b \omega(x)\phi_n(x)\phi_m(x)\, dx = 0 \quad (n \neq m)$$

가중함수 ω에 대한 구간 $[a,\ b]$의 정규집합과 함수의 크기도 같은 방법으로 정의한다. 앞으로 모든 경우의 내적을 $(\cdot, \cdot)$로 나타내기로 한다. 그러면 식 (11.5)는 임의의 내적에 대해 형식적으로 같은 모양을 취한다. 일반적으로 가중함수에 대한 내적을 적용하여 얻게 되는 식 (11.5)를 함수 f의 직교집합 $\{\phi_n\}_{n=0}^{\infty}$에 대한 **일반 Fourier 급수**(generalized Fourier series), 계수 c_n을 **일반 Fourier 계수**(generalized Fourier coefficient)라 한다. 앞으로 가중함수에 대한 언급이 없으면 내적은 가중함수 $\omega(x) = 1$에 대한 것으로 생각한다.

예 제 6. 집합$\{1, \cos x, \cos 2x, \cdots, \cos nx, \cdots\}$는 예제 2에서 알아 본 바와 같이 구간 $[0, 2\pi]$의 가중함수 $\omega(x) = 1$에 대한 직교집합이다.

연습문제 11-1

1. 구간 $[-1, 1]$에서 정의된 함수 $\phi_1(x) = 1$, $\phi_2(x) = x$, $\phi_3(x) = x^2$에 대하여 다음을 구하여라.

   (1) (ϕ_1, ϕ_2) (2) (ϕ_1, ϕ_3) (3) $||\phi_1 - \phi_2||^2$ (4) $||2\phi_1 + 3\phi_2||^2$

2. 구간 $[0, 1]$에서 정의된 다음 함수 중에서 서로 직교인 함수의 쌍을 모두 찾아라.

$$\phi_1(x) = \sin 2\pi x, \quad \phi_2(x) = x, \quad \phi_3(x) = \cos 2\pi x, \quad \phi_4(x) = 1$$

3. 다음 두 함수가 주어진 구간에서 직교임을 보여라.

   (1) $\psi_1(x) = e^x$, $\psi_2(x) = xe^{-x} - e^{-x}$; $[0, 2]$

   (2) $g_1(x) = \sin x$, $g_2(x) = e^x$; $\left[\frac{\pi}{4}, \frac{5\pi}{4}\right]$

   (3) $f_1(x) = x^2$, $f_2(x) = x^3$; $[-3, 3]$

   (4) $h_1(x) = \cos x$, $h_2(x) = \sin^2 x$; $[0, \pi]$

4. 구간 $[-L, L]$에서 정의된 다음 함수의 집합이 직교집합임을 보이고, 각 함수의 크기를 구하여라.

$$\left\{1, \cos\frac{n\pi x}{L}, \sin\frac{m\pi x}{L}\right\} \qquad (m, n = 1, 2, 3, \cdots)$$

5. 다음 함수에 대해 지시된 구간에서 주어진 가중함수에 대해 각 쌍의 내적을 구하여라.

(1) $H_0(x) = 1$, $H_1(x) = 2x$, $H_2(x) = 4x^2 - 2$; $\omega(x) = e^{-x^2}$, $(-\infty, \infty)$

(2) $L_0(x) = 1$, $L_1(x) = -x + 1$, $L_2(x) = \dfrac{1}{2}x^2 - 2x + 1$; $\omega(x) = e^{-x}$, $[0, \infty)$

6. 집합 $\{\phi_n\}_{n=0}^{\infty}$이 구간 $[a, b]$의 직교집합일 때, 다음이 성립함을 보여라.

$$||\phi_n + \phi_m||^2 = ||\phi_n||^2 + ||\phi_m||^2 \qquad (m \neq n)$$

7. 함수 $f_1(x) = x$와 $f_2(x) = x^2$은 구간 $[-1, 1]$에서 서로 직교한다. 이 두 함수와 함수 $f_3(x) = x + c_1x^2 + c_2x^3$이 서로 직교하도록 하는 c_1과 c_2를 구하여라.

8. 집합 $C[0, 1]$에 속하는 두 함수 f와 g에 대한 다음 식으로 정의되는 연산 (f, g)는 내적임을 보여라.

$$(f, g) = \int_0^1 xf(x)g(x)\,dx$$

11.2 Fourier 급수

Fourier 급수의 정의

다음과 같은 급수를 **삼각급수**(trigonometric series)라고 한다.

$$A_0 + \sum_{n=1}^{\infty}\left(A_n \cos\frac{n\pi}{L}x + B_n \sin\frac{n\pi}{L}x\right) \quad (x \in [-L,\ L]) \tag{11.6}$$

여기서 $A_0,\ A_1,\ B_1,\ A_2,\ B_2,\ \cdots$는 상수이다. 이 절에서는 구간 $[-L,\ L]$에서 정의된 함수 f를 다음과 같은 형태의 삼각급수로 표현하는 방법에 대해 알아본다.

$$f(x) = \frac{A_0}{2} + \sum_{n=1}^{\infty}\left(A_n \cos\frac{n\pi}{L}x + B_n \sin\frac{n\pi}{L}x\right) \tag{11.7}$$

11.1절의 연습 문제 4에서 다음 함수의 집합 W가 구간 $[-L,\ L]$의 직교집합임을 보였다.

$$W = \left\{1,\ \cos\frac{n\pi}{L}x,\ \sin\frac{m\pi}{L}x\right\}_{n,m=1}^{\infty}$$

특히, 집합 W의 원소들 사이의 내적에 관해 다음이 성립한다.

$$\int_{-L}^{L} \cos\frac{n\pi}{L}x \sin\frac{m\pi}{L}x\, dx = 0 \quad (n = 1,\ 2,\ \cdots,\ m = 1,\ 2,\ \cdots) \tag{11.8}$$

$$\int_{-L}^{L} \cos\frac{n\pi}{L}x\, dx = 0 \quad (n = 1,\ 2,\ \cdots) \tag{11.9}$$

$$\int_{-L}^{L} \sin\frac{m\pi}{L}x\, dx = 0 \quad (m = 1,\ 2,\ \cdots) \tag{11.10}$$

$$\int_{-L}^{L} 1\, dx = 2L \tag{11.11}$$

$$\int_{-L}^{L} \cos\frac{n\pi}{L}x \cos\frac{m\pi}{L}x\, dx = \begin{cases} 0 & (n \neq m) \\ L & (n = m) \end{cases} \tag{11.12}$$

$$\int_{-L}^{L} \sin\frac{n\pi}{L}x \sin\frac{m\pi}{L}x\,dx = \begin{cases} 0 & (n \neq m) \\ L & (n = m) \end{cases} \tag{11.13}$$

이제 식 (11.7)의 양변에 집합 W의 각 원소를 내적시키고 식 (11.9)~(11.13)를 이용하면 다음을 얻는다.

$$A_0 = \frac{1}{L}\int_{-L}^{L} f(x)\,dx \tag{11.14}$$

$$A_n = \frac{1}{L}\int_{-L}^{L} f(x)\cos\frac{n\pi}{L}x\,dx \quad (n = 1,\, 2,\, \cdots) \tag{11.15}$$

$$B_m = \frac{1}{L}\int_{-L}^{L} f(x)\sin\frac{m\pi}{L}x\,dx \quad (m = 1,\, 2,\, \cdots) \tag{11.16}$$

구간 $[-L,\, L]$에서 정의된 함수 f에 대해 계수가 식 (11.14)~(11.16)로 주어지는 삼각급수 (11.7)를 함수 f의 **Fourier 급수**(Fourier series)라 하고, 계수를 **Fourier 계수**(Fourier coefficient)라고 한다.

예 제 **1.** 다음 함수의 Fourier 급수를 구하여라.

$$f(x) = \begin{cases} -1 & (-\pi \leq x < 0) \\ 1 & (0 \leq x \leq \pi) \end{cases}$$

[**풀이**] $L = \pi$이므로 식 (11.9)~(11.16)로부터 다음을 얻는다.

$$\begin{aligned} A_0 &= \frac{1}{\pi}\int_{-\pi}^{\pi} f(x)\,dx = 0, \\ A_n &= \frac{1}{\pi}\int_{-\pi}^{\pi} f(x)\cos nx\,dx \\ &= -\frac{1}{\pi}\int_{-\pi}^{0} \cos n\pi\,dx + \frac{1}{\pi}\int_{0}^{\pi} \cos nx\,dx \\ &= 0 \quad (n = 1,\, 2,\, \cdots), \end{aligned}$$

$$\begin{aligned}B_n &= \frac{1}{\pi}\int_{-\pi}^{\pi} f(x)\sin nx\,dx \\ &= -\frac{1}{\pi}\int_{-\pi}^{0}\sin nx\,dx + \frac{1}{\pi}\int_{0}^{\pi}\sin nx\,dx \\ &= \frac{1}{\pi}\left\{\frac{\cos nx}{n}\bigg|_{-\pi}^{0} - \frac{\cos nx}{n}\bigg|_{0}^{\pi}\right\} \\ &= \frac{1}{\pi}\left\{\frac{2}{n}[1-(-1)^n]\right\} \quad (n = 1, 2, \cdots)\end{aligned}$$

따라서 주어진 함수 f의 Fourier 급수는 다음과 같다.

$$\frac{4}{\pi}\left\{\sin x + \frac{\sin 3x}{3} - \frac{\sin 5x}{5} + \cdots\right\}.$$

Fourier 급수의 수렴

앞에서 Fourier 급수의 수렴성, 주어진 함수와의 관계, Fourier 계수를 구할 때 함수의 곱의 적분 가능성 등을 엄밀히 따지지 않고 형식적으로 다루었다. 다음 정리는 Fourier 급수가 어떤 종류의 함수를 어느 정도까지 표현할 수 있는지에 대해 말하고 있다. 이에 대한 엄밀한 증명은 이 과정의 수준을 넘으므로 생략한다.

정 리 **11.2.1. [Fourier 급수의 수렴]** 함수 $y = f(x)$와 그 도함수 $f'(x)$가 구간 $[-L, L]$에서 조각마다 연속이면, 함수 $y = f(x)$의 Fourier 급수는 연속인 점에서는 $f(x)$에 수렴하고 불연속인 점 $x = x_0$에서는 좌극한 값 $f(x_0-)$과 우극한 값 $f(x_0+)$의 산술평균 $\dfrac{f(x_0+) + f(x_0-)}{2}$에 수렴한다.

예 제 **2.** 예제1의 함수는 조각마다 연속이고 $x = 0$에서 불연속이며 $f(0) = 1$이다. $\sin 0 = 0$이므로 점 $x = 0$에서의 Fourier 급수의 합은 0이다. 또, $x = 0$일 때 Fourier 급수의 합은 $\frac{f(0+)+f(0-)}{2} = 0$이다.

앞으로 특별한 언급이 없으면 모든 함수는 정리11.2.1의 조건을 만족시키는 것으로 가정한다.

함수의 주기 확장

실수의 집합에서 정의된 함수 $f(x)$와 임의의 실수 x에 대하여 양의 실수 p가 존재해서, 식 $f(x) = f(x+p)$가 성립하면 f를 **주기 함수**(periodic function)라 하고 실수 p를 함수 f의 **주기**(period)라고 한다. 예를 들면, 사인 함수와 코사인 함수는 주기 함수이다. 주기 함수는 여러 응용 분야에서 주기적인 현상을 표현하는 데 유용하게 쓰인다.

삼각급수 (11.6)이 나타내는 함수는 주기가 $2L$인 주기 함수이다. 따라서 정리11.2.1의 구간 $[-L, L]$에서 정의된 함수 f의 Fourier 급수는 함수 f를 주기가 $2L$인 주기 함수로 그 정의역을 실수 전체로 확장하여 표현하고 있는 것으로 생각할 수 있다. 이와 같이 함수 f의 Fourier 급수에 의해 실수 전체에서 정의되는 주기 함수를 함수 f의 **주기 확장**(periodic extension)이라고 한다.

예 제 3. 예제1의 Fourier 급수는 주어진 함수의 주기 확장이다.

Fourier 코사인 급수와 사인 급수

함수 $y = f(x)$의 정의역이 원점에 관해 대칭인 구간이라 하자. 이때, 정의역 내의 임의의 점 x에 대하여 식 $f(x) = f(-x)$가 성립하면 함수 f를 **우함수**(even function)라 하고, 식 $f(x) = -f(-x)$가 성립하면 **기함수**(odd function)라고 한다. 기하학적으로 우함수의 그래프는 y축에 관해 대칭이고 기함수의 그래프는 원점에 관해 대칭이다.

예 제 4. $\cos x = \cos(-x)$이므로 $\cos x$는 우함수이고, $\sin x = -\sin(-x)$이므로 $\sin x$는 기함수이다. 또, 상수 함수는 우함수이다.

우함수와 기함수에 대해 다음과 같은 사실을 쉽게 확인할 수 있다.

$$\begin{aligned}(\text{우함수}) \times (\text{우함수}) &= (\text{우함수})\\ (\text{기함수}) \times (\text{기함수}) &= (\text{우함수})\\ (\text{기함수}) \times (\text{우함수}) &= (\text{기함수})\end{aligned} \tag{11.17}$$

또, 다음 성질도 성립한다.

$$\int_{-L}^{L} (\text{우함수})\, dx = 2\int_{-L}^{L} (\text{우함수})\, dx \tag{11.18}$$

$$\int_{-L}^{L} (\text{기함수}) dx = 0 \tag{11.19}$$

구간 $[-L, L]$에서 정의된 함수 f가 우함수라면, $\sin \frac{n\pi}{L}x\,(n = 1, 2, \cdots)$가 기함수이므로 식 (11.17)의 성질에 의해 그 두 함수의 곱 $f(x)\sin\frac{n\pi}{L}x\,(n = 1, 2, \cdots)$는 기함수이다. 그로므로 식 (11.19)을 이용하면 우함수 f의 Fourier 계수 중 B_n은 모두 0이다. 마찬가지로 함수 f가 기함수라면, 1과 $\cos\frac{n\pi}{L}x\ (n = 1, 2, \ldots)$가 우함수이므로 그 두 함수의 곱 $f(x)\cos\frac{n\pi}{L}x\,(n = 0, 1, \cdots)$는 기함수이다. 따라서 식 (11.18)의 성질을 이용하면 기함수 f의 Fourier 계수중 A_n은 모두 0이다.

이상을 종합하면 구간 $[-L, L]$에서 정의된 우함수 f의 Fourier 급수와 계수는 다음과 같이 표현되고 식 (11.20)를 함수 f의 **Fourier 코사인 급수**(Fourier cosine series)라고 한다.

$$\frac{A_0}{2} + \sum_{n=1}^{\infty} A_n \cos\frac{n\pi}{L}x\, dx \tag{11.20}$$

$$A_0 = \frac{2}{L}\int_0^L f(x)\, dx \tag{11.21}$$

$$A_n = \frac{2}{L}\int_0^L f(x)\cos\frac{n\pi}{L}x\, dx \quad (n \geq 1) \tag{11.22}$$

그리고 기함수 f의 Fourier 급수와 계수는 다음과 같이 표현되고, 식 (11.23)를 함수 f의 **Fourier 사인 급수**(Fourier sine series)라고 한다.

$$\sum_{n=1}^{\infty} B_n \sin \frac{n\pi}{L} x \, dx \tag{11.23}$$

$$B_n = \frac{2}{L} \int_0^L f(x) \sin \frac{n\pi}{L} x \, dx \quad (n \geq 1) \tag{11.24}$$

예 제 5. 함수$f(x) = |x|(-L \leq x \leq L)$는 우함수이므로, $B_n = 0$이며 A_n을 계산하면 다음과 같다.

$$\begin{aligned} A_0 &= \frac{2}{L} \int_0^L |x| \, dx = \frac{2}{L} \int_0^L x \, dx = L, \\ A_n &= \frac{2}{L} \int_0^L |x| \cos \frac{n\pi}{L} x \, dx = \frac{2}{L} \int_0^L x \cos \frac{n\pi}{L} x \, dx \\ &= \frac{2}{L} \left\{ x \frac{L}{n\pi} \sin \frac{n\pi}{L} x \Big|_L^0 - \frac{L}{n\pi} \int_0^L \sin \frac{n\pi}{L} \, dx \right\} \\ &= \frac{2}{L} \left\{ 0 - \frac{L^2}{n^2\pi^2} [1 - (-1)^n] \right\} \quad (n \geq 1) \end{aligned}$$

따라서 주어진 함수 f의 Fourier 코사인 급수는 다음과 같다.

$$\frac{L}{2} - \frac{2L}{\pi^2} \sum_{n=1}^{\infty} \frac{1 - (-1)^n}{n^2} \cos \frac{n\pi}{L} x$$

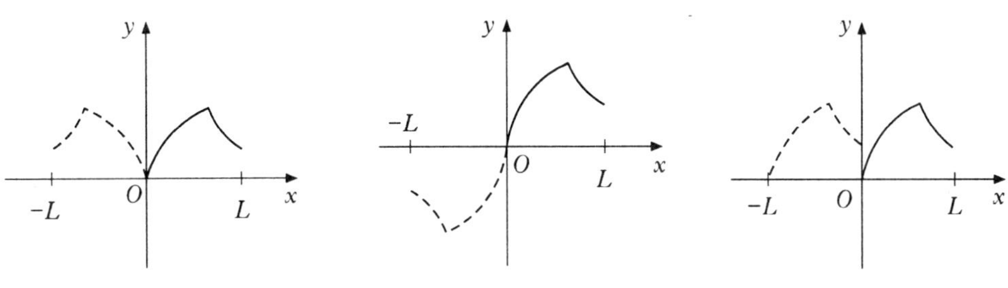

(C1) (C2) (C3)

[**그림 11-1**] 반구간 확장

함수의 반구간 확장

지금까지 함수의 정의역이 $(-L, L)$과 같이 원점에 대칭인 경우만 다루었다. 이제, 구간 $0 < x < L$또는 $-L < x < 0$에서 정의된 함수를 삼각급수로 표현하는 방법에 대해 알아보자.

다음과 같이 세 가지 방법으로 구간 $0 < x < L$에서 정의된 함수 f의 정의역을 $(-L, 0)$으로 확장할 수 있다(그림11-1).

(C1) f를 우함수로 확장하는 방법

(C2) f를 기함수로 확장하는 방법

(C3) f를 $x \in (-L, 0)$에 대해 $f(x) = f(x + L)$이 성립하도록 정의하여 확장하는 방법

함수의 정의역이 $-L < x < 0$인 경우는 위와 같이 생각할 수 있으므로 생략한다. Fourier 코사인 급수와 사인 급수는 주어진 함수의 정의역 $(-L, L)$중에서 실제로 구간 $0 < x < L$에 대응하는 부분만을 이용한다. 따라서 (C1)과 (C2)는 구간 $(-L, L)$에서 함수 f를 Fourier 코사인 급수와 사인 급수로 표현하는 것에 각각 대응한다. 이러한 급수는 실수 전체에서 정의된 함수를 나타내는데, 이 급수로 정의되는 함수를 주어진 함수 f의 **반구간 확장**(half-range expansion)이라고 한다. 이제 (C3)인 경우에 대하여 살펴보자. 다음에 주어진 집합은 임의의 실수 a에 대해 구간 $a < x < a + 2p$의 직교집합임을 보일 수 있다(연습문제 11.2의 7번).

$$\left\{1,\ \cos\frac{n\pi}{p}x,\ \sin\frac{m\pi}{p}x\right\}_{n,m=1}^{\infty}$$

특히, $a = 0$, $2p = L$에 대응하는 다음 집합은 구간 $0 < x < L$의 직교 집합이다.

$$\left\{1,\ \cos\frac{2n\pi}{p}x,\ \sin\frac{2m\pi}{p}x\right\}_{n,m=1}^{\infty}$$

여기서 $\cos\dfrac{2n\pi}{L}x$와 $\sin\dfrac{2m\pi}{L}x$는 모두 주기가 L인 주기 함수이다. 이제 11.1절의

결과를 이용하면 $a = 0$과$b = L$일 때의 일반 Fourier 급수를 얻을 수 있다. 이렇게 얻은 함수 f의 일반 Fourier 급수는 실수 전체 집합에서 주기가 L인 주기 함수를 정의한다. 이와 같이 일반 Fourier 급수에 의해 정의되는 함수를 함수 f의 **L-주기 확장**(L-periodic extension)이라 한다.

예 제 6. 함수 $f(x) = x^2\ (0 < x < L)$의 Fourier 급수, L-주기 확장을 구하여라.

[**풀이**] 위에서 (C3)인 경우에 해당된다. $p = \frac{1}{2}$이고 $\frac{n\pi}{p} = \frac{2n\pi}{L}$이므로 다음을 얻는다.

$$\begin{aligned} A_0 &= \frac{2}{L}\int_0^L x^2\,dx = \frac{2}{3}L^2 \\ A_n &= \frac{2}{L}\int_0^L x^2\cos\frac{2n\pi}{L}x\,dx = \frac{L^2}{n^2\pi^2} \\ B_n &= \frac{2}{L}\int_0^L x^2\sin\frac{2n\pi}{L}x\,dx = -\frac{L^2}{n\pi} \end{aligned}$$

그러므로 주어진 함수의 Fourier 급수는 다음과 같다.

$$\frac{L^2}{3} + \frac{L^2}{\pi}\sum_{n=1}^{\infty}\left\{\frac{1}{n^2\pi}\cos\frac{2n\pi}{L}x - \frac{1}{n}\sin\frac{2n\pi}{L}x\right\}$$

삼각급수의 부분 합과 기브스 현상

Fourier 급수는 무한 개의 함수의 합이다. 그러나 실제로는 모든 항을 이용할 수 없으므로 급수의 부분 합을 이용하여 근사값을 구하게 된다. 이와 관련하여 주어진 함수와 그의 Fourier 급수의 부분 합을 수열의 수렴과의 관계를 예를 들어 생각해 보자. 구간 $[-L, L]$에서 정의된 함수 f의 Fourier 급수에서 처음 N항의 부분 합 $S_N(x)$은 다음과 같다.

$$S_N(x) = \frac{A_0}{2} + \sum_{n=1}^{N}\left\{A_n\cos\frac{n\pi}{L} + B_n\sin\frac{n\pi}{L}x\right\} \tag{11.25}$$

예제 1의 함수 $f(x) = \begin{cases} -1 & (-\pi \le x < 0) \\ 1 & (0 \le x \le \pi) \end{cases}$ 와 f의 Fourier 급수의 부분 합의 수열 $\{S_N(x)\}$의 극한과의 관계를 보자.

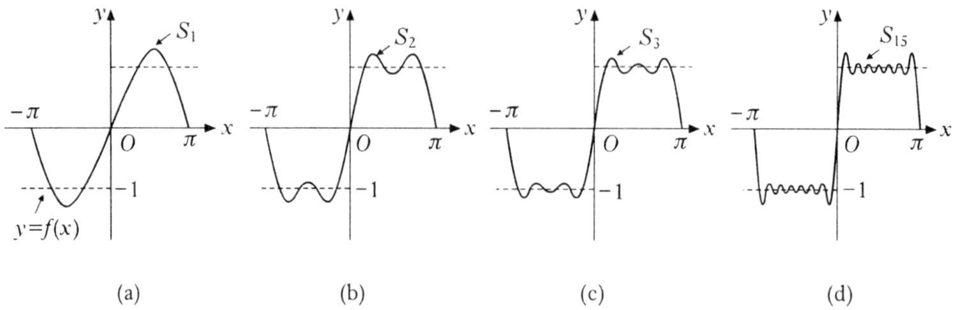

[**그림 11-2**] $S_N(x)$의 그래프

그림 11.2에서 몇 가지 N의 값에 대하여 함수 f와 부분 합의 수열$\{S_N(x)\}$의 그래프를 보였다. 그림에서 알 수 있듯이 부분 합의 수열의 극한은 연속인 점에서는 함수 f의 값과 같다. 그러나 불연속인 점인 $x = 0$의 근처에서는 N이 증가할 때 진동 현상이 나타나며, N이 아무리 커지더라도 그 값의 차이도 조금도 나아지지 않고 있다. 함수f의 불연속인 점 근처에서 f의 Fourier 급수가 나타내는 이러한 현상을 **기브스현상**(Gibbs phenomenon)이라고 한다.

$$S_1 = \frac{4}{\pi}\sin x,$$

$$S_2 = \frac{4}{\pi}\left\{\sin x + \frac{\sin 3x}{3}\right\},$$

$$S_3 = \frac{4}{\pi}\left\{\sin x + \frac{\sin 3x}{3} + \frac{\sin 5x}{5}\right\},$$

$$\vdots$$

$$S_N = \frac{4}{\pi}\left\{\sin x + \frac{\sin 3x}{3} + \frac{\sin 5x}{5} + \cdots + \frac{\sin(2N-1)x}{2N-1} + \cdots\right\},$$

$$\vdots$$

연습문제 11-2

1. 다음 함수를 기함수와 우함수로 분류하여라.

(1) $f(x) = \sin 3x$ (2) $f(x) = x \sin x$ (3) $f(x) = e^{-|x|}$

(4) $f(x) = \begin{cases} -x^2 & (-1 < x < 0) \\ x^2 & (0 \le x < 1) \end{cases}$ (5) $f(x) = x^2 - \cos x$

2. 다음 함수의 Fourier 급수를 구하여라.

(1) $f(x) = 1 + \sin x - \cos 2x$ (2) $f(x) = \cos^3 x \quad (-\pi < x < \pi)$

(3) $f(x) = \begin{cases} x+1 & (-1 < x < 0) \\ x-1 & (0 \le x < 1) \end{cases}$ (4) $f(x) = \begin{cases} -1 & (-\pi < x < \pi) \\ 1 & (0 < x < \pi) \end{cases}$

(5) $f(x) = |\cos x| \quad (-\pi < x < \pi)$ (6) $f(x) = x + \pi \quad (-\pi < x < \pi)$

(7) $f(x) = x|x| \quad (-1 < x < 1)$ (8) $f(x) = \begin{cases} 0 & (-\pi < x < 0) \\ x^2 & (0 \le x < \pi) \end{cases}$

3. 다음 함수를 반구간 확장하여 프리에 사인 급수와 코사인 급수를 구하여라.

(1) $f(x) = e^x \quad (0 < x < L)$ (2) $f(x) = \cos x \quad (0 < x < \pi)$

(3) $f(x) = x^2 + x \quad (0 < x < 1)$ (4) $f(x) = \cos x (0 < x < \pi)$

(5) $f(x) = \begin{cases} x & \left(0 < x < \frac{\pi}{2}\right) \\ \pi - x & \left(\frac{\pi}{2} \le x < \pi\right) \end{cases}$ (6) $f(x) = \begin{cases} 1 & \left(0 < x < \frac{1}{2}\right) \\ 0 & \left(\frac{1}{2} \le x < 1\right) \end{cases}$

4. 본문의 식 (11.17)이 성립함을 보여라.

5. 원점에 대칭인 구간에서 정의된 임의의 함수는 적당한 우함수와 기함수의 합으로 표시됨을 보여라.

6. 문제 2의 (8)번의 결과를 이용하여 다음을 증명하여라.

$$\frac{\pi^2}{6} = 1 + \frac{1}{2^2} + \frac{1}{3^2} + \frac{1}{4^2} + \cdots$$

7. 집합 $\left\{1, \cos\frac{n\pi x}{p}, \frac{m\pi x}{p}\right\}_{n,m=1}^{\infty}$ 는 구간 $[a, a+2p]$의 직교집합임을 보여라. (단, a는 실수이다)

8. (1) 삼각 함수의 항등식 $2\cos nt \sin\frac{1}{2}t = \sin\left(n+\frac{1}{2}\right)t - \sin\left(n-\frac{1}{2}\right)t$를 이용하여 다음 등식이 성립함을 보여라.

$$1 + 2\sum_{n=1}^{N}\cos nt = \frac{\sin\left(N+\frac{1}{2}\right)t}{\sin\frac{1}{2}t} \quad (-\pi \le t \le \pi,\ t \ne 0)$$

(2) $-\pi < x < \pi$에서 정의된 함수 $f(x)$의 Fourier 급수의 제 N항까지의 부분합 $S_N(x)$가 다음 식으로 표현됨을 보여라.

$$S_N(x) = \frac{1}{2\pi}\int_{-\pi}^{\pi} f(t)\frac{\sin(t+\frac{1}{2})(t-x)}{\sin\frac{1}{2}(t-x)}\,dt$$

9. 이변수 함수 $f(x, y)$가 평면의 사각형의 영역 $0 < x < b$, $0 < y < c$에서 정의되어 있다고 하자. 함수 $f(x, y)$에 대하여 **Fourier 이중 사인 급수**(double sine series)와 **이중 코사인 급수**(double cosine series)를 각각 다

음의 식 (a)와 (b)로 정의한다.

$$(a) \qquad f(x,\, y) = \sum_{m=1}^{\infty}\sum_{n=1}^{\infty} A_{mn} \sin\frac{m\pi}{b}x \sin\frac{n\pi}{c}x,$$

$$A_{mn} = \frac{4}{bc}\int_0^c\int_0^b f(x,\, y)\sin\frac{m\pi}{b}x\sin\frac{n\pi}{c}y\,dx\,dy$$

$$(b) \qquad f(x,\, y) = A_{00} + \sum_{m=1}^{\infty} A_{m0}\cos\frac{m\pi}{b}x + \sum_{n=1}^{\infty} A_{0m}\cos\frac{n\pi}{c}y$$

$$+ \sum_{m=1}^{\infty}\sum_{n=1}^{\infty} A_{mn}\cos\frac{m\pi}{b}x\cos\frac{n\pi}{c}x,$$

$$A_{00} = \frac{1}{bc}\int_0^c\int_0^b f(x,\, y)\,dx\,dy$$

$$A_{m0} = \frac{2}{bc}\int_0^c\int_0^b f(x,\, y)\cos\frac{m\pi}{b}x\,dx\,dy,$$

$$A_{0n} = \frac{2}{bc}\int_0^c\int_0^b f(x,\, y)\cos\frac{n\pi}{c}y\,dx\,dy,$$

$$A_{mn} = \frac{4}{bc}\int_0^c\int_0^b f(x,\, y)\cos\frac{m\pi}{b}x\cos\frac{n\pi}{c}y\,dx\,dy$$

(a) 다음 함수의 이중 사인 급수를 구하여라.

$$f(x,\, y) = 1 \quad (0 \le x \le \pi, \quad 0 \le y \le \pi)$$

(b) 다음 함수의 이중 코사인 급수를 구하여라.

$$f(x,\, y) = xy \quad (0 \le x \le 1, \quad 0 \le y \le 1)$$

11.3 Sturm-Liouville 이론

주어진 구간에서 정의된 함수의 Fourier 급수는 그 구간의 직교집합을 알아야 구할 수 있다. 이러한 직교집합은 적당한 선형 이계 상미분 방정식의 경계값 문제의 해를 구함으로써 얻을 수 있다. 이러한 직교집합은 선형 편미분 방정식의 경계값 문제의 해를 변수 분리 방법으로 찾는 데 유용하게 쓰인다. 이 절에서는 이러한 직교집합에 관해 자세히 알아본다.

경계값 문제와 직교집합

함수 $\rho(x)$, $q(x)$, $s(x)$와 $s'(x)$이 구간 $[a,\, b]$에서 연속일 때, 다음과 같은 이계 선형 상미분 방정식을 **Sturm-Liouville 방정식**(Sturm-Liouville equation)이라고 한다.

$$\{s(x)y'\}' + \{\lambda\rho(x) - q(x)\}y = 0 \quad (x \in [a,\, b]) \tag{11.26}$$

여기서 λ는 미지의 상수로서 **고유값 변수**(eigenvalue parameter), 함수 $\rho(x)$를 **가중함수**(weight function)라고 한다. 예를 들면, 방정식 $\phi''(x) + \lambda\phi(x) = 0$과 0차 베셀 방정식 $\{x\psi'(x)\}' + \lambda\{x\psi(x)\} = 0$ 등은 Sturm-Liouville 방정식이다. 주어진 구간의 양 끝점에서 일정한 조건, 즉 **경계조건**(boundary condition)을 만족시키는 Sturm-Liouville 방정식 (11.26)의 해를 찾는 문제를 **Sturm-Liouville 문제**(Sturm-Liouville problem)라고 한다.

예 제 **1.** 다음 경계값 문제의 해를 구하여라.

$$y'' + \lambda y = 0, \quad y(0) = 0, \quad y(L) = 0$$

[**풀이**] (a) $\lambda = 0$이면, 주어진 방정식은 $y'' = 0$이므로 일반해는 $y = c_1 x + c_2$이고, 경계 조건으로부터 $y = 0$을 얻는다.

(b) $\lambda < 0$일 때, 일반해는 다음과 같으므로 경계 조건으로부터 $y = 0$을 얻는다.

$$y = c_1 \cosh \sqrt{-\lambda}x + c_2 \sinh \sqrt{-\lambda}x$$

(c) $\lambda > 0$일 때, 방정식의 일반해는 다음과 같다.

$$y = c_1 \cos \sqrt{\lambda}x + c_2 \sin \sqrt{\lambda}x$$

조건 $y(0) = 0$에서 $c_1 = 0$이 되고, $y(L) = 0$이므로 $c_2 \sin \sqrt{\lambda}L = 0$을 얻는다. 여기서 $c_2 = 0$이라면 $y = 0$이다. $c_2 \neq 0$인 경우에 방정식 $\sin \sqrt{\lambda}L = 0$의 해 λ는 다음과 같다.

$$\lambda = \frac{n^2\pi^2}{L^2} \quad (n = 1,\ 2,\ 3,\ \cdots)$$

따라서 이에 대응하는 자명하지 않은 해 y는 다음과 같다.

$$y = c_2 \sin \frac{n\pi}{L}x \quad (c_2 \neq 0,\ n = 1,\ 2,\ \cdots)$$

종합하면 주어진 경계값 문제의 해 y는 다음과 같다.

$$y = c_n \sin \frac{n\pi}{L}x \quad (n = 1,\ 2,\ 3,\ \cdots) \quad (c_n\text{는 상수})$$

Sturm-Liouville 방정식 (11.26)에 대해 구간 $(a,\ b)$에서 $s(x) > 0$이고 $\rho(x) > 0$이라고 하자. 이 때, (i) $s(a)\rho(a) \neq 0$이고 $s(b)\rho(b) \neq 0$인 경우의 Sturm-Liouville 문제를 **정규**(regular)문제, (ii) $s(a)\rho(a) = 0$ 또는 $s(b)\rho(b) = 0$이거나 한 끝점 또는 경계 조건이 없는 문제를 **특이**(singular)문제라 한다.

예 제 2. Sturm-Liouville 방정식 $\phi'' + \lambda\phi = 0$에 대한 Sturm-Liouville 문제는 임의의 폐구간에서 정규 문제이다. 베셀 방정식$(x\psi')' + \lambda(x\psi) = 0$에 관한 Sturm-Liouville 문제는 구간 $0 \le x \le 1$에서는 특이 문제이고, $1 \le x \le 2$에서는 정규 문제이며, $-1 \le x \le 1$에서는 $x = 0$에서 $s(x) = 0,\ \rho(x) = 0$이므로 어느 쪽에도 속하지 않는다.

Sturm-Liouville 문제는 일반적으로 예제 1과 같이 특정한 λ에 대해 자명하지 않은 해를 가진다. 이러한 특정한 값 λ를 주어진 문제의 **고유값**(eigenvalue)이라 하고 그에 대응하는 자명하지 않은 해, 즉 함수를 **고유 함수**(eigenfunction)라고 한다. 따라서 예제 1에서 구한 수열 $\left\{\dfrac{n^2\pi^2}{L^2}\right\}_{n=1}^{\infty}$ 의 각 원소는 주어진 문제의 고유값이고, 집합 $\left\{\sin\dfrac{n\pi}{L}\right\}_{n=1}^{\infty}$ 의 각 원소는 고유 함수이다.

정규 Sturm-Liouville 문제

구간 $[a, b]$에서의 정규 Sturm-Liouville 문제는 일반적으로 다음과 같이 주어진다.

$$\left.\begin{aligned} &\{s(x)y'\}' + \{\lambda\rho(x) - q(x)\}y = 0 \\ &\alpha_1 y(a) - \beta_1 y'(a) = 0, \quad \alpha_1^2 + \beta_1^2 \neq 0 \\ &\alpha_2 y(b) - \beta_2 y'(b) = 0, \quad \alpha_2^2 + \beta_2^2 \neq 0 \end{aligned}\right\} \tag{11.27}$$

여기서 $\alpha_i, \beta_i\,(i = 1, 2)$는 λ와 관계없는 상수이다. 문제 (11.27)는 제차이므로 $y = 0$은 하나의 해이다. 그러나 우리는 자명하지 않은 해를 찾고자 하며, 그것은 고유값 λ와 그에 대응하는 고유 함수를 찾는 것이다. 이렇게 찾은 정규 Sturm-Liouville 문제의 고유 함수의 집합에 대해 다음의 사실이 알려져 있다.

정 리 **11.3.1.** 구간 $[a, b]$에서의 정규 Sturm-Liouville 문제에 대해 다음이 성립한다.

[1] 다음 조건을 만족시키는 고유값의 수열 $\{\lambda_n\}_{n=1}^{\infty}$이 존재한다.

$$\lambda_1 < \lambda_2 < \cdots < \lambda_n < \cdots, \quad \lim_{n\to\infty} \lambda_n = \infty$$

[2] 하나의 고유값에 대응하는 고유 함수는 무수히 많지만, 서로0이 아닌 상수 배의 차이만 있다.

[3] 서로 다른 고유값에 대응하는 고유 함수는 가중함수 $\rho(x)$에 대한 내적에 대해 서로 직교한다.

[4] 각 고유값에 대응하는 고유 함수를 하나씩 골라 만든 함수의 집합은 가중함수 $\rho(x)$에 대한 구간 $[a,\ b]$의 직교집합이다.

[**증명**] 여기서는 [3]에 대해서만 증명한다. 임의의 서로 다른 두 고유값 λ_n과 λ_m에 대응하는 고유 함수를 각각 ϕ_n과 ϕ_m이라 하자. 각 함수에 대해 문제(11.27)의 방정식을 다시 쓰면, 다음과 같다.

$$\{s(x)\phi_n'\}' + \{\lambda_n \rho(x) - q(x)\}\phi_n = 0 \tag{11.28}$$

$$\{s(x)\phi_m'\}' + \{\lambda_m \rho(x) - q(x)\}\phi_m = 0 \tag{11.29}$$

이제 (11.28)와 (11.29)에 각각 ϕ_n과 ϕ_m을 곱하여 적분하여 다음을 얻는다.

$$\int_a^b \phi_m \{s(x)\phi_n'\}'\, dx + \int_a^b \phi_m \{\lambda_n \rho(x) - q(x)\}\phi_n\, dx = 0 \tag{11.30}$$

$$\int_a^b \phi_n \{s(x)\phi_m'\}'\, dx + \int_a^b \phi_n \{\lambda_m \rho(x) - q(x)\}\phi_m\, dx = 0 \tag{11.31}$$

다시 각각 부분 적분하여 정리하면 다음을 얻는다.

$$s(x)\phi_m\phi_n'\Big|_a^b - \int_a^b s(x)\phi_m'\phi_n'\, dx + \int_a^b \phi_m \{\lambda_n \rho(x) - q(x)\}\phi_n\, dx = 0 \tag{11.32}$$

$$s(x)\phi_n\phi_m'\Big|_a^b - \int_a^b s(x)\phi_n'\phi_m'\, dx + \int_a^b \phi_n \{\lambda_m \rho(x) - q(x)\}\phi_m\, dx = 0 \tag{11.33}$$

이제 식 (11.32)서 식 (11.33)를 빼어 정리하면 다음을 얻는다.

$$\begin{aligned}(\lambda_m - \lambda_n)\int_a^b \rho(x)\phi_n\phi_m\, dx =& s(b)\{\phi_m(b)\phi_n'(b) - \phi_n(b)\phi_m'(b)\} - \\ & s(a)\{\phi_m(a)\phi_n'(a) - \phi_n(a)\phi_m'(a)\}\end{aligned} \tag{11.34}$$

그런데 경계 조건에서 $\alpha_1^2 + \beta_1^2 \neq 0$, $\alpha_2^2 + \beta_2^2 \neq 0$이므로 다음이 성립한다.

$$\phi_m(a)\phi_n'(a) - \phi_n(a)\phi_m'(a) = 0$$
$$\phi_m(b)\phi_n'(b) - \phi_n(b)\phi_m'(b) = 0$$

따라서 다음을 얻는다.

$$(\lambda_m - \lambda_n) \int_a^b \rho(x)\phi_n\phi_m \, dx = 0$$

그런데 $\lambda_n \neq \lambda_m$이므로 다음이 성립한다.

$$\int_a^b \rho(x)\phi_n\phi_m \, dx = 0 \tag{11.35}$$

즉, 두 고유 함수는 가중함수 ρ에 대한 내적에 대해 서로 직교이다. □

예 제 **3.** 다음에 주어진 문제는 정규 Sturm-Liouville 문제이다.

$$y'' + \lambda y = 0, \ y'(0) = 0, \ y'(L) = 0$$

주어진 문제의 고유값은 수열 $\left\{\dfrac{n^2\pi^2}{L^2}\right\}_{n=0}^{\infty}$ 이며 $\left\{\cos\dfrac{n\pi}{L}\right\}_{n=0}^{\infty}$ 는 그에 대응하는고유 함수이다. 따라서 고유 함수의 집합은 위의 정리에 의해 직교집합이다.

정리 11.3.1의 증명에서 사용한 식 (11.34)으로부터 다음 결과를 얻을 수 있다.

따름정리 **11.3.2.** [1] $s(a) = 0$이면 $x = a$에서의 경계 조건에 관계없이 위의 정리가 성립한다.

[2] $s(b) = 0$이면 $x = b$에서의 경계 조건에 관계없이 위의 정리가 성립한다.

[3] $s(a) = s(b)$이고 경계 조건이 $y(a) = y(b), y'(a) = y'(b)$이면 위의 정리가 성립한다.

따름 정리11.3.2의 경계 조건 [3]을 **주기적 조건**(periodic boundary condition)이라고 한다. 정리11.3.1와 따름 정리 11.3.2으로부터 주기적 조건을 가진 정규 Sturm-Liouville 문제의 서로 다른 고유 함수는 항상 서로 직교한다. 또, 특이 Sturm-Liouville 문제의 경우에도, 즉 $s(a) = 0$ 또는 $s(b) = 0$이면 같은 결과를 얻는다.

자기 동형의 미분 방정식

방정식 (11.26)과 같은 형식으로 다시 표현될 수 있는 이계 선형 미분 방정식을 **자기 동형**(self-adjoint form)이라고 한다. 따라서 Sturm-Liouville 방정식은 자기 동형 미분 방정식이다. 주어진 구간에서 모든 계수가 모두 연속이고 $a(x) \neq 0$인 다음과 같은 이계 선형 미분방정식은 적분 인자 $\frac{1}{a(x)} e^{\int \frac{b}{a} dx}$를 식의 양변에 곱하면 자기 동형의 형태로 쓸 수 있다.

$$a(x)y''(x) + b(x)y' + \{c(x) + \lambda d(x)\}y = 0 \tag{11.36}$$

예 제 **4.** 다음은 n차 매개 Bessel 방정식이다.

$$x^2y'' + xy' + (\lambda^2x^2 - n^2)y = 0 \quad (0 \leq x \leq b,\ n = 0,\ 1,\ 2,\ \cdots)$$

이 방정식의 일반해는 다음고 같이 표현될 수 있다는 사실이 알려져 있다.

$$y = c_1J_n(\lambda x) + c_2Y_n(\lambda x)$$

적분 인자 $\frac{1}{x}$을 주어진 방정식에 곱하면 자기 동형인 다음 방정식을 얻는다.

$$(xy')' + (\lambda^2x - \frac{n^2}{x})y = 0$$

이제 $s(0) = 0$이고, 함수 $J_n(\lambda x)$와 $Y_n(\lambda x)$중에서 $J_n(\lambda x)$이 구간 $0 \leq x \leq b$에

서 유계인 해이다. 따라서 따름정리11.3.2의 [1]에 의해 집합 $\{J_n(\lambda_i x)\}_{i=1}^{\infty}$이 구간 $0 \le x \le b$의 가중함수 $\rho(x) = x$에 대한 직교집합이다. 여기서 고유값의 수열 $\{\lambda_i\}_{i=1}^{\infty}$은 끝점 $x = b$에서 다음 경계 조건에 의해 결정된다.

$$\alpha_2 J_n(\lambda b) + \beta_2 \lambda J_n'(\lambda b) = 0 \tag{11.37}$$

방정식 (11.37)에서 적어도 하나가 0이 아닌 임의의 α_2와 β_2를 택해도 방정식 (11.37)은 무한 개의 근 λ_i가 존재한다는 사실이 알려져 있다. 다음 절에서 Fourier-Bessel 급수와 관련하여 고유값에 대해 더 자세히 살펴보기로 한다.

연습문제 11-3

1. 다음 Sturm-Liouville 문제의 고유값과 고유 함수를 구하여라.

   (1) $\phi'' + \lambda\phi = 0, \quad \phi(0) = 0, \quad \phi(\pi) = 0$

   (2) $\phi'' + \lambda\phi = 0, \quad \phi(0) = 0, \quad \phi'\left(\frac{\pi}{2}\right) = 0$

   (3) $\phi'' + \lambda\phi = 0, \quad \phi'(0) = 0, \quad \phi'(L) = 0$

   (4) $y'' + \lambda y = 0, \quad y(0) + y'(0) = 0, \quad y(1) = 0$

   (5) $y'' + \lambda y = 0, \quad y(1) + y'(1) = 0, \quad y(0) = 0$

   (6) $y'' + 2y' + (\lambda + 1)y = 0, \quad y(0) = 0, \quad y(5) = 0$

   (7) $y'' + \lambda^2 y = 0, \quad y(0) = 0, \quad y(1) = 0$

   (8) $y'' + \lambda^2 y = 0, \quad y(0) = 0, \quad y'(3\pi) = 0$

2. 다음의 **르게르 방정식**(Leguerre's differential equation)을 자기 동형의 형태로 변형하여 나타내고 가중함수를 말하여라.

$$xy'' + (1 - x)y' + ny = 0 \quad (n = 0, 1, 2, \cdots)$$

3. 다음의 **에르미트 방정식**(Hermite's differential equation)을 자기 동형의 형태로 변형하여 나타내고 가중함수를 말하여라.

$$y'' - 2xy' + 2ny = 0 \quad (n = 0, 1, 2, \cdots)$$

11.4 Bessel과 Legendre 급수

11.3절의 예제 3과 4에서 알아보았듯이 주어진 구간의 직교집합은 유일하지 않다. 따라서 11.1절에서와 같이 함수를 일반 Fourier 급수로 표현할 수 있는데, 이는 경우에 따라 11.2절의 Fourier 급수, 즉 삼각급수보다 더 편리할 때가 많다.

Fourier-Bessel 급수

11.3절의 예제 4에서 n차 Bessel 함수의 집합 $\{J_n(\lambda_i x)\}_{i=1}^{\infty}$가 가중함수 $\rho(x) = x$에 대하여 구간 $0 \le x \le b$의 직교집합임을 알았다. 여기서 고유값의 수열 $\{\lambda_i\}_{i=1}^{\infty}$는 경계 $x = b$에서 경계 조건에 대응하는 다음 방정식에 의해 결정된다.

$$\alpha_2 J_n(\lambda b) + \beta_2 \lambda J_n'(\lambda b) = 0 \tag{11.38}$$

따라서 11.1절의 결과를 이용하면 고유 함수 $\{J_n(\lambda_i x)\}_{i=1}^{\infty}$를 써서 구간 $0 < x < b$에서 정의된 함수 f를 다음과 같은 일반 Fourier 급수로 형식적으로 표현할 수 있다.

$$f(x) = \sum_{i=1}^{\infty} c_i J_n(\lambda_i x) \tag{11.39}$$

$$c_i = \frac{\displaystyle\int_0^b x J_n(\lambda_i x) f(x)\,dx}{\displaystyle\int_0^b x J_n^2(\lambda_i x)\,dx} \qquad (i = 1,\, 2,\, \cdots) \tag{11.40}$$

이와 같이 식 (11.39)와 (11.40)으로 표현되는 일반 Fourier 급수를 **Fourier-Bessel 급수**라고 한다. 이 급수의 수렴에 관한 충분 조건은 다음과 같다.

정 리 **11.4.1. [Fourier-Bessel 급수의 수렴]** 열린 구간 $0 < x < b$에서 함수 f와 그 도함수 f'가 조각마다 연속이면, 함수 f의 Fourier-Bessel 급수는 연속인 점

x에서는 $f(x)$에 수렴하고 불연속인 점 $x = x_0$에서는 $\dfrac{f(x_0-) + f(x_0+)}{2}$에 수렴한다.

식 (11.40)은 경계 조건 (11.38)에 따라 여러 가지 경우로 나누어 생각하면 조금 더 자세히 표현 할 수 있는데, 이에 대해 알아보기로 하자.

Bessel 함수는 다음의 미분 순환 관계를 만족시킨다.

$$\{x^n J_n(x)\}' = x^n J_{n-1}(x) \tag{11.41}$$

$$\{x^{-n} J_n(x)\}' = -x^{-n} J_{n+1}(x) \tag{11.42}$$

먼저 11.3절의 예제 4로부터 $y = J_n(\lambda x)$는 다음 방정식의 해이다.

$$(xy')' + \left(\lambda^2 x - \frac{n^2}{x}\right) y = 0$$

이 식에 $2xy'$를 곱하면 다음 식을 얻는다.

$$\{(xy')^2\}' + (\lambda^2 x^2 - n^2)\{y^2\}' = 0$$

이것을 부분 적분하여 정리하면 다음과 같다.

$$2\lambda^2 \int_0^b xy^2\, dx = \{(xy')^2 + (\lambda^2 x^2 - n^2) y^2\}\Big|_0^b$$

한편, $n > 0$이면 $y(0) = J_n(0) = 0$이고, $n = 0$이고 $x = 0$이면 $\{xy'\}^2 + \lambda^2 x^2 y^2 = 0$이다. 또, $y' = \lambda J_n'(\lambda x)$이므로 다음이 성립한다.

$$2\lambda^2 \int_0^b x J_n^2(\lambda x)\, dx = \lambda^2 b^2 \{J_n'(\lambda b)\}^2 + \{\lambda^2 b^2 - n^2\}\{J_n(\lambda b)\}^2 \tag{11.43}$$

이제 경계 조건 (11.38)의 여러 경우 중에서 다음 세 가지를 생각하여 보자.

[경우 1] $\beta_2 = 0,\ \alpha_2 \neq 0$

이 경우에 식 (11.38)은 다음과 같다.

$$J_n(\lambda b) = 0 \tag{11.44}$$

방정식 (11.44)은 그림 5.3에서 알 수 있듯이 무한 개의 양의 실근 x_i, 따라서 무한 개의 고유값 $\lambda_i = \dfrac{x_i}{b}$를 가진다. 그런데 $\lambda = 0$이면 $J_n(0) = 0\ (n > 0)$이므로 자명한 해를 가진다. 또, $J_0(0) = 1$이므로 조건 (11.44)을 만족시키지 못하므로 $\lambda = 0$은 고유값이 아니다. 식 (11.42)를 이용하면 식 (11.43)으로부터 다음을 얻는다.

$$\| J_n \|^2 = \int_0^b x J_n^2(\lambda x)\, dx = \frac{b^2}{2} J_{n+1}^2(\lambda_i b)$$

따라서 구간 $0 < x < b$에서 정의된 함수 f의 Fourier-Bessel 급수는 다음과 같다.

$$\left.\begin{aligned} f(x) &= \textstyle\sum_{i=1}^{\infty} c_i J_n(\lambda_i x) \\ c_i &= \frac{2}{b^2 J_{n+1}^2(\lambda_i b)} \int_0^b x J_n(\lambda_i x) f(x)\, dx \end{aligned}\right\} \tag{11.45}$$

[경우 2] $\beta_2 > 0,\ \alpha_2 \geq 0\ (n > 0)$

경계 조건에 관한 식 (11.38)에서 $\beta_2 = b$로 택할 수 있으므로, $\beta_2 = b$로 놓자. 식 (11.38)은 $n > 0$에 대해 무한 개의 양의 근을 갖는다. 경우 1과 마찬가지로 $\lambda = 0$는 고유값이 될 수 없다. 또 식 (11.38)에서 다음 관계식을 얻는다.

$$\beta_2 \lambda_i J_n'(\lambda_i b) = -\alpha_2 J_n(\lambda_i b)$$

이를 식 (11.43)에 대입하여 다음을 얻는다.

$$\| J_n \|^2 = \frac{\lambda_i^2 b^2 - n^2 + \alpha_2^2}{2\lambda_i^2} J_n^2(\lambda_i b)$$

따라서 함수 f의 Fourier-Bessel 급수 표현은 다음과 같다.

$$\left.\begin{aligned} f(x) &= \textstyle\sum_{i=1}^{\infty} J_n(\lambda_i x) \\ c_i &= \frac{2\lambda_i^2}{(\lambda_i^2 b^2 - n^2 + \alpha_2^2) J_n^2(\lambda_i b)} \int_0^b x J_n(\lambda_i x) f(x)\, dx \end{aligned}\right\} \tag{11.46}$$

[경우 3] $\alpha_2 = 0, n = 0$

이 경우에 식(11.38)은 다음과 같다.

$$J_0'(\lambda b) = 0 \tag{11.47}$$

이는 $\lambda = 0$가 고유값이 되는 유일한 경우이다. 왜냐하면 식 (11.42)로부터 식 (11.47)은 $J_1(\lambda b) = 0$와 같고 $J_0(0) = 1$이므로, $\lambda = 0$일 때 상수 함수 1은 다음 미분 방정식의 자명하지 않은 해가 되기 때문이다.

$$(xy')' + \lambda^2 xy = 0$$

한편, 각 고유 함수의 크기는 다음과 같다.

$$\| 1 \|^2 = \frac{b^2}{2}\ (\lambda = 0), \quad \| J_0 \|^2 = \frac{b^2}{2} J_0^2(\lambda_i b)\ (\lambda_i > 0,\ i = 2,\ 3,\ \cdots)$$

따라서 함수 f의 Fourier-Bessel 급수 표현은 다음과 같다.

$$\left.\begin{aligned} f(x) &= c_1 + \textstyle\sum_{i=2}^{\infty} c_i J_n(\lambda_i x) \\ c_i &= \frac{2}{b^2} \int_0^b x f(x)\, dx \\ c_i &= \frac{2}{b^2 J_0^2(\lambda_i b)} \int_0^b x J_0(\lambda_i x) f(x)\, dx \end{aligned}\right\} \tag{11.48}$$

위의 각 경우에서 고유값 λ_i는 각 경계 조건에 대응하는 방정식을 만족시키는 값으로서 Bessel 함수에 관한 표를 이용하거나 수치적 방법으로 얻는다.

예 제 **1.** 함수 $f(x) = x\ (0 < x < 3)$에 대해 $J_1(3\lambda) = 0$을 만족시키는 일차 Bessel 함수를 이용하여 Fourier-Bessel 급수를 구하여라.

[**풀이**] 주어진 경계 조건으로부터 이 문제는 경우 1에 해당한다. 따라서 계수는 다음 식을 만족시킨다.

$$c_i = \frac{2}{3^2 J_2^2(3\lambda_i)} \int_0^3 x^2 J_1(\lambda_i x)\, dx$$

$s = \lambda_i x$로 놓으면 식 (11.41)에서 $\{s^2 J_2(s)\}' = s^2 J_1(s)$이고 위의 식은 다음과 같이 쓸 수 있다.

$$\begin{aligned} c_i &= \frac{2}{9\lambda_i^3 J_2^2(3\lambda_i)} \int_0^{3\lambda_i} \{s^2 J_2(s)\}'\, ds \\ &= \frac{2}{\lambda_i J_2(3\lambda_i)} \end{aligned}$$

그러므로 구하는 급수는 다음과 같다.

$$f(x) = 2\sum_{i=1}^{\infty} \frac{1}{\lambda_i J_2(3\lambda_i)} J_1(\lambda_i x)$$

Fourier-Legendre 급수

Legendre 다항식 $P_n(x)$는 $\lambda = n(n+1)$에 대응하는 다음 방정식의 유계인 해이다.

$$(1 - x^2)y'' - 2xy' + \lambda y = 0 \quad (-1 \le x \le 1)$$

이 방정식은 다음과 같이 자기 동형의 형태로 다시 쓸 수 있다.

$$\{(1 - x^2)y'\}' + \lambda y = 0$$

여기서 $s(x) = 1 - x^2$이므로 $s(\pm 1) = 0$이다. 따라서 이 방정식의 Sturm-Liouville

문제는 특이 문제이므로 따름 정리11.3.2 으로부터 Legendre 다항식의 집합 $\{P_n(x)\}_{n=0}^{\infty}$는 가중함수$\rho(x) = 1$에 대해 구간 $-1 \le x \le 1$의 직교집합이다. 또, $\| P_n \|^2 = \dfrac{2}{2n+1}$ $(n = 0, 1, 2, \cdots)$이므로 (11.3절의 연습 문제 참조) 구간 $-1 \le x \le 1$에서 정의된 함수 f의 일반 Fourier 급수는 다음과 같다.

$$f(x) = \sum_{n=0}^{\infty} c_n P_n(x) \tag{11.49}$$

$$c_n = \frac{2n+1}{2} \int_{-1}^{1} P_n(x) f(x)\, dx \tag{11.50}$$

식 (11.49)와 (11.50)과 같이 표현되는 일반 Fourier 급수를 **Fourier-Legendre 급수**라고 하는데, 이의 수렴에 관한 충분 조건은 다음 정리와 같다.

정 리 11.4.2. [Fourier-Legendre 급수의 수렴] 열린 구간 $(-1, 1)$에서 함수 f와 그 도함수 f'가 조각마다 연속이면, 함수 f의 Fourier-Legendre 급수는 연속인 점 x에서는 $f(x)$에 수렴하고 불연속인 점 $x = x_0$에서는 $\dfrac{f(x_0+) + f(x_0+)}{2}$에 수렴한다.

예 제 2. 함수 $f(x) = \begin{cases} 0 & (-1 < x \le 0) \\ 1 & (0 < x < 1) \end{cases}$를 처음 세 개의 르장드르 다항식을 이용하여 Fourier-Legendre 급수로 표현하여라.

[**풀이**] 처음 세 개의 Legendre 다항식은 각각 다음과 같다.

$$P_0(x) = 1, \qquad P_1(x) = x, \qquad P_2(x) = \frac{1}{2}(3x^2 - 1)$$

식 (11.50)을 이용하여 Fourier-Legendre 급수의 계수를 구하면 다음과 같다.

$$c_0 = \frac{1}{2}\int_{-1}^{1} f(x)P_0(x)\, dx = \frac{1}{2}, \qquad c_1 = \frac{3}{2}\int_{-1}^{1} f(x)P_1(x)\, dx = \frac{3}{4},$$

$$c_2 = \frac{5}{2}\int_{-1}^{1} f(x)P_2(x)\, dx = \frac{5}{2}\int_{0}^{1} 1 \cdot \frac{1}{2}(3x^2 - 1)\, dx = 0$$

따라서 $f(x) = \frac{1}{2}P_0(x) + \frac{3}{4}P_1(x) + \cdots$ 이다.

연습문제 11-4

1. 주어진 경계 조건과 같은 차수의 Bessel 함수를 이용하여 다음 문제의 Fourier-Bessel 급수를 구하여라.

   (1) $f(x) = 5x\ (0 < x < 4),\quad 3J_1(4\lambda) + 4\lambda J_1'(4\lambda) = 0$

   (2) $f(x) = x^2\ (0 < x < 1),\quad J_2(\lambda) = 0$

   (3) $f(x) = 1 - x^2\ (0 < x < 1),\quad J_0(\lambda) = 0$

   (4) $f(x) = x^2\ (0 < x < 3),\quad J_0'(3\lambda) = 0$ [힌트: $x^3 = x^2 \cdot x$]

2. 다음 함수의 Fourier-Legendre 전개에서 계수가 0이 아닌 처음 네 항을 구하여라.

   (1) $f(x) = \begin{cases} 0 & (-1 < x < 0) \\ x & (0 \le x < 1) \end{cases}$　　(2) $f(x) = e^x \quad (-1 < x < 1)$

3. $f(x) = x^3$의 Fourier-Legendre 급수를 구하여라.

4. $x = \cos\theta$라 할 때, 처음 세 개의 Legendre 다항식 $P_i(\cos\theta)$ $(i = 0,\ 1,\ 2)$를 구하여라.

5. Fourier-Legendre 급수에 관한 식 (11.49)와 (11.50)은 $x = \cos\theta$로 치환하면 다음과 같이 쓸 수 있음을 보여라. 단, $F(\theta) = f(\cos\theta)$이다.

$$F(\theta) = \sum_{n=0}^{\infty} c_n P_n(\cos\theta),$$

$$c_n = \frac{2n+1}{2}\int_0^{\pi} F(\theta)P_n(\theta)\sin\theta\, d\theta \quad (n = 0,\ 1,\ 2,\ \cdots)$$

제 12 장

편미분 방정식

편미분 방정식은 처음에 현의 진동, 탄성체, 고전 역학, 전기학, 유체 역학, 열전도, 전자기학 등의 분야에서 나타나는 현상을 이해하고 응용하기 위한 모델(문제)로서 연구되었다. 이러한 편미분 방정식의 해를 구하는 방법은 여러 가지 있지만. 모든 것을 다룰 수는 없다. 여기서는 제 11장의 결과를 이용하여 여러 응용 분야에서 공통적으로 자주 나타나는 편미분 방정식의 해를 구하는 방법을 소개 한다. 특히, 변수분리 방법에 대해 소개한다.

12.1 선형 이계 편미분 방정식

독립 변수가 두 개 이상인 함수의 편도함수를 한 개 이상 포함하고 있는 방정식을 **편미분 방정식**(partial differential equation)이라고 한다. 이때, 계수가 가장 높은 도함수의 계수를 그 방정식의 **계수**(order)라고 한다. 상미분 방정식의 경우과 같이 편미분 방정식이 종속 변수 및 편도함수에 관해 선형 또는 일차이면 **선형**(linear)이라고 한다. 따라서 독립 변수가 두 개일 때 다음과 같은 꼴의 방정식은 **선형 이계 편미분 방정식**(linear second order partial differential equation)이다.

$$Au_{xx} + 2Bu_{xy} + Cu_{yy} + Du_x + Eu_y + Fu = G \tag{12.1}$$

여기서 $A, B, \cdots, G$는 일반적으로 독립 변수 x와y의 함수이다. 특히, $G = 0$이면 방정식 (12.1)을 **제차**(homogeneou)방정식, $G \neq 0$이면 **비제차**(nonhomogeneous) 방정식 이라고 한다. 여기서는 주로 독립 변수가 두 개인 경우의 방정식에 대해 다룬다. 다음은 여러 응용 분야에서 자주 나타나는 선형 이계 편미분 방정식의 예이다.

$$u_{xx} + u_{yy} = 0 \quad \text{(Laplace 방정식: Laplace's equation)} \tag{12.2}$$

$$u_{xx} + u_{yy} = G \quad \text{(Poisson 방정식: Poisson's equation)} \tag{12.3}$$

$$u_{tt} - c^2 u_{xx} = 0 \quad \text{(파동 방정식: wave equation)} \tag{12.4}$$

$$u_t - ku_{xx} = 0 \quad \text{(열전도 방정식: heat equation)} \tag{12.5}$$

방정식의 해

방정식 (12.1)을 만족시키는 이변수 함수 $z = u(x, y)$를 방정식 (12.1)의 **해**라 하고, 해를 구하는 과정을 **방정식을 푼다**고 한다. 일반적으로 상미분 방정식의 경우와 같이 편미분 방정식에 대해 일반해를 구할 수는 없다. 따라서 몇 개의 특별한 해를 안다면 그것들을 결합하여 새로운 해를 구성해 내는 것이 중요하다. 이와 관련하여 다음 두개의 정리는 선형 방정식의 경우에 해를 구하는 데 사용할 수 있는 아주 중요한 정리이다. 증명은 독자에게 연습 문제로 남긴다.

예 제 **1.** 편미분방정식 $u_{xx} - u = 0$의 해를 구하여라.

[**풀이**] y에 대한 도함수가 없으므로 $u'' - u = 0$과 같이 풀 수 있다. 3.3절에서처럼 그 해는 $u = Ae^x + Be^{-x}$로 얻을 수 있을 것이다. 여기서는 A와B가 y의 함수가 될 수 있으므로, 그 답은

$$u(x, y) = A(y)e^x + B(y)e^{-x}$$

이며 A와 B는 임의의 함수이므로 대단히 다양한 해가 존재한다.

예 제 **2.** 편미분방정식 $u_{xy} = -u_x$의 해를 구하여라.

[**풀이**] $u_x = p$라 두면 주어진 편미분방정식은 $p_y = -p$이다. 이것은 $p_y/p = -1$이고, 이것을 적분하면 $\ln p = -y + \tilde{c}(x)$이 되고 정리하면 $p = c(x)e^{-y}$이다. 이것을 x에 관하여 적분하면

$$u(x, y) = f(x)e^{-y} + g(y) \quad (\text{단}, \quad f(x) = \int c(x)dx)$$

이다. 여기서 $f(x)$와 $g(y)$는 임의의 함수이다.

정 리 **12.1.1. [중첩의 원리]** 함수 $u_1, u_2, \cdots, u_n$이 제차 선형 이계 편미분 방정식 (12.1)의 해이면, 임의의 n개의 상수 $c_1, c_2, \cdots, c_n$에 대한 다음의 일차 결합 u도 (12.1)의 해이다.

$$u = c_1u_1 + c_2u_2 + \cdots + c_nu_n$$

예 제 **3.** 임의의 실수 k에 대해 $e^{-kx}\cos ky$를 Laplace 방정식에 직접 대입하면 해가 됨을 보일 수 있다. 따라서 정리 12.1.1로부터 $u(x,y) = e^{-x}\cos y + e^{-\pi x}\cos \pi y$도 Laplace 방정식의 해이다.

정 리 **12.1.2. [뺄셈의 원리]** 함수 u_1과 u_2가 각각 $G \neq 0$인 비제차 방정식 (12.1)의 해이면, 함수 $u = u_1 - u_2$는 그에 대응하는 $G = 0$인 제차 방정식 (12.1)의 해이다.

뺄셈의 원리와 중첩의 원리는 비제차 방정식의 특수해 u_p와 그에 대응하는 제차 방정식의 일반해 u_h를 알면 비제차 방정식의 일반해 u는 $u = u_h + u_p$가 된다는 것을 알 수 있다.

예 제 **4.** 다음과 같이 정의된 함수 u와 v는 Poisson 방정식 $u_{xx} + u_{yy} = 1$의 해이다.

$$u(x,y) = \frac{x^2}{2}, \quad v(x,y) = \frac{1}{4}(x^2 + y^2)$$

따라서 다음 함수는 Laplace 방정식 $u_{xx} + u_{yy} = 0$.

$$u(x,y) - v(x,y) = \frac{1}{4}(x^2 - y^2)$$

선형 이계 편미분 방정식의 분류

방정식 (12.1)은 이계 항의 계수 A, B, C에 대해 $AC - B^2$의 부호에 따라 다음과 같이 분류한다. 여기서 식 $AC - B^2$을 **판별식**(determinant)이라고 한다.
방정식 (12.1)을

(i) $AC - B^2 > 0$이면, **타원형**(elliptic)이라고 한다.

(ii) $AC - B^2 < 0$이면, **쌍곡선형**(hyperbolic)이라고 한다.

(iii) $AC - B^2 = 0$이면, **포물선형**(parabolic)이라고 한다.

일반적으로 A, B, C는 이변수 함수이므로 주어진 영역 전체에서 판별식의 부호가 유일하지 않다. 그러나 계수가 모두 상수일 때는 일의적으로 결정된다.

예 제 5. 다음 주어진 방정식을 분류하여라.

[1] $3\dfrac{\partial^2 u}{\partial x^2} = \dfrac{\partial u}{\partial y}$ [2] $\dfrac{\partial^2 u}{\partial x^2} = \dfrac{\partial^2 u}{\partial y^2}$ [3] $\dfrac{\partial^2 u}{\partial x^2} + \dfrac{\partial^2 u}{\partial y^2} = 0$

[**풀이**] [1] 주어진 방정식을 다시 쓰면

$$3\frac{\partial^2 u}{\partial x^2} - \frac{\partial u}{\partial y} = 0$$

이므로 $A = 3$, $B = 0$과 $C = 0$임을 확인할 수 있다. 따라서 $B^2 - 4AC = 0$이므로 방정식은 포물선형이다.

[2] 주어진 방정식을 다시 쓰면

$$\frac{\partial^2 u}{\partial x^2} - \frac{\partial^2 u}{\partial y^2} = 0$$

이므로 $A = 1, B = 0$ 및 $C = -1$이고, 따라서 $B^2 - 4AC = -4(1)(-1) > 0$이다. 그러므로 방정식은 쌍곡선형이다.

[3] $A = 1, B - 0$ 및 $C = 1$이므로 $B^2 - 4AC = -4(1)(1) < 0$이다. 그러므로 방정식은 타원형이다.

위의 방정식의 형태는 해의 성질, 즉 그에 대응하는 현상과 밀접한 관련이 있다. 아주 간단히 말하면 타원형의 방정식은 **평형**(equilibrium) 상태를 나타내는 현상, 쌍곡선형의 방정식은 파동과 같은 **전파**(propagation)하는 현상과 간계가 있으며, 포물선형의 방정식은 열전도나 냄새의 확산과 같은 **확산**(diffusion) 현상과 관련이 있다. 방정식의 형태를 분류하는 수학적인 이론은 이 과정의 정도를 넘으므로 생략하기로 한다.

변수분리 방법

독립 변수가 두 개인 편미분 방정식의 해 $u(x, y)$를 구하는 방법으로 **변수분리 방법**(method of separation of variables)이 있다. 이는 $u(x, y) = f_1(x)f_2(y)$와 같은 꼴의 해를 찾는 것이다. 그러한 해가 있다면 원래의 방정식은 두 개의 상미분 방정식으로 변환되고 각 상미분 방정식의 해를 곱하여 편미분 방정식의 해를 나타낼 수 있다. 이와 같은 해를 **분리해**(separated solution)라 하고, 분리해를 갖는 방정식을 **분해 가능한 방정식**(separable equation)이라고 한다. 보기를 통하여 변수분리 방법의 과정을 살펴보기로 하자.

예 제 **6.** Laplace 방정식 $u_{xx} + u_{yy} = 0$의 해를 $u(x, y) = f_1(x)f_2(y)$로 놓자. 그러면 함수 u의 편도함수에 대해 다음을 얻는다.

$$u_x = f_1' f_2, \quad u_y = f_1 f_2', \quad u_{xy} = f_1' f_2', \quad u_{xx} = f_1'' f_2, \quad u_{yy} = f_1 f_2''$$

그러면 주어진 방정식으로부터 임의의 x와 y에 대해 다음의 성립한다.

$$u_{xx} + u_{yy} = f_1'' f_2 + f_1 f_2'' = 0$$

그러므로 구하는 해가 0이 아니라면 다음을 얻는다.

$$\frac{f_1''(x)}{f_1(x)} + \frac{f_2''(y)}{f_2(y)} = 0$$

그런데 이 식은 좌변의 첫째 항은 x에만 의존하고 둘째 항은 y에만 의존하므로, 좌변의 각 항이 상수일 때만 성립한다. 그러므로 위의 식은 아래와 같이 두 개의 상미분 방정식으로 나누어 쓸 수 있다.

$$\frac{f_1''(x)}{f_1(x)} = \lambda, \quad \frac{f_2''(y)}{f_2(y)} = -\lambda$$

여기서 상수 λ를 **분리상수**(separation constant)라 한다. 위 식을 정리하면 다음과 같이 계수가 상수인 선형 이계 상미분 방정식을 얻는다.

$$f_1''(x) - \lambda f_1(x) = 0, \quad f_2''(y) + \lambda f_2(y) = 0$$

이제 상수 λ의 부호에 따라 다음과 같이 세 가지 경우로 나누어 생각해 보자

(i) $\lambda > 0$이면 각 방정식의 일반해는 다음과 같다.

$$f_1(x) = A_1 e^{x\sqrt{\lambda}} + A_2 e^{-x\sqrt{\lambda}}, \quad f_2(y) = A_3 \cos\sqrt{\lambda}y + A_4 \sin\sqrt{\lambda}y$$

(ii) $\lambda = 0$이면 각 방정식의 일반해는 다음과 같다.

$$f_1(x) = A_1 \cos\sqrt{-\lambda}x + A_2 \sin\sqrt{-\lambda}x, \quad f_2(y) = A_3 e^{\sqrt{-\lambda}y} + A_4 e^{-\sqrt{\lambda}y}$$

(iii) $\lambda < 0$이면 각 방정식의 일반해는 다음과 같다.

$$f_1(x) = A_1 \cos\sqrt{-\lambda}x + A_2 \sin\sqrt{-\lambda}x, \quad f_2(y) = A_3 e^{y\sqrt{-\lambda}} + A_4 e^{-y\sqrt{-\lambda}}$$

여기서 A_1, A_2, A_3, A_4는 상수이고 λ의 부호에 따라 일반적으로 다르다. 이를 정리하면 주어진 Laplace 방정식의 분리해는 다음 식으로 주어진다.

$$u(x,y) = \begin{cases} (A_1 e^{x\sqrt{\lambda}} + A_2 e^{-x\sqrt{\lambda}})(A_3 \cos\sqrt{\lambda}y + A_4 \sin\sqrt{\lambda}y) & (\lambda > 0) \\ (A_1 x + A_2)(A_3 y + A_4) & (\lambda = 0) \\ (A_1 \cos\sqrt{-\lambda}x + A_2 \sin\sqrt{-\lambda}x)(A_3 e^{\sqrt{-\lambda}y} + A_4 e^{-\sqrt{-\lambda}y}) & (\lambda < 0) \end{cases}$$

이것이 주어진 방정식을 해임을 보이는 것은 독자에게 맡긴다. 주어진 방정식이 제차이므로 $u(x,y) = 0$는 또한 해가 된다. 실제로 해 $u(x,y) = 0$는 위의 식에 포함되므로 임의의 해는 바로 위의 식으로 표현된다.

예 제 7. 다음 주어진 방정식을 변수분리 방법으로 해를 구하여라.

$$\frac{\partial^2 u}{\partial x^2} = 4\frac{\partial u}{\partial y}$$

[**풀이**] $u(x,y) = X(x)Y(y)$이면 방정식은

$$X''Y = 4XY''$$

이 된다. 양면을 4XY로 나누면, 변수를 분리한

$$\frac{X''}{4X} = \frac{Y''}{Y}$$

이 된다. 이 방정식의 좌변은 y에 무관하고 x에 무관한 우변과 등호 관계에 있으므로 방정식의 양변 모두가 x와 y에 독립적이다. 다시 말해 방정식의 양변은 상수이어야 한다. 실제의 경우 이 실수인 분리상수를 λ^2이나 $-\lambda^2$으로 쓰는 것이 편리하다. 다음의 세 가지 경우로 나눠보자.

(i) $\lambda^2 > 0$일 때, 두 등식

$$\frac{X''}{4X} = \frac{Y''}{Y} = \lambda^2$$

은 $X'' - 4\lambda^2 X = 0$과 $Y' - \lambda^2 Y = 0$이 된다. 나중에 얻은 방정식은 각각 해

$$X = c_1 \cosh 2\lambda x + c_2 \sinh 2\lambda x\text{와} \quad Y = c_3 e^{\lambda^2 y}$$

을 갖는다. 따라서 편미분방정식의 특수해는

$$\begin{aligned} u = XY &= (c_1 \cosh 2\lambda x + c_2 \sinh 2\lambda x)(c_3 e^{\lambda^2 y}) \\ &= A_1 e^{\lambda^2 y} \cosh 2\lambda x + B_1 e^{\lambda^2 y} \sinh 2\lambda x \end{aligned}$$

이다. 여기서 $A_1 = c_1 c_3$이고 $B_1 = c_2 c_3$이다.

(ii) $-\lambda^2 < 0$일 때, 두 등식

$$\frac{X''}{4X} = \frac{Y''}{Y} = -\lambda^2$$

은 $X'' + 4\lambda^2 X = 0$과 $Y' + \lambda^2 Y = 0$이 된다. 이 방정식들의 해는 각각

$$X = c_4 \cos 2\lambda x + c_5 \sin 2\lambda x \text{와} \quad Y = c_6 e^{-\lambda^2 y}$$

이므로 특수해는

$$u = A_2 e^{-\lambda^2 y} \cos 2\lambda x + B_2 e^{-\lambda^2 y} \sin 2\lambda x$$

이다. 여기서 $A_2 = c_4 c_6$이고 $B_2 = c_5 c_6$이다.

(iii) $\lambda^2 = 0$일 때,

$$X'' = 0\text{과 } Y'' = 0$$

이 된다. 이 경우 $X = c_7 x + c_8$이고 $Y = C_9$가 되므로

$$u + A_3 x + B_3$$

이다. 여기서 $A_3 = c_7 c_9$이고 $B_3 = c_8 c_9$이다.

이 변수분리 방법이 모든 경우의 선형 방정식에 적용되는 방법은 아니다. 예를 들어 방정식 $u_{xx} + u_{yy} = x$는 분리해를 갖지 않는다. 즉, 분해 가능한 방정식이 아니다.

연습문제 (12-1)

1. 다음 편미분 방정식을 분류하여라.

(1) $u_{xx} + 6u_{xy} - u_{yy} + 2u_x - u_y = 0$　(2) $u_{xx} + xu_{yy} = 0$

(3) $u_{xy} = 0$　(4) $u_{xx} + 3u_{yy} = 0$

2. 다음 주어진 함수가 주어진 편미분 방정식을 만족시킴을 보여라.

(1) $u(x, y) = f(x) + g(x)$, $u_{xy} = 0$ (단, f와 g는 임의의 함수)

(2) $u(x, t) = \sin kxe^{-k^2 t}$, $u_{xx} - u_t = 0$ (단, k는 상수)

(3) $u(x, y) = f(x + y) + g(x - y)$, $u_{xx} - u_{yy} = 0$ (단, f와 g는 임의의 함수)

(4) $u(x, t) = e^{-x}\cos(t - x)$, $2u_t - u_{xx} = 0$

3. 다음 방정식을 변수분리 방법으로 분리해를 구하여라.

(1) $u_{xx} - 2u_{yy} = 0$　(2) $u_{xx} + u_{yy} + 2u_x = 0$

(3) $u_x = u_y$　(4) $x^2 u_{xx} - 2yu_y = 0$

(5) $u_{xx} + u_x + u_y - u = 0$　(6) $u_{xx} = u_t$

4. 방정식 $u_x + (x + y)u_y = 0$는 분리해를 갖지 않음을 증명하여라.

5. 방정식 $u_{xx} + u_{yy} = x$는 분리해를 갖지 않음을 증명하여라.

12.2 편미분 방정식의 수학적 모델링과 경계값 문제

이 절에서는 실제의 현상으로부터 다음과 같은 선형 이계 편미분 방정식이 수학적으로 얻어지는 과정을 간략히 살펴보고 방정식의 해가 만족시켜야 하는 몇 가지 조건에 대해 논의한다.

$$u_t - ku_{xx} = 0 \quad (k > 0) \qquad \text{(열전도 방정식:heat equation)} \tag{12.6}$$

$$u_{tt} - c^2 u_{xx} = 0 \qquad \text{(파동 방정식:wave equation)} \tag{12.7}$$

$$u_{xx} + u_{yy} = \nabla^2 u = 0 \qquad \text{(Laplace 방정식:Laplace's equation)} \tag{12.8}$$

위와 같은 방정식은 여러 응용 분야에서 공통적으로 자주 나타나는 방정식이다. 특히, 방정식 (12.1)과 (12.2)는 공간을 나타내는 변수 x와 시간을 나타내는 변수 t의 이변수 함수에 관한 방정식이지만 공간의 변수가 하나이므로, 각각 **일차원 열전도 방정식**과 **일차원 파동 방정식**이라고도 한다. 방정식 (12.3)에서 기호 $\nabla^2 u$는 함수 u의 **라플라시안**(Laplacian)이라하며 이변수 함수 $u(x,y)$에 대해 다음을 의미한다.

$$\nabla^2 u = u_{xx} + u_{yy}$$

독립변수가 세 개인 함수 $u(x,y,z)$에 대해 $\nabla^2 u$는 다음을 나타낸다.

$$\nabla^2 u = u_{xx} + u_{yy} + u_{zz}$$

방정식 (12.1), (12.2), (12.3)은 실제 문제를 몇 가지 가정과 물리적인 법칙에 근거하여 수학적인 형식화를 통해 얻어지며 방정식의 각 계수와 편도함수 등은 모두 물리적 의미를 담고 있다. 이제 방정식 (12.1)과 (12.2)가 유도되는 과정을 간단히 살펴보기로 하자.

편미분 방정식의 수학적 모델링

열전도 방정식

길이가 L이고 단면적이 A인 둥글고 곧은 막대가 그림 12.1과 같이 x축 위의 구간 $0 \le x \le L$위에 놓여 있다고 하자. 열전도에 의한 막대의 온도 분포가 만족시켜야 할 방정식을 유도해 보자. 먼저 문제를 단순화하기 위해 다음과 같이 가정한다.

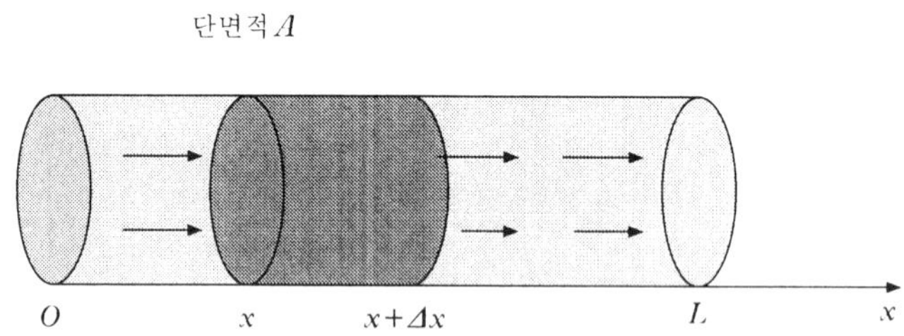

[**그림 12-1**] 열의 전도

(s1)막대 내의 열의 흐름은 오직 x축 방향으로만 있다.

(s2)막대의 모든 표면은 완전히 단열(insulated)되어 있다.

(s3)막대는 등질(homogeneous)이다. 즉, 밀도 ρ는 상수이다.

(s4)막대를 이루는 재질의 비열(specific heat) γ와 열전도율(thermal conduc tivity) K는 상수이다. 즉, 위치와 시간에 따라 변하지 않는다.

(s5)막대는 아주 가늘다. 즉, 막대의 각 단면의 임의의 점에서의 온도는 모두 같다.

막대의 열전도에 관한 편미분방정식을 유도하기 위하여 **열량 보존의 법칙**(principle of conservation of heat)과 **Fourier의 법칙**(Fourier's law)이 필요하다. 먼저 그림 12.1에서 x와 $x+\Delta x$사이의 부분 D_x에 대한 열량 보존의 법칙은 다음과 같다.

$$Q_t = Q_f + Q_s \tag{12.9}$$

여기서 Q_t는 D_x 부분의 열량의 시간에 대한 변화율, Q_f는 단위 시간에 D_x의 두 경계를 통한 열의 유출입에 의해 D_x 부분에 남아있는 총(net) 열량, Q_s는 단위 시간 동안에 D_x 부분에서 생성되는 열량을 나타낸다.

한편, 막대 내의 점 x에서 시각 t일 때의 온도를 $u(x,t)$라 하면, D_x 부분의 총 열량은 다음 식으로 주어진다.

$$(D_x\text{부분의 총 열량}) = \int_x^{x+\Delta x} \gamma\, A\, \rho u(s,t)ds$$

따라서 D_x 부분의 열량의 시간에 대한 변화율 Q_t는 다음과 같다.

$$Q_t = \frac{d}{dt}\int_x^{x+\Delta x} \gamma A\rho u(s,t)ds = \gamma A\rho \int_x^{x+\Delta x} u_t(s,t)ds$$

또, D_x 부분의 양쪽 경계를 통한 열의 유입 또는 유출은 Fourier의 법칙으로부터 각각 다음과 같다.

$$(D_x\text{의 경계 } x\text{를 통한 유입(출)하는 열량}) = -KA\frac{\partial u(x,t)}{\partial x}$$

$$(D_x\text{의 경계 } x+\Delta x\text{를 통한 유입(출)하는 열량}) = KA\frac{\partial u(x+\Delta x,t)}{\partial x}$$

따라서 단위 시간 동안에 D_x의 경계를 통한 유출입에 의해 D_x 부분에 남아있는 총 열량 Q_f는 다음과 같다.

$$Q_f = KA\left\{\frac{\partial u(x+\Delta x,t)}{\partial x} - \frac{\partial u(x,t)}{\partial x}\right\}$$

이제 $q(x,t)$가 막대 내의 점 x에서 시각 t에 생성되는 열량을 나타내는 함수(heat source function)라면 D_x에서 단위 시간에 생성된 총 열량 Q_s는 다음과 같다.

$$Q_s = A\int_x^{x+\Delta x} q(s,t)ds$$

따라서 열량 보존의 법칙 (12.9)로부터 다음 방정식을 얻는다.

$$\gamma A\rho \int_x^{x+\Delta x} u_t(s,t)ds = KA\left\{\frac{\partial u(x+\Delta x,t)}{\partial x} - \frac{\partial u(x,t)}{\partial x}\right\} + A\int_x^{x+\Delta x} q(s,t)ds$$

이제 위 식의 양변에 적분의 평균값 정리를 적용하면 다음 방정식을 얻는다.

$$\gamma A\rho u_t(\xi_1, t)\Delta x = KA\{u_x(x+\Delta x) - u_x(x,t)\} + Aq(\xi_2, t)\Delta x$$

여기서 ξ_1과 ξ_2는 x와 $x+\Delta x$사이의 적당한 수이다. 이 식의 양변을 $\gamma\rho A\Delta x$로 나누어 다시 쓰면 다음을 얻는다.

$$u_t(\xi_1, t) = \frac{K}{\gamma\rho}\left\{\frac{u_x(x+\Delta x, t) - u_x(x,t)}{\Delta x}\right\} + \frac{1}{\gamma\rho}q(\xi_2, t)$$

이제 $\Delta x \to 0$이면 $\xi_1, \xi_2 \to x$이고 편미분의 정의로부터 다음의 열전도 방정식을 얻는다.

$$u_t(x,t) = ku_{xx}(x,t) + F(x,t) \tag{12.10}$$

만일. 막대의 내부에서 열이 생성되지 않는다면, 즉 열 생성 밀도 함수 $F(x,t)$또는 $q(x,t)$가 영함수인 경우에는 다음과 같은 열전도 방정식을 얻는다.

$$u_t(x,t) = ku_{xx}(x,t)$$

여기서 $k = \dfrac{K}{\gamma\rho}$를 막대의 **열확산도**(thermal diffusivity)라 하고, $F(x,t) = \dfrac{q(x,t)}{\gamma\rho}$를 **열 생성 밀도 함수**(heat source density function)라고 한다.

파동 방정식

그림 12.2와 같이 양 끝이 x축의 $x=0$과 $x=L$에 고정되어 있는 길이가 L인 줄(string), 예를 들어 기타 줄 또는 거문고 줄을 생각하자. 줄이 퉁겨져 xy 평면 상을 x축에 수직인 방향으로만 움직인다고 가정하고, 함 수 $u(x,t)$가 점 x와 시각 t에서의 y축 상의 줄의 위치를 나타낸다고 하자. 이 줄의 진동을 수학적으로 간단히 표현하기 위해 다음과 같은 몇 가지 가정을 한다.

(s1) 줄은 완전히 유연(flexible)하다.

(s2) 진동의 폭은 줄의 길이에 비해 아주 작다.

(s3) 줄의 재질은 등질(homogeneous)하다. 즉, 밀도 ρ는 상수이다.

(s4) 줄의 장력(tension) T의 크기는 상수이고, 중력에 비해 아주 크다. 즉, 중력은 무시될 수 있다.

(s5) 장력 이외의 외부의 힘이 줄에 작용하지 않는다.

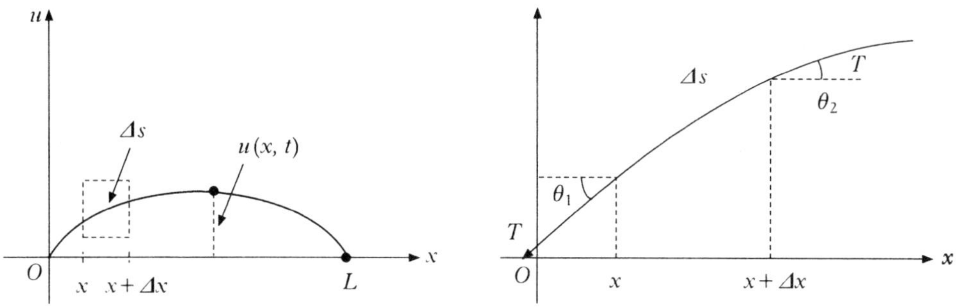

[그림 12-2]

이제 그림 12.2에서와 같은 x축 상에서 구간 $[x, x+\Delta x]$ 위의 줄의 일부분 Δs를 생각 하자. Δs 부분에서 장력 T는 양 끝점에 접하게 작용한다. θ_1과 θ_2가 아주 작다고 하면, Δs에 수직으로 작용하는 힘의 총합은 다음과 같다.

$$
\begin{aligned}
T\sin\theta_1 - T sin\theta_2 &\approx T\tan\theta_1 - T\tan\theta_2 \\
&= T\{\mathbf{u}_x(x+\Delta x, t) - u_x(x,t)\}
\end{aligned}
$$

단, $T = \| T \|$이다. 한편, $\Delta s \approx \sqrt{\Delta x^2 + \Delta u^2}$이므로, 진폭 Δu가 매우 작으면 Δs 부분의 질량은 $\rho\Delta s \approx \rho\Delta x$이다. 따라서 뉴턴의 제 2 법칙으로부터 다음 식을 얻는다.

$$
\frac{u_x(x+\Delta x, t) - u_x(x,t)}{\Delta x} = \frac{\rho}{T}u_{tt}
$$

이제 $\Delta x \to 0$이면 편미분의 정의로부터 다음 방정식을 얻는다.

$$
u_{tt} = \frac{T}{\rho}u_{xx} = c^2 u_{xx} \tag{12.11}
$$

Laplace 방정식

이 경우는 정전기학, 열역학, 역학 및 유체 역학 등의 분야에서 정전기(electrostatic)와 중력(gravitational) 또는 속도(velocity) 퍼텐셜과 관련된 문제 등에서 그 예를 볼 수 있다. Laplace 방정식의 해는 **정상 상태**(steady-state), 즉 시간 t에 관계없는 상태를 나타내는 것으로 해석될 수 있다. 현상으로부터 Laplace 방정식을 유도하는 것은 생략한다.

위에서 문제를 단순하게 하기 위해 몇 가지의 가정을 하여 방정식 (12.1)과 (12.2)를 얻었는데, 이 두 개의 방정식은 흔히 **선형성**(linearity)이라는 말로 특징지워진다. 좀더 일반적인 가정에서 방정식(12.1)과 (12.2)는 각각 다음과 같은 형태로 표현된다.

$$ku_{xx} + F(x, t, u, u_x) = u_t \quad (k > 0)$$

$$c^2 u_{xx} + G(x, t, u, u_x) = u_{tt} \quad (c > 0)$$

여기서 일반적으로 k와 c는 x, t또는 u의 함수이다.

이러한 방정식은 앞의 가정과는 다른 가정에서 얻어진다. 여기서 함수 F와 G가 변수 u에 대해 선형이 아닐 경우 각 방정식은 **비선형성**(non-linearity)으로 특징지워진다. 이에 관한 논의는 이 과정의 정도를 벗어나므로 생략한다.

경계값 문제

편미분 방정식 (12.1),(12.2),(12.3)의 해는 일반적으로 일정한 조건을 만족시킬 것이 요구된다. 이러한 부대 조건을 크게 초기 조건과 경계 조건으로 나눈다. 경계 조건이 함께 주어진 편미분 방정식의 문제를 **경계값 문제**(boundary-value problem)라고 한다.

초기 조건

편미분 방정식과 관련하여 실제로 알고자 하는 것은 방정식의 해를 구함으로써 관련 현상을이해하고 응용하기 위한 것이다. 특히, 시간이 미분 방정식의 독립 변수인 경우에 일정한 시점에서 주어진 조건에 의해 결정되는 미래의 상태에 대한 것을 해를 구함으로써 알 수 있다. 예를 들어 미래의 특정한 시각에서 막대의 온도 분포 $u(x,t)$를 알고 싶다면 일정한 시점에서의 막대의 온도 분포를 알고 그 조건을 만족시키는 열전도 방정식의 해를 구함으로써 원하는 막대의 온도 분포를 알 수 있을 것이다. 만일, 함수 $f(x)$가 $t=0$알 때의 길이가 L인 막대의 온도의 분포를 나타내는 함수라면 방정식의 해가 만족시켜야 하는 조건을 수학적으로 표현하면 다음과 같다.

$$u(x,0) = f(x) \quad (0 < x < L)$$

다시 말해, 일정한 시점에서 특정한 온도의 분포를 가지고 있는 막대가 다른 시점에서 어떠한 온도 분포를 가지게 될 것인가를 알려주는 것은 위와 같은 조건을 만족시키는 열전도 방정식의 해이다.

파동 방정식의 경우에도 운동을 시작할 때의 조건인 줄의 모양과 상태에 대한 정보, 즉 위치 또는 변위 $f(x)$와 속도 $g(x)$가 주어져야 그 조건을 만족시키는 파동 방정식의 해 $u(x,t)$를 구함으로써 원하는 시각에서 원하는 정보를 얻을 수가 있을 것이다. 이 경우의 조건을 수학적으로 나타내면 다음과 같다.

$$u(x,0) = f(x), \quad \left.\frac{\partial u}{\partial t}\right|_{t=0} = g(x)$$

이와 같이 어느 일정한 시점에서 주어진 방정식의 해가 만족시켜야 하는 조건을 **초기조건**(initial condition)이라고 한다.

경계 조건

앞에서 파동 방정식을 유도할 때 줄의 양 끝이 고정되어 있다는 가정을 하였다. 즉, 줄의 경계 $x=0$와 $x=L$에서의 줄의 변위 $u(x,t)$가 시간에 상관없이 항상 x축 상에 있다는 것이다. 이를 수학적으로 표현하면 다음과 같다.

$$u(0,t) = 0, \quad u(L,t) = 0 \quad (t > 0)$$

물론 끝점에서의 조건이 시간에 따라 변한다던가 하는 것 등으로 다르게 주어질 수도 있다. 열전도 방정식의 경우도 양 끝에서 열의 유입 또는 유출 등에 대한 조건을 생각할 수 있다. 이와 같이 주어진 방정식에 대해 그 해가 정의되는 공간 영역의 끝점 또는 경계에서 해가 만족시켜야 할 조건을 **경계조건**(boundary condition)이라고 한다. 흔히, 편미분 방정식과 관련하여 다음과 같은 세 가지 유형의 경계 조건을 함께 생각한다.

$$\begin{aligned}
&(B1)\ u \\
&(B2)\ \frac{\partial u}{\partial n} \\
&(B3)\ \frac{\partial u}{\partial n} + hu \quad (h\text{는 상수})
\end{aligned}$$

여기서 $\frac{\partial u}{\partial n}$는 함수의 정의역의 경계에 수직인 바깥 방향으로의 함수 u의 방향도함수를 나타낸다. (B1)의 경계 조건을 **Dirichlet 조건**(Dirichlet condition), (B2)의 경우를 **노이만 조건**(Neumann condition), (B3)의 경우를 **혼합 조건**(mixed condition 또는 Robin condition)이라고 한다. 각 조건의 물리적인 의미를 구간 $0 \le x \le L$에서 정의된 열전도 방정식에 대해 간략히 살펴보기로 하자.

$$\begin{aligned}
&(b1)\ u(L,t) = u_0 \quad (u_0\text{은 상수}) \\
&(b2)\ u_x|_{x=L} = 0 \\
&(b3)\ u_x|_{x=L} = -h\{u(L,t) - u_0\} \quad (h > 0, u_0\text{는 상수})
\end{aligned}$$

조건 (b1)은 경계 $x = L$에서 시간 t에 관계없이 막대의 온도가 항상 일정하다는 조건이다. 조건 (b2)는 $x = L$에서 x축 방향으로 열의 출입이 없음을 말하고 있다. 마지막으로 조건 (b3)은 $x = L$에서 온도가 u_0인 다른 매체와의 접촉으로 인

한 열의 손실이 있음을 뜻한다. 또한 다음과 같이 양 끝점에서 각각 다르게 경계 조건을 줄 수도 있다.

$$u_x\big|_{x=0} = 0, \quad u(L,t) = u_0 \quad (t > 0,\ u_0\text{은 상수})$$

연습문제 (12-2)

1. x축의 원점에 왼쪽 P을 놓은 길이가 L인 가늘고 둥근 막대의 온도 $u(x,t)$에 관하여 다음의 조건을 만족시키는 경계값 문제를 수학적으로 표현하여라. (단, k는 상수)
   (1) 왼쪽 끝의 온도가 0으로 항상 고정되어 있고 오른쪽 끝은 단열 되어 있다. 초기의 온도 분포 함수는 $f(x)$이다.
   (2) 양 끝의 온도는 각각 u_0와 u_1으로 고정되어 있고 최초에 막대의 온도는 0이다.
   (3) 왼쪽 끝의 온도는 100으로 고정되어 있고 오른쪽 끝에서 온도가 0인 매질에 의한 열전도가 있다. 최초의 온도 분포 함수는 $f(x)$이다.

2. x축의 원점에 왼쪽 끝을 놓은 길이 L인 가느다란 현의 변위 $u(x,t)$에 관하여 다음의 조건을 만족시키는 경계값 문제를 수학적으로 표현하여라. (단, c는 상수)
   (1) 양 끝이 x축에 고정되어 있고, 처음 현의 변위는 함수 $x(L-x)$로 주어진 상태에서 운동이 시작되었다.
   (2) 양 끝이 x축에 고정되어 있고, 처음에 x축 위에 놓여 있으며 각 점 x에서 초기 속도 $\sin(\dfrac{\pi x}{L})$로 진동이 시작되었다.

3. 정상 상태의 온도 $u(x,y)$에 관하여 다음의 조건을 만족시키는 경계값 문제

를 수학적으로 표현하여라. (1) $0 \le x \le \pi, y \ge 0$의 영역에서 왼쪽 끝 경계의 온도는 e^{-y}이고 오른쪽 경계의 온도가 $0 < y \le 1$의 범위에서는 100이고 $y > 1$의 범위에서는 0이다. 아래쪽 경계의 온도는 함수 $f(x)$로 주어졌다. (2) 사각형 $0 \le x \le 4, 0 \le x \le 2$의 영역에서 왼쪽과 아래쪽의 경계는 단열되어 있고, 위쪽 경계의 온도는 0이고 오른쪽 경계의 온도는 함수 $f(y)$로 주어져 있다.

12.3 고전적 편미분 방정식과 경계값 문제

이 절에서는 변수분리 방법으로 다음과 같은 고전적 선형 이계 편미분 방정식의 풀이를 다룬다.

$$u_t - ku_{xx} = 0(k > 0) \qquad \text{(열전도 방정식: heat equation)} \tag{12.12}$$

$$u_{tt} - c^2 u_{xx} = 0 \qquad \text{(파동 방정식 : wave equation)} \tag{12.13}$$

$$u_{xx} + u_{yy} = \nabla^2 u = 0 \qquad \text{(Laplace 방정식 : Laplace's equation)} \tag{12.14}$$

열전도 방정식

x축 위의 구간 $0 \le x \le L$에 놓여 있는 길이가 L인 가늘고 둥근 막대가 12.3절에서 열전도 방정식을 유도할 때 가정한 모든 조건을 만족시키고 막대의 내부에서는 열이 방생하지 않는다고 하자. 또, 이 막대의 초기 온도 분포는 $f(x)$이고, 양 끝점에서 막대의 온도가 항상 0으로 고정되어 있다고 하자(그림 12.3).

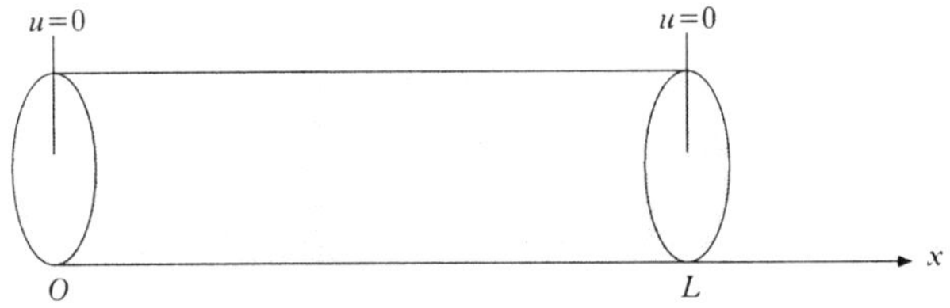

[**그림 12-3**] 열의 전도

여기서 다음 열전도 방정식의 경계값 문제의 해인 막대의 온도 분포 함수 $u(x,t)$를 변수분리 방법으로 찾고자 한다.

$$ku_x x = u_t \quad (0 < x < L, \quad t > 0) \tag{12.15}$$

$$u(0,t) = 0, \quad u(L,t) = 0 \quad (t > 0) \tag{12.16}$$

$$u(x,0) = f(x) \quad (0 < x < L) \tag{12.17}$$

[**풀이**] $u(x,t) = X(x)T(t)$로 놓고 변수분리상수 $-\lambda^2$를 이용하면 다음을 얻는다.

$$\frac{X''}{X} = \frac{T'}{kT} = -\lambda^2 \tag{12.18}$$

$$X'' + \lambda^2 X = 0 \tag{12.19}$$

$$T' + k\lambda^2 T = 0 \tag{12.20}$$

상미분 방정식 (12.19)과 (12.20)의 일반해는 각각 다음과 같다.

$$X = c_1 \cos \lambda x + c_2 \sin \lambda x \tag{12.21}$$

$$T = c_3 e^{-k\lambda^2 t} \tag{12.22}$$

경계 조건 (12.17)로부터 모든 t에 대해 다음이 성립한다.
$u(0,t) = X(0)T(t) = 0, \quad u(L,t) = X(L)T(t) = 0$
따라서 $X(0) = 0,\ X(L) = 0$이므로 식 (12.21)에서 $c_1 = 0$이 되어 다음을 얻는다.

$$X = c_2 \sin \lambda x, \quad X(L) = c_2 \sin \lambda L = 0$$

만일 $c_2 = 0$이면 $X = 0$이므로 $u = 0$이다.
따라서 $c_2 \neq 0$이 되어야 한다. 그러므로 λ는 $\sin \lambda L = 0$을 만족시켜야 하므로 고유값은 다음과 같다.

$$\lambda = \frac{n\pi}{L} \ (n = 1, 2, 3, \cdots) \tag{12.23}$$

그리고 이에 대응하는 해(고유 함수)는 다음과 같다.

$$X = c_2 \sin \frac{n\pi}{L} x \ (n = 1, 2, 3, \cdots) \tag{12.24}$$

식 (12.23)으로부터 식 (12.22)는 $T(t) = c_3 e^{-k(\frac{n^2\pi^2}{L^2})t}$이 되므로 다음이 성립한다.

$$u_n(x,t) = XT = C_n e^{-k(\frac{n^2\pi^2}{L^2})t} \sin\frac{n\pi}{L}x \ (n = 1, 2, \cdots) \tag{12.25}$$

여기서 C_n은 상수이다. 주어진 n에 대하여 함수 $u_n(x,t)$가 해가 되려면 열전도 방정식 (12.15)와 경계 조건 (12.17)를 만족시키고, 또한 초기 조건 (12.17)도 만족시켜야 하므로 다음식이 성립해야 한다.

$$u_n(x,0) = f(x) = C_n \sin\frac{n\pi}{L}x \tag{12.26}$$

그러나 식 (12.26)는 일반적인 함수 $f(x)$에 대해 성립하지 않으므로 위의 식 (12.25)로 주어지는 각각의 함수 u_n은 주어진 문제의 해가 될 수 없다. 또, 유한개의 함수 u_n의 일차결합도 해가 되지 못하므로 중첩의 원리를 무한개의 함수의 일차 결합으로 확장하여, 구하는 해 $u(x,t)$를 다음과 같다고 하자.

$$u(x,t) = \sum_{n=1}^{\infty} u_n = \sum_{n=1}^{\infty} C_n e^{-k(\frac{n^2\pi^2}{L^2})t} \sin\frac{n\pi}{L}x \tag{12.27}$$

그러면 식 (12.17)의 함수 $u(x,t)$는 각 분리해는 방정식 (12.15)와 경계 조건 (12.17)를 만족시킨다. 그런데 $t = 0$일 때의 초기 조건 (12.17)을 만족시키려면 다음 식이 성립해야 한다.

$$u(x,0) = f(x) = \sum_{n=1}^{\infty} C_n \sin\frac{n\pi}{L}x \quad (x \in [0, L])$$

위의 식은 사인 급수를 이용한 함수 f의 반구간 확장이므로 Fourier 계수 C_n은 다음 식으로 주어진다.

$$C_n = \frac{2}{L}\int_0^L f(x) \sin\frac{n\pi}{L}x dx$$

따라서 주어진 경계값 문제의 해 u는 다음과 같다.

$$u(x,t) = \frac{2}{L}\sum_{n=1}^{\infty}\left(\int_0^L f(x)\sin\frac{n\pi}{L}xdx\right)e^{-k(\frac{n^2\pi^2}{L^2})t}\sin\frac{n\pi}{L}x$$

파동 방정식

이제 12.3절에서 유도한 파동 방정식에 대해 아래의 식 (12.29)과 (12.30)로 주어지는 경계 조건과 초기 조건을 만족시키는 해를 역시 변수 분리 방법으로 구하여 보기로 한다.

$$c^2 u_x x = u_t t \quad (0 < x < L, \quad t > 0) \tag{12.28}$$

$$u(0,t) = 0, \quad u(L,t) = 0 \quad (t > 0) \tag{12.29}$$

$$u(x,0) = f(x), \quad u_t|_{t=0} = g(x) \quad (0 < x < L) \tag{12.30}$$

[**풀이**] 앞의 문제와 같이 $u(x,t) = X(x)T(t)$와 변수분리상수 $-\lambda^2$를 이용하여 다음 식을 얻는다.

$$\frac{X''}{X} = \frac{T''}{c^2T} = -\lambda^2 \tag{12.31}$$

$$X'' + \lambda^2 X = 0 \tag{12.32}$$

$$T = c_3\cos\lambda ct + c_4\sin\lambda ct \tag{12.33}$$

상미분 방정식 (12.32)과 (12.33)의 일반해는 각각 다음 식과 같다.

$$X = c_1\cos\lambda x + c_2\sin\lambda x$$

$$T = c_3\cos\lambda ct + c_4\sin\lambda ct$$

경계 조건 (12.29)에서 $X(0) = 0$, $X(L) = 0$이므로 방정식 (12.32)에서 $c_1 = 0$이

다. 따라서 $c_2 \sin \lambda L = 0$이어야 하므로 고유값은 다음과 같다.

$$\lambda_n = n\frac{\pi}{L} \quad (n = 1, 2, 3, \cdots)$$

이때, 고유 함수는 다음과 같다.

$$X = c_2 \sin \frac{n\pi}{L}x \quad (n = 1, 2, \cdots)$$

이로부터 각 n에 대해 경계 조건을 만족시키는 분리해 u_n은 식 (12.34)과 같고 앞의 열전도 방정식에서와 같은 방법으로 구하는 해 $u(x,t)$를 식 (12.35)로 쓸 수 있다.

$$u_n = \left(A_n \cos \frac{n\pi c}{L}t + B_n \sin \frac{n\pi c}{L}t\right) \sin \frac{n\pi}{L}x \quad (n = 1, 2, \cdots) \tag{12.34}$$

$$u(x,t) = \sum_{n=1}^{\infty} \left(A_n \cos \frac{n\pi c}{L}t + B_n \sin \frac{n\pi c}{L}t\right) \sin \frac{n\pi}{L}x \tag{12.35}$$

이제 초기 조건 (12.30)를 이용하면 다음을 얻는다.

$$u(x,0) = f(x) = \sum_{n=1}^{\infty} A_n \sin \frac{n\pi}{L}x$$

이 식은 사인 급수를 이용한 함수 f의 반구간 확장이므로 그 계수 A_n은 다음 식으로 표현된다.

$$A_n = \frac{2}{L}\int_0^L f(x) \sin \frac{n\pi}{L}xdx \tag{12.36}$$

식 (12.35)를 t에 관해 미분하면 다음 식을 얻는다.

$$u_t = \sum_{n=1}^{i} nfty \left(-A_n \frac{n\pi c}{L} \sin \frac{n\pi c}{L}t + B_n \frac{n\pi c}{L} \cos \frac{n\pi c}{L}t\right) \sin \frac{n\pi}{L}x$$

따라서 초기 조건 (12.30)을 이용하면 다음 식을 얻는다.

$$u_t\Big|_{t=0} = g(x) = \sum_{n=1}^{i} nfty\left(B_n\frac{n\pi c}{L}\right)\sin\frac{n\pi}{L}x$$

위 식의 우변의 급수는 함수 g의 반구간 확장이므로 계수 B_n은 다음 식으로 주어진다.

$$B_n = \frac{2}{n\pi c}\int_0^L g(x)\sin\frac{n\pi}{L}xdx \tag{12.37}$$

따라서 주어진 문제의 해 u는 계수가 (12.36)와 (12.37)으로 주어지는 식 (12.35)로 표현되는 함수이다. 참고로 현이 정지 상태에서 진동하기 시작하는 경우, 즉 $g(x) = 0$ 이면 식 (12.37)으로부터 $B_n = 0$ 임을 알 수 있다.

정상파

식 (12.35)로 주어지는 파동 방정식의 경계값 문제 (12.28) (12.30)의 해 $u(x,t)$에 상수 $c = \sqrt{\frac{T}{\rho}}$가 포함되어 있다. 여기서 ρ는 현의 밀도이고 T는 장력의 크기이다. 물리적으로 장력 T가 충분히 크면, 진동하는 현은 음(sound)을 낸다. 식 (12.34)으로 주어진 경계값 문제의 분리해 $u_n(x,t)$ 각각을 **정상파**(standing wave)라고 한다. 식 (12.35)로 주어지는 해 $u(x,t)$는 모든 정상파 u_n을 다음 식과 같이 중첩하여 얻은 것이다.

$$u(x,t) = u_1(x,t) + u_2(x,t) + u_3(x,t) + \cdots$$

즉, 현이 진동하며 내는 음은 각 정상파가 내는 소리의 중첩의 결과로 생기는 것이다.

이제 정상파에 대해 간단히 알아보자. 먼저, 삼각 함수를 합성하면 식 (12.34)의 정상파 u_n을 다음과 같이 쓸 수 있다.

$$u_n(x,t) = C_n \sin\left(\frac{n\pi c}{L}t + \phi_n\right)\sin\frac{n\pi}{L}x \quad (n = 1, 2, \cdots) \tag{12.38}$$

여기서 $C_n = \sqrt{A_n{}^2 + B_n{}^2}$이고 $\phi_n = \tan^{-1}\left(\dfrac{A_n}{B_n}\right)$이다. 따라서 시각 t일 때, 정상파 u_n의 스냅사진(snapshot)은 진폭이 다음과 같은 함수 $\sin\left(\dfrac{n\pi x}{L}\right)$의 그래프이다.

$$C_n \left|\sin\left(\frac{n\pi c}{L}t + \phi_n\right)\right| \quad (n = 1, 2, \cdots)$$

또, 각 점 x에서 정상파 u_n은 진동수(frequency)가 $f_n = \dfrac{nc}{2L}$이고 진폭이 $C_n \left|\sin\left(\dfrac{n\pi c}{L}\right)\right|$인 단진동(simple harmonic motion) 운동을 한다. 따라서 임의의 점 x에서 모든 정상파의 진동수가 같다. 그러나 각 정상파는 고유의 진폭을 가지고 단진동 운동을 한다. 특히, $n = 1$인 경우의 정상파 u_1을 **기본 정상파**(fundamental mode of vibration)라고 한다. 기본 정상파의 진동수 f_1을 **기본진동수**(fundamental frequency)라고 하며 다음과 같다.

$$f_1 = \frac{c}{2L} = \frac{1}{2L}\sqrt{\frac{T}{\rho}}$$

이는 현악기에 의해 생기는 음의 고저(pitch)와 관계있다. 현의 장력이 클수록 음이 높다는 것은 명백하다. 기본 진동수의 정수배인 진동수를 가지는 정상파를 **배음**(overtone)이라고 한다.

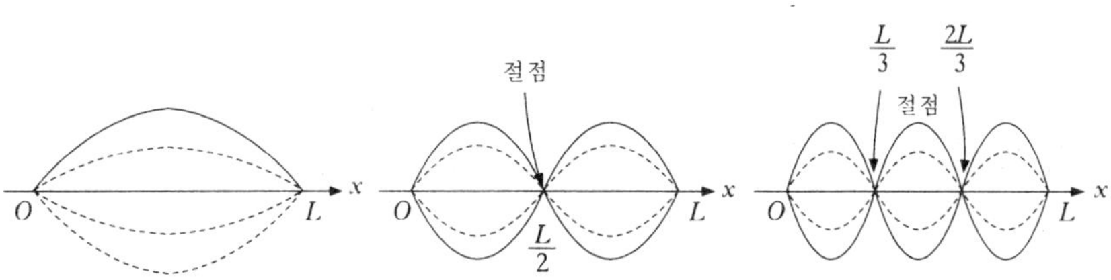

[**그림 12-4**] 정상파

그림 12.4는 처음 세 개의 정상파의 그래프이다. 그림에서 점선과 실선은 서로 다른 시각에서의 각 정상파의 그래프를 나타낸다. 특히, 식 (12.38)로부터 방정

식 $\sin\left(\frac{n\pi}{L}x\right) = 0$을 만족시키는 구간 $(0, L)$의 점 x에서는 진동하지 않는다. 이러한 점을 **절점**(node)이라고 한다. 둘째 정상파의 절점은 $x = \frac{L}{2}$ 에 있고 셋째 정상파의 절점은 $x = \frac{L}{3}$ 과 $x = \frac{2L}{3}$에 있다. 일반적으로 n번째 정상파는 $(n-1)$개의 절점을 가진다.

Laplace 방정식

그림 12.5 와 같이 좌우의 경계가 단열되어 있는 사각형 모양의 얇은 판의 정상 상태의 온도 분포에 관한 문제를 생각해 보자. 온도 분포 함수를 $u(x, y)$라 하면, 풀어야 할 경계값 문제는 다음과 같다.

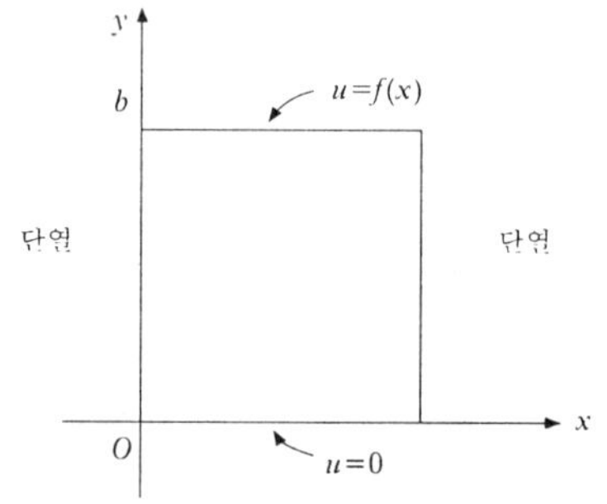

[**그림 12-5**] 정상상태의 온도 분포

$$u_{xx} + u_{yy} = 0 \quad (0 < x < a, \quad 0 < y < b)$$
$$u_x(0, y) = 0, \quad u_x(a, y) = 0 \quad (0 < y < b)$$
$$u(x, 0) = 0, \quad u(x, b) = f(x) \quad (0 < x < a)$$

[**풀이**] 앞의 예에서와 같이 $u(x, y) = X(x)Y(y)$와 변수분리상수 $-\lambda^2$를 이용하여 다음 식을 얻는다.

$$\frac{X''}{X} = -\frac{Y''}{Y} = -\lambda^2$$

$$X'' + \lambda^2 X = 0 \tag{12.39}$$

$$Y'' - \lambda^2 Y = 0 \tag{12.40}$$

상미분 방정식 (12.39)의 해는 다음과 같다.

$$X(x) = c_1 \cos \lambda x + c_2 \sin \lambda x \tag{12.41}$$

또, 구간 $0 < y < b$가 유한하므로 방정식 (12.40)의 해는 다음과 같이 쓸 수 있다.

$$Y(y) = c_3 \cosh \lambda y + c_4 \sinh \lambda y \tag{12.42}$$

처음의 세 개의 제차 경계 조건으로부터 차례로 다음을 얻는다.

$$X'(0) = 0, \quad X'(a) = 0, \quad Y(0) = 0$$

식 (12.41)의 X를 미분한 후에 $x = 0$을 대입하면 $X'(0) = 0$이므로, $c_2 = 0$이 되어 $X = c_1 \cos \lambda x$이다. $x = a$를 대입하면 $X'(a) = 0$이므로 방정식 $-c_1 \lambda \sin \lambda a = 0$을 얻는데, 이 방정식의 근은 $\lambda = \dfrac{n\pi}{a} (n = 0, 1, 2, \cdots)$이다. 이때, $\lambda = 0$이면 방정식 (12.39)은 $X'' = 0$이 되어 일반해는 $X = c_1 + c_2 x$이다. 이 경우에 조건 $X'(0) = 0$과 $X'(a) = 0$으로부터 $X = c_1$이 된다. 따라서 고유 함수는 다음과 같다.

$$X_n(x) = c_1 \cos \frac{n\pi}{a} x \quad (n = 0, 1, 2, \cdots)$$

식 (12.42)에서 $\lambda > 0$이면 조건 $Y(0) = 0$으로부터 $c_3 = 0$을 얻는다. 따라서 방정식 (12.40)의 해는 $Y(y) = c_4 \sinh \lambda y$이다. 한편, $\lambda = 0$이면 방정식 (12.40)는 $Y'' = 0$이 되므로 일반해는 $Y = c_3 + c_4 y$이다. 그런데 $Y(0) = 0$이므로 $c_3 = 0$이다. 따라서 $Y = c_4 y$가 해이다. 따라서 처음의 세 조건을 만족시키는 분리해는 다음과 같다.

$$\begin{aligned} &A_0 y \quad (n = 0) \\ &A_n \sinh \frac{n\pi}{a} y \cos \frac{n\pi}{a} x \quad (n = 1, 2, \cdots) \end{aligned}$$

이제 구하는 해 $u(x,y)$를 다음 식으로 표현하자.

$$u(x,y) = A_0 y + \sum_{n=1}^{\infty} A_n \sinh \frac{n\pi}{a} y \cos \frac{n\pi}{a} x \tag{12.43}$$

위의 식 (12.43)에 $y = b$를 대입하면 다음 식을 얻는데, 이는 코사인 급수를 이용한 함수 f의 반구간 확장이다.

$$u(x,b) = f(x) = A_0 b + \sum_{n=1}^{\infty} A_n \sinh \frac{n\pi}{a} b \cos \frac{n\pi}{a} x$$

따라서 구하는 해는 계수 A_0와 A_n이 다음 식으로 주어지는 급수 (12.43)로 표현된다.

$$\begin{aligned} A_0 &= \frac{1}{ab} \int_0^a f(x) dx, \\ A_n &= \frac{2}{a \sinh \frac{n\pi}{a} b} \int_0^a f(x) \cos \frac{n\pi}{a} x dx \end{aligned}$$

Dirichlet 문제

주어진 영역의 경계에서 Dirichlet 조건을 만족시키는 타원형의 편미분 방정식의 해를 구하는 경계값 문제를 **Dirichlet 문제**(Dirichlet problem)라고 한다. 사각형에서 Dirichlet 문제는 네 개의 변(경계) 중에 두 개의 평행한 변에 제차 경계 조건이 주어지면 변수분리 방법으로 해를 구할 수 있다. 그러나 네 개의 변에 세 개 이상의 비제차 경계 조건이 주어지면 변수분리 방법으로는 직접 Dirichlet 문제의 해를 구할 수 없다. 이 때, 다음과 같이 중첩의 원리를 이용하면 주어진 문제의 해를 구할 수 있다.

중첩의 원리

다음에 주어진 Dirichlet 문제를 아래와 같이 두 개의 문제로 분할하여 생각하자.

$$
\begin{aligned}
&u_{xx} + u_{yy} = 0 \quad (0 < x < a, \quad 0 < y < b)\\
&u(0,y) = F(y), \quad u(a,y) = G(y) \quad (0 < y < b)\\
&u(x,0) = f(x), \quad u(x,b) = g(x) \quad (0 < y < a)
\end{aligned}
$$

[문제1]

$$
\begin{aligned}
&u_{1_{xx}} + u_{1_{yy}} = 0 \quad (0 < x < a, \quad 0 < y < b)\\
&u_1(0,y) = 0, \quad u_1(a,y) = 0 \quad (0 < y < b)\\
&u_1(x,0) = f(x), \quad u_1(x,b) = g(x) \quad (0 < x < a)
\end{aligned}
$$

[문제2]

$$
\begin{aligned}
&u_{2_{xx}} + u_{2_{yy}} = 0 \quad (0 < x < a, \quad 0 < y < b)\\
&u_2(0,y) = F(y), \quad u_2(a,y) = G(y) \quad (0 < y < b)\\
&u_2(x,0) = 0, \quad u_2(x,b) = 0 \quad (0 < x < a)
\end{aligned}
$$

위의 두 문제는 각각 사각형의 한 쌍의 평행한 변에서 제차인 경계 조건을 가지다. 각 문제의 해를 각각 u_1과 u_2라고 하면 다음과 같이 정의된 함수는 주어진 문제의 경계 조건을 모두 만족시키므로 원래 문제의 해가 된다.

$$
u(x,y) = u_1(x,y) + u_2(x,y) \tag{12.44}
$$

해의 이러한 가법적인 성질을 중첩의 원리라고 한다. 따라서 각 문제의 해 u_1과 u_2를 따로 구하면 충분하다. 먼저, 변수분리 방법을 이용해서 문제 1의 해 $u_1(x,y)$를 구하면 다음과 같다.

$$
u_1(x,y) = \sum_{n=1}^{\infty} \left\{ A_n \cosh \frac{n\pi}{a} y + B_n \sinh \frac{n\pi}{a} y \right\} \sin \frac{n\pi}{a} x
$$

여기서 계수는 경계 조건을 이용하여 구하면 각각 다음과 같다.

$$
A_n = \frac{2}{a} \int_0^a f(x) \sin \frac{n\pi}{a} x dx,
$$

$$B_n = \frac{1}{\sinh \frac{n\pi}{a} b} \left(\frac{2}{a} \int_0^a g(x) \sin \frac{n\pi}{a} x dx - A_n \cosh \frac{n\pi}{a} b \right)$$

문제 2의 해 $u_2(x, y)$도 같은 방법으로 구하면 다음과 같고, 그 계수 C_n과 D_n은 각각 아래의 식으로 표현된다.

$$u_2(x, y) = \sum_{n=1}^{\infty} \left\{ C_n \cosh \frac{n\pi}{b} x + D_n \sinh \frac{n\pi}{b} x \right\} \sin \frac{n\pi}{b} y,$$

$$C_n = \frac{2}{a} \int_0^b F(y) \sin \frac{n\pi}{b} y dy,$$

$$D_n = \frac{1}{\sinh \frac{n\pi}{b} a} \left(\frac{2}{a} \int_0^b G(y) \sin \frac{n\pi}{b} y dy - C_n \cosh \frac{n\pi}{b} a \right)$$

비제차 편미분 방정식과 경계 조건

앞에서 살펴 본 바와 같이 경계 조건이 비제차인 경우에는 변수분리 방법으로 직접해를 구할 수 없다. 이러한 어려움은 편미분 방정식이 비제차일 경우에도 적용된다. 이제 이러한 경우에 해를 구하는 방법을 알아보자.

열전도 방정식

길이가 유한한 막대 내부에서 일정한 상수 비율 r로 열이 발생한다면 이에 대응하는 열전도 방정식은 다음과 같다.

$$ku_xx + r = u_t \tag{12.45}$$

이 방정식은 비제차이며 분리해를 갖지 않는다는 것을 보일 수 있다. 또한 제차 방정식 $ku_xx = u_t$에 대해 막대의 양 끝점 $x = 0$와 $x = L$에서 항상 일정한 온도 k_1과 k_2를 가지는 해를 구한다고 할 때, 즉 비제차 경계 조건을 가지는 문제의 해를 구할 때, 함수 $u(x, t) = X(x)T(t)$는 주어진 방정식을 각 변수에 관한 두 개의 상미분 방정식으로 표현할 수 있으나 다음에 경계 조건으로는 고유값과의 고유 함수를 구할 수 없게 된다.

$$u(0,t) = X(0)T(t) = k_1,$$
$$u(L,t) = X(L)T(t) = k_2$$

그러나 비제차 경계 조건이 주어진 비제차 선형 편미분 방정식의 경계값 문제의 경우에 $u = v + \phi$로 놓는 **종속 변수의 변환**을 이용하여 해를 구할 수 있다. 이 방법의 기본적인 착상은 함수 ϕ를 일변수 함수로 놓고, 함수 v는 이변수 함수로서 주어진 경계값 문제에 대응하는 제차인 경계 조건을 갖는 제차 편미분 방정식의 해가 되도록 하는 것이다. 다음 보기를 통하여 이 방법에 대해 구체적으로 살펴보자.

예 제 1. 다음과 같이 주어진 열전도 방정식의 경계값 문제를 생각해 보자.

$$\begin{aligned} &ku_{xx} + r = u_t \quad (0 < x < 1, \quad t > 0) \\ &u(0,t) = 0, \quad u(1,t) = u_0 \quad (t > 0) \\ &u(x,0) = f(x) \quad (0 < x < 1) \end{aligned} \tag{12.46}$$

[**풀이**] $u(x,t) = v(x,t) + \phi(x)$로 놓으면 $u_{xx} = v_{xx} + \phi''$과 $u_t = v_t$를 얻는다. 이것들을 주어진 방정식에 대입하여 다음 방정식을 얻는다.

$$kv_{xx} + k\phi'' + r = v_t \tag{12.47}$$

여기서 방정식 (12.47)을 다음과 같이 함수 $\phi(x)$와 $v(x,t)$에 관한 두 개의 서로 독립적인 방정식으로 분해하여 나타내자.

$$k\phi'' + r = 0 \tag{12.48}$$

$$kv_{xx} = v_t \tag{12.49}$$

방정식 (12.48)을 두 번 적분하면 $\phi(x)$는 다음과 같다.

$$\phi(x) = -\frac{r}{2k}x^2 + (c_1)x + (c_2) \tag{12.50}$$

또, 경계 조건 (12.46)을 다음 식과 같이 쓸 수 있다.

$$u(0,t) = v(0,t) + \phi(0) = 0$$
$$u(1,t) = v(1,t) + \phi(1) = u_0$$

여기서 방정식 (12.49)의 경계 조건으로 다음을 택하기로 하자.

$$v(0,t) = 0, \quad v(1,t) = 0 \tag{12.51}$$

그러면 $\phi(0) = 0$와 $\phi(1) = u_0$이므로 식 (12.50)로부터 $c_1 = \frac{r}{2k} + u_0$과 $c_2 = 0$을 얻는다. 따라서 함수 ϕ는 다음과 같다.

$$\phi(x) = -\frac{r}{2k}x^2 + \left(\frac{r}{2k} + u_0\right)x$$

또, 초기 조건 $u(x,0) = v(x,0) + \phi(x)$로부터 다음 식을 얻는다.

$$v(x,0) = u(x,0) - \phi(x) = f(x) - \phi(x) \tag{12.52}$$

한편, 식 (12.49)과 위의 조건 (12.51)과 (12.52)로부터 함수 $v(x,t)$는 다음과 같은 경계값 문제의 해이고 이는 변수분리 방법으로 구할 수 있다.

$$kv_{xx} = v_1 \quad (0 < x < 1, \quad t > 0)$$
$$v(0,t) = 0, \quad v(1,t) = 0 \quad (t > 0)$$
$$v(x,0) = f(x) + \frac{r}{2k}x^2 - \left(\frac{r}{2k} + u_0\right)x \quad (0 < x < 1)$$

이 문제에 대해 12.3절에서 사용한 것과 동일한 방법을 이용하면 다음을 얻게 된다.

$$
\begin{aligned}
v(x,t) &= \sum_{n=1}^{\infty} A_n e^{-kn^2\pi^2 t} \sin n\pi x, \\
A_n &= 2\int_0^1 \left\{ f(x) + \frac{r}{2k}x^2 - \left(\frac{r}{2k} + u_0\right)x \right\} \sin n\pi x dx
\end{aligned}
\tag{12.53}
$$

따라서 원래 문제의 해 $u(x,t)$는 $\phi(x)$와 $v(x,t)$를 더하여 얻어지므로 다음과 같다.

$$
u(x,t) = -\frac{r}{2k}x^2 + \left(\frac{r}{2k} + u_0\right)x + \sum_{n=1}^{\infty} A_n e^{-kn^2\pi^2 t} \sin n\pi x \tag{12.54}
$$

여기서 계수 A_n은 식 (12.53)로 주어진다.

식 (12.54)에서 $t \to \infty$이면 $u(x,t) \to \phi(x)$이다. 이 때, 함수 ϕ를 주어진 문제의 **정상상태 해**(steady state solution)라고 한다. 반면에 $t \to \infty$일 때 $v(x,t) \to 0$이므로 함수 v를 **일시적인 해**(transient solution)라고 한다. 위와 같은 종속 변수 변환 방법을 이용하여 Laplace 방정식과 파동 방정식의 해를 구하는 데도 이용할 수 있다.

연습문제 12-3

1. 다음 경계값 문제의 해를 구하여라.

(1) $ku_{xx} = u_t \quad (0 < x < L, \quad t > 0)$

$$u(0,t) = 0, \quad u(L,t) = 0 \quad (t > 0)$$

$$
u(x,0) = \begin{cases} 1 & \left(0 < x < \dfrac{L}{2}\right) \\ 0 & \left(\dfrac{L}{2} \le x < L\right) \end{cases}
$$

(2) $a^2u_{xx} = u_{tt} \quad (0 < x < L, \quad t > 0)$

$u(0,t) = 0, \quad u(L,t) = 0 \quad (t > 0)$

$u(x,0) = \frac{1}{4}x(L-x), \quad u_t(x,0) = 0 \quad (0 < x < L)$

(3) $a^2u_{xx} = u_{tt} \quad (0 < x < L, \quad t > 0)$

$u_x(0,t) = 0, \quad u_x(L,t) = 0 \quad (t > 0)$

$u(x,0) = x, \quad u_t(x,0) = 0 \quad (0 < x < L)$

(4) $u_{xx} + u_{yy} = 0 \quad (0 < x < a, \quad 0 < y < b)$

$u(0,y) = 0, \quad u(a,y) = 0 \quad (0 < y < b)$

$u_y(x,0) = 0, \quad u(x,b) = f(x) \quad (0 < x < a)$

(5) $u_{xx} + u_{yy} = 0 \quad (0 < x < 1, \quad 0 < y < 1)$

$u(0,y) = 0, \quad u(1,y) = 1 - y \quad (0 < y < 1)$

$u_y(x,0) = 0, \quad u_y(x,1) = 0 \quad (0 < x < 1)$

(6) $ku_{xx} = u_t \quad (0 < x < 1, t > 0)$

$u(0,t) = u_0, \quad u(1,t) = 0 \quad (t > 0)$

$u(x,0) = f(x) \quad (0 < x < 1)$

(7) $ku_x + r = u_t \quad (0 < x < 1, \quad t > 0,$ r은 상수)

$u(0,t) = u_0, \quad u(1,t) = u_1 \quad (t > 0)$

$u(x,0) = f(x) \quad (0 < x < 1)$

(8) $ku_{xx} = ut \quad (0 < x < L, \quad t > 0)$

$u_x(0,t) = 0, \quad u_x(L,t) = 0 \quad (t > 0)$

$u(x,0) = f(x) \quad (0 < x < L)$

2. 다음 경계값 문제의 정상 상태 해 $\phi(x)$를 구하여라.

(1) $ku_{xx} - h(u - u_0) = u_t \quad (0 < x < 1, \quad t > 0,$ h는 상수)

$u(0,t) = u_0, \quad u(1,t) = 0 \quad (t > 0)$

$u(x,0) = f(x) \quad (0 < x < 1)$

(2) $ku_{xx} - hi = u_t \quad (0 < x < \pi, \quad t > 0, \quad h$는 상수$)$

$u(0,t) = 0, \quad u(\pi,t) = u_0 \quad (t > 0)$

$u(x,0) = f(x) \quad (0 < x < \pi)$

3. (1) 파동 방정식 $c^2 u_{xx} = u_{tt}$는 $\zeta = x + cy, \eta = x - ct$의 변환에 의해 다음 형태로 표현됨을 보여라.

$$\frac{\partial^2 u}{\partial x \partial y} = 0$$

(2) 다음 함수가 (1)의 파동 방정식의 해임을 보여라. 단, F와 G는 두 번 미분 가능한 함수이다.

$$u = F(x + ct) + G(x - ct)$$

4. 식 (12,28), (12,29), (13,30)의 경계값 문제에 관하여 $g(x) = 0$이면 이에 대응하는 해는 다음 식으로 나타낼 수 있음을 보여라. (힌트: 삼각 함수의 항등식을 이용한다.)

$$u(x,t) = \frac{1}{2}\{f(x + ct) + f(x - ct)\}$$

5. 무한이 긴 현의 변위 $u(x,t)$가 다음 초기치 문제에 의해 결정된다고 하자.

$$c^2 u_{xx} = u_{tt} \quad (-\infty < x < \infty, \quad t > 0)$$

$$u(x,0) = f(x), \quad u_t(x,0) = g(x) \quad (-\infty < x < \infty)$$

(1)문제 4번과 주어진 초기 조건을 이용하여 다음을 보여라. 단, x_0는 임의의 상수이고 C는 적분 상수이다.

$$F(x) = \frac{1}{2}f(x) + \frac{1}{2c}\int_{x_0}^{x} g(s)ds + C,$$
$$G(x) = \frac{1}{2}f(x) - \frac{1}{2c}\int_{x_0}^{x} g(s)ds - C$$

(2)앞의 결과를 이용하여 다음 식이 성립함을 보여라.

$$u(x,t) = \frac{1}{2}\{f(x+ct) + f(x-ct)\} + \frac{1}{2c}\int_{x-ct}^{x+ct} g(s)ds \tag{12.55}$$

[식 (12.55)와 같은 형태의 해를 **d'Alembert 해**(d'Alembert's solution)라고 한다. $g(x) = 0$일 때의 해는 $u(x,t) = \frac{1}{2}\{f(x+ct) + f(x-ct)\}$인데, 이러한 해는 원래 파의 모양(현의 변위)를 유지하면서 c의 속도로 각각 오른쪽과 왼쪽으로 이동하는 **여행파**(traveling wave)를 중첩한 것으로 해석할 수 있다.]

6. 문제 5의 초기값 문제의 조건이 다음과 같을 때 달랑베르 해를 구하여라.
   (1) $f(x) = \sin x, \quad g(x) = \cos x$
   (2) $f(x) \sin x, \quad g(x) = 1$
   (3) $f(x) = \dfrac{1}{1+x^2}, \quad g(x) = 0, \quad c = 1$
   (4) $f(x) = 0, \quad g(x) = \sin 2x$

7. 다음 Poisson 방정식에 관한 경계값 문제의 해를 구하여라.

$$u_{xx} + u_{yy} = -h, \quad h > 0 \quad (0 < x < \pi,\ y > 0)$$
$$u(0,y) = 0, \quad u(\pi, y) = 1 \quad (y > 0)$$
$$u(x,0) = 0 \quad (0 < x < \pi)$$

8. 본문의 열전도 방정식 (12.45)는 분해 가능하지 않음을 보여라.

12.4 직교급수 전개

변수분리 방법과 중첩의 원리는 일반적으로 경계값 문제의 해를 Fourier 급수가 아닌 삼각 급수의 형태로 표현한다. 이 절에서는 일반 Fourier 급수의 개념을 이용하여 경계값 문제의 해를 구하는 방법에 대해 다룬다. 또 주어진 방정식이 두 개의 공간 변수에 의존하는 경우에 해를 이중 급수로 표현하는 방법에 대해 알아본다.

일반 Fourier 급수와 경계값 문제

예 제 **1. (열전도 방정식)** 다음 경계값 문제는 단위 길이의 막대의 온도 분포에 관한 문제로 막대의 오른쪽 끝에서 일정한 온도를 가지는 매질로부터 열의 이동이 있고 왼쪽 끝의 온도는 항상 0으로 고정되어 있을 때 임의의 시점에서의 막대의 온도 분포 함수 $u(x,\,t)$를 구하는 문제이다.

$$\begin{aligned}
&u_t - ku_{xx} = 0 \quad (0 < x < 1,\, t > 0)\\
&u(0,\, t) = 0, \quad u_x(1,\, t) = -hu(1,\, t) \quad (h > 0,\, t > 0)\\
&u(x,\, 0) = 1 \quad (0 < x < 1)
\end{aligned}$$

[**풀이**] 먼저 $u = XT$로 놓으면 변수분리 방법의 일반 과정으로부터 다음 식을 얻는다.

$$\begin{aligned}
&X'' + \lambda^2 X = 0\\
&T' + k\lambda^2 T = 0,\\
&X(x) = c_1 \cos \lambda x + c_2 \sin \lambda x,\\
&T(t) = c_3 e^- k\lambda^2 t
\end{aligned} \tag{12.56}$$

여기서 $u = XT$이므로 주어진 경계 조건으로부터 다음 식을 얻는다.

$$\begin{aligned} X(0) &= 0, \\ X'(1) &= -hX(1) \end{aligned} \tag{12.57}$$

처음의 조건 $X(0) = 0$에서 $c_1 = 0$을 얻고 조건 (12.57)를 $X(x) = c_2 \sin \lambda x$에 적용하여 다음 방정식을 얻는다.

$$\tan \lambda = -\frac{\lambda}{h} \tag{12.58}$$

여기서 그래프를 생각하면 방정식 (12.58)이 무한개의 근을 갖는다는 것을 알 수 있다. 방정식 (12.58)의 근을 크기 순서로 $\lambda_n\,(n = 1,\, 2,\, \cdots)$이라 하면 각 λ_n은 주어진 문제의 고유값이다. 이때, 고유 함수는 다음과 같다.

$$X(x) = c_2 \sin \lambda_n x \quad (n = 1,\, 2,\, \cdots)$$

따라서 문제의 분리해 u_n과 해 u는 각각 아래의 식으로 표현된다.

$$\begin{aligned} u_n &= XT = A_n e^{-k\lambda_n^2 t} \sin \lambda_n x, \\ u(x,\, t) &= \sum_{n=1}^{\infty} A_n e^{-k\lambda_n^2 t} \sin \lambda_n x \end{aligned}$$

그런데 $t = 0$에서 $u(x,\, 0) = 1\,(0 < x < 1)$이므로 다음을 얻는다.

$$1 = \sum_{n=1}^{\infty} A_n \sin \lambda_n x \tag{12.59}$$

식 (12.59)의 급수는 함수 $f(x) = 1$의 Fourier 사인 급수가 아니라 상미분 방정식 (12.56)과 경계 조건 (12.57)로 이루어지는 Sturm-Liouville 문제에 대응하는 직교 함수로 전개한 함수 $f(x) = 1$의 일반 Fourier 급수이다. 따라서 다음 식을 얻는다.

$$A_n = \frac{\int_0^1 \sin \lambda_n x \, dx}{\int_0^1 \sin^2 \lambda_n x \, dx} \tag{12.60}$$

여기서 삼각 함수의 항등식을 이용하면 식 (12.60)의 분모는 다음과 같다.

$$\int_0^1 \sin^2 \lambda_n x \, dx = \frac{1}{2}\left(1 - \frac{1}{2\lambda_n} \sin 2\lambda_n\right) \tag{12.61}$$

또, $\sin 2\lambda_n x = 2 \sin \lambda_n x \cos \lambda_n x$이고 식 (12.58)에서 $\lambda \cos \lambda = -h \sin \lambda$이므로 식 (12.61)은 다음과 같이 다시 쓸수 있다.

$$\int_0^1 \sin^2 \lambda_n x \, dx = \frac{1}{2h}(h + \cos^2 \lambda_n)$$

그리고 식 (12.60)의 분자를 직접 적분하여 다음을 얻는다.

$$\int_0^1 \sin \lambda_n x \, dx = -\frac{1}{\lambda_n} \cos \lambda_n x \Big|_0^1 = \frac{1}{\lambda_n}(1 - \cos \lambda_n)$$

따라서 $A_n = \dfrac{2h(1 - \cos \lambda_n)}{\lambda_n(h + \cos^2 \lambda_n)}$이고 구하는 문제의 해 u는 다음과 같다.

$$u(x,\, t) = 2h \sum_{n=1}^{\infty} \frac{1 - \cos \lambda_n}{\lambda_n(h + \cos^2 \lambda_n)} e^{-k\lambda_n^2 t} \sin \lambda_n x$$

예 제 2. (파동 방정식) 단위 길이의 막대가 비틀림 힘을 받으면서 진동할 때 비틀림 각 $\theta(x, t)$는 다음 경계값 문제의 해이다(그림 12.6). 이 해 θ를 구하여라.

$$\theta_t - a^2 \theta_{xx} = 0 \qquad (0 < x < 1,\, t > 0)$$

$$\theta(0,\, t) = 0, \quad \theta_x(1,\, t) = 0 \qquad (t > 0)$$

$$\theta(x,\, 0) = x, \quad \theta_t(x,\, 0) = 0 \qquad (0 < x < 1)$$

여기서 $x = 1$에서의 경계 조건을 **비고정 조건**(free-end condition)이라고 한다.

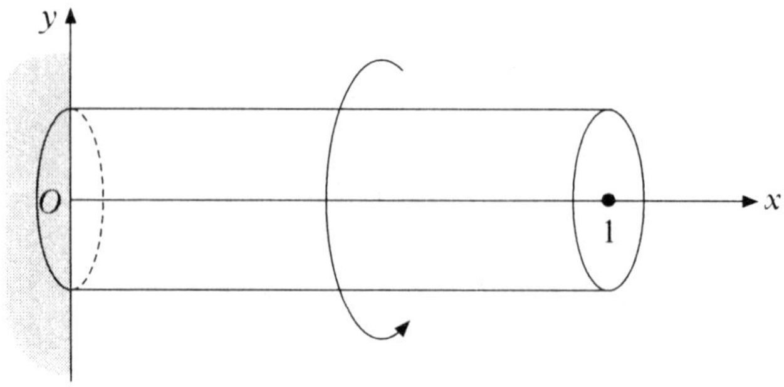

[그림 12-6] 막대의 비틀림

[풀이] $\theta = XT$로 놓으면 다음을 얻는다.

$$X'' + \lambda^2 X = 0,$$
$$T'' + a^2\lambda^2 T = 0,$$
$$X(x) = c_1 \cos \lambda x + c_2 \sin \lambda x,$$
$$T(t) = c_3 \cos a\lambda t + c_4 \sin a\lambda t$$

경계 조건으로부터 $X(0) = 0$, $X'(1) = 0$이 되어야 하므로 $c_1 = 0$과 방정식 $c_2 \cos \lambda = 0$을 얻는다. 따라서 고유값 λ_n과 고유 함수 X_n는 다음과 같다.

$$\lambda_n = \frac{2n-1}{2}\pi, \quad X_n = \sin \frac{2n-1}{2}\pi x \quad (n = 1, 2, \cdots)$$

한편, 초기 조건에서 $T'(0) = 0$이 성립하므로 $c_4 = 0$이다. 따라서 분리해 $\theta_n(x, t)$는 다음 식과 같다.

$$\theta_n(x, t) = XT = A_n \cos a\left(\frac{2n-1}{2}\right)\pi t \sin\left(\frac{2n-1}{2}\right)\pi x \quad (n = 1, 2, \cdots)$$

이제 구하는 해 $\theta(x, t)$를 다음 식으로 놓자.

$$\theta(x, t) = \sum_{n=1}^{\infty} A_n \cos a\left(\frac{2n-1}{2}\right)\pi t \sin\left(\frac{2n-1}{2}\right)\pi x \qquad (12.62)$$

그러면, $t=0$일 때, 초기 조건으로부터 식 (12.62)는 다음과 같다.

$$x=\sum_{n=1}^{\infty} A_n \sin\left(\frac{2n-1}{2}\right)\pi x \qquad (a<x<1) \tag{12.63}$$

한편, 다음의 고유 함수의 집합은 구간 $0 \le x \le 1$에서 가중 함수 $\rho(x)=1$에 대한 직교 집합이다.

$$\left\{ \sin\left(\frac{2n-1}{2}\right)\pi x \,\middle|\, n=1,\,2,\,3,\,\cdots \right\}$$

또, 사인 함수의 변수 $\left(\frac{2n-1}{2}\right)\pi x$가 πx의 정수배가 아니므로 급수 (12.63)은 함수 $\theta(x,\,0)=x$의 Fourier 사인 급수가 아니라 일반 Fourier 급수이고 식 (12.62)의 계수 A_n은 다음과 같다.

$$A_n=\frac{\displaystyle\int_0^1 x\sin\left(\frac{2n-1}{2}\right)\pi x\,dx}{\displaystyle\int_0^1 x\sin^2\left(\frac{2n-1}{2}\right)\pi x\,dx}$$

이제 예제 1에서 한 것과 동일한 과정을 반복하면 다음을 얻는다.

$$A_n=(-1)^{n+1}\frac{8}{(2n-1)^2\pi^2}$$

따라서 구하는 해 $\theta(x,\,t)$는 다음과 같다.

$$\theta(x,\,t)=\frac{8}{\pi^2}\sum_{n=1}^{\infty}\frac{(-1)^{n+1}}{(2n-1)^2}\cos a\left(\frac{2n-1}{2}\right)\pi t\sin\left(\frac{2n-1}{2}\right)\pi x$$

이중 Fourier 급수와 경계값 문제

이제까지 막대나 현에 대하여 온도 분포 또는 변위에 대한 문제를 생각하고 그를 나타내는 편미분 방정식의 경계값 문제를 다루었다. 이제 사각형 모양의 얇은 금속판에서의 온도 분포 또는 사각형 모양의 박막의 진동에 대한 문제를 생각하기로 한다. 먼저 시각 t와 점 (x, y)에서의 사각형 모양의 금속판의 온도 분포 $u(x, y, t)$는 몇 가지 가정 아래 다음의 **이차원 열전도 방정식**(two-dimensional heat equation)을 만족시킨다.

$$k(u_{xx} + u_{yy}) = u_t \tag{12.64}$$

또, 시각 t일 때, 진동하는 사각형의 박막의 점 (x, y)에서 변위 $u(x, y, t)$는 진동의 폭이 작고 감쇠가 없다는 등의 몇 가지 가정을 하면 다음의 **이차원 파동 방정식**(two-dimensional wave equation)을 만족시킨다.

$$a^2(u_{xx} + u_{yy}) = u_{tt} \tag{12.65}$$

방정식 (12.64)와 (12.65)과 관련된 경계값 문제는 변수분리 방법을 이용하여 풀 수 있고 그 해를 이변수의 Fourier 급수로 표현할 수 있음을 알아보자.

예 제 **3.** 초기에 온도 분포가 함수 $f(x, y)$로 주어지고 둘레에서는 온도가 항상 0으로 고정된 사각형의 얇은 금속판의 온도 분포 함수 $u(x, y, t)$를 구하여라.

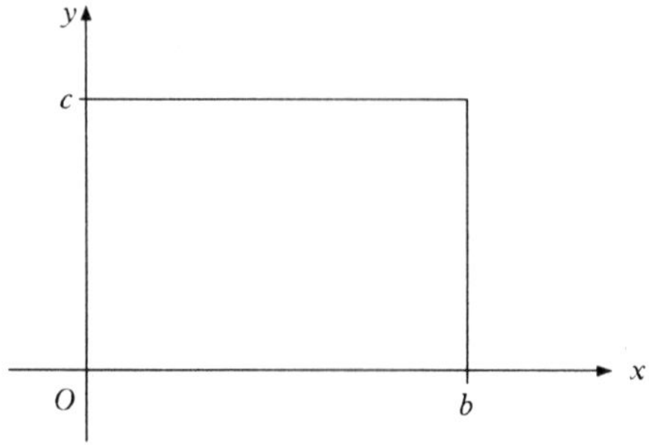

[**그림 12-7**] 사각형의 금속판

[**풀이**] 주어진 문제는 다음 경계값 문제로 표현된다.

$$k(u_{xx} + u_{yy}) = u_t \qquad (0 < x < b,\ 0 < y < c,\ t > 0)$$

$$u(0,\, y,\, t) = 0, \quad u(b,\, y,\, t) = 0 \qquad (o < y < c,\, t > 0)$$
$$u(x,\, 0,\, t) = 0, \quad u(x,\, c,\, t) = 0 \qquad (o < x < b,\, t > 0)$$
$$u(x,\, y,\, 0) = f(x,\, y) \qquad (0 < x < b,\, 0 < y < c)$$

분리해를 $u(x,\, y,\, t) = X(x)Y(y)T(t)$로 놓으면 다음 식을 얻는다.

$$\frac{X''}{X} = -\frac{Y''}{Y} + \frac{T'}{kT} \tag{12.66}$$

식 (12.66)의 좌변은 x에만 의존하고 우변은 변수 y와 t에만 의존하므로 양변은 일정한 상수와 같아야 한다. 그러므로 식 (12.66)은 다음과 같다.

$$\frac{X''}{X} = -\frac{Y''}{Y} + \frac{T'}{kT} = -\lambda^2$$

이를 변수분리하면 다음 두 식을 얻는다.

$$X'' + \lambda^2 X = -\lambda^2 \tag{12.67}$$
$$\frac{Y''}{Y} = \frac{T'}{kT} + \lambda^2 \tag{12.68}$$

또, 식 (12.68)은 위와 같은 이유로 상수 -μ^2과 같으므로 다음과 같은 두 개의 상미분 방정식을 얻는다.

$$\frac{Y''}{Y} = -\mu^2, \quad \frac{T'}{kT} + \lambda^2 = -\mu^2$$

이를 다시 고쳐 쓰면 다음과 같다.

$$Y'' + \mu^2 Y = 0, \quad T' + k(\lambda^2 + \mu^2)T = 0 \tag{12.69}$$

상미분 방정식 (12.67)와 (12.69)의 일반해는 다음과 같다.

$$X(x) = c_1 \cos \lambda x + c_2 \sin \lambda x \tag{12.70}$$

$$Y(y) = c_3 \cos \mu y + c_4 \sin \mu y \tag{12.71}$$

$$T(t) = c_3 e^{-k(\lambda^2+\mu^2)t} \tag{12.72}$$

이제 주어진 경계 조건으로부터 다음을 얻는다.

$$X(0) = 0, \quad X(b) = 0, \qquad Y(0) = 0, \quad Y(c) = 0$$

이 조건을 함수 (12.70)와 (12.71)에 적용하면 다음을 얻는다.

$$c_1 = 0, \quad c_3 = 0, \quad c_2 \sin \lambda b = 0, \quad c_4 \sin \mu c = 0$$

이 때, 위의 마지막 두 방정식의 해는 다음과 같다.

$$\lambda = \frac{m\pi}{b}\ (m = 1,\ 2,\ \cdots), \quad \mu = \frac{n\pi}{c}\ (n = 1,\ 2,\ \cdots)$$

따라서 주어진 경계 조건을 만족시키는 분리해는 다음과 같다.

$$u_{mn}(x,\ y,\ t) = A_{mn} e^{-k[(\frac{m\pi}{b})^2+(\frac{n\pi}{c})^2]t} \sin \frac{m\pi}{b} x \sin \frac{n\pi}{c} y$$

여기서 계수 A_{mn}은 임의의 상수이다. 그런데 서로 독립적인 두 개의 고유값의 집합이 있으므로 중첩의 원리를 적용하여 다음과 같은 이중 급수의 형태의 표현을 가지는 해를 얻는다.

$$u(x,\ y,\ t) = \sum_{m=1}^{\infty} \sum_{n=1}^{\infty} A_{mn} e^{-k[(\frac{m\pi}{b})^2+(\frac{n\pi}{c})^2]t} \sin \frac{m\pi}{b} x \sin \frac{n\pi}{c} y \tag{12.73}$$

이제 $t = 0$에서의 초기 조건으로부터 다음 식을 얻는다.

$$u(x,\ y,\ 0) = f(x,\ y) = \sum_{m=1}^{\infty}\sum_{n=1}^{\infty} A^{mn} \sin\frac{m\pi}{b}x \sin\frac{n\pi}{c}y \tag{12.74}$$

식 (12.74)에 $\sin\left(\frac{m\pi x}{b}\right)\sin\left(\frac{m\pi y}{c}\right)$를 곱하여 사각형 $0 \le x \le b$, $0 \le y \le c$ 위에서 이중 적분하여 계수 A_{mn}을 구하면 다음과 같다.

$$A_{mn} = \frac{4}{bc}\int_0^c\int_0^b f(x,\ y) \sin\frac{m\pi}{b}x \sin\frac{n\pi}{c}y\, dx\, dy \tag{12.75}$$

따라서 주어진 경계값 문제의 해는 식 (12.75)으로 표현되는 계수 A_{mn}을 가지는 식 (12.73)의 이중 급수로 표현되는 함수이다. 식 (12.75)을 계수로 가지는 식 (12.74)의 급수를 **이변수의 사인 급수**(sine series on two variables)또는 **이중 사인급수**(double sine series)라고 한다.

연습문제 12-4

1. 다음 경계값 문제의 해를 구하여라.

(1) $u_1 - ku_{xx} = 0 \qquad (0 < x < 1, \quad t > 0)$

$u_x(0,\ t) = 0, \quad u_x(1,\ t) = -hu(1,\ t) \qquad (h > 0, \quad t > 0)$

$u(x,\ 0) = 1 \qquad (0 < x < 1)$

(2) $u_{xx} + u_{yy} = 0 \qquad (0 < x < a, \quad 0 < y < b)$

$u(0,\ y) = 0, \quad u_x(a,\ y) = -hu(a,\ y) \qquad (h > 0, \quad 0 < y < b)$

$xu(x,\ 0) = 0, \quad u(x,\ b) = f(x) \qquad (0 < x < a)$

(3) $u_{xx} + u_{yy} = 0 \qquad (0 < x < 1, \quad 0 < y < 1)$

$u_x(0,\ y) = 0, \quad u(1,\ y) = u_0 \qquad (0 < y < 1)$

$u(x,\ 0) = 0, \quad u_y(x,\ 1) = 0 \qquad (0 < x < 1)$

(4) $k(u_{xx}+u_{yy})=u_t \qquad (0<x<\pi,\quad 0<y<\pi,\quad t>0)$

$u(0,\,y,\,t)=0,\quad u(\pi,\,y,\,t)=0 \qquad (0<y<\pi,\quad t>0)$

$u(x,\,0,\,t)=0,\quad u(x,\,\pi,\,t)=0 \qquad (0<x<\pi,\quad t>0)$

$u(x,\,y,\,0)=u_0 \qquad (0<x<\pi,\quad 0<y<\pi)$

(5) $a^2(u_{xx}+u_{yy})=u_{tt} \qquad (0<x<\pi,\quad 0<y<\pi,\quad t>0)$

$u(0,\,y,\,t)=0,\quad u(\pi,\,y,\,t)=0 \qquad (0<y<\pi,\quad t>0)$

$u(x,\,0,\,t)=0,\quad u(x,\,\pi,\,t)=0 \qquad (0<x<\pi,\quad t>0)$

$u(x,\,y,\,0)=xy(x-\pi)(y-\pi),\quad u_t(x,\,y,\,0)=0 \qquad (0<x<\pi,\quad 0<y<\pi)$

2. 직육면체에서 정상 상태의 열전도 방정식은 다음과 같이 Laplace 방정식으로 주어진다.

$$u_{xx}+u_{yy}+u_{zz}=0 \quad (0<x<a,\quad 0<y<b,\quad 0<z<c)$$

이때, 다음과 같은 경계 조건에서 방정식의 해를 구하여라.

(1) $u(x,\,y,\,0)=f(x,\,y) \qquad (0<x<a,\quad 0<y<b)$
다른 경계 면에서는 온도가 0이다.

(2) $u(x,\,y,\,c)=f(x,\,y) \qquad (0<x<a,\quad 0<y<b)$
다른 경계 면에서는 온도가 0이다.

12.5 여러 좌표계에서의 경계값 문제

지금까지는 독립 변수가 직교 좌표계의 변수로 주어지 편미분 방정식의 경계값 문제를 다루었다. 그러나 예를 들어 원판이나 원기둥 또는 구의 온도 분포에 관한 문제는 직교좌표계의 변수보다 극 좌표계나 원기둥 좌표계 또는 구면 좌표계의 변수로 표현하는 것이 편리하다. 이 절에서는 이러한 좌표계에서의 경계값 문제를 다룬다.

극 좌표에서의 경계값 문제

평면의 직교 좌표 $(x,\ y)$와 극 좌표 $(r,\ \theta)$와의 관계는 다음과 같다.

$$
\begin{aligned}
&x = r\cos\theta, \quad y = r\sin\theta, \\
&r^2 = x^2 + y^2, \quad \tan\theta = \frac{y}{x}
\end{aligned}
$$

극 좌표에서의 Laplace 방정식

위의 두 관계식과 미분의 연쇄 법칙을 이용하면 이변수 함수 $u(x,\ y)$의 라플라시안 $\nabla^2 u = u_{xx} + u_{yy}$를 극 좌표계의 변수로 표현할 수 있다. 다음 식은 연쇄 법칙을 이용하여 얻어진다.

$$
\begin{aligned}
u_x &= u_r r_x + u_\theta \theta_x = \cos\theta u_r - \frac{\sin\theta}{r} u_\theta, \\
u_y &= u_r r_y + u_\theta \theta_y = \sin\theta u_r - \frac{\cos\theta}{r} u_\theta, \\
u_{xx} &= \cos^2\theta u_{rr} - \frac{2\sin\theta\cos\theta}{r} u_{r\theta} + \frac{\sin^2\theta}{r^2} u_{\theta\theta} + \frac{\sin^2\theta}{r} u_r + \frac{2\cos\theta\sin\theta}{r} u_\theta, \\
u_{yy} &= \sin^2\theta u_{rr} + \frac{2\sin\theta\cos\theta}{r} u_{r\theta} + \frac{\cos^2\theta}{r^2} u_{\theta\theta} + \frac{\cos^2\theta}{r} u_r - \frac{2\cos\theta\sin\theta}{r} u_\theta,
\end{aligned}
$$

마지막 두 식을 더하면 다음과 같다.

$$\nabla^2 u = u_{xx} + u_{yy} = u_{rr} + \frac{1}{r}u_r + \frac{1}{r^2}u_{\theta\theta}$$

따라서 극 좌표에서의 Laplace 방정식은 다음과 같다.

$$u_{rr} + \frac{1}{r}u_r + \frac{1}{r^2}u\theta\theta = 0$$

예 제 **1.** 반경이 c인 금속 원판의 원주 위, 즉 $r = c$에서 온도가 $f(\theta)$일 때 원판의 정상 상태의 온도 분포 함수 $u(r,\, \theta)$를 구하라.

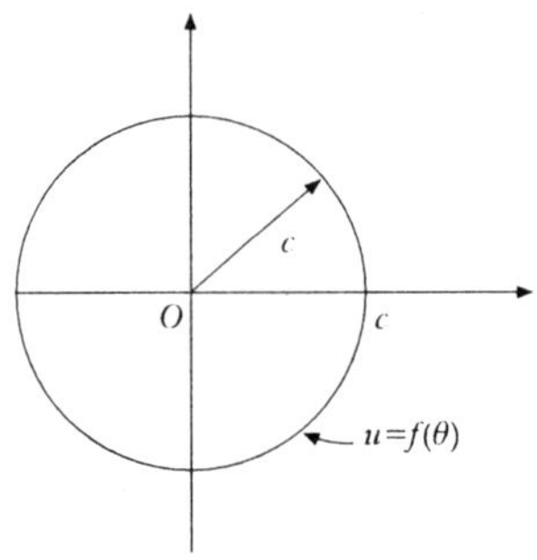

[**그림 12-8**]

[**풀이**] 주어진 문제가 만족시키는 방정식과 경계 조건은 다음과 같이 표현된다.

$$u_{rr} + \frac{1}{r}u_r + \frac{1}{r^2}u_{\theta\theta} \qquad (0 < r < c,\ 0 < \theta < 2\pi)$$

$$u(c,\, \theta) = f(\theta) \qquad (0 < \theta < 2\pi)$$

이제 $u = R(r)\Theta(\theta)$로 놓고 변수분리 방법을 적용하면 다음을 얻는다.

$$\frac{r^2R'' + rR'}{R} = -\frac{\Theta''}{\Theta} = \lambda^2,$$

$$r^2R'' + rR' - \lambda^2 R = 0 \tag{12.76}$$

$$\Theta'' + \lambda^2\Theta = 0 \tag{12.77}$$

먼저, $\lambda \neq 0$인 경우에 상미분 방정식 (12.77)의 일반해는 다음과 같다.

$$\Theta = c_1 \cos\lambda\theta + c_2 \sin\lambda\theta \tag{12.78}$$

또 방정식 (12.76)은 Cauchy-Euler 방정식이고 일반해는 다음과 같다.

$$R = c_3 r^{\lambda} + c_4 r^{-\lambda} \tag{12.79}$$

여기서 식 (12.78)과 (12.79)의 계수와 고유값을 결정하게 하는 명확한 조건은 주어져 있지 않지만 다음과 같이 해가 만족시켜야 하는 두 가지 물리적인 조건을 찾을 수 있다. 먼저, 주어진 한 점의 극 좌표 표현은 달라도 같은 온도를 가져야 한다는 것이다. 즉, 극 좌표$(r,\ \theta + 2\pi)$와 $(r,\ \theta)$는 동일한 점을 나타내므로 다음이 성립해야 한다.

$$u(r,\ \theta) = u(r,\ \theta + 2\pi)$$

다시 말해 함수 $u(r,\ \theta)$는 독립 변수 θ에 관해 주기가 2π인 주기 함수이어야 한다. 그런데 방정식 (12.77)의 해 (12.78)은 $\lambda = n\,(n = 1,\ 2,\ \cdots)$일 때만 주기가 2π인 주기 함수가 되므로 식 (12.78)과 (12.79)는 다음과 같다.

$$\Theta = c_1 \cos n\theta + c_2 \sin n\theta \qquad (n = 1,\ 2,\ \cdots) \tag{12.80}$$

$$R = c_3 r^n + c_4 r^{-n} \qquad (n = 1,\ 2,\ \cdots) \tag{12.81}$$

또, 원판 내부의 온도 $u(r,\ \theta)$는 유한해야 한다. 특히, 원판의 중심 $r = 0$에서도 유한해야 하므로 식(12.81)에서 $c_4 = 0$이어야 한다. 따라서 $\lambda = n$에 대하여 분리해 u_n은 다음과 같다.

$$u_n = R\Theta = r^n(A_n \cos n\theta + B_n \sin n\theta) \qquad (n = 1,\ 2,\ \cdots) \tag{12.82}$$

여기서 A_n과 B_n은 상수이다. 한편, $\lambda = 0$이면 방정식 (12.76)과 (12.77)는 각각 다음과 같다.

$$\Theta'' = 0, \qquad r^2R'' + rR = 0$$

위 두 상미분 방정식의 일반해는 각각 다음과 같다.

$$\Theta = c_5\theta + c_6, \qquad R = c_7 + c_8 \ln r$$

이제 해 u는 변수 θ에 관해 주기 함수이므로 $c_5 = 0$이며, $r = 0$에서 온도가 유한해야 하므로 $c_8 = 0$이다. 따라서 $\theta = 0$이면 방정식의 분리해는 다음과 같다.

$$u_0 = A_0 \tag{12.83}$$

따라서 구하는 해 u를 다음과 같이 놓자.

$$u(r,\, \theta) = A_0 + \sum_{n=1}^{\infty} r^n (A_n \cos n\theta + B_n \sin n\theta) \tag{12.84}$$

식 (12.84)의 계수 A_n과 B_n을 구하자. 먼저 $r = c$에서의 경계 조건을 함수 (12.84)에 적용하면 다음과 같이 함수 f의 Fourier 급수를 얻는다.

$$f(\theta) = A_0 + \sum_{n=1}^{\infty} c^n (A_n \cos n\theta + B_n \sin n\theta)$$

여기서 위 식의 계수들은 다음 식으로 표현됨을 확인할 수 있다.

$$A_0 = \frac{1}{2\pi} \int_0^{2\pi} f(\theta)\, d\theta \tag{12.85}$$

$$A_n = \frac{1}{c^n\pi} \int_0^{2\pi} f(\theta) \cos n\theta\, d\theta \tag{12.86}$$

$$B_n = \frac{1}{c^n\pi} \int_n^{2\pi} f(\theta) \sin n\theta\, d\theta \tag{12.87}$$

따라서 구하는 해는 식(12.85)과 (12.86)및 (12.87)를 Fourier 계수로 가지는 식 (9)의 급수로 표현되는 함수 $u(r,\,\theta)$이다.

극좌표에서의 열전도 방정식과 파동 방정식

12.5절의 이차원 열전도 방정식과 파동 방정식의 경루도 다루는 대상이 원판일 때 극좌표로 표현하여 생각하면 편리하다. 12.5절의 이차원 열전도 방정식과 파동 방정식을 다시 쓰면 각각 다음과 같다.

$$k(u_{xx}+u_{yy})=u_1,\quad c^2(u_{xx}+u_{yy})=u_{tt}$$

$u=u(r,\,\theta,\,t)$라 하고 각 방정식을 극좌표의 변수를 써서 나타내면 다음과 같다.

$$k\left(u_{rr}+\frac{1}{r}u_r+\frac{1}{r^2}u_{\theta\theta}\right)=u_t,\quad c^2\left(u_{rr}+\frac{1}{r}u_r+\frac{1}{r^2}u_{\theta\theta}\right)=u_{tt}$$

변수분리 방법으로 이들 방정식의 경계값 문제의 해 $u(r,\,\theta,=:t)$를 구하는 것은 해를 $u=R(r)\Theta(\theta)T(t)$로 놓아 주어진 문제에 적용하여 주어진 방정식을 각 변수에 대응하는 상미분 방정식으로 변환한 후에 경계 조건을 만족시키는 분리해를 중첩하여 초기 조건을 만족하도록 해를 구성하는 것이다. 이렇게 얻은 해는 일반적으로 다중 무한 급수로 표현된다. 여기서는 간단하지만 중요한 문제인 경우로 해가 변수 θ에 독립인, 즉 **방사상 대칭**(radially symmetric)인 문제만 생각하기로 한다. 이 경우에 열전도 방정식과 파동 방정식은 각각 다음과 같이 간단한 형태로 표현된다.

$$k\left(u_{rr}+\frac{1}{r}u_r\right)=u_t,\quad c^2\left(u_{rr}+\frac{1}{r}u_r\right)=u_{tt}$$

여기서$u=u(r,\,t)$이다. 특히, 이 경우에 파동 방정식의 해가 나타내는 진동을 **방사상 진동**(radial vibration)이라고 한다.

예 제 2. 둘레가 클램프로 고정되고 $t=0$일 때 변위가 $f(r)$이고 속도가 $g(r)$로 주어진 방사상 진동하는 반지름이 c인 원형 박막의 변위 $u(r,\,t)$를 구하여라.

[**풀이**] 주어진 경계값 문제에 대응하는 다음과 같이 표현된다.

$$a^2\left(u_{rr}+\frac{1}{r}u_r\right)=u_{tt}\qquad(0<r<c,\ t>0)$$
$$u(c,\ t)=0\qquad(t>0)$$
$$u(r,\ 0)=f(r),\quad u_t(r,\ 0)=g(r)\qquad(0<r<c)$$

처음 방정식에 $u(r,\ t)=R(r)T(t)$을 대입하여 변수를 분리하면 다음을 얻는다.

$$\frac{R''+\frac{1}{r}R'}{R}=\frac{T''}{a^2T}=-\lambda^2,$$

$$rR''+R'+\lambda^2rR=0, \tag{12.88}$$
$$T''+a^2\lambda^2T=0 \tag{12.89}$$

차수가 0인 매개 베셀 방정식인 (12.88)과 방정식 (12.89)의 일반해는 다음과 같다.

$$R=c_1J_0(\lambda r)+c_2Y_0(\lambda r),\quad T=c_3\cos a\lambda t+c_4\sin a\lambda t$$

그런데 $r\to 0^+$일 때 $Y_0(\lambda r)\to-\infty$이다. 그런데 $u(r,\ t)$가 유일한 값을 가지므로 $r=0$일 때 $c_2=0$이어야 한다. 따라서 $R=c_1J_0(\lambda r)$이다. 한편, 경계 조건 $u(c,\ t)=0$으로부터 $R(c)=0$이므로 $c_1J_0(\lambda r)=0$이다. 또, $c_1=0$일 때 자명한 해만 가지므로 다음 식을 얻는다.

$$J_0(\lambda c)=0 \tag{12.90}$$

방정식 (12.90)는 무한개의 양의 근을 가진다. 따라서 근을 x_n이라 하면 고유값 λ_n은 $\lambda_n=\frac{x_n}{c}$이다. 따라서 분리해 u_n은 다음과 같다.

$$u_n=(A_n\cos a\lambda_nt+B_n\sin a\lambda_nt)J_0(\lambda_nr)\qquad(n=1,\ 2,\ \cdots) \tag{12.91}$$

여기서 A_n과 B_n은 상수이다. 이제 중첩의 원리를 적용하여 해를 다음 식으로 놓자.

$$u(r,\ t) = \sum_{n=1}^{\infty}(A_n \cos a\lambda_n t + B_n \sin a\lambda_n t)J_0(\lambda_n r) \tag{12.92}$$

한편, $t = 0$일 때 $u(r,\ 0) = f(r)$이므로 식(12.92)로부터 다음 식을 얻는다.

$$f(r) = \sum_n = 1^\infty A_n J_0(\lambda_n r) \tag{12.93}$$

식 (12.93)은 함수 f 의 구간 $(0,\ c)$에서의 Fourier-Bessel 급수이므로 계수 A_n은 다음과 같다.

$$A_n = \frac{2}{c^2 J_1^2(\lambda_n c)} \int_0^c r J_0(\lambda_n r) f(r)\, dr \tag{12.94}$$

이제 식 (12.92)을 t에 관해 미분하고 초기 속도가 $u_t(r,\ 0) = g(r)$임을 이용하면 다음 식을 얻는다.

$$g(r) = \sum_{n=1}^{\infty} a\lambda_n B_n J_0(\lambda_n r)$$

이는 함수 g의 Fourier-Bessel 급수이므로 다음을 얻는다.

$$B_n \frac{2}{a\lambda_n c^2 J_1^2(\lambda_n c)} \int_0^c r J_0(\lambda_n r) g(r)\, dr \tag{12.95}$$

따라서 주어진 문제의 해는 계수 A_n과 B_n이 식 (12.94)와 (12.95)으로 주어진 급수 (12.92)이다.

12.4절의 파동 방정식의 경우와 같이 식 (12.91)의 분리해 각각을 정상파라고 한다. 이 경우에 정상파의 스냅사진은 근본적으로 진폭이 다음과 같은 함수 $J_0(\lambda_n r)$의 그래프이다.

$$A_n \cos a\lambda_n t + B_n \sin a\lambda_n t \qquad (n = 1,\ 2,\ \cdots)$$

그림 12.9에서 점선과 실선은 다른 시점에서의 정상파의 그래프를 나타낸다. 열린 구간 $(0,\ c)$에서 방정식 $J_0(\lambda_n r) = 0$의 근 r에서 정상파의 변위가 0이므로 그

점에서 정상파는 진동하지 않는다. 이런 점의 집합을 **절선**(nodal line)이라고 한다. 방정식 $J_0(\lambda_n c)=0$의 양의 근을 x_n이라 하면 $\lambda_n = \dfrac{x_n}{c}$이므로 정상파의 절선은 다음 식에 의해 결정된다.

$$J_0(\lambda_n r) = J_0\left(\frac{X_n}{c}r\right) = 0$$

$J_0(x)$의 처음 세 개의 근은 근사적으로 $x_1 = 2.4$, $x_2 = 5.5$, $x_3 = 8.7$이다. 처음의

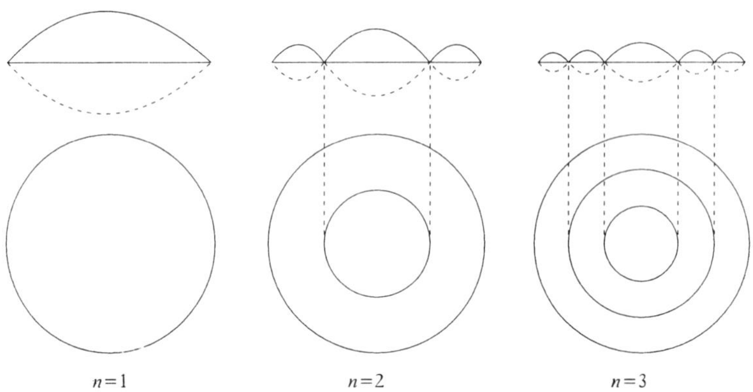

[**그림 12-9**] 정상파

정상파는, 즉 $n=1$이면 $J_0\left(\dfrac{x_1}{c}r\right)=0$으로부터 $r=c$이므로 절선을 가지지 않는다. $n=2$이면 방정식 $J_0\left(\dfrac{x_2}{c}r\right)=0$의 근은 다음의 두 식에 의해 결정된다.

$$\frac{5.5}{c}r = 2.4, \quad \frac{5.5}{c}r = 5.5$$

두 번째 정상파는 $r \approx 0.44c < c$이므로 다음과 같은 한 개의 절선을 가진다.

$$r = \frac{x_1 c}{x_2} \approx \frac{2.4c}{5.5}$$

또 $n=3$일 때는 다음 식으로 주어지는 두 개의 절선을 가진다.

$$r = \frac{x_1 c}{x_3} \approx \frac{2.4c}{8.7}, \quad r = \frac{x_2 c}{x_3} \approx \frac{5.5c}{8.7}$$

일반적으로 n번째 정상파는 $(n-1)$개의 절선을 갖고, 다음 식으로 정의된다.

$$r = \frac{x_1 c}{x_n}, \quad r = \frac{x_2 c}{x_n}, \quad \cdots, \quad r = \frac{x_{n-1} c}{x_n}$$

원은 극 좌표로 $r = $(상수)로 표현되므로 그림 12.9에서 보인 것과 같이 모든 정상파의 절선은 모두가 중심이 $r = 0$인 동심원이다.

원주 좌표계에서의 Laplace 방정식

원주 좌표계와 직교 좌표계의 각 변수 사이의 관계는 다음과 같다.

$$x = r\cos\theta, \quad y = r\sin\theta, \quad z = z$$

이를 이용하여 직교 좌표계에서의 함수 $u(x,\ y,\ z)$의 라플라시안 $\nabla^2 u = u_{xx} + u_{yy} + u_{zz}$는 원주 좌표계에서 다음 식과 같음을 보일 수 있다.

$$\nabla^2 u = u_{rr} + \frac{1}{r}u_r + \frac{1}{r^2}u_{\theta\theta} + u_{zz}$$

예 제 3. 반지름이 2이고 $0 \le z \le 4$인 원기둥의 정상 상태의 온도 분포가 방사상 대칭이라고 하자. 경계 $r = 2$와 $z = 0$에서의 온도가 0이고, $z = 4$일 때 온도가 상수 u_0인 경우에 원기둥의 정상 상태의 온도 분포 함수 $u(r,\ z)$를 구하여라.

[**풀이**] 주어진 조건으로부터 온도 분포 함수 $u(r,\ z)$는 다음 방정식을 만족시킨다.

$$u_{rr} + \frac{1}{r}u_r + u_{zz} = 0 \qquad (0 < r < 2,\ 0 < z < 4)$$

$$u(2,\ z) = 0 \qquad (0 < z < 4)$$

$$u(r,\ 0) = 0, \qquad u(r,\ 4) = u_0 \qquad (0 < r < 2)$$

이제 $u = R(r)Z(z)$라 놓고 하면 다음 식을 얻는다.

$$\frac{R'' + \frac{1}{r}R'}{R} = -\frac{Z'}{Z} = -\lambda^2,$$

$$rR'' + R' + R' + \lambda^2 rR = 0, \tag{12.96}$$

$$Z'' - \lambda^2 Z = 0 \tag{12.97}$$

여기서 구하는 해가 변수 z에 대해 주기 함수가 될 필요가 없으므로 음수의 분리상수를 사용한다. 방정식 (12.96)의 일반해는 다음 식과 같다.

$$R = c_1 J_0(\lambda r) + c_2 Y_0(\lambda r)$$

방정식 (12.97)는 구간 $0 \le r \le 2$에서 정의되어 있으므로 일반해는 다음과 같다.

$$Z = c_3 \cosh \lambda z + c_4 \sinh \lambda z$$

예제 1에서와 같이 온도 함수 u는 $r = 0$에서 유한한 값을 가져야 하므로 $c_2 = 0$을 얻는다. 조건 $u(2,\ z) = 0$으로부터 $R(2) = 0$이 된다. 여기서 주어진 문제의 양의 고유값 λ_n은 다음 방정식의 근이다.

$$J_0(2\lambda) = 0 \tag{12.98}$$

한편 $Z(0) = 0$으로부터 $c_3 = 0$을 얻는다. 결과적으로 다음 식을 얻는다.

$$\begin{aligned} R &= c_1 J_0(\lambda_n r), \quad Z = c_4 \sinh \lambda_n z, \\ u_n &= RZ = A_n \sinh \lambda_n z J_0(\lambda_n r), \\ u(r,\ z) &= \sum_{n=1}^{\infty} A_n \sinh \lambda_n z J_0(\lambda_n r) \end{aligned}$$

또 $z=4$에서의 경계 조건에서 상수 u_0에 관한 다음의 Fourier-Bessel 급수를 얻는다.

$$u_0 = \sum_{n=1}^{\infty} A_n \sinh 4\lambda_n J_0(\lambda_n r)$$

이제 방정식 (12.98)과 12.4절의 Fourier-Bessel 급수의 계수를 비교하면 다음 식을 얻는다.

$$A_n \sinh 4\lambda_n = \frac{2u_0}{4J_1^2(2\lambda_n)} \int_0^2 r J_0(\lambda_n r)\, dr$$

$t=\lambda_n r$로 치환하고 항등식 $\dfrac{d}{dt}\{tJ_1(t)\} = tJ_0(t)$를 이용하면 위의 식은 다음과 같다.

$$A_n \sinh 4\lambda_n = \frac{2u_0}{2J_1^2(2\lambda_n)} \int_0^{2\lambda_n} \frac{d}{dt}\{tJ_1(t)\}\, dt = \frac{u_0}{\lambda_n J_1(2\lambda_n}$$

따라서 계수 A_n은 $A_n = \dfrac{u_0}{\lambda_n \sinh 4\lambda_n J_1(2\lambda_n)}$이므로, 주어진 경계값 문제의 해 $u(r,\ z)$는 다음과 같다.

$$u(r,\ z) = u_0 \sum_{n=1}^{\infty} \frac{\sinh \lambda_n z J_0(\lambda_n r)}{\lambda_n \sinh 4\lambda_n J_1(2\lambda_n)}$$

구면 좌표계에서의 경계값 문제

이제 구면 좌표계에서의 경계값 문제를 다루어 보자. 먼저 공간에서 직교 좌표계와 구면 좌표계의 변수 사이의 관계는 다음과 같다.

$$x = r\sin\theta\cos\phi,\ y = r\sin\theta\sin\phi,\ z = r\cos\theta \quad (0 \le \phi \le 2\pi,\ 0 \le \theta \le \pi)$$

이 관계식을 이용하여 함수 $u(x,\ y,\ z)$ 라플라시안$\nabla^2 u = u_{xx} + u_{yy} + u_{zz}$를 구면 좌표계의 변수 $(r,\ \phi,\ \theta)$를 써서 나타내면 다음과 같다.

$$\nabla^2 u = u_{rr} + \frac{2}{r}u_r + \frac{1}{r^2\sin^2\theta}u_{\phi\phi} + \frac{1}{r^2}u_{\theta\theta} + \frac{\cot\theta}{r^2}u_\theta$$

위의 식은 매우 복잡하여 일반적으로 위의 식으로 표현되는 문제의 해를 구하기가 어렵다. 여기서는 변수 ϕ에 독립인 비교적 간단한 문제만을 생각하기로 한다.

예 제 **4.** 반지름이 a인 구의 정상 상태의 온도 분포가 변수 ϕ에 의존하지 않는다고 하자. 구면의 온도가 $f(\theta)$일 때, 구 전체의 온도 분포 함수 $u(r, \theta)$를 구하여라.

[**풀이**] 주어진 문제의 온도 분포 함수 $u(r, \theta)$는 다음 식을 만족시킨다.

$$u_{rr} + \frac{2}{r}u_r + \frac{1}{r^2}u_{\theta\theta} + \frac{\cot\theta}{r^2}u_\theta = 0 \quad (0 < r < a,\ 0 < \theta < \pi)$$
$$u(a,\ \theta) = f\theta \quad (0 < \theta < \pi)$$

$u = R(r)\Theta(\theta)$로 놓고 위의 방정식에 대입하여 다음 식을 얻는다.

$$\frac{r^2R'' + 2rR'}{R} = -\frac{\Theta'' + \cot\theta\Theta'}{\Theta} = \lambda^2$$

$$r^2R'' + 2rR' - \lambda^2 R = 0, \tag{12.99}$$
$$\sin\theta\Theta'' + \cos\theta\Theta' + \lambda^2\sin\theta\Theta = 0 \tag{12.100}$$

방정식 (12.100)는 $x = \cos\theta\ (0 \le \theta \le \pi)$로 치환하여 다음의 르장드르 방정식이 된다.

$$(1 - x^2)\frac{d^2\Theta}{dx^2} - 2x\frac{d\Theta}{dx} + \lambda^2\Theta = 0 \quad (-1 \le x \le 1)$$

닫힌 구간 $-1 \le x \le 1$에서 연속이고 연속된 도함수를 가지는 이 방정식의 해는 다음의 르장드르 다항식뿐이다.

$$P_n(x),\ \lambda^2 = n(n+1) \quad (n = 0,\ 1,\ 2,\ \cdots)$$

그러므로 방정식 (12.100)의 해는 $\Theta(\theta) = P_n(\cos\theta)$이다. 또, $\lambda^2 = n(n+1)$일 때

코시·오일러 방정식 (12.99)의 일반해는 다음과 같다.

$$R = c_1 r^n + c_2 r^{-(n+1)}$$

그런데 온도 $u(r,\, \theta)$은 $r = 0$에서 유한하므로 $c_2 = 0$이다. 따라서 다음을 얻는다.

$$u_n = A_n r^n P_n(\cos\theta),$$
$$u(r,\, \theta) = \sum_{n=0}^{\infty} A_n r^n P_n(\cos\theta)$$

또 $r = a$에서 $f(\theta) = \sum_{n=0}^{\infty} A_n a^n P_n(\cos\theta)$이고 이는 Fourier·르장드르 급수이므로 그 계수 A_n은 다음과 같다.

$$A_n = \frac{2n+1}{2a^n} \int_0^{\pi} f(\theta) P_n(\cos\theta) \sin\theta \, d\theta$$

그러므로 구하는 해는 다음과 같다.

$$u(r,\, \theta) = \sum_{n=0}^{\infty} \left\{ \frac{2n+1}{2} \int_0^{\pi} f(\theta) P_n(\cos\theta) \sin\theta \, d\theta \right\} \left(\frac{r}{a}\right)^n P_n(\cos\theta)$$

연습문제 12-5

1. 다음과 같이 주어지는 반지름이 1인 원판에서 정상 상태의 열전도 방정식에 관하여 다음 경계값 문제의 해를 구하여라.

$$u_{rr} + \frac{1}{r} u_r + \frac{1}{r^2} u_{\theta\theta} = 0 \qquad (0 < r < 1,\ 0 < \theta < 2\pi)$$

(1) $u(1,\, \theta) = \begin{cases} u_0 & (0 < \theta < \pi) \\ 0 & (\pi \le \theta < \pi) \end{cases}$ (2) $u(1,\, \theta) = \begin{cases} \theta & (0 < \theta < \pi) \\ \pi - \theta & (\pi \le < 2\pi) \end{cases}$

(3) $u(1,\ \theta) = 2\pi\theta - \theta^2 \qquad (0 < \theta < 2\pi)$

2. 반지름이 1인 반원판에서 아래의 경계 조건을 만족시키는 정상 상태의 열전도 방정식의 해를 구하여라.

$$u(r,\ 0) = 0,\ u(r,\ \pi) = u_0 \quad (0 < r < 1), \qquad u(1,\ \theta) = u_0 \quad (0 < \theta < \pi)$$

3. 예제 2에서 $f(r) = 0$이고 $g(r) = 1$인 경우의 해를 구하여라.

4. 예제 2에서 $f(r) = 1 - r^2\ (0 < r < c)$이고 $g(r) = 0$인 경우의 해를 구하여라.

5. 다음 경계값 문제를 만족시키는 열전도 방정식의 해 $u(r,\ t)$를 구하여라.

$$k\left(u_{rr} + \frac{1}{r}u_r\right) = u_t \qquad (0 < r < c,\ r > 0)$$
$$u(c,\ t) = 0 \qquad (t > 0)$$
$$u(r,\ 0) = f(r) \qquad (0 < r < c)$$

6. 문제 5번에서 원둘레가 단열되어 있을 때 그 해를 구하여라.

7. 예제 4에서 $f(r) = \cos\theta\ (0 < \theta < \pi)$일 때 해를 구하여라.

8. 예제 4에서 $f(r) = 1 - \cos\theta\ (0 < \theta < \pi)$일 때 해를 구하여라.

9. 다음 경계값 문제의 해를 구하여라.

$$u_{rr} + \frac{1}{r}u_r + \beta = u_t \qquad (0 < r < 1,\ t > 0,\ \beta\text{는 상수})$$
$$u(1,\ t) = 0 \qquad (t > 0)$$
$$u(r,\ 0) = 0 \qquad (0 < r < 1)$$

10. 다음 경계값 문제의 해를 구하여라.

$$u_{rr} + \frac{1}{r}u_r = u_t \qquad (0 < r < 2,\ t > 0)$$

$$u(2,\ t) = 100 \qquad (t > 0)$$

$$u(r,\ 0) = \begin{cases} 200 & (1 < r < 1) \\ 100 & (1 \le r \le 1) \end{cases}$$

[힌트: $u(r,\ t) = v(r,\ t) + \phi(r)$]

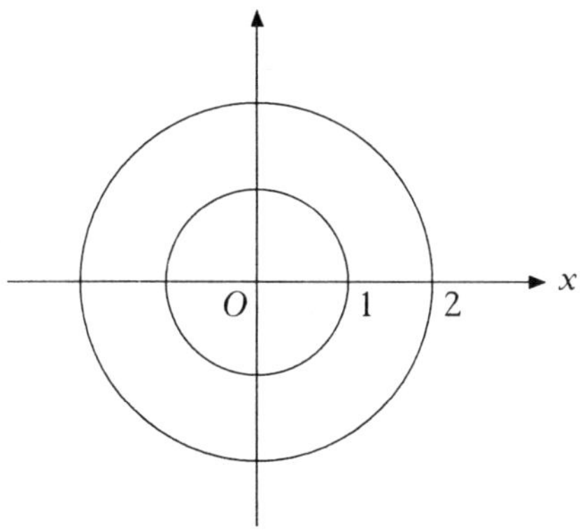

[그림 12-10]

11. 예제 1의 정상 상태 온도 함수는 다음과 같이 다시 쓸 수 있음을 보여라.

$$u(r,\ \theta) = \frac{1}{2\pi}\int_0^{2\pi} \frac{c^2 - r^2}{c^2 2cr\cos(t-\theta) + r^2} f(t)\,dt$$

이 식을 원에서의 **Poisson 공식**(Poisson's integral forula for a circle)이라고 한다.

12.6 Laplace 변환의 응용

이 절에서는 Laplace 변환을 이변수 함수에 대해 적용하고 이를 이용하여 편미분 방정식의 해를 구하는 방법을 다룬다.

xt평면의 $t>0$인 적당한 역영에서 정의된 이변수 함수 $u(x,t)$의 변수 t에 관한 Laplace 변환을 다음과 같이 정의한다.

$$\mathcal{L}\{u\} = \int_0^\infty e^{-st}u(x,\ t)\,dt \equiv U(x,:\ s) \tag{12.101}$$

따라서 이변수 함수 $u(x,\ t)$의 변수 t에 대한 Laplace 변환 $U(x,\ s)$는 변수 x와 s에 관한 이변수 함수이다. Laplace 변환 및 이에 관한 여러 가지 성질은 제 6장을 참고하기 바란다.

다음 등식들은 Laplace 변환의 정의와 부분 적분을 이용하여 얻을 수 있다.

$$\mathcal{L}\left\{\frac{\partial u}{\partial t}\right\} = s\mathcal{L}u - u(x,\ 0) = sU(x,\ s) - u(x,\ 0) \tag{12.102}$$

$$\begin{aligned}\mathcal{L}\left\{\frac{\partial^2 u}{\partial t^2}\right\} &= s^2\mathcal{L}\{u\} - su(x,0) - \left.\frac{\partial u}{\partial t}\right|_{t=0} \\ &= s^2U(x,s) - su(x,0) - u_t(x,0)\end{aligned} \tag{12.103}$$

또 적분과 미분의 순서를 바꾸는 것이 항상 가능하다고 가정하면 다음을 얻는다.

$$\begin{aligned}\mathcal{L}\left\{\frac{\partial u}{\partial x}\right\} &= \int_0^\infty e^{-st}\frac{\partial u}{\partial x}\,dt = \int_0^\infty \frac{\partial}{\partial x}\{e^{-st}u(x,\ t)\}\,dt \\ &= \frac{\partial}{\partial x}\int_0^\infty e^{-st}u(x,\ t)\,dt = \frac{\partial}{\partial x}\mathcal{L}\{u\} \\ &= \frac{dU}{dx},\end{aligned}$$

$$\mathcal{L}\left\{\frac{\partial^2 u}{\partial x^2}\right\} = \int_0^\infty e^{-st}\frac{\partial^2 u}{\partial x^2}\,dt = \int_0^\infty \frac{\partial^2}{\partial x^2}\{e^{-st}u(x,\ t)\}dt$$

$$= \frac{\partial^2}{\partial x^2}\int_0^\infty e^{-st}u(x,\ t)\,dt = \frac{\partial^2}{\partial x^2}\mathcal{L}\{u\}$$

$$= \frac{d^2U}{dx^2} \tag{12.104}$$

이변수 함수 $u(x,\,t)$의 변수 t에 관한 Laplace 변환은 식 (12.102)와 (12.103)에서 알 수 있듯이 이변수 함수 $u(x,\,t)$의 변수 t에 대한 편도함수를 제거하고 초기 조건을 변환된 식에 포함기키고 있다. 따라서 초기 조건을 가지는 일차원 열전도 방정식 또한 파동 방정식 등의 경계값 문제를 주어진 매개 변수 s에 대한 변수 x에 관한 상미분 방정식의 경계값 문제로 변환시킨다.

예 제 1. 다음 파동 방정식을 Laplace 변환을 이용하여 변환하여라.

$$a^2u_{xx} = u_{tt} \qquad (t > 0)$$

[**풀이**] 식 (12.103)과 (12.104)로부터 $\mathcal{L}\{a^2u_{xx}\} = \mathcal{L}\{u_{tt}\}$는 다음과 같다.

$$a^2\frac{d^2}{dx^2}\mathcal{L}\{u\} = s^2\mathcal{L}\{u\} = su(x,\ 0) - u_t(x,\ 0),$$

$$a^2\frac{d^2}{dx^2}U - s^2U = -su(x,\ 0) - y_t(x,\ 0) \tag{12.105}$$

예 제 2. 다음 경계값 문제의 해를 구하여라.

$$u_{xx} = u_{tt} \qquad (0 < x < 1,\ t > 0)$$

$$u(0,\ t) = 0, \quad u(1,\ t) = 0 \qquad (t > 0)$$

$$u(x,\ 0) = 0, \quad u_t(x,\ 0) = \sin\pi x \qquad (0 < x < 1)$$

[**풀이**] $U(x,\,s) = \mathcal{L}\{u\}$라고 하면, 식 (12.105)와 주어진 초기 조건으로부터 주어진 문제의 파동방정식은 다음의 방정식으로 변환된다.

$$\frac{d^2}{dx^2}U - s^2U = -\sin\pi x \qquad (0 < x < 1) \tag{12.106}$$

양 끝점에서 경계 조건에 관한 함수를 Laplace 변환하면 각각 다음과 같다.

$$\mathcal{L}\{u(0,\ t)\} = U(0,\ s) = 0, \quad \mathcal{L}\{u(1,\ t)\} = U(1,\ s) = 0 \tag{12.107}$$

식 (12.107)은 상미분 방정식 (12.106)의 경계 조건이 된다. 방정식 (12.106)의 제차형에 대한 일반해 U_c는 다음과 같다.

$$U_c(x,\ s) = c_1 \cosh sx + c_2 \sinh sx$$

여기서 미정 계수의 방법을 이용하면 상미분 방정식 (12.106)의 특수해 U_p는 다음과 같다.

$$U_p(x,\ s) = \frac{1}{s^2+\pi^2}\sin \pi x$$

따라서 방정식(12.106)의 일반해 U는 다음과 같다.

$$U(x,\ s) = c_1 \cosh sx + c_2 \sinh sx + \frac{1}{s^2+\pi^2}\sin \pi x$$

그런데 식 (12.107)의 조건 $U(0, s) = 0$과 $U(1,\ s) = 0$으로부터 위 식에서 $c_1 = 0$이고 $c_2 = 0$이 되므로 다음을 얻는다.

$$U(x,\ s) = \frac{1}{s^2+\pi^2}\sin \pi x$$

이제 위의 식에 Laplace 역변환을 취하면 다음 식을 얻는다.

$$u(x,\ t) = \mathcal{L}^{-1}\left\{\frac{1}{s^2+\pi^2}\sin \pi x\right\} = \frac{1}{\pi}\sin \pi x \mathcal{L}^{-1}\left\{\frac{1}{s^2+\pi^2}\right\}$$

그런데 $\mathcal{L}^{-1}\left\{\dfrac{1}{s^2+\pi^2}\right\} = \sin \pi t$이므로 구하는 해 $u(x,\ t)$는 다음과 같다.

$$u(x,\ t) = \frac{1}{\pi}\sin \pi x \sin \pi t$$

예 제 **3.** 무한히 긴 현이 양의 x축 위에 놓여 있다. 왼쪽 끝은 $x = 0$에 고정되어 있고 오른쪽 끝 $x = \infty$는 마찰이 없는 지지대 위에 놓여있다고 하자. 현이 자신의 무게의 의해 운동을 시작한다고 할 때, 현의 변위 $u(x,\ t)$를 구하여라.

[**풀이**] 중력 가속도 g를 고려해야 하므로 이 문제는 다음과 같은 파동 방정식의 경계값 문제이다.

$$\begin{aligned}
&a^2 u_{xx} - g = u_{tt} \qquad (x > 0,\ t > 0) \\
&u(0,\ t) = 0, \quad \lim_{x\to\infty} u_x(x,\ t) = 0 \qquad (t > 0) \\
&u(x,\ 0) = 0, \quad u_t(x,\ 0) = 0 \qquad (x > 0)
\end{aligned}$$

주어진 편미분 방정식은 변수 t에 관해 Laplace 변환을 하면 식 (12.103)과 (12.104)에 의해 다음의 상미분 방정식으로 변환된다.

$$a^2 \frac{d^2}{dx^2} U - \frac{g}{s} = s^2 U - s u(x,\ 0) - u_t(x,\ 0) \tag{12.108}$$

방정식 (12.108)은 문제의 초기 조건으로부터 다음과 같다.

$$\frac{d^2}{dx^2} U - \frac{s^2}{a^2} U = \frac{g}{a^2 s} \tag{12.109}$$

미정 계수법을 이용하면 상미분 방정식 (12.109)의 일반해 U는 다음과 같다.

$$U(x,\ s) = c_1 e^{-(\frac{x}{a})s} + c_2 e^{(\frac{x}{a})s} - \frac{g}{s^3}$$

또, 경계 조건을 Laplace 변환하여 함수 U에 관한 다음의 두 조건을 얻는다.

$$\mathcal{L}\{u(0,\ t)\} = U(0,\ s) = 0, \tag{12.110}$$

$$\mathcal{L}\{\lim_{x\to\infty} u_x\} = \lim_{x\to\infty} \frac{dU}{dx} = 0 \tag{12.111}$$

따라서 조건 (12.110)과 (12.111)로부터 $c_1 = \dfrac{g}{s^2}$이고 $c_2 = 0$이므로 다음 식을 얻는다.

$$U(x,\ s) = \frac{g}{s^3} e^{-(\frac{x}{a})s} - \frac{g}{s^3}$$

이제 Laplace 역변환을 이용하면 구하는 해는 다음과 같다.

$$u(x,\ t) = \mathcal{L}^{-1}\left\{\frac{g}{s^3} e^{-(\frac{x}{a})s} - \frac{g}{s^3}\right\} = \begin{cases} -\dfrac{1}{2}gt^2 & (0 \le t < \dfrac{x}{a}) \\ -\dfrac{g}{2a^2}(2axt - x^2) & (t \ge \dfrac{x}{a}) \end{cases}$$

위에서 함수 $U(x,\ s)$의 Laplace 역변환을 구할 때, 다음 공식을 사용하였다.

$$\mathcal{L}\{t^n\} = \frac{n!}{s^{n+1}} \quad (n \ge 0), \quad \mathcal{L}\{f(t-p)H(t-p)\} = e^{-ps}\mathcal{L}\{f\}$$

여기서 함수 $H(t-p)$는 표 12.1의 2번 식으로 정의된 함수이다.

연습문제 12-6

1. 다음 경계값 문제의 해를 구하여라. (1)$a^2 u_{xx} = u_{tt} \quad (x > 0, \quad t > 0)$

   $u(0,t) = f(t), \quad \lim_{x\to\infty} u(x,t) \quad (t > 0)$

   $u(x,0) = 0, \quad u_t(x,0) = 0 \quad (x > 0)$

   (2)$u_{xx} = utt \quad (x > 0, \quad t > 0)$

   $u(0,t) = 0, \quad \lim_{x\to\infty} u(x,t) = 0 \quad (t > 0)$

   $u(x,0) = xe^{-x}, \quad u_t(x,0) = 0 \quad (x > 0)$

   (3)$ku_{xx} = u_t \quad (x > 0, \quad t > 0)$

   $u(0,t) = u_0, \quad \lim_{x\to\infty} u(x,t) = 0 \quad (t > 0)$

   $u(x,0) = 0 \quad (x > 0)$

12.7 Fourier 적분

제 11장과 제 12장에서는 유한 구간 $-L \le x \le L$ 또는 $0 \le x \le L$에서 정의된 함수와 실수 전체에서 정의된 주기 함수의 Fourier 급수를 다루었다. 이 절에서는 무한 극간 $(-\infty, \infty)$또는 반무한 구간 $(0, \infty)$에서 정의된 함수를 적분으로 나타내는 방법을 알아본다.

Fourier 적분

구간 $(-\infty, \infty)$에서 적의된 함수 f를 구간 $(-L, L)$에서 Fourier 급수로 나타낼 수 있다면 다음 식을 얻는다.

$$\begin{aligned} f(x) &= \frac{A_0}{2} + \sum_{n=1}^{\infty}\left\{A_n \cos\frac{n\pi}{L}x + B_n \sin\frac{n\pi L}{x}\right\} \\ &= \frac{1}{2L}\int_{-L}^{L} f(t)dt + \frac{1}{L}\sum_{n=1}^{\infty}\Big\{(\int_{-L}^{L} f(t)\cos\frac{n\pi}{L}tdt)\cos\frac{n\pi}{L}x + \\ &\qquad + (\int_{-L}^{L} f(t)\sin\frac{n\pi}{L}tdt)\sin\frac{n\pi}{L}x\Big\} \end{aligned} \tag{12.112}$$

이제 μ_n과 $\Delta\mu_n$을 각각 다음과 같이 놓자.

$$\mu_n = \frac{n\pi}{L}, \quad \Delta\mu_n = \mu_{n+1} - \mu_n = \frac{\pi}{L}$$

그러면 식 (12.112)은 다음과 같이 다시 쓸 수 있다.

$$\begin{aligned} f(x) &= \frac{1}{2\pi}\left(\int_{-L}^{L} f(t)dt\right)\Delta\mu_n \\ &\quad + \frac{1}{\pi}\sum_{n=1}^{\infty}\Big\{(\int_{-L}^{L} f(t)\cos\mu_n tdt)\cos\mu_n x \\ &\qquad + \left(\int_{-L}^{L} f(t)\sin\mu_n tdt\right)\sin\mu_n x\Big\}\Delta\mu_n \end{aligned} \tag{12.113}$$

이 때 $L \to \infty$이면, 식 (12.113)의 우변의 둘째 항은 다음과 같이 쓸 수 있다.

$$\lim_{\Delta\mu_n \to 0} \sum_{n=1}^{\infty} F_L(\mu_n) d\mu_n$$

여기서 함수 F_L은 다음과 같다.

$$F_L(\mu_n) = \frac{1}{\pi} \left[\left\{ \int_{-L}^{L} f(t) \cos \mu_n t dt \right\} \cos \mu_n x + \left\{ \int_{-L}^{L} f(t) \sin \mu_n t dt \right\} \sin \mu_n x \right]$$

따라서 $L \to \infty$이면 특이 리만 적분의 정의로부터 형식적으로 다음 식을 얻는다.

$$\lim_{\Delta\mu_n \to 0} \sum_{n=1}^{\infty} F_L(\mu_n) d\mu_n = \int_0^{\infty} F(\mu) d\mu$$

여기서 $F(\mu) = \lim_{L \to \infty} F_L(\mu_n)$이다. 이제 특이 적분 $\int_{-\infty}^{\infty} |f(t)| dt$가 수렴한다고 가정하자. 그러면, $L \to \infty$일 때, $\Delta\mu_n \to 0$이 되므로, 식 (12.113)의 첫째항의 극한값은 0이 된다. 따라서 $L \to \infty$이면 식 (12.113)는, 다시 말해 구간 $(-\infty, \infty)$에서 주어진 함수 $f(x)$는 다음과 같이 쓸 수 있다.

$$f(x) = \frac{1}{\pi} \int_0^{\infty} \left[\{ \int_{-\infty}^{\infty} f(t) \cos \mu t dt \} \cos \mu x + \{ \int_{-\infty}^{\infty} f(t) \sin \mu t dt \} \sin \mu x \right] d\mu \tag{12.114}$$

이때, 식 (12.114)의 우변을 함수 $f(x)$의 **Fourier 적분**(Fourier integral)이라 하고, 안쪽의 두 개의 적분을 **Fourier 적분의 계수**(coefficient of Fourier integral)라고 하며 각각 다음과 같이 나타낸다.

$$A(\mu) = \int_{-\infty}^{\infty} f(t) \cos \mu t dt \tag{12.115}$$

$$B(\mu) = \int_{-\infty}^{\infty} f(t) \sin \mu t dt \tag{12.116}$$

정 리 **12.7.1. [Fourier 적분의 수렴]** 실수 전체에서 정의된 함수 f와 그의 도함수 f'가 임의의 유한 구간에서 조각마다 연속이고, 또 특이 적분 $\int_{-\infty}^{\infty} |f(x)|dx$가 수렴한다면, 함수 f의 Fourier 적분은 연속인 점 x에서는 $f(x)$에 수렴하고 불연속인 점 x에서는 $\dfrac{f(x-)+f(x+)}{2}$에 수렴한다.

예 제 **1.** 다음 함수의 Fourier 적분으로 표현하여라.

$$f(x) = \begin{cases} 0, & (x<0) \\ 1, & (0<x<2) \\ 0, & (x>2) \end{cases}$$

[풀이] $f(x)$의 그래프는 그림 15.6에 있으며 정리 (12.7.1)가정을 만족한다. (12.115)와 (12.116)으로부터

$$\begin{aligned} A(\alpha) &= \int_{-\infty}^{\infty} f(x)\cos\alpha x dx \\ &= \int_{-\infty}^{0} f(x)\cos\alpha x dx + \int_{0}^{2} f(x)\cos\alpha x dx + \int_{2}^{\infty} f(x)\cos\alpha x dx \\ &= \int_{0}^{2} f(x)\cos\alpha x dx = \frac{\sin 2\alpha}{\alpha} \end{aligned}$$

$$B(\alpha) = \int_{-\infty}^{+\infty} f(x)\sin\alpha x dx = \int_{0}^{2} f(x)\sin\alpha x dx = \frac{1-\cos 2\alpha}{\alpha}$$

가 된다. (12.114)에 이들 계수를 대입하면

$$f(x) = \frac{1}{\pi}\int_{0}^{\infty}\left[\left(\frac{\sin 2\alpha}{\alpha}\right)\cos\alpha x + \left(\frac{1-\cos 2\alpha}{\alpha}\right)\sin\alpha x\right]d\alpha$$

가 되고 또한 다음과 같이 된다.

$$f(x) = \frac{2}{\pi}\int_{0}^{\infty}\frac{\sin\alpha\cos\alpha(x-1)}{\alpha}d\alpha \qquad (12.117)$$

Fourier 적분을 이용하면 쉽게 계산할 수 없는 적분을 간단하게 구할 수 있는 경우가 있다. 예를 들면 보기 1에서 점 $x = 1$에 대하여 정리 (12.7.1)을 적용하면 식(12.117)은 $f(1)$에 수렴하므로 다음을 얻는다.

$$\int_0^\infty \frac{\sin x}{x} dx = \frac{\pi}{2}$$

여기서 정적분의 피적분 함수 $\frac{\sin x}{x}$의 부정 적분은 유한개의 초등 함수의 합으로 표현할 수 없으므로 미적분학의 기본 정리를 이용하여 정적분의 값을 구할 수 없다.

Fourier 사인과 코사인 적분

구간 $(-\infty, \infty)$에서 실수 전체에서 정의된 함수 f가 짝함수일 때, $f(x)\sin\mu x$는 홀함수이므로 Fourier 적분의 계수 $B(\mu) = 0$이다. 또한 f가 홀함수이면 $f(x)\cos\mu x$도 홀함수 이므로 $A(\mu) = 0$이다. 따라서 짝함수와 홀함수의 Fourier 적분은 비교적 간단하게 나타낼 수 있다. 이를 정리하면 짝함수 f의 Fourier 적분은 다음의 식 (12.118)과 같고, 이 적분을 함수 f의 **Fourier 코사인 적분**(Fourier cosine integral)이라고 한다.

$$f(x) = \frac{2}{\pi}\int_0^\infty A(\mu)\cos\mu x d\mu \tag{12.118}$$

$$A(\mu) = \int_0^\infty f(t)\cos\mu t dt \tag{12.119}$$

또한, 홀함수 f의 Fourier 적분은 다음의 식 (12.120)와 같고, 이를 함수 f의 **Fourier 사인 적분**(Fourier sine integral)이라고 한다.

$$f(x) = \frac{2}{\pi}\int_0^\infty B(\mu)\sin\mu x d\mu \tag{12.120}$$

$$B(\mu) = \int_0^\infty f(t)\sin\mu t dt \tag{12.121}$$

예 제 2. 함수

$$f(x) = \begin{cases} k & (|x| < 1) \\ 0 & (|x| > 1) \end{cases}$$

의 Fourier 적분을 구하여라.

[**풀이**] 주어진 함수가 짝함수이므로 코사인 적분을 이용하면 다음을 얻는다.

$$\begin{aligned} A(\mu) &= \int_0^\infty f(t)\cos\mu t dt \\ &= \int_0^1 f(t)\cos\mu t dt + \int_0^\infty f(t)\cos\mu t dt \\ &= \int_0^1 k\cos\mu t dt \\ &= k\frac{\sin\mu}{\mu} \end{aligned}$$

따라서 주어진 함수의 Fourier 적분은 다음과 같다.

$$f(x) = \frac{2}{\pi}\int_0^\infty k\frac{\sin\mu\cos\mu x}{\mu}d\mu$$

함수 f가 구간 $(0,\infty)$에서만 정의되어 있는 경우에도 Fourier 코사인 적분과 사인 적분은 이용할 수 있다. 이것은 제 10장에서 생각한 함수의 반구간 확정 방법과 근본적으로 동일하다. 다시 말해, 함수 f의 Fourier 코사인 적분은 실수 전체에서 짝함수가 되도록 f를 구간 $(0,\infty)$으로 확장하여 그의 Fourier 적분은 구한 것과 같아. 이 때 대응되는 Fourier 적분을 함수 f의 **짝확장**(even extension)이라고 한다. 같은 방법으로 구간 $(0,\infty)$에서 정의된 함수 f의 Fourier 사인 적분을 함수 f의 **홀확장**(even extension)이라고 한다. 구간 $(-\infty,0)$에서 정의된 함수에 대해서도 같은 이야기를 할 수 있다.

예 제 3. 함수$f(x) = e^{(-x)}(x > 0)$를 Fourier 코사인 적분과 사인 적분으로 나타내어라.

[**풀이**] 부분 적분을 이용하여 Fourier 코사인 적분의 계수 A_n을 구하면 다음과 같다.

$$A(\mu) = \int_0^\infty e^{-t} \cos \mu t dt = \frac{1}{1+\mu^2}$$

따라서 주어진 함수의 Fourier 코사인 적분은 다음과 같다.

$$f(x) = \frac{2}{\pi} \int_0^\infty \frac{\cos \mu x}{1+\mu^2} d\mu$$

또, Fourier 사인 적분의 계수 B_n을 구하면 다음과 같다.

$$B(\mu) = \int_0^\infty e^{-t} \sin \mu t dt = \frac{\mu}{1+\mu^2}$$

따라서 주어진 함수의 Fourier 사인 적분은 다음과 같다.

$$f(x) = \frac{2}{\pi} \int_0^\infty \frac{\mu \sin \mu x}{1+\mu^2} d\mu$$

연습문제 12-7

1. 다음 함수의 Fourier 적분을 구하여라.

(1) $f(x) = \begin{cases} 0 & (x < -1) \\ -1 & (-1 < x < 0) \\ 2 & (0 < x < 1) \\ 0 & (x > 1) \end{cases}$ (2) $f(x) = \begin{cases} 0 & (x < 0) \\ \sin x & (0 \le x < \pi) \\ 0 & (x > \pi) \end{cases}$

(3) $f(x) = \begin{cases} 0 & (x < 0) \\ x & (0 < x < 3) \\ 0 & (x > 3) \end{cases}$ (4) $f(x) = \begin{cases} e^x & (|x| < 1) \\ 0 & (|x| > 1) \end{cases}$

2. 다음 함수의 Fourier 사인 적분 또는 코사인 적분을 구하여라.

(1) $f(x) = \begin{cases} 0 & (x < -1) \\ -5 & (-1 < x < 0) \\ 5 & (0 < x < 1) \\ 0 & (x > 1) \end{cases}$ (2) $f(x) = \begin{cases} |x| & (|x| < \pi) \\ 0 & (|x| > \pi) \end{cases}$

(3) $f(x) = e^{-|x|}\sin x$ (4) $f(x) = \begin{cases} x & (|x| < \pi) \\ 0 & (|x| > \pi) \end{cases}$

3. 다음 함수의 Fourier 사인 적분과 코사인 적분을 구하여라.

(1) $f(x) = e^{-px} \quad (p > 0, x > 0)$ (2) $f(x) = e^{-x}\cos x \quad (x > 0)$

(3) $f(x) = xe^{-2x} \quad (x > 0)$

4. 다음 적분 방정식의 해 $f(x)$를 구하여라.

(1) $\int_0^\infty f(x)\sin\alpha x dx = \begin{cases} 1 & (0 < \alpha < 1) \\ 0 & (\alpha > 1) \end{cases}$ (2) $\int_0^\infty f(x)\cos\alpha x dx = e^{-\alpha}$

5. 본문의 식 (12.117)을 이용하여 임의의 상수 $k > 0$에 대하여 다음이 성립함을 보여라.

$$\int_0^\infty \frac{\sin kx}{x} dx = \frac{\pi}{2}$$

12.8 Fourier 변환의 응용

다음은 복소 지수 함수 $e^{i\theta}$와 삼각 함수에 대한 오일러 공식이다.

$$e^{i\theta} = \cos\theta + i\sin\theta \quad (i = \sqrt{-1})$$

따라서 사인 함수와 코사인 함수를 복소 지수 함수 $e^{i\theta}$로 나타내면 다음과 같다.

$$\cos\theta = \frac{e^{i\theta} + e^{-i\theta}}{2}, \sin\theta = \frac{e^{i\theta} - e^{-i\theta}}{2i}$$

이 등식을 이용하여 구간 $-L \le x \le L$에서 정의된 함수 f의 Fourier 급수와 계수를 다음과 같이 나타낼 수 있다.

$$f(x) = \sum_{n=-\infty}^{n=\infty} C_n e^{-\frac{in\pi x}{L}}$$

$$C_n = \frac{1}{2L}\int_{-L}^{L} f(x)e^{\frac{in\pi x}{L}}dx \quad (n = 0, \pm 1, \pm 2, \cdots)$$

이제 구간 $(-\infty, \infty)$에서 정의된 함수 f가 다음의 논의에 필요한 모든 조건을 만족시킨다고 가정하고, 11.7절에서와 같이 새로운 변수 μ_n과 $\Delta\mu_n$을 다음과 같이 정의하자.

$$\mu = \frac{n\pi}{L}, \quad \Delta\mu_n = \mu_{n+1} - \mu_n = \frac{\pi}{L} = \mu$$

그러면 구간 $-L \le x \le L$에서 함수 f의 Fourier 급수는 다음과 같이 다시 쓸 수 있다.

$$f(x) = \frac{1}{2\pi}\sum_{n=-\infty}^{n=\infty} F_L(\mu_n)e^{-i\mu_n x}\Delta\mu_n$$

$$F_L(\mu) = \int_{-L}^{L} f(x)e^{i\mu x}dx$$

이제 $L \to \infty$하면, 11.7절에서와 같은 이유로 위의 두식은 각각 다음의 두 식에 대응된다.

$$f(x) = \frac{1}{2\pi}\int_{-\infty}^{\infty} F(\mu)e^{i\mu x}d\mu \tag{12.122}$$

$$F(\mu) = \int_{-\infty}^{\infty} F(x)e^{i\mu x}dx \tag{12.123}$$

식 (12.123)로 정의되는 함수 F를 함수 f의 **Fourier 변환**(Fourier transform)이라고 하며, 기호로 $\mathcal{F}\{f\} = F(\mu)$와 같이 나타낸다. 또, 식 (12.122)을 **Fourier 역 변환 공식**(Fourier inversion fomula)이라 하고 함수 F와 함수 f를 **Fourier 변환 짝**(ourier transform pair)이라고 한다. Fourier 역 변환 공식은 Fourier 변환을 알고 원래의 함수를 찾을 때 쓰이는 일종의 역함수로서 $\mathcal{F}^{-1}$의 기호로 나타낸다. Fourier 변환이 존재하는 함수의 조건과 식 (12.122)로 표현되는 함수가 만족시켜야 할 조건은 다음과 같다. 이에 대한 증명은 생략한다.

정 리 **12.8.1. [Fourier 변환의 존재]** 실수 전체에서 정의된 함수 f와 그의 도함수 f'이 임의의 유한구간에서 조각마다 연속이고 특이 적분 $\int_{-\infty}^{\infty} |f(x)|dx$가 수렴하면, 식 (12.123)의 Fourier 변환이 정의되고 그에 의해 결정되는 식 (12.122)의 우변이 임의의 점 x에서 가지는 값은 $\dfrac{f(x-)+f(x+)}{2}$이다.

예 제 **1.** 함수 $f(x) = e^{-|x|}$의 Fourier 변환을 구하여라.

[풀이] Fourier 변화의 정의에 의해 계산하면 다음을 얻는다.

$$\begin{aligned} F(\mu) &= \int_{0}^{\infty} e^{-x}e^{i\mu x}dx + \int_{-\infty}^{0} e^{x}e^{i\mu x}dx \\ &= \frac{1}{1-i\mu} + \frac{1}{1+i\mu} = \frac{2}{1+\mu^2} \end{aligned}$$

따라서 주어진 함수의 Fourier 변환은 다음과 같다.

$$F(\mu) = \frac{2}{(1+\mu^2)}$$

Fourier 코사인 변환과 사인 변환

이제 구간 $x > 0$에서 정의된 함수 f를 $x < 0$에서 $f(x) = f(-x)$, 즉 함수 f를 실수 전체에서 짝함수가 되도록 정의하여 Fourier 변환을 생각하면 다음을 얻는다.

$$\begin{aligned} F(\mu) &= \int_{-\infty}^{\infty} f(x) e^{i\mu x} dx \\ &= \int_{-\infty}^{0} f(-x) e^{i\mu x} dx + \int_{0}^{\infty} f(x) e^{i\mu x} dx \\ &= \int_{0}^{\infty} f(x)\{e^{-i\mu x} + e^{i\mu x}\} dx \\ &= 2\int_{0}^{\infty} f(x) \cos \mu x dx \end{aligned}$$

따라서 함수 F도 짝함수이므로 식 (12.122)로부터 다음을 얻는다.

$$\begin{aligned} f(x) &= \int_{-\infty}^{\infty} F(\mu) e^{-i\mu x} dx \\ &= \int_{-\infty}^{0} F(-\mu) e^{-i\mu x} d\mu + \int_{0}^{\infty} F(\mu) e^{-i\mu x} d\mu \\ &= \int_{0}^{\infty} F(\mu)\{e^{-i\mu x} + e^{i\mu x}\} d\mu \\ &= 2\int_{0}^{\infty} F(\mu) \cos \mu x d\mu \end{aligned}$$

이제 $F_c(\mu) = \frac{1}{2}F(\mu)$로 쓰면, 다음의 **Fourier 코사인 공식**(Fourier cosine fomula)을 얻는다.

$$f(x) = \frac{2}{\pi}\int_0^\infty F_c(\mu)\cos\mu x d\mu \tag{12.124}$$

$$F_c(\mu) = \int_0^\infty f(x)\cos\mu x dx \tag{12.125}$$

식 (12.125)로 주어지는 함수 $F_c(\mu)$를 구간 $0 < x < \infty$에서 함수 f의 **Fourier 코사인 변환**(Fourier cosine transform)이라고 한다. 구간 $x > 0$에서 정의된 함수 f를 홀함수로 확정하면, 같은 방법으로 다음 식을 얻는다.

$$f(x) = \frac{2}{\pi}\int_0^\infty F_s(\mu)\sin\mu x d\mu \tag{12.126}$$

$$F_s(\mu) = \int_0^\infty f(x)\sin\mu x dx \tag{12.127}$$

위의 식 (12.127)으로 주어지는 함수 $F_s(\mu)$를 구간 $0 < x < \infty$에서 함수 f의 **Fourier 사인 변환**(Fourier sine transform)이라고 한다. 코사인 사인 변환은 11.7절의 코사인 적분과 사인 적분의 계수 $A(\mu)$와 $B(\mu)$와 같다. 앞으로 각 변환을 $\mathcal{F}_c$와 $\mathcal{F}_s$로 나타내기로 한다.

도함수의 Fourier 변환

Fourier 변환을 미분 방정식의 해를 구하는데 이용하기 위해서는 함수의 도함수의 Fourier 변환에 대해 알 필요가 있다. 이에 대해 알아보기 위해 다루는 함수는 Fourier 변환이 존재하기 위한 모든 조건을 충복시킨다고 가정한다. 예를 들어 $x \to \pm\infty$일 때, $f(x) \to 0$, $f'(x) \to 0$등과 같은 조건이다. 먼저 실수 전체에서 정의된 함수 f의 도함수 f'에 대해 Fourier 변환을 생각하면 다음을 얻는다.

$$\begin{aligned}\mathcal{F}\{f'\} &= \int_{-\infty}^\infty f'(x)e^i\mu x dx \\ &= f(x)e^{i\mu x}\Big|_\infty^\infty - \int_{-\infty}^\infty i\mu f(x)e^i\mu x dx\end{aligned}$$

$$= -i\mu \int_{-\infty}^{\infty} f(x) e^{i\mu x} dx$$

따라서 도함수 f'에 대해 Fourier 함수 변환은 다음과 같다.

$$\mathcal{F}\{f'\} = -i\mu \mathcal{F}\{f\} = -i\mu F(\mu) \tag{12.128}$$

이 식을 반복 적용하면 이계 도함수 f''의 Fourier 변환은 다음과 같다.

$$\mathcal{F}\{f''\} = -i\mu F\{f'\} = (-i\mu)^2 \mathcal{F}\{f\} = -\mu^2 \mathcal{F}(\mu) \tag{12.129}$$

또, 함수 f가 짝함수이거나 홀함수일 때는 각각 다음을 얻는다.

$$\mathcal{F}_c\{f'\} = \mu \mathcal{F}_s\{f\} - f(0) \tag{12.130}$$

$$\mathcal{F}_s\{f'\} = -\mu \mathcal{F}_c\{f\} \tag{12.131}$$

구간 $0 \le x < \infty$에서 함수 f의 이계 도함수 f''에 대해 다음이 성립한다.

$$\begin{aligned} F_c\{f''\} &= \int_0^{\infty} f''(x) \cos \mu x dx \\ &= f'(x) \cos \mu x \Big|_0^{\infty} + \mu \int_0^{\infty} f'(x) \sin \mu x dx \\ &= -f'(0) + \mu \left\{ f(x) \sin \mu x \Big|_0^{\infty} - \mu \int_0^{\infty} f(x) \cos \mu x dx \right\} \end{aligned}$$

따라서 다음을 얻는다.

$$\mathcal{F}_c\{f''\} = -\mu^2 \mathcal{F}_c(\mu) - f'(0) = -\mu^2 \mathcal{F}_c\{f\} - f'(0) \tag{12.132}$$

이계 도함수 f''의 Fourier 사인 변환에 대해서는 비슷한 방법으로 다음을 얻는다.

$$\mathcal{F}_s\{f''\} = -\mu^2\mathcal{F}_s(\mu) + \mu f(0) = -\mu^2\mathcal{F}_s\{f\} + \mu f(0) \tag{12.133}$$

위에서 알 수 있듯이 사인 변환과 코사인 변환은 풀려고 하는 문제의 정의역의 변수 중의 적어도 하나는 반무한 구간이어야 이용될 수 있고, Fourier 변환인 경우는 적어도 한 변수의 정의역이 전체 실수일 때, 이용될 수 있다. 다시 말해서, 문제의 정의역에 따라 적당한 변환 방법을 결정하게 된다. 한편, 이변수 함수 $u(x,y)$의 변수 y에 관한 일계 편도함수 u_y와 이계 편도함수 u_{yy}의 공간 변수 x에 대한 Fourier 변환은 편미분과 적분의 순서를 바꾸는 것이 가능하다면 각 각 다음과 같다.

$$\mathcal{F}\left\{\frac{\partial u}{\partial y}\right\} = \int_{-\infty}^{\infty}\frac{\partial u}{\partial y}e^{i\mu x}dx = \frac{\partial}{\partial y}\left(\int_{-\infty}^{\infty}u(x,y)e^{i\mu x}dx\right) = \frac{\partial}{\partial y}\mathcal{F}\{u\} \tag{12.134}$$

$$\mathcal{F}\left\{\frac{\partial^2 u}{\partial y^2}\right\} = \int_{-\infty}^{\infty}\frac{\partial^2 u}{\partial y^2}e^{i\mu x}dx = \frac{\partial^2}{\partial y^2}\left(\int_{-\infty}^{\infty}u(x,y)e^{i\mu x}dx\right) = \frac{\partial^2}{\partial y^2}\mathcal{F}\{u\} \tag{12.135}$$

Fourier 변환의 응용

이제 Fourier 변환을 이용하여 몇 가지 편미분 방정식의 해를 구하여 보자.

예 제 2. 다음 경계값 문제의 해를 구하여라.

$$ku_{xx} = u_t, \quad (-\infty < x < \infty,\ t > 0) \quad u(x,0) = f(x), \quad f(x) = \begin{cases} 1 & (|x| \le 1) \\ 0 & (|x| > 1) \end{cases}$$

[**풀이**] 이 문제는 열전도에 의한 무한히 긴 막대의 온도 분포 함수 $u(x,t)$를 찾는 것으로 생각할 수 있다. 변수 x에 대한 Fourier 변환을 이용하여 다음과 같이 정

의하자.

$$\mathcal{F}\{u\} = \int_{-\infty}^{\infty} u(x,t)e^{i\mu x}dx = U(\mu,t)$$

식 (12.129)과 (12.134)을 이용하여 주어진 편미분 방정식을 변환하면 다음 상미분 방정식과 그의 해 $U(\mu,t)$를 얻는다.

$$-k\mu^2 U(\mu,t) = \frac{dU}{dt}, U(\mu,t) = ce^{-k\mu^2 t} \tag{12.136}$$

이제 초기 조건을 Fourier 변환하면 다음을 얻는다.

$$\begin{aligned} F\{u(x,0)\} = U(\mu,0) &= \int_{-\infty}^{\infty} f(x)e^{i\mu x}dx \\ &= \int_{-1}^{1} e^{i\mu x}dx \\ &= \frac{e^{i\mu} - e^{-i\mu}}{i\mu} \end{aligned}$$

위 식을 간단히 하면 다음과 같다.

$$U(\mu,0) = 2\frac{\sin\mu}{\mu}$$

이 조건을 식 (12.136)에 적용하면 다음을 얻는다.

$$c = \frac{2\sin\mu}{\mu}$$

따라서 식 (12.136)에서 해 $U(\mu,t)$는 다음과 같다.

$$U(\mu,t) = 2\frac{sin\mu}{\mu}e^{-k\mu^2 t}$$

이제 Fourier 역변환 공식 (1)을 이용하면 구하는 해 $u(x,t)$는 다음과 같다.

$$u(x,t) = \frac{1}{\pi}\int_{-\infty}^{\infty} \frac{\sin\mu}{\mu}e^{-k\mu^2 t}e^{-i\mu t}d\mu$$

그런데 피적분 함수의 허수부가 μ에 관한 홀함수이므로 그 부분의 적분은 다음과 같다.

$$\int_{-\infty}^{\infty} \frac{\sin\mu}{\mu} e^{-k\mu^2 t} \sin\mu x d\mu = 0$$

따라서 구하는 해 $u(x,t)$는 다음 식으로 표현된다.

$$u(x,y) = \frac{1}{\pi}\int_{-\infty}^{\infty} \frac{\sin\mu\cos\mu}{\mu} e^{-k\mu^2 t} d\mu \tag{12.137}$$

예 제 **3.** 다음 경계값 문제로 주어지는 정상 상태의 온도 분포 함수 $u(x,y)$를 구하여라.

$$u_{xx} + u_{yy} = 0 \quad (0 < x < \pi, y > 0)$$
$$u(0,y) = 0, \quad u(\pi,y) = e^{-y} \quad (y > 0)$$
$$u_y(x,0) = 0 \quad (0 < x < \pi)$$

[**풀이**] 변수 y의 범위와 $y=0$의 조건은 주어진 문제를 변수 y에 관한 Fourier 코사인 변환을 이용하여 푸는 것이 적절함을 보여주므로 다음과 같이 정의하자.

$$\mathcal{F}_c u = \int_0^{\infty} u(x,y)\cos\mu y dy = U(x,y)$$

주어진 편미분 방정식을 Fourier 변환하면 다음을 얻는다.

$$\mathcal{F}_c\{u_{xx}\} + \mathcal{F}_c\{u_{yy}\} = \mathcal{F}_c\{0\}$$

따라서 식 (12.132)과 경계 조건 $u_y(x,0) = 0$을 이용하면 다음의 상미분 방정식을 얻는다.

$$\frac{d^2U}{dx^2} - \mu^2 U(x,\mu) = 0$$

변수 x의 범위가 유한하므로 위 방정식의 일반해 $U(x,\mu)$를 다음과 같이 놓자.

$$U(x,\mu) = c_1 \cosh \mu x + c_2 \sinh \mu x \tag{12.138}$$

한편, 처음 두 경계 조건을 변수 y에 관해 Fourier 코사인 변환을 하면 다음을 얻는다.

$$U(0,\mu) = 0, \quad U(\pi,\mu) = \frac{1}{\mu^2+1}$$

이를 이용하면 식 (12.138)로부터 다음을 얻는다.

$$c_1 = 0, \quad c_2 = \frac{1}{(1+\mu^2)\sinh \mu\pi}$$

따라서 식 (12.138)의 해 $U(x,\mu)$는 다음과 같다.

$$U(x,\mu) = \frac{\sinh \mu x}{(1+\mu^2)\sinh \mu\pi}$$

마지막으로 Fourier 코사인 변환 공식 (3)을 이용하면 해 $u(x,y)$는 다음과 같다.

$$u(x,y) = \frac{2}{\pi}\int_0^\infty \frac{\sinh \mu x}{(1+\mu^2)\sinh \mu\pi} \cos \mu y d\mu$$

연습문제 12-8

1. Fourier 변환을 이용하여 다음 경계값 문제의 해를 구하여라. (필요하면 해의 유계성을 가정하여라.)

(1) $ku_{xx} = u_t \qquad (-\infty < x < \infty, \quad t > 0)$

$u(x,0) = e^{-|x|} \qquad (-\infty < x < \infty)$

(2) $ku_{xx} = u_t \qquad (-\infty < x < \infty, t > 0)$

$$u(x,0) = \begin{cases} 0 & (x < -1) \\ -100 & (-1 < x < 0) \\ 100 & (0 < x < 1) \\ 0 & (x > 1) \end{cases}$$

2. 양의 x축 위에 놓여있는 무한히 긴 막대의 온도 $u(x,t)$에 관하여 다음 경계 조건을 만족시키는 해를 구하여라.

(1) $u(0,t) = u_0 (t > 0), \quad u(x,0) = 0 \quad (x > 0)$

(2) $u(0,t) = 1 (t > 0), \quad u(x,0) = e^{-x} \quad (x > 0)$

(3) $u(0,t) = u_0 (t > 0), \quad u(x,0) = \begin{cases} 1 & (0 < x < 1) \\ 0 & (x > 1) \end{cases}$

3. 양의 x축위에 놓여있는 무한히 긴 막대의 온도 $u(x,t)$에 관하여 다음 경계 조건을 만족시키는 해를 구하여라,

$$u(0,t) = 0 (t > 0), \quad u(x,0) = xe^{-x}, \quad u_t(x,0) = 0 \quad (x > 0)$$

4. (1) 다음 경계값 문제의 해를 구하여라.

$$a^2 u_{xx} = u_{xx} \quad (-\infty < x < \infty, \quad t > 0)$$
$$u(x,0) = f(x), \quad u_t(x,0) = g(x) \quad (-\infty < x < \infty)$$

(2) 위의 조건에서 $g(x) = 0$이면 (1)의 해는 다음 식으로 표현할 수 있음을 보여라.

$$u(x,t) = \frac{1}{2}\{f(x+at) + f(x-at)\}$$

5. 예제 3에서 y=0에서의 조건이 $u(x,0) = 1 (0 < x < \pi)$인 경우의 해를 구하여라.

6. 예제 3에서 경계 조건이 $u(0,y) = e^{-y}, \quad u(\pi,y) = 0 \quad (y > 0)$일 때 해를 구

하여라.

7. 영역 $x \geq 0, y \geq 0$로 정의되는 얇은 금속판에 관하여 $x = 0$에서 단열되어 있고 다른 경계 $y = 0$에서는 $u(x,0) = \begin{cases} 50 & (0 < x < 1) \\ 0 & (x > 1) \end{cases}$ 의 조건을 만족시키는 정상 상태의 온도 분포 함수 $u(x,y)$를 구하여라.

8. 문제 7에 대하여 경계 $x = 0$에서의 조건이 $u(0,y) = 0\ (y > 0)$일 때 그 해를 구하여라.

9. 다음 경계값 문제를 풀어라.

(1) $u_{xx} + u_{yy} = 0 \quad (0 < x < \pi, \quad y > 0)$

$u(0,y) = f(y), \quad u_x(\pi,y) = 0 \quad (y > 0)$

$u(x,0) = f(x), \quad u(x,2) = 0 \quad (x > 0)$

(2) $u_{xx} + u_{yy} = 0 \quad (0 < y < \pi, \quad y > 0)$

$u(0,y) = 0 \quad (0 < y < 2)$

$u(x,0) = f(x), \quad u(x,2) = 0 \ (x > 0)$

10. **대합**(convolution) 실수 전체에서 정의되어 있는 적분 가능한 함수 $f(x)$와 $g(x)$에 대해 다음 식으로 정의되는 함수 $(f*g)(x)$를 함수 $f(x)$와 $g(x)$의 대합이라고 한다.

$$(f*g)(x) = \int_{\infty}^{\infty} f(t)g(x-t)dt$$

(1) 실수 전체에서 정의된 적분 가능한 함수 f, g, h에 대하여 다음 등식이 성립함을 보여라.

(a) $f*g = g*f$

(b) $f*(g*h) = (f*g)*h$

(c) $f*(g+h) = f*g + f*h$

(2) 실수 전체에서 정의되어 있는 함수 $f(x)$와 $g(x)$의 Fourier 변환을 각각

$\mathcal{F}\{f\} = \mathcal{F}(\mu)$, $\mathcal{F}\{g\} = G(\mu)$이라 하면 다음이 성립함을 보여라.

$$\mathcal{F}^{-1}\{F(\mu)G(\mu)\}(x) = (f * g)(x)$$

(3) (2)와 $\mathcal{F}\{e^{-\frac{x^2}{4p^2}}\} = 2\sqrt{\pi}pe^{-p^2\mu^2}$ 을 이용하여 다음 경계값 문제의 해를 구하여라.

$$\begin{aligned} &ku_{xx} = u_t \quad (-\infty < x < \infty, \quad t > 0) \\ &u(x,0) = f(x) \qquad\quad (-\infty < x < \infty) \end{aligned}$$

제 IV 편

복소해석학

제 13 장

복소수와 복소 해석함수

이장에서는 고등 학교에서 배운 복소수에 관한 내용을 복습하고, 독립 변수가 복소수인 복소함수의 성질을 간단히 알아보며, 복소함수의 연속성과 미분가능성 및 해석성에 대하여 학습한다. 또, 실 변수 함수를 확장해서 얻을 수 있는 초등 해석함수에 대하여 알아본다.

복소수의 소개

실수 체계는 유리수뿐만 아니라 $x^2 - 2 = 0$과 같은 방정식의 해까지 포함하는 수 체계에 대한 모색의 결과로 탄생했다. 16세기 Girolamo Cardano는 실수가 아닌 해를 가지는 $x^2 + 2x + 2 = 0$과 같은 2차(혹은 3차) 방정식에 대해 관심을 가졌다. 위 방정식의 두 근은 $-1 \pm \sqrt{-1}$와 같이 음수의 제곱근으로 표현된다. 카르다노는 $\sqrt{-1} \cdot \sqrt{-1} = -1$이라 가정하면, 위와 같은 방식을 일반적인 방정식의 풀이 방법으로 풀 수 있음을 깨달았다.

오늘날 $\sqrt{-1}$을 i로 나타낸다. 그런데 과거에는 이런 '수'를 의미가 없는 수라고 생각했고, 상상의 수 또는 허수라고 불렀다. 18세기에 이르러 Lenhard Euler의 업적으로, 허수는 매우 중요한 역할을 하게 되었다. 예를 들면 오일러의 공식 $e^{i\theta} = \cos\theta + i\sin\theta$는 복소수와 삼각 함수 사이의 중요한 관계를 보여준다. 법칙 $e^{i(\theta_1+\theta_2)} = e^{i\theta_1}e^{i\theta_2}$을 이용하면 사인과 코사인의 합의 공식을 간단히 유도할 수 있다. 이런 결과로부터 허수에 중요한 수학적 의미가 있음을 알 수 있다. Euler 이후, Casper Wessel, Jean Robert Argrand, Johann Karl Gauss, William R. Hamilton 등 여러 수학자의 연구 결과로, 비로서 복소수의 의미가 명확해 졌다.

이 단원의 주제인 복소 해석학은 19세기에 주로 Angostin Cauchy에 의해서 발전되었다. Cauchy의 이론은 Peter Dirchlet, Karl Weierstrass, Georg Friedrich Riemann과 같은 수학자들에 의해 복소수이론은 더 정밀하게 연구되었다.

열의 전도를 설명하기 위한 도구로 복소수 이론이 이용되면서, 더욱 발전하게 되었고, 수학 외의 다른 분야에도 적용 가능하게 되었다. 복소수 이론은 수력과 정전기학과 같은 물리학과 공학에서의 문제들에도 사용된다. 또한 언뜻 보기에 복소수와 관련 없어 보이는 문제들도 복소수를 사용하여 해결할 수 있다. 예를 들어 $\int_0^\infty \frac{\sin^2 x}{x^2}\,dx = \frac{\pi}{2}$ 또는 $\int_0^{2\pi} \frac{d\theta}{\alpha + \sin\theta} = \frac{2\pi}{\sqrt{\alpha^2 - 1}}$와 같은 정적분은 초등 미적분으로 해결하기가 매우 어렵거나 불가능해 보인다. 이 정적분 문제는 복소수 이론을 이용하면 쉽게 해결할 수 있다. 복소 해석학은 수학자와 물리학자뿐만 아니라 공학자들에 필수 불가결한 기본적인 학문의 하나가 되었다.

13.1 복소수와 복소 평면

독자들은 이미 저학년 수학에서 복소수에 대하여 배웠다. 2차 방정식 $ax^2+bx+c=0$의 해는 근의 공식에 의하여 판별식 b^2-4ac가 음수일 때 복소수가 됨을 알고 있다. 예를 들면, 간단한 방정식 $x^2=-5$ 또는 $x^2+x+1=0$은 복소수 근을 갖는다.

이런 방정식이 해를 갖기 위해서는 제곱해서 -1 이 되는 수 i, 즉 $i^2=-1$ 인 수 i 의 도입이 필요하다. 이 때, i 를 **허수 단위**(imaginary unit)라 하고, 실수 x 와 y 에 대하여 다음과 같은 꼴의 수를 **복소수**(complex numbers)라고 한다.

$$z = x + iy \quad \text{또는} \quad z = x + yi$$

이 때, x 를 z 의 **실수 부분**(real part), y 를 z 의 **허수 부분**(imaginary part)이라고 하며 각각 다음과 같이 나타낸다.

$$x = \operatorname{Re} z, \quad y = \operatorname{Im} z$$

$\operatorname{Im} z \neq 0$ 인 복소수를 z 를 **허수**(imaginary number)라 하고 $\operatorname{Re} z = 0$ 인 복소수 z 를 **순허수**(pure imaginary number)라고 한다. 복소수 전체의 집합을 $\mathbb{C}$ 로 나타내며, 복소수 $z_1 = x_1 + i\,y_1$ 과 $z_2 = x_2 + i\,y_2$ 의 상등, 덧셈, 뺄셈, 곱셈, 나눗셈을 각각 다음과 같이 정의한다.

$$\begin{aligned}
&z_1 = z_2 \Longleftrightarrow x_1 = x_2, \quad y_1 = y_2 \\
&z_1 + z_2 = (x_1 + i\,y_1) + (x_2 + i\,y_2) = (x_1 + x_2) + i\,(y_1 + y_2) \\
&z_1 - z_2 = (x_1 + i\,y_1) - (x_2 + i\,y_2) = (x_1 - x_2) + i(y_1 - y_2) \\
&z_1 z_2 = (x_1 + i\,y_1)(x_2 + i\,y_2) = (x_1x_2 - y_1y_2) + i(x_1y_2 + x_2y_1) \\
&\frac{z_1}{z_2} = \frac{x_1 + i\,y_1}{x_2 + i\,y_2} = \frac{x_1x_2 + y_1y_2}{x_2^2 + y_2^2} + i\,\frac{x_2y_1 - x_1y_2}{x_2^2 + y_2^2} \ (\text{단, } z_2 \neq 0)
\end{aligned}$$

복소수의 연산은 허수단위 i 를 문자로 생각하고 계수가 실수인 다항식의 연산을 시행한 결과와 똑같다. 이 때, i^2 이 나타나면 -1 로 바꾼다.

예 제 **1.** $z_1 = 2+3i$ 이고 $z_2 = 1-2i$ 일 때 z_1 과 z_2 의 합, 차, 곱, 몫을 각각 구하여라.

[**풀이**] $z_1 + z_2 = (2+3i)+(1-2i) = 3+i,$

$$z_1 - z_2 = (2+3i)-(1-2i) = 1+5i,$$

$$z_1 z_2 = (2+3i)(1-2i) = (2+6)+i(-4+3) = 8-i,$$

$$\frac{z_1}{z_2} = \frac{2+3i}{1-2i} = \frac{2-6}{1+4} + i\frac{3+4}{1+4} = -\frac{4}{5} + i\frac{7}{5}$$

$\operatorname{Im} z = 0$ 인 복소수 $z = x + i0$ 은 실수 x 와 동일시한다. 그러므로 실수 전체의 집합은 복소수 전체의 집합의 부분집합이다. 또, 실수 x_1 과 x_2 를 각각 복소수 $x_1 + i0$ 과 $x_2 + i0$ 으로 생각하여 복소수의 연산을 시행한 결과는, 실수에서의 연산 결과와 똑같다. 따라서 연산에도 복소수 체계는 실수 체계의 확장이다. 실제로, 실수에 대하여 성립하는 다음 성질들이 복소수에서도 성립한다.

교환 법칙 $z_1 + z_2 = z_2 + z_1, \quad z_1 z_2 = z_2 z_1$

결합 법칙 $(z_1 + z_2) + z_3 = z_1 + (z_2 + z_3),\ (z_1 z_2) z_3 = z_1 (z_2 z_3)$

분배 법칙 $z_1 (z_2 + z_3) = z_1 z_2 + z_1 z_3$

항 등 원 $z + 0 = z, \quad z \cdot 1 = z$

역 원 $z = x + iy$ 에 대하여, $-z = -x - iy$ 가 존재하여 $z + (-z) = 0$ 이다. $z = x + iy \neq 0$ 에 대하여, $z^{-1} = \dfrac{x - iy}{x^2 + y^2}$ 가 존재하여 $z \cdot z^{-1} = 1$ 이다.

복소수 $z = x + iy$ 에 대하여 허수 부분의 부호를 바꾼 복소수 $x - iy$ 를 z 의 **켤레 복소수** 또는 **공액복소수**(complex conjugate number)라고 하며, 이를 $\bar{z}$ 로 나타낸다. 즉, $\bar{z} = x - iy$ 이다. 켤레 복소수의 정의에 의하여 $\overline{(\bar{z})} = z$ 이고 다음이 성립함을 쉽게 밝힐 수 있다.

$$\overline{z_1 + z_2} = \overline{z_1} + \overline{z_2}, \qquad \overline{(z_1 - z_2)} = \overline{z_1} - \overline{z_2}$$

$$\overline{z_1 z_2} = \overline{z_1}\ \overline{z_2}, \qquad \overline{\left(\frac{z_1}{z_2}\right)} = \frac{\overline{z_1}}{\overline{z_2}}$$

복소수 $z = x + iy$에 대하여 $z\bar{z} = x^2 + y^2$은 실수이다. 또, $z + \bar{z} = 2x$이고 $z - \bar{z} = 2iy$이므로 z의 실수 부분과 허수 부분을 다음과 같이 나타낼 수 있다.

$$\mathrm{Re}\, z = x = \frac{1}{2}(z + \bar{z}), \qquad \mathrm{Im}\, z = y = \frac{1}{2i}(z - \bar{z})$$

복소 평면

복소수 $z = x + iy$는 실수들의 순서쌍 (x, y)로써 유일하게 결정된다. 순서쌍의 두 수는 순서대로 복소수의 실수부와 허수부에 대응된다. 예를 들어 순서쌍 $(2, -3)$은 복소수 $z = 2 - 3i$에 대응된다. 역으로 $z = 2 - 3i$는 순서쌍 $(2, -3)$에 대응된다. 이와 같은 방법으로 우리는 복소수 $z = x + iy$를 좌표평면상의 한 점 (x, y)와 대응시킬 수 있다. 이 좌표평면을 **복소평면**(complex plane) 또는 z**평면**(z plane)이라 불린다.(그림 13.1)

복소 평면 위에서 실수 $x + i0$은 x축 위의 점$(x, 0)$으로 나타내어지고 허수 $0 + iy$는 y축 위의 점 $(0, y)$로 나타내어지므로, 좌표 평면의 x축과 y축을 각각 복소 평면의 **실수축**과 **허수축**이라고 한다. 복소수 $z = x + iy$와 이의 켤레 복소수 $\bar{z} = x - iy$는 복소 평면에서 실수축에 대해 서로 대칭이다.(그림 13.1)

복소수 $z = x + iy$의 **절대값**(absolute value 또는 modulus)을 복소 평면의 원점에서 점(x, y)까지의 거리로 정의하고, 이를 $|z|$로 나타낸다.(그림13.2) 그러므로 다음과 같다.

$$|z| = |x + iy| = \sqrt{x^2 + y^2}$$

복소수의 절대값에 대하여 다음이 성립함을 쉽게 보일 수 있다.

[1] $|z| = |\bar{z}|$ [2] $z \cdot \bar{z} = |z|^2$

[3] $|z| \geq 0$ 이고, $|z| = 0$이기 위한 필요 충분 조건은 $z = 0$ 이다.

[4] $|\mathrm{Re}\, z| \leq |z|$, $|\mathrm{Im}\, z| \leq |z|$

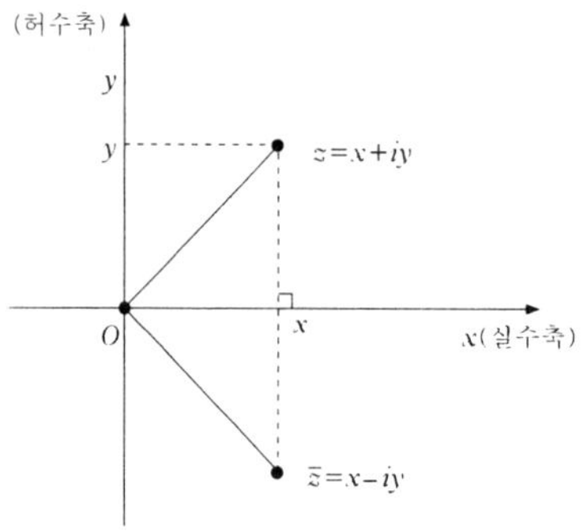

[**그림 13-1**] 복소평면

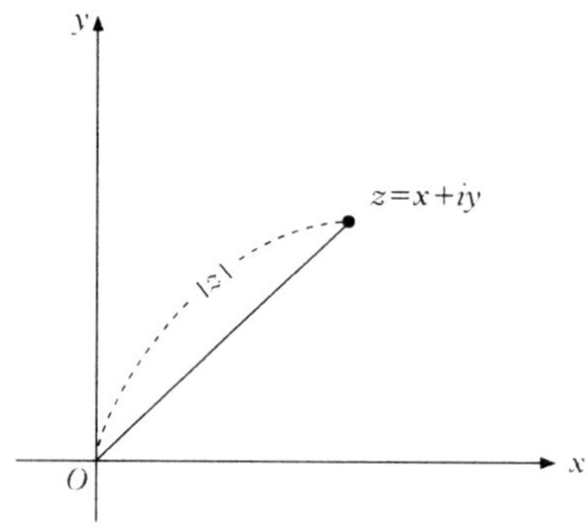

[**그림 13-2**]복소수의 절대값

임의의 복소수에 대하여 중요한 **삼각부등식**(triangle inequality)

$$|z_1 + z_2| \leq |z_1| + |z_2| \tag{13.1}$$

를 얻는다.

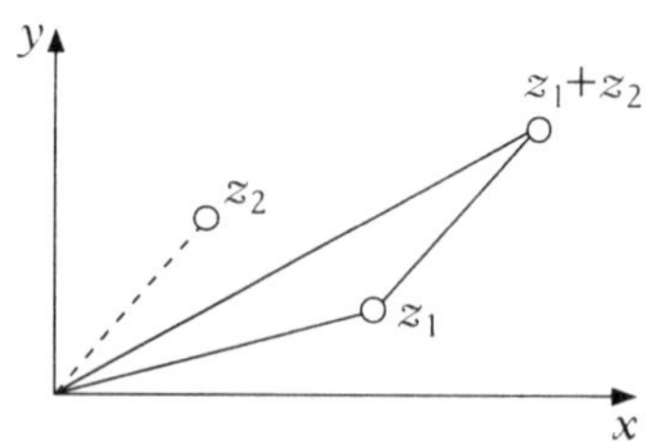

[**그림 13-3**] 삼각부등식

이 부등식은 세 점 0, z_1, $z_1 + z_2$가 각 변의 길이가 $|\ z_1\ |$, $|\ z_2\ |$, $|\ z_1 + z_2\ |$인 삼각형(그림 13.3)의 꼭지점이며, 한 변의 길이가 다른 두 변의 합보다 클 수 없다는 사실에 유의하면 얻을 수 있다.

식 (13.1)로부터 귀납법에 의해서 다음의 **일반화된 삼각부등식**을 얻을 수 있다.

$$|\ z_1 + z_2 + \cdots + z_n\ | \leq |\ z_1\ | + |\ z_2\ | + \cdots + |\ z_n\ |$$

예 제 **2.** 부등식 $|z_1+z_2| \le |z_1|+|z_2|$가 성립함을 보여라.

[**증명**] $z_1 = x_1 + iy_1$이고 $z_2 = x_2 + iy_2$라 하자. Schwartz의 부등식에 의하여 다음이 성립한다.

$$|x_1x_2 + y_1y_2| \le \sqrt{(x_1^2 + y_1^2)(x_2^2 + y_2^2)} = |z_1||z_2|$$

그러므로 다음을 얻는다.

$$\begin{aligned} |z_1+z_2|^2 &= |(x_1+x_2)+i(y_1+y_2)|^2 = (x_1+x_2)^2+(y_1+y_2)^2 \\ &= x_1^2+y_1^2+x_2^2+y_2^2+2(x_1x_2+y_1y_2) \\ &\le |z_1|^2+|z_2|^2+2|z_1||z_2| = (|z_1|+|z_2|)^2 \end{aligned}$$

따라서 $|z_1+z_2| \le |z_1|+|z_2|$ 가 성립한다. □

극형식

직교 좌표 (x, y)는 극 좌표 (r, θ)로 나타낼 수 있다. 이 때, x, r, θ 사이의 관계는 $x = r\cos\theta$, $y = r\sin\theta$ 이다. 그러므로 0 이 아닌 복소수 $z = x + iy$는 다음과 같은 꼴로 나타낼 수 있다.

$$z = r\cos\theta + ir\sin\theta \quad \text{또는} \quad z = r(\cos\theta + i\sin\theta)$$

이것을 복소수의 **극형식**(polar form)이라고 한다. 이 때, r은 원점에서 점 (x, y)를 나타내므로 z의 절대값은 $r = \sqrt{x^2+y^2}$이다. 또한, θ는 양의 x축과 벡터 z가 이루는 각으로, 복소수 z의 **편각**(argument)이라고 한다. 편각은 양의 x축으로부터 반시계 방향으로 측정할 때는 양수이고 시계 방향으로 측정할 때는 음수이다. 그러므로 θ가 복소수 z의 한 편각이면 모든 정수 n에 대하여 $\theta + 2n\pi$도 z의 편각 될 수 있다. 기호 $\arg z$는 이것들 중 하나를 나타내는 데 사용된다.

구간 $(-\pi, \pi]$에서 선택한 z의 편각을 z의 **주치**(principal argument)이라고 하며 $\operatorname{Arg} z$로 나타낸다.

이를 정리하면 $z = x + iy = r(\cos\theta + i\sin\theta)$ 일 때 다음이 성립한다.

$$r = |z| = \sqrt{x^2 + y^2}, \qquad \tan\theta = \frac{y}{x}$$

예 제 3. (1) 복소수 $z = 1 + i$의 절대값은 $r = \sqrt{2}$이고 편각은 $\arg z = \frac{\pi}{4} + 2n\pi$ (n은 정수)이므로, z의 극형식은 다음과 같다.

$$z = \sqrt{2}\left(\cos\frac{\pi}{4} + i\sin\frac{\pi}{4}\right) = \sqrt{2}\left(\cos\frac{9\pi}{4} + i\sin\frac{9\pi}{4}\right) = \cdots$$

이 때, $\operatorname{Arg} z = \frac{\pi}{4}$이다.
(2) 복소수 $z = 1 - i\sqrt{3}$의 절대값은 $r = 2$이고 편각은 $\arg z = \frac{5\pi}{3} + 2n\pi$ (n은 정수)이므로, z의 극형식은 다음과 같다.

$$z = 2\left(\cos\frac{5\pi}{3} + i\sin\frac{5\pi}{3}\right) = 2\left(\cos\frac{11\pi}{3} + i\sin\frac{11\pi}{3}\right) = \cdots$$

이 때, $\operatorname{Arg} z = -\frac{\pi}{3}$이다.

극형식으로 표현된 두 복소수 $z_1 = r_1(\cos\theta_1 + i\sin\theta_1)$과 $z_2 = r_2(\cos\theta_2 + i\sin\theta_2)$의 곱을 삼각 함수의 덧셈 정리를 이용하여 구하면 다음과 같다.

$$\begin{aligned} z_1 z_2 &= r_1 r_2\{(\cos\theta_1\cos\theta_2 - \sin\theta_1\sin\theta_2) + i(\sin\theta_1\cos\theta_2 + \cos\theta_1\sin\theta_2)\} \\ &= r_1 r_2\{\cos(\theta_1 + \theta_2) + i\sin(\theta_1 + \theta_2)\} \end{aligned}$$

마찬가지로 두 복소수의 몫을 구하면 다음과 같다.

$$\frac{z_1}{z_2} = \frac{r_1}{r_2}\{\cos(\theta_1 - \theta_2) + i\sin(\theta_1 - \theta_2)\}$$

이를 정리하면 다음 결과를 얻는다.

$$|z_1 z_2| = |z_1||z_2|, \qquad \left|\frac{z_1}{z_2}\right| = \frac{|z_1|}{|z_2|},$$

$$\arg(z_1 z_2) = \arg z_1 + \arg z_2 \ (\mathrm{mod}\ 2n\pi), \quad \arg\left(\frac{z_1}{z_2}\right) = \arg z_1 - \arg z_2 \ (\mathrm{mod}\ 2n\pi)$$

예 제 4. $z_1 = -1 + i,\ z_2 = i$일 때, $\mathrm{Arg}(z_1 z_2) = \mathrm{Arg}\, z_1 + \mathrm{Arg}\, z_2$는 성립하지 않는다.

[**풀이**] 주치를 이용하여 z_1, z_2를 극형식으로 나타내면

$$z_1 = \sqrt{2}\left(\cos\frac{3\pi}{4} + i\sin\frac{3\pi}{4}\right)$$

$$z_2 = \cos\frac{\pi}{2} + i\sin\frac{\pi}{2}$$

이다. 한편 $z_1 z_2 = (-1+i)i = -1 - i$는

$$\sqrt{2}\left(\cos\left(\frac{-3\pi}{4}\right) + i\sin\left(\frac{-3\pi}{4}\right)\right)$$

이므로

$$\mathrm{Arg}\, z_1 z_2 = \frac{-3\pi}{4}, \ \mathrm{Arg}\, z_1 + \mathrm{Arg}\, z_2 = \frac{3\pi}{4} + \frac{\pi}{2} = \frac{5\pi}{4}$$

이므로 서로 다른 값을 갖는다.

복소수의 거듭제곱

복소수 $z = r(\cos\theta + i\sin\theta)$에 대하여 다음이 성립한다.

$$z^2 = r^2\{\cos(\theta+\theta) + i\sin(\theta+\theta)\} = r^2(\cos 2\theta + i\sin 2\theta)$$

그리고 $z^3 = z^2 z$이므로 $z^3 = r^3(\cos 3\theta + i\sin 3\theta)$이다. 또한, $1 = \cos 0 + i\sin 0$이

므로 다음이 성립한다.

$$z^{-1} = r^{-1}\{\cos(-\theta) + i\sin(-\theta)\}$$

$$z^{-2} = r^{-2}\{\cos(-2\theta) + i\sin(-2\theta)\}$$

따라서, 귀납적으로 모든 정수n 에 대하여 다음이 성립한다.

$$z^n = r^n(\cos n\theta + i\sin n\theta)$$

위 식에서 $|z| = 1$인 경우를 생각하면 다음의 정리를 얻을 수 있다.

정 리 13.1.1. [De Moivre의 정리] 모든 정수 n에 대하여 다음 등식이 성립한다.

$$(\cos\theta + i\sin\theta)^n = \cos n\theta + i\sin n\theta$$

이 공식은 $\cos n\theta$와 $\sin n\theta$를 $\cos\theta$와 $\sin\theta$ 거듭제곱의 형태로 나타내는 데 유용하다. 예를 들면, $n = 2$일때 좌변은 $\cos^2\theta + 2i\cos\theta\sin\theta - \sin^2\theta$가 되는데 드 무아브르의 정리에 의하여 $\cos 2\theta = \cos^2\theta - \sin^2\theta$, $\sin 2\theta = 2\cos\theta\sin\theta$ 를 얻는다.

예 제 5. 복수소 $z = 1 - i\sqrt{3}$의 극형식은 $z = 2\left\{\cos\left(-\frac{\pi}{3}\right) + i\sin\left(-\frac{\pi}{3}\right)\right\}$ 이므로 $z^4 = 2^4\left\{\cos\left(-\frac{4\pi}{3}\right) + i\sin\left(-\frac{4\pi}{3}\right)\right\} = 16\left(-\frac{1}{2} + i\frac{\sqrt{3}}{2}\right) = -8 + i8\sqrt{3}$이다.

복소수의 거듭제곱근

0이 아닌 복수소 z_0 에 대하여 $w^n = z_0$ 를 만족시키는 복소수 w 를 z_0의 n **제곱근**이라 하고, 이를 $z_0^{\frac{1}{n}}$ 으로 나타낸다. n 제곱근을 구하기 위하여 $z_0 = r_0(\cos\theta_0 + i\sin\theta_0)$, $w = \rho(\cos\phi + i\sin\phi)$라고 하면, $w^n = z_0$ 이므로 다음이 성립한다.

$$\rho^n(\cos n\phi + i\sin n\phi) = r_0(\cos\theta_0 + i\sin\theta_0)$$

그러므로 $\rho^n = r_0$, 즉 $\rho = \sqrt[n]{r_0}$이다. 또, 다음이 성립한다.

$$\cos n\phi = \cos\theta_0, \qquad \sin n\phi = \sin\theta_0$$

따라서 정수 k 에 대해 $n\phi = \theta_0 + 2k\pi$, $\phi = \dfrac{\theta_0 + 2k\pi}{n}$ 이다. 정수k 로 0, 1, 2, $\cdots$, $n-1$ 을 택함에 따라 서로 다른 n 개의 n 제곱근을 얻는다. 사인 함수와 코사인 함수의 주기는 2π 이므로, n 이상의 k 에 대해서는 위에서 얻는 n 개의 n 제곱근 중 하나와 같은 값을 얻게 된다. 따라서 0이 아닌 복소수 $z_0 = r_0(\cos\theta_0 + i\sin\theta_0)$는 다음과 같이 서로 다른 n 개의 n 제곱근을 갖는다.

$$z^{\frac{1}{n}} = \sqrt[n]{r_0}\left(\cos\frac{\theta_0 + 2k\pi}{n} + i\sin\frac{\theta_0 + 2k\pi}{n}\right) \quad (k = 0, 1, 2, \cdots, n-1)$$

자연수 n 에 대하여 $z_0^{\frac{1}{n}}$ 은 서로 다른 n 개의 값을 갖는 **다가 함수**(multi-valued function)의 예이다. 따라서 $2^{\frac{1}{2}}$은 $\sqrt{2}$와 $-\sqrt{2}$를 모두 나타낸다.

예 제 6. 복소수 1의 세제곱근을 구하여라.

[**풀이**] 극형식은 $1 = \cos 0 + i\sin 0$이므로 1의 세제곱근은 다음과 같다.

$$1^{\frac{1}{3}} = \sqrt[3]{1}\left(\cos\frac{2k\pi}{3} + i\sin\frac{2k\pi}{3}\right) \quad (k = 0,\ 1,\ 2)$$

따라서 구하는 답은 다음과 같다.

$$\begin{aligned} k = 0 &: \quad \cos 0 + i\sin 0 = 1 \\ k = 1 &: \quad \cos\frac{2\pi}{3} + i\sin\frac{2\pi}{3} = \frac{-1 + i\sqrt{3}}{2} \\ k = 2 &: \quad \cos\frac{4\pi}{3} + i\sin\frac{4\pi}{3} = \frac{-1 - i\sqrt{3}}{2} \end{aligned}$$

예 제 7. $w^n = 1$을 만족하는 복소수를 모두 구하여라.

[**풀이**] $w^n = 1$을 만족하는 해를 구하기 위해 1을 극형식으로 나타내면

$$1 = \cos 0 + i \sin 0$$

이다. 이것으로부터

$$1^{\frac{1}{n}} = \cos\frac{2k\pi}{n} + i\sin\frac{2k\pi}{n}, \qquad k = 0, 1, 2, \cdots, n-1$$

얻는다.

$k = 1$일 때의 값을 ω라 하면 n개의 값은 $1, \omega, \omega^2, \cdots, \omega^{n-1}$으로 나타낼 수 있다. 기하적으로 ω는 단위원 위에 x-축으부터 각 $\frac{2\pi}{n}$마다 균일하게 분포되어 있고 모든 n제곱근의 합은 0이다. 즉, $1 + \omega + \cdots + \omega^{n-1} = \dfrac{1-\omega^n}{1-\omega} = 0.$

연습문제 13-1

1. $z_1 = 3 - 2i$와 $z_2 = 4 + 3i$라 하고, 다음을 $x + iy$꼴로 구하여라.

(1) $z_1 + z_2$ (2) $z_1 - z_2$ (3) $z_1 z_2$ (4) $(z_1 + z_2)^2$

(5) $\dfrac{1}{z_2}$ (6) $\dfrac{z_2}{z_1}$ (7) $5z_1 - 2z_2$ (8) $\dfrac{z_1}{z_1 + z_2}$

2. $z = x + iy$일때 다음을 구하여라.

(1) $\mathrm{Re}\, z^2$ (2) $(\mathrm{Re}\, z)^2$ (3) $\mathrm{Im}\,(\bar{z}^2 + z^2)$ (4) $|\, z + 3\bar{z}\,|$

(5) $\mathrm{Re}\,\dfrac{1}{z}$ (6) $\mathrm{Im}\,\dfrac{\bar{z}}{z}$ (7) $\left|\dfrac{\bar{z}}{z}\right|$ (8) $|\, z - 1 + i\,|$

3. 다음을 증명하여라.

   (1) 임의의 정수 k와 n에 대하여 $i^n = i^{n+4k}$이다.

   (2) z가 순허수이기 위한 필요 충분 조건은 $z = -z$ 이다.

   (3) 두 복소수 z_1과 z_2에 대하여 $z_1 z_2 = 0$이면 $z_1 = 0$ 또는 $z_2 = 0$이다.

4. 임의의 자연수 n과 복소수 $z_1, z_2, \cdots, z_n$에 대하여 다음 부등식이 성립함을 보여라.

$$| z_1 + z_2 + \cdots + z_n | \leq | z_1 | + | z_2 | + \cdots + | z_n |$$

5. 임의의 복소수 $z_1, z_2, \cdots, z_n$과 $w_1, w_2, \cdots, w_n$에 대하여 다음 코시· 슈바르츠 부등식이 성립함을 증명하여라.

$$\left|\sum_{k=1}^{n} z_k w_k\right|^2 \leq \left(\sum_{k=1}^{n} |z_k|^2\right)\left(\sum_{k=1}^{n} |w_k|^2\right)$$

6. 다음 복소수를 극형식으로 바꾸어라.

   (1) $3i$ (2) $5 - 5i$ (3) $\dfrac{1+i}{1-i}$ (4) $\dfrac{3}{i-1}$

7. 극형식으로 표현된 다음 복소수를 $x + iy$ 꼴로 나타내어라.

   (1) $2\left(\cos\dfrac{\pi}{3} + i\sin\dfrac{\pi}{3}\right)$ (2) $2\left(\cos\dfrac{7\pi}{6} + i\sin\dfrac{7\pi}{6}\right)$

8. 다음 값을 구하여라

   (1) $(1 + i\sqrt{3})^6$ (2) $(1 - i)^4$

   (3) $\left(\dfrac{1}{2} - \dfrac{i\sqrt{3}}{2}\right)^6$ (4) $\left(\dfrac{1+i}{\sqrt{3}+i}\right)^{-12}$

(5) $\left(\cos\frac{5\pi}{6} + i\sin\frac{5\pi}{6}\right)^5$ (6) $\left\{2\left(\cos\frac{\pi}{3} + i\sin\frac{\pi}{3}\right)\right\}^6$

9. 다음 거듭제곱근을 구하여라.

(1) $8^{\frac{1}{2}}$ (2) $i^{\frac{1}{2}}$ (3) $(-1+i)^{\frac{1}{3}}$ (4) $(-1-i\sqrt{3})^{\frac{1}{4}}$

10. 다음 방정식을 풀어라.

(1) $z^4 + 1 = 0$ (2) $z^8 - 2z^4 + 1 = 0$

(3) $z^2 - (5+i)z + 8 + i = 0$ (4) $z^4 - 3(1+2i)z^2 - 8 + 6i = 0$

11. 등식 $(\cos\theta + i\sin\theta)^3 = \cos 3\theta + i\sin 3\theta$ 를 이용하여 $\cos 3\theta$와 $\sin 3\theta$를 각각 $\cos\theta$ 와 $\sin\theta$ 로 나타내어라.

12. $|z| = 2$일때, 다음이 성립함을 보여라.

$$\left|\frac{1}{z^4 - 4z^2 + 3}\right| \leq \frac{1}{3}$$

13. $|z| < 1$일때, 다음이 성립함을 보여라.

$$|\operatorname{Im}(1 - \overline{z} + z^2)| < 3$$

14. z_1과 z_2를 0이 아닌 두 복소수라고 하자. 이때, $|z_1| = |z_2|$이면 두 복소수 c_1과 c_2가 존재하여 다음이 성립함을 보여라.

$$z_1 = c_1 c_2, \qquad z_2 = c_1 \overline{c_2}$$

13.2 복소 평면의 점 집합과 복소 해석함수

먼저 복소함수를 논의하는 데 필요한 복소 평면 위의 집합에 관한 몇 가지 중요한 개념을 도입한다.

열린 집합

복소수 $z_0 = x_0+i\,y_0$과 $z = x+i\,y$에 대하여 $|\,z-z_0\,| = \sqrt{(x-x_0)^2 - (y-y_0)^2}$은 z_0과 z사이의 거리를 나타낸다. 그러므로 복소 평면에서 중심이 z_0이고 반지름이 r인 **원**(circle)의 방정식은 다음과 같다.

$$|\,z - z_0\,| = r$$

특히, 중심이 원점이고 반지름이 1인 **단위원**(unit circle)의 방정식은 $|\,z\,| = 1$이다. 다음 부등식을 만족시키는 복소수 z전체의 집합은 중심이 z_0이고 반지름이 r인 원내부의 점 전체의 집합이다.

$$|\,z - z_0\,| < r$$

이 집합을 **열린 원판** 또는 **개원판**(open disk)이라고 한다. 또, 이를 z_0의 r근방 또는 간단히 **근방**(neighborhood)이라고도 하며, 기호 $N(z_0,\, r)$로 나타낸다. 복소 평면의 부분 집합 S의 각 점 $z \in S$에 대하여 적당한 근방 $N(z,\, r)$가 존재하여 $N(z,\, r) \subset S$이 성립할 때, S를 **열린 집합** 또는 **개집합**(open set)이라고 한다.(그림13.4)

예 제 1. 열린 원판 $\{S = z \in \mathbb{C} \mid |\,z\,| < 1\}$이 열린 집합임을 증명하여라.

[**증명**] 임의의 점 $z_0 \in S$를 선택하면, $|z_0| = r < 1$이고 $1 - |z_0| = 1 - r \le 1$이다. 이제, $\rho = 1 - r$이라 하자. 그러면 모든 $z \in N(z_0, \rho)$에 대하여 $|\,z - z_0| < \rho$이고, 삼각 부등식 $|\,z\,| - |\,z_0| \le |\,z - z_0|$에 의하여 $|\,z\,| < \rho + |z_0| = 1$이 성립한다. 즉, $z \in S$이다. 따라서 $N(z_0,\, \rho) \subset S$이므로 S는 열린 집합이다. □

열린 집합의 또 다른 예로 다음과 같은 집합을 들 수 있다.

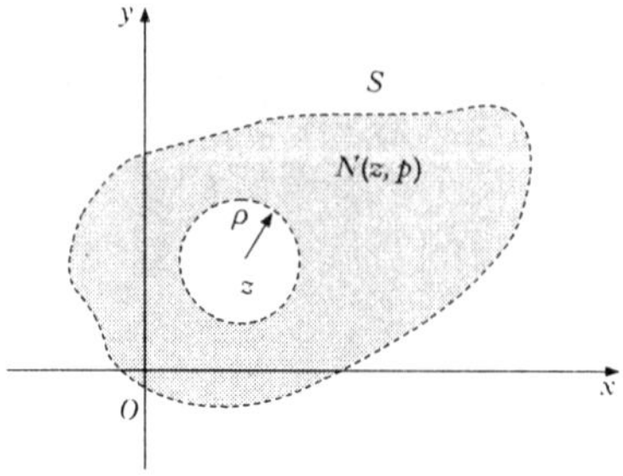

[그림 13.4] 근방과 열린 집합

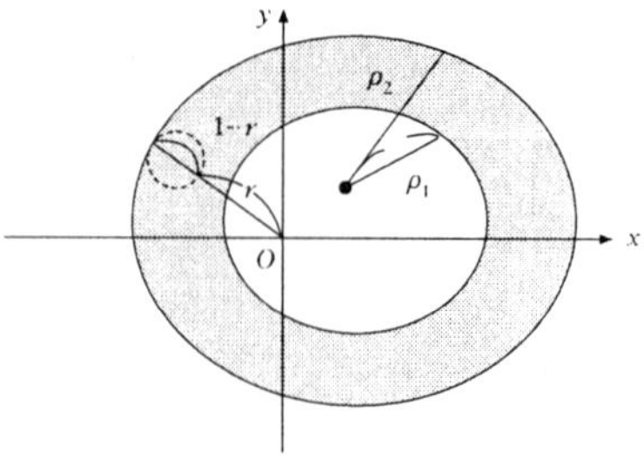

[그림 13.5] 원환

[1] 공집합 $\emptyset$, 복소수 전체의 집합 $\mathbb{C}$

[2] 열린 반평면 $\{z \in \mathbb{C} | \mathrm{Re}\, z > 0\}$, $\{z \in \mathbb{C} | \mathrm{Re}\, z < 0\}$, $\{z \in \mathbb{C} \,|\, \mathrm{Im}\, z > 0\}$, $\{z \in \mathbb{C} \,|\, \mathrm{Im}\, z < 0\}$

[3] 중심이 z_0이고 반지름이 r인 원의 외부 $\{z \in \mathbb{C} \,|\, |z - z_0| > r\}$

닫힌 집합

복소 평면의 부분 집합 S의 여집합이 열린 집합일 때, S를 **닫힌 집합** 또는 **폐집합**(closed set)이라고 한다. 다음 부등식을 만족시키는 복소수 z전체의 집합을 중심이 z_0이 고 반지름이 r인 **닫힌 원판**(closed disk)이라고 한다.

$$|z - z_0| \le r$$

닫힌 원판은 닫힌 집합이다. 왜냐하면 닫힌 원판의 여집합은 중심이 z_0이고 반지름이 r인 원의 외부 $\{z \in \mathbb{C} \,|\, |z - z_0| > r\}$이고 이것은 열린 집합이기 때문이다. 닫힌 집합의 또다른 예로 다음과 같은 집합을 들 수 있다.

[1] 공집합 $\emptyset$, 복소수 전체의 집합 $\mathbb{C}$

[2] $\{z \in \mathbb{C} \,|\, \mathrm{Re}\, z \ge 0\}$, $\{z \in \mathbb{C} \,|\, \mathrm{Re}\, z \le 0\}$, $\{z \in \mathbb{C} \,|\, \mathrm{Im}\, z \ge 0\}$, $\{z \in \mathbb{C} \,|\, \mathrm{Im}\, z \le 0\}$

[3] 유한집합

복소 평면의 부분 집합 S에 대하여 점 z_0의 모든 근방이 적어도 한 개의 S의 점을 포함하고, 적어도 하나의 S의 여집합의 점을 포함할 때, z_0을 S의 **경계점**(boundary point)이라고 한다. 예를 들면, 열린 원판 $\{z \in \mathbb{C} \mid |z| < 1\}$과 닫힌 원판$\{z \in \mathbb{C} \mid |z| \leq 1\}$에 대하여 단위원 $|z| = 1$위에 있는 모든 점은 이 두 집합의 경계점이다. 열린 집합은 어떠한 경계점도 포함하지 않고, 닫힌 집합은 모든 경계점을 포함한다. 부등식 $r_1 < |z - z_0| < r_2$를 만족하는 점들의 집합을 **열린 원환**(annulus)이라 한다. (그림 13.5)

예 제 2. 원환 $A = \{z \in \mathbb{C} \mid 1 < |z| \leq 2\}$의 경계점은 원 $|z| = 1$과 원 $|z| = 2$위의 모든 점이다. 그런데 원 $|z| = 1$위의 모든 점이 A에 포함되지 않으므로 A는 닫힌 집합이 아니고, 원 $|z| = 2$위의 모든 점이 A에 포함되므로 A는 열린 집합이 아니다. 따라서 A는 열린 집합도 아니고 닫힌 집합도 아니다. 실제로 복소 평면의 부분집합 중에는 열린 집합도 아니고 닫힌 집합도 아닌 집합이 매우 많이 존재한다.

연결집합과 영역

복소 평면의 부분 집합 S에 대하여 S의 임의의 두 점 z_1과 z_2를 S에 완전히 포함되는 이어진 선분으로 연결할 수 있을 때, S를 **연결집합**(connected set)이라고 한다. 예를 들면, 원판$\{z \in \mathbb{C} \mid |z| < 1\}$과 반평면 $\{z \in \mathbb{C} \mid \mathrm{Re}\, z > 1\}$의 임의의 두 점을 선분으로 연결할 수 있으므로 이 집합은 모두 연결집합이다. 그러나 집합 $\{z \in \mathbb{C} \mid \mathrm{Re}\, z \neq 1\}$에서, 이를 테면 점 $z = 0$과 $z = 2$를 연결하는 모든 이어진 선분은 직선 $z = 1$에서 잘리므로 B는 연결 집합이 아니다. 복소 평면의 부분 집합 S가 열린 집합이고 연결집합일 때, S를 **영역**(domain)이라고 한다. 복소 해석함수를 정의할 때 영역의 개념이 사용된다.

복소함수

복소 평면의 부분 집합 S에서 복소 평면으로의 함수 f를 **복소함수**(complex valued function)또는 **복소 변수 함수**(complex valued function of a complex variable)라고 한다. 함수 f가 S에 속하는 복소수 z에 복소수 w를 대응시킬 때 이를 다음과 같이 나타낸다.

$$w = f(z)$$

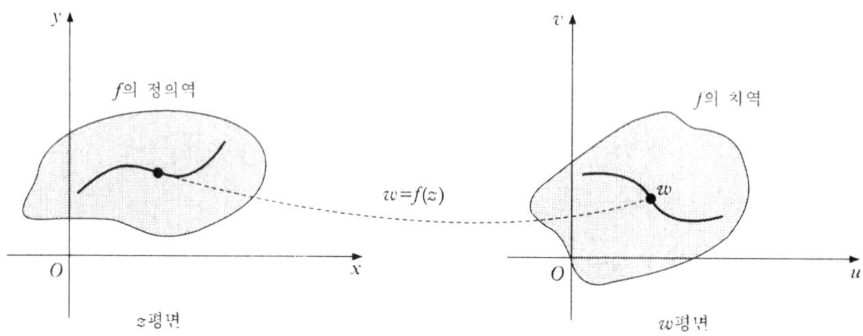

[**그림 13-6**] 복소함수의 정의역과 치역

이 때, z를 **복소 변수**(complex variable), 집합 S를 f의 **정의역**(domain of f)이라고 하며, 각 $z \in S$의 함수 f에 의한 **상**(image) $f(z)$ 전체의 집합 $\{f(z) \in \mathbb{C} \mid z \in S\}$를 f의 **치역**(range of f)이라고 한다.

복소 평면 전체에서 정의된 함수 $f(z) = z^2$은 복소함수이다. $z = x + iy$라 하면 $f(z) = (x^2 - y^2) + i(2xy)$와 같이 쓸 수 있다. 일반적으로, 복소함수 f에 의한 복소수 $z = x + iy$의 상 $w = f(z)$는 복소수이므로 $f(z) = u + iv$와 같이 쓸 수 있고, u와 v는 실수 x와 y에 따라 결정되는 실 함수이다. 따라서 다음과 같이 복소함수를 나타낼 수 있다.

$$w = f(z) = u(x, y) + iv(x, y)$$

복소함수 $w = (z)$의 그래프를 그리기 위해서는 4차원 공간이 필요하므로 일반적으로 나타낼 수 없다. 그러나 정의역이 속하는 복소 평면을 z평면, 치역이 속하는 복소 평면을 w평면이라 하면, 함수 $f(z)$를 z평면에서 w평면으로의 **사상**(mapping) 또는 **변환**(transformation)이라 할 수 있다(그림 13.6).

극한과 연속

복소함수의 극한에 관한 정의는 실 함수의 경우와 동일하다. 복소함수 f가 복소수 z_0의 근방(z_0은 제외할 수 있음)에서 정의되어 있고, z가 z_0과 다른 값을 취하면서 z_0에 한없이 가까워질 때 $f(z)$가 일정한 값 L에 한없이 가까워지면, L을 z_0에서의 f의 **극한값**(limit value) 또는 **극한**(limit)이라 하고 이를 다음과 같이 나타낸다.

$$\lim_{z \to z_0} f(z) = L$$

z_0에서의 f의 극한이 L임을 엄밀하게 정의하면 다음과 같다.

"임의의 양수 ϵ에 대해 적당한 δ가 존재해서
$0 < | z - z_0 | < \delta$인 모든 z에 대해 $| f(z) - L | < \varepsilon$이다."

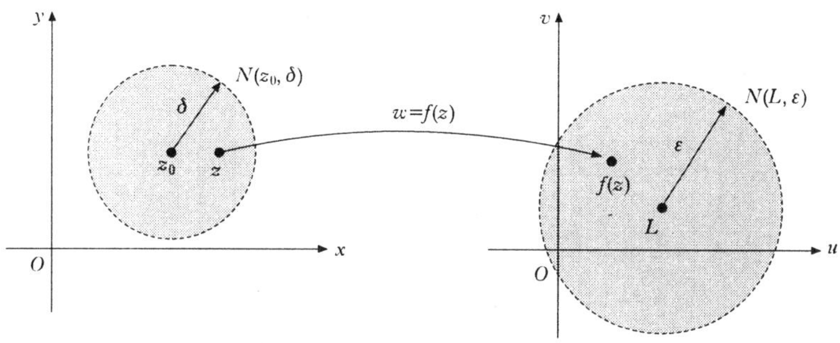

[**그림 13-7**] 함수의 극한

그림 13.7에 나타낸 대로, 이 정의는 L의 임의의 ε 근방 $N(L,\varepsilon)$에 대해 z_0의 적당한 δ근방 $N(z_0,\delta)$가 존재해서 $z \in N(z_0,\delta) - \{z_0\}$이면 $f(z) \in N(L,\varepsilon)$임을 의미한다. 이것과 실 함수의 극한 사이의 결정적인 차이점은 z가 z_0에 한없이 가까

이 가는 방법에 있다. 실함수의 경우는 우극한값(우측에서 가까이 가는 경우)와 좌극한값(좌측에서 가까이 가는 경우)가 존재하고 같으면 된다. 복소함수의 경우에 $\lim_{z \to z_0} f(z) = L$은 z가 실축을 따라서 z_0에 접근할 수 있을 경우뿐만 아니라 모든 방향에서 z_0에 접근할 때 $f(z)$가 L에 접근해야 한다.

실 함수의 극한에 관한 기본성질이 복소함수에 대해서도 성립되고 증명은 실함수의 경우와 유사하므로 생략한다.

정 리 13.2.1. $\lim_{z \to z_0} f(z) = L$이고 $\lim_{z \to z_0} g(z) = M$이면, 다음이 성립한다.

[1] $\lim_{z \to z_0} \{f(z) \pm g(z)\} = L \pm M$ (복호 동순)

[2] $\lim_{z \to z_0} f(z)g(z) = LM$

[3] $\lim_{z \to z_0} \dfrac{f(z)}{g(z)} = \dfrac{L}{M}$ (단,$M \neq 0$)

복소함수 f가 복소수 z_0의 근방에서 정의되어 있고(특히, $f(z_0)$이 정의되어 있고) $\lim_{z \to z_0} f(z) = f(z_0)$이 성립할 때, f는 z_0에서 **연속**(continuous)이라고 한다. 즉, 임의의 양수 ε에 대해 적당한 양수 δ가 존재해서 $| z - z_0 | < \delta$인 모든 z에 대해 $| f(z) - f(z_0) | < \varepsilon$이 성립할 때, f는 z_0에서 연속이다.

복소함수 f가 복소 평면의 부분 집합 S의 각 점에서 연속일 때, f는 S에서 연속이라고 한다.

도함수

실함수와 같은 방법으로 복소함수의 도함수를 정의한다. 복소함수 f가 z_0의 근방에서 정의되고 있고, 다음 극한값이 존재할 때, f는 z_0에서 **미분가능**(differentiable)하다고 하고, 그 극한값을 $f'(z_0)$로 나타낸다.

$$f'(z_0) = \lim_{h \to 0} \frac{f(z_0 + h) - f(z_0)}{h}$$

각 복소수 z_0에 극한값 $f'(z_0)$을 대응시키는 함수 $f' = \dfrac{df}{dz}$를 f의 **도함수**(derivative)라고 한다.

예 제 **3.** 복소함수 $f(z)=z^2$의 경우에 임의의 점 z에서 다음 극한값이 존재한다.

$$f'(z)=\lim_{h\to 0}\frac{(z+h)^2-z^2}{h}=\lim_{h\to 0}(2z+h)=2z$$

따라서 $f(z)=z^2$은 모든 점에서 미분가능하고 도함수는 $f'(z)=2x$이다.

다음 복소수 함수의 미분법에 대한 증명을 실 함수의 경우와 유사하므로 생략한다.

정 리 **13.2.2.** 복소함수 f와 g가 z에서 미분가능하면 다음이 성립한다.

[1] $\{cf(z)\}'=cf'(z)$

[2] $\{f(z)\pm g(z)\}'=f'(z)\pm g'(z)$ (복호 동순)

[3] $\{f(z)g(z)\}'=f'(z)g(z)+f(z)g'(z)$

[4] $\left\{\dfrac{f(z)}{g(z)}\right\}'=\dfrac{f'(z)g(z)-f(z)g'(z)}{\{g(z)\}^2}$ (단, $g(z)\neq 0$)

[5] $\{f(g(z))\}'=f'(g(z))g'(z)$

복소함수 $f(z)$가 z_0에서 미분가능하면 f는 z_0에서 연속이다. 그러나 역은 일반적으로 성립하지 않는다.

예 제 **4.** 복소함수 $f(z)=\overline{z}$는 모든 점에서 연속이지만 미분가능하지 않음을 보여라.

[증명] $|\overline{z}-\overline{z_0}|=|z-z_0|$이다. 그러므로 임의의 점 z_0에서 임의의 양수 ε에 대해 적당한 양수 $\delta=\varepsilon$이 존재해서 $|z-z_0|<\delta$이면 $|f(z)-f(z_0)|<\varepsilon$이다. 그러므로 $f(z)=\overline{z}$는 모든 점에서 f는 연속이다. 그러나 $h=h_1+ih_2$라고 하면, 다음 값은 $h_2=0$일 때 1이고 $h_1=0$일 때는 -1이다.

$$\frac{\overline{(z+h)}-\overline{z}}{h}=\frac{\overline{h}}{h}=\frac{h_1-ih_2}{h_1+ih_2}$$

따라서 $h \to 0$일 때의 극한이 존재하지 않으므로 $f'(z)$는 정의되지 않는다. 따라서 모든 점에서 f는 미분가능하지 않다. □

복소 해석함수

복소함수 f가 z_0의 적당한 근방이 존재하여 그 근방에 속하는 모든 점에서 미분 가능할 때, f는 z_0에서 **해석적**(analytic)이라고 한다. 또한, f가 영역domain D의 모든 점에서 해석적이면 f는 D에서 해석적이라고 한다. 따라서 f가 영역 D의 각 점에서 미분가능하면 f는 D에서 해석적이다. 또, 복소함수 f가 집합 $A \subset \mathbb{C}$에서 해석적이라는 것은, A를 포함하는 적당한 열린 집합 Ω가 존재해서 f가 Ω에서 해석적임을 의미한다.

해석함수(analytic function)는 적당한 영역에서 해석적인 함수를 말한다. 복소 평면 전체에서 해석적인 함수를 **전해석 함수** 또는 **완전 함수**(entire function)라고 한다. 예를 들면, 복소함수 $f(z) = z^2$은 모든 점에서 미분가능하므로 모든 점에서 해석적이고, 따라서 전해석 함수이다. 실제로 모든 다항 함수는 전해석 함수이고, 유리 함수는 분모가 0이 아닌 모든 점에서 해석적이다.

예 제 5. 복소함수 $f(z) = |z|^2$은 다음과 같이 0에서 미분가능하다.

$$\lim_{h\to 0} \frac{f(0+h)-f(0)}{h} = \lim_{h\to 0} \frac{|\,h\,|^2 - 0^2}{h} = \lim_{h\to 0} \overline{h} = 0$$

그러나 $z \neq 0$이면 다음을 얻는다.

$$\frac{f(0+h)-f(0)}{h} = \overline{z} + \overline{h} + z\frac{\overline{h}}{h}$$

그런데 예제 **??**에 의하여 $h \to 0$일 때 $\dfrac{\overline{h}}{h}$의 극한이 존재하지 않으므로, $f'(z)$는 정의되지 않는다. 따라서 f는 0에서만 미분가능하므로 0에서 해석적이지 않다.

연습문제 13-2

1. 다음 식으로 결정되는 집합을 복소평면 위에 나타내어라.

(1) $|z-i|=2$ (2) $|z-i|<1$ (3) $2<|z-i|<4$

(4) $|z+1|=|z-i|$ (5) $|z+1|=2|z-1|$ (6) $|z-i|+|z+i|=4$

(7) $\mathrm{Re}\, z^2>0$ (8) $\mathrm{Arg}\, z=\dfrac{\pi}{6}$ (9) $\dfrac{\pi}{4}<\mathrm{Arg}\, z<\dfrac{\pi}{2}$

2. 다음 복소함수를 $f(z)=u+iv$ 꼴로 나타내어라.

(1) $f(z)=z^2-3z+1$ (2) $f(z)=z^3-4z$

(3) $f(z)=z+\dfrac{1}{z}$ (4) $f(z)=\dfrac{z}{1+z}$

3. 일차 함수 $w=(1+i)z+2$에 의한 다음 집합의 상을 구하여라.

(1) 직선 $y=3x+2$ (2) 원 $|z|=3$ (3) 원 $|z-1|=2$

4. 이차 함수 $w=z^2$에 의한 다음 집합의 상을 구하여라.

(1) 직선 $y=x$ (2) 쌍곡선 $xy=1$ (3) $1\le|z|\le 2$

5. 다음 극한값을 구하여라.

(1) $\lim\limits_{z\to i}(z^3-5z^2+2z)$ (2) $\lim\limits_{z\to 1-i}\dfrac{3z^2-z+2}{z+1}$

(3) $\lim\limits_{z\to i}\dfrac{z^4-1}{z-1}$ (4) $\lim\limits_{z\to 1+i}\dfrac{z^2-2z+2}{z^2-2i}$

6. 다음 복소함수의 도함수를 구하여라.

(1) $f(z) = (z^2 + i)^3$ (2) $f(z) = (2z + 1)(z^2 - 1)$

(3) $f(z) = (2z + \frac{1}{z})^2$ (4) $f(z) = \frac{z^2}{(z + 1)^2}$

7. 복소함수 $f(z) = u(x, y) + iv(x, y)$가 점 $c = a + ib$에서 연속이기 위한 필요충분 조건은 실 함수 $u(x, y)$와 $v(x, y)$가 점 (a, b)에서 연속임을 보여라.

8. 복소함수 $f(z) = \mathrm{Re}\, z$는 모든 점에서 미분 불가능함을 보여라.

9. 복소함수 $f(z)$가 z_0에서 미분가능하면, $f(z)$는 z_0에서 연속임을 보여라.

10. 복소함수 $f(z)$가 다음과 같이 주어졌다고 하자.

$$f(z) = \begin{cases} \frac{(\overline{z})^2}{z} & (z \neq 0) \\ 0 & (z = 0) \end{cases}$$

이 때, f가 0에서 미분가능하지 않음을 보여라.

13.3 Cauchy-Riemann 방정식

13.2절에서 영역 D의 각 점에서 미분가능한 복소함수 f는 D에서 해석적임을 알아보았다. 이 절에서는 복소함수 $f(z) = u(x, y) + iv(x, y)$의 실수 부분 u와 허수 부분 v의 편도함수를 이용하여 f가 해석적인지를 판단하는 간단한 방법에 대하여 알아본다.

Cauchy-Riemann 방정식

정 리 13.3.1. 복소함수 $f(z) = u(x, y) + iv(x, y)$가 정의역 D의 모든 점 z에서 미분가능하면, D 내의 모든 점에 대하여

$$\frac{\partial u}{\partial x} = \frac{\partial v}{\partial y}, \quad \frac{\partial u}{\partial y} = -\frac{\partial v}{\partial x} \quad \text{(Cauchy-Riemann 방정식)} \tag{13.2}$$

이 성립한다.

[**증명**] z_0를 D안의 임의의 한 점이라 하자. 가정에 의하여 다음 극한값이 존재한다.

$$f'(z_0) = \lim_{h \to 0} \frac{f(z_0 + h) - f(z_0)}{h} \tag{13.3}$$

$h = h_1 + ih_2$라 하면, $z_0 = x_0 + iy_0$이므로 식(13.3)를 다음과 같이 쓸 수 있다.

$$f'(z_0) = \lim_{h \to 0} \frac{\{u(x_0 + h_1, y_0 + h_2) + iv(x_0 + h_1, y_0 + h_2)\}}{h_1 + ih_2} - \frac{u(x_0, y_0) + iv(x_0, y_0)}{h_1 + ih_2} \tag{13.4}$$

그런데 이 극한값이 존재하므로, h가 어떤 방향에서 0으로 접근하여도 같은 극한값을 갖는다. 실수축을 따라 $h \to 0$이면 $h = h_1$이므로 식(13.4)으로부터 다음을 얻는다.

$$f'(z_0) = \lim_{h_1 \to 0} \frac{u(x_0+h_1, y_0) - u(x_0, y_0)}{h_1} + i \lim_{h_1 \to 0} \frac{v(x_0+h_1, y_0) - v(x_0, y_0)}{h_1} \quad (13.5)$$

$f'(z_0)$가 존재하므로 식 (13.5)의 두 극한값이 모두 존재한다. 즉, x에 관한 u와 v의 일계 편도함수가 존재하고 다음을 얻는다.

$$f'(z_0) = \frac{\partial u}{\partial x}(x_0, y_0) + i\frac{\partial v}{\partial x}(x_0, y_0) \quad (13.6)$$

또한, 허수축을 따라 $h \to 0$이면 $h = ih_2$ 이므로 식 (13.4)으로부터 다음을 얻는다.

$$f'(z_0) = \lim_{h_2 \to 0} \frac{u(x_0, y_0+h_2) - u(x_0, y_0)}{ih_2} + i \lim_{h_2 \to 0} \frac{v(x_0, y_0+h_2) - v(x_0, y_0)}{ih_2}$$

그러므로 y에 관한 u와 v의 일계 편도함수가 존재하고 다음이 성립한다.

$$f'(z_0) = -i\frac{\partial u}{\partial y}(x_0, y_0) + \frac{\partial v}{\partial y}(x_0, y_0) \quad (13.7)$$

따라서 식 (13.6)와 (13.7)의 실수 부분과 허수 부분을 같게 놓으면 Cauchy-Riemann 방정식 (13.2)을 얻는다. □

위의 증명 과정에서 식 (13.6)와 (13.7)은 복소함수의 도함수를 편미분을 사용하여 구하는 방법을 알 수 있다. 즉, $f'(z) = u_x(x,y) + iv_x(x,y)$ 또는 $f'(z) = v_y(x,y) - iu_y(x,y)$이다. 또한, Cauchy-Riemann 방정식은 복소함수 $f(z)$가 영역 D에서 해석적이기 위한 필요 조건임을 알 수 있다.

예 제 1. 13.2절의 예제 4에서 복소함수 $f(z) = \bar{z}$가 모든 점에서 미분가능하지 않음을 정의를 통해 밝혔다. 여기서는 Cauchy-Riemann 방정식을 이용해서 이를 밝혀보자. $f(z) = x - iy$이므로 $u(x,y) = x$이고 $v(x,y) = -y$이다. 따라서 $\dfrac{\partial u}{\partial y} = -\dfrac{\partial v}{\partial x} = 0$이지만 $\dfrac{\partial u}{\partial x} = 1 \neq -1 = \dfrac{\partial v}{\partial y}$이므로, $f(z)$는 모든 점에서 Cauchy-Riemann 방정식을 만족시키지 않는다. 그러므로 $f(z)$는 모든 점에서 미분가능

하지 않다.

Cauchy-Riemann 방정식은 해석적이기 위한 필요조건이지 충분 조건은 아니다. 그러나 적당한 조건을 주면 해석적이 되게 할 수 있다. 이 내용을 다음 정리에서 제시하고 있다. 증명은 이 책의 정도를 벗어남으로 생략한다.

정 리 13.3.2. 두 실함수 $u(x,y)$와 $v(x,y)$가 영역 D에서 연속인 편도함수를 가지며 Cauchy-Riemann 방정식을 만족하면, 복소함수 $f(z) = u(x,y) + iv(x,y)$는 D에서 해석적이다.

예 제 2. $f(z)$가 정의역 D에서 해석적이고 D에서 $|f(z)| = k$(상수)이면, D에서 $f(z)$가 상수가 됨을 보여라.

[**풀이**] 가정에 의해 $u^2 + v^2 = k^2$이고, 편미분에 의하여

$$uu_x + vv_x = 0, \; uu_y + vv_y = 0$$

이다. $f(z)$가 해석함수를 이므로 Cauchy-Riemann방정식이 성립한다. 따라서 첫 식에 $v_x = -u_y$를 사용하고, 둘째 식에 $v_y = u_x$를 사용하면

$$\text{(a) } uu_x - vu_y = 0, \qquad \text{(b) } uu_y + vu_x = 0 \tag{13.8}$$

이된다. u_y를 제거하기 위하여, 식 (a)에 u를 곱하고 식 (b)에 v를 곱한 다음 더한다. 또한 u_x를 소거하기 위하여, 식 (a)에 $-v$를 곱하고 식 (b)에 u로 곱한 후 더한다. 이와 같이 하여

$$(u^2 + v^2)u_x = 0, \qquad (u^2 + v^2)u_y = 0$$

을 얻는다. $k = 0$이면 $k^2 = u^2 + v^2 = 0$이고 $u = 0, v = 0$이다. 따라서 $f = 0$이다. 만일 $k \neq 0$이면 $u_x = u_y = 0$이고, 따라서 Cauchy-Riemann 방정식에 의하여

$v_x = v_y = 0$이 된다. 따라서 u도 상수이고 v도 상수이므로 f는 상수이다.

예 제 **3.** 복소함수 $f(z) = z^2$이 전해석함수임을 보여라.

[증명] $f(z) = (x^2 - y^2) + i(2xy)$이므로 $u(x, y) = x^2 - y^2$과 $v(x, y) = 2xy$는 모든 점에서 연속이다. 그리고 다음 일계 편도함수는 모든 점에서 연속이며 Cauchy-Riemann 방정식을 만족시킨다.

$$\frac{\partial u}{\partial x} = 2x = \frac{\partial v}{\partial y}, \quad \frac{\partial u}{\partial y} = -2y = -\frac{\partial v}{\partial x}$$

따라서 정리13.3.2에 의하여 $f(z)$는 모든 점에서 해석적이다. □

극형식 $z = r(\cos\theta + i\sin\theta)$를 사용하고, $f(z) = u(r, \theta) + iv(r, \theta)$로 놓으면 **Cauchy-Riemann 방정식**은 다음과 같다.

$$\frac{\partial u}{\partial r} = \frac{1}{r}\frac{\partial v}{\partial \theta}, \qquad \frac{\partial v}{\partial r} = -\frac{1}{r}\frac{\partial u}{\partial \theta} \quad (r > 0)$$

조화 함수

해석함수의 실수 부분과 허수 부분은 응용 수학에서 매우 중요한 편미분 방정식 중의 하나인 **Laplace방정식**을 만족시킨다.

정 리 **13.3.3.** 복소함수$f(z) = u(x, y) + iv(x, y)$가 영역 D에서 해석적이면, u와 v는 각각 D에서 연속인 이계 편도함수를 가지며 다음 라플라스 방정식을 만족시킨다.

$$\frac{\partial^2 u}{\partial x^2} + \frac{\partial^2 u}{\partial y^2} = 0, \quad \frac{\partial^2 v}{\partial x^2} + \frac{\partial^2 v}{\partial y^2} = 0 \tag{13.9}$$

[증명] 14.4절에서 해석함수의 도함수는 또다시 해석함수임을 증명할 것이다. 따라서 해석함수는 모든 계의 도함수를 가진다. 그러므로 u와 v는 모든 계의 연속인 편도함수를 갖는다. 특히, 연속인 이계 편도함수를 갖는다.

이제, Cauchy-Riemann 방정식 $\dfrac{\partial u}{\partial x} = \dfrac{\partial v}{\partial y}$를 x에 관하여 미분하고 $\dfrac{\partial u}{\partial y} = -\dfrac{\partial v}{\partial x}$를 y에 관하여 미분하면 다음을 얻는다.

$$\frac{\partial^2 u}{\partial x^2} = \frac{\partial^2 v}{\partial x \partial y}, \quad \frac{\partial^2 u}{\partial y^2} = -\frac{\partial^2 v}{\partial y \partial x} \tag{13.10}$$

v는 연속인 이계 편도함수를 가지므로 $\dfrac{\partial^2 v}{\partial x \partial y} = \dfrac{\partial^2 v}{\partial y \partial x}$이다. 따라서 (13.10)의 두 식을 더하면 u에 관한 라플라스 방정식을 만족시킨다. 마찬가지 방법으로 v가 라플라스 방정식을 만족시킴을 보일 수 있다. □

연속인 이계 편도함수를 갖고 라플라스 방정식을 만족시키는 실 함수를 **조화 함수**(harmonic function)라고 한다. 정리 13.3.3에 의하여 해석함수의 실수 부분과 허수 부분은 각각 조화 함수이다. 또, 두 조화 함수 u와 v가 영역 D에서 Cauchy-Riemann 방정식을 만족시키면, 정리 13.3.2에 의하여 복소 함수 $f(z) = u(x, y)+iv(x, y)$는 D에서 해석함수이다. 이때, v를 u의 **켤레 조화 함수**(conjugate harmonic function)라고 한다. 그리고 조화 함수 u가 주어지면 Cauchy-Riemann 방정식을 이용하여 켤레 조화 함수 v를 구할 수 있고, 따라서 실수 부분이 u인 해석함수를 찾을 수 있다.

예 제 **4.** $u(x, y) = x^2 - y^2 - y$가 평면 전체에서 조화 함수임을 보이고, u의 켤레 조화 함수를 구하여라.

[**풀이**] 편도함수들을 구하면 다음과 같다.

$$\frac{\partial u}{\partial x} = 2x, \quad \frac{\partial^2 u}{\partial x^2} = 2, \quad \frac{\partial u}{\partial y} = -2y - 1, \quad \frac{\partial^2 u}{\partial y^2} = -2$$

모든 점에서 $\dfrac{\partial^2 u}{\partial x^2} + \dfrac{\partial^2 u}{\partial y^2} = 0$이므로 u는 조화 함수이다. u의 켤레 조화 함수 v는 Cauchy-Riemann 방정식 $\dfrac{\partial u}{\partial x} = 2x = \dfrac{\partial v}{\partial y}$를 만족시켜야 한다. 이를 y에 관하여 적분하면 $v(x, y) = 2xy + k(x)$이다. 또한, v는 Cauchy-Riemann 방정식 $\dfrac{\partial u}{\partial y} = -\dfrac{\partial v}{\partial x}$를 만족시켜야 하므로 $-2y = -2y - k'(x)$이다. 그러므로 $k'(x) = 0$이

고 $k(x) = C$(상수)이다. 따라서 $v(x, y) = 2xy + x + C$이다. 조화 함수 u와 v를 각각 실수 부분과 허수 부분으로 갖는 해석함수는 다음과 같다.

$$f(z) = (x^2 - y^2 - y) + i(2xy + x + C) = z^2 + iz + iC$$

연습문제 13-3

1. 다음 복소함수는 어떠한 점에서도 해석적이지 않음을 보여라.

   (1) $f(z) = \mathrm{Re}\, z$ (2) $f(z) = \mathrm{Re}\, z^2$ (3) $f(x + iz) = y + ix$

   (4) $f(z) = z - \overline{z}$ (5) $f(z) = (\overline{z})^2$ (6) $f(x + iy) = x^2 + y^2$

2. 다음 복소함수는 적당한 영역에서 해석적임을 보여라.

   (1) $f(z) = z^2 + z$ (2) $f(z) = z^3$

   (3) $f(z) = \dfrac{1}{1 - z}$ (4) $f(z) = z + \dfrac{1}{z}$

   (5) $f(x + iy) = e^x(\cos y + i \sin y)$

3. 다음 복소함수가 전해석함수가 되도록 상수 a, b, c를 결정하여라.

   (1) $f(z) = x + ay - i(bx + cy)$ (2) $f(z) = ax^2 - by^2 + icxy$

   (3) $f(z) = e^x \cos ay + ie^x \sin(y + b) + c$ (4) $f(z) = (x^2 + y^2) + ibxy + c$

4. 다음 함수가 조화 함수임을 밝히고, 각 경우의 켤레 조화 함수를 구하여라.

(1) $u(x,y) = ax + by \quad (a, b$는 실수$)$ (2) $f(z) = ax^2 - by^2 + icxy$

(3) $u(x,y) = \dfrac{y}{x^2+y^2} \quad (x^2+y^2 \neq 0)$

(4) $u(x,y) = \ln(x^2+y^2) \quad (x^2+y^2 \neq 0)$

5. 복소함수 $f(z)$가 영역 D에서 해석적이고 $\mathrm{Re}\, f(z)$가 상수이면 $f(z)$도 상수임을 보여라.

6. 극형식을 사용하여 $z = r(\cos\theta + i\sin\theta) \neq 0$, $f(z) = u(r,\theta) + iv(r,\theta)$ 라 하면, Cauchy-Riemann 방정식은 다음과 같음을 보여라.

$$\frac{\partial u}{\partial r} = \frac{1}{r}\frac{\partial v}{\partial \theta}, \qquad \frac{\partial v}{\partial r} = -\frac{1}{r}\frac{\partial u}{\partial \theta}$$

또, f가 z에서 해석적이면 다음이 성립함을 보여라.

$$f'(z) = e^{-i\theta}\{\frac{\partial u}{\partial r}(r,\theta) + i\frac{\partial v}{\partial r}(r,\theta)\}$$

7. 복소함수 $f(z) = f(re^{i\theta}) = \ln r + i\theta (r > 0, 0 < \theta < 2\pi)$일 때, f는 $D = \{z = re^{i\theta} \in \mathbb{C} \mid r > 0, 0 < \theta < 2\pi\}$ 에서 해석적임을 보이고 $f'(z) = \dfrac{1}{z}$임을 밝혀라.

8. 복소함수 $f(z) = f(re^{i\theta}) = u(r,\theta) + iv(r,\theta)$가 0을포함하지 않는 영역 D에서 해석적이면 모든 $z = re^{i\theta} \in D$에 대하여 다음이 성립함을 보여라.

$$r^2\frac{\partial^2 u}{\partial r^2}(r,\theta) + r\frac{\partial u}{\partial r}(r,\theta) + \frac{\partial^2 u}{\partial \theta^2}(r,\theta) = 0$$

$$r^2\frac{\partial^2 v}{\partial r^2}(r,\theta) + r\frac{\partial v}{\partial r}(r,\theta) + \frac{\partial^2 v}{\partial \theta^2}(r,\theta) = 0$$

13.4 초등 해석함수

이 절에서는 복소 해석학에서 자주 사용되는 지수함수, 삼각 함수, 로그함수, 일반 거듭제곱 함수 등에 대하여 알아본다.

지수함수

지수가 복소수인 함수 e^z을 정의하기 위하여 다음과 같은 오일러의 공식을 생각하자.

$$e^{i\theta} = \cos\theta + i\sin\theta$$

지수가 실수인 경우를 복소수로 확장시키고 모든 지수 법칙이 성립하도록 만들기 위하여, **지수함수**(complex exponential function) $e^z = \exp(z)$를 다음과 같이 정의한다.

$$e^z = e^{x+iy} = e^x(\cos y + i\sin y)$$

위 식에서 $y = 0$일 때는 $e^z = e^x$가 되며 실수의 확장임을 알 수 있다. 이와같이 정의된 복소 지수함수는 다음 성질을 갖는다.

정 리 **13.4.1.** [1] 지수함수 e^z은 전해석함수이고, $\dfrac{d}{dz}e^z = e^z$이다.

[2] $e^{z_1}e^{z_2} = e^{z_1+z_2}$

[3] $e^{z+2\pi i} = e^z$

[4] $|\, e^z \,| = e^x, \arg e^z = y + 2n\pi \;\; (z = x + iy,\ n$은 정수)

[증명] [1] 지수함수 e^z의 실수 부분 $u(x,y) = e^x\cos y$와 허수 부분 $v(x,y) = e^x\sin y$는 전체 복소 평면에서 정리 13.3.2의 모든 조건을 만족시킨다. 따라서 e^z은 전해석함수이다. 13.3절의 식 (13.6)를 이용하여 e^z의 도함수를 구하면 다음과 같다.

$$\frac{d}{dz}e^z = \frac{\partial}{\partial x}(e^x\cos y) + i\frac{\partial}{\partial x}(e^x\sin y) = e^x\cos y + ie^x\sin y = e^z$$

[2] $z_1 = x_1 + iy_1$이고 $z_2 = x_2 + iy_2$라고 하면 다음이 성립한다.

$$\begin{aligned} e^{z_1}e^{z_2} &= e^{x_1}(\cos y_1 + i\sin y_1)e^{x_2}(\cos y_2 + i\sin y_2) \\ &= e^{x_1+x_2}\{\cos(y_1+y_2) + i\sin(y_1+y_2)\} \\ &= e^{(x_1+x_2)+i(y_1+y_2)} = e^{z_1+z_2} \end{aligned}$$

[3] $e^{z+2\pi i} = e^z e^{2\pi i} = e^z(\cos 2\pi + i\sin 2\pi) = e^z$

[4] $|\, e^{iy} \,| = |\, \cos y + i\sin y \,| = \sqrt{\cos^2 y + \sin^2 y} = 1$이므로 다음이 성립한다.

$$|\, e^z \,| = |\, e^x e^{iy} \,| = |\, e^x \,||\, e^{iy} \,| = e^x$$

그리고 $\arg e^z = y + 2n\pi$(n은 정수)이다. □

지수함수의 정의로부터 $e^{2\pi i} = 1$, $e^{\pi i} = -1$, $e^{\frac{\pi i}{2}} = i$임을 알 수 있다. 또한, 정리 13.4.1의 [3]으로부터 e^z는 주기가 $2\pi i$인 주기 함수이고 [4]로부터 모든 복소수 z에 대하여 $e^z \neq 0$임을 알 수 있다.

예 제 1. 방정식 $e^z = \frac{1}{2} + i\frac{\sqrt{3}}{2}$을 만족시키는 복소수 z를 모두 구하여라.

[**증명**] $|\, e^z \,| = e^x = 1$이므로 $x = 0$이다. 그리고 $\cos y = \dfrac{1}{2}$이고 $\sin y = \dfrac{\sqrt{3}}{2}$이므로 $y = \frac{\pi}{3} + 2n\pi$($n$은 정수)이다. 따라서 해는 $z = i(\dfrac{\pi}{3} + 2n\pi)$($n$은 정수)이다. □

예 제 2. 지수함수 $w = e^z$에 의한 다음 집합의 상을 구하여라.

[1] $x = 1$ [2] $y = 2$ [3] $\{(x, y) \in \mathbb{C} \,|\, x < 0,\ 0 \leq y \leq \pi\}$

[**증명**] [1], [2] $|w| = |e^z| = e^x$, $\arg w = y + 2n\pi$(n은 정수)이므로 지수함수 $w = e^z$에 의하여 직선 $x = 1$은 원 $|w| = e$로 사상되고, 직선 $y = 2$는 반직선 $\arg w = 2$로 사상된다.(그림 13.8)

[3] 지수함수 $w = e^z$에 의하여 무한 띠 $0 \leq y \leq \pi$는 w평면의 상반평면 $\mathrm{Im}\, w \geq 0$으로 사상된다. 그런데 $0 < |w| = e^x < 1$이므로 w평면에서 원점을 제외한 중심이 0인 단위 원의 내부로 사상된다.(그림 13.8) □

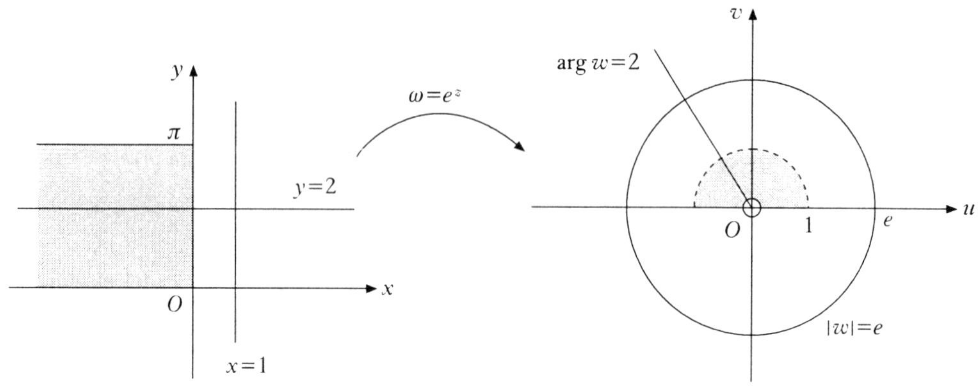

[그림 13-8] 지수함수의 사상

복소 변수 **로그함수**(logarithmic function, logarithm)는 $e^w = z$일 때 다음과 같은 관계로 정의 한다.

$$w = \log z$$

$e^w \neq 0$이므로, $z = 0$일 때 로그함수는 정의되지 않는다. $z = re^{i\theta}$이고 $w = u + iv$라 하면 $e^w = e^{u+iv} = e^u e^{iv} = re^{i\theta}$이므로 $e^u = r = |z|$, 즉 $u = \ln r = \ln|z|$이다(ln은 자연 로그를 나타낸다). 또한, $v = \theta + 2n\pi = \arg z$이다. 따라서 로그함수는 다음과 같이 표현된다.

$$w = \log z = \ln|z| + i\arg z$$

따라서 로그함수$\log z$는 다가 함수이다. 여기서 z의 편각을 구간 $(-\pi, \pi]$로 제한할 때, $\log z$의 값을 **주값**(principal value)이라고 한다. $z \neq 0$인 복소수에 $\log z$의 주값을 대응시키는 함수를 **주 로그함수**(principal logarithmic function)라 하고 $\mathrm{Log} z$로 나타낸다. 따라서 주 로그함수는 다음과 같다.

$$\mathrm{Log}\, z = \ln|z| + i\mathrm{Arg}\, z$$

$\mathrm{Log}\, z$는 단가 함수이고, z가 양의 실수 이면 $\mathrm{Arg}\, z = 0$이므로 $\mathrm{Log}\, z$는 변수가 실

수인 자연로그와 일치한다. 또, $\log z$와의 관계는 다음과 같다.

$$\log z = \mathrm{Log}\, z + i2n\pi \qquad (n\text{은 정수})$$

예 제 3. 로그함수의 몇 가지 값과 주값은 다음과 같다.

$$\log 1 = 2n\pi i (n\text{은 정수}), \qquad \mathrm{Log}\, 1 = 0$$
$$\log i = \left(2n\pi + \frac{\pi}{2}\right) i \ (n\text{은 정수}), \qquad \mathrm{Log}\, i = \frac{\pi i}{2}$$
$$\log(1+i\sqrt{3}) = \ln 2 + i\left(\frac{\pi}{3} + 2n\pi\right) \ (n\text{은 정수}), \quad \mathrm{Log}\,(1+i\sqrt{3}) = \ln 2 + i\frac{\pi}{3}$$

주 로그함수 $\mathrm{Log}\, z$는 음의 실수축에서 연속이 아니다. 왜냐하면 음의 실수축 위의 점은 $z_0 = r_0 e^{\pi i}(r_0 > 0)$로 표현되므로 $\mathrm{Log}\, z_0 = \ln r_0 + i\pi$이다. 그런데 실수축의 아래쪽에서 z_0에 접근하면 $\lim_{z\to z_0} \mathrm{Arg}\, z = -\pi$이므로, 이 경우에 다음이 성립한다.

$$\lim_{z\to z_0} \mathrm{Log}\, z = \ln r_0 - i\pi \neq \mathrm{Log}\, z_0$$

그러나 $\mathrm{Log}\, z$는 원점과 음의 실수축을 제외한 영역에서 연속이다.

정 리 13.4.2. [1] 다음 등식이 성립한다.

$$\log z_1 z_2 = \log z_1 + \log z_2 \pmod{2n\pi}, \quad \log\left(\frac{z_1}{z_2}\right) = \log z_1 - \log z_2 \pmod{2n\pi}$$

[2] 각 정수 n에 대하여 $\log z = \mathrm{Log}\, z + 2n\pi i$로 정의된 로그 함수 $\log z$는 원점과 음의 실수축을 제외한 영역에서 해석적이고 도함수는 다음과 같다.

$$\frac{d}{dz}\log z = \frac{1}{z}$$

[증명] [1] $\arg z_1 z_2 = \arg z_1 + \arg z_2 \pmod{2n\pi}$

$$\arg\left(\frac{z_1}{z_2}\right) = \arg z_1 - \arg z_2 \pmod{2n\pi}$$

이므로, 따라서 로그함수의 정의에 의하여 주어진 등식이 성립한다.

[2] 주 로그함수 $\mathrm{Log}\, z$에 대하여 증명하면 충분하다. $z = re^{i\theta}(r > 0, -\pi < \theta <$

π)라고 하면, 다음이 성립한다.

$$\operatorname{Log} z = u(r,\theta) + iv(r,\theta) = \ln r + i\theta$$

그러므로 다음과 같이 Cauchy-Riemann방정식을 만족한다.

$$\frac{\partial u}{\partial r} = \frac{1}{r} = \frac{1}{r}\frac{\partial v}{\partial \theta}, \quad \frac{\partial u}{\partial \theta} = 0 = -r\frac{\partial v}{\partial r}$$

따라서 $\operatorname{Log} z$는 원점과 음의 실수축을 제외한 영역에서 해석적이고, 도함수는 13.3절의 연습문제 6번에 의하여 다음과 같다.

$$\frac{d}{dz}\operatorname{Log} z = e^{-i\theta}\frac{1}{r} = \frac{1}{z}$$

□

일반 거듭제곱

양의 실수 x 와 실수 a에 대하여 $x^a = e^{a\ln x}$이 성립한다. 이와 유사하게 지수함수와 로그함수를 이용하여 복소변수 z와 복소수 a에 대한 **일반거듭제곱** 또는 **일반멱**(general power) z^α 을 다음 관계식으로 정의한다.

$$z^\alpha = e^{\alpha \log z}$$

일반적으로 $\log z$ 가 다가 함수 이므로 z^α은 다가함수이다. $\log z$ 대신에 $\operatorname{Log} z$를 사용한 $z^\alpha = e^{\alpha \operatorname{Log} z}$을 z^α의 주값이라고 한다. 그러나 $\alpha = n$(n은 정수)인 경우에는 다음에 의하여 z^n은 단가함수이다.

$$z^n = e^{n\log z} = e^{n(\operatorname{Log} z + 2k\pi i)} = e^{n\operatorname{Log} z}e^{2nk\pi i} = e^{n\operatorname{Log} z}$$

한편, $\alpha = \frac{1}{n}$(n은 자연수)인 경우에는 다음이 성립한다.

$$z^{\frac{1}{n}} = e^{\frac{1}{n}\log z} = e^{\frac{1}{n}(\mathrm{Log}\, z + 2k\pi i)} = e^{\frac{\mathrm{Log} z}{n}} e^{\frac{2k\pi i}{n}}$$

그러므로 $k = 0, 1, 2, \ldots, n-1$ 에 따라 $z^{\frac{1}{n}}$ 은 서로 다른 n개의 값을 갖는다. 이것은 13.1절에서 이미 알아본 바와 일치한다. 서로소인 자연수 m, n에 대하여 $\alpha = \dfrac{m}{n}$인 경우에는 $z^{\frac{m}{n}} = e^{\frac{m}{n}\log z}$이므로, 이 경우에도 n개의 서로 다른 값을 갖는다.

z^α의 주값 $z^\alpha = e^{\alpha \mathrm{Log} z}$은 원점과 음의 실수축을 제외한 영역에서 해석적이고, 지수함수와 로그함수의 도함수를 이용하여 다음 결과를 얻을 수 있다.

$$\frac{d}{dz} z^\alpha = \alpha z^{\alpha - 1}$$

예 제 **4.** 일반 거듭제곱과 주값을 몇 가지 구하면 다음과 같다.

[1] i^i [2] 2^i [3] $(1-i)^{1+i}$

[**풀이**] [1] $i^i = e^{i \log i} = e^{i(\ln 1 + i(\frac{\pi}{2} + 2k\pi))} = e^{-\frac{\pi}{2} - 2k\pi}$ (k는 정수), i^i의 주값은 $e^{-\frac{\pi}{2}}$이다.

[2] $2^i = e^{i \log 2} = e^{i(\ln 2 + 2k\pi i)} = e^{-2k\pi} e^{i \ln 2}$

$= e^{-2k\pi}\{\cos(\ln 2) + i \sin(\ln 2)\}$ (k는 정수),

2^i의 주값은 $\cos(\ln 2) + i\sin(\ln 2)$ 이다.

[3] $(1-i)^{1+i} = e^{(1+i)\log(1-i)} = e^{(1+i)\left\{\ln\sqrt{2} + i\left(-\frac{\pi}{4} + 2k\pi\right)\right\}}$

$= e^{\ln\sqrt{2} + \frac{\pi}{4} - 2k\pi + i\left(\ln\sqrt{2} - \frac{\pi}{4}\right)}$

$= e^{\ln\sqrt{2} + \frac{\pi}{4} - 2k\pi}\left\{\cos\left(\ln\sqrt{2} - \dfrac{\pi}{4}\right) + i\sin\left(\ln\sqrt{2} - \dfrac{\pi}{4}\right)\right\}$ (k는 정수)

$(1-i)^{1+i}$의 주값은 $e^{\ln\sqrt{2} + \frac{\pi}{4}}\left\{\cos\left(\ln\sqrt{2} - \dfrac{\pi}{4}\right) + i\sin\left(\ln\sqrt{2} - \dfrac{\pi}{4}\right)\right\}$이다.

삼각함수

변수가 복소수인 삼각 함수를 정의하자. 실수 x에 대한 다음과 같은 오일러의 공식을 생각하자.

$$e^{ix} = \cos x + i\sin x, \qquad e^{-ix} = \cos x - i\sin x$$

그러므로 실 변수 x의 코사인 함수와 사인함수는 다음과 같이 표현된다

$$\cos x = \frac{e^{ix} + e^{-ix}}{2}, \qquad \sin x = \frac{e^{ix} - e^{-ix}}{2i}$$

이를 확장하여 변수가 복소수인 코사인 함수와 사인 함수를 다음과 같이 정의한다.

$$\cos z = \frac{e^{iz} + e^{-iz}}{2}, \qquad \sin z = \frac{e^{iz} - e^{-iz}}{2i}$$

지수함수 e^{iz}과 e^{-iz}이 전해석함수 이므로 $\cos z$와 $\sin z$도 전해석함수이다. 다른 삼각함수는 실 함수의 경우와 마찬가지로 다음과 같이 정의한다.

$$\tan z = \frac{\sin z}{\cos z}, \qquad \cot z = \frac{\cos z}{\sin z}$$

$$\sec z = \frac{1}{\cos z}, \qquad \csc z = \frac{1}{\sin z}$$

따라서 $\tan z$와 $\sec z$는 $\cos z \neq 0$인 모든 z에서 해석적이고, cot와 $\csc z$는 $\sin z \neq 0$인 모든 z에서 해석적이다. 다음 정리는 실변수 삼각함수에 대하여 성립하는 중

요한 성질들이 복소 변수 삼각함수에서도 성립함을 보여준다. 이 성질의 증명는 정의를 사용해서 쉽게 증명할 수 있다.

정 리 13.4.3. [1] $\frac{d}{dz}\sin z = \cos z,\ \frac{d}{dz}cosz = -\sin z,\ \frac{d}{dz}\tan z = sec^2 z$

[2] $\sin(-z) = -\sin z,\ \cos(-z) = \cos z,\ \tan(-z) = -\tan z$

[3] $\sin(z+2\pi) = \sin z,\ \cos(z+2\pi) = \cos z,\ \tan(z+2\pi) = \tan z$

[4] $\sin(z_1+z_2) = \sin z_1 \cos z_2 + \cos z_1 \sin z_2$,

$\cos(z_1+z_2) = \cos z_1 \cos z_2 - \sin z_1 \sin z_2$

[5] $\sin^2 z + \cos^2 z = 1$

예 제 5. $z = x + iy$일 때 다음 등식이 성립함을 보여라.

[1] $\sin z = \sin x \cosh y + i \cos x \sinh y$ [2] $\cos z = \cos x \cosh y - i \sin x \sinh y$

[풀이] 쌍곡 사인 함수와 쌍곡 코사인 함수는 다음과 같다.

$$\sinh y = \frac{e^y - e^{-y}}{2}, \quad \cosh y = \frac{e^y + e^{-y}}{2}$$

그러므로 다음이 성립한다.

$$\begin{aligned}[1]\quad \sin z &= \frac{e^{i(x+iy)} - e^{-i(x+iy)}}{2i} = \frac{e^{-y}(\cos x + i\sin x) - e^{y}(\cos x - i\sin x)}{2i} \\ &= \sin x\left(\frac{e^y + e^{-y}}{2}\right) + i\cos x\left(\frac{e^y - e^{-y}}{2}\right) \\ &= \sin x \cosh y + i \cos x \sinh y\end{aligned}$$

$$\begin{aligned}[2]\quad \cos z &= \frac{e^{i(x+iy)} + e^{-i(x+iy)}}{2} = \frac{e^{-y}(\cos x + isinx) + e^{y}(\cos x - i\sin x)}{2} \\ &= \cos x\left(\frac{e^y + e^{-y}}{2}\right) - i\sin x\left(\frac{e^y - e^{-y}}{2}\right) \\ &= \cos x \cosh y - i \sin x \sinh y\end{aligned}$$

$\sin^2 x + \cos^2 x = 1$ 이고 $\cosh^2 y = 1 + \sinh^2 y$ 이므로 다음이 성립한다.

$$|\sin z|^2 = \sin^2 x + \sinh^2 y, \qquad |\cos z|^2 = \cos^2 x + \sinh^2 y$$

$\lim_{y\to\infty} \sinh y = \infty$ 이고 $y = 0$일 때만 $\sinh y = 0$이므로, 위 등식으로 다음 사실을 알 수 있다.

$$\lim_{y\to\infty} |\sin z| = \infty, \qquad \lim_{y\to\infty} |\cos z| = \infty$$

$$\sin z = 0 \Leftrightarrow z = n\pi \ (n\text{은 정수})$$

$$\cos z = 0 \Leftrightarrow z = n\pi + \frac{\pi}{2} \ (n\text{은 정수})$$

예 제 6. 방정식 $\cos z = 3$을 풀어라.

[**풀이**] $\cos z = 3$은 $e^{iz} + e^{-iz}$과 같다. 양변에 e^{iz}를 곱하면 e^{iz}에 관한 이차방정식 $e^{2iz} - 6e^{iz} + 1 = 0$을 얻는다. 이를 풀면 $e^{iz} = e^{-y+ix} = 3 \pm 2\sqrt{2}$이고 $e^{ix} = 1$이다. 그런데 $3 - 2\sqrt{2} = (3 + 2\sqrt{2})^{-1}$이므로 자연로그를 사용하여 다음 결과를 얻는다.

$$y = \pm \ln(3 + 2\sqrt{2}), \quad x = 2n\pi (n\text{은 정수})$$

따라서 주어진 방정식의 해는 $z = 2n\pi \pm i \ln(3 + 2\sqrt{2})(n$은 정수)이다.

쌍곡선 함수 실변수 쌍곡선함수의 변수를 복소수로 확장하여 다음과 같이 복소 **쌍곡선 함수**(hyperbolic function)를 정의한다.

$$\sinh z = \frac{e^z - e^{-z}}{2} \qquad \cosh z = \frac{e^z + e^{-z}}{2} \qquad \tanh z = \frac{\sinh z}{\cosh z}$$

$$\coth z = \frac{\cosh z}{\sinh z} \qquad \operatorname{sech} z = \frac{1}{\cosh z} \qquad \operatorname{csch} z = \frac{1}{\sinh z}$$

쌍곡 사인 함수 $\sinh z$와 쌍곡 코사인 함수 $\cosh z$는 전해석함수이며, 다음 성질들이 성립함을 쉽게 증명할 수 있다.

정 리 13.4.4. [1] $\dfrac{d}{dz} \sinh z = \cosh z, \ \dfrac{d}{dz} \cosh z = \sinh z$

[2] $\sinh iz = i \sin z, \ \cosh iz = \cos z$

[3] $\sinh(z_1 + z_2) = \sinh z_1 \cosh z_2 + \cosh z_1 \sinh z_2,$

$\cosh(z_1 + z_2) = \cosh z_1 \cosh z_2 + \sinh z_1 \sinh z_2$

[4] $\cosh^2 z - \sinh^2 z = 1$

연습문제 13-4

1. 다음 값을 $a+ib$꼴로 나타내어라.

(1) $e^{\frac{\pi i}{3}}$　(2) $e^{3+\pi i}$　(3) e^{5i}

(4) $e^{\pi+2\pi i}$　(5) $e^{4i(2+5i)}$　(6) $e^{(2+4i)^2}$

2. 다음 복소함수를 $f(x+iy)=u(x,y)+iv(x,y)$꼴로 나타내어라.

(1) e^{-2z}　(2) e^{z^2}　(3) $e^{\frac{1}{z}}$

3. 다음 방정식을 풀어라.

(1) $e^{3z}=1$　(2) $e^{z}=-2$　(3) $e^{2z}+e^{z}+1=0$

4. 복소함수 $f(z)=e^{\bar{z}}$은 어떠한 점에서도 해석적이지 않음을 보여라.

5. 다음 값을 $a+bi$꼴로 나타내어라.

(1) $\log(-ei)$　(2) $\log(1+i)$　(3) $\mathrm{Log}(1+i)^4$

6. 다음 방정식을 풀어라.

(1) $\log z=\dfrac{\pi i}{2}$　(2) $\log z=\dfrac{1}{2}+\pi i$　(3) $\log z=\left(2-\dfrac{1}{2i}\right)\pi$

7. 다음의 주값을 구하여라.

(1) i^{1+i} (2) $(1+i)^{2i}$ (3) $(-i)^{4i}$

(4) $(1+i)^{1+i}$ (5) $(1+i\sqrt{3})^{3i}$ (6) $(1-i)^{2i}$

8. 다음 값을 $a+bi$ 꼴로 나타내어라.

(1) $\cos(3i)$ (2) $\sin(\pi+i\pi)$

(3) $\cosh(\pi i)$ (4) $\sinh\left(1+\dfrac{\pi i}{3}\right)$

9. 다음 방정식을 풀어라.

(1) $\sin z = 2$ (2) $\cos z = 3i$ (3) $\sin z = \cos z$

10. $z = \sin w$일 때, 역사인 함수를 $w = \sin^{-1} z = \arcsin z$로 정의한다. 역코사인 함수 $\cos^{-1} z$와 역탄젠트 함수 $\tan^{-1} z$도 마찬가지로 정의한다. 이때 다음이 성립함을 보여라.

(1) $\sin^{-1} z = -i\log\left\{iz+(1-z^2)^{\frac{1}{2}}\right\}$, $\dfrac{d}{dz}\sin^{-1} z = \dfrac{1}{(1-z^2)^{\frac{1}{2}}}$

(2) $\cos^{-1} z = -\log\left\{z+i(1-z^2)^{\frac{1}{2}}\right\}$, $\dfrac{d}{dz}cos^{-1}z = \dfrac{-1}{(1-z^2)^{\frac{1}{2}}}$

(3) $\tan^{-1} z = \dfrac{i}{2}\log\dfrac{i+z}{i-z}$, $\dfrac{d}{dz}\tan^{-1} z = \dfrac{1}{1+z^2}$

11. 다음 등식이 성립함을 보여라.

$\sinh z = \sinh x\cos y + i\cosh x\sin y$, $\sinh z = 0 \Leftrightarrow z = in\pi$ (n은 정수)

$\cosh z = \cosh x\cos y + i\sinh x\sin y$, $\cosh z = 0 \Leftrightarrow z = i(n\pi+\dfrac{\pi}{2})$ (n은 정수)

제 14 장

복소적분

이 장에서는 이변수 실함수에 대한 평면에서의 선적분과 똑같은 방법으로 복소함수의 선적분을 정의하고, 선적분을 계산하는 방법과 그 성질에 대하여 알아본다. 또, Cauchy의 적분정리와 적분공식을 유도한다.

14.1 복소평면에서의 선적분

선적분의 정의

우리는 미적분학에서 실수함수의 선적분을 배웠다. 이것은 복소함수일 때도 유사하게 정의된다. 우선 실수 상에서 복소함수가 주어져 있을 때 선적분이 어떻게 정의되어야 하는가를 살펴보고 이것을 복소평면으로 확장한다. 실수 구간에서 주어진 함수

$$f(t) = u(t) + iv(t), \quad a \le t \le b$$

가 있을 때 선적분은

$$\int_a^b f(t)\,dt = \int_a^b u(t)\,dt + i\int_a^b v(t)\,dt$$

와 같이 정의한다.

예 제 1. 다음의 선적분을 계산해보자.

[1] $\displaystyle\int_0^2 (t+2i)^2\,dt$ [2] $\displaystyle\int_0^{\frac{\pi}{2}} e^{t+it}\,dt$

[풀이] [1] $(t+2i)^2 = t^2 - 4 + 4it$이므로

$$\int_0^2 (t+2i)^2\,dt = \int_0^2 (t^2-4)\,dt + i\int_0^2 4t\,dt = -\frac{16}{3} + 8i.$$

[2]
$$\begin{aligned}\int_0^{\frac{\pi}{2}} e^{t+it}\,dt &= \int_0^{\frac{\pi}{2}} e^t \cos t\,dt + i\int_0^{\frac{\pi}{2}} e^t \sin t\,dt \\ &= \frac{1}{2}e^t(\cos t + \sin t) + \frac{i}{2}e^t(sin\,t - cos\,t)\Big|_0^{\pi/2} \\ &= \frac{1}{2}(e^{\pi/2} - 1) + \frac{i}{2}(e^{\pi/2} + 1).\end{aligned}$$

복소함수의 정의역은 복소평면의 부분집합이므로, 평면에서 이변수 실함수의 선적분과 근본적으로 똑같은 방법으로 복소함수의 선적분을 정의한다.

평면 위의 곡선 C가 매개변수 t에 의하여 다음과 같이 표현된다고 하자.

$$(x(t),\ y(t)) \quad (a \le t \le b)$$

그러면 C를 복소평면 위의 곡선으로 간주하여 다음과 같이 나타낼 수 있다.

$$z(t) = x(t) + iy(t) \quad (a \le t \le b) \tag{14.1}$$

여기서 $z(a)$를 곡선 C의 **시점**(initial point), $z(b)$를 **종점**(terminal point)이라 한다. t가 a부터 b까지 변할 때 C는 $z(a)$에서 $z(b)$로 향하는 방향이 있는 곡선이 된다. 또한, 도함수 $z'(t) = x'(t) + iy'(t)$가 모든 t에서 연속이고 $z'(t) \ne 0$일 때, C를 **매끄러운 곡선**(smooth curve)이라고 한다. 예를 들면, 다음과 같이 매개변수함수로 표현된 곡선 C는 중심이 원점인 단위원으로 매끄러운 곡선이다.

$$z(t) = \cos t + i \sin t \quad (0 \le t \le 2\pi)$$

이제, 식 (14.1)로 표현된 매끄러운 곡선 C 위에서 정의되고 연속인 복소함수 $f(z)$의 C 위에서의 선적분을 정의하자(그림 14.1). 구간 $[a,\ b]$를 다음과 같이 분할하자.

$$a = t_0 < t_1 < t_2 < \cdots < t_{n-1} < t_n = b$$

그리고 다음과 같이 각 $t_k\,(k = 0,\ 1,\ \cdots,\ n)$에 대응하는 C위의 점을 z_k라 하자.

$$z_0 = z(t_0),\ z_1 = z(t_1),\ \cdots,\ z_n = z(t_n)$$

z_{k-1}과 z_k 사이의 곡선 위에서 임의의 점 z_k^*를 택하여 다음 합을 구한다.

$$S_n = \sum_{k=1}^{n} f(z_k^*)\,\Delta z_k, \quad (\text{단},\ \Delta z_k = z_k - z_{k-1}) \tag{14.2}$$

구간 $[a,\ b]$를 세분하여 $n \to \infty$일 때 가장 큰 $|\Delta z_k|$이 0에 수렴하도록 만들면 극

한값 $\lim_{n\to\infty} S_n$이 존재한다(정리14.1.1).

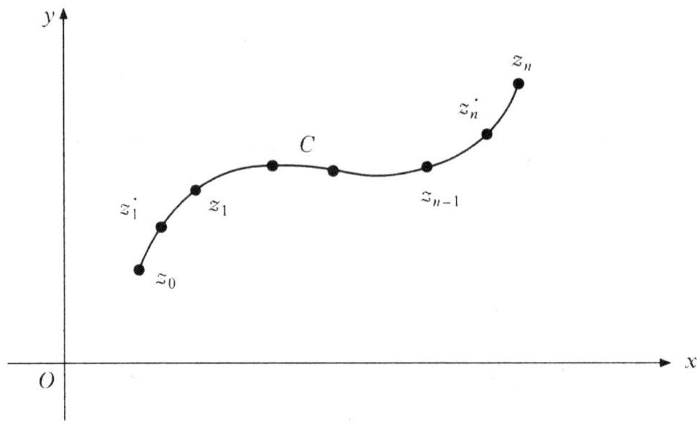

[**그림 14-1**] 선적분의 정의

이 극한값을 C 위에서 $f(z)$의 **선적분**(line integral)이라고 하며, 기호로 다음과 같이 나타낸다.

$$\int_C f(z)\,dz$$

이 때, C를 **적분 경로**(path of integral, contour)라고 한다.

연결된 유한개의 매끄러운 곡선으로 이루어진 **조각마다 매끄러운**(piecewise smooth) 곡선에 대해서도 위와 같이 선적분을 정의할 수 있다.

조각마다 매끄러운 곡선 $C = C_1 + C_2 + \cdots + C_n$($C_i$들은 매끄러운 곡선)에 대하여 연속인 복소함수 $f(z)$의 C위에서의 선적분은

$$\int_C f(z)\,dz = \int_{C_1} f(z) + \cdots + \int_{C_n} f(z)\,dz$$

으로 정의한다.

예 제 **2.** 곡선이 $C = C_1 \cup C_2,\ C_1 : z = t,\ C_2 : z = 1 + it(0 \le t \le 1)$로 주어져 있다. $f(z) = z$를 이 곡선 위에서의 선적분을 구 하여라.

[**풀이**] $\displaystyle\int_C f(z)\,dz = \int_0^1 t\,dt + \int_0^1 (1+it)(i\,dt) = \frac{t^2}{2}\bigg|_0^1 + i\,(t + i\frac{t^2}{2})\bigg|_0^1$

$\displaystyle\qquad = \frac{1}{2} + i\,(1 + \frac{i}{2}) = i$

선적분의 계산

위에서 정의한 선적분을 간편하게 계산하는 방법을 알아보자.

정 리 14.1.1. 복소함수 $f(z) = u(x,y) + iv(x,y)$가 구간 $[a,b]$에서 매개 변수 함수 $z = z(t)$로 표현된 매끄러운 곡선 C 위에서 연속이면, C 위에서 $f(z)$의 선적분은 존재하고 다음과 같다.

$$\int_C f(z)\,dz = \int_C (u\,dx - v\,dy) + i\int_C (u\,dy + v\,dx)$$

$$\int_C f(z)\,dz = \int_a^b f(z(t))z'(t)\,dt$$

[**증명**] $f(z) = u(x,\ y)+iv(x,\ y)$, $z(t) = x(t)+iy(t)$ $(a \le t \le b)$라고 하자. 선적분의 정의하는 과정에서 $z_k^* = x_k^*+iy_k^*$, $\Delta z_k = \Delta x_k+i\Delta y_k$ $(k=0,\ 1,\ 2,\ \cdots,\ n)$이라 하면, 식 (14.2)는 다음과 같이 된다.

$$\begin{aligned} S_n &= \sum_{k=1}^{n} f(z_k^*)\Delta z_k = \sum_{k=1}^{n} \{u(x_k^*, y_k^*) + iv(x_k^*, y_k^*)\}(\Delta x_k + i\Delta y_k) \\ &= \sum_{k=1}^{n} u\Delta x_k - \sum_{k=1}^{n} v\Delta y_k + i(\sum_{k=1}^{n} u\Delta y_k + \sum_{k=1}^{n} v\Delta x_k) \end{aligned} \tag{14.3}$$

f가 연속이므로 u와 v도 연속이고 $n \to \infty$일 때 가장 큰 $|\Delta z_k|$이 0에 수렴하므로 Δx_k와 Δy_k도 0에 수렴한다. 그러므로 다음이 성립한다.

$$\lim_{n\to\infty} S_n = \int_C f(z)\,dz = \int_C u\,dx - \int_C v\,dy + i(\int_C u\,dy + \int_C v\,dx) \tag{14.4}$$

즉, 선적분은 이변수 실함수의 선적분의 합으로 표현된다. 그런데 $dx = x'(t)\,dt$이고 $dy = y'(t)\,dt$이므로, 식 (14.4)는 다음과 같다.

$$\begin{aligned}
&\int_a^b \{u(x(t),\ y(t))x'(t) - v(x(t),\ y(t))y'(t)\}\,dt \\
&\qquad\qquad + i\int_a^b \{v(x(t),\ y(t))x'(t) + u(x(t),\ y(t))y'(t)\}\,dt \\
&= \int_a^b \{u(x(t),\ y(t)) + iv(x(t),\ y(t))\}\{x'(t) + iy'(t)\}\,dt \\
&= \int_a^b f(z(t))z'(t)\,dt
\end{aligned}$$

□

예 제 3. 다음 곡선 위에서 복소함수 $f(z) = z^2$과 $g(z) = |z|^2$의 선적분을 구하여라.

[1] $C_1 : z_1(t) = t + it \quad (0 \le t \le 1)$ [2] $C_2 : z_2(t) = t^2 + it \quad (0 \le t \le 1)$

[풀이] $\displaystyle\int_{C_1} f(z)\,dz = \int_0^1 f(z_1(t))\,z_1'(t)\,dt = \int_0^1 2it^2(1+i)\,dt = -\frac{2}{3} + i\frac{2}{3}$,

$$\int_{C_2} f(z)\,dz = \int_0^1 f(z_2(t))\,z_2'(t)\,dt = \int_0^1 (t^4 - t^2 + 2it^3)(2t+i)\,dt = -\frac{2}{3} + i\frac{2}{3},$$

$$\int_{C_1} g(z)\,dz = \int_0^1 g(z_1(t))\,z_1'(t)\,dt = \int_0^1 2t^2(1+i)\,dt = \frac{2}{3} + i\frac{2}{3},$$

$$\int_{C_2} g(z)\,dz = \int_0^1 g(z_2(t))\,z_2'(t)\,dt = \int_0^1 (t^4 + t^2)(2t+i)\,dt = \frac{5}{6} + i\frac{8}{15}$$

예제3에서 적분 경로 C_1과 C_2는 똑같은 시점과 종점을 갖는다. $f(z)$의 경우에는 같은 선적분 값을 갖지만, $g(z)$의 경우에는 선적분 값이 다르다. $f(z)$가 해석함수인가 아닌가에 따라서 결정된다. 이에 대해서는 14.3절에서 자세히 알아볼 것이다.

예 제 4. 적분 경로 C가 $z(t) = r\cos t + ir\sin t\,(0 \le t \le 2\pi)$로 표현된 원이라고 할 때, 선적분 $\displaystyle\int_C \frac{1}{z}\,dz$의 값을 구하여라.

[**풀이**] 원 C는 $z(t) = re^{it}\ (0 \le t \le 2\pi)$로 나타낼 수 있고 $z'(t) = ire^{it}$이므로, 구하는 선적분의 값은 다음과 같다.

$$\int_C \frac{1}{z}\, dz = \int_0^{2\pi} \frac{1}{re^{it}}\, ire^{it}\, dt = i\int_0^{2\pi} dt = 2\pi i$$

예제4의 선적분 값은 반지름 r의 크기와 관계 없다.

선적분의 기본 성질

선적분은 다음과 같은 기본적인 성질을 갖는다.

정 리 **14.1.2.** 복소함수 $f(z)$와 $g(z)$는 매끄러운 곡선 C에서 연속이라고 하자.

[1] 상수 k_1과 k_2에 대해 다음이 성립한다.

$$\int_C \{k_1 f(z) + k_2 g(z)\}\, dz = k_1 \int_C f(z)\, dz + k_2 \int_C g(z)\, dz$$

[2] 곡선 C가 매끄러운 곡선 C_1과 C_2로 이루어져 있을 때, 다음이 성립한다.

$$\int_C f(z)dz = \int_{C_1} f(z)\, dz + \int_{C_2} f(z)\, dz$$

[3] $-C$가 C와 방향이 반대일 때, 다음이 성립한다.

$$\int_{-C} f(z)\, dz = -\int_C f(z)\, dz$$

[4] C위의 모든 z에 대하여 $|f(z)| \le M$이고 C의 길이가 L일 때, 다음이 성립한다.

$$\left|\int_C f(z)\, dz\right| \le ML \tag{14.5}$$

[**증명**] [1]과 [2]는 선적분의 정의에 의하여 자명하다. 특히, [2]는 조각마다 매끄

러운 곡선의 선적분에 이용된다.

[3] C가 $z = z(t)$ $(a \le t \le b)$로 표현되면, $-C$는 $z = z(-t)$ $(-b \le t \le -a)$로 나타낼 수 있으므로 다음이 성립한다.

$$\begin{aligned}\int_{-C} f(z)\,dz &= \int_{-b}^{-a} f(z(-t))\,z'(-t)(-1)\,dt \\ &= \int_{b}^{a} f(z(r))\,z'(r)\,dr \quad (r = -t\text{로 치환}) \\ &= -\int_{a}^{b} f(z(r))\,z'(r)\,dr = -\int_{C} f(z)\,dz\end{aligned}$$

[4] 선적분의 정의하는 과정에서 식 (14.2)에 삼각부등식을 적용하면 다음을 얻는다.

$$|S_n| = \left|\sum_{k=1}^{n} f(z_k^*)\Delta z_k\right| \le \sum_{k=1}^{n} |f(z_k^*)|\,|\Delta z_k| \le M\sum_{k=1}^{n} |\Delta z_k|$$

그런데 $|\Delta z_k|$는 점 z_{k-1}과 z_k를 연결한 현의 길이이므로 $\sum_{k=1}^{n} |\Delta z_k|$는 C의 길이 L보다 클 수 없다. 이 관계는 모든 분할에 대하여 성립하므로 주어진 부등식이 성립한다. 식 (14.5)를 **ML 부등식**이라고 한다. □

적분 경로에 대한 매개 변수 표현은 유일하지 않지만, 다음과 같이 선적분 값에 영향을 주지 않음을 증명할 수 있다. 함수 $f(z)$는 매끄러운 곡선 $C : z(t)$ $(a \le t \le b)$ 위에서 연속이라고 하자. 그리고 구간 $[\alpha, \beta]$ 위에 정의된 함수 $\phi(\gamma)$는 모든 $\gamma \in [\alpha, \beta]$에 대해 $\phi'(\gamma) > 0$ 이고 $\phi'(\gamma)$는 조각마다 연속이며 $\phi(\alpha) = a$, $\phi(\beta) = b$라고 하자. 그러면 치환 적분과 연쇄 법칙에 의하여 다음이 성립한다.

$$\begin{aligned}\int_C f(z)\,dz &= \int_a^b f(z(t))\,z'(t)\,dt \\ &= \int_\alpha^\beta f(z(\phi(\gamma)))\,z'(\phi(\gamma))\,\phi'(\gamma)\,d\gamma\end{aligned}$$

그런데 $z'(\phi(\gamma))\,\phi'(\gamma)$는 $z(\phi(\gamma))$의 γ에 관한 도함수이므로, 선적분 값은 주어진 곡선 C를 표현하는 매개 변수에 관계 없이 일정하다.

예 제 **5.** 적분 경로 C가 원점부터 1까지의 직선 C_1과 1부터 $1+i$까지의 직선 C_2로 이루어져 있을 때(그림 14.2), 선적분 $\int_C z^2\,dz$의 값을 구하여라.

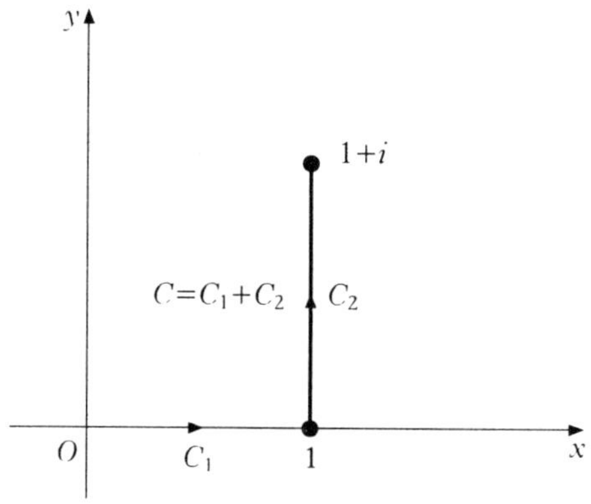

[**그림 14-2**] 조각마다 매끄러운 곡선

[**풀이**] C는 조각마다 매끄러운 곡선이고, C_1과 C_2는 다음과 같이 표현된다.

$$C_1 : z_1(t) = t \qquad (0 \le t \le 1)$$
$$C_2 : z_2(t) = 1 + it \qquad (0 \le t \le 1)$$

그러므로 정리 14.1.2의 [2]에 의하여 다음을 얻는다.

$$\begin{aligned}
\int_C f(z)\,dz &= \int_{C_1} f(z)\,dz + \int_{C_2} f(z)\,dz \\
&= \int_0^1 f(z_1(t))\,z_1'(t)\,dt + \int_0^1 f(z_2(t))\,z_2'(t)\,dt \\
&= \int_0^1 t^2 \cdot 1\,dt + \int_0^1 (1+it)^2 \cdot i\,dt \\
&= \int_0^1 (t^2 - 2t)\,dt + i\int_0^1 (1-t^2)\,dt \\
&= -\frac{2}{3} + i\frac{2}{3}
\end{aligned}$$

예제 5의 결과는 예제 3의 결과와 일치한다($f(z) = z^2$가 해석적임).

예 제 6. C를 $z(t) = 4e^{it}\ (0 \leq t \leq 2\pi)$로 표현되는 원이라 할 때, 다음 부등식이 성립함을 보여라.

$$\left| \int_C \frac{e^z}{z+1}\, dz \right| \leq \frac{8\pi e^4}{3}$$

[**증명**] C는 반지름이 4인 원이므로 C의 길이는 8π이다. 또, 삼각 부등식에 의해 C 위의 모든 복소수 z에 대해 $|z+1| \geq |z| - 1 = 4 - 1 = 3$이므로 피적분 함수는 다음 부등식을 만족시킨다.

$$\left| \frac{e^2}{z+1} \right| \leq \frac{|e^2|}{|z|-1} = \frac{e^x}{3} \leq \frac{e^4}{3}$$

따라서 ML 부등식에 의하여 주어진 부등식이 성립한다. □

연습문제 14-1

1. 다음 곡선을 매개 변수를 사용하여 $z = z(t)$ 꼴로 나타내어라.
   (1) $z = 1$에서 $z = 2 + 3i$까지의 선분
   (2) 네 점 $\pm 1 \pm i$를 꼭지점으로 하는 반시계 방향의 정사각형
   (3) 원 $|z - 1| = 2$의 오른쪽 반평면에 있는 부분
   (4) 타원 $4x^2 + y^2 = 1$

2. 다음 각 경우에 선적분 $\int_C f(z)\, dz$의 값을 구하여라.
   (1) $f(z) = z + 3, \quad C : z(t) = 2t + 4it \qquad (1 \leq t \leq 3)$
   (2) $f(z) = 1 + z^2, \quad C : z(t) = 2t + 3it \qquad (-2 \leq t \leq 2)$
   (3) $f(z) = |z|^2, \quad C : z(t) = t^2 + it \qquad (1 \leq t \leq 2)$
   (4) $f(z) = e^z$, C는 0부터 2까지의 선분과 2부터 $1 + i\pi$까지의 선분
   (5) $f(z) = z \cos z^2$, C는 0부터 $i\pi$까지의 선분

3. 다음 곡선 위에서 선적분 $\int_C \bar{z}\,dz$의 값을 구하여라.

(1) $C : z(t) = e^{it} \quad (0 \le t \le 2\pi)$　　(2) $C : z(t) = e^{2it} \quad (0 \le t \le 2\pi)$

(3) $C : z(t) = e^{it} - 1 \quad (0 \le t \le 2\pi)$　　(4) $C : z(t) = 2e^{it} + 1 \quad (0 \le t \le \pi)$

4. $C : z(t) = re^{it}$ $(0 \le t \le 2\pi)$일 때, 선적분 $\int_C z^n\,dz$의 값을 정수 n에 따라 구하여라.

5. 매끄러운 곡선 $C : z = z(t)$ $(a \le t \le b)$의 길이는 $\int_a^b |z'(t)|\,dt$임을 보여라.

6. 다음 곡선의 길이를 구하여라.

(1) $z(t) = 3e^{2it} + 2 \quad (0 \le t \le 2\pi)$　　(2) $z(t) = e^t \cos t + ie^t \sin t \quad (0 \le t \le 2\pi)$

7. 단위원 $C : |z| = 1$에 대하여 다음 부등식이 성립함을 보여라.

(1) $\left| \int_C \frac{dz}{3+5z^2} \right| \le \pi$　　(2) $\left| \int_C \frac{2z+1}{5+z^2}\,dz \right| \le \frac{3\pi}{2}$

8. m과 n이 정수일 때, 다음이 성립함을 보여라.

$$\int_0^{2\pi} e^{im\theta} e^{-in\theta}\,d\theta = \begin{cases} 0 & (m \ne n) \\ 2\pi & (m = n) \end{cases}$$

14.2 Cauchy의 적분 정리

이 절에서는 폐곡선 위에서 해석함수의 선적분에 대해 알아본다. 먼저, 곡선과 영역의 분류에 대하여 알아보자.

곡선과 영역의 분류

시점과 종점이 일치하는 곡선을 **폐곡선**(closed curve)이라고 한다. 또한, 스스로 교차하거나 접하지 않는 곡선을 **단순곡선**(simple curve)이라고 한다. 폐곡선인 동시에 단순곡선을 **단순 폐곡선**이라고 한다(그림 14.3). 예를 들면, 원과 정사각형은 단순 폐곡선이다. 단순 폐곡선 C는 복소 평면을 C의 내부라 부르는 유계인 영역과 C의 외부라 부르는 유계가 아닌 영역으로 분리하며, C는 이 두 영역의 경계가 된다.

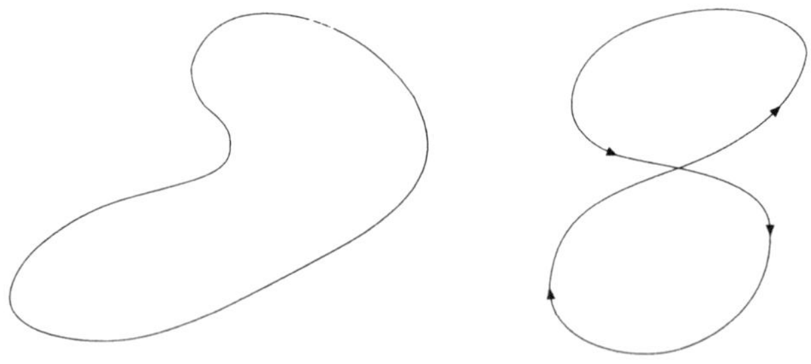

[**그림 14-3**] 폐곡선

영역 D내에 놓여 있는 모든 단순 폐곡선이 그 내부의 모든 점들이 D의 점만을 포함할 때, D를 **단일 연결 영역**(simply connected domain)이라고 한다. 예를 들면, 열린 원판은 단일 연결 영역이다. 일반적으로, 단순 폐곡선의 내부는 단일 연결 영역이다. 기하적으로 말하면, 단일 연결 영역은 내부에 어떠한 구멍도 갖지 않은 영역이다. 그리고 단일 연결 영역이 아닌 영역을 **다중 연결 영역**(multiply connected domain)이라고 한다(그림 14.4).

한 영역의 경계 C가 **양의 방향**(positive orientation)을 가진다는 것은 주어진

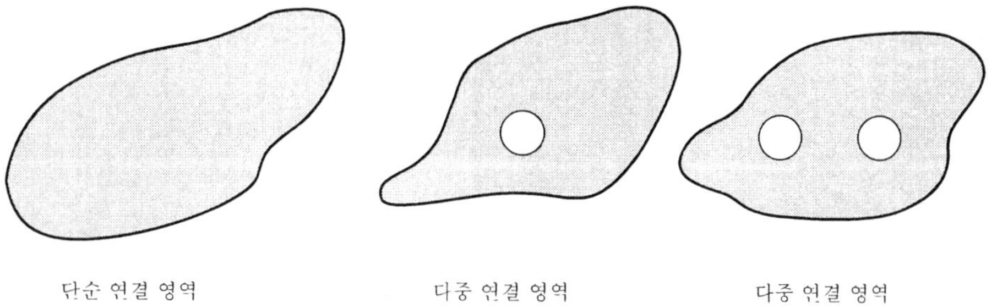

[**그림 14-4**] 연결 영역

방향을 따라 C 위를 움직일 때 그 영역이 항상 왼쪽에 있는 경우이다. 이와 반대로 영역이 오른쪽에 있는 경우는 **음의 방향**(negative orientation)을 가진다고 한다. 예를 들면, 그림 14.5에 나타낸 단순 연결 영역의 경계는 반시계 방향과 시계 방향으로 진행하면 각각 양의 방향과 음의 방향을 갖는다. 그러나 두 개의 원으로 이루어진 원환의 경계 $C(= C_1 \cup C_2)$가 양의 방향을 갖기 위해서는 바깥 경계 C_1은 반시계 방향으로 진행하고 안쪽 경계 C_2는 시계 방향으로 진행해야 한다.

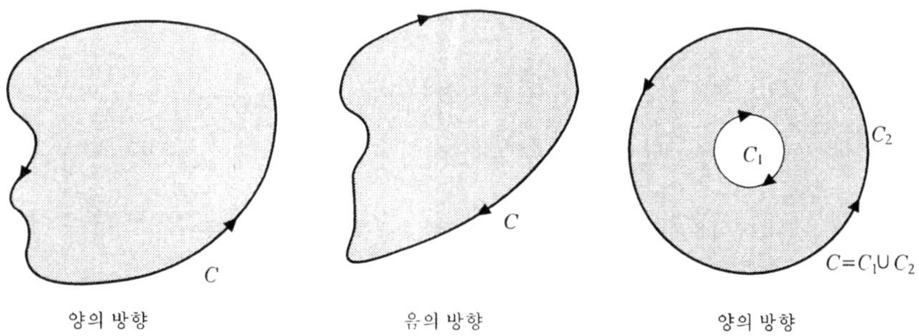

[**그림 14-5**] 곡선의 방향

Cauchy의 적분 정리

Cauchy의 적분 정리는 다음 Green의 정리를 이용하여 증명한다.

정 리 **14.2.1.** [**Green의 정리**] R은 단일 연결 영역이고 C는 R의 경계라고 하자. $P(x, y)$와 $Q(x, y)$가 R과 C 위에서 연속인 일계 편도함수를 가지면 다음 관

계가 성립한다.

$$\oint_C (P\,dx + Q\,dy) = \iint_R \left(\frac{\partial Q}{\partial x} - \frac{\partial P}{\partial y}\right) dxdy$$

정 리 **14.2.2.** [**Cauchy의 적분 정리**] 복소함수 $f(z)$가 단일 연결 영역 D에서 해석적이면, D 내에 놓여 있는 모든 단순 폐곡선 C에 대하여 $\oint_C f(z)\,dz = 0$이다.

[**증명**] Cauchy의 적분 정리는 Green의 정리와 Cauchy-Riemann 방정식에 의하여 증명된다. 해석함수의 도함수가 연속임을 가정하자. $f = u + iv$라 하면, 정리 14.1.1에서 다음이 성립함을 보였다.

$$\oint_C f(z)\,dz = \oint_C (u\,dx - u\,dy) + i\oint_C (v\,dx + u\,dy)$$

그런데 f'이 연속이므로 u와 v는 연속인 일계 편도함수를 가진다. 그러므로 Green의 정리에 의하여 다음이 성립한다.

$$\oint_C f(z)\,dz = \iint_D \left(-\frac{\partial v}{\partial x} - \frac{\partial u}{\partial y}\right) dxdy + i\iint_D \left(\frac{\partial u}{\partial x} - \frac{\partial v}{\partial y}\right) dxdy$$

이제, Cauchy-Riemann 방정식을 적용하면 우변은 0이 된다. 이제 $f'(z)$가 연속이라는 가정이 없다면 Green 정리를 이용할 수 없다. 이 경우는 증명이 복잡하고 또한, 이 책에서 다루는 복소함수를 이해하는 데 꼭 필요한 것이 아니므로 증명은 생략하기로 한다. □

예 제 **1.** [1] 자연수 n에 대하여 복소함수 $f(z) = z^n$은 전해석함수이므로 임의의 단순 폐곡선 C에 대하여 $\oint_C z^n\,dz = 0$이다.

[2] C가 중심이 0인 원일 때, $\oint_C \frac{dz}{z} = 2\pi i \neq 0$이다. Cauchy의 적분 정리가 성립하지 않는 이유는 복소함수 $f(z) = \frac{1}{z}$이 C의 내부의 점 $z = 0$에서 해석적이지 않기 때문이다. 그러나 $f(z) = \frac{1}{z^2}$은 $z \neq 0$인 모든 점에서 해석적이므로, 단순 폐곡선 C가 점 $z = 0$을 외부에 포함할 경우에는 Cauchy의 적분 정리가 성립한다.

[3] 복소함수 $f(z) = \dfrac{1}{z^2}$은 $z = 0$에서 해석적이지 않지만, C가 중심이 0인 원일 때 $\displaystyle\oint_C \frac{dz}{z^2} = 0$이다. 이것은 Cauchy의 적분 정리의 역이 일반적으로 성립하지 않음을 보여준다.

예 제 **2.** C가 원점을 중심으로 하는 단위원일 때, 다음이 성립한다.

$$[1]\ \oint_C \frac{1}{z-2}\,dz = 0, \qquad [2]\ \oint_C \tan z\,dz = 0$$

[**풀이**] [1] 함수 $\dfrac{1}{z-2}$는 단위원을 포함하는 적당한 영역(예를들면 $D = \{z : |z| < \dfrac{3}{2}\}$)에서 해석적이다. 따라서 Cauchy 정리에 의해 적분값은 0이 된다.

[2] $\tan z = \dfrac{\sin z}{\cos z}$는 $\cos z = 0$이 아닌 곳에서는 해석적이다. $\cos z = 0$이 되는 점은 $z = \dfrac{\pi}{2} + 2n\pi$, n은 정수이므로 단위원을 포함하는 적당한 영역에서 $\cos z$는 0이 아니다. 따라서 $\displaystyle\oint_C \tan z\,dz = 0$이다.

예 제 **3.** $C : |z| = 1$일 때, 다음이 성립함을 보여라.

$$\oint_C x\,dz = \pi i$$

[**풀이**] C를 $z = \cos t + i\sin t\ \ (0 \le t \le 2\pi)$로 나타내면 $x = \cos t$가 되고

$$\begin{aligned}\oint_C x\,dz &= \int_0^{2\pi} \cos t(-\sin t + i\cos t)\,dt \\ &= \frac{\cos^2 t}{2}\bigg|_0^{2\pi} + i\int_0^{2\pi} \frac{1+\cos 2t}{2}\,dt = \pi i.\end{aligned}$$

따라서 $f(z) = x$는 해석적 함수가 아님을 알 수 있다.

적분 경로의 무관성

Cauchy의 적분 정리는 단순 폐곡선이 아닌 경우에도 성립한다. 그림 14.6과 같은 폐곡선 C는 두 개의 단순 폐곡선 C_1과 C_2로 나눌 수 있으므로, 폐곡선 C를

포함하는 단일 연결 영역 D에서 해석적인 함수 $f(z)$에 대하여 다음이 성립한다.

$$\oint_C f(z)\,dz = \oint_{C_1} f(z)\,dz + \oint_{C_2} f(z)\,dz = 0 + 0 = 0$$

그러므로 다음과 같이 단일 연결 영역에서 해석적인 함수의 선적분은 그 영역에 속하는 경로에 무관함을 증명할 수 있다.

정 리 **14.2.3.** 복소함수 $f(z)$가 단일 연결 영역 D에서 해석적이고, C_1과 C_2는 D 내에 놓여 있는 시점과 종점이 같은 임의의 적분 경로이면 다음이 성립한다.

$$\oint_{C_1} f(z)\,dz = \oint_{C_2} f(z)\,dz$$

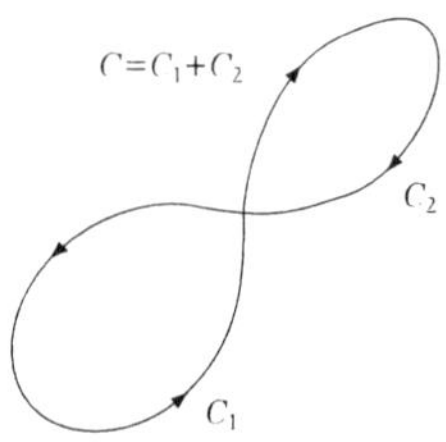

[**그림 14-6**]단순하지 않은 폐곡선

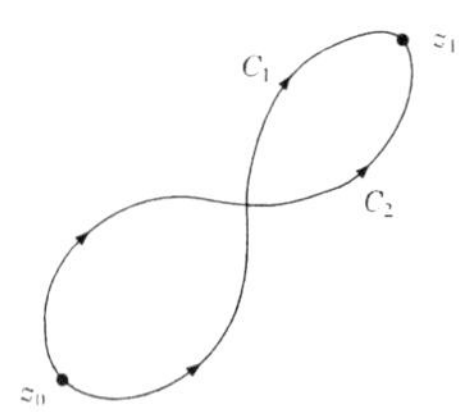

[**그림 14-7**]시점과 종점이 같은 경로

[**증명**] C_1과 C_2의 시점 z_0과 종점 z_1을 각각 같다고 하자(그림 14.7). 그러면 C_1과 $-C_2$는 폐곡선 $C = C_1 + (-C_2)$를 형성하므로, Cauchy의 적분 정리에 의하여 다음이 성립한다.

$$\begin{aligned} 0 = \int_C f(z)\,dz &= \int_{C_1} f(z)\,dz + \int_{-C_2} f(z)\,dz \\ &= \int_{C_1} f(z)\,dz - \int_{C_2} f(z)\,dz \end{aligned}$$

□

단일 연결 영역 D에서 해석함수 $f(z)$는 D의 두 점 z_0과 z_1을 연결하는 적분 경로 C에 관계 없이 똑같은 선적분 값을 가지므로 다음과 같이 나타내기도 한다.

$$\int_C f(z)\,dz = \int_{z_0}^{z_1} f(z)\,dz$$

예 제 **4.** 14.1절의 예제 3과 예제 5에서 복소함수 $f(z) = z^2$은 다음 적분 경로 위에서 선적분 값이 일치함을 알아보았다. 이것은 복소함수 $f(z) = z^2$이 전해석 함수이기 때문이다.

[1] $C_1 : z_1(t) = t + it \quad (0 \le t \le 1)$

[2] 0부터 1까지의 선분과 1부터 $1+i$까지의 선분으로 이루어진 적분 경로

다중 연결 영역에서 Cauchy의 적분 정리

Cauchy의 적분 정리는 다중 연결 영역에서도 성립한다.

정 리 **14.2.4.** 단순 폐곡선 C_1의 내부에 있는 단순 폐곡선 $C_k(k = 2, 3, \cdots, n)$는 서로 분리되어 있다고 하자(그림 14.8). 복소함수 $f(z)$가 $C_k(k = 2, \cdots, n)$의 내부를 제외한 C_1의 내부와 C_1 위에서 해석적이면 다음이 성립한다.

$$\oint_{C_1} f(z)\,dz + \sum_{k=2}^{n} \oint_{C_k} f(z)\,dz = 0$$

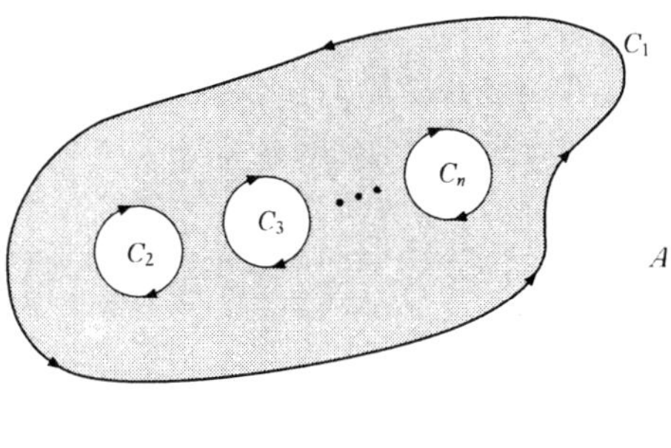

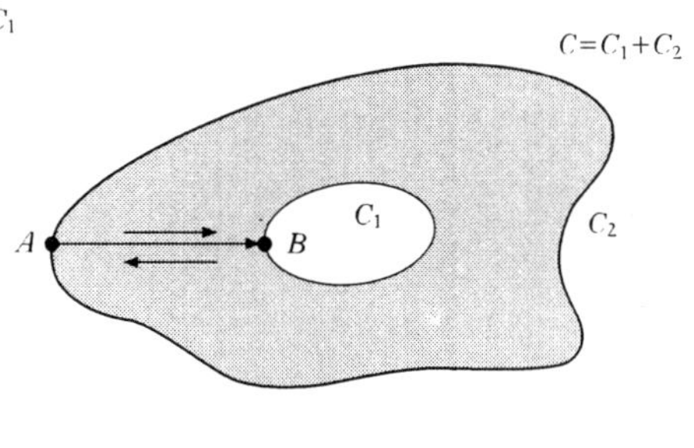

[**그림14-8**]구멍 n개인 다중연결영역 [**그림14-9**]구멍 한 개인 다중연결영역

[**증명**] 그림 14.9와 같이 구멍이 한 개 있는 다중 연결 영역 D를 고려하자. D의 경계는 $C = C_1 + C_2$이고, C_1은 반시계 방향, C_2는 시계 방향을 갖는다. 이제, C_1 위의 점 A와 C_2 위의 점 B를 연결하는 선분을 따라 D를 자르자. 이렇게 잘린 영역은 단순 폐곡선 $C^* = C_1 + \overline{AB} + C_2 + \overline{BA}$를 경계로 갖는 단일 연결 영역이 된다. 그런데 $\overline{AB}$와 $\overline{BA}$는 똑같은 선분으로 방향이 반대이기 때문에 이것들 위에서의 선적분은 서로 상쇄된다. 따라서 다음이 성립한다.

$$
\begin{aligned}
0 &= \oint_{C^*} f(z)\,dz = \oint_{C_1} f(z)\,dz + \int_{\overline{AB}} f(z)\,dz + \oint_{C_2} f(z)\,dz + \int_{\overline{BA}} f(z)\,dz \\
&= \oint_{C_1} f(z)\,dz + \oint_{C_2} f(z)\,dz = \int_{C_1+C_2} f(z)\,dz = \int_C f(z)\,dz \qquad (14.6)
\end{aligned}
$$

□

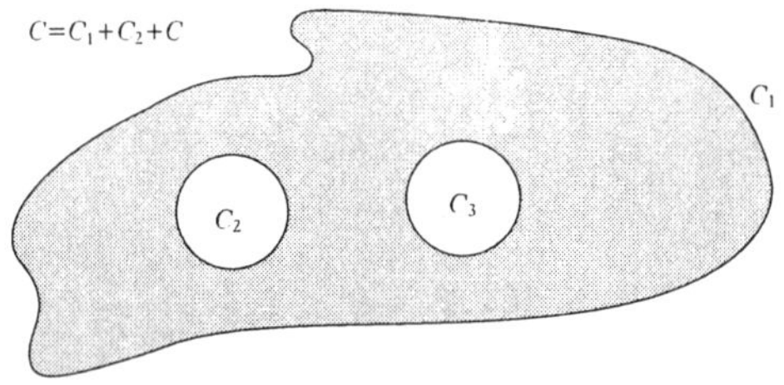

[**그림 14-10**] 구멍이 2개인 다중 연결 영역

정리 14.2.4에 의하여, 그림 14.10과 같이 구멍이 두 개 있는 다중 연결 영역에서는 다음이 성립한다.

$$\oint_{C_1} f(z)\,dz + \oint_{C_2} f(z)\,dz + \oint_{C_3} f(z)\,dz = \int_C f(z)\,dz = 0 \qquad (14.7)$$

식 (14.6)과 (14.7)는 다음 사실을 알려준다.

$$\oint_{C_1} f(z)\,dz = \oint_{C_2} f(z)\,dz \qquad (14.8)$$

$$\oint_{C_1} f(z)\,dz = \oint_{C_2} f(z)\,dz + \oint_{C_3} f(z)\,dz \qquad (14.9)$$

즉, 다중 연결 영역의 바깥 경계 위에서의 반시계 방향의 선적분은 안쪽 경계(들) 위에서의 반시계 방향의 선적분(들의 합)이다. 이 결과는 적분 경로가 복잡하거나 적분 경로 내부에 해석적이지 않은 점이 존재하는 경우에 사용된다.

구멍이 더 많은 다중 연결 영역에 대해서도 마찬가지로 증명한다.

예 제 5. 적분 경로 C가 네 점 $\pm 3 \pm 3i$를 꼭지점으로 하는 정사각형일 때 선적분 $\oint_C \frac{1}{z-1}\,dz$의 값을 구하여라.

[**풀이**] 주어진 적분 경로를 따라 적분하기는 매우 번거롭다. 식 (14.8)을 이용하기 위하여 C의 내부에 있는 원 $C_1 : z(t) = e^{it} + 1\ (0 \le t \le 2\pi)$을 생각하자. 그러면 구하려는 선적분은 다음과 같다.

$$\oint_C \frac{dz}{z-1} = \oint_{C'} \frac{dz}{z-1} = \int_0^{2\pi} \frac{ie^{it}}{(e^{it}+1)-1}\,dt = i\int_0^{2\pi} dt = 2\pi i$$

정 리 14.2.5. 단일 연결 영역 D에 포함된 두 단순 폐곡선 C_1, C_2가 있다. 이 중 하나가 다른 하나의 내부에 포함된다고 하면 임의의 해석함수 $f(z)$에 대해

$$\oint_{C_1} f(z)\,dz = \oint_{C_2} f(z)\,dz$$

가 성립한다.

[**증명**] 두 곡선은 물론 같은 방향으로 주어져 있다고 가정한다. 그림 14-11처럼 두 곡선 사이의 영역을 두 선분 L_1, L_2로 잘라 두 조각으로 만들면 각 영역을 둘러싸는 두 개의 단순폐곡선이 생긴다. 그것을 각각 K_1, K_2라고 하면

$$K_1 = -C_1^* + L_1 + C_2^* + L_2, \quad K_2 = -C_1^{**} - L_2 + C_2^{**} - L_1$$

가 됨을 알 수 있다. 여기서 $-C_1^*$와 $-C_1^{**}$는 C_1을 둘로 나눈 것이고 원래 C_1의 방향과는 반대의 방향을 가진 것이다. 두 개의 단순 폐곡선 K_1, K_2로 둘러 싸이는

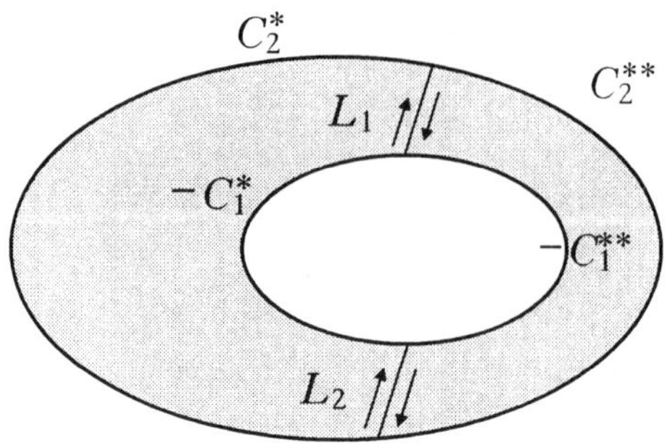

[그림 **14-11**] 단순 연결영역내에서의 선적분

영역을 D_1, D_2라 고 하고 Cauchy 정리를 각각의 영역에 적용하면

$$\oint_{K_1} f(z)\,dz = 0, \quad \oint_{K_2} f(z)\,dz = 0$$

이 된다. 이제 두 곡선 K_1, K_2를 합하면

$$K_1 + K_2 = -C_1^* + L_1 + C_2^* + L_2 - C_1^{**} - L_2 + C_2^{**} - L_1 = C_2 - C_1$$

이 되어

$$\oint_{C_2} f(z)\,dz - \oint_{C_1} f(z)\,dz = \oint_{K_1} f(z)\,dz + \oint_{K_2} f(z)\,dz = 0.$$

따라서

$$\int_{C_1} f(z)\,dz = \int_{C_2} f(z)\,dz$$

이다. □

이 정리에서 보여주듯 함수를 폐곡선에서 적분할 때는 경로를 f가 해석적인 부분에서는 임의로 변경하여도 적분값은 변하지 않는다.

예 제 6. 임의의 점 z_0과 그 점을 둘러 싸는 임의의 단순 폐곡선 C에 대하여 다음이 성립한다.

$$\oint_C \frac{dz}{z-z_0} = 2\pi i$$

[**풀이**] 곡선 C의 내부에 포함되고 z_0를 중심으로 반경이 r인 원 C'을 생각하면 C'은 $z(t) = z_0 + re^{i\theta}(0 \le \theta \le 2\pi)$로 나타낼 수 있으므로 $dz = ire^{i\theta}\,d\theta$이 되고 정리 14.2.5에 의하여

$$\oint_C \frac{dz}{z-z_0} = \oint_{C'} \frac{dz}{z-z_0} = \int_0^{2\pi} \frac{ire^{i\theta}}{re^{i\theta}}\,d\theta = i\int_0^{2\pi} d\theta = 2\pi i$$

가 된다.

더욱 복잡한 영역에서도 비슷한 방법으로 경로 변형의 원리를 적용할 수 있다. 예를 들어 함수 f가 해석적이지 않은 점들이 여러 개 있을 때 그 점들을 둘러싸는 폐곡선에서 함수를 선적분하려고 하면 그 각각의 점들 주위에 작은 원을 잡아 곡선 대신 여러 개의 원주 위에서의 적분으로 대체할 수 있다. 우선 간단한 경우부터 살펴 보자.

예 제 **7.** $C : |z| = 4$일 때

$$\oint_C \frac{3}{z(z-3)}\,dz$$

의 값을 계산하라.

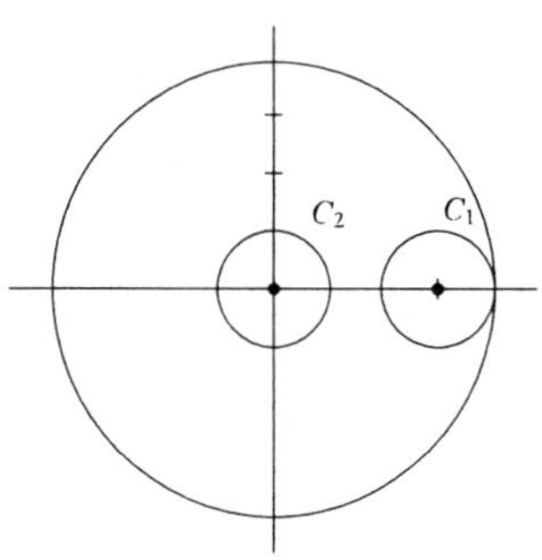

[**그림 14-12**] 작은 원에서의 선적분

[**풀이**] 피적분 함수를 부분분수로 분해하면

$$\frac{3}{z(z-3)} = \frac{1}{z-3} - \frac{1}{z}$$

이고 해석적이 아닌 점이 $z = 3$, $z = 0$이므로 곡선 $C : |z| = 4$를 두 곡선 $C_1 : |z-3| = 1$, $C_2 : |z| = 1$로 변형한다. 그러면 $\frac{1}{z-3}$은 C_2의 내부에서 해석적이므로

$$\oint_C \frac{1}{z-3}\,dz = \oint_{C_1} \frac{1}{z-3}\,dz + \oint_{C_2} \frac{1}{z-3}\,dz = 2\pi i + 0$$

이고 $\frac{1}{z}$은 C_1의 내부에서 해석적이므로

$$\oint_C \frac{1}{z}\,dz = \oint_{C_1} \frac{1}{z}\,dz + \oint_{C_2} \frac{1}{z}\,dz = 0 + 2\pi i$$

이다. 따라서 적분값은 $2\pi i - 2\pi i = 0$이다.

정리 14.2.5방법과 비슷하게 진행하면 Cauchy정리를 확장하여 함수의 특이점이 여러 개인 경우의 선적분도 간단한 원주 위의 적분으로 바꾸어 쓸 수 있다.

연습문제 14-2

1. 다음 함수를 반시계 방향의 단위원 $|z| = 1$을 따라 적분하고, Cauchy의 적분 정리를 적용시킬 수 있는지를 판정하여라.

(1) $f(z) = \|z\|$	(2) $f(z) = e^{z^2}$	(3) $f(z) = z^2 + 5 + i$
(4) $f(z) = \frac{1}{2z-6}$	(5) $f(z)\frac{1}{z^2} + 2$	(6) $f(z) = \frac{z-3}{z^2+2z+2}$
(7) $f(z) = \tan z$	(8) $f(z) = (z^2)\sec z$	(9) $f(z) = \text{Imz}$

2. 다음 각 경우에 선적분 $\oint_C f(z)\,dz$의 값을 구하여라.

(1) $f(z) = z(e^z)$, $C : |z - 3i| = 6$

(2) $f(z) = z^2 - 4z + 8$, $C : 1, 8, 8 + 4i, 1 + 4i$를 꼭지점으로 하는 정사각형

(3) $f(z) = z + \dfrac{1}{z}$, $\quad C : |z| = 2$

(4) $f(z) = \dfrac{1}{z^3 + 1}$, $\quad C : |z + 1| = 1$

(5) $f(z) = \dfrac{\sin z}{z + 3i}$, $\quad C : |z - 2 + 3i| = 1$

(6) $f(z) = \dfrac{z - 1}{z(z - 1)(z - 3i)}$, $\quad C : |z - i| = \dfrac{1}{2}$

(7) $f(z) = \dfrac{dz}{z^2 + 1}$, $\quad C : (a)\ |z + i| = 1, (b)\ |z - i| = 1$

(8) $f(z) = \dfrac{2z + 1}{z^2 + z}$, $\quad C : (a)\ |z| = \dfrac{1}{4}$, $\quad (b)\ |z| = 2$, $\quad (c)\left|z - \dfrac{1}{2}\right| = \dfrac{1}{4}$

(9) $f(z) = \dfrac{-3z + 2}{z^2 - 8z + 12}$, $\quad C : (a)|z - 5| = 2$, $\quad (b)|z| = 9$

(10) $f(z) = \dfrac{3z + 1}{z^3 - z}$, $\quad C : (a)|z| = \dfrac{1}{2}$, $\quad (b) = 2$

3. 임의의 단순 폐곡선 C 및 C의 내부의 점 a에 대하여 다음이 성립함을 보여라.

$$\oint_C \frac{dz}{(z - a)^n} = \begin{cases} 2\pi i & (n = 1) \\ 0 & (\text{n은 1이 아닌 정수}) \end{cases}$$

4. 폐곡선 C가 그림 14.13과 같을 때, 선적분 $\displaystyle\int_C \frac{3z - 2}{z^2 - z}\,dz$의 값을 구하여라.

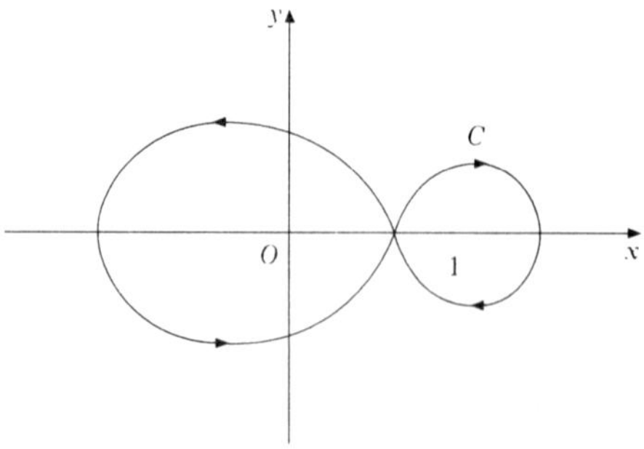

[그림 14-13] 8자형 경로

14.3 부정적분

이 절에서는 Cauchy의 적분 정리를 응용하여 얻을 수 있는 적분에 관한 몇 가지 성질을 알아보겠다.

부정적분

실함수의 경우와 마찬가지로, 복소함수의 부정적분을 다음과 같이 정의한다. 영역 D에서 연속인 복소함수 $f(z)$에 대하여 D의 각 점 z에서 $F'(z) = f(z)$를 만족시키는 함수 $F(z)$를 $f(z)$의 **부정 적분**(indefinite integral) 또는 **원시함수**(primitive) 또는 **역도함수**(antiderivative)라고 한다. 예를 들면, 복소 상수 C에 대하여 $F(z) = z^2 + C$는 $f(z) = 2z$의 부정적분이고, $F(z) = \sin z + C$는 $f(z) = \cos z$의 부정적분이다. 실함수에 대한 정적분의 기본 정리가 복소함수에 대해서도 성립한다.

정 리 **14.3.1.** 복소함수 $f(z)$는 영역 D에서 연속이고 $F(z)$가 $f(z)$의 D에서의 부정적분이며 곡선 $C : z = z(t)\,(a \le t \le b)$는 D의 임의의 적분 경로이면, 다음이 성립한다.

$$\int_C f(z)dz = F(z(b)) - F(z(a))$$

[**증명**] $f(z(t))z'(t) = F'(z(t))z'(t)$의 실수 부분과 허수 부분은 모두 실 변수 t의 실함수이므로, 실함수에 대한 정적분의 기본 정리를 실수 부분과 허수 부분에 적용시켜 이 정리의 결과를 증명한다.

$$\begin{aligned}\int_C f(z)dz &= \int_a^b f(z(t))z'(t)dt = \int_a^b F'(z(t))z'(t)dt \\ &= \int_a^b \frac{d}{dt}F(z(t))dt = F(z(t)) \\ &= F(z(b)) - F(z(a))\end{aligned}$$

□

정리 14.3.1에서 C가 폐곡선이면 $z(a) = z(b)$ 이므로 $\int_C f(z)dz = 0$이다.

예 제 1. 복소함수 $f(z) = z^2$은 연속함수이고 $F(z) = \dfrac{z^2}{3}$은 $f(z)$의 부정적분이므로, 0부터 $1+i$까지의 임의의 적분 경로 C에 대하여 다음이 성립한다.

$$\int_C z^2dz = \int_0^{1+i} z^2\,dz = \frac{z^3}{3} = \frac{(1+i)^3}{3} = -\frac{2}{3} + i\frac{2}{3}$$

부정적분의 존재성

이제, 해석함수의 부정적분이 존재함을 증명하자.

정 리 14.3.2. 복소함수 $f(z)$가 단일 연결 영역 $\mathbb{D}$에서 해석적이면, D에서 해석적인 $f(z)$의 부정적분 $F(z)$가 존재한다. 이때, D의 임의의 점 z_0과 z_1을 연결하는 임의의 경로 C에 대하여 다음이 성립한다.

$$\int_C f(z)dz = \int_{z_0}^{z_1} f(z)dz = F(z_1) - F(z_0) \tag{14.10}$$

[**증명**] 정리 14.2.3에 의하여 D의 임의의 점 z_0에서 z까지의 $f(z)$의 선적분은 D

내의 적분 경로와 무관하다(그림 14.14). 따라서 z_0을 고정시키면 D의 각 점 z에 대하여 다음 값은 유일하게 결정되므로, 다음 $F(z)$는 잘 정의된다.

$$F(z) = \int_{z_0}^{z} f(\zeta)d\zeta \tag{14.11}$$

이제, $F(z)$가 D에서 해석적이고 $F'(z) = f(z)$임을 보이자. D는 열린 집합이므로, D에 포함되는 z의 적당한 근방이 존재한다. 즉, 충분히 작은 Δz에 대하여 $z + \Delta z$를 연결하는 선분이 D에 포함된다. 그런데 식(14.11)에 의하여 다음을 얻는다.

$$F(z+\Delta z) - F(z) = \int_{z_0}^{z+\Delta z} f(\zeta)d\zeta - \int_{z_0}^{z} f(\zeta)d\zeta = \int_{z}^{z+\Delta z} f(\zeta)d\zeta$$

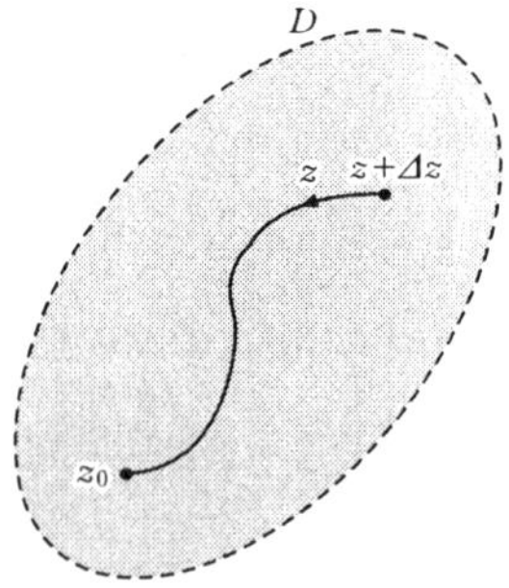

[**그림 14-14**] 부정적분의 존재

그러므로 다음이 성립한다.

$$\begin{aligned}\frac{F(z+\Delta z) - F(z)}{\Delta z} - f(z) &= \frac{1}{\Delta z}\int_{z}^{z+\Delta z} f(\zeta)d\zeta - \frac{1}{\Delta z}\int_{z}^{z+\Delta z} f(z)d\zeta \\ &= \frac{1}{\Delta z}\int_{z}^{z+\Delta z} \{f(\zeta) - f(z)\}d\zeta\end{aligned}$$

또 $f(z)$는 D에서 연속이므로 임의의 양수 ϵ에 대해 양수 δ가 존재해서 $|\zeta - z| < \delta$이면 $|f(\zeta) - f(z)| < \epsilon$이다. 따라서 $|\Delta z| < \delta$라 하면 ML부등식에 의해 다음이

성립한다.

$$\begin{aligned}\left|\frac{F(z+\Delta z)-F(z)}{\Delta z}-f(z)\right| &= \frac{1}{|\Delta z|}\left|\int_z^{z+\Delta z}\{f(\zeta)-f(z)\}d\zeta\right| \\ &\le \frac{1}{\Delta z}\epsilon|\Delta z| = \epsilon\end{aligned}$$

도함수의 정의에 의하여 이것은 $F(z)$의 도함수가 $f(z)$임을 뜻한다. 즉, 다음과 같이 $f(z)$의 부정적분이 존재한다.

$$F'(z) = \lim_{\Delta z\to 0}\frac{F(z+\Delta z)-F(z)}{\Delta z} = f(z)$$

정리의 나머지 부분은 정리 14.2.3과 14.3.1에 의하여 자명하다. □

예 제 **2.** 적분 경로 C가 그림 14.15와 같을 때, 선적분 $\int_C \frac{dz}{z}$의 값을 구하여라.

[**풀이**] 주어진 적분 경로는 단일 연결 영역 $Re\, z > 0$에 놓여 있고, 이 영역에서 $\mathrm{Log} z$는 $\frac{1}{z}$의 부정적분이다. 따라서 식 (14.10)에 의하여 다음 값을 얻는다.

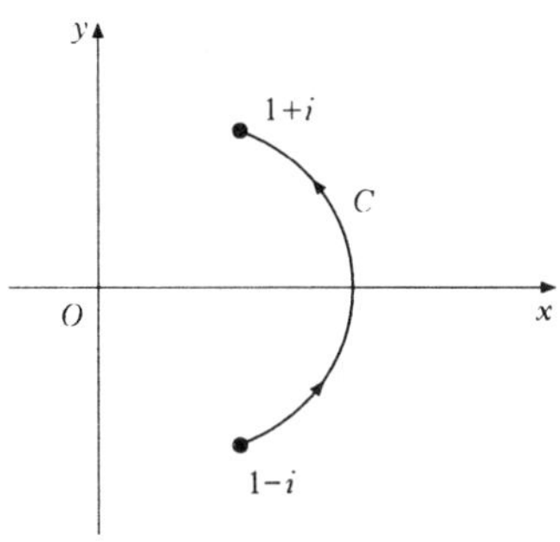

[**그림 14-15**] $1-i$부터 $1+i$까지의 경로

$$\begin{aligned}\int_c \frac{dz}{z} &= \int_{1-i}^{1+i}\frac{1}{z}dz = \mathrm{Log}\, z\Big|_{1-i}^{1+i} = \mathrm{Log}\,(1+i) - \mathrm{Log}\,(1-i) \\ &= \left(\ln\sqrt{2}+i\frac{\pi}{4}\right) - \left(\ln\sqrt{2}-i\frac{\pi}{4}\right) = \frac{\pi i}{2}\end{aligned}$$

함수 $\frac{1}{z}$은 $z \neq 0$인 영역에서 해석적이지만, 이 영역에서 $\log z$는 $\frac{1}{z}$의 부정적분이 될 수 없다. 왜냐하면 $\log z$는 0과 음의 실수축을 제외한 영역에서만, 해석적이기 때문이다.

연습문제 14-3

1. 다음 적분 값을 구하여라

(1) $\int_0^{3+i} z^2 dz$ (2) $\int_i^{2i} (z+2)^2 dz$ (3) $\int_{1-i}^{2+i} (z^2+3z-2) dz$

(4) $\int_{-\pi i}^{\pi i} e^z dz$ (5) $\int_0^{\pi+i} e^{iz} dz$ (6) $\int_1^i z e^{z^2} dz$

(7) $\int_{-i}^{i} \sin z dz$ (8) $\int_0^i \sinh z dz$ (9) $\int_{-1}^{1} z \cosh z^2 dz$

2. 복소함수 $f(z)$가 매끄러운 곡선 C를 포함하는 단일 연결 영역에서 해석적이고 z_0과 z_1이 각각 C의 시점과 종점이면, 다음이 성립함을 보여라.

$$\int_{z_0}^{z_1} f'(z)g(z)\,dz = f(z)g(z)\Big|_{z_0}^{z_1} - \int_{z_o}^{z_1} f(z)g'(z)\,dz$$

3. 곡선 C가 상반평면($\text{lm}\, z > 0$)에서 $-1+i$와 $3+2i$를 잇는 임의의 매끄러운 곡선일 때, 다음의 적분 값을 구하여라.

$$\int_C (z + \frac{1}{z}) dz$$

4. 곡선 C가 우반평면($\text{Re}\, z > 0$)에서 $1-i$와 $2+2i$ 를 잇는 선분일 때, 다음의 적분 값을 구하여라.

$$\int_C \frac{1}{z+1} dz$$

14.4 Cauchy의 적분 공식

이 절에서는 Cauchy의 적분 정리의 가장 중요한 결과인 Cauchy의 적분 공식에 대하여 알아본다. 이 공식은 선적분의 값을 쉽게 구할 수 있게 만들고, 해석함수는 모든 계의 도함수를 갖는다는 사실을 증명할 수 있게 하며, 다음 장에서 다룰 테일러 급수와 로랑 급수의 전개에 사용된다.

정 리 **14.4.1.** [**Cauchy의 적분 공식**] $f(z)$는 단일 연결 영역 D에서 해석함수라고 하자. C는 D내에 포함된 단순 폐곡선이고 z_0은 C의 내부의 점이면, 다음이 성립한다.

$$f(z_0) = \frac{1}{2\pi i}\oint_C \frac{f(z)}{z - z_0}dz \tag{14.12}$$

[**증명**] $f(z)$는 D에서 해석적이므로 연속이다. 그러므로 임의의 양수 ϵ에 대하여 적당한 양수 δ 가 존재하여 $|f(z) - f(z_0)| < \epsilon$이다. 또, D는 열린집합이므로 중

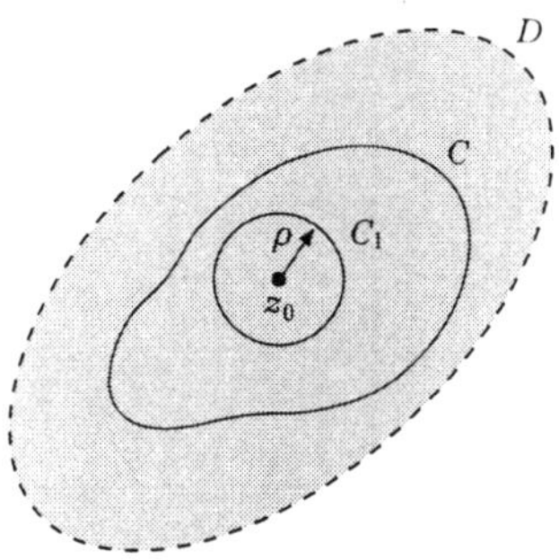

[**그림 14-16**] 단일 연결 영역 내에서의 선적분

심이 z_0이고 반지름이 $\rho(< \delta)$ 인 원 C_1을 D내에 그릴 수 있다(그림14-16). 그러면 14.2절의 식 (14.7)에 의하여 다음이 성립한다.

$$\oint_C \frac{f(z)}{z - z_0}dz = \oint_{C_1} \frac{f(z)}{z - z_0}dz$$

그런데 $f(z) = f(z_0) + \{f(z) - f(z_0)\}$ 이고 $\oint_{C_1} \dfrac{dz}{z - z_0} = 2\pi i$이므로 다음을 얻는다.

$$\begin{aligned}\oint_{C_1} \frac{f(z)}{z - z_0} dz &= \oint_{C_1} \frac{f(z_0) + \{f(z) - f(z_0)\} z - z_0}{d} z \\ &= f(z_0) \oint_{C_1} \frac{dz}{z - z_0} + \oint_{C_1} \frac{f(z) - f(z_0)}{z - z_0} dz \\ &= 2\pi i f(z_0) + \oint_{C_1} \frac{f(z) - f(z_0)}{z - z_0} dz\end{aligned}$$

그리고 C_1 위의 점 z에 대하여 $|z - z_0| = \rho$ 이고 $|f(z) - f(z_0)| < \epsilon$ 이므로 다음이 성립한다.

$$\left| \frac{f(z) - f(z_0)}{z - z_0} \right| < \frac{\epsilon}{\rho}$$

그러므로 ML부등식에 의하여 다음이 성립한다.

$$\left| \oint_{C_1} \frac{f(z) - f(z_0)}{z - z_0} \right| < \frac{\epsilon}{\rho} 2\pi\rho = 2\pi\epsilon$$

이것은 임의의 양수 ϵ 에 대하여 성립하므로 이 적분값은 0이다. 따라서 Cauchy의 적분 공식 (14.12)이 성립한다. □

예 제 1. 다음 적분 값을 구하여라.

[1] $\oint_C \dfrac{e^z}{z - \pi i} dz, \quad C : |z| = 4$

[2] $\oint_C \dfrac{z}{z^2 - 4} dz, \quad C : (a)\ |z| = 1,\ (b)\ |z - 2| = 1,\ (c)\ |z + 3| = 2$

[풀이] [1] 함수 e^z은 전체 복소 평면에서 해석적이고 πi는 C의 내부에 있으므로, Cauchy의 적분 공식에 의하여 다음 값을 얻는다.

$$\oint_C \frac{e^z}{z - \pi i} dz = 2\pi i e^z \Big|_{z = \pi i} = 2\pi i e^{\pi i} = -2\pi i$$

[2] 피적분 함수 $\dfrac{z}{z^2-4}$는 $z=-2$와 $z=2$에서만 해석적이지 않다.

(a) 원 $C: |\,z\,| = 1$의 내부와 원 위에서 $\dfrac{z}{z^2-4}$는 해석적이므로, Cauchy의 적분 정리에 의하여 $\displaystyle\oint_C \frac{z}{z^2-4}dz = 0$이다.

(b) $\dfrac{z}{z^2-4} = \dfrac{z}{z+2}\dfrac{1}{z+2}$이고 $\dfrac{z}{z+2}$는 원 $C: |\,z-2\,| = 1$ 의 내부와 그 위에서 해석적이므로, Cauchy의 적분 공식에 의하여 다음 값을 얻는다.

$$\oint_C \frac{z}{z^2-4}dz = \oint_C \frac{z}{z+2}\frac{1}{z-2} = 2\pi i \frac{z}{z+2}\Big|_{z=2} = \pi i$$

(c) $\dfrac{z}{z^2-4} = \dfrac{z}{z-2}\dfrac{1}{z+2}$이고 $\dfrac{z}{z-2}$ 는 원 $C: |\,z+3\,| = 2$ 의 내부와 그 위에서 해석적이고 -2는 이 원의 내부에 있으므로, Cauchy의 적분 공식에 의하여 다음 값을 얻는다.

$$\oint_C \frac{z}{z^2-4}dz = \oint_C \frac{z}{z-2}\frac{1}{z+2}dz = 2\pi i \frac{z}{z-2}\Big|_{z=-2} = \pi i$$

Cauchy의 적분 공식은 다중 연결 영역에서도 성립한다. 그림 14-17과 같이 경계가 $C = C_1 + C_2$ 인 다중 연결 영역 D를 생각하자. z_0이 D의 점이면, z_0이 중심이고 D에 포함되는 원 Γ를 그릴 수 있다. 그러면 D와 C에서 해석적인 함수 $f(z)$에 대하여 다음이 성립한다.

$$\oint_{C_1} \frac{f(z)}{z-z_0} + \oint_{C_2} \frac{f(z)}{z-z_0}dz + \oint_{\Gamma} \frac{f(z)}{z-z_0}dz = 0$$

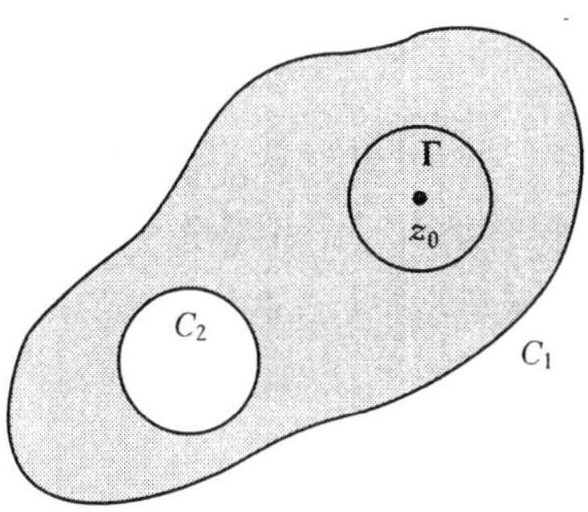

[그림 14-17] 다중연결영역에서의 Cauchy의 적분 공식

따라서 정리 14.4.1에 의하여 다음 결과를 얻는다.

$$\begin{aligned} f(z_0) &= \frac{1}{2\pi i}\oint_{\Gamma}\frac{f(z)}{z-z_0}\,dz \\ &= \frac{1}{2\pi i}\oint_{C_1}\frac{f(z)}{z-z_0}\,dz + \frac{1}{2\pi i}\oint_{C}\frac{f(z)}{z-z_0}\,dz = \frac{1}{2\pi i}\int_{C}\frac{f(z)}{z-z_0}\,dz \end{aligned}$$

해석함수의 도함수

Cauchy의 적분 공식을 이용하여, 해석함수는 모든 계의 도함수를 갖는다는 사실을 증명한다. 이것은 미분가능한 실함수와 매우 다른 해석함수의 독특한 성질이다.

정 리 **14.4.2.** [**도함수에 관한 Cauchy의 적분 공식**] 영역 D에서 해석함수 $f(z)$는 D에서 모든 계의 도함수를 가지며, 각 도함수도 D에서 해석적이다. 실제로, D의 임의의 점 z_0에서 각 도함수의 값은 다음 공식으로 표현된다.

$$f^{(n)}(z_0) = \frac{n!}{2\pi i}\oint_C \frac{f(z)}{(z-z_0)^{n+1}}\,dz \quad (n = 1,\, 2,\, 3,\, \cdots) \tag{14.13}$$

여기서 적분 경로 C는 내부 전체가 D에 포함되고 z_0을 내부에 포함하는 임의의 단순 폐곡선이다.

[**증명**] 여기서는 $n=1$인 경우에 대해서만 증명하겠다. 나머지는 수학적 귀납법으로 증명된다. $f(z)$는 C의 내부와 그 위에서 해석적이므로 Cauchy의 적분 공식과 도함수의 정의에 의하여 다음 관계를 얻는다.

$$\begin{aligned} f'(z_0) &= \lim_{\Delta z\to 0}\frac{f(z_0+\Delta z)-f(z_0)}{\Delta z} \\ &= \lim_{\Delta z\to 0}\frac{1}{2\pi i\Delta z}\left\{\oint_C \frac{f(z)}{z-(z_0+\Delta z)}\,dz - \oint_C\frac{f(z)}{z-z_0}\,dz\right\} \end{aligned}$$

$$= \lim_{\Delta z \to 0} \frac{1}{2\pi i} \oint_C \frac{f(z)}{(z - z_0 - \Delta z)(z - z_0)} dz$$

$f(z)$는 C위에서 연속이므로 C 위에서 유계이다. 즉, 적당한 양수 M이 존재하여 C위의 모든 z에 대하여 $|f(z)| \leqq M$이다. 곡선 C의 길이를 L이라 하고, z_0에서 C까지의 최소 거리를 d라 하자(그림14.18). 그러면 C위의 모든 z에 대하여 다음이 성립한다.

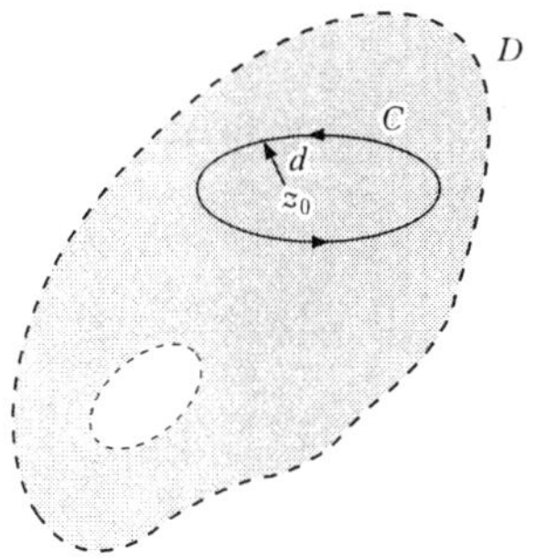

[**그림 14-18**] d : z_0에서 C까지의 최소거리

$$|z - z_0| \geqq d, \quad \frac{1}{|z - z_0|^2} \leqq \frac{1}{d^2}$$

그리고 $|\Delta z| \le \frac{d}{2}$ 이면 C 위의 모든 z에 대하여 다음이 성립한다.

$$|z - z_0 - \Delta z| \ge \frac{d}{2}, \qquad \frac{1}{|z - z_0 - \Delta z|} \le \frac{2}{d}$$

그런데 ML 부등식에 의하여 다음을 얻는다.

$$\left| \oint_C \frac{f(z)}{(z - z_0 - \Delta z)(z - z_0)} dz - \oint_C \frac{f(z)}{(z - z_0)^2} dz \right|$$
$$= \left| \oint_C \frac{\Delta z f(z)}{(z - z_0)(z - z_0 - \Delta z)} dz \right| \leqq \frac{2ML\,|\Delta z|}{d^3}$$

그러므로 $\Delta z \to 0$ 일 때 이 식은 0에 수렴한다. 따라서 다음이 성립한다.

$$f'(z_0) = \frac{1}{2\pi i} \oint_C \frac{f(z)}{(z - z_0)^2} dz$$

□

예 제 **2.** 다음 적분값을 구하여라.

[1] $\oint_C \frac{e^z+z}{(z-1)^2}dz,\ C:|z|=3$ [2] $\oint_C \frac{z}{z^4+2z^3}dz,\ C:|z|=1$

[풀이] [1] 함수 e^z+z는 전해석함수이고 1은 C의 내부에 있으므로, 식(14.13)에 의하여 다음 값을 얻는다.

$$\oint_C \frac{e^z+z}{(z-1)^2}dz = 2\pi i(e^z+z)'\Big|_{z=1} = 2(e+1)\pi i$$

[2] $\frac{z}{z^4+2z^3} = \frac{z}{z+2}\frac{1}{z^3}$이고, $\frac{z}{z+2}$는 C의 내부와 그 위에서 해석적이다. 0은 C의 내부에 있으므로 식(14.13)에 의하여 다음 값을 얻는다.

$$\oint_C \frac{z}{z^4+2z^3}dz = \frac{2\pi i}{2}(\frac{1}{z+2})''\Big|_{z=0} = -\frac{\pi i}{2}$$

예 제 **3.** C는 단위원 $|z|=1$일때 다음 적분을 계산하라.

[1] $\oint_C \frac{e^{x^2}}{z^2}dz,$ [2] $\oint_C \frac{\cos z}{(2z-1)^3}dz,$ [3] $\oint_C \frac{z+1}{z^2(z^2+2)}dz$

[풀이] [1] $\oint_C \frac{e^{x^2}}{z^2}\,dz = 2\pi i(e^{z^2})'\Big|_{z=0} = 0$

[2] $\oint_C \frac{\cos z}{(2z-1)^3}\,dz = \frac{1}{2^3}\oint_C \frac{\cos z}{(z-\frac{1}{2})^3}\,dz = \frac{2\pi i}{2^3\cdot 2!}(\cos z)''\Big|_{z=\frac{1}{2}} = -\frac{\pi i}{8}\cos\left(\frac{1}{2}\right)$

[3] $\oint_C \frac{z+1}{z^2(z^2+2)}\,dz = 2\pi i(\frac{z+1}{z^2+2})'\Big|_{z=0} = \pi i$

Liouville의 정리

Cauchy의 적분 정리의 두가지 중요한 응용을 여기서 소개한다. C가 z_0을 중심으로 하는 반경 r인 원이고 C에서 f가 $|f|\leqq M$을 만족할 때 ML부등식을 이

용하면

$$|f^{(n)}(z_0)| = \frac{n}{2\pi}\left|\oint_C \frac{f(z)}{(z-z_0)^n+1}dz\right| \leqq \frac{n!}{2\pi}\frac{M}{r^n+1}2\pi r = \frac{n!M}{r^n}$$

이므로 다음과 같은 결과를 얻는다.

정 리 **14.4.3.** [**Cauchy의 부등식**] $f(z)$가 영역 D에서 해석적이고 z_0를 중심으로 하는 반경 r인 원 C가 D에 포함되어 있을 때 C에서 $f(z)$가 $|f(z)| \leqq M$을 만족하면

$$\left|f^{(n)}(z_0)\right| \leqq \frac{n!M}{r^n} \tag{14.14}$$

이 성립한다.

이 부등식은 간단해 보이지만 중요한 성질을 내포하고 있다. 그 중 하나로서 다음의 정리를 보자.

정 리 **14.4.4.** [**Liouville의 정리**] 유계인 전해석함수(entire function)는 상수 함수이다.

[**증명**] $f(z)$를 유계인 전해석함수라 하자. 그러면 적당한 양수 M이 존재하여 모든 z에 대하여 $|f| \leqq M$이다. Cauchy의 부등식 (14.14)에 의하여, 임의의 점 z_0에서 모든 $r > 0$에 대하여 다음 부등식이 성립한다.

$$|f'(z_0)| \leqq \frac{M}{r}$$

그런데 $f(z)$는 전해석함수이므로 r을 임의로 크게 택할 수 있다. 그러므로 임의의 점 z_0에서 $f'(z_0) = 0$이다. 따라서 $f(z)$는 상수 함수이다. □

Cauchy의 적분 정리의 또 다른 응용은 Morera의 정리이다.

정 리 **14.4.5.** [**Morera의 정리**] $f(z)$가 단일 연결영역 D에서 연속이고 D에 포함된 모든 폐곡선 C에 대해

$$\oint_C f(z)dz = 0$$

이 성립하면 $f(z)$는 해석적이다.

[**증명**] D에 있는 한 점 z_c을 고정하자. 임의의 점 $z \in D$에 대해 z_c와 z를 연결하는 곡선 C를 생각할 때 선적분

$$\int_C f(z)\,dz$$

은 곡선 C와 관계가 없다. 왜냐하면 z_c, z를 연결하는 다른 곡선을 C^*라고 했을 때 $C - C^*$는 폐곡선을 이루고, 가정에 의해서

$$\int_{C-C^*} f(z)\,dz$$

이다. 따라서

$$\int_C f(z) = \int_{C^*} f(z)\,dz$$

즉, 적분값이 적분경로에 관해 독립이다. 따라서

$$F(z) = \int_{z_0}^{z} f(z)\,dz$$

라고 정의할 수 있고 정리 14.3.2의증명과정에서 F가 미분가능이고 $F'(z) = f(z)$임을 알 수가 있다. 또한 그 미분이 연속이므로 정의에 의해 F는 해석적이다. 이제 Cauchy의 적분정리에 의해 F의 미분인 f도 해석적이다. □

다음의 두 결과도 매우 유용하다. 증명은 생략한다.

정 리 **14.4.6.** [**최대값의 원리**(maximum principle)] 상수 아닌 함수 $f(z)$가 영역 D에서 해석함수이면 $|f(z)|$는 D에서 최대값을 가지지 않는다.

정 리 **14.4.7.** [**최대값의 정리**(maximum modulus theorem)] 상수 아닌 함수 $f(z)$가 유계 영역 D에서 해석함수이고 닫힌 영역 $\bar{D}$에서 연속이면 $|f(z)|$는 최대값을 D의 경계 ∂D에서 갖는다.

연습문제 14-4

1. 다음 적분값을 구하여라.

(1) $\oint_C \frac{3}{z-i}\,dz,\ C:|z|=2$

(2) $\oint_C \frac{z^2+2z-3i}{z+2i}\,dz,\ C:|z|=3$

(3) $\oint_C \frac{e^{z^2}}{z-2}\,dz,\ C:|z|=3$

(4) $\oint_C \frac{z^4}{(z-3i)^2}\,dz,\ C:|z|=5$

(5) $\oint_C \frac{3z^2+2z-6}{(z-2)^3}\,dz,\ C:|z|=3$

(6) $\oint_C \frac{e^{z^2}}{(z-2)^2}\,dz,\ C:|z|=3$

(7) $\oint_C \frac{e^z \sin z}{(z-2)^2}\,dz,\ C:|z|=3$

(8) $\oint_C \frac{\cos 2z}{z^5}\,dz,\ C:|z|=1$

(9) $\oint_C \frac{e^z}{z^2}\,dz,\ C:|z|=2$

(10) $\oint_C \frac{\cos z}{z^2}\,dz,\ C:|z|=3$

(11) $\oint_C \frac{\sin z}{z^2+\pi^2}\,dz, C:|z-2i|=2$

(12) $\oint_C \frac{\sin z}{z^3 e^z}\,dz,\ C:|z-1|=2$

(13) $\oint_C \frac{z^2+3z+2i}{z^2+3z-4}\,dz,\ C:(a)\,|z|=1,\ (b)\,|z+5|=2$

(14) $\oint_C \frac{z+2}{z^2(z-2)}\,dz,\ C:(a)\,|z|=1,\ (b)\,|z-2|=1$

(15) $\oint_C \frac{1}{z^3(z-1)}\,dz,\ C:|z-2|=5$

(16) $\oint_C \frac{1}{z^2(z^2+1)}\,dz,\ C:|z-i|=32$

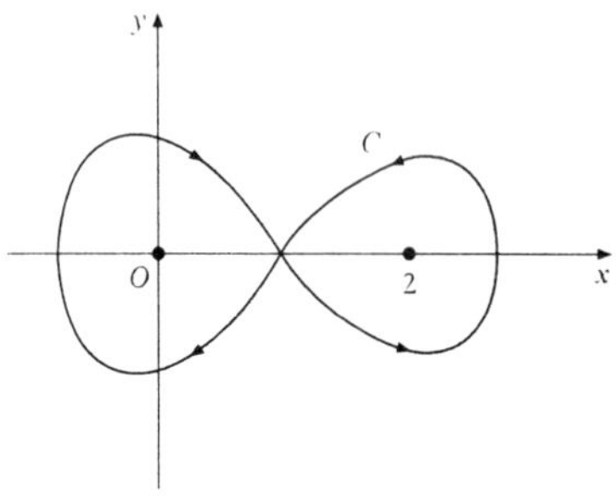

[그림 14.19] 연습 문제 14.4.1(19)

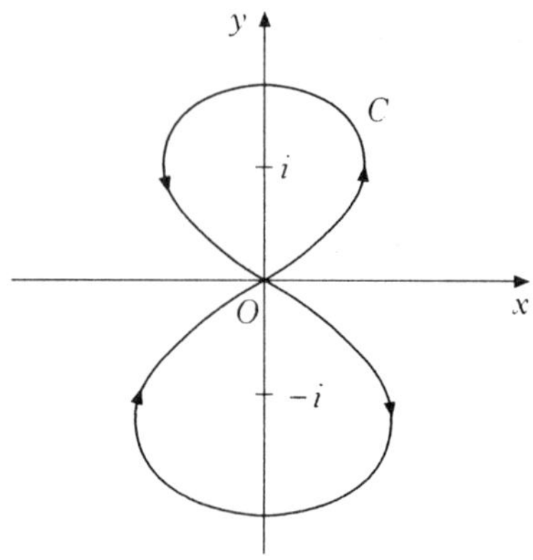

[그림 14.20] 연습 문제 14.4.1(20)

(17) $\oint_C \frac{e^2iz}{z^4} - \frac{z^4}{(z-1)^3}\,dz,\ \ C : |z| = 6$

(18) $\oint_C \frac{\cosh z}{(z-3)^3} - \frac{\sin^2 z}{(2z-\pi)^3}dz,\ \ C : |z| = 3$

(19) $\oint_C \frac{3z+1}{z(z-2)^2}dz,\ \ C$: 그림 14.19에 나타낸 경로

(20) $\oint_C \frac{e^iz}{(z^2+1)^2}dz,\ \ C$: 그림 14.20에 나타낸 경로

2. 다음 대수학의 기본 정리를 증명하여라. $f(z)$가 상수가 아닌 다항식이면, 방정식 $f(z) = 0$은 적어도 한 개의 (복소수) 근을 갖는다.
(힌트 : 모든 z에 대하여 $f(z) \neq$이라 가정하고 함수 $g(z) = \frac{1}{f(z)}$에 Liouville의 정리를 적용하여라.)

3. 복소함수 f가 $\mathbb{C} - \{0\}$에서 해석적이고 유계이면 f는 상수 함수임을 보여라.

4. 복소함수 $f(z)$가 닫힌 원판 $\{z \in \mathbb{C} \mid |z - z_0| \leq r\}$에서 해석함수이면 $f(z)$는

다음과 같은 평균값 성질을 만족시킴을 보여라.

$$f(z_0) = \frac{1}{2\pi}\int_0^{2\pi} f(z_0 + re^{it})dt$$

따라서 다음이 성립함을 보여라.

$$|f(z_0)| \leq \max_{t\in[0,\, 2\pi]} |f(z_0 + re^{it})|$$

5. 복소함수 $f(z)$가 전해석함수이고 모든 $z \in \mathbb{C}$에 대하여 $|f(z)| \leq |z|$이고 $f(1) = 1$이면 $f(z) = z$임을 보여라.

제 15 장

급수와 유수

이 장에서는 복소수로 이루어진 수열과 급수, 변수가 복소수인 멱급수에 대하여 알아본다. Cauchy의 도함수에 대한 적분 공식은 함수 $f(z)$이 점 z_0에서 해석적이면 그 점에서 모든 계수에 대한 도함수를 갖는 것을 보여준다. 이 결과에 의해서 그 점을 중심으로 한 멱급수로 $f(z)$이 전개됨을 보일 수 있다. 한편 $f(z)$이 점 z_0에서 해석적이 아니면 **Laurent 급수**로 전개될 수 있다. Laurent 급수의 개념은 **유수**(residue)의 개념을 이끌어낼 수 있으며, 복소적분을 계산하는 방법을 제시한다

15.1 수열과 급수

각 항이 실수인 수열과 급수의 개념을 복소수로 확장하고, 그의 성질에 대해 알아본다.

수열

자연수 전체의 집합에서 정의된 함수 f를 **무한수열**(infinite sequence) 또는 간단히 **수열**(sequence) 이라고 한다. 수열은 함수값 $f(n) = z_n(n = 1, 2, \cdots)$을 사용해서 다음과 같이 나타낸다.

$z_1, z_2, z_3, \cdots$ 또는 $\{z_1, z_2, z_3, \cdots\}$ 또는 $\{z_n\}$, 또는, $< z_n >$

정 의 **1.** 수열의 치역이 실수로 이루어지면 실 수열, 복소수로 이루어지면 복소 수열이 된다. 수열 $\{z_n\}$이 극한 L에 **수렴한다**(converge)는 것은 다음을 의미한다.

" 임의의 양수 ε에 대해 적당한 자연수 N이 존재해서 $n > N$일 때 $|z_n - L| < \varepsilon$이 성립한다." 이것을 기호로 다음과 같이 나타낸다.

$$\lim_{n\to\infty} z_n = L$$

기하학적으로 말하면, $n > N$인 모든 항 z_n은 L의 ε근방에 속함을 뜻한다. 실수열의 극한에 관한 모든 성질이 복소 수열에 대해서도 성립한다. 수렴하지 않는 수열은 **발산한다**(diverge)고 한다.

예 제 **1.** 수열 $\left\{\dfrac{i^n}{n}\right\}$은 0에 수렴한다. 실제로, 임의의 양수 ε에 대해 $\dfrac{1}{\varepsilon}$보다 큰 자연수 N이 존재하므로, $n > N$일 때 부등식이 성립한다.

$$\left|\frac{i^n}{n} - 0\right| = \frac{1}{n} < \frac{1}{N} < \varepsilon$$

복소수는 실수인 실수 부분과 허수 부분으로 이루어지므로 복소 수열에는 두 개의 실수열이 대응한다. 다음 정리는 이런 수열들 사이의 관계를 나타낸다.

정 리 **15.1.1.** 복소 수열 $\{z_n\}$의 각 항을 $z_n = x_n + iy_n (n = 1, 2, \ldots)$, $z_0 = x_0 + iy_0$으로 나타내자. $\lim_{n\to\infty} z_n = z_0$이기 위한 필요충분조건은 다음과 같다.

$$\lim_{n\to\infty} x_n = x_0, \quad \lim_{n\to\infty} y_n = y_0$$

[증명] $\lim_{n\to\infty} z_n = z_0$이라 하면 임의의 양수 ε에 대한 적당한 자연수 N이 존재해서 $n > N$일 때 다음이 성립한다.

$$|x_n - x_0| \leq \sqrt{(x_n - x_0)^2 + (y_n - y_0)^2} = |z_n - z_0| < \varepsilon\,,\ |y_n - y_0| \leq |z_n - z_0| < \varepsilon$$

그러므로 $\lim_{n\to\infty} x_n = x_0$이고 $\lim_{n\to\infty} y_n = y_0$이다. 이제 $\lim_{n\to\infty} x_n = x_0$, $\lim_{n\to\infty} y_n = y_0$라고 하자. 그러면 임의의 양수 ε에 대해 적당한 자연수 N이 존재해서 $n > N$일 때, 다음이 성립한다.

$$|x_n - x_0| < \frac{\varepsilon}{2}, \quad |y_n - y_0| < \frac{\varepsilon}{2}$$

그러면 삼각부등식에 의하여 다음을 얻는다.

$$|z_n - L| = |(x_n - x_0) + i(y_n - y_0)| \leq |x_n - x_0| + |y_n - y_0| < \varepsilon$$

따라서 $\lim_{n\to\infty} z_n = z_0$ 이다. □

예 제 **2.** 수열 $\{z_n\}$의 각 항이 $z_n = \dfrac{2n}{n^2+4} + i\dfrac{n^2}{n^2+4}$ $(n = 1, 2, \cdots)$이라 하자. 그러면 $\lim_{n\to\infty} \mathrm{Re}(z_n) = 0$ 이고 $\lim_{n\to\infty} \mathrm{Im}(z_n) = 1$ 이므로 $\lim_{n\to\infty} z_n = i$이다.

급수

수열$\{z_n\}$의 각 항을 순서대로 기호 '+'로 연결한 다음과 같은 식을 **무한급수**(infinite series) 또는 간단히 **급수**(series)라 한다.

$$\sum_{n=1}^{\infty} z_n = z_1 + z_2 + z_3 + \cdots$$

다음과 같이 첫째 항부터 n째 항까지의 부분합을 생각하자.

$$S_n = z_1 + z_2 + \cdots + z_n \quad (n = 1, 2, \cdots)$$

부분합의 수열$\{S_n\}$이 S에 수렴할 때 급수 $\sum_{n=1}^{\infty} z_n$은 S에 **수렴**(converge)한다고 한다. 이 때 S를 이 급수의 **합**이라 하고, 기호로 $\sum_{n=1}^{\infty} z_n = S$로 나타낸다. 수렴하지 않는 급수는 **발산**(diverge)한다고 한다. 급수 $\sum_{n=1}^{\infty} z_n$의 각 항을 $z_n = x_n + iy_n (n = 1, 2, \cdots)$으로 나타내면, 정리 **??**에 의해 $\sum_{n=1}^{\infty} z_n$이 수렴하기 위한 필요충분조건은 $\sum_{n=1}^{\infty} x_n$과 $\sum_{n=1}^{\infty} y_n$이 모두 수렴하는 것이다.

기하급수

기하급수(geometric series)

$$\sum_{k=1}^{\infty} az^{k-1} = a + az + az^2 + \cdots + az^{n-1} + \cdots \tag{15.1}$$

에 대해서, 부분합의 수열의 n번째 항은

$$S_n = a + az + az^2 + \cdots + az^{n-1} \tag{15.2}$$

이다. S_n에 z를 곱하여 원래의 S_n을 빼면 $S_n - zS_n = a - az^n$임을 알 수 있다. 여기서 S_n은

$$S_n = \frac{a(1-z^n)}{1-z} \tag{15.3}$$

이다. $|z| < 1$이면 $n \to \infty$일 때 $z^n \to 0$이므로 $|z| < 1$일 때는 언제나 (??)은

$$\frac{a}{1-z}$$

로 수렴함을 (??)으로부터 알 수 있다. 한편 $|z| \geqq 1$이면 이 급수는 발산한다. $|z| < 1$에서만 유효한 특별한 기하급수

$$\frac{1}{1-z} = 1 + z + z^2 + z^3 + \cdots \tag{15.4}$$

$$\frac{1}{1+z} = 1 - z + z^2 - z^3 + \cdots \tag{15.5}$$

은 다음 두 절에서 아주 유용할 것이다. 더불어

$$\frac{1-z^n}{1-z} = 1 + z + z^2 + z^3 + \cdots + z^{n-1} \tag{15.6}$$

의 다른 표현

$$\frac{1}{1-z} = 1 + z + z^2 + z^3 + \cdots + z^{n-1} + \frac{z^n}{1-z} \tag{15.7}$$

은 이 장의 두 개의 중요한 정리를 증명하는 데 사용할 것이다.

예 제 3. 기하급수의 수렴

$$\sum_{k=1}^{\infty} \frac{(1+2i)^k}{5^k} = \frac{1+2i}{5} + \frac{(1+2i)^2}{5^2} + \frac{(1+2i)^3}{5^3} + \cdots$$

은 $a = (1+2i)/5$이고 $z = (1+2i)/5$인 기하급수이다. $|z| = \sqrt{5}/5 < 1$이므로 이

급수는 수렴하고,

$$\sum_{k=1}^{\infty} \frac{(1+2i)^k}{5^k} = \frac{\frac{1+2i}{5}}{1-\frac{1+2i}{5}} = \frac{i}{2}$$

이다.

급수의 수렴판정법

각 항이 복소수인 급수에 대한 수렴 판정법은 실수의 경우와 본질적으로 똑같다.

정 리 **15.1.2.** 급수 $\sum_{n=1}^{\infty} z_n$이 수렴하면 $\lim_{n\to\infty} z_n = 0$ 이다.

정리 **??**에 의해 $\lim_{n\to\infty} z_n \neq 0$이면 급수 $\sum_{n=1}^{\infty} z_n$은 발산한다.

예 제 **4.** 무한 등비 급수 $\sum_{n=1}^{\infty} z^{n-1} = 1 + z + z^2 + z^3 + \cdots$ 의 수렴 여부를 알아보자. $z = 1$이면 발산한다. $z \neq 1$일때, 첫째 항부터 n째 항까지의 부분합은 다음과 같다.

$$S_n = 1 + z + z^2 + \cdots + z^{n-1} = \frac{1-z^n}{1-z}$$

따라서 주어진 급수는 $|z| < 1$일 때 $\frac{1}{1-z}$에 수렴한다. 그리고 $|z| \geq 1$이면, 정리 **??**에 의하여 발산한다.

급수$\sum_{n=1}^{\infty} z_n = z_1 + z_2 + z_3 + \cdots$의 각 항에 절대값을 취한 다음 급수가 수렴할 때 $\sum_{n=1}^{\infty} z_n$은 **절대수렴한다**(absolutely converge)고 한다.

$$\sum_{n=1}^{\infty} |z_n| = |z_1| + |z_2| + |z_3| + \cdots$$

실수인 경우와 마찬가지로 절대수렴하는 급수는 수렴한다. 한편, $\sum_{n=1}^{\infty} z_n$은 수렴하지만 $\sum_{n=1}^{\infty} |z_n|$이 발산하면, $\sum_{n=1}^{\infty} z_n$은 **조건 수렴**(conditionally converge)한다고 한다. 복소 수열에 대해서도 비교 판정법, 비율 판정법, 거듭제곱근 판정법이 성립한다. 다음 정리의 증명은 실 수열에 관한 증명과 유사하므로 생략한다.

정 리 15.1.3. [1] [**비교 판정법**] 급수 $\sum_{n=1}^{\infty} z_n$에 대해 $|z_n| \le a_n (n = 1, 2, \cdots)$이고 $\sum_{n=1}^{\infty} a_n$이 수렴하면 $\sum_{n=1}^{\infty} z_n$은 절대수렴한다(따라서 수렴한다).

[2] [**비율 판정법**] 각 항이 0이 아닌 급수 $\sum_{n=1}^{\infty} z_n$에 대해 $\lim_{n\to\infty} \left| \frac{z_{n+1}}{z_n} \right| = L$일 때,

(i) $L < 1$이면 이 급수는 절대수렴한다.

(ii) $L > 1$이면 이 급수는 발산한다.

(iii) $L = 1$이면 이 급수는 수렴할 수도 있고 발산할 수도 있다.

[3] [**근 판정법**] 급수 $\sum_{n=1}^{\infty} z_n$에 대해 $\lim_{n\to\infty} \sqrt[n]{|z_n|} = L$일 때

(i) $L < 1$이면 이 급수는 절대수렴한다.

(ii) $L > 1$이면 이 급수는 발산한다.

(iii) $L = 1$이면 이 급수는 수렴할 수도 있고 발산할 수도 있다.

예 제 5. 다음 급수의 수렴 여부를 판정하여라.

[1] $\sum_{n=1}^{\infty} \frac{i^n}{n^2}$ [2] $\sum_{n=1}^{\infty} \frac{(4+3i)^n}{n!}$ [3] $\sum_{n=0}^{\infty} \frac{(4+i)^n}{4^n + 2^n}$

[**풀이**] [1] 각 자연수 n에 대하여 $\left| \frac{i^n}{n^2} \right| = \frac{1}{n^2}$이고 $\sum_{n=1}^{\infty} \frac{1}{n^2}$은 수렴하므로 비교 판정법에 의하여 $\sum_{n=1}^{\infty} \frac{i^n}{n^2}$은 수렴한다.

[2] $\lim_{n\to\infty} \left| \frac{(4+3i)^{n+1}}{(n+1)!} \cdot \frac{n!}{(4+3i)^n} \right| = \lim_{n\to\infty} \frac{|4+3i|}{n+1} = \lim_{n\to\infty} \frac{5}{n+1} = 0 < 1$이므로,

비율 판정법에 의하여 급수 $\sum_{n=1}^{\infty} \frac{(4+3i)^n}{n!}$은 절대수렴한다.

[3] $\lim_{n\to\infty} \sqrt[n]{\frac{|4+i|^n}{4^n(1+2^{-n})}} = \lim_{n\to\infty} \frac{|4+i|}{4\sqrt[n]{(1+2^{-n})}} = \frac{\sqrt{17}}{4} > 1$이므로, 근 판정법에 의하여 급수 $\sum_{n=0}^{\infty} \frac{(4+i)^n}{4^n+2^n}$은 발산한다.

급수 $\sum_{n=0}^{\infty} \frac{1}{n}$과 $\sum_{n=0}^{\infty} \frac{1}{n^2}$에 비율 판정법과 거듭제곱근 판정법을 적용시키면 모두 $L=1$을 얻는다. 그런데 $\sum_{n=0}^{\infty} \frac{1}{n}$은 발산하고 $\sum_{n=0}^{\infty} \frac{1}{n^2}$은 수렴한다. 그러므로 $L=1$인 경우에는 이 판정법들을 적용시킬 수 없다.

멱급수

변수가 실수인 멱급수는 변수가 복소수인 멱급수로 자연스럽게 확장된다. 복소 변수 z와 복소 상수 z_0에 대하여 다음과 같은 꼴의 급수를 $z-z_0$에 관한 **멱급수**(power series)라고 한다.

$$\sum_{n=0}^{\infty} a_n(z-z_0)^n = a_0 + a_1(z-z_0) + a_2(z-z_0)^2 + \cdots$$

이때, z_0을 이 멱급수의 **중심**(center), 복소 상수 $a_0, a_1, a_2, \cdots$를 이 멱급수의 **계수**(coefficient)라고 한다.

예제??의 무한 등비 급수 $\sum_{n=0}^{\infty} z^{n-1} = \sum_{n=0}^{\infty} z^n$은 중심이 0인 z에 관한 멱급수이다. 이 멱급수는 $|z|<1$일 때 (절대) 수렴하고, $|z|\geq 1$일 때 발산한다. 즉, 중심이 0이고 반지름이 1인 열린 원판 내의 모든 점에서 수렴하고 그 이외의 점에서는 발산한다.

일반적으로 멱급수 $\sum_{n=0}^{\infty} a_0(z-z_0)^n$에는 **수렴반경**(radius of convergence) R $(0 \leq R \leq \infty)$이 존재한다. 이 멱급수는 $|z-z_0|<R$인 모든 z에 대해 절대수렴하고 $|z-z_0|>R$인 모든 z에 대해 발산한다. $R \neq \infty$일 때 $|z-z_0|=R$로 정의된 **수렴원**(circle of convergence)이 존재한다.

수렴반경은 다음과 같이 결정된다.

정 리 **15.1.4.** 멱급수 $\sum_{n=0}^{\infty} a_n(z-z_0)^n$에 대하여 $\lim_{n\to\infty}\left|\frac{a_{n+1}}{a_n}\right| = L$ 일 때

[1] $L \neq 0$ 이면 수렴반경은 $R = \frac{1}{L}$이다.

[2] $L = 0$ 이면 수렴반경은 $R = \infty$이다(즉, 모든 z에 대하여 수렴한다).

[3] $L = \infty$이면 수렴반경은 $R = 0$이다(즉, 중심 z_0에서만 수렴한다).

[**증명**] 각 z에 대하여 다음을 얻는다.

$$L^* = \lim_{n\to\infty}\left|\frac{a_{n+1}(z-z_0)^{n+1}}{a_n(z-z_0)^n}\right| = \lim_{n\to\infty}\left|\frac{a_{n+1}}{a_n}\right||z-z_0| = L|z-z_0|$$

[1] $L \neq 0$ 이면 비율 판정법에 의하여 $L^* = L|z-z_0| < 1$, 즉 $|z-z_0| < \frac{1}{L}$인 모든 z에 대하여 절대수렴하고, $L^* = L|z-z_0| > 1$ 즉,$|z-z_0| > \frac{1}{L}$ 인 모든 z에 대하여 발산한다. 그러므로 수렴반경은 $R = \frac{1}{L}$이다.

[2] $L = 0$이면 모든 z에 대하여 $L^* = 0$이므로, 비율 판정법에 의하여 모든 z에 대하여 수렴한다. 그러므로 수렴반경은 $R = \infty$이다.

[3] $L = \infty$이면 모든 $z \neq z_0$에 대하여 $L^* = \infty$이므로, 비율 판정법에 의하여 모든 $z \neq z_0$에 대하여 발산한다. 그러므로 수렴반경은 $R = 0$이다. □

$\lim_{n\to\infty}\sqrt[n]{|a_n|} = L$이면 근 판정법에 의하여 정리 **??**와 같은 결과를 얻는다. 그리고 수렴반경은 계수에 의하여 결정되므로 중심과 관계 없고, 수렴원의 중심에 따라 이동된다.

예 제 **6.** 다음 멱급수의 수렴반경 R과 수렴원을 구하여라.

[1] $\sum_{n=0}^{\infty}\frac{(z-i)^n}{2^n}$ [2] $\sum_{n=0}^{\infty}\frac{n^n(z-i)^n}{n!}$ [3] $\sum_{n=1}^{\infty} nz^{n-1}$

[**풀이**] [1] $\lim_{n\to\infty}\left|\frac{1}{2^{n+1}}\frac{2^n}{1}\right| = \lim_{n\to\infty}\frac{1}{2} = \frac{1}{2}$이므로, 수렴반경은 $R = 2$이고 수렴원은 $|z-i| = 2$이다.

[2] $\lim_{n\to\infty}\left|\frac{(n+1)^{n+1}}{(n+1)!}\frac{n!}{n^n}\right| = \lim_{n\to\infty}\left(1+\frac{1}{n}\right)^n = e$이므로, 수렴반경은 $R = \frac{1}{e}$이고 수렴원은 $|z-i| = \frac{1}{e}$이다.

[3] $\lim_{n\to\infty}\left|\frac{n+1}{n}\right| = 1$ 이므로, 수렴반경은 $R=1$ 이고 수렴원은 $|z|=1$이다.

멱급수로 표현된 함수

멱급수 $\sum_{n=0}^{\infty} a_n(z-z_0)^n$의 수렴반경이 양수 R이면, 수렴 원 $|z-z_0|=R$ 내부의 각점 z에 대하여 이 멱급수는 일정한 합을 가진다. 그러므로 수렴원 내부에서 다음과 같이 함수 $f(z)$를 정의할 수 있다.

$$f(z) = \sum_{n=0}^{\infty} a_n(z-z_0)^n \qquad (|z-z_0| < R)$$

이때, 함수 $f(z)$는 멱급수로 표현되었다 또는 전개되었다고 한다. 예를 들면, 무한 등비급수 $\sum_{n=0}^{\infty} z^n$은 단위원 $|z|=1$의 내부에서 함수 $f(z) = \frac{1}{1-z}$을 나타낸다.

연습문제 15-1

1. 다음 수열의 수렴 여부를 판정하고, 수렴하면 극한을 구하여라.

(1) $\left\{1+\frac{2ni}{n+1}\right\}$ (2) $\{2+(-i)^n\}$

(3) $\left\{\frac{(-1)^n}{n+i}\right\}$ (4) $\left\{\frac{3ni+1}{n+ni}\right\}$

(5) $\{(1-n)^{-n}\}$ (6) $\left\{\left(\frac{1+i}{4}\right)^n\right\}$

2. 다음 급수의 수렴 여부를 판정하여라.

(1) $\sum_{n=1}^{\infty} \frac{(6+5i)^n}{8^n}$ (2) $\sum_{n=1}^{\infty} \left(\frac{1+i}{2}\right)^n$

(3) $\sum_{n=1}^{\infty} \frac{n+1}{n2^n}$ (4) $\sum_{n=1}^{\infty} \frac{(n+2)^2}{(2i)^n}$

(5) $\sum_{n=1}^{\infty} \frac{e^{in}}{2n^3}$ (6) $\sum_{n=1}^{\infty} \frac{(2i)^n n!}{n^n}$

3. 다음 멱급수의 수렴반경과 수렴원을 구하여라.

(1) $\sum_{n=1}^{\infty} \frac{z^n}{n^2 2^n}$ (2) $\sum_{n=1}^{\infty} \frac{i^n - 1}{n} z^n$

(3) $\sum_{n=0}^{\infty} \frac{n+1}{2^n}(z+3i)^n$ (4) $\sum_{n=1}^{\infty} n^n (z+1)^n$

(5) $\sum_{n=0}^{\infty} \frac{z^{2n+1}}{(2n+1)!}$ (6) $\sum_{n=0}^{\infty} \frac{(1-i)^n}{n+2}(z-3i)^n$

4. 수렴반경이 $R > 0$인 두 멱급수 $\sum_{n=0}^{\infty} a_n z^n$과 $\sum_{n=0}^{\infty} b_n z^n$이 $|z| < R$인 모든 z에 대하여 똑같은 합을 가지면 $a_n = b_n (n = 0, 1, 2, \cdots)$임을 보여라

5. $z = re^{i\theta}(0 < r < 1)$와 등식 $\sum_{n=1}^{\infty} z^n = \frac{z}{1-z}(|z| < 1)$로부터 다음이 성립함을 보여라.

$$\sum_{n=1}^{\infty} r^n \cos n\theta = \frac{r\cos\theta - r^2}{1 - 2r\cos\theta + r^2}, \quad \sum_{n=1}^{\infty} r^n \sin n\theta = \frac{r\sin\theta}{1 - 2r\cos\theta + r^2}$$

6. 급수 $\sum_{n=1}^{\infty} z_n$이 수렴하면, 수열 $\{z_n\}$은 유계임을 보여라.

7. 다음 등식이 성립함을 보여라.

$$\frac{1}{(1-z)^3} = \sum_{n=0}^{\infty} \frac{(n+2)(n+1)}{2} z^n \quad (|z| < 1)$$

15.2 Taylor 급수

14장에서 $f(z)$가 z_0에서 해석적이면 모든 n에 대해서 도함수 $f^{(n)}(z_0)$가 존재함을 알았다. 이 절에서 $f(z)$가 z_0에서 해석적이면 $f(z)$는 중심이 z_0인 원판에서 수렴하는 복소 Taylor급수 표현을 가짐을 알아 본다.

Taylor 급수

함수 $f(z)$가 다음과 같이 $z = z_0$에서 수렴반경이 $R > 0$인 멱급수로 표현된다고 하자.

$$f(z) = \sum_{n=0}^{\infty} a_n(z - z_0)^n \quad (|z - z_0| < R)$$

이때, 계수 $a_n(n = 0, 1, 2, \cdots)$을 구하여 보자. 각 $k = 1, 2, 3, \cdots$에 대하여 함수 $f(z)$의 k계 도함수는 다음과 같다.

$$f^{(k)}(z) = \sum_{n=k}^{\infty} n(n-1)\cdots(n-k+1)a_n(z - z_0)^{n-k} \quad (|z - z_0| < R)$$

그러므로 $z = z_0$에서 각 계의 도함수의 값은 다음과 같다.

$$f(z_0) = a_0, \quad f'(z_0) = a_1, \quad f''(z_0) = 2!a_2, \quad f^{(3)}(z_0) = 3!a_3, \quad \cdots$$

일반적으로 $f^{(n)}(z_0) = n!a_n$이므로 다음을 얻는다.

$$a_n = \frac{f^{(n)}(z_0)}{n!} \qquad (n = 0, 1, 2, \cdots)$$

따라서 멱급수로 표현된 함수는 다음과 같이 나타낼 수 있다.

$$f(z) = \sum_{n=0}^{\infty} \frac{f^{(n)}(z_0)}{n!}(z - z_0)^n \quad (|z - z_0| < R)$$

우변과 같이 나타낸 멱급수를 중심이 z_0인 $f(z)$의 **Taylor 급수**(Taylor series)라고 한다. 특히, 다음과 같이 중심이 0인 Taylor 급수를 $f(z)$의 **Maclaurin 급수**(Maclaurin series)라고 한다.

$$f(z) = \sum_{n=0}^{\infty} \frac{f^{(n)}(0)}{n!} z^n$$

Taylor의 정리

해석함수는 Taylor 급수로 전개된다는 Taylor의 정리를 알아보자.

정 리 15.2.1. [Taylor의 정리] $f(z)$는 영역 D에서 해석함수이고 z_0은 D내의 임의의 점이라 하자. 중심이 z_0이고 D 내에 완전히 포함되는 가장 큰 열린 원판의 반지름을 R이라 할 때, $|z - z_0| < R$에서 $f(z)$는 다음과 같이 Taylor 급수로 전개된다.

$$f(z) = \sum_{n=0}^{\infty} \frac{f^{(n)}(z_0)}{n!} (z - z_0)^n \tag{15.8}$$

[증명] $|z - z_0| < R$인 임의의 점 z를 고정하면 $|z - z_0| < r < R$인 실수 r이 존재한다(그림 ??).

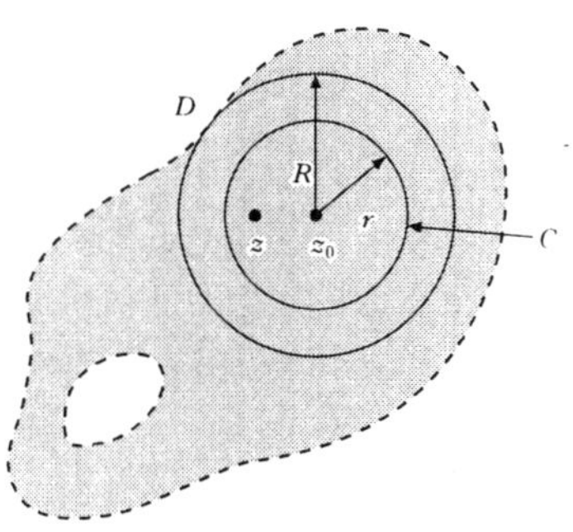

[그림 15-1] Taylor의 정리

이제 중심이 z_0이고 반지름이 r인 원을 C라 하자. 그러면 Cauchy의 적분 공식에 의하여 다음이 성립한다.

$$f(z) = \frac{1}{2\pi i}\oint_c \frac{f(\zeta)}{\zeta - z}d\zeta \tag{15.9}$$

그런데 C 위의 임의의 점 ζ와 임의의 자연수 n에 대하여 다음과 같이 나타낼 수 있다.

$$\begin{aligned}\frac{1}{\zeta - z} &= \frac{1}{(\zeta - z_0) - (z - z_0)} = \frac{1}{\zeta - z_0}\frac{1}{1 - \dfrac{z - z_0}{\zeta - z_0}}\\ &= \frac{1}{\zeta - z_0}\left\{1 + \frac{z - z_0}{\zeta - z_0} + \left(\frac{z - z_0}{\zeta - z_0}\right)^2 + \cdots +\right.\\ &\qquad\qquad \left. + \left(\frac{z - z_0}{\zeta - z_0}\right)^{n-1} + \frac{(z - z_0)^n}{(\zeta - z)(\zeta - z_0)^{n-1}}\right\}\end{aligned}$$

그러므로 식 (15.9)는 다음과 같이 된다.

$$\begin{aligned}f(z) &= \frac{1}{2\pi i}\oint_C \frac{f(\zeta)}{\zeta - z_0}d\zeta\\ &\quad + \frac{z - z_0}{2\pi i}\oint_C \frac{f(\zeta)}{(\zeta - z_0)^2}d\zeta + \frac{(z - z_0)^2}{2\pi i}\oint_C \frac{f(\zeta)}{(\zeta - z_0)^3}d\zeta + \cdots +\\ &\quad + \frac{(z - z_0)^{n-1}}{2\pi i}\oint_C \frac{f(\zeta)}{(\zeta - z_0)^n}d\zeta + \frac{(z - z_0)^n}{2\pi i}\oint_C \frac{f(\zeta)}{(\zeta - z)(\zeta - z_0)^n}d\zeta\end{aligned}$$

이제, 도함수에 관한 Cauchy의 적분 공식을 적용하면 다음을 얻는다.

$$\begin{aligned}f(z) = f(z_0) + \frac{f'(z_0)}{1!}(z - z_0) &+ \frac{f''(z_0)}{2!}(z - z_0)^2 + \cdots\\ &+ \frac{f^{(n-1)}(z_0)}{(n-1)!}(z - z_0)^{n-1} + R_n(z)\end{aligned}$$

여기서 $R_n(z) = \dfrac{(z - z_0)^n}{2\pi i}\displaystyle\oint_C \frac{f(\zeta)}{(\zeta - z)(\zeta - z_0)^n}d\zeta$이다. 이제, $\lim_{n\to\infty} R_n(z) = 0$임을 밝히면 충분하다. C 위에서 $|f(z)|$의 최대값을 M이라 하자. $|z - z_0| = d$라 하면

$d < r$이고 다음이 성립한다.

$$|\zeta - z| = |(\zeta - z_0) - (z - z_0)| \geq |\zeta - z_0| - |z - z_0| = r - d$$

그러므로 ML부등식에 의하여 다음을 얻는다.

$$\begin{aligned}|R_n(z)| &= \left|\frac{(z-z_0)^n}{2\pi i}\oint_C \frac{f(\zeta)}{(\zeta - z)(\zeta - z_0)^n}d\zeta\right| \\ &\leq \frac{d^n}{2\pi}\frac{M}{(r-d)r^n}2\pi r = \frac{Mr}{r-d}\left(\frac{d}{r}\right)^n\end{aligned}$$

$\lim_{n\to\infty}\left(\frac{d}{r}\right)^n = 0$이므로 $\lim_{n\to\infty} R_n(z) = 0$이다. 따라서 Taylor의 정리가 증명된다.

□

함수 $f(z)$에 대한 Taylor 급수의 수렴반경은 멱급수의 수렴반경을 구하는 방법으로 구할 수 있다. 그러나 Taylor의 정리에 의하여, 중심이 z_0인 $f(z)$의 Taylor 급수의 수렴반경은 일반적으로 z_0에서 $f(z)$가 해석적이지 않은 가장 가까운 점까지의 거리이다.

예 제 **1.** 함수 $f(z) = e^z$의 Maclaurin 급수를 구하여라.

[**풀이**] 모든 자연수 n에 대해 $f^{(n)}(z) = e^z$이므로 $f^{(n)}(0) = 1$이다. 그러므로 함수 $f(z) = e^z$의 Maclaurin 급수는 다음과 같다.

$$e^z = \sum_{n=0}^{\infty}\frac{f^{(n)}(0)}{n!}z^n = \sum_{n=0}^{\infty}\frac{1}{n!}z^n = 1 + \frac{z}{1!} + \frac{z}{2!} + \cdots + \frac{z^n}{n!} + \cdots$$

한편, $\lim_{n\to\infty}\left|\frac{1}{(n+1)!}\frac{n!}{1}\right| = \lim_{n\to\infty}\frac{1}{n+1} = 0$이므로 이 급수의 수렴반경은 $R = \infty$이다. 즉 모든 z에 대해 수렴한다.

몇 가지 기본적인 함수의 Maclaurin 급수는 다음과 같다.

$$\cos z = 1 - \frac{z^2}{2!} + \frac{z^4}{4!} - \cdots = \sum_{n=0}^{\infty}(-1)^n \frac{z^{2n}}{(2n)!}$$

$$\sin z = z - \frac{z^3}{3!} + \frac{z^5}{5!} - \cdots = \sum_{n=0}^{\infty}(-1)^n \frac{z^{2n+1}}{(2n+1)!}$$

$$\mathrm{Log}(1+z) = z - \frac{z^2}{2!} + \frac{z^3}{3!} - \cdots = \sum_{n=1}^{\infty}(-1)^{n-1} \frac{z^n}{n!} \qquad (|z|<1)$$

정리 ??의 Taylor 급수는 연습 문제 ??의 문제 4에 의하여 유일하다. 그러므로 여러 가지 방법을 사용하여 간편하게 Taylor 급수를 구할 수 있다. 예를 들면, $\cos z$의 Taylor 급수는 $\sin z$의 Taylor 급수를 미분하여 구할 수 있고, e^{z^2}의 Maclaurin 급수는 e^z의 Maclaurin 급수의 z를 z^2으로 치환하여 구할 수 있다.

예 제 2. 다음 함수의 Maclaurin 급수를 구하여라.

[1] $\dfrac{1}{1+z^2}$ [2] $\dfrac{1}{(1-z)^2}$

[풀이] [1] 다음 무한 등비 급수를 생각하자.

$$\frac{1}{1-z} = 1 + z + z^2 + \cdots = \sum_{n=0}^{\infty} z^n \qquad (|z|<1) \tag{15.10}$$

여기서 z를 $-z^2$으로 치환하여 다음을 얻는다.

$$\frac{1}{1+z^2} = 1 - z^2 + z^4 - \cdots = \sum_{n=0}^{\infty}(-z^2)^n = \sum_{n=0}^{\infty}(-1)^n z^{2n} \qquad (|z|<1)$$

[2] $\dfrac{1}{(1-z)^2} = \dfrac{d}{dz}\left(\dfrac{1}{1-z}\right)$이므로 식 (??)의 각 항을 미분하여 다음을 얻는다(정리15.2.2).

$$\frac{1}{(1-z)^2} = 1 + 2z + 3z^2 + \cdots = \sum_{n=1}^{\infty} n z^{n-1} \qquad (|z|<1)$$

예 제 **3.** 다음 점 2와 $2i$ 중심으로 하는 함수 $f(z) = \dfrac{1}{1-z}$의 Taylor 급수를 구하여라.

[**풀이**] 식 (??)을 변형하여 Taylor 급수를 구할 수 있다.

[1]
$$\frac{1}{1-z} = \frac{1}{-1-(z-2)} = \frac{-1}{1-\{-(z-2)\}}$$
$$= (-1)\{1-(z-2)+(z-2)^2-(z-2)^3+\cdots\}$$
$$= \sum_{n=0}^{\infty}(-1)^{n+1}(z-2)^n \qquad (|z-2|<1)$$

[2]
$$\frac{1}{1-z} = \frac{1}{1-2i-(z-2i)} = \frac{1}{1-2i}\,\frac{1}{1-\dfrac{z-2i}{1-2i}}$$
$$= \frac{1}{1-2i}\left\{1+\frac{z-2i}{1-2i}+\left(\frac{z-2i}{1-2i}\right)^2+\cdots\right\}, \qquad \left(\left|\frac{z-2i}{1-2i}\right|<1\right)$$
$$= \sum_{n=0}^{\infty}\frac{(z-2i)^n}{(1-2i)^{n+1}}, \qquad (|z-2i|<\sqrt{5})$$

함수 $f(z) = \dfrac{1}{1-z}$은 $z=1$에서만 해석적이지 않다. 예제 **??**에서 [1]의 Taylor 급수의 수렴반경은 2부터 1까지의 거리와 같고, [2]의 Taylor 급수의 수렴반경은 $2i$부터 $1-2i$까지의 거리와 같다.

정 리 **15.2.2. [Taylor급수의 미분과 적분]** f가 원판 $|z-z_0|<R$에서 수렴하는 Taylor급수 표현을 갖는다 하자. 이 경우 Taylor급수는 항별로 미분과 적분이 가능하고 수렴반경은 같다.

$$f'(z) = \sum_{n=1}^{\infty}\frac{f^{(n)}(z_0)}{(n-1)!}\,(z-z_0)^{n-1}, \qquad (|z-z_0|<R) \tag{15.11}$$

$$\int_{z_0}^{z} f(\xi)d\xi = \sum_{n=0}^{\infty}\frac{f^{(n)}(z_0)}{(n+1)!}\,(z-z_0)^{n+1}, \qquad (|z-z_0|<R) \tag{15.12}$$

를 얻는다.

[증명] 식 (??)의 증명은 $g(z) = f'(z)$라 하자. 이 경우 $g(z)$는 원판 $|z - z_0| < R$에서 해석함수다. 따라서 Taylor 급수

$$g(z) = \sum_{n=0}^{\infty} \frac{g^{(n)}(z_0)}{n!} (z - z_0)^n, \qquad (\,|z - z_0| < R\,) \tag{15.13}$$

을 갖는다. 그런데 $g^{(n)}(z_0) = f^{(n+1)}(z_0)$이므로 이것을 식(??)에 대입하여

$$f'(z) = g(z) = \sum_{n=0}^{\infty} \frac{f^{(n+1)}\ (z_0)}{n!}(z - z_0)^n = \sum_{n=1}^{\infty} \frac{f^{(n)}(z_0)}{(n-1)!} (z - z_0)^{n-1}$$

을 얻는다. 따라서 식(??)이 성립된다. 식(??)의 증명은 독자에게 맡긴다. □

예 제 **4.** 정리 ??의 결과를 사용하여 다음 식이 성립함을 보여라

$$\frac{1}{(1-z)^2} = \sum_{n=1}^{\infty} nz^{n-1}\,, \qquad (|z| < 1) \tag{15.14}$$

[풀이] $f(z) = 1/(1 - z)$을 미분하면 $f^{(n)}(z) = n!/(1 - z)^{n+1}$, $f^{(n)}(0) = n!$이다. 따라서 f에 대한 Maclaurin급수는

$$f(z) = \frac{1}{1-z} = \sum_{n=0}^{\infty} z^n\,, \qquad (|z| < 1) \tag{15.15}$$

식(??)에 급수의 항별 미분법을 적용하여 다음 식을 얻는다.

$$\frac{1}{(1-z)^2} = f'(z) = \sum_{n=1}^{\infty} nz^{n-1}\,, \qquad (|z| < 1) \tag{15.16}$$

예 제 **5.** 다음 식이 성립함을 보여라.

$$\mathrm{Log}(1 - z) = -\sum_{n=1}^{\infty} \frac{z^n}{n}\,, \qquad (|z| < 1) \tag{15.17}$$

[풀이] $-\mathrm{Log}(1 - z) = \int_0^z d\xi/(1 - \xi)$(단 이것은 좌반평면 $\mathrm{Re}\, z < 1$ 에서 성립 한

다.) $1/1-\xi$대신 식(??)형으로 주어진 급수를 항별 적분하여

$$\mathrm{Log}(1-z) = -\int_0^z \sum_{n=0}^{\infty} \xi^n \, d\xi = -\sum_{n=1}^{\infty} \frac{z^n}{n}, \quad (|z| < 1)$$

를 얻는다.

예 제 6. 모든 z에 대해서 다음 식이 성립함을 보여라.

$$\sin^3 z = \frac{3}{4} \sum_{n=0}^{\infty} \frac{(-1)^n (1-9^n) z^{2n+1}}{(2n+1)!}$$

[**풀이**] $\sin z$는 전해석 함수이므로 이것은 모든 z에 대해서 성립하는 Maclaurin 급수 표현,

$$\sin z = \sum_{n=0}^{\infty} \frac{(-1)^n z^{2n+1}}{(2n+1)!}$$

을 갖는다. 삼각 항등식 $\sin^3 z = \frac{3}{4}\sin z - \frac{1}{4}\sin 3z$를 사용하면 $\sin^3 z$에 대한 다음 표현을 얻는다.

$$\begin{aligned} \sin^3 z &= \frac{3}{4} \sum_{n=0}^{\infty} \frac{(-1)^n z^{2n+1}}{(2n+1)!} - \frac{1}{4} \sum_{n=0}^{\infty} \frac{(-1)^n (3z)^{2n+1}}{(2n+1)!} \\ &= \frac{3}{4} \sum_{n=0}^{\infty} \frac{(-1)^n z^{2n+1}}{(2n+1)!} - \frac{3}{4} \sum_{n=0}^{\infty} \frac{(-1)^n 9^n z^{2n+1}}{(2n+1)!} \\ &= \frac{3}{4} \sum_{n=0}^{\infty} \frac{(-1)^n (1-9^n) z^{2n+1}}{(2n+1)!} \end{aligned}$$

연습문제 15-2

1. 주어진 점에서 다음 함수의 Taylor 급수와 수렴반경을 구하여라.

(1) e^{-2z}, 0

(2) $\sin 3z$, 0

(3) $\sin z^2$, 0

(4) $\cos 2z$, 0

(5) $\dfrac{z}{1+z}$, 0

(6) $\dfrac{1}{(1+2z)^2}$, 0

(7) $\dfrac{1}{1+z^4}$, 0

(8) $\dfrac{z+2}{1-z^2}$, 0

(9) $\dfrac{4-3z}{(1-z)^2}$, 0

(10) $\dfrac{2}{z}$, 1

(11) $\dfrac{1}{1+z}$, 1

(12) $\dfrac{z-1}{3-z}$, 1

(13) $\sin z$, $\dfrac{\pi}{2}$

(14) $\cos z$, $\dfrac{\pi}{2}$

(15) $\sin \pi z$, $\dfrac{1}{2}$

(16) e^z, $3i$

2. 함수 e^{ix}, $\sin x$, $\cos x$의 Taylor 급수를 이용하여 다음 Euler의 공식을 증명하여라.

$$e^{ix} = \cos x + i \sin x$$

3. 멱급수 $\sum_{n=0}^{\infty} a_n z^n$과 $\sum_{n=0}^{\infty} b_n z^n$의 수렴반경은 각각 양수 r_1과 r_2라고 하자. 그러면 모든 $|z| < \min\{r_1, r_2\}$에 대하여 다음이 성립함을 증명하여라.

$$\left(\sum_{n=0}^{\infty} a_n z^n\right)\left(\sum_{n=0}^{\infty} b_n z^n\right) = \sum_{n=0}^{\infty} c_n z^n, \quad \left(c_n = \sum_{k=0}^{\infty} a_k b_{n-k}\right)$$

4. 복소수 z가 $0 < |z| < 4$일 때, 다음 등식이 성립함을 보여라.

$$\frac{1}{4z - z^2} = \frac{1}{4z} + \sum_{n=0}^{\infty} \frac{z^n}{4^{n+2}}$$

5. 멱급수 $\sum_{n=0}^{\infty} a_n z^n$은 $|z| \le 1$일 때 해석함수이고, $|z| \le 1$일 때 $\left|\sum_{n=0}^{\infty} a_n z^n\right| \le 1$이라고 하자. 그러면 모든 자연수 k에 대하여 다음이 성립함을 보여라.

$$\left|\sum_{n=0}^{\infty} a_n z^n\right| \le \frac{|z|^k}{1-|z|}, \quad (|z| < 1)$$

6. $\sin z = \sum_{n=0}^{\infty} \frac{(-1)^n z^{2n+1}}{(2n+1)!}$은 모든 z에 대해서 성립함을 보여라.

7. $\cos z = \sum_{n=0}^{\infty} \frac{(-1)^n z^{2n}}{(2n)!}$은 모든 z에 대해서 성립함을 보여라.

15.3 Laurent 급수

점 z_0에서 해석적인 함수 $f(z)$는 Taylor의 정리에 의하여 z_0의 적당한 근방에서 Taylor 급수로 전개된다. 그러나 z_0에서 해석적이지 않은 함수에 대해서는 Taylor의 정리를 적용할 수 없다. 다음 Laurent의 정리는 z_0을 중심으로 하는 원환 $R_1 < |z - z_0| < R_2$에서 해석적인 함수는 $z - z_0$의 양과 음의 거듭제곱을 포함하는 급수로 표현할 수 있음을 보여준다.

정 리 **15.3.1. [Laurent의 정리]** $f(z)$가 z_0이 중심인 원환 $R_1 < |z - z_0| < R_2$에서 해석함수이면, $f(z)$는 $R_1 < |z - z_0| < R_2$에서 다음과 같은 급수로 전개된다.

$$\begin{aligned} f(z) &= \cdots + \frac{a_{-2}}{(z-z_0)^2} + \frac{a_{-1}}{z-z_0} + a_0 + a_1(z-z_0) + a_2(z-z_0)^2 + \cdots \\ &= \sum_{n=1}^{\infty} \frac{a_{-n}}{(z-z_0)^n} + \sum_{n=0}^{\infty} a_n(z-z_0)^n = \sum_{n=-\infty}^{\infty} a_n(z-z_0)^n \end{aligned} \tag{15.18}$$

여기서 계수 $a_n\,(n = 0, \pm1, \pm2, \cdots)$은 다음과 같이 $R_1 < |z - z_0| < R_2$에 포함되고 z_0을 내부에 포함하는 임의의 단순 폐곡선 C위에서 다음과 같은 적분값으로 표시된다.

$$a_n = \frac{1}{2\pi i}\oint_C \frac{f(\zeta)}{(\zeta - z_0)^{n+1}}d\zeta \tag{15.19}$$

[증명] $R_1 < |z - z_0| < R_2$인 임의의 점 z를 고정하면 적당한 실수 r_1과 r_2가 존재해서 다음이 성립한다.

$$R_1 < r_1 < |z - z_0| < r_2 < R_2$$

중심이 z_0이고 반지름이 r_1과 r_2인 원을 각각 C_1과 C_2라고 하자(그림 15.2). 중심이 z이고 두 원 C_1과 C_2사이에 완전히 포함되는 원 γ에 대해서 다중 연결 영역에 대한 Cauchy의 적분 공식에 의하여 다음이 성립한다.

$$f(z)=\frac{1}{2\pi i}\oint_{\gamma}\frac{f(\zeta)}{\zeta-z}d\zeta=\frac{1}{2\pi i}\oint_{C_2}\frac{f(\zeta)}{\zeta-z}d\zeta-\frac{1}{2\pi i}\oint_{C_1}\frac{f(\zeta)}{\zeta-z}d\zeta \tag{15.20}$$

Taylor의 정리의 증명과 같은 방법으로 식 (15.20)에서 C_2위에서의 적분은 다음

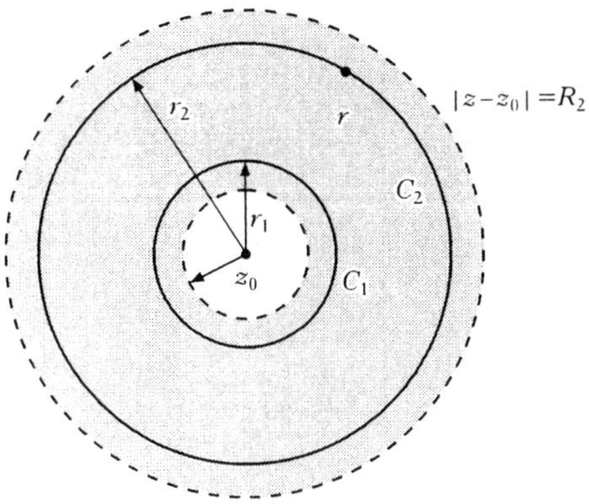

[그림 15-2] Laurent의 정리

과 같이 된다.

$$\frac{1}{2\pi i}\oint_{C_2}\frac{f(\zeta)}{\zeta-z}d\zeta=\sum_{n=0}^{\infty}a_n(z-z_0^n \tag{15.21}$$

이때, 계수 a_n은 다음과 같음을 보일 수 있다.

$$a_n=\frac{1}{2\pi i}\oint_{C_2}\frac{f(\zeta)}{(\zeta-z_0)^{n+1}}d\zeta \qquad (n=0,\ 1,\ 2,\ \cdots) \tag{15.22}$$

그리고 C_1위에서의 적분은 임의의 자연수 m에 대하여 다음과 같다.

$$\begin{aligned}-\frac{1}{2\pi i}\oint_{C_1}\frac{f(\zeta)}{\zeta-z}d\zeta&=\frac{1}{2\pi i}\oint_{C_1}\frac{f(\zeta)}{(z-z_0)-(\zeta-z_0)}d\zeta\\&=\frac{1}{2\pi i}\oint_{C_1}\frac{f(\zeta)}{z-z_0}\left\{\frac{1}{1-\frac{\zeta-z_0}{z-z_0}}\right\}d\zeta\\&=\frac{1}{2\pi i}\oint_{C_1}\frac{f(\zeta)}{z-z_0}\left\{1+\frac{\zeta-z_0}{z-z_0}+\left(\frac{\zeta-z_0}{z-z_0}\right)^2+\cdots+\right.\end{aligned}$$

$$+\left(\frac{\zeta - z_0}{z - z_0}\right)^{m-1} + \frac{(\zeta - z_0)^m}{(z-\zeta)(z-z_0)^{m-1}}\Bigg\}d\zeta$$

$$= \sum_{n=1}^{m-1} \frac{a_{-n}}{(z-z_0)^n} + R_m(z)$$

여기서 a_{-n}과 R_m은 다음과 같다.

$$a_{-n} = \frac{1}{2\pi i}\oint_{C_1} \frac{f(\zeta)}{(\zeta - z_0)^{-n+1}}d\zeta \qquad (n = 1, 2, \cdots, m-1) \tag{15.23}$$

$$R_m(z) = \frac{1}{2\pi i(z-z_0)^m}\oint_{C_1} \frac{f(\zeta)(\zeta - z_0)^m}{(z-\zeta)}d\zeta$$

$|\zeta - z_0| = r_1$이고 $|z - z_0| = d$라 하면, $r_1 < d$이므로 다음이 성립한다.

$$|z-\zeta| = |(z-z_0) - (\zeta - z_0)| \geq |z - z_0| - |\zeta - z_0| = d - r_1$$

그러므로 C_1위에서 $|f(\zeta)|$의 최대값을 M이라 하면 ML부등식에 의하여 다음을 얻는다.

$$|R_m(z)| = \left|\frac{1}{2\pi i(z-z_0)^m}\oint_{C_1} \frac{f(\zeta)(\zeta - z_0)^m}{(z-\zeta)}d\zeta\right|$$
$$\leq \frac{1}{2\pi d^m}\cdot\frac{Mr_1^m}{d-r_1}\cdot 2\pi r_1 = \frac{Mr_1}{d-r_1}\left(\frac{r_1}{d}\right)^m$$

그런데 $\lim_{m\to\infty}\left(\frac{r_1}{d}\right)^m = 0$이므로 $\lim_{m\to\infty} R_m(z) = 0$이다. 따라서 다음이 성립한다.

$$-\frac{1}{2\pi i}\oint_{C_1} \frac{f(\zeta)}{\zeta - z}dz = \sum_{n=1}^{\infty} \frac{a_{-n}}{(z-z_0)^n} \tag{15.24}$$

이때, 계수 a_{-n}은 식 (15.23)으로 주어진다. 식 (15.21)와 (15.24)에 의하여 정리의 식 (15.18)이 증명된다. 그리고 다중 연결 영역에서의 Cauchy의 정리에 의하여 식 (15.22)와 (15.23)은 $R_1 < |z - z_0| < R_2$에 포함되고 z_0을 내부에 포함하는 임의의 단순 폐곡선 C위에서의 선적분 (15.19)와 같다. 따라서 Laurent의 정리

가 증명된다. □

식 (15.18)의 급수를 중심이 z_0인 **Laurent 급수**(Laurent series)라고 한다. Laurent 급수 (15.18)에서 $a_{-n} = 0\ (n = 1, 2, \cdots)$이면 이 급수는 Taylor 급수가 된다. 그러므로 Laurent 급수는 Taylor 급수의 일반화이다. 그리고 원환 $R_1 < |z - z_0| < R_2$에서 R_1은 0이 될 수 있으며 R_2는 ∞가 될 수 있다.

Laurent급수가 유일함을 보일 수 있다. 만약에

$$f(z) = \sum_{-\infty}^{\infty} a_n (z - z_0)^n = \sum_{-\infty}^{\infty} b_n (z - z_0)^n, \quad (R_1 < |z - z_0| < R_2) \tag{15.25}$$

라고 할 때 모든 n에 대해서 $a_n = b_n$임을 보이면 된다. C을 $R_1 < |z - z_0| < R_2$에서 포함된 원이라 할 때 (15.25)에 $(z - z_0)^k$을 곱하고 C에서 적분하면

$$\sum_{-\infty}^{\infty} a_n \oint_C (z - z_0)^{n+k} dz = \sum_{-\infty}^{\infty} b_n \oint_C (z - z_0)^{n+k} dz \tag{15.26}$$

이다.

$$\int_C (z - z_0)^m dz = \begin{cases} 2\pi i\ , & m = -1 \\ 0\ , & m \neq -1 \end{cases}$$

이므로 식 (15.26)로부터

$$2\pi i a_{-k-1} = 2\pi i b_{-k-1}$$

을 모든 k에 대하서 얻는다. 따라서 모든 k에 대하여

$$a_k = b_k$$

이다. 따라서 Laurent급수는 유일하다. 일반적으로 식(15.19)를 사용하여 Laurent급수의 계수를 구하지 않는다. Taylor 급수와 같이, Laurent 급수가 유일하게 존재한다. 그러므로 여러 가지 방법을 이용해서 간편하게 Laurent 급수를 구할 수 있다. 예를 들면, 주어진 원환에서 주어진 함수의 Laurent 급수를 구할 때

는 무한 등비 급수, 이미 알려진 급수, 부분 분수 등을 이용할 수 있다.

예 제 1. 다음 함수를 중심이 0인 Laurent 급수로 전개하여라.

[1] $f(z) = \dfrac{\sin z}{z^2}$ [2] $g(z) = e^{\frac{1}{z}}$

[**풀이**] 함수 $f(z)$와 $g(z)$는 0을 제외한 영역, 즉 원환 $0 < |z| < \infty$에서 해석적이다. $\sin z$와 e^z의 Maclaurin 급수를 이용하여 이 두 함수의 Laurent급수를 구한다.

$$[1]\ f(z) = \frac{\sin z}{z^2} = \frac{1}{z^2}\left(z - \frac{z^3}{3!} + \frac{z^5}{5!} - \cdots\right)$$

$$= \frac{1}{z} - \frac{z}{3!} + \frac{z^3}{5!} - \cdots = \sum_{n=0}^{\infty} \frac{(-1)^n}{(2n+1)!} z^{2n-1} \qquad (0 < |z| < \infty)$$

$$[2]\ f(z) = e^{\frac{1}{z}} = 1 + \frac{1}{z} + \frac{1}{2!z^2} + \cdots = \sum_{n=0}^{\infty} \frac{1}{n!z^n} \qquad (0 < |z| < \infty)$$

예 제 2. 다음 영역에서 함수 $f(z) = \dfrac{1}{z(1-z)}$의 Laurent 급수를 구하여라.

[1] $0 < |z| < 1$ [2] $|z| > 1$ [3] $1 < |z-2| < 2$

[**풀이**] 주어진 함수는 0과 1을 제외한 영역에서 해석적이다.

$$[1]\ f(z) = \frac{1}{z} \cdot \frac{1}{1-z} = \frac{1}{z}(1 + z + z^2 + \cdots) = \sum_{n=-1}^{\infty} z^n \qquad (0 < |z| < 1)$$

$$[2]\ f(z) = -\frac{1}{z^2} \cdot \frac{1}{1 - \frac{1}{z}} = -\frac{1}{z^2}\left(1 + \frac{1}{z} + \frac{1}{z^2} + \cdots\right) = -\sum_{n=2}^{\infty} \frac{1}{z^n} \qquad (|z| > 1)$$

$$[3]\ f(z) = \frac{1}{z} + \frac{1}{1-z} = \frac{1}{2 + z - 2} - \frac{1}{(z-2)+1}$$

$$= \frac{1}{2} \cdot \frac{1}{1 + \frac{z-2}{2}} - \frac{1}{z-2} \cdot \frac{1}{1 + \frac{1}{z-2}}$$

$$= \frac{1}{2}\sum_{n=0}^{\infty}\left(-\frac{z-2}{2}\right)^n - \frac{1}{z-2}\sum_{n=0}^{\infty}\left(-\frac{1}{z-2}\right)^n$$

$$= \sum_{n=0}^{\infty} \frac{(-1)^n (z-2)^n}{2^{n+1}} + \sum_{n=0}^{\infty} \frac{(-1)^{n+1}}{(z-2)^{n+1}} \qquad (1 < |z-2| < 2)$$

예 제 **3.** 함수 $f(z) = \dfrac{1}{(z-1)(z-2)}$에 대하여 다음 물음에 답하여라.

[1] 중심이 1과 2인 Laurent급수를 각각 구하여라.

[2] 0을 중심으로 하는 Taylor급수와 Laurent급수를 모두 구하여라.

[풀이] [1] 주어진 함수는 1과 2를 제외한 영역에서 해석적이다.그러므로 중심이 1과 2인 Laurent급수는 각각 원환 $0 < |z-1| < 1$과 $0 < |z-2| < 1$에서 유효하다.

$$\begin{aligned}
f(z) &= \frac{1}{(z-1)(z-2)} = -\frac{1}{(z-1)\{1-(z-1)\}} \\
&= \frac{-1}{z-1}\{1+(z-1)+(z-1)^2+\cdots\} \\
&= -\sum_{n=-1}^{\infty}(z-1)^n \qquad (0 < |z-1| < 1)
\end{aligned}$$

$$\begin{aligned}
f(z) &= \frac{1}{(z-2)\{1+(z-2)\}} = \frac{1}{z-2}\{1-(z-2)+(z-2)^2-\cdots\} \\
&= \sum_{n=-1}^{\infty}(-1)^{n+1}(z-2)^n \quad (0 < |z-2| < 1)
\end{aligned}$$

[2] 1과 2를 제외한 영역에 Taylor의 정리와 Laurent의 정리를 적용시키기 위하여 복소 평면을 $|z| < 1,\ 1 < |z| < 2,\ |z| > 2$ 등으로 나누어 급수 전개한다.

$$\begin{aligned}
f(z) &= -\frac{1}{z-1} + \frac{1}{z-2} = \frac{1}{1-z} - \frac{1}{2\left(1-\frac{z}{2}\right)} \\
&= \sum_{n=0}^{\infty} z^n - \frac{1}{2}\sum_{n=0}^{\infty}\left(\frac{z}{2}\right)^n = \sum_{n=0}^{\infty}\left(1-\frac{1}{2^{n+1}}\right)z^n \qquad (|z| < 1)
\end{aligned}$$

함수 $f(z)$는 $|z| < 1$에서 해석적이고, 이것은 실제로 Maclaurin 급수이다.

$$f(z) = -\frac{1}{z-1} + \frac{1}{z-2} = -\frac{1}{z\left(1-\frac{1}{z}\right)} - \frac{1}{2\left(1-\frac{z}{2}\right)}$$

$$= -\frac{1}{z}\sum_{n=0}^{\infty}\left(\frac{1}{z}\right)^n - \frac{1}{2}\sum_{n=0}^{\infty}\left(\frac{z}{2}\right)^n$$

$$= -\sum_{n=0}^{\infty}\frac{1}{z^{n+1}} - \sum_{n=0}^{\infty}\left(\frac{z^n}{2^{n+1}}\right) \qquad (1 < |z| < 2),$$

$$f(z) = -\frac{1}{z-1} + \frac{1}{z-2} = -\frac{1}{z\left(1-\frac{1}{z}\right)} + \frac{1}{z\left(1-\frac{2}{z}\right)}$$

$$= -\frac{1}{z}\sum_{n=0}^{\infty}\left(\frac{1}{z}\right)^n + \frac{1}{z}\sum_{n=0}^{\infty}\left(\frac{2}{z}\right)^n = \sum_{n=0}^{\infty}\frac{2^n-1}{z^{n+1}} \qquad (|z| > 2)$$

연습문제 15-3

1. 영역 $0 < |z| < R$에서 다음 함수의 Laurent 급수를 구하고 정확한 R의 값을 결정하여라.

(1) $\dfrac{e^z}{z^2}$ (2) $\dfrac{e^{\frac{1}{z}}}{z^2}$ (3) $\dfrac{\cos z}{z^3}$

(4) $\dfrac{z-\sin z}{z^3}$ (5) $\dfrac{1-e^z}{z}$ (6) $\dfrac{1}{z(1+z^2)}$

2. 영역 $0 < |z-z_0| < R$에서 다음 함수의 Laurent 급수를 구하고 정확한 R의 값을 결정하여라.

(1) $\dfrac{e^z}{(z-1)^2}$, $z_0 = 1$ (2) $\dfrac{2z}{1+z^2}$, $z_0 = i$

(3) $\cos\dfrac{1}{z-i}$, $z_0 = i$ (4) $\dfrac{z+i}{z-i}$, $z_0 = i$

(5) $\dfrac{z^2+1}{2z-1}$, $z_0 = \dfrac{1}{2}$ (6) $\dfrac{\cos z}{(z-\pi)^3}$, $z_0 = \pi$

3. $0 < |a| < |b|$일 때 다음 영역에서 함수 $\dfrac{1}{(z-a)(z-b)}$의 Laurent 급수를 구하여라.

(1) $|z| < |a|$ (2) $|a| < |z| < |b|$ (3) $|z| > |b|$

(4) $0 < |z-a| < |a-b|$ (5) $0 < |z-b| < |a-b|$

4. 다음 함수에 대하여 중심이 z_0인 Taylor 급수와 Laurent 급수를 모두 구하여라.

(1) $\dfrac{1}{1-z^3}$, $z_0 = 0$ (2) $\dfrac{1}{1-z^2}$, $z_0 = 1$ (3) $\dfrac{1}{z^2}$, $z_0 = i$

5. 실수 a가 $-1 < a < 1$ 일 때, 다음 식이 성립함을 보여라.

$$\frac{a}{z-a} = \sum_{n=1}^{\infty} \frac{a^n}{z^n} \qquad (|a| < |z| < \infty)$$

또한 $z = e^{i\theta}$라고 할 때, 이를 이용하여 다음이 성립함을 보여라.

$$\sum_{n=1}^{\infty} a^n \cos n\theta = \frac{a\cos\theta - a^2}{1 - 2a\cos\theta + a^2}, \quad \sum_{n=1}^{\infty} a^n \sin n\theta = \frac{a\sin\theta}{1 - 2a\cos\theta + a^2}$$

15.4 특이점과 영점

복소 함수 $f(z)$가 점 $z = z_0$에서 해석적이지 않을 때 점 z_0을 $f(z)$의 특이점이라 하고, $f(z_1) = 0$인 점 z_1을 $f(z)$의 영점이라 한다.

특이점

복소 함수 $f(z)$가 점 z_0에서 해석적이지 않을 때(또는 z_0에서 정의되지 않을 때), 점 z_0을 $f(z)$의 **특이점**(singularity, singular point)이라고 한다. 특히, 함수 $f(z)$가 점 z_0에서 해석적이지 않지만 z_0을 제외한 적당한 근방 $0 < |z - z_0| < r$에서 해석적일 때 z_0을 $f(z)$의 **고립 특이점**(isolated singular point)이라고 한다. 한편, z_0을 중심으로 하는 모든 근방에 z_0 이외에 특이점이 있을 때 z_0을 $f(z)$의 **고립되어 있지 않은 특이점**(nonisolated singular point)이라고 한다.

예 제 1. 다음 복소 함수의 특이점을 조사하고 분류하여라.

[1] $f(z) = \dfrac{1}{z^2 - 1}$ [2] $g(z) = \operatorname{Log} z$

[풀이] [1] 함수 $f(z) = \dfrac{1}{z^2 - 1}$은 $z = 1$과 $z = -1$에서 정의되지 않으므로 이 점들은 $f(z)$의 특이점이다. 그런데 $f(z)$는 영역 $0 < |z - 1| < 2$와 $0 < |z + 1| < 2$에서 각각 해석적이므로, $z = 1$과 $z = -1$은 $f(z)$의 고립 특이점이다.

[2] 함수 $\operatorname{Log} z$는 0과 음의 실수에서 해석적이지 않으므로, 점 0 또는 음의 실수를 중심으로 하는 모든 근방에는 그 이외의 특이점이 존재한다. 그러므로 0 또는 음의 실수는 $g(z)$의 비고립 특이점이다.

고립 특이점의 분류

z_0이 $f(z)$의 고립 특이점이면 적당한 근방 $0 < |z - z_0| < r$에서 $f(z)$는 해석적이다. 그러므로 Laurent의 정리에 의하여 함수 $f(z)$는 이 영역에서 다음과 같

이 Laurent 급수로 표현된다.

$$f(z)=\sum_{n=1}^{\infty}\frac{a_{-n}}{(z-z_0)^n}+\sum_{n=0}^{\infty}a_n(z-z_0)^n \qquad (0<|z-z_0|<r) \tag{15.27}$$

식(15.27)에서 상수항과 $z-z_0$의 양의 거듭제곱으로 이루어진 급수 $\sum_{n=0}^{\infty}a_n(z-z_0)^n$을 $f(z)$의 **해석 부분**(analytic part)이라하고, $z-z_0$의 음의 거듭제곱으로 이루어진 급수 $\sum_{n=1}^{\infty}\frac{a_{-n}}{(z-z_0)^n}$을 $f(z)$의 **주요 부분** 또는 **주부**(principal part)라고 한다.

고립특이점은 주부가 포함하는 항의 개수에 따라 다음과 같이 분류한다.

(i) 주부가 0일 때 z_0을 **제거 가능한**(removable) 특이점이라고 한다. 제거 가능한 특이점 z_0의 적당한 근방에서 $f(z)$의 값은 유계이고, 함수값 $f(z_0)$을 a_0으로 정의하면 함수 $f(z)$를 z_0에서 해석적으로 만들 수 있다.

(ii) 주부가 유한 개의 0이 아닌 항을 포함할 때 z_0을 **극점** 또는 **극**(pole)이라고 한다. 이때, a_{-n}이 0이 아닌 마지막 계수이면 z_0을 **위수**(order) n의 극점이라고 하고, 특히 위수 1의 극점을 **단순 극점** 또는 **단순 극**(simple pole)이라고 한다. 극점에서는 $\lim_{z\to z_0}|f(z)|=\infty$이 성립한다.

(iii) 주부가 무한히 많은 0이 아닌 항을 포함할 때, z_0을 **진성**(essential) 특이점이라고 한다. 진성 특이점 z_0에 접근하는 경로에 따라 $f(z)$의 극한값은 임의의 복소수에 접근할 수 있다.

$z=z_0$가 위의 특이점 중의 하나일 때 함수에 대한 Laurent 급수를 요약하면 다음 표와 같다.

$z=z_0$	Laurent급수
제거 가능한 특이점	$a_0+a_1(z-z_0)+a_2(z-z_0)^2+\cdots$
n위의 극	$\frac{a_{-n}}{(z-z_0)^n}+\cdots+\frac{a_{-1}}{z-z_0}+a_0+a_1(z-z_0)+\cdots \quad (a_{-n}\neq 0)$
단순극	$\frac{a_{-1}}{z-z_0}+a_0+a_1(z-z_0)+a_2(z-z_0)^2+\cdots \quad (a_{-1}\neq 0)$
진성특이점	$\cdots+\frac{a_{-1}}{z-z_0}+a_0+a_1(z-z_0)+\cdots$ ($a_{-n}\neq 0$인 점이 무수히 많다)

예 제 **2.** [1] 함수 $f(z) = \dfrac{\sin z}{z}$는 0에서 정의되지 않지만 영역 $0 < |z| < \infty$에서 해석적 이므로 0은 $f(z)$의 고립 특이점이다. 그런데 $f(z)$의 Laurent 급수는 다음과 같다.

$$f(z) = \frac{1}{z}\left(z - \frac{z^3}{3!} + \frac{z^5}{5!} - \cdots\right) = 1 - \frac{z^2}{3!} + \frac{z^4}{5!} - \cdots$$

그러므로 0은 $f(z)$의 제거 가능한 특이점이다. 또, 다음이 성립한다.

$$g(z) = \frac{\sin z}{z^2} = \frac{1}{z} - \frac{z}{3!} + \frac{z^3}{5!} - \cdots,$$

$$h(z) = \frac{\sin z}{z^3} = \frac{1}{z^2} - \frac{1}{3!} + \frac{z^2}{5!} - \cdots$$

그러므로 0은 $g(z)$의 단순 극점이고 $h(z)$의 위수 2의 극점이다.

[2] 15.3절의 예제 3에서 다음과 같은 Laurent급수를 얻었다.

$$\frac{1}{(z-1)(z-2)} = \begin{cases} -\displaystyle\sum_{n=-1}^{\infty} (z-1)^n & (0 < |z-1| < 1) \\ \displaystyle\sum_{n=-1}^{\infty} (-1)^{n+1}(z-2)^n & (0 < |z-2| < 1) \end{cases}$$

그러므로 1과 2는 모두 $\dfrac{1}{(z-1)(z-2)}$의 단순 극점이다.

[3] 15.3절의 예제 1에서 다음과 같은 Laurent급수를 얻었다.

$$e^{\frac{1}{z}} = 1 + \frac{1}{z} + \frac{1}{2!z^2} + \cdots = \sum_{n=0}^{\infty} \frac{1}{n!z^n} \qquad (0 < |z| < \infty)$$

그러므로 0은 $e^{\frac{1}{z}}$의 진성특이점이다.

영점

복소 함수 $f(z)$에 대하여 $f(z_0) = 0$을 만족시키는 z_0을 $f(z)$의 **영점**(zero)이라고 한다. 그리고 영역 D에서 해석적인 함수 $f(z)$와 $z_0 \in D$에 대하여 다음이 성립할 때 z_0을 $f(z)$의 **위수 n의 영점**이라 한다.

$$f(z_0) = 0, f'(z_0) = 0, f''(z_0) = 0, \cdots, f^{(n-1)}(z_0) = 0, f^{(n)}(z_0) = 0 \quad (15.28)$$

특히, 위수 1의 영점을 **단순 영점**(simple zero)이라고 한다.

예 제 3. [1] 함수 $f(z) = (z-1)^2$에 대하여 $f(1) = 0$, $f'(1) = 0$, $f''(1) = 2$이므로, 1은 위수 2의 영점이다.
[2] 함수 $f(z) = \sin z$에 대하여 $z = 0, \pm\pi, \pm 2\pi, \cdots$는 각각 단순 영점이다. 또, 함수 $g(z) = \sin^2 z$에 대하여 이 점들은 각각 위수 2의 영점이다.

z_0이 해석함수 $f(z)$의 위수 n의 영점이면 정의에 의하여 식(15.28)가 성립하므로 중심이 z_0인 $f(z)$의 Taylor 급수는 다음과 같다.

$$\begin{aligned} f(z_0) &= a_n(z-z_0)^n + a_{n+1}(z-z_0)^{n+1} + a_{n+2}(z-z_0)^{n+2} + \cdots \\ &= (z-z_0)^n\{a_n + a_{n+1}(z-z_0) + a_{n+2}(z-z_0)^2 + \cdots\} \quad (a_n \neq 0) \end{aligned} \quad (15.29)$$

또 식 (15.29)과 같은 Taylor 급수를 갖는 함수는 z_0에서 위수 n의 영점을 갖는다.

예 제 4. 0은 함수 $f(z) = z \sin z^2$의 영점이다. 그런데 다음이 성립한다.

$$f(z) = z\left(z^2 - \frac{z^6}{3!} + \frac{z^{10}}{5!} - \cdots\right) = z^3\left(1 - \frac{z^4}{3!} + \frac{z^8}{5!} - \cdots\right)$$

그러므로 0은 위수 3의 영점이다.

식 (15.29)에서 $g(z) = a_n + a_{n+1}(z-z_0) + a_{n+2}(z-z_0)^2 + \cdots (a_n \neq 0)$은 해석함수이므로 연속이고 $g(z_0) = a_n \neq 0$이다. 그러므로 $g(z)$는 z_0의 적당한 근방에서 0이 되지 않는다. 따라서 $f(z)$는 z_0의 적당한 근방에서 z_0이외의 영점을 갖지 않는다. 이런 의미에서 영 함수가 아닌 해석함수의 영점(들)은 고립되어 있다. 이것은 특이점과는 다른 해석함수의 성질이다.
또, 해석함수의 영점과 극점 사이에는 다음 성질이 성립한다. 증명은 연습 문제로 남긴다.

정 리 **15.4.1.** 복소 함수 $f(z)$와 $g(z)$는 점 z_0에서 해석적이고 z_0은 $f(z)$의 위수 n의 영점이며 $g(z_0) \neq 0$이면, z_0은 $\dfrac{g(z)}{f(z)}$의 위수 n의 극점이다.

예 제 **5.** 함수 $f(z) = \dfrac{z+2}{(z-1)^2(z+1)^3}$의 분모는 $z = 1$과 $z = -1$에서 각각 위수 2와 3의 영점을 갖고 분자는 이들 점에서 0이 아니다. 따라서 $f(z)$는 $z = 1$과 $z = -1$에서 각각 위수 2와 3의 극점을 갖는다.

무한대에 있는 점 ∞

실수에서 무한대는 실직선 상의 점이 아니고 단지 극한으로 이해되는 개념이다. 그러나 복소수에서는 무한대를 한 점으로 이해할 수 있는 방법이 있다. 3차원 공간에서 원점을 중심으로 하는 단위구 S를 생각하고 xy평면을 복소수 평면으로 본다. 이 때 점(0,0,1)을 극이라고 하고 N으로 나타낸다. 그림 15.3와 같이

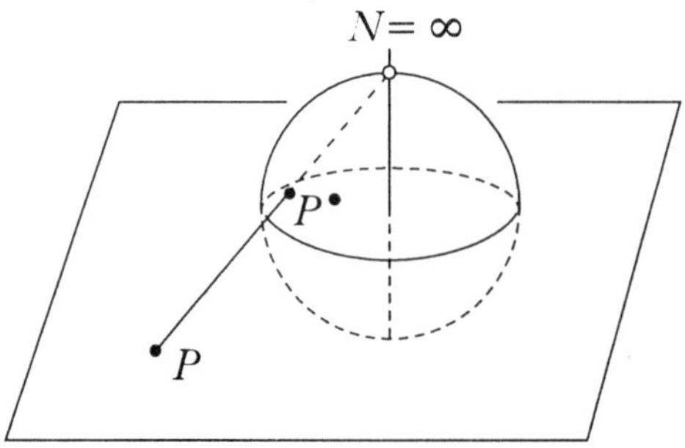

[그림 15-3] 입체사영

N과 복소수 평면 상의 점 P을 연결하는 직선이 구면과 만나는 점을 $p*$라고 두자. 그러면 평면 위의 모든 점은 구면 S위의 점(N만 제외)과 일대일 대응을 이룬다. 이제 점N을 무한대 기호 ∞을 써서 복소수 평면과 ∞를 함께하여 **확장된 복소평면**(extended complex plane)이라고 하며 이것은 구면 S와 일대일 대응을 이룬다. 이 대응을 **입체사영**(stereographic projection)이라고 부른다. 이제 함수

$f(z) = \dfrac{1}{z}$은 확장된 복소평면에서는

$$f(0) = \infty, \qquad f(\infty) = 0$$

으로 본다. 이렇게 하여 ∞를 한 개의 점으로 볼 수 있다. 이러한 관점은 함수의 계산이나 등각사상(comformal mapping)에서 유용하게 쓰인다.

연습문제 15-4

1. 다음 함수의 특이점을 찾고, 이를 분류하여라. 극인 경우에는 위수를 말하여라.

(1) $\dfrac{1}{(z-3)^2}$ (2) $\dfrac{2z+1}{z^2-2z-8}$ (3) $\dfrac{1}{z(1+z^2)}$

(4) $\dfrac{e^z}{z^2}$ (5) $\dfrac{1-e^z}{z}$ (6) $\dfrac{e^z}{(z+1)^4}$

(7) $\dfrac{\cos z}{z^3}$ (8) $\tan z$ (9) $\dfrac{\sin z}{z^2-z}$

2. 다음 함수의 영점을 찾고 그 위수를 말하여라.

(1) z^4-1 (2) z^5-z^2 (3) $(z^2-4)^3$

(4) e^z-e^{2z} (5) $z(1-\cos z)^2$ (6) $z^{-2}\cos^3 \pi z$

3. 함수 $f(z)$는 영역 $0 < |z-z_0| < r$에서 해석적이고 $\lim_{z\to z_0}(z-z_0)f(z) = 0$이면, z_0은 $f(z)$의 제거 가능한 특이점임을 증명하여라.

4. 다음 유일성 정리를 증명하여라. 함수 $f(z)$와 $g(z)$는 영역 D에서 해석적이고 $z_0 \in D$에 수렴하는 D에서의 수열 $\{z_n\}$의 각 항에 대하여 $f(z_n) = g(z_n)$이면, 모든 $z \in D$에 대하여 $f(z) = g(z)$임을 증명하여라.

5. 예제 2의 각 함수에 대하여 고립 특이점에서의 극한값을 조사하여라.

6. 전해석함수 $f(z)$가 유계이고 모든 자연수 n에 대하여 $f(n) = 0$이면 $f(z) = 0$임을 보여라.

7. 복소 함수 $f(z)$와 $g(z)$는 z_0에서 해석적이고 $g(z) \neq 0$이며 z_0은 $\dfrac{g(z)}{f(z)}$의 위수 n의 극점이라면 z_0은 $f(z)$의 위수 n의 영점임을 보여라.

8. z_0이 복소 함수 $f(z)$의 위수 n의 극점이고 $P(z)$가 m차 다항 함수이면, $P(f(z))$는 z_0에서 위수 mn의 극점을 가짐을 보여라.

15.5 유수와 유수 정리

이번 절에서는 유수의 개념을 도입하고 이를 이용하여 적분 값을 쉽게 구하는 방법을 알아본다.

유수

복소 함수 $f(z)$가 점 z_0에서 고립 특이점을 가지면 $f(z)$는 z_0을 제외한 적당한 근방 $0<|z-z_0|<r$에서 다음과 같이 Laurent 급수로 전개된다.

$$f(z)=\sum_{n=1}^{\infty}\frac{a_{-n}}{(z-z_0)^n}+\sum_{n=0}^{\infty}a_n(z-z_0)^n \qquad (0<|z-z_0|<r)$$

Laurent의 정리에 의하여 계수 a_{-1}은 영역 $0<|z-z_0|<r$에 포함되고 z_0을 내부에 포함하는 임의의 단순 폐곡선 C에 대하여 다음과 같이 결정된다.

$$a_{-1}=\frac{1}{2\pi i}\oint_C f(z)\,dz \tag{15.30}$$

그런데 Laurent 급수의 계수는 적분 공식을 사용하지 않고도 구할 수 있다. 따라서 Laurent 급수를 구해서 계수 a_{-1}을 결정하면 식(15.30)의 관계로부터 다음의 복소 적분 값을 쉽게 구할 수 있다.

$$\oint_C f(z)\,dz=2\pi i a_{-1} \tag{15.31}$$

이와 같이 계수 a_{-1}은 특별한 의미를 갖는데, 이를 z_0에서 $f(z)$의 **유수**(residue)라고 하며 기호 $\text{Res}(f(z),\, z_0)$으로 나타낸다.

예 제 **1.** 15.4절의 예제 2의 [1]에서 다음과 같은 Laurent 급수를 구했다.

$$g(z)=\frac{\sin z}{z^2}=\frac{1}{z}-\frac{z}{3!}+\frac{z^3}{5!}-\cdots,$$

$$h(z) = \frac{\sin z}{z^3} = \frac{1}{z^2} - \frac{1}{3!} + \frac{z^2}{5!} - \cdots$$

그러므로 0에서의 유수는 각각 $\text{Res}(g(z), 0) = 1$과 $\text{Res}(h(z), 0) = 0$이다. 또, 15.3절의 예제 3[3]에서 다음과 같은 함수를 다루었다.

$$f(z) = \frac{1}{(z-1)(z-2)} = \begin{cases} -\displaystyle\sum_{n=-1}^{\infty} (z-1)^n & (0 < |z-1| < 1) \\ \displaystyle\sum_{n=-1}^{\infty} (-1)^{n+1}(z-2)^n & (0 < |z-2| < 1) \end{cases}$$

그러므로 점 1과 2에서의 유수는 각각 $\text{Res}(f(z), 1) = -1$과 $\text{Res}(f(z), 2) = 1$이다.

다음 정리는 극점에서의 유수를 찾는 간편한 방법을 알려준다.

정 리 **15.5.1.** 복소함수 $f(z)$가 z_0에서 위수 n의 극점을 가지면 다음이 성립한다.

$$\text{Res}(f(z), z_0) = \frac{1}{(n-1)!} \lim_{z \to z_0} \frac{d^{n-1}}{dz^{n-1}} (z - z_0)^n f(z)$$

특히, 다음이 성립한다.

[1] z_0이 단순 극점이면 $\text{Res}(f(z), z_0) = \lim_{z \to z_0} (z - z_0) f(z)$이다.

[2] $f(z) = \dfrac{g(z)}{h(z)}$이며, $f(z)$와 $h(z)$는 z_0에서 해석적이고 $g(z_0) \neq 0$이며 $h(z)$는 z_0에서 단순 영점을 가지면, $\text{Res}(f(z), z_0) = \dfrac{g(z_0)}{h'(z_0)}$이다.

[**증명**] z_0이 위수 n의 극점이면 함수 $f(z)$의 Laurent 급수는 다음과 같다.

$$f(z) = \frac{a_{-n}}{(z-z_0)^n} + \frac{a_{-n+1}}{(z-z_0)^{n-1}} + \cdots + \frac{a_{-1}}{z - z_0} + a_0 + a_1(z - z_0) + \cdots$$

그러므로 $(z-z_0)^n$ 양변에 을 곱하면 다음을 얻는다.

$$(z-z_0)^n f(z) = a_{-n} + a_{-n+1}(z-z_0) + \cdots + a_{-1}(z-z_0)^{n-1} + a_0(z-z_0)^n + \cdots$$

이를 $(n-1)$번 미분하면 다음과 같다.

$$\lim_{z\to z_0} \frac{d^{n-1}}{dz^{n-1}}(z-z_0)^n f(z) = (n-1)!a_{-1} + n!a_0(z-z_0) + \frac{(n+1)!}{2!}a_1(z-z_0)^2 + \cdots$$

따라서 $z \to z_0$일 때의 극한을 취하면 다음을 얻는다.

$$\lim_{z\to z_0} \frac{d^{n-1}}{dz^{n-1}}(z-z_0)^n f(z) = (n-1)!a_{-1} = (n-1)!\,\mathrm{Res}(f(z),\, z_0)$$

[1] z_0이 단순 극점이면 미분할 필요 없이 함수 $f(z)$의 Laurent 급수의 양변에 $z-z_0$을 곱한 다음에 $z \to z_0$일 때의 극한을 취하면 된다.

$$\lim_{z\to z_0}(z-z_0)f(z) = \lim_{z\to z_0}\{a_{-1} + a_0(z-z_0) + \cdots\} = a_{-1} = \mathrm{Res}\,(f(z),\, z_0)$$

[2] $f(z)$는 정리 15.5.1에 의해 z_0에서 단순 극점을 가지므로 [1]에 의하여 다음이 성립한다.

$$\mathrm{Res}(f(z),\, z_0) = \lim_{z\to z_0}(z-z_0)\frac{g(z)}{h(z)} = \lim_{z\to z_0}\frac{g(z)}{\dfrac{h(z)-h(z_0)}{z-z_0}} = \frac{g(z_0)}{h'(z_0)}$$

□

예 제 2. 다음 함수의 모든 극점을 찾고, 각 극점에서의 유수를 구하여라.

[1] $f(z) = \dfrac{z^4 - z^3 - 17z + 2}{(z-1)^3}$ [2] $g(z) = \dfrac{z}{z^2(z-2)}$

[**풀이**] [1] $f(z)$는 1에서 위수 3의 극점을 갖고, 이 극점에서의 유수는 다음과 같

다.

$$\begin{aligned}\mathrm{Res}(f(z),\ 1) &= \frac{1}{2!}\lim_{z=1}\frac{d^2}{dz^2}(z-1)^3 f(z)\\ &= \frac{1}{2}\lim_{z\to 1}\frac{d^2}{dz^2}(z^4-z^3-17z+2)=3\end{aligned}$$

[2] $g(z)$는 0과 2에서 극점을 갖고, 각 극점에서의 유수는 다음과 같다.

$$\begin{aligned}\mathrm{Res}(g(z),\ 0) &= \lim_{z\to 0}\frac{d}{dz}z^2 g(z) = \lim_{z\to 0}\frac{d}{dz}\frac{1}{z-2} = -\frac{1}{4},\\ \mathrm{Res}(g(z),\ 2) &= \lim_{z\to 2}(z-2)g(z) = \lim_{z\to 2}\frac{1}{z^2} = \frac{1}{4}\end{aligned}$$

예제 의 [2]에서 $\mathrm{Res}(g(z),\ 2)$는 정리 15.5.1의 [2]를 사용해서 구할 수도 있다. 즉, $\left.\frac{d}{dz}z^2(z-2)\right|_{z=2} = 3z^2-4z\Big| = 4$이므로 $\mathrm{Res}(g(z),\ 2) = \frac{1}{4}$이다.

유수 정리

식 (15.31)로부터 유수는 적분 값을 계산하는 데 사용될 수 있음을 알 수 있다. 식 (15.31)는 단순 폐곡선 C내에 단 하나의 고립 특이점이 존재하는 경우에 대응한다. 다음 유수 정리는 단순 폐곡선 내에 여러 개의 고립 특이점이 존재하는 경우로의 확장이다.

정 리 15.5.2. 복소 함수 $f(z)$가 단순 폐곡선 C의 내부에 있는 유한 개의 고립 특이점 $z_1, z_2, \cdots, z_n$을 제외하고 C의 내부와 C위에서 해석적이면 다음이 성립한다.

$$\oint_C f(z)dz = 2\pi i\sum_{k=1}^{n}\mathrm{Res}(f(z), z_k) \tag{15.32}$$

[**증명**] 각 $z_k(k=1,2,\cdots,n)$을 중심으로 하는 원 C_k를 단순 폐곡선 C의 내부에 서로 교차하지 않도록 그리자(그림 15.4). 그러면 식 (15.31)와 다중 연결 영역에

대한 Cauchy의 적분 정리에 의하여 다음이 성립한다.

$$\oint_C f(z)dz = \sum_{k=1}^{n} \oint_{C_k} f(z)dz = 2\pi i \sum_{k=1}^{n} \mathrm{Res}(f(z), z_k)$$

□

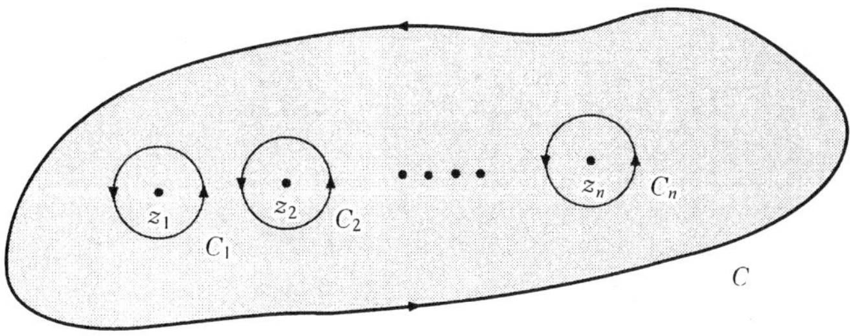

[그림 15-4] 유수정리

예 제 **3.** 선적분 $\oint_c \frac{1}{z^2(z-2)}dz$의 값을 다음 각 적분 경로에 따라 구하여라.

[1] $C : |z| = 1$ [2] $C : |z-1| = \frac{3}{2}$ [3] $C : |z| = 3$

[풀이] 함수 $g(z) = \frac{1}{z^2(z-2)}$ 은 0과 2에서 고립 특이점을 갖고, 각 특이점에서의 유수는 $\mathrm{Res}(g(z), 0) = -\frac{1}{4}$, $\mathrm{Res}(g(z), 2) = \frac{1}{4}$ 이다.

[1] 원 $C : |z| = 1$의 내부에는 단 하나의 고립 특이점 0이 존재하므로 유수 정리에 의하여 다음이 성립한다.

$$\oint_C \frac{1}{z^2(z-2)}dz = 2\pi i \mathrm{Res}(g(z), 0) = -\frac{\pi i}{2}$$

[2] 원 $C : |z-1| = \frac{3}{2}$의 내부에는 단 하나의 고립 특이점 2가 존재하므로 유수 정리에 의해서 다음이 성립한다.

$$\oint_C \frac{1}{z^2(z-2)}dz = 2\pi i \mathrm{Res}(g(z), 2) = \frac{\pi i}{2}$$

[3] 원 $C : |z| = 3$의 내부에는 고립 특이점 0과 2가 존재하므로 유수 정리에 의하여 다음이 성립한다.

$$\oint_C \frac{1}{z^2(z-2)}dz = 2\pi i\{\text{Res}(g(z),0) + \text{Res}(g(z),2)\} = 0$$

예 제 **4.** 다음 적분 값을 구하여라.

[1] $\displaystyle\oint_C \frac{e^2}{z^3+2z^2}dz, \quad C : |z| = 4$ [2] $\displaystyle\oint_C \tan z dz, \quad C : |z| = 2$

[3] $\displaystyle\oint_C e^{\frac{3}{z}}dz, \quad C : |z| = 1$

[풀이] [1] $f(z) = \dfrac{e^2}{z^3+2z^2}$라고 두면 C 내부의 특이점은 $z = 0, -2$ 이다. 이제

$$C_1 = \{z : |z| = 1\}, \quad C_2 : \{z : |z+2| = 1\}$$

이라고 두자. 그러면

$$\oint_C f(z)dz = \oint_{C_1} f(z)dz + \oint_{C_2} f(z)dz = 2\pi i(\text{Res}((f(z),0) + \text{Res}(f(z),-2))$$

이다. 한편 0은 2 차극, −2는 단순극이므로

$$\text{Res}\,(f(z),0) = \left(\frac{e^2}{z+2}\right)'\bigg|_{z=0} = \frac{e^z(z+1)}{(z+2)^2}\bigg|_{z=0} = \frac{1}{4},$$

$$\text{Res}\,(f(z),-2) = \frac{e^2}{z^2}\bigg|_{z=-2} = \frac{e^{-2}}{4}$$

이고, 따라서

$$\oint_C f(z)dz = 2\pi i\left(\frac{1}{4} + \frac{e^{-2}}{4}\right)$$

이다.

[2] 정리 15.5.2의 [2]를 사용해서 각 특이점에서의 유수를 구하면 다음과 같다.

$$\text{Res}\left(\tan z, -\frac{\pi}{2}\right) = \frac{\sin\left(-\frac{\pi}{2}\right)}{-\sin\left(-\frac{\pi}{2}\right)} = -1$$

$$\text{Res}\left(\tan z, \frac{\pi}{2}\right) = \frac{\sin\frac{\pi}{2}}{-\sin\frac{\pi}{2}} = -1$$

따라서 $\oint_C \tan z dz = 2\pi i(-1-1) = -4\pi i$이다.

[3] 피적분 함수 $e^{\frac{3}{z}}$은 0에서 진성 특이점을 가지므로 정리 15.5.2를 이용해서 유수를 구할 수 없다. 그러나 0을 중심으로 하는 $e^{\frac{1}{z}}$의 Laurent 급수는 다음과 같다.

$$e^{\frac{1}{z}} = 1 + \frac{3}{z} + \frac{9}{2!z^2} + \frac{27}{3!z^3} + \cdots \quad (0 < |z| < \infty)$$

그러므로 $\text{Res}(e^{\frac{1}{z}}, 0) = 3$이다. 따라서 $\oint_C e^{\frac{1}{z}} dz = 6\pi i$이다.

연습문제 15-5

1. 다음 함수의 특이점을 찾고, 각 특이점에서의 유수를 구하여라.

(1) $\dfrac{3}{(z-1)(z+2)}$ (2) $\dfrac{z}{(z-1)^2(z-2)}$ (3) $\dfrac{z^2+1}{z^2-2}$

(4) $\dfrac{e^z}{(z-\pi i)^3}$ (5) $\dfrac{1}{\cos z}$ (6) $z^n \sin\dfrac{1}{z}$

(7) $\dfrac{z}{z^2+16}$ (8) $\dfrac{2z-3}{z^3+3z^2}$ (9) $\dfrac{\cos z}{z^2(z-\pi)}$

2. $p(z)$ 는 이차 이하의 다항 함수 이고 a와 b는 서로 다른 복소수이면, 다음이 성립함을 보여라(이 결과는 부분 분수를 구할 때 유수를 사용할 수 있음을 보여준다).

$$(1)\ f(z) = \frac{p(z)}{(z-a)(z-b)}$$
$$= \frac{\text{Res}(f(z), z)}{z-a} + \frac{\text{Res}(f(z), b)}{z-b}$$

$$(2)\ \ f(z) = \frac{p(z)}{(z-a)^2(z-b)}$$
$$= \frac{\operatorname{Res}(f(z),z)}{z-a} + \frac{\operatorname{Res}((z-a)f(z),a)}{(z-a)^2} + \frac{\operatorname{Res}(f(z),b)}{z-b}$$

3. 다음 적분 값을 구하여라.

(1) $\oint_C 1(z-1)(z+2)^2 dz,$

(a) $C: |z| = \frac{1}{2}$ (b) $C: |z| = \frac{3}{2},$ (c) $C: |z| = 3$

(2) $\oint_C \frac{15z+9}{z^3-9z} dz,$

(a) $C: |z| = 1,$ (b) $C: |z| = 4,$ (c) $C: |z-3| = 2$

(3) $\oint_C \frac{1}{z \sin z} dz,$

(a) $C: |z-2i| = 1,$ (b) $C: |z-2i| = 3,$ (c) $C: |z| = 5$

4. 피적분 함수의 모든 특이점을 내부에 포함하는 단순 폐곡선 C를 따라 다음 적분 값을 구하여라.

(1) $\oint_C \frac{4z}{z^2+4} dz$ (2) $\oint_C \frac{1}{z^2+4z+13} dz$

(3) $\oint_C \frac{1}{z^3(z-1)^4} dz$ (4) $\oint_C \frac{z+e^z}{z^3-z} dz$

(5) $\oint_C \frac{ze^z}{z^2-1} dz$ (6) $\oint_C \frac{z}{(z-1)^2(z^2+9)} dz$

5. 중심이 0인 단위원 C를 따라 다음 적분 값을 구하여라.

(1) $\oint_C \frac{z+1}{z^2(z-2i)} dz$ (2) $\oint_C \frac{z}{z^2-1/9} dz$

(3) $\oint_C \frac{(z+4)^3}{z^4+5z^3+6z^2} dz$ (4) $\oint_C \frac{\tan z}{z} dz$

(5) $\oint_C \frac{e^{-z}}{\sin 2z} dz$ (6) $\oint_C \frac{\tan \pi z}{z^3} dz$

6. 복소 함수 $g(z)$가 z_0에서 해석적이고 $g(z_0) = 0$이며 $g'(z_0) \neq 0$이라 하자. $f(z) = \dfrac{1}{\{g(z)\}^2}$일때, z_0은 f의 위수 2인 극점이고 다음이 성립함을 보여라.

$$\mathrm{Res}(f,\, z_0) = -\frac{g''(z_0)}{\{g'(z_0)\}^3}$$

7. 적분경로 C_N이 복소 평면에서 다음 네 개의 직선으로 구성되는 정사각형이라 하자.

$$x = \pm\left(N + \frac{1}{2}\right)\pi, \quad y = \pm\left(N + \frac{1}{2}\right)\pi \qquad (N\text{은 자연수})$$

이때, 다음이 성립함을 보여라.

$$\oint_{C_N} \frac{dz}{z^2 \sin z} = 2\pi i \left\{\frac{1}{6} + 2\sum_{n=1}^{N} \frac{(-1)^n}{n^2\pi^2}\right\}$$

또, 이를 이용하여 다음 등식이 성립함을 증명하여라.

$$\sum_{n=1}^{\infty} \frac{(-1)^{n+1}}{n^2} = \frac{\pi^2}{12}$$

15.6 실적분의 계산

유수 정리는 복잡한 실적분 값을 계산하는 데 매우 유용하다. 이 절에서는 몇 가지 경우에 유수 정리를 응용하는 방법을 알아본다.

$\int_0^{2\pi} f(\cos\theta,\, \sin\theta)\, d\theta$ 형

$\cos\theta$와 $\sin\theta$의 유리 함수 $f(\cos\theta, \sin\theta)$에 대한 구간 $[0, 2\pi]$ 위에서의 다음 정적분을 계산해보자.

$$\int_0^{2\pi} f(\cos\theta,\, \sin\theta)\, d\theta \tag{15.33}$$

기본적인 착상은 정적분 (15.33)을 원점이 중심인 단위원 C 위에서의 복소 적분을 이용하는 것이다. C는 매개 변수를 사용해서 $z = \cos\theta + i\sin\theta = e^{i\theta}$ $(0 \le \theta \le 2\pi)$으로 나타낼 수 있다. 그러므로 $\cos\theta$와 $\sin\theta$는 다음과 같다.

$$\cos\theta = \frac{e^{i\theta} + e^{-i\theta}}{2} = \frac{z + z^{-1}}{2}, \qquad \sin\theta = \frac{e^{i\theta} - e^{-i\theta}}{2i} = \frac{z - z^{-1}}{2i}$$

또, $\dfrac{dz}{d\theta} = ie^{i\theta} = iz$이므로 $d\theta = \dfrac{dz}{iz}$이다. 따라서 정적분 (15.33)은 다음과 같다.

$$\oint_C f\left(\frac{z + z^{-1}}{2},\, \frac{z - z^{-1}}{2i}\right) \frac{dz}{iz}, \qquad C : |z| = 1$$

예 제 1. 정적분 $\displaystyle\int_0^{2\pi} \frac{d\theta}{5 - 4\cos\theta}$의 값을 구하여라.

[**풀이**] 위에서 설명한 대로 치환하면 주어진 정적분은 다음과 같이 된다.

$$\int_0^{2\pi} \frac{d\theta}{5 - 4\cos\theta} = \oint_c \frac{\frac{dz}{iz}}{5 - 2(z + z^{-1})} = \oint_C \frac{dz}{i(5z - 2z^2 - 2)}$$

그런데 $5z - 2z^2 - 2 = (2z - 1)(2 - z)$이므로 피적분 함수는 단위원 $C : |z| = 1$

내부의 $z=\dfrac{1}{2}$에서만 단순 극점을 가지며 이 점에서의 유수는 다음과 같다.

$$\operatorname{Res}\left(\frac{1}{i(2z-1)(2-z)}, \frac{1}{2}\right) = \lim_{z\to\frac{1}{2}} \frac{z-\dfrac{1}{2}}{i(2z-1)(2-z)} = \frac{1}{3i}$$

따라서 $\displaystyle\int_0^{2\pi} \frac{d\theta}{5-4\cos\theta} = 2\pi i\cdot\frac{1}{3i} = \frac{2\pi}{3}$

$\displaystyle\int_{-\infty}^{\infty} f(x)\,dx$ 의 적분

유리 함수 $f(x)$에 대해 다음과 같은 특이 적분을 계산해 보자.

$$\int_{-\infty}^{\infty} f(x)\,dx \tag{15.34}$$

이 특이 적분은 다음과 같이 정의한다.

$$\int_{-\infty}^{\infty} f(x)\,dx = \lim_{a\to\infty}\int_{-a}^{0} f(x)\,dx + \lim_{b\to\infty}\int_{0}^{b} f(x)\,dx \tag{15.35}$$

두 극한이 모두 존재할 때 특이 적분 (15.34)는 수렴한다고 하고, 그 적분 값은 (15.35)의 두 극한 값의 합이다. 특이 적분 (15.34)가 수렴하면 다음과 같이 적분 값을 구할 수 있다.

$$\int_{-\infty}^{\infty} f(x)\,dx = \lim_{r\to\infty}\int_{-r}^{r} f(x)\,dx \tag{15.36}$$

다항 함수 $p(x)$와 $q(x)$에 대하여 $f(x)=\dfrac{p(x)}{q(x)}$라 하고 모든 x에 대하여 $q(x)\neq 0$이며 $q(x)$의 차수는 $p(x)$의 차수보다 2 이상 크다고 가정하면, 식 (2)는 수렴하고 따라서 식 (4)를 이용해서 적분 값을 구할 수 있다. 이제, 유수 정리를 적용하기 위해서 실 변수 x를 복소 변수 z로 바꾼 복소 함수 $f(z)$를 고려하자. $f(z)$는 상반 평면에서 유한 개의 극 $z_1, z_2, \cdots, z_n$을 가지는데, 충분히 큰 r에 대하여 실수축 위의 구간 $[-r, r]$과 원점이 중심이고 반지름이 r인 반원 C_r로 이루어진 적분 경로 C는 상반평면에 있는 $R(z)$의 모든 극점을 내부에 포함한다(그림 15-5). 그러면 유수 정리에 의하여 다음이 성립한다.

$$\oint_C f(z)\,dz = \int_{-r}^{r} f(x)\,dx + \int_{C_r} f(z)\,dz = 2\pi i \sum_{k=1}^{n} \mathrm{Res}(f(z),\ z_k)$$

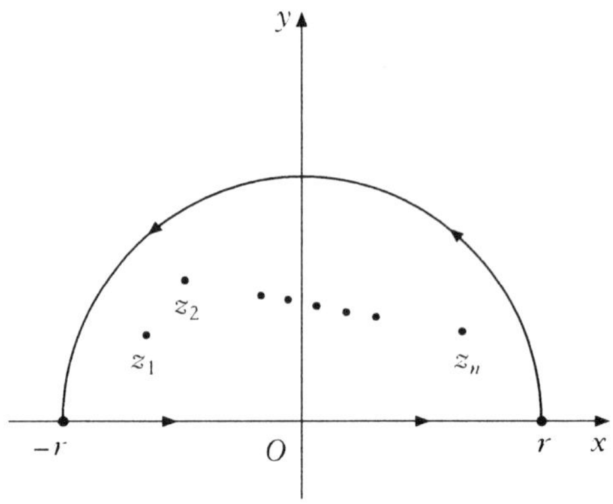

[**그림 15-5**] 유리 함수의 극점

그런데 $q(z)$의 차수는 $p(z)$의 차수보다 2 이상 크므로 충분히 큰 상수 M과 r_0이 존재해서 다음 부등식이 성립한다.

$$|f(z)| < \frac{M}{|z|^2} \qquad (|z| = r > r_0)$$

그러므로 ML부등식을 적용하면 다음을 얻는다.

$$\left| \int_{C_r} f(z\,dz) \right| < \frac{M}{r^2}\pi r = \frac{M\pi}{r} \qquad (r > r_0)$$

따라서 $r \to \infty$일 때 C_r 위에서의 적분 값은 0에 수렴하고 다음 결과를 얻는다.

$$\int_{-\infty}^{\infty} f(x)\,dx = 2\pi I \sum_{k=1}^{n} \mathrm{Res}(f(z,\ z_k)) \tag{15.37}$$

예 제 **2.** 다음 적분값을 계산하라.

$$\int_{-\infty}^{\infty} \frac{1}{(x^2+1)(x^2+4)}\, dx.$$

[풀이] $z = i,\ 2i$가 상반평면에 있는 극이므로 적분은

$$2\pi i(\mathrm{Res}(f(z),\ i) + \mathrm{Res}(f(z),\ 2i)) = 2\pi i\left(\frac{1}{6i} - \frac{1}{12i}\right) = \frac{\pi}{6}.$$

예 제 **3.** 다음 적분값을 계산하라.

$$\int_{0}^{\infty} \frac{1}{x^4+1}\, dx$$

[풀이] 이 적분은

$$\int_{0}^{\infty} \frac{1}{x^4+1}\, dx = \frac{1}{2}\int_{-\infty}^{\infty} \frac{1}{x^4+1}\, dx$$

로 나타낼 수 있다. 그러므로 $z^4 + 1 = 0$의 근을 조사하면 된다. $z_1 = e^{\frac{\pi}{4}i}$와 $z_2 = e^{\frac{e\pi}{4}i}$가 상반평면의 극이므로 적분값은

$$2\pi i\left(\mathrm{Res}\left(\frac{1}{z^4+1},\ e^{\frac{\pi}{4}i}\right) + \mathrm{Res}\left(\frac{1}{z^4+1},\ e^{\frac{3\pi}{4}i}\right)\right) = 2\pi i\left(\frac{1}{4z_1^3} + \frac{1}{4z_2^3}\right) = \frac{\sqrt{2}\pi}{2}$$

이다. 따라서

$$\int_{0}^{\infty} \frac{1}{x^4+1}\, dx = \frac{\sqrt{2}\pi}{4}$$

를 얻는다.

$\int_{-\infty}^{\infty} R(x)\cos ax\, dx,\ \int_{-\infty}^{\infty} R(x)\sin ax\, dx$ 형

Fourier적분에서 자주 나타나는 형태인 다음과 같은 실적분에 대하여 알아보자.

$$\int_{-\infty}^{\infty} R(x)\cos ax\, dx, \qquad \int_{-\infty}^{\infty} R(x)\sin ax\, dx \tag{15.38}$$

오일러의 공식 $e^{iax} = \cos ax + i \sin ax$에 의하여 이것들은 각각 다음 적분의 실수 부분과 허수 부분이 된다.

$$\int_{-\infty}^{\infty} R(x)e^{iax}\,dx = \int_{-\infty}^{\infty} R(x)\cos ax\,dx + i\int_{-\infty}^{\infty} R(x)\sin ax\,dx \tag{15.39}$$

유리 함수 $R(x)$가 특이 적분 (15.34)에 관해 논의했던 조건들을 만족시키면 $|e^{iax}| = 1$이므로 다음 결과를 얻는다.

$$\int_{-\infty}^{\infty} R(x)e^{iax}\,dx = 2\pi i \sum_{k=1}^{n} Res(R(z)e^{iaz},\ z_k) \tag{15.40}$$

여기서 z_k $(k = 1., 2, \cdots, n)$는 상반평면에 있는 $R(z)e^{iaz}$의 특이점이다. 식 (15.40)의 양변에서 실수 부분과 허수 부분은 각각 서로 같으므로 식 (15.39)에 의하여 다음이 성립한다.

$$\int_{-\infty}^{\infty} R(x)\cos ax\,dx = -2\pi \sum_{k=1}^{n} Im\left\{Res(R(z)e^{iaz},\ z_k)\right\},$$

$$\int_{-\infty}^{\infty} R(x)\sin ax\,dx = 2\pi \sum_{k=1}^{n} Re\left\{Res(R(z)e^{iaz},\ z_k)\right\}$$

예 제 **4.** 다음 적분 값을 구하여라.

[1] $\displaystyle\int_{-\infty}^{\infty} \frac{\cos 2x}{x^2+1}\,dx$ [2] $\displaystyle\int_{-\infty}^{\infty} \frac{\sin 2x}{x^2+1}\,dx$

[풀이] 함수 $f(z) = \dfrac{e^{2iz}}{z^2+1}$은 상반평면에서 단 하나의 단순 극점 i를 갖고, 이 점에서의 유수는 다음과 같다.

$$Res(f(z),\ i) = \left.\frac{e^{2iz}}{(z^2+1)'}\right|_{z=i} = \frac{e^{-2}}{2i}$$

그러므로 $\int_{-\infty}^{\infty} \frac{e^{2ix}}{x^2+1}\,dx = 2\pi i \frac{e^{-2}}{2i} = \pi e^{-1}$이다. 따라서 다음 결과를 얻는다.

$$\int_{-\infty}^{\infty} \frac{\cos 2x}{x^2+1}\,dx = \pi e^{-2}, \qquad \int_{-\infty}^{\infty} \frac{\sin 2x}{x^2+1}\,dx = 0$$

연습문제 15-6

1. 다음 실적분 값을 구하여라.

(1) $\displaystyle\int_0^{2\pi} \frac{d\theta}{2+\cos\theta}$ (2) $\displaystyle\int_0^{2\pi} \frac{d\theta}{5-3\cos\theta}$

(3) $\displaystyle\int_0^{2\pi} \frac{\cos\theta}{3+\sin\theta}\,d\theta$ (4) $\displaystyle\int_0^{2\pi} \frac{\cos\theta}{5+4\cos\theta}\,d\theta$

(5) $\displaystyle\int_0^{\pi} \frac{d\theta}{1+\sin^2\theta}$ (6) $\displaystyle\int_0^{2\pi} \frac{d\theta}{\cos\theta+2\sin\theta+3}$

2. 다음 특이 적분 값을 구하여라.

(1) $\displaystyle\int_0^{\infty} \frac{dx}{x^6+1}$ (2) $\displaystyle\int_0^{\infty} \frac{x^2\,dx}{x^4+1}$

(3) $\displaystyle\int_0^{\infty} \frac{dx}{(x^2+1)^3}$ (4) $\displaystyle\int_{-\infty}^{\infty} \frac{dx}{x^2+x+1}$

(5) $\displaystyle\int_{-\infty}^{\infty} \frac{x\,dx}{(x^2+2x+2)^2}$ (6) $\displaystyle\int_{-\infty}^{\infty} \frac{dx}{(x^2+1)(x^2+9)}$

3. 다음 실적분 값을 구하여라.

(1) $\displaystyle\int_0^{\infty} \frac{\cos x}{x^2+1}\,dx$ (2) $\displaystyle\int_0^{\infty} \frac{\sin x}{x^2+x+1}\,dx$

(3) $\displaystyle\int_0^{\infty} \frac{\cos x}{(x^2+1)^2}\,dx$

4. 다음 과정을 밟아 $\displaystyle\int_{-\infty}^{\infty} \frac{\sin x}{x}\,dx = \pi$임을 보여라.

(1) $0 \le \theta \le \dfrac{\pi}{2}$일 때 $\sin\theta \ge \dfrac{2\theta}{\pi}$임을 보여라.

(2) $\lim_{r\to\infty} \int_0^{\pi} e^{ire^{i\theta}}\,d\theta = 0$임을 보여라.

(3) $\lim_{r\to\infty}\int_0^\pi e^{i\varepsilon e^{i\theta}}\,d\theta=\pi$임을 보여라.

(4) 다음 그림과 같은 적분 경로와 복소 함수 $\dfrac{e^{iz}}{z}$을 이용하여 위의 결과를 보여라.

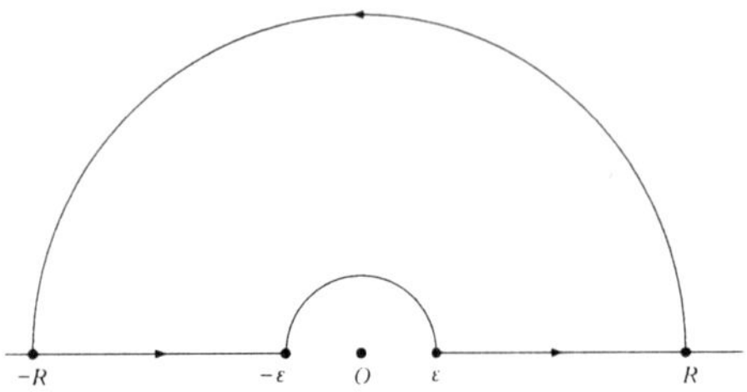

5. 복소 함수 $f(z)$가 실수축 위의 점 $z=a$에서 단순 극점을 갖고, 적분 경로 C_r이 $z=a+re^{i\theta}$ $(0\le\theta\le\pi)$과 같이 정의되어 있을 때 다음이 성립함을 보여라.

$$\lim_{r\to 0}\int_{C_r} f(z)\,dz=\pi i\mathrm{Res}(f(z),\,a)$$

6. 다음 그림의 적분 경로를 이용하여 다음이 성립함을 보여라.

$$\int_0^\infty \frac{dx}{x^3+1}=\frac{2\pi}{3\sqrt{3}}$$

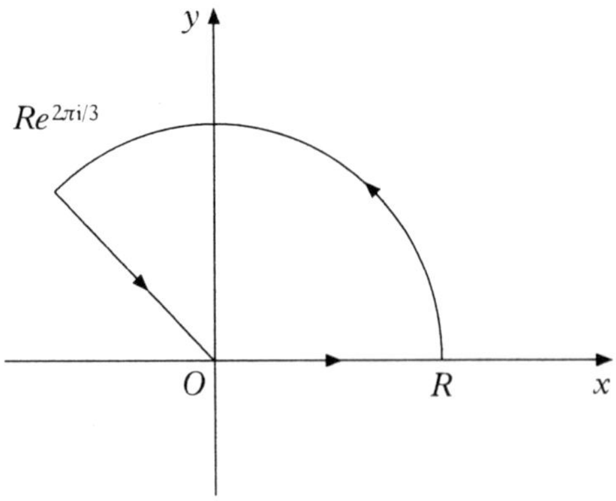

제 16 장

등각사상과 응용

복소함수 $w = f(z)$를 z평면에서 w평면으로의 사상 또는 변환으로 생각할 수 있다. 이 장에서는 등각사상의 개념을 도입하고 이를 통해 해석함수의 사상 성질을 알아본다. 그리고 등각사상의 응용에 대해서도 알아본다.

16.1 등각사상

선형 함수 $w = az + b$

복소 상수 b에 대해 선형 함수 $w = z + b$는 z평면에서 벡터 b만큼 옮겨 놓은 점으로 사상하므로 **평행 이동**(translation)이라고 한다. 또, 복소 상수 a에 대한 선형 함수 $w = az$에서 $|a| = 1$일 때, 즉 적당한 상수 a에 대하여 $a = e^{i\alpha}$일 때, z평면의 점 $z = re^{i\theta}$은 a의 편각 α만큼 회전시킨 w평면의 점 $w = az = re^{i(\alpha+\theta)}$으로 사상되므로 이를 **회전**(rotation)이라고 한다. 그리고 a가 양의 실수일 때 선형함수 $w = az$는 a의 크기에 따라 복소수를 z를 **확대** 또는 **축소**한다. 따라서 선형함수 $w = az$에 의하여 복소수 z는 a의 편각만큼 회전되고, a의 크기에 따라 확대 또는 축소된 다음에 벡터 b만큼 평행 이동된다. 선형 함수는 일대일 대응이고, 직선을 직선으로 원을 원으로 사상시킨다.

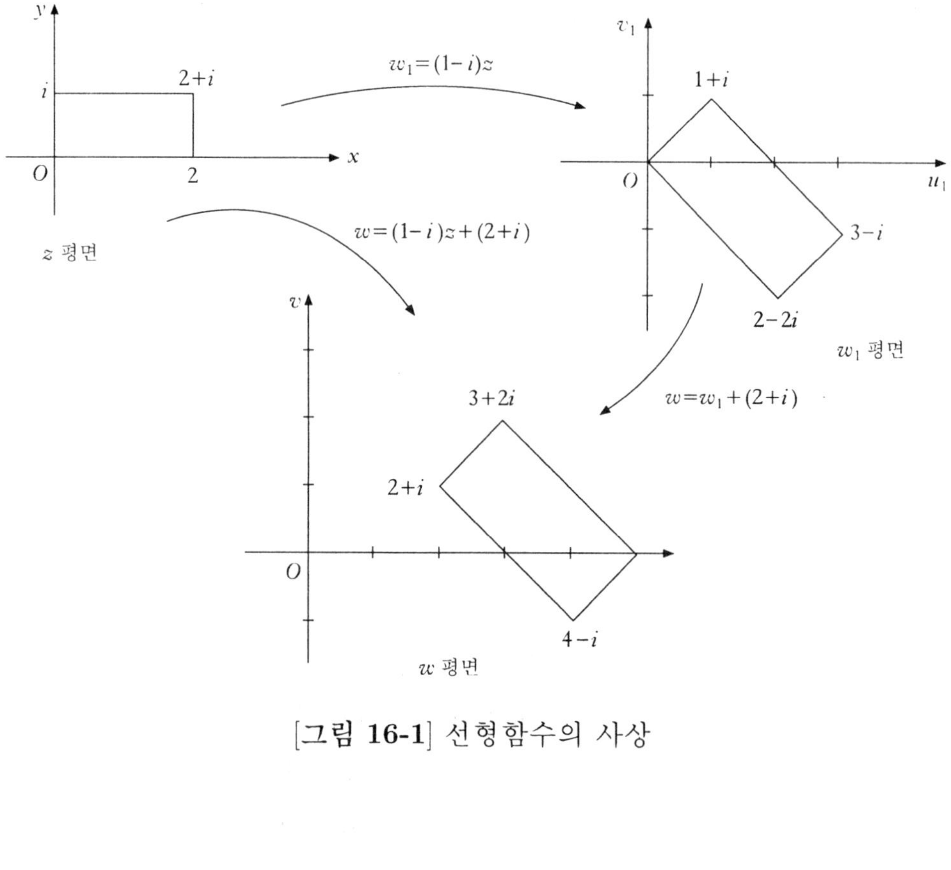

[**그림 16-1**] 선형함수의 사상

예 제 **1.** 일차 함수 $w=(1-i)z+(2+i)$에 의해 그림 16.1에서 z평면의 직사각형은 w평면의 직사각형으로 사상된다.

반전 $w=\dfrac{1}{z}$

반전 $w=\dfrac{1}{z}$에 의해 0이 아닌 점 $z=re^{i\theta}$은 점 $w=Re^{i\phi}=\dfrac{1}{z}=\left(\dfrac{1}{r}\right)e^{-i\theta}$으로 사상된다. 즉, 0이 아닌 점 z의 $w=\dfrac{1}{z}$에 의한 상은 원점과 점 $\bar{z}$를 지나는 직선 위에 있고 거리는 $\dfrac{1}{|z|}$이다. 기하학적으로 말하면, 함수 $w=\dfrac{1}{z}$은 단위원 밖의 점을 안의 점으로 그리고 안의 점을 밖의 점 $w_1=\left(\dfrac{1}{r}\right)e^{i\theta}$으로 사상한 뒤에 점 w_1을 실수축에 관해 반사시킨 점 $w=\left(\dfrac{1}{r}\right)e^{-i\theta}$으로 사상한다(그림 16.2).

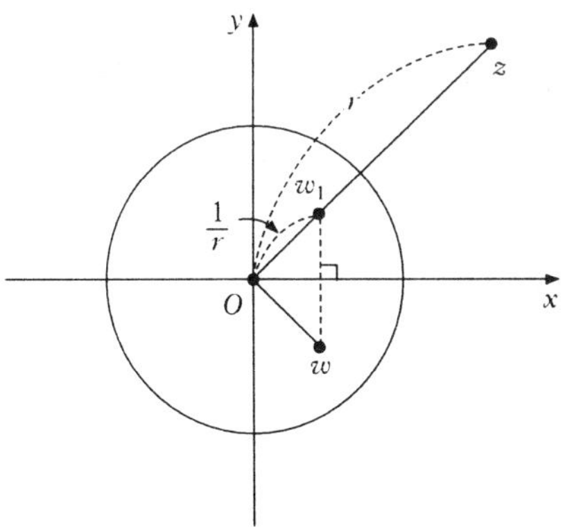

[**그림 16-2**] 반전 $w=\frac{1}{z}$

특히, 단위원 위에 있는 점은 단위원 위의 점으로 사상된다. 이런 의미에서 반전 $w=\dfrac{1}{z}$을 단위 원과 실수축에 관한 **반사**(reflection)라고 한다.

한편, 반전 $w=\dfrac{1}{z}$을 직교 좌표를 사용해서 설명하면 다음과 같다. $z=x+iy$라고 하면, 그 상은 다음과 같다.

$$w=u+iv=\frac{x}{x^2+y^2}-i\frac{y}{x^2+y^2}$$

그러므로 다음이 성립한다.

$$x = \frac{u}{u^2+v^2}, \qquad y = \frac{-v}{u^2+v^2}, \qquad x^2+y^2 = \frac{1}{u^2+v^2} \tag{16.1}$$

이제, 실수 a, b, c, d 에 대하여 다음 방정식을 살펴보자. (단, $b^2+c^2 > 4ad$).

$$a(x^2+y^2)+bx+cy+d=0 \tag{16.2}$$

식 (16.2)는 $a \neq 0$일 때 원을 나타내고, $a=0$일 때 직선을 나타낸다. 반전 $w = \frac{1}{z}$에 의한 상을 알아보기 위하여 식 (16.1)을 식(16.2)에 대입하면 다음 방정식을 얻는다.

$$d(u^2+v^2)+bu-cv+a=0 \tag{16.3}$$

따라서 반전 $w = \frac{1}{z}$은

(i) 원점을 지나지 않는 원을 원점을 지나지 않는 원으로 사상한다 ($a \neq 0$, $d \neq 0$).

(ii) 원점을 지나는 원을 원점을 지나지 않는 직선으로 사상한다 ($a \neq 0$, $d = 0$).

(iii) 점을 지나지 않는 직선을 원점을 지나는 원으로 사상한다 ($a = 0$, $d \neq 0$).

(iv) 원점을 지나는 직선을 원점을 지나는 직선으로 사상한다 ($a = 0$, $d = 0$).

정리하면, 반전 $w = \frac{1}{z}$은 원 또는 직선을 원 또는 직선으로 사상한다.

예 제 2. 반전 $w = \frac{1}{z}$에 의한 다음 집합의 상을 구하여라. (단, a, b, c는 양수)

[1] 직선 $x = a$ [2] 직선 $y = b$ [3] 반평면 $x > c$

등각사상

교차하는 임의의 두 곡선 사이의 각의 크기와 방향을 모두 보존시키는 복소함수를 **등각사상**(conformal mapping)이라고 한다. 좀더 구체적으로 말하면, z평면에서 교차하는 유향 곡선 C_1과 C_2사이의 각이 복소함수 $w = f(z)$에 의한 이것들의 상인 w평면의 유향 곡선 C_1'과 C_2'사이의 각의 크기와 방향에서 모두 같을 때, $w = f(z)$를 등각사상이라고 한다(그림 16.3). 여기서 두 유향 곡선 사이의 각 α는 그것들의 접선 사이의 각 $\alpha(0 \le \alpha < \pi)$로 정의한다.

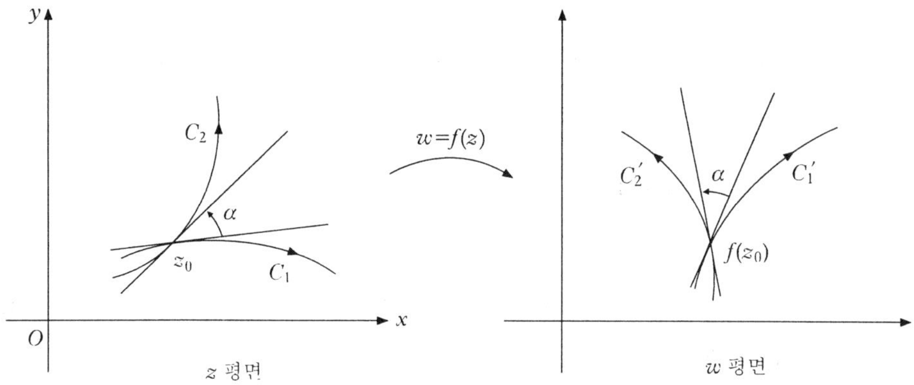

[**그림 16-3**] 등각사상

다음 정리는 해석함수와 등각사상 사이의 관계를 밝혀준다.

정 리 **16.1.1.** 영역 D에서 해석적인 함수 $w = f(z)$는 임계점(즉, $f'(z) = 0$인 점)을 제외한 모든 점에서 등각사상이다.

[**증명**] 곡선 $z = z(t)$는 영역 D에서 $f'(z_0) \neq 0$인 점 z_0을 지나는 매끄러운 곡선(smooth curve)이라고 하자. $w_0 = f(z_0)$라 하면 다음이 성립한다.

$$w - w_0 = \frac{f(z) - f(z_0)}{z - z_0}(z - z_0)$$

그러므로 2π의 배수를 무시하면 다음이 성립한다.

$$\arg(w - w_0) = \arg\frac{f(z) - f(z_0)}{z - z_0} + \arg(z - z_0)$$

여기서 $\arg(z - z_0)$은 z평면에서 z_0과 z를 지나는 직선과 양의 실수축 사이의 각이고, $\arg(w - w_0)$은 w평면에서 w_0과 w를 지나는 직선과 양의 실수축 사이

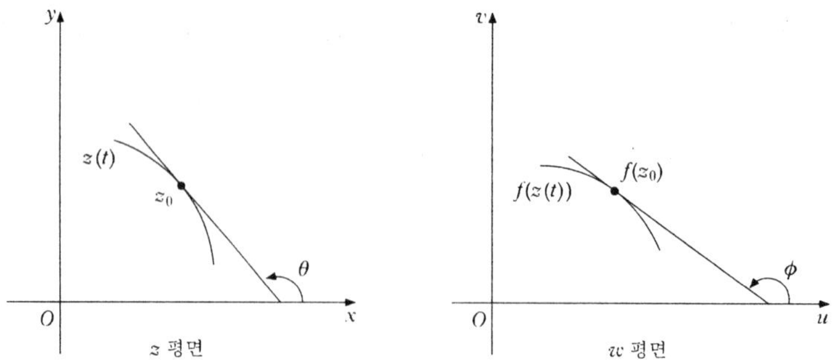

[**그림 16-4**] 곡선 $z = z(t)$와 $w = f(z(t))$의 접선

의 각이다. z가 곡선 $z = z(t)$를 따라 z_0에 접근할 때, $\arg(z - z_0)$는 z_0에서의 곡선 $z(t)$의 접선과 양의 실수축 사이의 각 θ로 접근하고 $\arg(w - w_0)$은 w_0에서의 $f(z(t))$의 접선과 양의 실수축 사이의 각 ϕ로 접근한다. 그러므로 다음이 성립한다.

$$\phi = \arg f'(z_0) + \theta$$

이와 같이 ϕ와 θ와 차이는 $f'(z_0)$에만 의존한다(그림 16.4). 마찬가지로, 점 z_0을 지나는 또 다른 곡선 $z = z_1(t)$에 대하여, θ_1은 z_0에서의 곡선 $z = z_1(t)$의 접선과 양의 실수축 사이의 각이라 하고 ϕ_1은 $w_0 = f(z_0)$에서의 곡선 $f(z_1(t))$의 접선과 양의 실수축 사이의 각이라 하면 다음이 성립한다.

$$\phi_1 - \theta_1 = \arg f'(z_0)$$

따라서 다음을 얻는다.

$$\phi - \theta = \phi_1 - \theta_1 \quad 또는 \quad \phi - \phi_1 = \theta - \theta_1$$

따라서 $f(z)$는 각의 크기와 방향을 모두 보존하므로 등각사상이다. □

예 제 3. [1] 함수 $w = z^2$은 0 이외의 점에서 등각사상이다. 그러나 $z = 0$이 시점인 두 반직선 사이의 각은 w평면에서 두 배가 된다.

[2] 함수 $w = e^z$은 복소 평면 전체에서 등각사상이다.

예 제 4. 사인 함수 $w = \sin z$의 사상 성질을 알아보자. 수직 띠 $-\frac{\pi}{2} \le x \le \frac{\pi}{2}$ 내부의 수직 직선 $x = a$는 $z(t) = a + it(-\infty < t < \infty)$로 나타낼 수 있다. 13.4절의 예제 5에 의하여 다음이 성립한다.

$$w = u + iv = \sin(a + it) = \sin a \cosh t + i \cos a \sinh t$$

그러므로 항등식을 사용해서 다음 관계식을 얻는다.

$$\frac{u^2}{\sin^2 a} - \frac{v^2}{\cos^2 a} = 1$$

따라서 직선 $x = a$는 절편이 $\pm \sin a$이고 초점이 $(-1,\ 0)$과 $(1,\ 0)$인 쌍곡선으로 사상되는데, $a > 0$이면 오른쪽, $a < 0$이면 왼쪽 곡선으로 사상된다. 또 $a = -\frac{\pi}{2}$이면$w = -\cosh t$ 이므로, 직선 $x = -\frac{\pi}{2}$는 음의 실수축 위의 구간 $(-\infty,\ -1]$로 사상된다. 마찬가지로 직선 $x = \frac{\pi}{2}$는 양의 실수축 위의 구간 $[1, \infty)$로 사상된다 수직 띠(그림16-5)$-\frac{\pi}{2} \le x \le \frac{\pi}{2}$내부의 수평 선분 $y = b$는 $z(t) =$

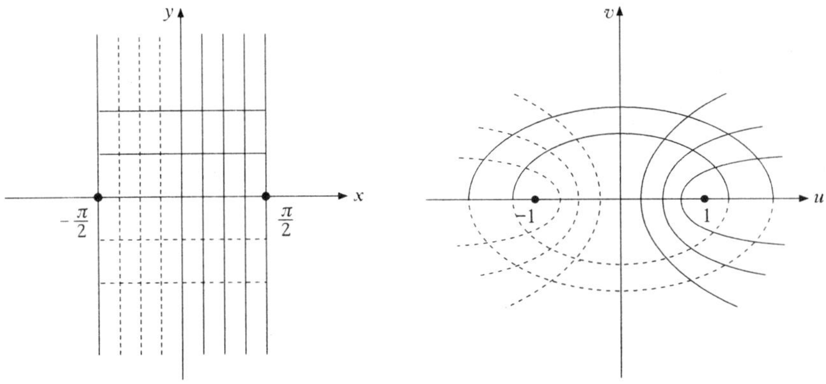

[그림 16-5] $w = \sin z$의 사상

$t + ib\left(-\frac{\pi}{2} \le t \le \frac{\pi}{2}\right)$로 나타낼 수 있는데, 이 선분은 다음 타원으로 사상된다.

$$\frac{u^2}{\cosh^2 b} - \frac{v^2}{\sinh^2 b} = 1$$

이때, $b > 0$이면 상반부, $b < 0$이면 하반부로 사상된다(그림16.5).

$f'(z) = \cos z$이므로 사인 함수는 점 $z = \pm\frac{\pi}{2}$를 제외한 이 수직 띠의 모든 점에서 등각사상이다. 따라서 그림의 쌍곡선과 타원은 모두 직교한다.

예 제 **5.** 사상 $w = z + \frac{1}{z}$은 점 $z = 0$과 $z = \pm 1$을 제외한 모든 점에서 등각사상이다. 특히, $|z| > 1$을 만족시키는 상반평면에서 등각사상이다. $z = re^{i\theta}$이라 하면, $w = u + iv = re^{i\theta} + \left(\frac{1}{r}\right)e^{-i\theta}$이므로 다음을 얻는다.

$$u = \left(r + \frac{1}{r}\right)\cos\theta, \qquad v = \left(r - \frac{1}{r}\right)\sin\theta$$

$r = 1$이면 $v = 0$이고 $u = 2\cos\theta$이다. 그러므로 반원 $z = e^{it}$ $(0 \le t \le \pi)$은 실수축 위의 구간 [-2, 2]로 사상된다. 고정된 $r > 1$에 대하여 $a = r + \frac{1}{r}$과 $b = r - \frac{1}{r}$이라 하면, 반원 $z = re^{it}$ $(0 \le t \le \pi)$는 타원 $\frac{u^2}{a^2} + \frac{v^2}{b^2} = 1$의 상반부로 사상된다.

또, 고정된 θ에 대하여 반직선 $z = te^{i\theta}$ $(t \ge 1)$은 상평면 $v \ge 0$의 쌍곡선

$$\frac{u^2}{\cos^2\theta} + \frac{v^2}{\sin^2\theta} = 4$$

로 사상된다. 함수 $w = z + \frac{1}{z}$은 $|z| > 1$일 때 등각사상이고 반직선 $\theta = \theta_0$과 원 $|z| = r$은 서로 직교하므로, w평면에서 위의 타원과 쌍곡선은 모두 직교한다(그림16.6).

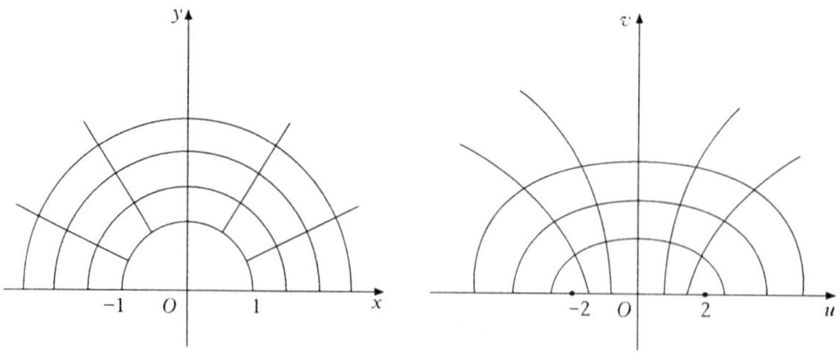

[그림 16-6] $w = z + \frac{1}{z}$의 사상

연습문제 16-1

1. 일차 함수 $w = (1+i)z + 2$에 의한 다음 집합의 상을 구하여라.

   (1) 직선 $y = 3x + 2$　　(2) 원 $|z| = 3$　　(3) 원 $|z-1| = 2$

2. 반전 $w = \dfrac{1}{z}$에 의한 다음 집합의 상을 구하여라.

   (1) 원 $|z-1| = 2$　　(2) 영역 $z > -1$　　(3) 띠 $\dfrac{1}{4} < \text{Im}z < \dfrac{1}{z}$

3. 함수 $w = e^z$에 의한 다음 영역의 상을 그려라.

   (1) $0 \le x \le 1, \quad 0 \le y \le \dfrac{\pi}{2}$　　(2) $-1 < x < 1, \quad \dfrac{\pi}{4} < y < \dfrac{3\pi}{4}$

   (3) $1 < x < 2, \quad -\dfrac{\pi}{2} < y < \dfrac{\pi}{2}$　　(4) $-2 < x < -1, \quad 0 < y < 3$

4. 함수 $w = \sin z$에 의한 다음 영역의 상을 그려라.

   (1) $0 < x < \dfrac{\pi}{2}, \quad 0 < y < 2$　　(2) $0 < x < \dfrac{\pi}{6}$, 임의의 y

   (3) $0 < x < 2\pi, \quad 1 < y < 2$　　(4) $-\dfrac{\pi}{4} < x < \dfrac{\pi}{4}, \quad 0 < y < 3$

5. 항등식 $\cos z = \sin\left(z + \dfrac{\pi}{2}\right)$를 이용하여 사상 $w = \cos z$에 의한 띠 $-\pi \le x \le -\dfrac{\pi}{2}$의 상을 구하여라. 이 띠의 내부에 있는 수평선분의 상은 무엇인가?

6. 항등식 $\cos z = -i\sin(iz)$를 이용하여 사상 $w = \sinh z$에 의한 띠 $-\dfrac{\pi}{2} < y < \dfrac{\pi}{2}$, $x \ge 0$의 상을 구하여라. 이 띠의 내부에 있는 수직 선분의 상은 무엇인가?

7. 사상 $w = z + \dfrac{1}{z}$에 의한 영역 $|z| \le 1$, $\mathrm{Im}z \ge 0$의 상을 구하여라. 실수축 위의 선분 [-1, 1]의 상은 무엇인가?

8. 다음 함수가 등각사상이 되는 영역을 구하여라.

(1) $f(z) = z^3 - 3z + 1$ (2) $f(z) = \cos z$

(3) $f(z) = z + e^2 + 1$ (4) $f(z) = z + \mathrm{Log}z + 1$

16.2 일차 분수 변환

이 절에서는 등각사상 중에서 가장 많이 사용되고 응용되는 일차 분수 변환에 대하여 알아본다. **일차 분수 변환**(linear fractional transformation)은 다음과 같이 정의되는 함수이다.

$$w = T(z) = \frac{az+b}{cz+d} \qquad (ad-bc \neq 0) \tag{16.4}$$

여기서 a, b, c, d는 복소수이다. 이 함수의 도함수는 다음과 같다.

$$T'(z) = \frac{ad-bc}{(cz+d)^2}$$

그러므로 $z \neq -\dfrac{d}{c}$인 모든 점 z에서 $T(z)$는 등각사상이다. $ad-bc=0$이면 $T(z)$는 상수함수이다. $c \neq 0$이면 $T(z)$는 점 $z_0 = -\dfrac{d}{c}$에서 단순 극점을 가지고, 다음이 성립한다.

$$\lim_{z \to z_0} |T(z)| = \infty, \qquad \lim_{|z| \to \infty} T(z) = \lim_{|z| \to \infty} \frac{a + \dfrac{b}{z}}{c + \dfrac{d}{z}} = \frac{a}{c}$$

이제, 복소 평면에 무한대(∞)를 추가시킨 확장된 복소평면에서 다음과 같이 정의하자.

$$T\left(-\frac{d}{c}\right) = \infty, \qquad T(\infty) = \frac{a}{c}$$

일차 분수 함수 $w = T(z)$는 확장된 복소 평면에서 일대일 대응이다. 일차 분수 함수 $w = \dfrac{az+b}{cz+d}$의 역 변환은 $z = \dfrac{dw-b}{-cw+a}$이므로 또다시 일차 분수 변환이 된다. 일차 분수 함수의 특수한 경우로 일차 함수 $w = az+c$와 반전 $w = \dfrac{1}{z}$이 있다.

16.1절에서 이미 알아본 일차 함수와 반전의 사상 성질에 의하여, 일차 분수 변환에 대한 사상 성질을 얻는다.

정 리 **16.2.1.** 일차 분수 변환은 평면의 원과 직선을 평면의 원과 직선으로 사상한다.

[**증명**] $c=0$이면 자명하다. $c \neq 0$인 경우에 일차 분수 변환 (16.4)은 다음과 같이 쓸 수 있다.

$$w = T(z) = \frac{az+b}{cz+d} = \frac{bc-ad}{c}\frac{1}{cz+d} + \frac{a}{c}$$

$A = \dfrac{bc-ad}{c}$, $B = \dfrac{a}{c}$라 하면, $w = T(z)$는 다음 세 사상의 합성이다.

$$z_1 = T_1(z) = cz+d, \qquad z_2 = T_2(z_1) = \frac{1}{z_1}, \qquad w = T_3(z_2) = Az_2 + B$$

즉, $w = T(z) = T_3(T_2(T_1(z)))$이다. 그런데 사상 $z_1 = T_1(z)$는 일차 함수이므로 z평면의 원과 직선을 각각 z_1평면의 원과 직선으로 사상시키고, 사상 $z_2 = T(z_1)$은 반전이므로 z_1평면의 원과 직선을 z_2평면의 원과 직선으로 사상시키며, 사상 $w = T_3(z_1)$는 일차 함수이므로 z_2평면의 원과 직선을 각각 w평면의 원과 직선으로 사상시킨다. 따라서 이 세 함수의 합성인 일차 분수 변환 $w = T(z)$는 z평면의 원과 직선을 각각 w평면의 원과 직선으로 사상시킨다. □

확장된 복소 평면에서 직선은 반드시 ∞를 지닌다. 그러므로 일차 분수 변환의 극점을 지나는 원은 직선으로 사상되고, 극점을 지나지 않는 원은 원으로 사상된다. 또, 일차 분수 변환은 극점을 제외한 영역에서 연속 함수이므로, 일차 분수 변환에 의하여 연결 집합은 연결 집합으로 사상된다.

예 제 **1.** 일차 분수 변환 $w = T(z) = \dfrac{z+2}{z-1}$에 의한 원 $|z|=1$과 $|z|=2$ 및 이 원들의 내부의 상을 구하여라.

[**풀이**] 원 $|z|=1$은 변환 $w=T(z)$의 극점 $z=1$을 지나므로 직선으로 사상되고, 원 $|z|=2$는 극점 $z=1$을 지나지 않으므로 원으로 사상된다. 구체적인 상을 구하기 위하여 변환 $w=T(z)$의 역 변환을 구하면 다음과 같다.

$$z = \frac{w+2}{w-1}$$

$|z| = 1$이면 다음이 성립한다.

$$\left|\frac{w+2}{w-1}\right| = 1 \quad \text{또는} \quad |w+2| = |w-1| \tag{16.5}$$

그러므로 $w = u + iv$라 하면 식 (16.5)로부터 $u = -\frac{1}{2}$을 얻는다. 따라서 원 $|z| = 1$은 w평면의 직선 $u = -\frac{1}{2}$로 사상된다. 또, 이 원의 내부 $|z| < 1$은 연결집합이므로 반평면 $u > -\frac{1}{2}$또는 $u < -\frac{1}{2}$로 사상된다. 편의상 이 원의 내부의 점 $z = 0$을 택하면 $T(0) = -2$이므로, 이 원 내부의 상은 반평면 $u < -\frac{1}{2}$이다(그림 16.7). $|z| = 2$이면 다음이 성립한다.

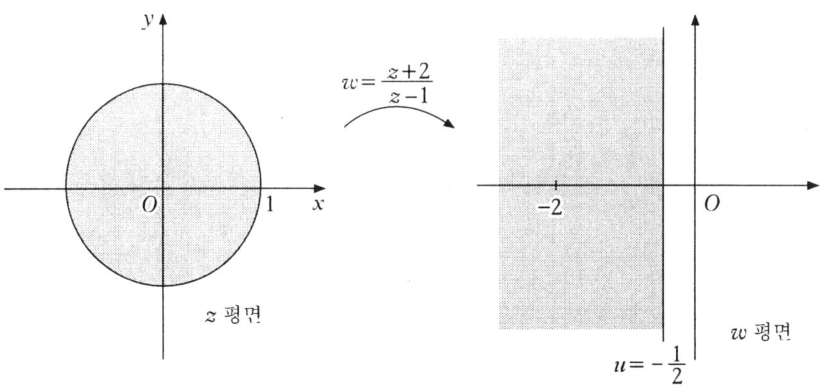

[**그림 16-7**] $w = \dfrac{z+2}{z-1}$에 의한$|z| \le 1$의 상

$$\left|\frac{w+2}{w-1}\right| = 2 \quad \text{또는} \quad |w+2| = 2|w-1| \tag{16.6}$$

그러므로 $u^2 - 4u + v^2 = 0$, 즉 $(u-2)^2 + v^2 = 2^2$을 얻는다. 따라서 원$|z| = 2$의 상은 원 $|w-2| = 2$이다. $T(0) - 2$는 원 $|w-2| = 2$의 외부의 점이므로 $|z| < 2$의 상은 $|w-2| > 2$이다(그림 16.8).

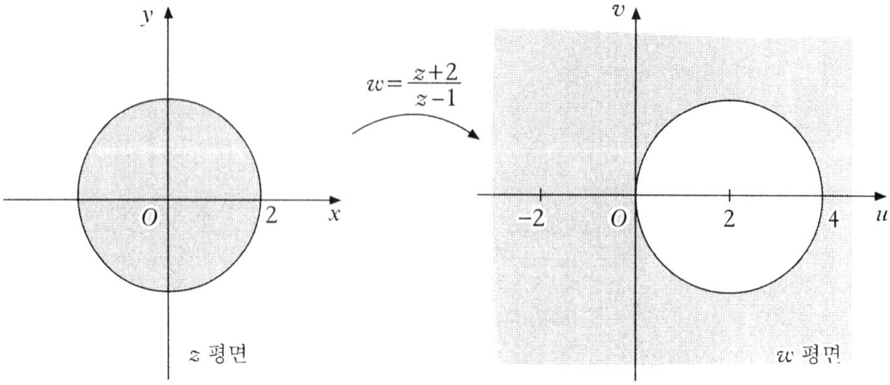

[**그림 16-8**] $w = \dfrac{z+2}{z-1}$에 의한 $|z| \le 2$의 상

이제, z평면의 주어진 영역을 w평면의 주어진 영역으로 사상시키는 일차 분수 변환을 구하기 뒤하여 다음 정리를 증명하자.

정 리 **16.2.2.** 확장된 z평면의 서로 다른 세 점 z_1, z_2, z_3과 확장된 w평면의 서로 다른 세 점 w_1, w_2, w_3에 대하여, 다음을 만족시키는 유일한 일차 분수 함수 $w = T(z)$가 존재한다.

$$T(z_1) = w_1, \quad T(z_2) = w_2, \quad T(z_3) = w_3$$

[**증명**] 먼저 주어진 여섯 점 중 어느 것도 ∞가 아니라고 가정하자. 구하는 변환을 다음과 같이 놓자.

$$w = \frac{az+b}{cz+d} \qquad (ad - bc \neq 0)$$

그러면 $k = 1, 2, 3$에 대하여 다음을 얻는다.

$$w - w_k = \frac{az+b}{cz+d} - \frac{az_k+b}{cz_k+d} = \frac{(ad-bc)(z-z_k)}{(cz+d)(cz_k+d)}$$

이에 따라 다음이 성립한다.

$$\frac{w-w_1}{w-w_3}=\frac{cz_3+d}{cz_1+d}\cdot\frac{z-z_1}{z-z_3} \tag{16.7}$$

식 (16.7)에서 z를 z_2, w를 w_2로 각각 치환한 다음에 역수를 취하면 다음과 같다.

$$\frac{w_2-w_3}{w_2-w_1}=\frac{cz_1+d}{cz_3+d}\cdot\frac{z_2-z_3}{z_2-z_1} \tag{16.8}$$

그리고 식 (16.7)와 (16.8)를 곱하면 다음 결과를 얻는다.

$$\frac{(w-w_1)(w_2-w_3)}{(w-w_3)(w_2-w_1)}=\frac{(z-z_1)(z_2-z_3)}{(z-z_3)(z_2-z_1)} \tag{16.9}$$

식 (16.9)을 w에 관해 풀면 일차 분수 함수를 얻는다. 주어진 점 중에 ∞가 있다면, 이를테면 $z_3=\infty$라면, $z_3\to\infty$일 때의 극한을 취함으로써 식(16.9)을 수정할 수 있다. 이 경우에는 다음과 같다.

$$\frac{(w-w_1)(w_2-w_3)}{(w-w_3)(w_2-w_1)}=\frac{z-z_1}{z_2-z_1} \tag{16.10}$$

식 (16.9)으로 정의된 변환이 주어진 조건을 만족시키는 유일한 일차 분수 변환이라는 사실은 연습문제 16.2의 3번 문제로 남긴다. □

식 (16.9)의 좌변과 우변을 각각 w, w_1, w_2, w_3과 z, z_1, z_2, z_3의 **복비**(cross ratio)라고 부르며 다음과 같이 나타낸다.

$$[w, w_1, w_2, w_3]=[z, z_1, z_2, z_3]$$

그러므로 이 관계는 일차 분수 변환은 복비를 보존함을 알려준다.

예 제 2. [1] $z_1=-1$, $z_2=0$, $z_3=1$을 차례로 $w_1=-1$, $w_2=-i$, $w_3=1$로 사상시키는 일차 분수 변환을 구하여라.

[2] $z_1=0$, $z_2=1$, $z_3=\infty$를 차례로 $w_1=-1$, $w_2=i$, $w_3=1$로 사상시키는 일차

분수 변환을 구하여라.

[**풀이**] [1] 식 (16.9)에 의하여 조건을 만족시키는 일차 분수 변환은 다음과 같다.

$$\frac{(w+1)(-i-1)}{(w-1)(-i+1)} = \frac{(z+1)(0-1)}{(z-1)(0+1)}$$

이제 w에 관해 풀어 정리하면 구하는 일차 분수 변환은 다음과 같다.

$$w = \frac{z-i}{-iz+1} = i\frac{z-i}{z+i}$$

[2] $z_3 = \infty$이므로 식 (16.10)에 의하여 조건을 만족시키는 일차 분수 변환은 다음과 같다.

$$\frac{(w+1)(i-1)}{(w-1)(i+1)} = \frac{z-0}{1-0}$$

이것을 w에 관해 풀어 정리하면 구하는 일차 분수 변환은 다음과 같다.

$$w = \frac{z+i}{z-i}$$

평면 위의 서로 다른 세 점은 직선 또는 원을 유일하게 결정한다. 예제2의 [1]과 [2]에 주어진 z평면의 세 점은 직선인 실수축을 결정한다. 그런데 일차 분수 함수는 직선과 원을 직선 또는 원으로 사상시킨다. 그러므로 실수축은 일차 분수 변환에 의하여 직선 또는 원으로 사상된다.

실제로, [1]과 [2]의 경우에 실수축의 상은 원 $|z| = 1$이다. 그리고 [1]의 경우에 상반 면 위의 점 $z = i$는 $w = 0$으로 사상되므로 상반평면은 원 $|z| = 1$의 내부로 사상되고 (그림 16.9),

[2]의 경우에 하반평면의 점 $z = -i$가 $w = 0$으로 사상되므로 하반평면이 이 원의 내부로 사상된다(그림 16.10).

실제로 식 (16.9)을 사용해서 구한 일차 분수 변환은 직선 또는 원 위에 놓여 있는 세 점 z_1, z_2, z_3을 이 순서에 따라 진행할 때 왼쪽[오른쪽]에 있는 z평면의 영역을 w평면에서 세 점 w_1, w_2, w_3을 이 순서에 따라 진행할 때 왼쪽[오른쪽]에

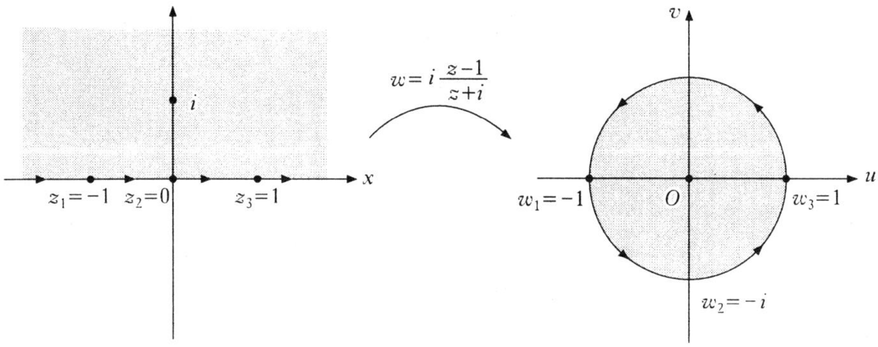

[그림 16-9] $w = i\frac{z-i}{z+i}$

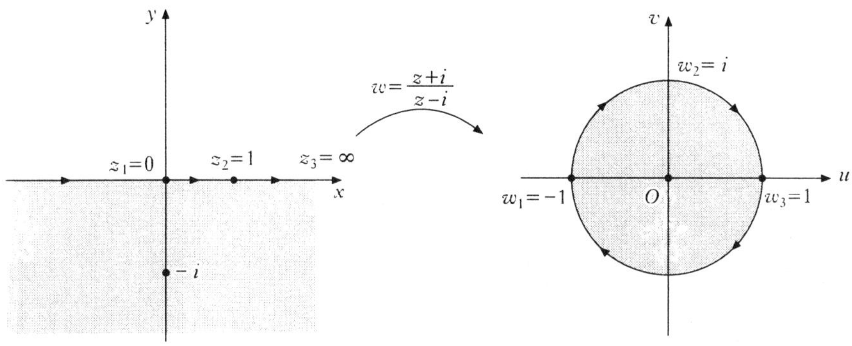

[그림 16-10] $w = \frac{z+i}{z-i}$

있는 영역으로 사상시킨다. 이와 같이 일차 분수 변환으로 직선 또는 원의 상뿐만 아니라 그 직선 또는 원으로 분리된 각 영역의 상도 결정할 수 있다.

예 제 3. 세 점 $z_1 = -1$, $z_2 = -i$, $z_3 = 1$을 차례로 $w_1 = 0$, $w_2 = 1$, $w_3 = \infty$로 사상시키는 일차 분수 함수를 구하여라.

[**풀이**] $w_3 = \infty$이므로 식 (16.9)에서 $w_3 \to \infty$일 때의 극한을 취한 다음 식을 사용한다.

$$\frac{(w-w_1)}{(w_2-w_1)} = \frac{(z-z_1)(z_2-z_3)}{(z-z_3)(z_2-z_1)}$$

이 식에 주어진 점을을 대입하여 정리하면 다음 일차 분수 변환을 얻는다.

$$w = -i\frac{z+1}{z-1}$$

예제 3에서 세 점 $z_1 = -1$, $z_2 = -i$, $z_3 = 1$은 원 $|z| = 1$위의 점이고, $w_1 = 0$, $w_2 = 1$, $w_3 = \infty$는 실수축 위의 점이다. 세 점 z_1, z_2, z_3을 이 순서에 따라 진행하면 단위 원의 내부는 왼쪽에 있다. 따라서 단위 원의 내부는 위의 일차 분수 변환에 의하여 세 점 w_1, w_2, w_3을 따라 진행할 때 왼쪽에 있는 상반평면으로 사상된다. 실제로 단위 원의 내부의 점 $z = 0$의 상은 상반평면의 점 $w = i$로 사상된다[그림 16.11].

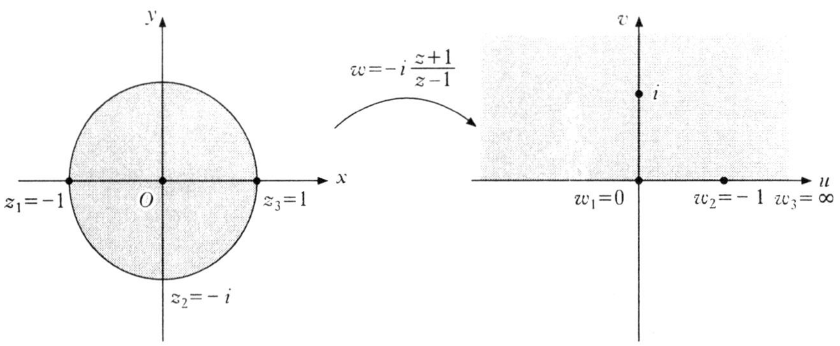

[그림 16-11] $w = i\frac{z+1}{z-1}$의 사상

행렬을 이용한 방법

행렬을 이용한 방법은 많은 계산을 간단히 하는데 사용될 수 있다. 행렬

$$A = \begin{pmatrix} a & b \\ c & d \end{pmatrix}$$

$T(z) = \dfrac{az+b}{cz+d}$를 에 대응시키자. 만약 $T_1(z) = \dfrac{a_1 z + b_1}{c_1 z + d_1}$과 $T_2(z) = \dfrac{a_2 z + b_2}{c_2 z + d_2}$라면,

합성함수 $T(z) = T_2(T_1(z))$은 $T(z) = \dfrac{az+b}{cz+d}$로 주어지는데, 여기서

$$\begin{pmatrix} a & b \\ c & d \end{pmatrix} = \begin{pmatrix} a_2 & b_2 \\ c_2 & d_2 \end{pmatrix} \begin{pmatrix} a_1 & b_1 \\ c_1 & d_1 \end{pmatrix} \tag{16.11}$$

이 된다. 만약 $w = T(z) = \dfrac{az+b}{cz+d}$라면, z에 대하여 풀어 $z = \dfrac{dw-b}{-cw+a}$를 얻을 수 있다. 그러므로 선형 분수 변환 T의 역사상은 $T^{-1}(w) = \dfrac{dw-b}{-cw+a}$가 되고, 이 역사상 T^{-1}에 행렬

$$\operatorname{adj} A = \begin{pmatrix} d & -b \\ -c & a \end{pmatrix} \tag{16.12}$$

를 대응시킨다.

행렬 $\operatorname{adj} A$는 T에 대한 행렬 A의 **수반행렬**(adjoint matrix)이 된다.

예 제 4. $T(z) = \dfrac{2z-1}{z+2}$이고 $S(z) = \dfrac{z-i}{iz-1}$일 때 $S^{-1}(T(z))$을 구하여라.

[**풀이**] (16.11)와 (16.12)으로부터 $S^{-1}(T(z)) = T(z) = \dfrac{az+b}{cz+d}$를 얻는다. 단,

$$\begin{aligned} \begin{pmatrix} a & b \\ c & d \end{pmatrix} &= \operatorname{adj} \begin{pmatrix} 1 & -i \\ i & -1 \end{pmatrix} \begin{pmatrix} 2 & -1 \\ 1 & 2 \end{pmatrix} \\ &= \begin{pmatrix} -1 & i \\ -i & 1 \end{pmatrix} \begin{pmatrix} 2 & -1 \\ 1 & 2 \end{pmatrix} = \begin{pmatrix} -2+i & 1+2i \\ 1-2i & 2+i \end{pmatrix} \end{aligned}$$

이다. 따라서

$$S^{-1}(T(z)) = \frac{(-2+i)z+1+2i}{(1-2i)z+2+i}$$

이다.

연습문제 16-2

1. 다음 일차 분수 변환에 대하여 주어진 집합의 상을 구하여라.
   (1) $w = \dfrac{1}{z-1}$, $(a)\ |z| = 1$, $(b)\ |z| < 1$
   (2) $w = \dfrac{z+1}{z-1}$, $(a)\ |z-1| = 1$, $(b)\ |z| \leq 1$
   (3) $w = \dfrac{iz}{z-1}$, $(a)\ |z| \leq 1$, $(b)\ \mathrm{Re}z \geq 0$
   (4) $w = \dfrac{2z-5}{z+i}$, $(a)\ |z| < 1$, $(b)\ (z+\bar{z}) - \dfrac{3}{2i}(z+\bar{z}) = 5$

2. 다음 z_1, z_2, z_3을 차례로 w_1, w_2, w_3로 사상시키는 일차 분수 변환을 구하여라.

   (1) $0, -i, i : -1, 0, 1$　　(2) $-1, 0, 2 :=, 0, 1, \infty$

   (3) $i, 0, -i =,: 0, 1, \infty$　　(4) $0, 1, \infty : 4+i, 0, 1-i$

   (5) $-1, 0, 1 : i, \infty, 0$　　(6) $1, i, -i : -1, 0, 3$

3. 함수 $w = f(z)$에 대하여 $f(z) = z$를 만족시키는 점을 이 함수의 **고정점**(fixed point)이라 한다. 항등 사상이 아닌 일차 분수 변환은 많아야 두 개의 고정점을 가짐을 증명하여라.

4. 다음 일차 분수 변환은 고정점 z_1과 z_2를 가짐을 증명하여라.

$$w = T(z) = \frac{(z_1+z_2)z - 2z_1z_2}{2z-(z_1+z_2)} \qquad (z_1 \neq z_2)$$

   이때, $T'(z_1) = \{T'(z_1)\}^{-1}$임을 보여라. 또 $T(T(z)) = z$임을 밝혀라.

5. 다음을 만족하는 일차 분수 변환 $T(z)$를 구하여라.

$$T(T(z)) = z$$

16.3 영역 사이의 등각사상

지금까지는 주어진 등각 사상의 사상 성질을 알아보았다. 이 절에서는 주어진 두 영역 사이의 등각사상을 구하는 문제를 알아보겠다. 이것은 어떤 영역에서 제시된 문제를 좀 더 간단한 영역에서의 문제로 전환시킴으로써, 원래의 문제를 쉽게 해결할 수 있도록 만든다.

일차 분수 변환의 활용

일차 분수 함수를 이용하면 경계가 직선 또는 원으로 이루어진 영역 사이의 등각사상을 구할 수 있다.

예 제 1. 일차 분수 변환을 이용하여

[1] 영역 $|z| < 1$을 영역 $\mathrm{Im}\, w > 0$ 위로 사상시켜라.

[2] 영역 $\mathrm{Im}\, z > 0$ 을 영역 $|w| < 1$ 위로 사상시켜라.

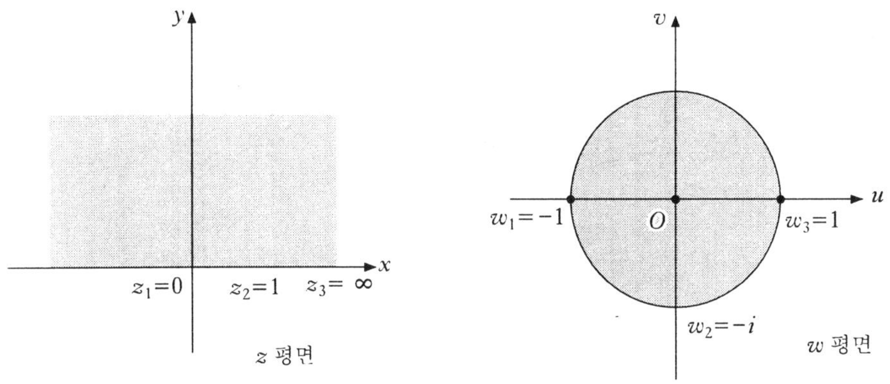

[그림 16-12] $w = \dfrac{z-i}{z+i}$

[풀이] 경계인 직선 또는 원 위의 세 점을 편의에 따라 선택할 수 있다. 그러나 이미 지적한 대로 선액한 세 점을 순서대로 진행함에 따라 영역의 위치가 결정된다.

[1] 영역 $|z| < 1$의 경계인 원 $|z| = 1$위에서 $z_1 = -1$, $z_2 = -i$, $z_3 = 1$을 택하고 영역 $\mathrm{Im}\, w > 0$의 경계인 실수축 위에서 $w_1 = 0$, $w_2 = 1$, $w_3 = \infty$를 택하면, 이 순서를 따라 진행할 때 왼쪽에 놓이는 영역이 모두 주어진 영역들이다. 이 때의 일차 분수 변환은 16.2절의 예제 3에 의하여 $w = -i\dfrac{z+1}{z-1}$ 이다.

[2] $z_1 = 0$, $z_2 = 1$, $z_3 = \infty$를 차례로 $w_1 = -1$, $w_2 = -i$, $w_3 = 1$로 사상시키는 일차 분수 변환이 주어진 영역 사이의 등각사상이 된다. 이것은 (1)의 사상의 역함수 이므로 $w = \dfrac{z-i}{z+i}$이다(그림16.12).

등각사상의 합성의 활용

기존의 등각사상의 합성을 이용해서 주어진 영역 사이를 사상시킬 수 있다.

예 제 **2.** [1] 수평 띠 $-1 \le \mathrm{Im}z \le 1$을 수직 띠 $2 \le \mathrm{Re}w \le 4$ 위로 사상시켜라.
[2] 수평 띠 $0 \le \mathrm{Im}z \le \pi$를 쐐기 $0 \le \mathrm{Arg}w \le \dfrac{\pi}{4}$ 위로 사상시켜라.

[**풀이**] [1] 수평 띠 $-1 \le \mathrm{Im}z \le 1$은 사상 $w' = T_1(z) = iz$에 의하여 수직 띠 $-1 \le \mathrm{Re}w' \le 1$로 사상되고, 이 영역은 사상 $w = T_2(w') = w' + 3$에 의하여 수직 띠 $2 \le \mathrm{Re}w \le 4$로 사상된다. 따라서 구하는 사상은 $w = T_2(T_1(z)) = iz + 3$이다(그림 16.13).

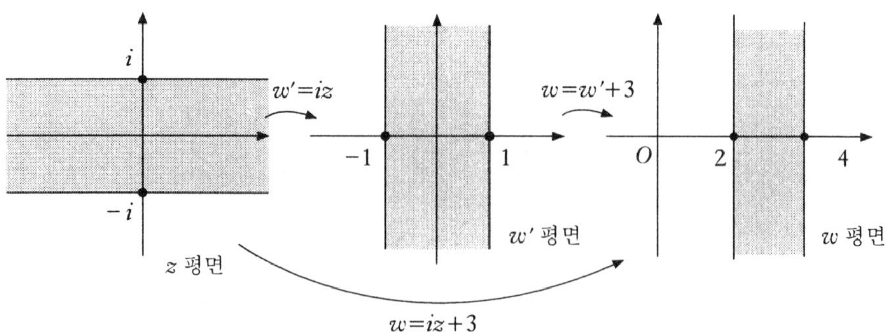

[**그림 16-13**] $w' = iz$와 $w = w' + 3$의 합성

[2] 수평 띠 $0 \le \mathrm{Im} z \le \pi$는 사상 $w' = T_1(z) = e^z$에 의하여 상반평면 $0 \le \mathrm{Arg} w' \le \pi$로 사상되고, 이 영역은 사상 $w = T_2(w') = (w')^{\frac{1}{4}}$에 의하여 쐐기 $0 \le \mathrm{Arg} w \le \dfrac{\pi}{4}$ 위로 사상된다. 따라서 구하는 사상은 $w = T_2(T_1(z)) = e^{\frac{z}{4}}$이다. (그림 16.14)

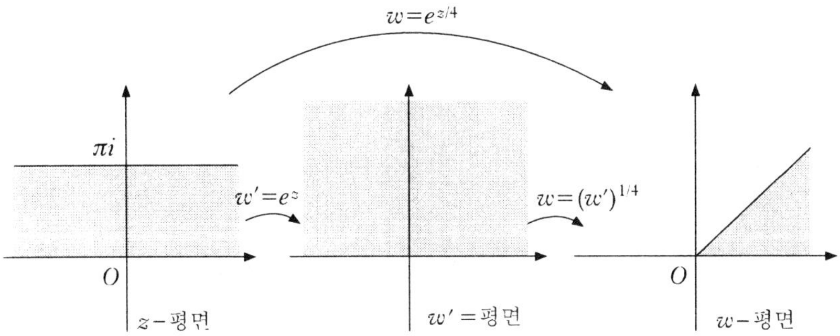

[**그림 16-14**] $w' = e^z$와 $w = (w')^{\frac{1}{4}}$

Schwartz-Christoffel 변환의 활용

그림 16.15와 같이 상반평면 $\mathrm{Im} z > 0$은 함수 $f(z) = (z - x_1)^{\frac{\alpha}{\pi}}$에 의하여 내각의 크기가 $\left(\dfrac{\alpha}{\pi}\right)\pi = \alpha$인 쐐기로 사상된다.

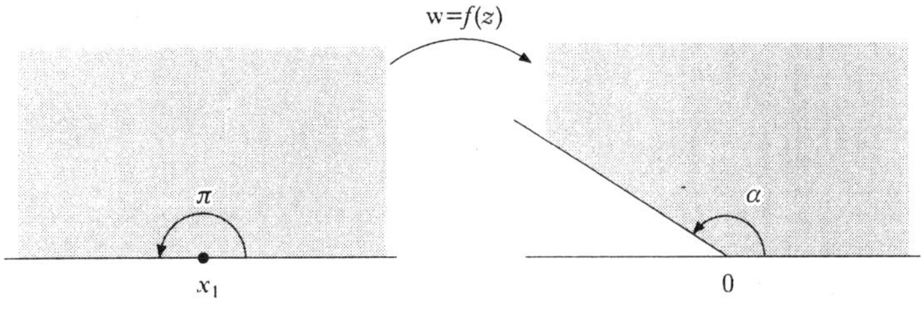

[**그림 16-15**] $w = (z - x_1)^{\frac{\alpha}{\pi}}$의 사상

이때, $f'(z) = \dfrac{\alpha}{\pi}(z - x_1)^{\frac{\alpha}{\pi}-1}$이다(단, $0 < \alpha < 2\pi$). 이제, $f(z)$를 상반평면에서 해석적이고 그 도함수가 다음과 같은 함수라고 하자.

$$f'(z) = A(z - x_1)^{\frac{\alpha_1}{\pi}-1}(z - x_2)^{\frac{\alpha_2}{\pi}-1} \qquad (x_1 < x_2)$$

그러면 실 변수 t에 대하여 $f'(t)$의 편각은 다음과 같다.

$$\arg f'(z) = \mathrm{Arg}A + \left(\frac{\alpha_1}{\pi} - 1\right)\mathrm{Arg}(t - x_1) + \left(\frac{\alpha_2}{\pi} - 1\right)\mathrm{Arg}(t - x_2)$$

그런데 $t < x$일 때 $\mathrm{Arg}(t - x) = \pi$이므로, 구간 $(-\infty, x_1)$, (x_1, x_2), (x_2, ∞)에서 $\arg f'(t)$는 각각 다음과 같이 일정하다.

$$\mathrm{Arg}A + (\alpha_1 - \pi) + (\alpha_2 - \pi), \quad \mathrm{Arg}A + (\alpha_2 - \pi), \ \mathrm{Arg}A$$

그러므로 각 구간의 상은 선분이 된다. 그리고 점 $f(x_1)$과 $f(x_2)$에서의 편각의 변화는 각각 $\pi - \alpha_1$과 $\pi - \alpha_2$이므로, $f(z)$에 의해 상반평면은 내각이 α_1과 α_2인 다각형의 내부로 사상된다(그림 16.16).

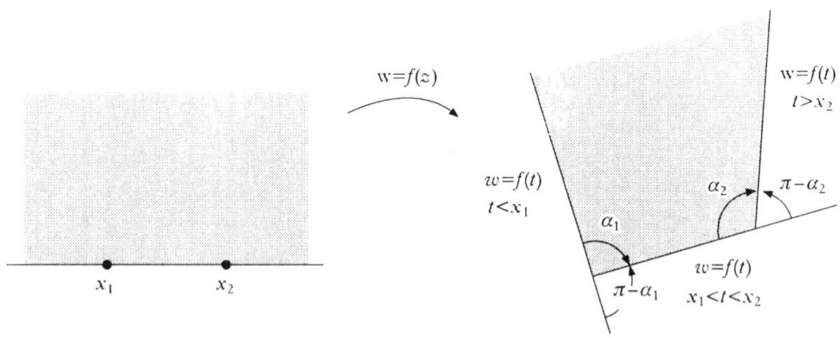

[그림 16-16] 상반평면의 다각형 내부로의 사상

이런 결과를 일반화시켜 다음 정리를 얻는다.

정 리 16.3.1. $f(z)$를 상반평면에서 해석함수이고 도함수가 다음과 같은 함수라고 하자.

$$f'(z) = A(z - x_1)^{\frac{\alpha_1}{\pi} - 1}(z - x_2)^{\frac{\alpha_2}{\pi} - 1} \cdots (z - x_n)^{\frac{\alpha_n}{\pi} - 1}$$

여기서 $x_1 < x_2 < \cdots < x_n$이고 $0 < \alpha_i < 2\pi$ $(i = 1, 2, \cdots, n)$이다. 그러면 $f(z)$는 상반평면을 내각이 $\alpha_1, \alpha_2, \cdots, \alpha_n$인 다각형의 내부로 사상한다.

위의 정리에 의해 다음과 같은 사상을 얻는다.

$$w = f(z) = A \int (z - x_1)^{\frac{\alpha_1}{\pi}-1}(z - x_2)^{\frac{\alpha_2}{\pi}-1} \cdots (z - x_n)^{\frac{\alpha_n}{\pi}-1} dz + B$$

여기서 상수 A와 B는 주어지는 조건에 의하여 결정된다. 이런 사상을 **Schwarz-Christoffel 변환**(transformation)이라고 한다. 유계인 n각형의 경우에는 n개의 내각 중 $(n-1)$개만을 사용한다.

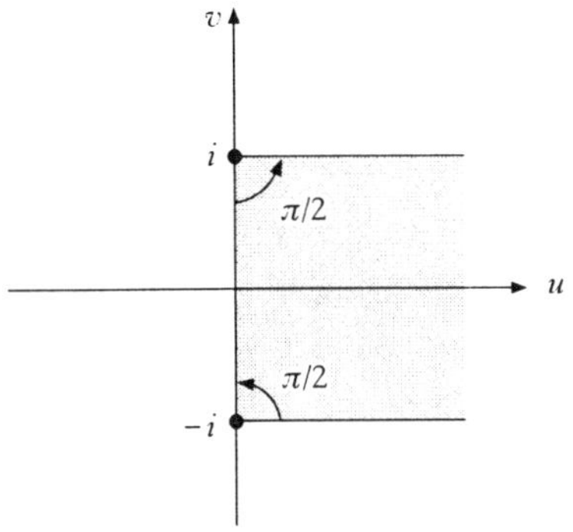

[**그림 16-17**] 반무한 띠

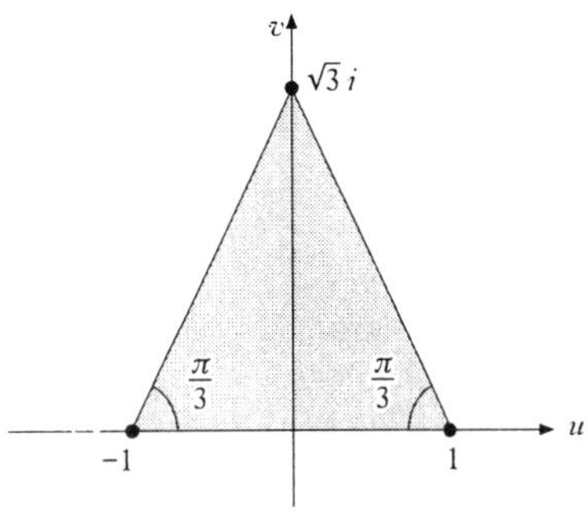

[**그림 16-18**] 정삼각형

예 제 **3.** Schwartz-Christoffel 변환을 이용하여 상반평면 Im$z > 0$을

[1] 그림 16.17에 나타낸 영역 $\{w = u + iv \mid u \geq 0,\ |v| \leq 1\}$로 사상시켜라.

[2] 그림 16.18에 나타낸 정삼각형으로 사상시켜라.

[**풀이**] [1] 실수축 위의 두 점 $x_1 = -1$과 $x_2 = 1$을 선택하고 $f(-1) = -i$, $f(1) = i$인 Schwartz-Christoffel 변환 $f(z)$를 만들자. $\alpha_1 = \alpha_2 = \dfrac{\pi}{2}$이므로 다음을 얻는다.

$$f'(z) = A(z+1)^{\frac{1}{2}}(z-1)^{-\frac{1}{2}} = \frac{A}{(z^2-1)^{\frac{1}{2}}} = \frac{A}{i} \cdot \frac{1}{(1-z^2)^{\frac{1}{2}}}$$

그러면 $f(z) = -Ai\sin^{-1} z + B$인데, $f(-1) = -i$이고 $f(1) = 1$이므로 $A = -\dfrac{2}{\pi}$이고 $B = 0$이다. 즉, $f(z) = \dfrac{2i}{\pi}\sin^{-1} z$이다.

[2] 실수축 위의 두 점 $x_1 = -1$과 $x_2 = 1$를 선택하고 $f(-1) = -1$이고, $f(1) = 1$인

Schwartz-Christoffel 변환 $f(z)$를 만들자. $\alpha_1 = \alpha_2 = \dfrac{\pi}{3}$이므로 다음을 얻는다.

$$f'(z) = A(z+1)^{-\frac{2}{3}}(z-1)^{-\frac{2}{3}} = \frac{A}{(z^2-1)^{\frac{2}{3}}}$$

$f(z)$를 찾기 위해 다음 정적분을 고려하자.

$$f(z) = A\int_1^z \frac{ds}{(s^2-1)^{\frac{2}{3}}} + B$$

$f(1) = 1$이므로 $B = 1$이다. 그리고 $f(\infty) = \sqrt{3}i$이여야 하므로 다음을 얻는다.

$$f(z) = A\int_1^z \frac{ds}{(s^2-1)^{\frac{2}{3}}} + 1 \qquad \left(\text{단}, A = \frac{\sqrt{3}i - 1}{\displaystyle\int_1^\infty \frac{dt}{(t^2-1)^{\frac{2}{3}}}}\right)$$

연습문제 16-3

1. 다음 z평면의 영역을 w평면의 영역으로 사상하는 일차 분수 변환을 찾아라.

(1) $|z| < 2$, $|w - i| < 1$
(2) $|z + 2i| < 1$, $|w - 3| > 2$
(3) $\text{Re}z > 1$, $\text{Im}w > 1$
(4) $\text{Re}z < 0$, $|w| < 4$
(5) $\text{Im}z > -4$, $|w - i| > 3$
(6) $|z - 1| > 2$, $|w - 3| > 2$

2. Schwartz-Christoffel 변환를 이용하여 상반평면 $\text{Im}z > 0$을
(1) 그림 16.19에 나타낸 영역으로 사상하라.(단, $f(-1) = \pi i$, $f(1) = 0$)
(2) 그림 16.20에 나타낸 영역으로 사상하라.(단, $f(-1) = -ai$, $f(1) = ai$)

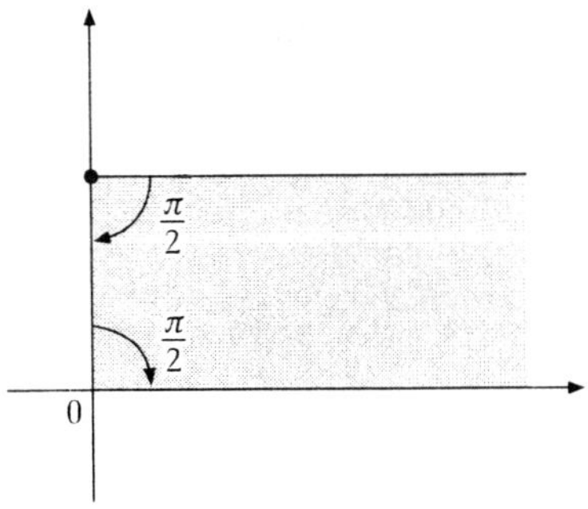

[그림 16-19] 반무한 띠의 내부

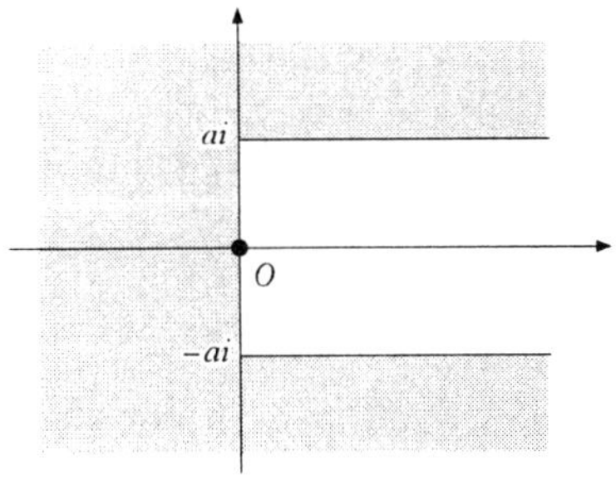

[그림 16-20] 반무한 띠의 외부

16.4 Dirichlet 문제와 Poisson의 적분 공식

조화함수와 Dirichlet 문제

폐곡선 C가 경계인 평면의 영역 D에 대하여 다음과 같은 경계값 문제의 해 $u(x, y)$를 구하는 것을 **Dirichlet 문제**(Dirichlet problem)라고 한다.

$$\frac{\partial^2 u}{\partial x^2} + \frac{\partial^2 u}{\partial y^2} = 0, \qquad (x, y) \in D u(x, y) = g(x, y), \qquad (x, y) \in C \tag{16.13}$$

여기서 $g(x, y)$는 주어진 함수이다. 편미분 방정식$\Delta u = \dfrac{\partial^2 u}{\partial x^2} + \dfrac{\partial^2 u}{\partial y^2} = 0$을 라플라스 방정식이라 하며, 이 방정식을 만족시키는 함수를 조화함수라고 한다. 그러므로 Dirichlet 문제는 영역 D의 경계 C에서 주어진 값을 갖는 D에서의 조화함수를 찾는 것이다. 지금까지는 평면의 단순한 영역에서 Dirichlet 문제를 다루었다. 이번 절에서는 복소평면에서 등각사상을 이용하여 좀더 일반적인 형태를 다루겠다. 복소 평면의 영역에서 해석적인 함수 $f(z) = u(x, y) + iv(x, y)$의 실수 부분과 허수 부분이 조화함수임을 이미 알아보았다(13.3절). 다음 정리는 적절한 조건에서 이것의 역이 성립함을 주장하고 있다.

정 리 **16.4.1.** $u(x, y)$가 단일 연결 영역 D에서 조화함수이면, D에서 해석적인 함수 $f(z)$가 존재하여 $\text{Re} f(z) = u(x, y)$이다.

[**증명**] 각 점 $z = x + iy \in D$에 대하여 다음과 같이 놓자.

$$g(z) = \frac{\partial u}{\partial x} - i\frac{\partial u}{\partial y}$$

그러면 $u(x, y)$가 조화함수이므로 다음이 성립한다.

$$\frac{\partial}{\partial x}(\text{Re} g) - \frac{\partial}{\partial y}(\text{Im} g) = \frac{\partial^2 u}{\partial x^2} - \left(-\frac{\partial^2 u}{\partial y^2}\right) = 0$$

$$\frac{\partial}{\partial y}(\mathrm{Re}g) + \frac{\partial}{\partial x}(\mathrm{Im}g) = \frac{\partial^2 u}{\partial y \partial x} + \left(-\frac{\partial^2 u}{\partial x \partial y}\right) = 0$$

즉, 함수 $g(z)$는 영역 D에서 Cauchy-Riemann 방정식을 만족시킨다. 그러므로 정리 13.3.2에 의하여 $g(z)$는 영역 D에서 해석적이고, 정리 14.3.1에 의하여 부정적분$G(z) = U(x, y) + iV(x, y)$가 존재한다. 그러면 다음이 성립한다.

$$G'(z) = \frac{\partial U}{\partial x} + i\frac{\partial V}{\partial x} = \frac{\partial U}{\partial x} - i\frac{\partial U}{\partial y} = g(z) = \frac{\partial u}{\partial x} - i\frac{\partial u}{\partial y},$$

$$\frac{\partial U}{\partial x} + i\frac{\partial u}{\partial x}, \qquad \frac{\partial U}{\partial y} + i\frac{\partial u}{\partial x}$$

그러므로 임의의 상수 K에 대하여 $U(x, y) = u(x, y) + K$이다.

각 점 $z = x + iy \in D$에 대하여 $f(z) = G(z) - K$라 하면, $f(z)$는 D에서 해석적이고 다음과 같다.

$$f(z) = U(x, y) + iV(x, y) - K = u(x, y) + iV(x, y)$$

따라서 $\mathrm{Re}f(z) = u(x, y)$이다. □

마찬가지로, 주어진 조화함수를 허수 부분으로 갖는 해석함수가 존재함을 보일 수 있다. 다음 정리는 등각사상을 Dirichlet 문제의 풀이에 적용시키는 방법을 알려준다.

정 리 16.4.2. $f(z)$를 영역 D에서 영역 D^*위로의 해석함수라고 하자. 만약 U가 D^*에서 조화함수이면, $u(x, y) = U(f(z))$는 D에서 조화함수이다.

[**증명**] D^*가 단일 연결 영역인 경우에 대해서만 증명하겠다. U가 조화함수이므로 정리 16.4.1에 의하여 D^*에서 $\mathrm{Re}F = U$인 해석함수 $F = U + iV$가 존재한다. 그런데 합성함수 $F(f(z)) = U(f(z)) + iV(f(z))$는 D에서 해석적이다. 따라서 이 함수의 실수부 $u(x, y) = U(f(z))$는 D에서 조화함수이다. □

정리 16.4.2을 사용해서 영역 D에서의 Dirichlet 문제를 해 U가 알려진 영역 D^*에서의 Dirichlet 문제로 변환시킬 수 있다. 그 과정은 다음과 같다.

(i) 원래의 영역 D를 영역 D^*로 사상시키는 등각사상 $f(z)$를 구한다.
이때, D^*에서의 Dirichlet 문제에 대한 명확한 해를 알 수 있어야 한다.
(ii) D에 관한 경계 조건을 D^*에 관한 경계 조건으로 바꾼다.
(iii) D^*에서의 Dirichlet 문제의 해 U를 구한다.
(iv) 그러면 원래의 Dirichlet 문제의 해는 $u(x, y) = U(f(z))$이다.

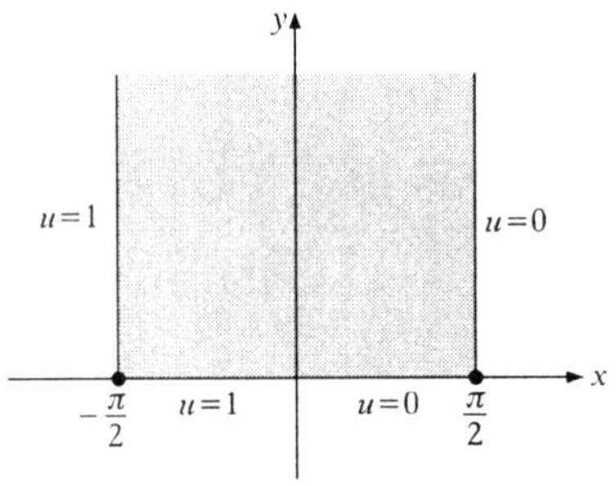

[그 림 **16-21**(a)]

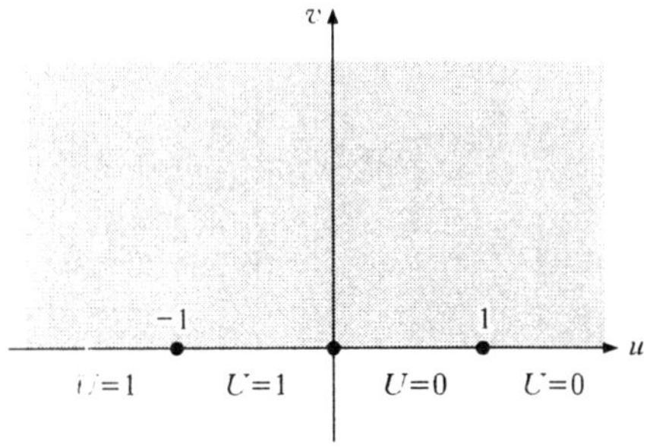

[그 림 **16-21**(b)]

예 제 1. 상반평면 $v > 0$에서 해석함수인 $g(w) = \dfrac{1}{\pi}\text{Log}w$의 허수 부분 $U(u, v) = \dfrac{1}{\pi}\text{Arg}w$는 상반평면에서 조화함수이다. 이 함수를 이용하여 그림 16.21 (a)에 나타낸 영역에서의 Dirichlet 문제를 풀어라.

[**풀이**] 해석함수 $f(z) = \sin z$는 원래의 영역을 상반평면 $v > 0$으로 사상시키고, 경계를 이루는 선분들을 그림16.21 (b)에 나타낸 선분으로 사상시킨다. 조화함수 $U(u, v) = \dfrac{1}{\pi}\text{Arg}w$는 경계 조건 $u > 0$일 때 $U(u, 0) = 0$, $u < 0$일 때 $U(u, 0) = 1$을 만족시킨다. 따라서 $U(\sin z) = \dfrac{1}{\pi}\text{Arg}(\sin z)$는 문제의 해이다.

Poisson의 적분 공식

위의 논의에 비추어 단위 원판 $|z| \leq 1$또는 상반평면 $y \geq 0$에서의 Dirichlet 문제의 (16.13)에 대한 일반해를 찾는 것이 유용하다. 다음은 단위 원판에 대한

Dirichlet 문제의 해이다. 이에 대한 증명은 생략한다.

정 리 **16.4.3.** $u(e^{it})$이 구간 $[-\pi, \pi]$ 위에서 유계이고 조각마다 연속이면, 열린 원판 $|z| \leq 1$에서의 Dirichlet 문제 (16.13)의 해는 다음과 같다.

$$u(z) = u(re^{i\theta}) = \frac{1}{2\pi}\int_{-\pi}^{\pi} u(e^{it})\frac{1-r^2}{1-2r\cos(\theta-t)+r^2}dt \tag{16.14}$$

식 (16.14)를 다음과 같이 나타낼 수 있다.

$$u(re^{i\theta}) = \frac{1}{2\pi}\int_{-\pi}^{\pi} u(e^{it})\frac{1-|z|^2}{|e^{it}-z|}dt \qquad (0 \leq r \leq 1)$$

이를 **Poisson의 적분 공식**이라고 한다. 원판 $|z| < R$에서 Poisson의 적분 공식은 다음과 같다.

$$u(re^{i\theta}) = \frac{1}{2\pi}\int_{0}^{2\pi} u(Re^{it})\frac{R^2-r^2}{R^2-2rR\cos(\theta-t)+r^2}dt \qquad (r < R)$$

상반평면 $y \geq 0$에서의 Dirichlet 문제를 풀 때는 다음 Poisson의 적분 공식을 사용한다.

정 리 **16.4.4.** 함수 $u(x, 0)$은 임의의 유한 구간에서 조각마다 연속이고 $-\infty < x < \infty$에서 유계라고 하자. 그러면 다음과 같이 정의된 함수는 $y \geq 0$에서의 Dirichlet 문제 (16.13)에 대한 해이다.

$$u(x, y) = \frac{y}{\pi}\int_{-\infty}^{\infty} \frac{u(t, 0)}{(x-t)^2+y^2}dt$$

[**증명**] 그림 16.22와 같은 계단함수 $f(x)$에 대하여 $u(x, 0) = f(x)$로 주어졌다고

가정하자. 이에 대응하는 위쪽 반평면에서의 Dirichlet 문제의 유일한 해는

$$u(x, y) = \frac{u_i}{\pi}[\text{Arg}(z - b) - \text{Arg}(z - a)] \tag{16.15}$$

로 주어진다. 그런데 $\text{Arg}(z-b)$가 z, a, b로 이루어지는 삼각형의 한 외각이므로 $\text{Arg}(z - b) = \theta(z) + \text{Arg}(z - a),\ 0 < \theta(z) < \pi$가 되고, 따라서

$$u(x, y) = \frac{u_i}{\pi}\theta(z) = \frac{u_i}{\pi}\text{Arg}\left(\frac{z - b}{z - a}\right) \tag{16.16}$$

로 쓸 수 있다. □

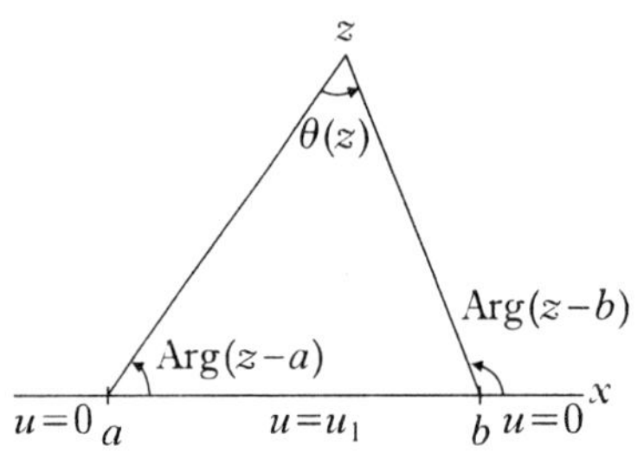

[그림 16.22]

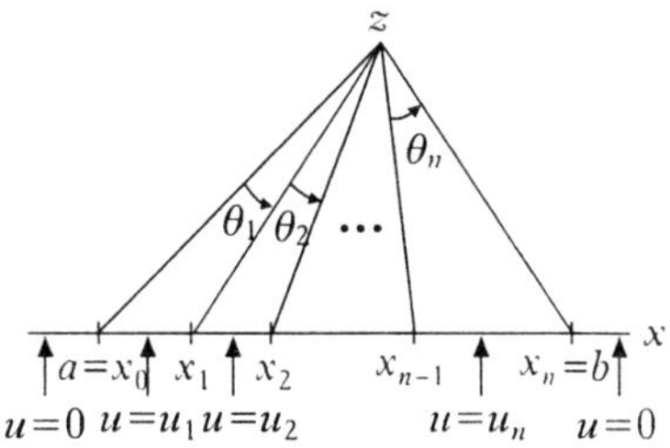

[그림 16.23]

중첩의 원리가 그림 16.23에서의 보다 일반적인 Dirichlet 문제를 푸는 데 사용될 수 있다. 만약 $x_{i-1} \le x \le x_i$에 대하여 $u = (x, 0) = u_i$이고, 구간 $[a, b]$ 밖에서는 $u(x, 0) = 0$이라 하면, (16.15)로부터

$$u(x, y) = \sum_{i=1}^{n} \frac{u_i}{\pi}[\text{Arg}(z - x_i) - \text{Arg}(z - x_{i-1})] = \frac{1}{\pi}\sum_{i=1}^{n} u_i\theta_i(z) \tag{16.17}$$

이다. $\text{Arg}(z-t) = \tan^{-1}(y/(x-t))$이므로 $(d/dt)\text{Arg}(z-t) = y/((x-t)^2+y^2)$가 됨에 주목하라. 여기서 $\tan^{-1}$은 0과 π사이에서 선택된다. (16.15)으로부터

$$u(x, y) = \frac{1}{\pi}\sum_{x_{i-1}}^{x_i} u_i\frac{d}{dt}\text{Arg}(z - t)dt = \frac{1}{\pi}\sum_{i=1}^{n}\int_{x_{i-1}}^{x_i} \frac{u_i y}{(x - t)^2 + y^2}dt$$

이다.

그런데 구간 $[a, b]$ 밖에서는 $u(x, 0) = 0$이므로 다음을 얻는다.

$$u(x, y) = \frac{y}{\pi} \sum_{-\infty}^{\infty} \frac{u(t, 0)}{(x-t)^2 + y^2} dt \tag{16.18}$$

유계인 조각적 연속(piecewise continuous) 함수는 계단함수로 근사시킬 수 있으므로 우리의 지금까지의 논의에 의하여 (16.18)이 위쪽 반평면에서의 Dirichlet 문제의 일반해가 된다고 유추할 수 있다.

예 제 2. 상반평면 $y \geq 0$에서 다음 경계 조건을 만족시키는 Dirichlet 문제를 풀어라.

$$\begin{cases} u(x, 0) = x & (|x| < 1) \\ u(x, 0) = 0 & (|x| \geq 1) \end{cases}$$

[**풀이**] Poisson의 적분 공식에 의하여 다음이 성립한다.

$$u(x, y) = \frac{y}{\pi} \sum_{-1}^{1} \frac{t}{(x-t)^2 + y^2} dt$$

$s = x - t$로 치환하면 다음 결과를 얻는다.

$$u(x, y) = \frac{1}{\pi} \left\{ \frac{y}{2} \ln((x-t)^2 + y^2) - x \tan^{-1}\left(\frac{x-t}{y}\right) \right\} \Bigg|_{t=-1}^{t=1}$$

이것은 다음과 같이 간단히 나타낼 수 있다.

$$u(x, y) = \frac{y}{2\pi} \ln \frac{(x-1)^2 + y^2}{(x+1)^2 + y^2} + \frac{x}{\pi} \left(\tan^{-1} \frac{x+1}{y} - \tan^{-1} \frac{x-1}{y} \right)$$

연습문제 16-4

1. 상반평면 $y > 0$에서 다음과 같은 경계 조건을 갖는 Dirichlet 문제를 풀어라.

(1) $\begin{cases} u(x,0) = x^2 & (0 < x < 1) \\ u(x,0) = 0 & (x \le 0,\ x \ge 1) \end{cases}$ (2) $u(x,0) = \cos x$

2. 적당한 등각사상과 조화함수 $U = \dfrac{1}{\pi}\mathrm{Arg}w$를 사용해서 다음 그림으로 나타낸 영역에서의 Dirichlet 문제를 풀어라.

(1)

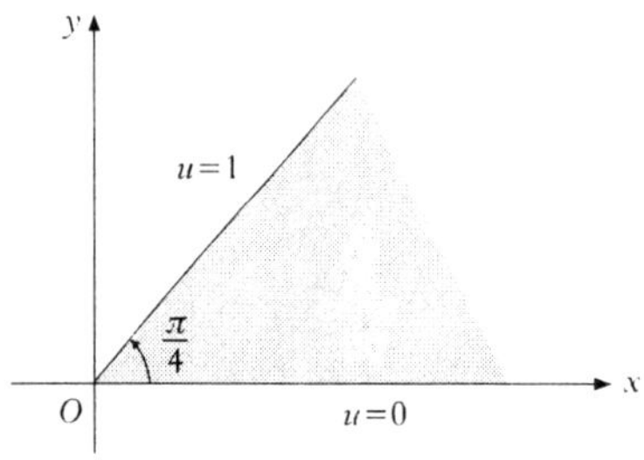

(2)

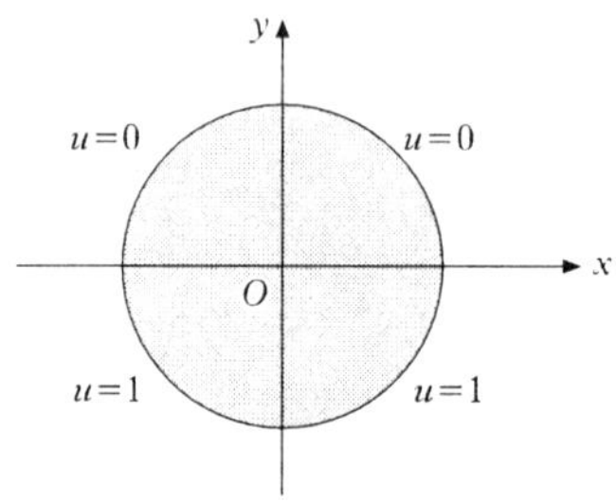

3. 적당한 등각사상과 조화함수 $U = \dfrac{1}{\pi}\{\mathrm{Arg}(w-1) - \mathrm{Arg}(w+1)\}$을 사용해서 다음 그림으로 나타낸 영역에서의 Dirichlet 문제를 풀어라.

(1)

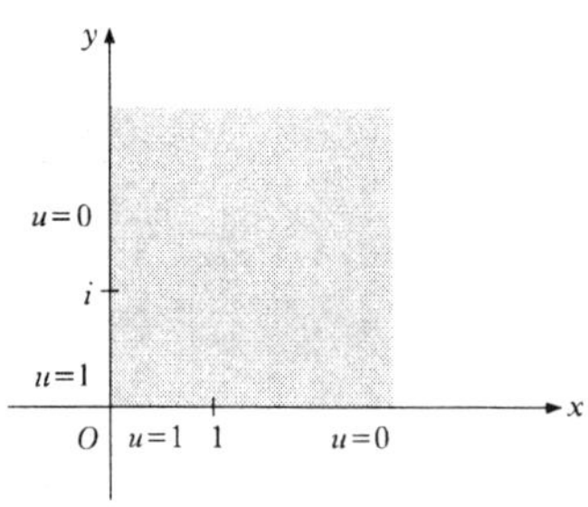

(2)

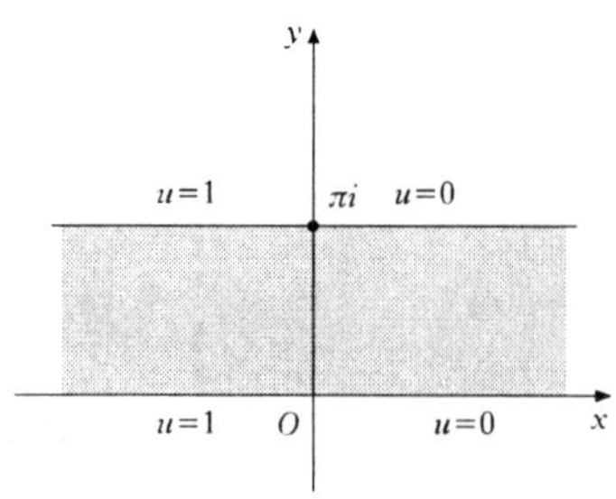

4. 다음 영역을 상반평면으로 사상시키는 등각사상을 구하여 Dirichlet 문제를 풀어라.

(1)

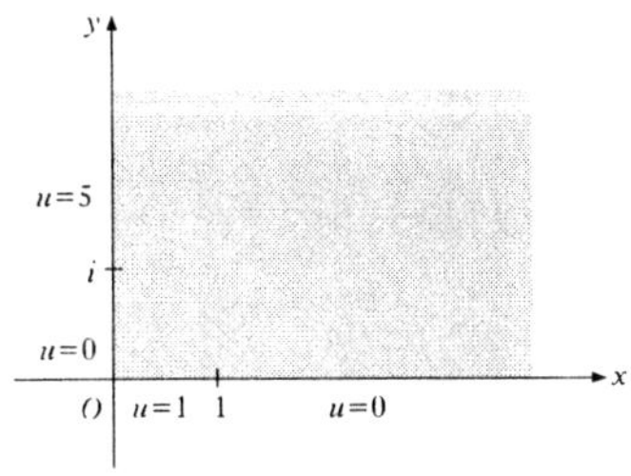

(2)

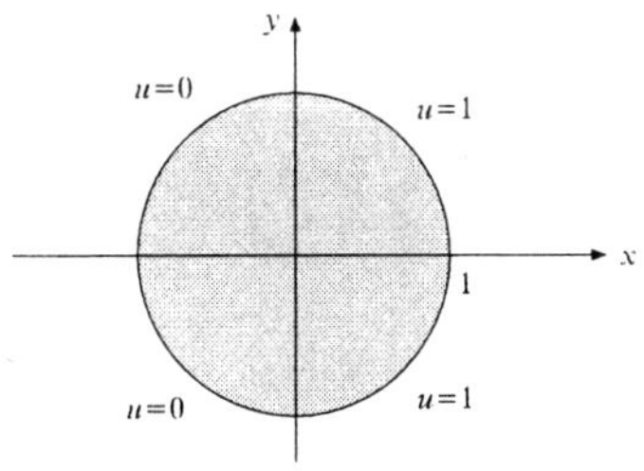

16.5 등각사상의 응용

이 절에서는 벡터장과 해석함수 상이의 관계를 설정하고, 등각사상의 기법을 사용해서 정전기 장과 이차원 유체 흐름과 관련된 문제를 풀어보기로 한다.

퍼텐셜 함수

영역 D의 벡터장 $\mathbf{F}(x,y) = P(x,y)\mathbf{i} + Q(x,y)\mathbf{j}$는 복소수를 사용해서 다음과 같이 나타낼 수 있다.

$$\mathbf{F}(x,y) = P(x,y) + iQ(x,y)$$

그러므로 이를 복소함수로 생각할 수 있다. 벡터 해석학에서 배운 바와 같이 벡터장 $\mathbf{F}$의 발산과 회전은 다음과 같다.

$$\text{div}\mathbf{F} = \frac{\partial P}{\partial x} + \frac{\partial Q}{\partial y}, \qquad \text{curl}\mathbf{F} = \left(\frac{\partial Q}{\partial x} - \frac{\partial P}{\partial y}\right)\mathbf{k}$$

그런데 $\text{div}\mathbf{F} = 0$이고 $\text{curl}\mathrm{F} = 0$이면, Cauchy-Riemann 방정식과 유사한 다음 방정식을 얻는다.

$$\frac{\partial P}{\partial x} = -\frac{\partial Q}{\partial y}, \qquad \frac{\partial P}{\partial y} = \frac{\partial Q}{\partial x} \tag{16.19}$$

실제로 이것은 복소함수 $g(z) = P(x,y) - iQ(x,y)$에 대한 Cauchy-Riemann 방정식이다. 따라서 다음 결과를 얻는다.

정 리 16.5.1. 영역 D의 벡터장 $F(x,y) = P(x,y) + iQ(x,y)$에서 함수 $P(x,y)$와 $Q(x,y)$가 D에서 연속이고 연속인 일계 도함수를 가지며, $\text{div}\mathbf{F} = 0$이고 $\text{curl}\mathbf{F} = 0$이면 복소함수 $g(z) = P(x,y) - iQ(x,y)$는 영역 D에서 해석적이다.

역으로, $g(z)$가 영역 D에서 해석적이면, $F(x,y) = \overline{g(z)}$는 D의 백터 장을 정의하고 $\text{div}\mathbf{F} = 0$이며 $\text{curl}\mathbf{F} = 0$이다.

[**증명**] $u(x,y)$와 $v(x,y)$가 각각 $g(z)$의 실수 부분과 허수 부분을 나타낸다면 $u =$

P이고 $v = -Q$가 된다. 따라서 (16.19)의 방정식은

$$\frac{\partial u}{\partial x} = -\frac{\partial(-v)}{\partial y} \text{ 와 } \frac{\partial u}{\partial y} = \frac{\partial(-v)}{\partial x}$$

즉

$$\frac{\partial u}{\partial x} = \frac{\partial v}{\partial y} \text{ 와 } \frac{\partial u}{\partial y} = -\frac{\partial v}{\partial x} \tag{16.20}$$

와 같아진다. 방정식(16.20)는 해석적이기 위한 Cauchy-Riemann 방정식이다.

□

$\mathbf{F}(x, y) = P(x, y) + iQ(x, y)$가 단일 연결 영역 D의 벡터 장으로 $\operatorname{div}\mathbf{F} = 0$이고 $\operatorname{curl}\mathbf{F} = \mathbf{0}$이면, D에서 해석함수 $g(z) = P(x, y) - iQ(x, y)$의 부정 적분이 존재한다. 이를 다음과 같다고 하자.

$$G(z) = \phi(x, y) + i\phi(x, y)$$

이를 벡터장 $\mathbf{F}$에 대한 **복소 퍼텐셜**(complex potential)이라 한다. 이때, 다음이 성립한다.

$$g(z) = G'(z) = \frac{\partial \phi}{\partial x}(x, y) + i\frac{\partial \phi}{\partial x}(x, y) = \frac{\partial \phi}{\partial x}(x, y) - i\frac{\partial \phi}{\partial y}(x, y)$$

그러므로 다음이 성립한다.

$$\frac{\partial \phi}{\partial x}(x, y) = P(x, y), \qquad \frac{\partial \phi}{\partial y}(x, y) = Q(x, y) \tag{16.21}$$

따라서 $\mathbf{F} = \nabla\phi$인데, 이때 조화함수 ϕ를 $\mathbf{F}$에 대한 (실) **퍼텐셜 함수**(potential function)라고 한다. 영역 D의 경계에서의 퍼텐셜 ϕ의 값이 주어지면, 그 결과로 얻어지는 Dirichlet 문제를 푸는 데 등각사상의 기법을 사용할 수 있다. 식(16.21)를 사용해서 등퍼텐셜 선 $\phi(x, y) = c$를 그릴 수 있으며 벡터장 $\mathbf{F}$를 결정할 수 있다.

예 제 **1.** 반평면 $x \geq 0$의 퍼텐셜 ϕ가 경계조건 $\phi(0,\ y) = 0$이고 $x \geq 1$일때 $\phi(x,\ 0) = 1$을 만족시킬 때(그림16.24), 복소 퍼텐셜과 등퍼텐셜 선 및 벡터장 **F**를 구하여라.

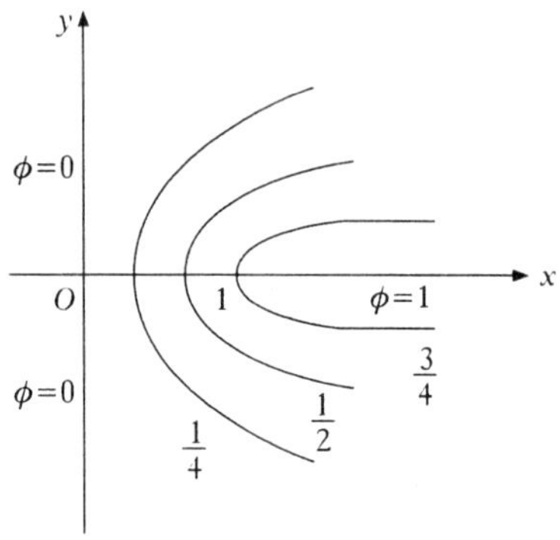

[그림 16-24]

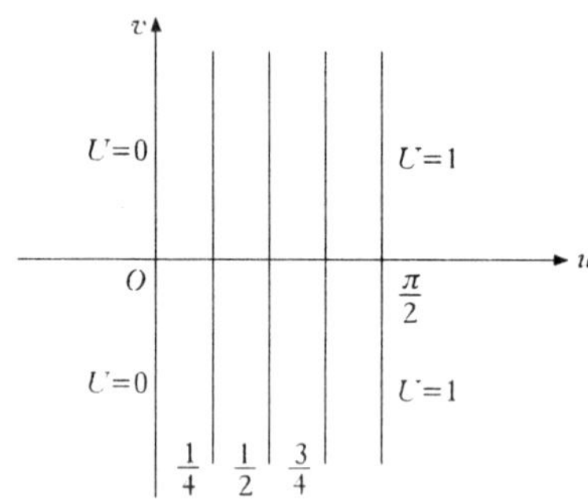

[그림 16-25]

[**풀이**] 16.1절의 예제 2에서 알아본 바와 같이, 해석함수 $z = \sin w$는 w평면의 띠 $0 \leq u \leq \dfrac{\pi}{2}$를 이 문제의 영역 D로 사상시킨다. 그러므로 $f(z) = \sin^{-1} z$는 D를 띠 $0 \leq u \leq \dfrac{\pi}{2}$로 사상시키고, 그림 16.25는 변형된 경계 조건을 보여준다. 단순화된 Dirichlet 문제의해는 $U = (u,\ v) = \dfrac{2}{\pi}u$이므로 D 위의 퍼텐셜 함수는 다음과 같다.

$$\phi(x,\ y) = U(\sin^{-1} z) = \text{Re}\left\{\left(\frac{2}{\pi}\right)\sin^{-1} z\right\}$$

그리고 벡터장 **F**에 대한 복소 퍼텐셜은 다음과 같다.

$$G(z) = \left(\frac{2}{\pi}\right)\sin^{-1} z$$

등퍼텐셜 선 $\phi = c$는 역사상 $z = \sin w$에 의한 w평면의 등퍼텐셜 선 $U = c$의 상이다. 16.1절의 예제 2에서 수직선 $u = a$는 다음 쌍곡선의 한 가지로 사상됨을 알아보았다.

$$\frac{x^2}{\sin^2 a} - \frac{y^2}{\cos^2 a} = 1$$

등퍼텐셜 선 $U = c \quad (0 < c < 1)$는 수직선 $u = \dfrac{\pi c}{2}$이므로 등퍼텐셜 선 $\phi = c$는

다음 쌍곡선의 오른쪽 가지이다.

$$\frac{x^2}{\sin^2(\frac{\pi c}{2})} - \frac{y^2}{\cos^2(\frac{\pi c}{2})} = 1$$

$F = \overline{G'(z)}$이고 $\frac{d}{dz}\sin^{-1} z = \frac{1}{(1-z^2)}^{\frac{1}{2}}$이므로 벡터장은 다음과 같다.

$$F = \frac{2}{\pi} = \overline{\frac{1}{(1-z^2)^{\frac{1}{2}}}} = \frac{2}{\pi}\frac{1}{(1-\overline{z}^2)^{\frac{1}{2}}}$$

유체 흐름

이차원 영역 D에서 비점성 액체에 대한 정상 상태 흐름의 속도 벡터를 다음과 같이 복소함수로 나타낼 수 있다.

$$\mathbf{V}(x, y) = P(x, y) + iQ(x, y)$$

div$\mathbf{V}$=0(비압축)이고 curl$\mathbf{V}$=0(비회전)일 때, $\mathbf{V}$는 다음의 **복소 속도 퍼텐셜**(complex velocity potential)을 갖는다.

$$G(z) = \phi(x, y) + i\phi(x, y)$$

이 때, $\mathbf{V} = \overline{G'(z)}$가 성립한다. 이런 상황에서 등위 곡선 $\phi(x, y) = c$는 특별히 중요한 의미를 갖는다. 이 액체에 놓여 있는 어떤 입자의 경로가 $z(t) = x(t) + iy(t)$이면 다음이 성립한다.

$$\frac{dx}{dt} = P(x, y), \qquad \frac{dy}{dt} = Q(x, y) \tag{16.22}$$

그러므로 $\dfrac{dy}{dx} = \dfrac{Q}{P}$,즉 다음을 얻는다.

$$-Qdx + Pdy = 0 \tag{16.23}$$

그런데 divV=0은 $-\dfrac{\partial\theta}{\partial y} = \dfrac{\partial P}{\partial x}$을 의미하므로, 식(16.23)는 완전 미분 방정식이다. Cauchy-Riemann 방정식에 의하여 $\dfrac{\partial\phi}{\partial x} = -\dfrac{\partial\phi}{\partial y} = -Q$, $\dfrac{\partial\phi}{\partial y} = \dfrac{\partial\phi}{\partial x} = P$이고, 따라서 식(16.22)의 모든 해는 $\phi(x,y) = c$를 만족시킨다. 그래서 함수(x,y)를 **흐름 함수**(stream function), 등위 곡선 $\phi(x,y) = c$를 **흐름 선**(stream line)이라고 한다.

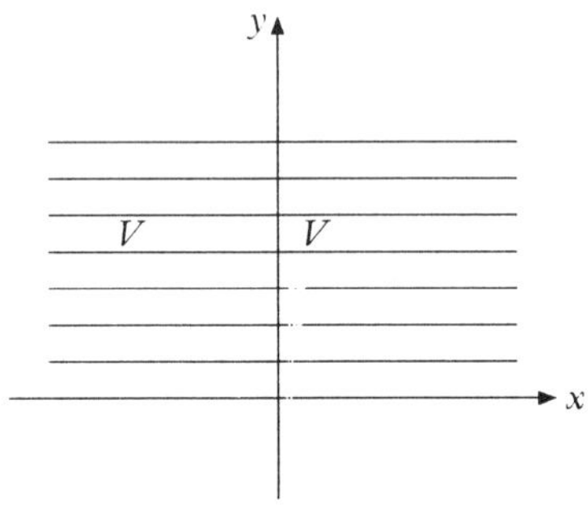

[**그림 16.26**]흐름선$Ay = c$

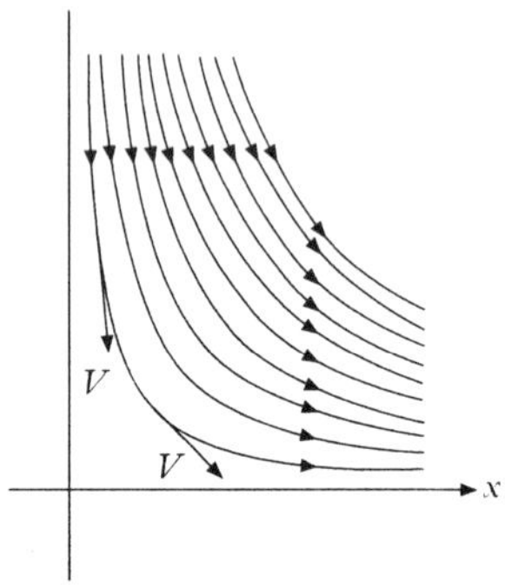

[**그림 16.27**]흐름선$2xy = c$

예 제 **2.** 상반평면에서의 **고른 흐름**(uniform stream)은 양의 상수 A에 대하여 속도 벡터 $\mathbf{V}(x,y) = A(1,0)$으로 정의된다. $|\mathbf{V}| = V$이므로 이 액체에 놓여 있는 입자는 일정한 속도로 움직인다. 이 벡터장에 대한 복소 퍼텐셜은 $G(z) = Az = Ax + iAy$이므로 흐름 선은 수평선 $Ay = c$이다(그림 16.26).

예 제 **3.** 복소 퍼텐셜 $G(z) = z^2 = x^2 - y^2 + 2ixy$는 제 1사분면에서 벡터장 $\mathbf{V}(x,y) = \overline{G'(z)} = (2x, -2y)$를 묘사한다. 이 때의 흐름 선은 쌍곡선 $2xy = c$이다(그림 16.27).

예 제 **4.** 복소 퍼텐셜 $G(z) = z + \dfrac{1}{z}$은 다음과 같은 벡터장을 묘사한다.

$$\mathbf{V} = \overline{G'(z)} = 1 - \frac{1}{\bar{z}^2} = 1 - \frac{e^{2i\theta}}{r^2}$$

따라서 충분히 큰 r에 대하여 $\mathbf{V} \approx (1,0)$이다. 그리고 $G(z)$는 원 $|z|=1$의 외부

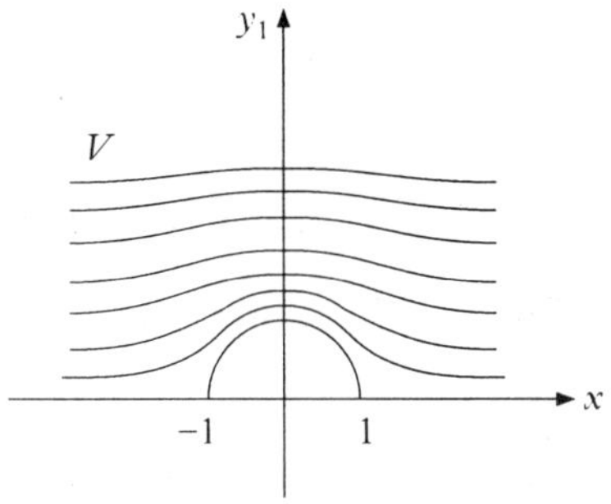

[**그림 16-17**] 흐름선

의 상반평면 D를 상반평면 $v \geq 0$으로 사상시키므로, D의 경계를 u축으로 사상시킨다. 따라서 흐름 선 $v = \phi(x,y) = y - \dfrac{y}{x^2+y^2}$는 D의 경계에서 0이다(그림 16.28).

열에 관한 문제

라플라스 방정식은 또한 시간에 무관한 **정상**(steady)상태의 열 흐름 문제들에도 적용된다. 균일한 물질로 이루어진 물체에서의 열전도는 **열전도방정식**(heat equation)

$$T_t = c^2 \nabla^2 T$$

에 의해 지배된다. 여기서 T는 온도, $T_t = T/t$, t는 시간 그리고 c^2은 양의 상수(대상 물체의 물질에 의존하는)이다. 따라서 문제가 **정상상태**(즉 $T_t = 0$)이고 2차원계라면, 열전도방정식은 2차원 라플라스 방정식

$$\nabla^2 T = T_{xx} + T_{yy} = 0 \tag{16.24}$$

이다. 이때 $T(x,y)$는 **열퍼텐셜**(heat potential)이라 말하고, $T(x,y)$는 **복소열퍼**

텐셜(complex heat potential)

$$F(z) = T(x, y) + i\Psi(x, y)$$

의 실부이다. 일정한 온도의 곡선 $T(x, y)$ =상수를 **등온선**(isotherms)이라 하고, $\Psi(x, y)$ =상수인 곡선들을 **열흐름선**(heat flow lines)이라고 한다. 이것은 높은 온도에서 낮은 온도로 열의 흐름을 나타내준다.

물리적으로 정상상태의 문제를 얻기 위해서는 가열, 또는 냉각을 이용해 열흐름이 일어나는 영역의 경계에서의 온도가 일정하도록 유지시켜 주어야 한다.

예 제 **5.** 그림 16.29에 나타난 $x = 0$과 $x = d$이 두 평행판 사이의 온도분포를 구하여라. ($x = 0$에서 $0°C$, $x = d$에서 $100°C$를 유지한다.

[풀이] 판의 형태에 의하여 T는 x만의 함수이며, 이때 라플라스 방정식은 $T'' = 0$이다. 따라서 $T(x, y) = ax + b$이다. 주어진 경계값으로부터 $a = \dfrac{100}{d}$이고 $b = 0$이다. 따라서 구하는 해는

$$T(x, y) = \frac{100}{d} x [°C]$$

이다. 대응하는 복소퍼텐셜은 $F(z) = \dfrac{100}{d} z$이다. 열은 y =상수인 선을 따라 음의 x방향으로 수평적으로 흐른다.

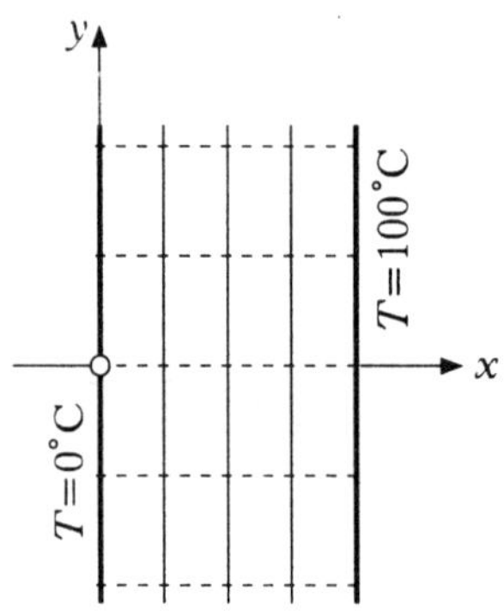

[그림 16-29]

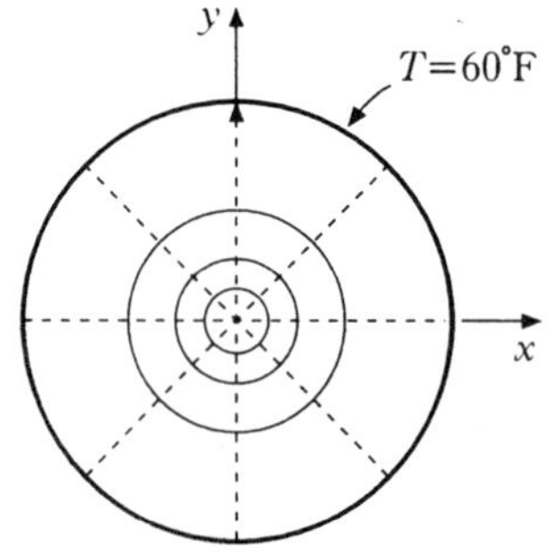

[그림 16-30]

예 제 6. $T_1 = 500°F$로 전기적으로 가열된 바지름 $r_1 = 1\text{mm}$인 길고 얇은 전선과 공기에 의해 냉각되어 온도 $T_2 = 60°F$로 유지된 반지름 $r_2 = 100\text{mm}$의 원기둥으로 둘러싸인 영역 내의 온도장을 구하여라(그림 16.30)

[**풀이**] 온도 T는 대칭성에 의해 단기 r에만 의존한다. 그러므로 라플라스 방정식은 $r^2u_{rr} + ru_r + u_{\theta\theta} = 0$ 에서 r로 나눈 후 $u_{\theta\theta} = 0$, $u = T$를 대입하면

$$rT'' + T' = 0$$

으로 되고, 이를 변수분리하여 적분하면

$$\frac{T''}{T'} = -\frac{1}{r}, \qquad \ln T' = -\ln r + \tilde{a}, \qquad T' = \frac{a}{r}$$

$$T(x, y) = a \ln r + b$$

가 된다. 경계값이

$$T_1 = 500 = a \ln 1 + b, \qquad T_2 = 60 = a \ln 100 + b$$

이므로, $b = 500(\ln 1 = 0$이므로), $a = (60 - b)/\ln 100 = -95.54$를 얻는다. 따라서 구하는 해는

$$T(x, y) = 500 - 95.54 \ln r [°F]$$

연습문제 16-5

1. 다음 벡터장 $\mathbf{F}(x, y)$에 대하여 div$\mathbf{F}$=0이고 curl$\mathbf{F}$=0임을 확인하여라. 그리고 복소 페텐셜을 구하고 등퍼텐셜 선을 구하여라.

(1) $\mathbf{F}(x, y) = (\cos\theta_0)\mathbf{i} + (\sin\theta_0)\mathbf{j}$ (2) $\mathbf{F}(x, y) = \dfrac{x}{x^2 + y^2}\mathbf{i} + \dfrac{y}{x^2 + y^2}\mathbf{j}$

2. 다음 복소 페텐셜의 등퍼텐셜 선을 구하여라.

(1) $G(z) = (1+2i)z$ (2) $G(z) = z^2$ (3) $G(z) = \frac{1}{z}$

3. 쐐기 $0 \le \mathrm{Arg}z \le \frac{\pi}{4}$ 위의 퍼텐셜 ϕ가 경계조건 $\phi(x,0) = 0$, $\phi(x,x) = 1$ $(x > 0)$ 을 만족시킨다고 할 때, 복소 퍼텐셜과 등퍼텐셜 선 및 이에 대응하는 벡터장 $\mathbf{F}$를 구하여라.

4. 다음 복소 속도 퍼텐셜의 흐름선과 그에 대응하는 속도 벡터 $\mathbf{V}$를 구하여라.

(1) $G(z) = iz$ (2) $G(z) = (1+i)z$

5. 다음의 주어진 영역에 정의된 복소 속도 퍼텐셜의 흐름 선과 그에 대응하는 속도 벡터를 구하여라.

(1) $G(z) = z^4$ (2) $G(z) = \sin z$

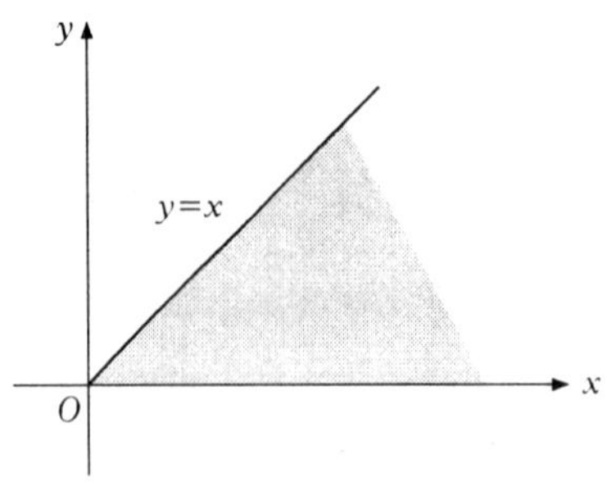

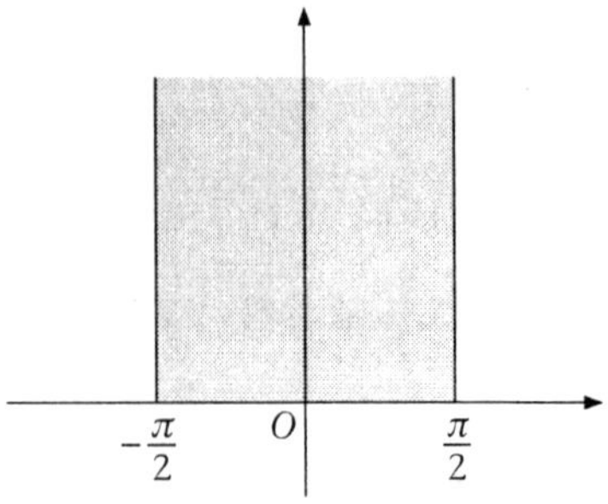

(3) $G(z) = x^2 + \frac{1}{z^2}$

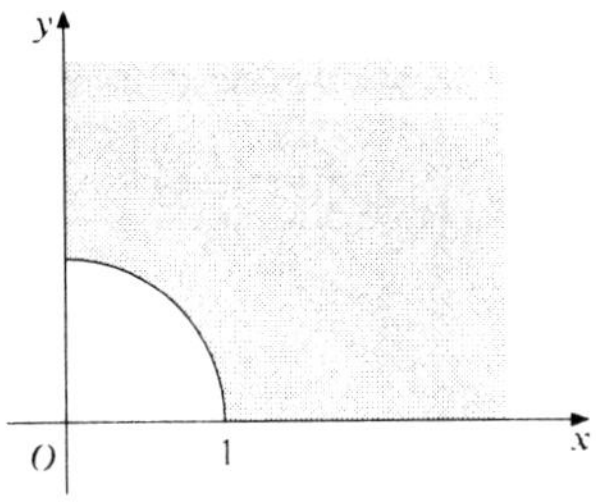

찾아보기

【ㄴ】

【ㄷ】

【ㅈ】

공학수학

2007년 2월 20일 1판 1쇄 발행
2009년 3월 2일 1판 2쇄 발행

저 자 / 윤주한 · 오원태 · 조완영 · 김미혜
발행자 / 오판근
발행처 / 교우사

주 소 / 서울 동대문구 제기2동 148-19
전 화 / 925-2861(대), 편집부 / 925-2825
팩 스 / 925-2860
E-mail / kw2861 @ empal.com
http: // www. kyowoo. co. kr
등록 / 1994. 3. 24 제6-0256호

ISBN 978-89-8172-666-9 (93410)

값 33,000원